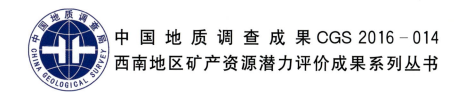

中国地质调查成果 CGS 2016-014
西南地区矿产资源潜力评价成果系列丛书

西南三江成矿地质

XINAN SANJIANG CHENGKUANG DIZHI

尹福光　范文玉　等编著

图书在版编目(CIP)数据

西南三江成矿地质/尹福光等编著. —武汉:中国地质大学出版社,2016.11
(西南地区矿产资源潜力评价成果系列丛书)
ISBN 978-7-5625-3997-1

Ⅰ.①西…
Ⅱ.①尹…
Ⅲ.①成矿带-成矿地质-研究-西南地区
Ⅳ.①P617.27

中国版本图书馆 CIP 数据核字(2016)第 315543 号

西南三江成矿地质		尹福光 范文玉 等编著
责任编辑:李 晶	选题策划:刘桂涛	责任校对:张咏梅
出版发行:中国地质大学出版社(武汉市洪山区鲁磨路388号)		邮政编码:430074
电 话:(027)67883511	传 真:67883580	E-mail:cbb@cug.edu.cn
经 销:全国新华书店		http://cugp.cug.edu.cn
开本:880mm×1230mm 1/16	字数:610千字	印张:19.25
版次:2016年11月第1版	印次:2016年11月第1次印刷	
印刷:武汉中远印务有限公司	印数:1—1000册	
ISBN 978-7-5625-3997-1		定价:268.00元

如有印装质量问题请与印刷厂联系调换

《西南地区矿产资源潜力评价成果系列丛书》

编 委 会

主　　任：丁　俊　秦建华

委　　员：尹福光　廖震文　王永华　张建龙　刘才泽　孙　洁

　　　　　刘增铁　王方国　李　富　刘小霞　张启明　曾琴琴

　　　　　焦彦杰　耿全如　范文玉　李光明　孙志明　李奋其

　　　　　祝向平　段志明　王　玉

《西南三江成矿地质》

编委会

主　　编：尹福光　范文玉

编写人员：刘书生　石洪召　王冬兵

　　　　　吴文贤　聂　飞　唐　渊

　　　　　杨永飞　王　宏　罗茂金

　　　　　丛　峰　谭耕莉

序

中国西南地区雄踞青藏造山系南部和扬子陆块西部。青藏造山系是最年轻的造山系,扬子陆块是最古老的陆块之一。从地质年代来讲,最古老到最年轻是一个漫长的地质历史过程,其间经历过多期复杂的地质作用和丰富多彩的成矿过程。从全球角度看,中国西南地区位于世界三大巨型成矿带之一的特提斯成矿带东段,称为东特提斯成矿域。中国西南地区孕育着丰富的矿产资源,其中的西南三江、冈底斯、班公湖-怒江、上扬子等重要成矿区带都被列为全国重点勘查成矿区带。

《西南地区矿产资源潜力评价成果系列丛书》主要是在"全国矿产资源潜力评价"计划项目(2006—2013)下设工作项目——"西南地区矿产资源潜力评价与综合"(2006—2013)研究成果的基础上编著的。诸多数据、资料都引用和参考了1999年以来实施的"新一轮国土资源大调查专项""青藏专项"及相关地质调查专项在西南地区实施的若干个矿产调查评价类项目的成果报告。

该套丛书包括：

《中国西南区域地质》

《中国西南地区矿产资源》

《中国西南地区重要矿产成矿规律》

《西南三江成矿地质》

《上扬子陆块区成矿地质》

《西藏冈底斯-喜马拉雅地质与成矿》

《西藏班公湖-怒江成矿带成矿地质》

《中国西南地区地球化学图集》

《中国西南地区重磁场特征及地质应用研究》

这套丛书系统介绍了西南地区的区域地质背景、地球化学特征和找矿模型、重磁资料和地质应用、矿产资源特征及区域成矿规律,以最新的成矿理论和丰富的矿床勘查资料深入地研究了西南三江地区、上扬子陆块区、冈底斯地区、班公湖-怒江地区的成矿地质特征。

《中国西南区域地质》对西南地区成矿地质背景按大地构造相分析方法,编制了西南地区1∶150万大地构造图,并明确了不同级别构造单元的地质特征及其鉴别标志。西南地区大地构造五要素图及大地构造图为区内矿产总结出不同预测方法类型的矿产的成矿规律,为矿产资源潜力评价和预测提供了大地构造背景。同时对一些重大地质问题进行了研究,如上扬子陆块基底、三江造山带前寒武纪地质,秦祁昆造山带与扬子陆块分界线、保山地块归属、南盘江盆地归属,西南三江地区特提斯大洋两大陆块的早古生代增生造山作用。对西南地区大地构造环境及其特征的研究,为成矿地质背景和成矿地质作用研究建立了坚实的成矿地质背景基础,为矿产预测提供了评价的依据,为基础地质研究服务于矿产资源潜力评价提供了示范。为西南地区各种尺度的矿产资源潜力评价和成矿预测提供了全新的地质构造背景,已被有关矿产资源勘查决策部门应用于潜力评价和成矿预测,并为国家找矿突破战略行动、整装勘查部署,国土规划编制、重大工程建设和生态环境保护以及政府宏观决策等提供了重要的基础资料。这是迄今为止应用板块构造理论及从大陆动力学视角观察认识西南地区大地构造方面最全面系统的重大系列成果。

《中国西南地区矿产资源》对该区非能源矿产资源进行了较为全面系统的总结,分别对黑色金属矿产、有色金属矿产、贵金属矿产、稀有稀土金属矿产、非金属矿产等47种矿产资源,从性质用途、资源概况、资源分布情况、勘查程度、矿床类型、重要矿床、成矿潜力与找矿方向等方面进行了系统全面的介绍,是一部全面展示中国西南地区非能源矿产资源全貌的手册性专著。

《中国西南地区重要矿产成矿规律》对区内铜、铅、锌、铬铁矿等重要矿产的成矿规律进行了系统的创新性研究和论述,强化了区域成矿规律综合研究,划分了矿床成矿系列。对西南地区地质历史中重要地质作用与成矿,按照前寒武纪、古生代、中生代和新生代4个时期,从成矿构造环境与演化、重要矿产与分布、重要地质作用与成矿等方面进行了系统的研究和总结,并提出或完善了"扬子型"铅锌矿、走滑断裂控制斑岩型矿床等新认识。

该套丛书还对一些重点成矿区带的成矿特征进行了详细的总结,以区域成矿构造环境和成矿特色,对上扬子地区、西南三江(金沙江、怒江、澜沧江)地区、冈底斯地区和班公湖-怒江4个地区的重要矿集区的矿产特征、典型矿床、成矿作用与成矿模式等方面进行了系统研究与全面总结。按大地构造相分析方法全面系统地论述了区域地质背景,重新厘定了地层、构造格架,详细阐述了成矿的区域地球物理、地球化学特征;重新划分了区域成矿单元,详细论述了各单元成矿特征;论述了重要矿集区的成矿作用,包括主要矿产特征、典型矿床研究、成矿作用分析、资源潜力及勘查方向分析。

《西南三江成矿地质》以新的构造思维全面系统地论述了西南三江区域地质背景,重新厘定了地层、构造格架,详细阐述了成矿的区域地球物理、地球化学特征;重新划分了区域成矿单元;重点论述了若干重要矿集区的成矿作用,包括地质简况、主要矿产特征、典型矿床、成矿作用分析、资源潜力及勘查方向分析;强化了区域成矿规律的综合研究,划分了矿床成矿系列;根据洋-陆构造体制演化特征与成矿环境类型、成矿系统主控要素与作用过程、矿床组合与矿床成因类型等建立了成矿系统;揭示了控制三江地区成矿作用的重大关键地质作用。该研究对部署西南三江地区地质矿产调查工作具有重要的指导意义。

《上扬子陆块区成矿地质》系统论述了位于特提斯-喜马拉雅与滨太平洋两大全球巨型构造成矿域结合部位的上扬子陆块成矿地质。其地质构造复杂,沉积建造多样,陆块周缘岩浆活动频繁,变质作用强烈。一系列深大断裂的发生、发展,对该区地壳的演化起着至关重要的控制作用,往往成为不同特点地质结构岩块(地质构造单元)的边界条件,与它们所伴生的构造成矿带,亦具有明显的区带特征。较稳定的陆块演化性质的地质背景,决定了该地区矿床类型以沉积、层控、低温热液为显著特点,并在其周缘构造-岩浆活动带背景下形成了与岩浆-热液有关的中高温矿床。区内的优势矿种铁、铜、铅、锌、金、银、锡、锰、钒、钛、铝土矿、磷、煤等在我国占有重要地位,目前已发现有色金属、黑色金属、贵金属和稀有金属矿产地1494余处,为社会经济发展提供了大量的矿产资源。

《西藏冈底斯-喜马拉雅地质与成矿》对冈底斯、喜马拉雅成矿带"十二五"以来地质找矿成果进行了系统的总结与梳理。结合新的认识,按照岩石建造与成矿系列理论,将冈底斯-喜马拉雅成矿带划分为南冈底斯、念青唐古拉和北喜马拉雅3个Ⅳ级成矿亚带,对各Ⅳ级成矿亚带在特提斯演化和亚洲-印度大陆碰撞过程中的关键建造-岩浆事件与成矿系统进行了深入的分析与研究,同时对16个重要大型矿集区的成矿地质背景、成矿作用、成矿规律与找矿潜力进行了总结,建立了冈底斯成矿带主要矿床类型的区域预测找矿模型和预测评价指标体系,并采用MRAS资源评价系统对其开展了成矿预测,圈定了系列的找矿靶区,对指导区域找矿和下一步工作部署有着重要意义。

《西藏班公湖-怒江成矿带成矿地质》对班公湖-怒江成矿带成矿地质进行系统总结。班公湖-怒江成矿带是青藏高原地质矿产调查的重点之一。近年来,先后在多不杂、波龙、荣那、拿若发现大型富金斑岩铜矿,在尕尔穷和嘎拉勒发现大型矽卡岩型金铜矿,在弗野发现矽卡岩型富磁铁矿和铜铅锌多金属矿床等。这些成矿作用主要集中在班公湖-怒江结合带南、北两侧的岩浆弧中,是班公湖-怒江成矿带特提斯洋俯冲、消减和闭合阶段的产物。目前的班公湖-怒江成矿带指的并不是该结合带的本身,而主要是其南、北两侧的岩浆弧。研究发现,班公湖-怒江成矿带北部、南部的日土-多龙岩浆弧和昂龙岗日-班戈岩浆弧分别都存在东段、西段的差异,表现在岩浆弧的时代、基底和成矿作用类型等方面都各具特色。

《中国西南地区地球化学图集》在全面收集1∶20万、1∶50万区域化探调查成果资料的基础上,利用海量的地球化学数据,进行了系统集成与编图研究,编制了铜、铅、锌、金、银等39种元素(含常量元素氧化物)的地球化学图和异常图等图件,实现青藏高原区域地球化学成果资料的综合整装,客观展示了西南地区地球化学元素在水系沉积物中的区域分布状况和地球化学异常分布规律。该图集的编制,为西南地区地质矿产的展布规律及其找矿方向提供了较精准的战略方向。

《中国西南地区重磁场特征及地质应用研究》在收集与总结前人资料的基础上,对西南地区重磁数据进行集成、处理和分析,编制了西南地区重磁基础与解释图件,实现了中国西南区域重磁成果资料的综合整装。利用重磁异常的梯度、水平导数等边界识别的新方法和新技术,对西南三江、上扬子、班公湖-怒江和冈底斯等重要矿集区的重磁数据进行处理,对异常特征进行分析和解释;利用区域重磁场特征对断裂构造、岩体进行综合推断和解释,对主要盆地的重磁场特征进行分析和研究。针对西南地区存在的基础地质问题,论述了重磁资料在康滇地轴、龙门山等重要地质问题研究中的应用与认识。同时介绍了西南地区物探资料在铁、铜、铅、锌和金等矿矿产资源潜力评价中的应用效果。

中国西南地区蕴藏着丰富的矿产资源,加强该区的地质矿产勘查和研究工作,对于缓解国家资源危机、贯彻西部大开发战略、繁荣边疆民族经济和促进地质科学发展均具有重要的战略意义。该套丛书系统收集和整理了西南地区矿产勘查与研究,并对所获得的海量的矿床学资料、成矿带的地质背景和矿床类型进行了总结性研究,为区域矿产资源勘查评价提供了重要资料。自然科学研究的重大突破和发现,都凝聚着一代又一代研究者的不懈努力及卓越成就。中国西南地区矿产资源潜力评价成果的集成和综合研究,必将为深化中国西南地区成矿地质背景、成矿规律与成矿预测研究、矿产资源勘查和开发与社会经济发展规划提供重要的科学依据。

该丛书是一套关于中国西南地区矿产资源潜力的最新、最实用的参考书,可供政府矿产资源管理人员、矿业投资者,以及从事矿产勘查、科研、教学的人员和对西南地区地质矿产资源感兴趣的社会公众参考。

编委会

2016 年 1 月 26 日

前　　言

"十二五"期间,通过国家在西南三江成矿带部署的公益性、基础性地质调查工作,有效地带动了省级地勘基金及社会资金的投入,提升了西南三江成矿带南段的整体基础地质工作水平,促进了地质找矿理论的创新,实现了地质找矿新的突破。

西南三江成矿带南段位于怒江、澜沧江、金沙江三江并流区,研究区范围具体为大渡河以西的四川西部及元江以西的云南西部地区,总面积约 37 万 km^2(图 1)。

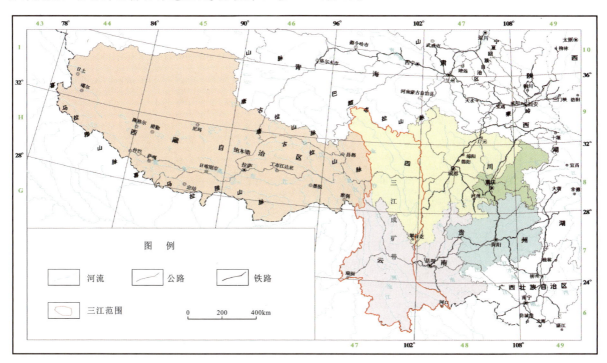

图 1　西南三江成矿带范围示意图

西南三江地区先后经历了古生代—中生代的特提斯构造演化和新生代印度-欧亚板块碰撞造山的叠加和改造,是全球最为复杂的造山带之一。伴随着复杂的地质构造演化,岩浆活动强烈、成矿流体活跃、成矿作用复杂多样,形成了丰富的金属矿产资源,是全球特提斯—喜马拉雅巨型成矿域的重要组成部分,是我国金属矿产资源的重要基地之一。

根据西南三江地区优势矿种的分布特点,结合找矿突破战略行动的目标要求,以铜、铅、锌、银、金、锡、铁等为主要矿种,以斑岩型-矽卡岩型铜矿、喷流沉积型-沉积改造型铅锌银多金属矿、矽卡岩型-云英岩型锡矿、火山沉积型-矽卡岩型铁矿和构造蚀变岩型金矿等为重要矿床类型。

西南三江地区成矿作用贯穿于特提斯构造演化的始终,自早古生代多岛弧-盆地演化开始,经中生代碰撞造山作用至新生代陆内造山期均有成矿作用发生。据矿床的含矿建造和成矿年龄可划分为:早古生代成矿期、晚古生代成矿期、晚三叠世成矿期和燕山—喜马拉雅成矿期。大部分大型—超大型矿床具有多期成矿叠加和"大器晚成"的特点,与陆内转换造山阶段构造-岩浆活动密切相关。

近年来,针对南澜沧江火山岩带地质演化与铜多金属成矿作用、金沙江-哀牢山构造带新生代构造-岩浆-成矿作用和义敦岛弧带斑岩与成矿作用等的研究,主要关注的是印支期和喜马拉雅期成矿,对燕山期成矿作用和找矿方向研究缺乏应有的重视。为支撑实现找矿突破战略行动,以国家级整装勘查区和重要矿集区为重点,深入开展"构造-岩浆-成矿作用"研究,是开展西南三江地区地质矿产调查工作部署、实现找矿新突破的关键所在。

"十二五"期间，依托"西南三江成矿带南段地质矿产调查"计划项目，部署重要找矿远景区的矿产地质调查和资源评价工作，支撑找矿突破战略行动。针对区内设置的云南香格里拉县格咱地区铜多金属矿、云南鹤庆北衙金多金属矿、云南镇康芦子园-云县高井槽地区铁铅锌铜多金属矿、云南省龙陵-隆阳地区铅锌多金属矿、云南省腾冲-梁河地区锡多金属矿、镇沅-墨江金矿勘查6个国家级整装勘查区，系统开展矿产远景调查与资源评价工作，有效地带动了省级地勘基金和商业勘查投入。与省级找矿行动计划有机结合，取得了地质找矿的新突破。

资金总投入19.481亿元。矿产勘查投入总经费16.012亿元，其中：国家财政4.362亿元，省地勘基金1.98亿元，企业9.67亿元。基础地质调查国家财政总投入3.469万元。

各地勘单位在西南三江成矿带主要勘查区累计完成面积性基础地质工作(含中央财政及省级地勘基金)：1:25万区域地质调查70 600 km^2；1:5万区域地质调查81 819 km^2；1:5万水系沉积物测量26 188 km^2，1:5万高精度磁测完成面积16 368 km^2，1:5万重力测量1780 km^2；矿产勘查(含中央财政、省级地勘基金及商业勘查投入)完成槽探26.88×10^4 m^3，坑探4.49×10^4 m，钻探48.31×10^4 m。

中小比例尺地质调查：1:100万区域地质调查、1:25万区域地质调查、1:20万区域地质调查、1:20万区域地球化学测量已经全面完成。1:5万区域地质调查、矿产地质调查：1:5万区域地质调查完成11.7×10^4 km^2，约占总面积的31%；1:5万区域矿产0.56×10^4 km^2，约占总面积的14.5%。区域重力调查：1:100万区域重力调查基本覆盖全区，还完成了18幅1:20万区域重力调查，其中四川境内7幅，云南境内11幅；藏东及青南地区区域重力调查工作程度较低，20世纪70年代以来，1:100万区域重力测量等地球物理调查工作，圈定了一大批航磁和重力异常。1:100万区域航磁调查全覆盖本区，1989—1990年开展的三江地区1:50万航磁调查，涵盖了本工作区的大部分地方，圈出了一大批近南北向分布的航磁异常，在三江南段基本完成了1:20万区域航磁调查，在中甸—丽江一带完成了1:50万高精度航磁调查。川、滇全部完成1:20万化探扫面工作，藏东及青南地区在东经91°以东1:20万~1:50万区域化探已完成。

本书是国家专项"西南三江成矿带地质矿产调查评价计划项目""西南地区矿产资源潜力评价与综合"(编号：1212011121033)和原地质矿产部"八五"科技攻关"西南三江地区铜铅锌等矿产的成矿条件研究"(编号85-01-003)等多项科技攻关及资源勘查评价成果的系统总结，是云南、四川、西藏三省(区)在西南三江地区工作者艰苦拼搏的共同结晶。同时，也是"产、学、研"结合的成功实例。

本书主编尹福光、范文玉。主要编写人员刘书生、石洪召、王冬兵、吴文贤、聂飞、唐渊、杨永飞、王宏、罗茂金、丛峰、谭耕莉。项目承担单位：中国地质调查局成都地质调查中心、四川省地质调查院、西藏自治区地质调查院、云南省地质调查局全体成员。本书重点参考引用了《西南"三江"多岛弧造山过程成矿系统与资源评价》(潘桂棠等，2003)、《西南"三江"多岛弧盆-碰撞造山成矿理论与勘查技术》(李文昌等，2010)。

项目是在中国地质调查局的关心下立项和顺利实施的。由中国地质调查局成都地质调查中心承担该项目，云南省地质调查局、四川省地质调查院、西藏自治区地质调查院等单位参加，先后有西南三江地区数十家地勘、科研和大学的数百名科研技术人员参加该项目工作；西南三江三省(区)省级国土资源主管部门对本省(区)省级矿产资源潜力评价工作开展了卓有成效的组织实施工作；在项目实施过程中，得到了国土资源部、全国项目办、中国地质调查局、中国地质科学院矿产资源研究所有关领导的关心与支持，得到了全国地质背景汇总组、成矿规律汇总组、矿产预测汇总组、全国化工矿产汇总组、全国重力汇总组、全国磁测汇总组、全国化探汇总组、全国自然重砂汇总组、全国综合信息集成汇总组的技术指导。

本书是集体劳动的成果，书中引用了一些单位、个人的文献资料和成果，在此一并表示诚挚的感谢。由于工作量大、时间紧迫，综合编图中难免存在缺点和错漏，希望地学界各位同仁不吝指正，以便再版时修正。

编著者
2016年6月

目 录

第一章 区域成矿地质背景 ………………………………………………………………… (1)
  第一节 区域地质背景 ……………………………………………………………………… (1)
  第二节 区域地球物理特征 ………………………………………………………………… (19)
  第三节 区域地球化学特征 ………………………………………………………………… (24)

第二章 区域成矿单元特征 ………………………………………………………………… (26)
  第一节 腾冲成矿带成矿特征 ……………………………………………………………… (26)
  第二节 怒江-北澜沧江成矿带成矿特征 …………………………………………………… (32)
  第三节 保山-镇康成矿带成矿特征 ………………………………………………………… (33)
  第四节 昌宁-孟连成矿带成矿特征 ………………………………………………………… (36)
  第五节 吉塘-澜沧古岛弧带/东达山-临沧陆块的含矿特征 ……………………………… (42)
  第六节 杂多-景洪晚古生代末—早中生代火山弧逆冲推覆体的含矿特征 …………… (48)
  第七节 昌都-思茅前陆盆地的含矿特征 …………………………………………………… (53)
  第八节 江达-维西-绿春晚古生代末—早中生代火山弧逆冲推覆带的含矿特征 ……… (61)
  第九节 金沙江-哀牢山弧后盆型构造-混杂带的含矿特征 ……………………………… (65)
  第十节 德格-中甸陆块的含矿特征 ………………………………………………………… (70)
  第十一节 甘孜-理塘板块消减杂岩相的含矿特征 ………………………………………… (75)

第三章 重要矿集区成矿作用 ……………………………………………………………… (77)
  第一节 云南省腾冲-盈江地区铁钨锡矿矿集区 …………………………………………… (79)
  第二节 云南省保山-龙陵地区铅锌矿矿集区 ……………………………………………… (86)
  第三节 云南省镇康卢子园-云县高井槽铅锌矿矿集区 …………………………………… (94)
  第四节 云南省西盟县-澜沧县老厂地区铅锌矿矿集区 …………………………………… (103)
  第五节 云南省澜沧县大勐龙地区锡铁铜矿矿集区 ……………………………………… (108)
  第六节 云南省思茅大平掌地区铅锌银铜金矿矿集区 …………………………………… (114)
  第七节 云南省兰坪-白秧坪地区铅锌银矿集区 …………………………………………… (122)
  第八节 西藏自治区昌都地区铅锌银多金属矿集区 ……………………………………… (133)
  第九节 西藏自治区玉龙地区斑岩-矽卡岩铜金矿集区成矿作用 ………………………… (139)
  第十节 西藏自治区各贡弄-马牧普地区金银多金属矿集区成矿作用 …………………… (148)
  第十一节 云南省德钦县徐中—鲁春-红坡牛场地区铜多金属矿集区 …………………… (155)
  第十二节 云南省德钦县羊拉地区铜金矿集区成矿作用 ………………………………… (162)
  第十三节 云南省哀牢山地区金铂矿集区成矿作用 ……………………………………… (172)

第十四节　四川省夏塞-连龙地区银铅锌锡矿集区成矿作用 …………………………… (179)
第十五节　四川省呷村地区银铅锌铜矿集区成矿作用 ………………………………… (186)
第十六节　云南省香格里拉格咱地区斑岩-矽卡岩铜铅锌矿集区成矿作用 …………… (190)
第十七节　四川省梭罗沟地区金铜多金属矿集区成矿作用 …………………………… (199)

第四章　区域矿产成矿规律及成矿演化 …………………………………………………… (207)
第一节　区域成矿规律 …………………………………………………………………… (207)
第二节　矿床成矿系列的划分及成矿系统 ……………………………………………… (220)
第三节　主要地质事件与成矿 …………………………………………………………… (236)

第五章　成矿潜力及找矿预测 ……………………………………………………………… (243)
第一节　重要矿产资源潜力分析 ………………………………………………………… (243)
第二节　综合找矿预测区特征 …………………………………………………………… (249)
第三节　勘查工作部署建议 ……………………………………………………………… (270)

第六章　结语 ………………………………………………………………………………… (284)

主要参考文献 ………………………………………………………………………………… (288)

第一章 区域成矿地质背景

第一节 区域地质背景

西南三江地区主体为构造复杂的造山带,因此在地层区划中不能脱离构造单元的历史发展过程,必须考虑构造背景和构造单元划分。西南三江地区的地层区划有不同的认识,"全国地层划分对比研究"(1996)把图区分为华南和藏滇两个地层大区。本书总体上根据《青藏高原及邻区地质图》(1:150万)地层区划格架,以昌宁-孟连构造带为界,分为冈底斯-喜马拉雅、班公湖-怒江-孟连、西南三江和扬子4个地层大区。

本区各地层大区、区和分区归纳如图1-1和表1-1所示。

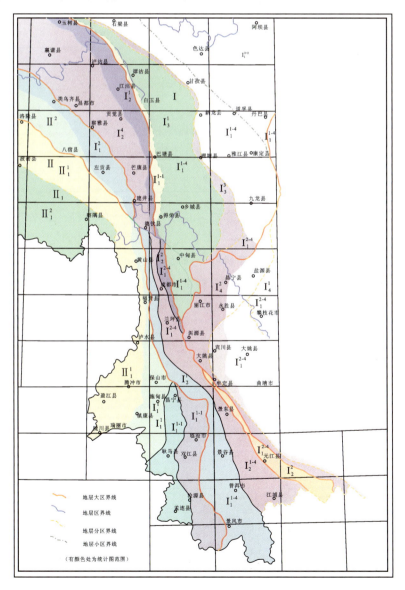

图1-1 西南三江地层分区图
(图中各区注释代号的名称见表1-1)

表 1-1　西南三江地区岩石地层区划简表

地层大区	地层区	地层分区
扬子地层大区（Ⅰ）	上扬子地层区（Ⅰ$_1$）	峨边地层分区（Ⅰ$_1^1$）
		丽江地层分区（Ⅰ$_1^2$）
		康滇地层分区（Ⅰ$_1^3$）
西南三江地层大区（Ⅱ）	巴颜喀拉地层区（Ⅱ$_1$）	得格-中甸地层分区（Ⅱ$_1^1$）
		甘孜-理塘蛇绿岩群（Ⅱ$_1^2$）
		玛多-马尔康地层分区（Ⅱ$_1^3$）
	昌都-思茅地层区（Ⅱ$_2$）	西金乌兰-金沙江地层分区（Ⅱ$_2^1$）
		江达地层分区（Ⅱ$_2^2$）
		昌都地层分区（Ⅱ$_2^3$）
		兰坪-思茅地层分区（Ⅱ$_2^4$）
		类乌齐地层分区（Ⅱ$_2^5$）
		左贡-临沧地层分区（Ⅱ$_2^6$）
班公湖-怒江-孟连地层构造大区（Ⅲ）	昌宁-孟连地层分区（Ⅲ$_1$）	
	羌南-保山地层区（Ⅲ$_2$）	保山地层分区（Ⅲ$_2^1$）
	怒江地层分区（Ⅲ$_3$）	
冈底斯-喜马拉雅地层大区（Ⅳ）	冈底斯-腾冲地层区（Ⅳ$_1$）	八宿地层分区（Ⅳ$_1^1$）
		察隅地层分区（Ⅳ$_1^2$）
		腾冲地层分区（Ⅳ$_1^3$）

对于青藏高原及三江地区的构造单元，很多学者也做了划分，如李兴振、刘增乾、潘桂棠等(1990)，刘增乾、李兴振等(1993)，莫宣学等(1993，1998)，李兴振、江新胜等(2002)，以及潘桂棠、徐强、侯增谦等(2003)。鉴于地质调查工作程度的提高，基础研究的深化，部分构造单元的构造环境进一步厘定，一些新的构造单元被发现，以及成矿预测及资源评价的需求，本书以上述多位学者划分方案为基础，结合最新研究及全国构造单元的划分，将三江特提斯成矿域及邻区主要构造单元划分为 5 个一级构造单元，即扬子陆块、亲扬子弧盆系、特提斯洋缝合带、亲冈瓦纳大陆陆缘弧盆系和印度陆块区，并进一步划分出 15 个二级构造单元（表 1-2，图 1-2）。

表 1-2　中国西南三江地区构造单元划分表

一级构造单元	二级构造单元	
Ⅰ 印度陆块区		
Ⅱ 亲冈瓦纳大陆陆缘弧盆系	Ⅱ$_1$ 察隅-盈江岩浆弧	Ⅱ$_{1-1}$ 盈江岩浆弧
		Ⅱ$_{1-2}$ 拉萨-察隅岩浆弧
	Ⅱ$_2$ 嘉黎-波密弧后结合带	
	Ⅱ$_3$ 冈底斯-腾冲岩浆弧	Ⅱ$_{3-1}$ 腾冲-梁河岩浆弧
		Ⅱ$_{3-2}$ 冈底斯-贡山岩浆弧
	Ⅱ$_4$ 潞西-三台山弧后结合带	
	Ⅱ$_5$ 保山-镇康地块	

续表 1-2

一级构造单元	二级构造单元	
Ⅲ 特提斯洋缝合带	Ⅲ₁ 怒江-孟连结合带	Ⅲ₁₋₁ 怒江-碧土结合带
		Ⅲ₁₋₂ 昌宁-孟连结合带
Ⅳ 亲扬子弧盆系	Ⅳ₁ 左贡-临沧-勐海岩浆弧	Ⅳ₁₋₁ 类乌齐-左贡岩浆弧
		Ⅳ₁₋₂ 临沧-勐海岩浆弧
	Ⅳ₂ 澜沧江弧后结合带	Ⅳ₂₋₁ 北澜沧江结合带
		Ⅳ₂₋₂ 南澜沧江结合带
	Ⅳ₃ 昌都-兰坪-思茅地块	Ⅳ₃₋₁ 开心岭-竹卡-景谷火山弧
		Ⅳ₃₋₂ 昌都-思茅前陆盆地
		Ⅳ₃₋₃ 江达-维西-绿春陆缘弧
	Ⅳ₄ 金沙江-哀牢山弧后结合带	Ⅳ₄₋₁ 金沙江结合带
		Ⅳ₄₋₂ 哀牢山结合带
	Ⅳ₅ 德格-中甸地块	Ⅳ₅₋₁ 中咱-中甸地块
		Ⅳ₅₋₂ 义敦-格咱岩浆弧
	Ⅳ₆ 甘孜-理塘弧后结合带	
Ⅴ 扬子陆块	Ⅴ₁ 松潘-甘孜地块	Ⅴ₁₋₁ 巴颜喀拉地块雅江盆地
	Ⅴ₂ 上扬子陆块	Ⅴ₂₋₁ 盐源-丽江陆缘裂谷盆地
		Ⅴ₂₋₂ 楚雄前陆盆地
		Ⅴ₂₋₃ 点苍山-元阳变质基底杂岩带
		Ⅴ₂₋₄ 金平被动陆缘

一、察隅-盈江岩浆弧

察隅地区，出露地层有古—中元古代德玛拉岩群($Pt_{1-2}D.$)结晶基底变质岩系，新元古代—寒武纪波密群($Pt_3 \in B$)泛非期褶皱基底变质岩系，中奥陶世古玉组(O_2g)、中泥盆世布玉组(D_2b)、晚泥盆世贡布山组(D_3g)、晚石炭世—早二叠世来姑组(C_2P_1l)、中二叠世雄恩错组(P_2x)大陆边缘台地沉积以及晚三叠世谢巴组(T_3xb)陆缘火山弧建造、中侏罗世马里组(J_2m)山间磨拉石沉积等。盈江地区，结晶基底岩系为一套变质达高绿片岩相、角闪岩相、麻粒岩相的变质岩系，构成陆块西部沙马结晶基底逆冲带、雅则-明期褶皱带、扎西则-谢巴岩浆弧的结晶基底。盖层褶皱岩系由浅变质绿片岩相活动大陆边缘浊积岩和碰撞型岛弧中酸性火山岩组成，经历了泛非末期壳源重熔花岗岩侵位(600～500Ma)和褶皱变质作用(664～644Ma)之后，成为冈瓦纳大陆北缘增生褶皱变质基底的一部分。以晚古生代浅海沉积为主体，其上零星盖有三叠纪盖层。晚三叠世—晚侏罗世—早白垩世的花岗岩主要出露于梁河、陇川、苏典、盈江等地，呈北东向、南北向条带状展布，与区域构造线的展布方向一致侵入于古元古代、晚古生代基底岩石之中，以二长花岗岩为主，少量的花岗闪长岩、石英闪长岩，局部地段见英云闪长岩。

二、嘉黎-波密弧后结合带

该结合带仅在个别地段出露蛇绿岩残块。察隅松古粗粒堆晶辉长岩产于察隅-沙马间松古大桥河两侧，微量元素与原始地幔(Jagoutz et al，1979)平均值相比较，过渡族元素 Sc、Mn、Fe 较高，Cr、Co、Ni、Zn 较低，不相容元素均较高，可能属地幔岩浆分异产物。

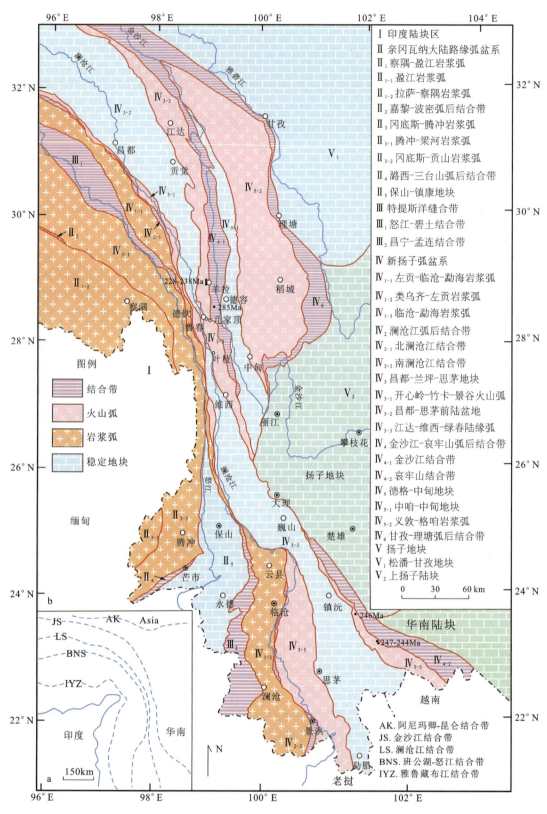

图 1-2 西南三江大地构造分区图

石炭纪—二叠纪火山岩产于来姑组(C_2P_1l),岩石类型有蚀变玄武岩、致密块状钠质玄武岩、杏仁状钠质玄武岩、安山玄武岩、角砾玻基玄武岩、石英安山岩、蚀变安山岩、蚀变含砾安山质晶屑岩屑凝灰岩、玄武质熔(岩)结角砾岩、玄武质熔结凝灰岩等。岩石微量元素为 Rb 和 Th 的高度富集,并以 Ba 为低谷,在 Rb 和 Th 两处形成高峰,整个曲线型式与板内熔岩的微量元素分布模式很接近。

三、冈底斯-腾冲岩浆弧

藏东冈底斯岩浆弧出露地层有古—中元古代德玛拉岩群($Pt_{1-2}D.$)结晶基底变质岩系,新元古代—寒武纪波密群($Pt_3\in B$)泛非期褶皱基底变质岩系,中奥陶世古玉组(O_2g)、中泥盆世布玉组(D_2b)、晚泥盆世贡布山组(D_3g)、晚石炭世—早二叠世来姑组(C_2P_1l),中二叠世雄恩错组(P_2x)大陆边缘台地沉积以及晚三叠世谢巴组(T_3xb)陆缘火山弧建造,中侏罗世马里组(J_2m)山间磨拉石沉积等。

贡山岩浆弧为区域上拉达克-冈底斯-拉萨-腾冲陆块的一部分。腾冲地区前寒武纪变质岩系(高黎贡山岩群)为黑云斜长片麻岩、矽线黑云斜长片麻岩、变粒岩、斜长角闪岩夹大理岩、钙硅酸盐岩,下古生界以灰岩为主,上部浅变质含砾碎屑岩系,属陆缘浅海相沉积,中生界属浅海环境,上石炭统—下二叠统为海相含冰碛杂砾岩,具冈瓦纳相特征;新生代强烈的火山活动是腾冲地区一大特色,形成有名的腾冲火山群。

四、潞西-三台山弧后结合带

一种意见否认这是一条板块结合带,根据是该带两侧古生代地质发展史大致相似,仅于中生代侏罗纪期间地壳拉张,局部出现洋盆,但为时短暂,至晚侏罗世即行闭合。因此认为这是一条板内的弧后逆断层。

视为板块结合带的认为:该结合带在西藏地区表现明显,称班公湖-怒江缝合线。沿怒江转向南延入云南省境内,由于板块拼接具剪切性质,致使缝合线形迹不显,所见的是高黎贡山冲断或推叠带,但在潞西县三台山见超基性岩构造侵位于三叠系—侏罗系中,表明是地壳拉张,发展到洋盆,代表新特提斯。再向南到缅甸曼德勒一带可与由北向南延的密支那超基性岩带相接。

五、保山-镇康地块

其东界是柯街-南定河断裂,西界是怒江断裂。区内出露的最老地层是震旦系—寒武系公养河群,底部未出露,层位及岩性相当于缅甸境内的昌马支系。据报道,在缅甸掸邦,可见昌马支系不整合覆于抹谷结晶片岩之上,昌马支系之上又有寒武系不整合接触。晚寒武世以后各时代地层总的趋向反映地壳渐趋稳定。上石炭统上部、上三叠统及中侏罗统虽有火山活动的记录,但分布局限,属板内火山活动。从海西运动开始,地壳上升,活动渐趋强烈,表现为中石炭统缺失,上石炭统假整合于下石炭统之上。上石炭统下部具冈瓦纳相沉积特征,含冷水动物群,上部为基性火山喷发岩,下二叠统可超覆于下伏地层之上。上二叠统及下三叠统缺失,中—上三叠统的沉积范围进一步缩小,并有短暂火山喷发。其后,全区上升遭受轻微褶皱,中侏罗统不整合覆于下伏地层之上,为燕山运动在区内的表现,具盖层褶皱性质。

保山陆块可进一步划分为3个次级构造单元:①水寨-木厂前陆拗陷带(P_2—T_3):主要发育晚二叠纪—三叠纪地层,其岩相变化由东向西,由陆相到海相,上三叠统向东超覆不整合在下伏不同时代地层之上。它是掸邦微陆块向东俯冲,特提斯大洋闭合后,于耿马-沧源被动边缘褶冲带西侧保山陆块前缘上形成的前陆拗陷。②保山-施甸隆起:表现为保山-镇康带缺失上二叠统,中生代时期的隆起带。③六库-勐嘎中生代前陆拗陷带:是在三叠纪水寨-木厂前陆拗陷带西侧另一拗陷基础上发展起来的,于早侏罗世掸邦(保山)微陆块向西斜向俯冲、怒江洋闭合、高黎贡山带向东推覆在其前缘形成的前缘拗陷带。中侏罗世发育陆相磨拉石—海相碎屑岩和碳酸盐岩,局部有海底火山喷发。

六、怒江-孟连结合带

(一) 怒江-碧土结合带

怒江-碧土结合带指索县-巴青-丁青-八宿蛇绿混杂岩带，为一系列大小不等的基性、超基性岩体，总体呈透镜状、扁豆状、似脉状沿北西向和北西西向断续展布，构造侵位在以砂板岩、云母石英片岩为基质的增生杂岩中。丁青色扎区的加弄沟、宗白—亚宗一带可见完整的蛇绿岩层序，自下而上为橄榄岩（包括云辉橄榄岩、辉橄岩、二辉橄榄岩夹含辉纯橄岩，厚度>7500m）→堆晶岩（包括辉长苏长岩、二辉岩、角闪辉长岩，厚260m）→辉绿岩和辉长辉绿岩墙群→玄武质熔岩（包括拉斑玄武岩、霓玄岩、钛辉玄武岩）→放射虫硅质岩，在日隆山、娃日拉一带有厚度>1200m的由纯橄岩、二辉橄榄岩互层组成的堆晶杂岩。在丁青岩体南侧，晚侏罗世底砾岩中见有超基性岩与硅质岩砾石分布，已知蛇绿岩形成时代为石炭纪—早侏罗世。

班公湖-怒江结合带在八宿—左贡—察瓦龙一带主要表现为左贡扎玉-碧土蛇绿混杂岩带。混杂岩的基质为钙-泥质浊积岩，钙-硅质岩及薄层硅质灰岩，其中混杂有镁铁质岩和超镁铁质岩，以及石炭纪—二叠纪的亚速尔型洋岛、夏威夷型洋岛海山的玄武岩及灰岩的岩块（吴根耀，2006），扎玉-碧土玉曲河两岸的硅质岩中含晚石炭世放射虫 *Albaillella* sp. 及牙形刺等化石。

(二) 昌宁-孟连结合带

该结合带位于西侧保山微陆块与东西两侧临沧火山-岩浆弧带之间，分布于滇西地区的昌宁—双江—孟连一带。该带南延可能接马来西亚的文冬-劳勿带（潘桂棠等，1997；张旗等，2001），北延的连接和归属由于出露的地质构造形迹不明，长期存在分歧。李春昱等（1982）指出：藏北日土—丁青一带（即班公湖-怒江结合带）沿线出露的基性、超基性岩可能是冈瓦纳古陆与古欧亚板块最初的碰撞结合带，昌宁-孟连结合带零星分布的基性、超基性岩则标志了该缝合线向南的延续。

根据近年来的工作，该带北起昌宁、云县铜厂街，向南经双江、澜沧老厂至孟连一线展布，发育较典型和完整的蛇绿混杂岩，东侧配套发育有临沧岛弧带。在云县铜厂街地区为一较典型的蛇绿混杂岩带，由方辉橄榄岩、堆晶二辉岩-辉长岩、玄武岩、放射虫硅质岩与砂板岩和外来灰岩块等形成蛇绿混杂堆积（张旗等，1992）。在昌宁—孟连一带，主要由蚀变单辉橄榄岩、堆晶单辉橄榄岩、辉绿岩、块状和枕状玄武岩、放射虫硅质岩和苦橄岩等组成。此外，还见有洋岛型玄武岩及其上的增生碳酸盐岩。火山岩包括了拉斑玄武岩系列和碱性玄武岩系列，拉斑玄武岩系列分布在昌宁、孟连、铜厂街、老厂等地，过渡型、碱性玄武岩系列则广泛分布于整个带中（莫宣学等，1993）。按稀土配分模式可以分为两类：一类为近平坦型，$(La/Yb)_N$ 为 0.84～1.87，无 δEu 异常，相当于 T-MORB（Handerson，1984），主要包括拉斑玄武岩类—橄榄拉斑玄武岩、石英拉斑玄武岩等；另一类为 LREE 中等富集型，$(La/Yb)_N$ 为 5.18～9.32，无 δEu 异常，相当于 E-MORB，主要包括碱性玄武岩类——亚碱性苦橄玄武岩、橄榄拉斑玄武岩、碱性玄武岩等。上述两种岩类的玄武岩在空间上共生，统称为洋脊-准洋脊型玄武岩（莫宣学等，1995）。

王保弟（2012）在南汀河地区发现比较完整的蛇绿岩组合，由变质橄榄岩、堆晶辉长岩、变质辉长岩以及玄武岩等构造单元组成。通过该蛇绿岩中堆晶辉长岩以及辉长岩的 LA-ICPMS 锆石 U-Pb 定年研究显示，堆晶辉长岩有两种类型的岩浆锆石，一种是具有明显增长边的岩浆锆石，其 11 个测点的 $^{206}Pb/^{238}U$ 加权平均年龄为 $(473.0±3.8)Ma$（MSWD=0.7，$n=11$），一种是没有增长边的岩浆锆石，其 9 个测点的 $^{206}Pb/^{238}U$ 加权平均年龄为 $(443.6±4.0)Ma$（MSWD=0.59，$n=9$），分别代表了堆晶辉长岩早期与晚期岩浆作用事件的时代；而辉长岩 16 个测点加权平均年龄为 $(439±2.4)Ma$。表明南汀河地区古特提斯主洋盆的扩张时间为 473～439Ma，这是昌宁-孟连结合带首次精确限定的早古生代蛇绿岩。

根据该带蛇绿岩中放射虫硅质岩和东侧晚古生代火山-岩浆弧的时代，昌宁-孟连洋盆至少在晚古生代之前已经存在。其依据是早石炭世不仅与洋脊-准洋脊型玄武岩伴生的硅质岩中有早石炭世放射虫，在洋岛玄武岩上面的硅质岩中也含有早石炭世的放射虫组合 *Archocyrtium menglianensis* Wu 和 *Ar. delicatum* Cheng 等（冯庆来，1993），而且最新也发现有早石炭世放射虫 *Albaillella* sp.，*Entactinosphaera foremanae*，*Scharfenbergia turgiga*（李兴振等，1999）。上述资料均表明昌宁-孟连在泥盆纪—二叠纪时已具有成熟的洋盆，闭合于二叠纪末，三叠纪发生弧-陆碰撞作用，最终被上三叠统普遍不整合覆盖。

七、左贡-临沧-勐海岩浆弧

（一）类乌齐-左贡岩浆弧

该岩浆弧位于北澜沧江蛇绿混杂岩带的西侧，主要由前寒武系(?)吉塘群变质岩、古生界及印支期—燕山期中酸性(火山)侵入岩构成。这些地层均被中上三叠统河流相至浅海相碳酸盐岩-碎屑岩夹少量火山岩所超覆，部分地区其上不整合侏罗系的海陆交互相碎屑-碳酸盐岩。

左贡地块的变质基底为前泥盆系吉塘岩群(AnD?)变质岩，下部恩达岩组(Pt_3?)为一套角闪岩相(局部麻粒岩相)变质岩系，原岩为一套火山岩-沉积岩建造。经李才（2011—2013）研究认为吉塘群是由大小不等、时代不同、不同构造环境中产生的构造-岩石单位，解体为前寒武纪副片麻岩、早二叠世岛弧火山岩、片麻状花岗岩（Ⅰ型），以及中晚三叠世花岗岩（S型），有可能是与古特提斯洋演化密切相关的前锋弧岩浆活动的地质记录。酉西岩组(Pz_1?)为一套绿片岩相变质岩系，原岩为一套碎屑岩及火山岩建造，雍永源等（1990）曾获得片岩的全岩 Rb-Sr 法变质年龄值为 371.1Ma，推断可能为活动边缘盆地中的一套火山-沉积岩组合。上古生界泥盆系未见出露，已知石炭系主体为北澜沧江洋盆西侧被动边缘盆地浅海相碎屑岩夹生物灰岩沉积→裂陷-裂谷盆地半深海相的碎屑岩复理石、玄武岩及流纹岩"双峰式"夹灰岩组合。中—上二叠统东坝组(P_2)、沙龙组(P_3)主体为一套滨浅海相碎屑岩及玄武安山岩、杏仁状或致密块状玄武岩、安山质角砾熔岩及变质凝灰岩夹灰岩组合，火山岩性质属于大陆拉斑-碱性系列玄武岩及安山岩，形成于与俯冲作用有关的陆缘火山弧环境。

早—中三叠世由于受到北澜沧江弧-陆碰撞造山作用的制约，地块隆起并缺失下中三叠统沉积。上三叠统由下往上分为东达村组、甲丕拉组、波里拉组和巴贡组，东达村组(T_3)沿左贡县城东往北至乌齐以南分布，由砂页岩与灰岩组成。甲丕拉组(T_3)为前陆盆地中的磨拉石堆积，之上的波里拉组为海相碳酸盐岩及阿堵拉组和夺盖拉组的含煤碎屑岩，页岩与细砂岩、粉砂岩韵律互层，被认为是丁青-碧土洋盆向西斜向俯冲的弧陆碰撞在地块上前陆坳陷产物。侏罗系仅在夏雅南北及左贡县田妥东有小片分布，为滨岸相紫红色砂岩、泥岩夹杂色粉砂质泥岩和不稳定灰岩，不整合于三叠系之上。晚三叠世—中侏罗世沉积地层可能为丁青-碧土洋盆消亡，向西南斜向俯冲的前陆盆地产物。第三系为陆相含煤碎屑岩。

地块东侧最为显著的侵入体是晚三叠世东达山巨型花岗岩岩基，岩性复杂多样：黑云母花岗闪长岩、花岗闪长岩、黑云母二长花岗岩、二长花岗岩、石英黑云二长岩等，获得全岩 Rb-Sr 年龄为 194Ma（李永森等，1991）和 215.5Ma（余希静，1985），地球化学特征显示为碰撞环境的岛弧型岩体。

区内前寒武系变质及变形作用强烈，上古生界大多被断裂肢解为断片，中生界则主要为宽缓褶皱，北西-南东向的逆断层发育，尤其以地块东、西两侧相向对冲的叠瓦状逆冲断层及推覆体构造发育为特征。

（二）临沧-勐海岩浆弧

崇山-临沧地块（西以班公湖-双湖-怒江-昌宁对接带南段的东界断裂为界，东与竹卡-云县-景洪陆缘弧带相邻，呈近南北向的狭长带状展布。该地块可以进一步分为碧罗雪山-崇山岩浆弧和临沧岩浆弧 2 个次级构造单元。

1. 碧罗雪山-崇山岩浆弧（Pt_2?）

该变质基底分布于普拉底断裂之东，碧罗雪山韧性剪切带之西，由于遭受强烈挤压-剪切变形，呈狭长条带状出露。地块内主要为中元古代崇山岩群深变质岩系、石炭系莫得岩组和酸性岩浆侵入体。包括西定基底残片亚相（Pt_2）、粟义蓝闪石高压变质亚相（C—P）。

崇山岩群（Pt_2）为一套混合岩化强烈的黑云斜长片麻岩、角闪变粒岩、矽线黑云石榴片麻岩，斜长角闪岩的同位素模式年龄集中于1100～1000Ma，片麻岩集中于1900～1600Ma，片麻岩的模式年龄大致相当于大勐龙群的模式年龄。新元古界习谦岩组（Pt_3）由黑云母石英片岩、角闪斜长变粒岩、大理岩、角闪片岩组成，角闪石英岩K-Ar年龄（956.6±34.4）Ma，斜长角闪岩锆石$^{207}Pb/^{206}Pb$年龄为738～727Ma，角闪石K-Ar年龄为（397.84±8.87）Ma，存在多期构造热事件活动。

盖层为下石炭统莫得岩群（C）浅变质岩系，由变质砂岩、板岩、硅质岩夹大理岩，少量基性火山岩组成，显示出地块边缘斜坡盆地中的深水浊流沉积作用特征。此外，局部可见上三叠统察瓦龙群（T_3）浅海相碎屑岩-碳酸盐岩不整合在变质岩系之上，具有前陆盆地性质。侏罗系—白垩系分布较零星，与昌都-思茅盆地的也大体相似，为海陆交互相至陆相红色碎屑岩，缺下侏罗统。第三系为陆相红色碎屑岩，分布局限。

地块中碧罗雪山-扎竹箐花岗闪长岩$^{40}Ar/^{36}Ar$等时线年龄为221.9Ma（刘登忠等，1999），地球化学特征显示为与碰撞作用有关的岛弧型岩体。另外，偶见白垩纪花岗岩侵入体分布。

2. 临沧岩浆弧（P—T）

临沧岩浆弧位于南澜沧江结合带与昌宁-孟连结合带之间，以广泛出露中酸性侵入岩为特点，构成云南规模最大的临沧复式岩基带。该岩基带总体呈南北方向延伸，东西宽10～48km不等，平均宽度为22.5km；云南省内南北长连续出露达350km，形成一条十分醒目的岩浆岩带。包括临沧岩浆杂岩亚相（P—T）、大勐龙中深变质杂岩亚相（Pt_1）。

临沧岩浆弧基底主体为新元古界澜沧岩群（Pt_3），中元古界大勐龙岩群（Pt_2）多数已被侵入岩浆岩所捕获呈岩块状零星分布，岩石类型主要为黑云母斜长变粒岩夹黑云母斜长片麻岩。临沧巨型复式花岗岩基，U-Pb锆石年龄变化于254～212Ma（三叠纪）之间。岩基主要由中粒—中粗粒黑云母二长花岗岩组成，其次为黑云母花岗闪长岩。临沧复式花岗岩基是以S型花岗岩为主，并有I型花岗岩分布（《云南省区域地质志》，1990），其中段（临沧段）具有S型和I型共存的特点。

岩浆弧盖层大多被剥蚀，残留的沉积盖层为中侏罗统花开组的陆相红层。值得指出的是岩浆弧带在古近纪时发生自西向东的逆冲推覆作用，受其强烈区域性壳内动力变形作用的制约，发育同构造古近纪二长钾长花岗岩呈脉状、透镜状和岩株状侵位。

八、澜沧江弧后结合带

（一）北澜沧江结合带

北澜沧江蛇绿混杂岩带相当于原北澜沧江断裂带（结合带？）的南段，往西可能在查吾拉以东的拉龙贡村附近与龙木错-双湖蛇绿混杂岩带相交接；向南呈北北西向的狭长带状沿北澜沧江西岸展布，主要分布于类乌齐县岗孜乡日阿则弄、曲登乡，经脚巴山西侧，南延至卡贡一带，沿碧罗雪山-崇山变质地体东界澜沧江断裂进一步南延则可能与南澜沧江结合带相接。该蛇绿混杂岩由于被东侧开心岭-杂多-竹卡二叠纪—晚三叠世火山弧向西的逆冲掩盖，（蛇绿）构造混杂岩断续出露，部分地段的韧性剪切带具有相当的规模。

北澜沧江蛇绿混杂岩带呈北北西向转北西展布，北段在类乌齐一带发现有侵位于石炭系中的超镁铁岩（1:20万类乌齐幅，1992）和洋中脊玄武岩。中南段在类乌齐-吉塘地区于石炭系卡贡群中发现为深水沉积盆地的浊积岩,为一套硅灰泥复理石沉积,与该沉积组合共生的还见拉斑玄武岩-流纹岩"双峰式"组合。获得玄武岩 SHRIMP 锆石 U-Pb 年为 361.4Ma。该蛇绿混杂岩带东侧脚巴山至竹卡兵站发育碎屑岩-英安岩-流纹岩弧火山岩组合及晚三叠世 S 型花岗岩,西侧类乌齐吉塘地区也有类似的弧火山岩组合,表明类乌齐-曲登(北澜沧)江洋壳的俯冲消减具有双向俯冲的特征,类似于现今东南亚马鲁古海峡发生的洋壳双向俯冲导致弧-弧碰撞的实例。该带在新生代早期曾发生过强烈的左旋韧性剪切叠加改造作用。

(二)南澜沧江结合带

区域上南澜沧江结合带是西侧左贡和保山地层分区与东侧沱沱河-昌都和兰坪两个地层分区之间的重要构造带。该带从西藏左贡县扎玉向南延入云南省德钦县西梅里雪山、维西县白济汛、兰坪县营盘,南沿澜沧江断裂,再经景谷县半坡、澜沧县雅口至景洪县向南而延出国境,图区内长约 900km。在《青藏高原及邻区地质图》(1:150 万)说明书中认为南澜沧江结合带北延可能交接于金沙江结合带上,图区内为南澜沧江结合带。

南澜沧江结合带在区内沿白济汛、营盘、半坡、雅口至景洪县,呈近南北向空间展布。在维西白济汛—兰坪营盘一带见有保存完好的洋脊型蛇绿岩,由蛇纹岩、堆晶杂岩(橄榄单辉岩-辉长岩-钠长花岗岩)、变基性火山岩、放射虫硅质岩组成。景谷县以西的葳里、半坡等岩体构造侵位于三叠纪地层中,出露较好,岩体大小分别为长约 750m、11 000m,宽约 300m、3500m,堆晶结构十分发育,韵律清晰,岩石以单辉岩、二辉辉长岩、橄榄辉长岩、辉长岩为主,次有单辉橄榄岩、方辉橄榄岩、异剥橄榄岩、角闪辉石岩、纯橄榄岩、苏长辉长岩、斜长岩等。

南澜沧江结合带基性、超基性岩体构造侵位于上古生界,主要是二叠系。南段的二叠纪岩石具有明显的深海沉积特征(张翼飞等,2000);在兰坪县营盘有洋脊型玄武岩;在思茅—澜沧公路上热水塘一带可见与基性、超基性岩伴生以粒级层和极薄层—薄层杂砂岩为标志的深海浊积岩;白济汛西南有吉岔—托巴基性—超基性岩体,景谷县以西的葳里、半坡和雅口等地也有基性—超基性岩体。在《青藏高原及邻区地质图》(1:150 万)说明书中认为南澜沧江结合带难以定论其具有典型的蛇绿岩,但部分基性—超基性岩体具有蛇绿岩中堆晶岩的特征。

九、昌都-兰坪-思茅地块

昌都-兰坪-思茅地块位于西金乌兰-金沙江-哀牢山结合带以西,乌兰乌拉湖-澜沧江结合带和班公湖-双湖-怒江-昌宁对接带中南段以东的区域。地块内发育有较完整的上古生界,全区以三叠系、侏罗系—白垩系广泛分布为特色。

昌都地块具有结晶基底、裂陷事件层和盖层的 3 层结构。

在昌都地块北部的夏日多、小苏莽和江达地区出露有前寒武系宁多群和雄松群片麻岩、片岩和变粒岩,为结晶基底。原岩为一套碎屑岩、碳酸盐岩,下部夹基性火山岩,上部夹有冰碛砾岩。在小苏莽一带,宁多群之上草曲群,是一套浅变质岩系。其底部有一套砾岩,这套砾岩所反映的构造界面其时代大体相当于扬子陆块的晋宁运动(李兴振等,2002)。

早古生代地层主要出露于江达戈波、清泥洞、海通及盐井多吉板一带。戈波地区的戈波群可能包含有晚前寒武纪到早古生代地层,是一套陆缘火山-沉积岩系,清泥洞和海通一带的下中奥陶统为一套大陆斜坡浊积扇到下陆棚碎屑岩和上部开阔台地相碳酸盐岩沉积。志留系主要见于南部盐井多吉坂一带,为一套碎屑岩和碳酸盐岩(云南地矿局三大队,1990)。在清泥洞泥盆系超覆不整合在褶皱的奥陶系之上。

泥盆系为陆相到浅海相碎屑岩和台地相碳酸盐岩,并在南部发育层孔虫礁,但在江达地区中上泥盆统发育基性和酸性火山岩。

石炭纪时,在清泥洞一带同泥盆纪时一样,也发育一套陆相到浅海相碎屑岩和台地相碳酸盐岩,并发育海绵礁。西侧昌都—开心岭一带下石炭统为含煤碎屑岩,上石炭统为碳酸盐岩夹火山岩。东侧德钦一带可见一套属于陆棚至斜坡相的水道砂体、漫岸砂体的碎屑岩和碎屑浊积岩、碳酸盐浊积岩。

二叠纪时昌都-思茅地块东、西两侧均发育岛弧型火山-沉积岩系,三叠纪,特别是晚三叠世,南、北两地块上的地层可一一相对应,形成了一个相互连通的叠置在晚古生代褶皱地层之上的沉积盆地。

南部思茅块(不包括昆嵩陆块)出露最老地层为志留系,见于哀牢山带西侧,志留系—泥盆系为复理石和笔石页岩建造,石炭系为一套复理石砂板岩、基性火山岩和碳酸盐岩,二叠系为岛弧型火山-沉积岩系。西部龙洞河一带发育一套复理石砂板岩(浊积岩)、浊积灰岩、硅质岩、重力流堆积的滑塌角砾岩、基性和中酸性火山岩,这套地层时代主体为石炭纪—二叠纪。在思茅大平掌一带发现有泥盆纪的放射虫。因此,这套地层可能包含有部分泥盆系。在其南的景洪南光一带,泥盆系也是一套浊积砂板岩、硅质岩、滑塌角砾岩、中酸性火山岩(李兴振等,1999),该泥盆系中也可能包含有石炭系—二叠系。它们可能南北相连,共同构成澜沧江弧后盆地沉积。

昌都-兰坪-思茅地块自东向西可进一步划分为:东为治多-江达-维西-绿春陆缘弧带,中间为昌都-兰坪中生代双向弧后前陆盆地,西为开心岭-杂多-竹卡-云县-景洪陆缘弧带。

(一) 开心岭-竹卡-景谷火山弧

开心岭-杂多-景洪岩浆弧(P_2—T_2)呈带状位于昌都-兰坪-思茅双弧后前陆盆地(Mz)的西侧,该带石炭系为稳定的陆表海沉积,其上发育二叠纪岩浆弧,后被不同时代陆内盆地覆盖。

石炭系为稳定的陆表海沉积,下石炭统杂多群为板岩-砂岩-火山岩建造、砂屑灰岩-生物灰岩建造,含腕足(*Chonetinella* sp.)、珊瑚(*Lophophyllum* sp. *Syringopora interemixta*)及三叶虫(*Cummingella* sp.)等化石;上石炭统加麦弄组为粉砂岩-砂岩-灰岩、生物碎屑灰岩-粉砂岩建造,含䗴、腕足、菊石、珊瑚及植物化石,为又一次碎屑岩陆表海-碳酸盐岩陆表海的构造旋回。

三叠纪火山弧,北西段开心岭群由下而上为砂岩-碳酸盐岩-玄武岩建造、凝灰岩-安山岩-流纹岩建造(287Ma)、灰岩生物灰岩-砂岩建造,含腕足、珊瑚、䗴及菊石化石,反映陆缘弧构造环境;同期侵入岩为正常花岗岩(251Ma),过铝质高钾钙碱性系列,为弧-陆碰撞构造环境。

北段在杂多子曲—类乌齐甲桑卡一带二叠系为碎屑岩,基性、中基性—中酸性火山岩,夹灰岩、硅质岩,局部夹煤线和煤层。在沙龙—曲登一带主要为一套碎屑岩夹碳酸盐岩及基性—中基性火山岩。火山岩以玄武安山岩、杏仁状玄武岩、致密块状玄武岩为主,次为蚀变安山质角砾熔岩及变质凝灰岩。岩石化学和地球化学特征表明为岛弧型(据 1:20 万芒康幅、盐井幅区调报告)。

南带云县-景洪二叠纪火山弧,沿澜沧江分布,为一套砂板岩、硅质粉砂岩及火山岩。早二叠世为中酸性火山岩及火山碎屑岩(流纹岩、流纹质凝灰岩及少量安山岩);晚二叠世为玄武安山岩、安山岩、英安岩和流纹岩,为(中钾)钙碱系列和(低钾)拉斑系列,岩石化学和地球化学特征表明为岛弧火山岩(莫宣学等,1998)。

中晚三叠世弧火山岩带同二叠纪火山弧带一样,也分为南北两段。北段北起类乌齐县的类乌齐镇,向南经察雅县金多,沿东达山花岗岩带东侧和北澜沧江延入芒康县竹卡—曲登—盐井及德钦县梅里石—大丫陇骨一带,再沿碧罗雪山东坡,或崇山群东侧,一直南延到兰坪县营盘至云龙山表村一带,其南被崇山群向东的逆推所掩覆。中上三叠统与南段中上三叠统芒怀组、小定西组相似。主要是一套砂板岩与基性、中酸性和酸性火山岩,局部地段夹碳酸盐岩。火山岩主要为钠质英安岩、钠质英安流纹岩、杏仁状玄武岩及相应的火山碎屑岩。

南段云县-景洪带,据莫宣学等(1988)研究又可分为北段和中南段。北段位于小定西—文玉—民乐一带,中晚三叠世火山岩属高钾钙碱系列-钾玄岩系列,岩石组合为钾质粗面玄武岩-高钾玄武岩-钾玄岩-安粗岩-高钾流纹岩组合。一般认为钾玄岩组合是在后碰撞的伸展体质下形成的,与幔源岩浆活动有关,是岩石圈地幔低度熔融的产物。中南段即民乐以南,中晚三叠世火山岩特征与二叠纪的比较接近,属低钾拉斑-中钾钙碱系列,具有石英拉斑玄武岩-玄武安山岩、安山岩-英安岩-流纹岩的岩石组合。岩石和地球化学特征表明火山岩具有火山弧的特征。中南段钠质火山岩可能形成时间较早,并偏向俯冲带一侧；北段富钾火山岩形成时间稍晚，并靠近思茅地块一侧。

在德钦梅里石—漕间一带，中上三叠统为含砾砂岩、砂岩、粉砂岩、板岩和酸性火山岩夹硅质岩和灰岩。火山岩主要是安山岩、安山质火山角砾岩和凝灰岩、英安岩、英安质火山角砾岩和流纹岩、流纹质火山角砾岩和凝灰岩。其南延的营盘一带与北部相似，只是西部出现有石英斑岩和流纹斑岩。在漕间-水井公路剖面上，这些斑岩被韧性剪切而形成强片理化糜棱岩。

新生代为复成分砾岩-石灰岩建造、泥灰岩粉砂岩-膏岩建造，淡（咸）水湖相-冲积扇相沉积，走滑拉分盆地环境。

（二）昌都-思茅前陆盆地

昌都-兰坪双向弧后前陆盆地(Mz)处于青海南部，藏东到滇西呈北西向展布，是三江多岛弧盆系的主体组成部分，其北东侧为治多-江达-德钦-维西-绿春陆缘弧带(P_2—T_2)，西南侧为开心岭-杂多-类乌奇-景洪陆缘岩浆弧(P_2—T_2)。经历发育复杂构造演化过程，可分为变质基底杂岩(Pt_2)、被动陆缘(O_1)、陆表海(D—C)、弧后盆地(P)、弧后前陆盆地(T—J_1)、断陷-走滑盆地(E—N)。

变质基底杂岩(Pt_2)，主要由古中元古界宁多岩群($Pt_2 N.$)构成，为石英岩-云母片岩-大理岩（斜长角闪岩）变质建造，为区域动力热流变质作用形成，达低角闪岩相铁铝榴石变质相带，原岩为砂泥质-碳酸盐岩（基性火山岩）建造，反映被动陆缘构造环境。

被动陆缘(O_1)，下奥陶统不整合覆盖于变质基底之上，为石英砂岩-页岩-火山岩建造（灰色中厚层状细粒石英砂岩中夹少量板岩），为被动陆缘构造环境。其上泥盆系为玄武岩-页岩-石灰岩建造、火山岩-火山角砾岩-砾岩建造，含层孔虫、珊瑚、腕足化石，为陆缘裂谷环境。表明奥陶纪—泥盆纪有被动陆缘向陆缘裂谷环境的变迁。

陆表海(D—C)，石炭系为海相稳定沉积，下石炭统杂多群为石英砂岩-粉砂岩-灰岩-粉砂岩-白云岩建造，含腕足(*Chonetinella* sp.)、珊瑚(*Lophophyllum* sp. *Syringopora interemixta*)，反映碎屑岩陆表海向碳酸盐岩陆表海过渡；上部加麦弄组为粉砂岩-砂岩-灰岩、生物碎屑灰岩-粉砂岩建造，含蜓、腕足、珊瑚化石，表明又一个碎屑岩陆表海-碳酸盐岩陆表海的构造旋回。同期侵入岩(301Ma)组合，为过铝质钙碱性系列，反映克拉通构造环境。

弧后盆地(P)，发育砂岩-石灰岩-玄武安山岩建造、灰岩-砂岩-中基性火山岩建造，复合蜓、腕足、菊石、珊瑚化石，在诺日巴尔日堡组一段中发育煤层及石膏岩，总体为火山盆地-局限台地滨浅海相沉积，为陆缘弧后盆地构造环境。

弧后前陆盆地($T-J_1$)，昌都盆地主要由晚三叠世甲丕拉组（砂岩-砾岩-粉砂岩建造）、波里拉组（生物屑泥晶灰岩-灰岩-砂岩建造）、巴贡组（石英砂岩-粉砂岩-灰质页岩含煤建造），在甲丕拉组中发育石膏层含双壳、珊瑚、腕足及植物化石，反映弧后前陆盆地构造环境。

在兰坪-思茅盆地，主要表现为晚三叠世歪古村组陆相扇三角洲-滨海相沉积，三合洞组滨海浅海相碳酸盐岩和闭塞环境下的蒸发岩沉积，以及挖鲁八组滨浅海碎屑岩、河口三角洲含煤沉积和局部膏盐潟湖沉积。由于盆地两侧的脉动性逆冲作用，其沉积响应表现为多次快速挠曲拗陷，形成了如歪古村组中夹有黑色页岩、挖鲁八组的浊积岩和碳质页岩，甚至可能包括中侏罗世花开组顶部深色泥岩等饥饿事件。这个现象反映了盆山转换过程弧造山龙升受前陆逆冲作用制约，挠曲前渊向盆内的迁移。同时盆缘发育多个超覆不整合（李兴振等，2002）。中侏罗世到白垩纪随逆山造山的扩展。盆地演化进入陆相磨拉石阶段。主体形成湖相环境，主要为砂砾岩-石英砂岩-粉砂-泥岩建造。

总之，昌都-兰坪盆地是两侧火山岩浆弧带向弧后反冲造成的，由二叠纪弧后盆地碰撞造山期转化而来；盆地内部结构上具一般前陆盆地的基本特征，有前陆褶皱冲断带、前渊带和前陆隆起带，其横向沉积分带；如典型的前陆盆地构造变形特征，由盆缘向内，变形由强到弱，由同斜倒转褶皱到宽缘等厚褶皱。在前陆褶冲带上产出古近纪玉龙-海通斑岩铜矿带。

受印度和欧亚大陆的碰撞制约，古近纪发育了囊谦、贡觉、兰坪等右旋走滑拉分盆地（潘桂棠等，1990），为砾岩-砂泥岩-粉砂岩建造，发育粗面安山岩-粗面岩-火山碎屑岩建造。

(三) 江达-维西-绿春陆缘弧

该陆缘弧呈北西向展布,夹持于西金乌兰湖-金沙江-哀牢山蛇绿混杂岩带（C—P_2）与昌都-兰坪双弧后前陆盆地（Mz）之间,北段陆缘弧火山岩带位于昌都-兰坪地块的东部边缘；空间上主体分布于昌都芒康县宗拉山口东侧、德钦县南仁-捕村-南左至维西县巴迪-叶枝一带,江达-德钦-维西二叠纪陆缘弧,包括吉龙东组上部及其上覆的沙木组。最早的弧火山活动见于早二叠世晚期,在德钦县南仁—飞来寺一带,吉东龙组上部薄层含䗴生物碎屑灰岩中产有 Neomisellina aff. douvillei（Gubber）,N. aff. sichuanesis Yang,Kahlerina sp.,Reichelina sp.,为早二叠世茅口晚期（李定谋等,1998）,弧火山活动一直持续到晚二叠世。弧火山岩从早到晚发育拉斑玄武岩系列→钙碱性系列→钾玄武岩系列火山岩,岩石类型为石英拉斑玄武岩、中钾安山岩、英安岩、流纹岩及其火山碎屑岩,火山岩性质标志着岛弧产生—发展—成熟的完整过程（莫宣学等,1993）。

昌都芒康县宗拉山口东侧发育二叠纪玄武安山岩柱状节理,属陆相喷发；德钦阿登各火山岩夹粉砂岩和碳酸盐岩,为中深—浅海环境；德钦飞来寺西侧见非常发育的玄武安山岩柱状节理,属陆相喷发；南佐—捕村一带火山岩-碳酸盐岩组合,火山岩中发育枕状构造,为中深—浅海环境；沙木一带火山岩与含植物化石和腕足类碎片的砂页岩共生,反映海陆交互相环境；燕门乡一带,则发育海底扇相火山浊积岩、火山源浊积岩；维西县巴迪—叶枝一带,在维西康普、吉岔西大沟见有一套复理石砂板岩、变基性火山岩和砾岩、中酸性火山角砾岩、滑塌角砾岩、泥灰岩和具不完全鲍马序列的沉积砂板岩（李兴振等,1998）,显示弧火山岩已进入边缘斜坡-盆地相的较深水环境。由此反映出弧火山活动在空间上的展布环境差异非常大,弧火山岩在空间上岩相多变、沉积类型多样,岛弧地势起伏很大,有出露水面发育陆生植物和柱状节理的陆地,也有潜伏于水下的碳酸盐岩台地及深水谷地,可以出现从陆相—海陆过渡相—浅海相—台地斜坡—深水盆地各种不同沉积相和类型的沉积物,为一岛链体分布的构造古地理格局。

江达-德钦-维西二叠纪陆缘弧火山岩带中已发现加多岭-洞卡中型铁-铜矿床、仁达铜矿床、啊中金矿床、南佐中型铅-锌（铜、银）矿床、里仁卡大型铅-锌（铜-银）矿床以及一系列的矿点及金异常等,矿床类型多种多样。

北段三叠纪弧火山岩发育于江达-德钦-维西二叠纪陆缘弧东侧。主要分布在埃拉山断裂以西,卡贡断裂以东地区。江达地区与其南部各段有所不同,它发育有下三叠统,且中下三叠统和上三叠统均有火山岩发育,特别是晚三叠世钙碱性系列火山岩发育比较齐全。下三叠统（主要在普水桥组火山-沉积岩内,色容寺组灰岩中也有少量分布）主要为安山岩、安山质火山角砾岩、凝灰岩及少量玄武岩,普水桥组沉积不整合于二叠纪花岗岩之上,其沉积环境由陆相到海相。中三叠统瓦拉寺组为一套浊积砂板岩、硅质岩和滑塌角砾岩,其中火山岩主要为安山岩、安山质火山角砾凝灰岩,火山岩与沉积岩呈薄中厚层交替。晚三叠世火山岩在加多岭一带发育最为完整,岩石类型有玄武岩、安山岩、英安岩、英安流纹岩、流纹岩及中酸性凝灰岩、角砾凝灰岩、熔结火山角砾岩,形成钙碱系列玄武岩-安山岩-英安岩-流纹岩组合,产于晚三叠世磨拉石层之上。K_2O 含量自东向西增加,显示穿弧极性变化（莫宣学等,1993）。

据江达车所乡—德钦白茫雪山一带晚三叠世中发育一套近似洋脊型或介于洋脊与岛弧带之间的过渡型枕状玄武岩,拟定了一个车所乡-白茫雪山滞后型弧后盆地。因为这个盆地是在金沙江洋闭合之后的造山磨拉石沉积盆地基础上发育起来的,盆地位于晚三叠世滞后型弧火山岩带上或其西侧后缘。滞后型弧火山岩具有自东向西的穿弧极性变化,推定滞后型弧后盆地的形成与金沙江洋板的后继俯冲有关（刘增乾等,1993）。该滞后型弧后盆地可能从北到南包括好几个串珠状盆地：北部生达-车所乡盆地和南部徐中-鲁春盆地,再南部接热水塘-崔依比裂谷盆地。发育于江达-维西陆缘火山弧及其边缘带上,经王立全等（2000）研究为碰撞后岛弧造山带内拉伸成因的上叠裂谷盆地,时限在中三叠世晚期至晚三叠世早期。在德钦县鲁春—几家顶、德钦县热水塘—四庄子桥和维西潘天阁—催依比一带有发育较好的火山-沉积岩系地质剖面。盆地内发育一套具"双峰式"火山岩系特征的拉斑玄武岩和碱性流纹岩组合,以及拉张背景下的大量辉长辉绿岩墙岩脉群,并相伴产出半深海环境的硅质岩、放射虫硅质岩、凝灰质浊积岩、凝灰质-硅质浊积岩、砂泥质复理石、细碎屑岩和灰岩透镜体。鲁春矿区玄武岩的 $^{87}Sr/^{86}Sr$ 初始值为 0.7065~0.7194，Rb-Sr 等时线年龄为 236Ma；流纹岩的 $^{87}Sr/^{86}Sr$ 初始值为 0.7099~0.7213，Rb-Sr 等时线年龄为 238~224Ma（王立全等，2000；莫宣学等，1999；）；在维西攀天阁一带流纹岩的 $^{87}Sr/^{86}Sr$ 初始值为 0.7074，Rb-Sr 等时线年龄为 235Ma。由此可见维西攀天阁一带的"双峰式"火山岩（催依比组）与德钦鲁春矿区的"双峰式"火山岩（人支雪山组）具有相同的构造地质背景和火山岩发育，玄武岩和流纹岩为同一岩浆源。

上叠裂谷盆地已成为喷流-沉积型块状硫化物铜-金-银-铅-锌多金属矿的重要赋矿盆地，如生达-车所乡盆地中的足那铅-锌（银）矿床，赵卡隆大型菱铁矿型富银多金属矿床，丁钦弄铜-金（铅-锌-银）矿床；鲁春-红坡盆地中的鲁春锌-铜-铅（银）多金属矿床，红坡牛场铜-金（铅-锌）多金属矿床，里仁卡—巴美一带的大型石膏矿床；热水塘-催依比盆地中的老君山中型铅-锌（银）矿床，楚格扎大型菱铁矿矿床等。

南段墨江-绿春陆缘弧带位于哀牢山蛇绿混杂带西南侧边界的九甲-安定断裂带以西、阿墨江-李仙江斜冲断裂带以东的墨江-绿春地区，在弧-陆碰撞的造山阶段，基本上都卷入到了造山带超叠陆块单元。由古生代、中生代地层和晚二叠世石英闪长岩、花岗闪长岩、斜长花岗斑岩及晚三叠世花岗岩组成。志留系—下石炭统发育笔石页岩、碎屑浊积岩、放射虫硅质岩、薄层泥质灰岩和网纹状灰岩。早石炭世在墨江布龙—五素一带发育一套由基性火山岩和酸性火山岩构成的"双峰式"火山岩及砂岩、硅质页岩和硅质岩，为普洱地块东侧被动边缘裂谷环境特征。中上石炭统至下二叠统为一套不稳定台地碳酸盐岩和含煤碎屑岩，显示断块隆升。晚二叠世，在太忠—李仙江一线发育一套弧火山岩。晚三叠世，在绿春高山寨和柯坪一带分别发育一套碰撞型酸性火山岩和滞后型弧火山岩。

晚二叠世弧火山岩带空间上部分与墨江-五素"双峰式"裂谷带重叠可划分为主弧期火山岩、碰撞型火山岩、滞后型弧火山岩 3 种类型火山岩。主弧期火山岩出露较广，以太忠火山岩（魏启荣等，1994）、南温桥火山岩和李仙江火山岩为代表，时代为晚二叠世。主要由杏仁状粗玄武岩、斜长玄武岩、玄武安山岩和黑云母安山岩及火山碎屑岩组成，玄武岩与安山岩互层出现，拉斑系列与钙碱系列并存。玄武岩中单斜辉石 Ti 明显低于大陆拉斑玄武岩中的辉石。化学成分及岩石化学成分投入 ATK 图、$lg\tau-lg\sigma$ 图中，几乎全落于岛弧造山带，稀土模式与微量元素模式亦与岛弧火山岩相似。从空间分布看，由东向西，总的趋势是由拉斑系列过渡到钙碱系列，Al_2O_3 和 K_2O+Na_2O 逐渐增高，反映洋壳向西俯冲。

碰撞型火山岩以绿春高山寨火山岩为代表，为一套酸性（流纹斑岩）组合，时代为晚三叠世，其岩石化学具有高 SiO_2（73.99%）、低 K_2O（5.20%）的特征，与三江地区碰撞型火山岩（莫宣学等，1993）完全相同。也与美国西部东带碰撞型流纹岩相似。

碰撞后伸展型弧火山岩，以绿春坪河一带晚三叠世火山岩为代表，主要为一套中性—中酸性火山碎屑岩夹部分熔岩（碱性系列安粗岩），爆发指数 Ep 为 0.7。其岩石化学特征表明属高钾火山岩系列，可与南澜沧江带 T_3^2 的安粗岩（莫宣学，1993）相类比。稀土元素配分模式与大陆内火山岩相似，微量元素配分模式与岛弧火山岩类似，表明它具有远离板块边界、靠近大陆火山岛弧活动的特征。

十、金沙江-哀牢山弧后结合带

（一）金沙江结合带

金沙江蛇绿混杂岩带位于邓柯以南、剑川以北，即在金沙江主断裂（盖玉-德荣断裂）以西、金沙江河谷与羊拉-鲁甸断裂以东的狭长区域展布。东邻中咱-中甸地块，西邻江达-德钦-维西陆缘火山弧，向北在邓柯一带与甘孜-理塘带相接。

从东向西可分为 3 个亚带：①嘎金雪山-贡卡-霞若-新主洋壳消减蛇绿混杂岩亚带，也是结合带的主带，该带主要由洋脊玄武岩、准洋脊玄武岩与蛇纹岩（原岩为方辉橄榄岩）、堆晶辉长岩、辉绿岩墙、枕状玄武岩、放射虫硅质岩等组成，在岗托霞若等地均可见 OIB 洋岛海山的岩块，构成被肢解了的蛇绿或蛇绿混杂岩。②竹巴笼-羊拉-东竹林洋内弧消减杂岩带,位于芒康竹巴笼、西渠河桥—德钦贡卡、东竹林大寺一线,主弧期火山岩为早二叠世晚期—晚二叠世的钙碱性系列的安山岩、玄武岩、玄武安山岩、钠化英安岩等。玄武岩岩石化学和地球化学分析表明为洋壳拉斑玄武岩,在 ATK 图解中落在岛弧玻镁安山岩区。③西渠河-雪压央口-吉义独-工农弧后盆地消减杂岩带,以发育早二叠世晚期—晚二叠世辉长辉绿岩墙群、准洋脊型基性火山岩,少量超基性岩为特征。

混杂岩中发现晚泥盆世—早二叠世、早二叠世—晚二叠世放射虫组合;蛇绿岩呈肢解的残块赋存于强烈剪切的硅泥质砂板岩和绿片岩组成的基质中,并可见大量的大小不等的灰岩或大理岩外来岩块(王培生,1986;冯庆来等,1997;王立全等,1999;潘桂棠等,2003)。洋脊-准洋脊型玄武岩锆石 U-Pb 年龄为(361.6±8.5)Ma(陈开旭等,1998),东竹林层状辉长岩锆石 U-Pb 定年为(354±3)Ma(王冬兵等,2013),吉义独堆晶岩 Rb-Sr 等时线年龄为(264±18)Ma(莫宣学等,1993)。代表早石炭世时金沙洋盆已扩张成洋,到早二叠世晚期开始俯冲,在洋盆西侧出现洋内弧型火山岩(257Ma,角闪石 K-Ar 法)与竹巴笼洋内弧形火山岩伴生的硅质岩中产茅口期放射虫(据彭兴阶);在大洋盆地西部边缘德钦—维西一带形成早二叠世晚期陆缘弧火山岩,与弧火山岩伴生的灰岩中产茅口期的蜓(李定谋等,1993),其中白茫雪山280Ma(锆石 U-Pb 法,钟大赉等,1998)的岛弧型花岗岩闪长岩可以作为金沙江洋盆向西开始俯冲消减的佐证。可见石炭纪—早二叠世早期是金沙江洋盆扩张的主体时期,早二叠世晚期至早、中三叠世俯冲消亡。中三叠世斜向俯冲碰撞,金沙江弧后洋盆消亡转入残留海盆地的发展阶段,盆地中形成次深海相的细屑浊积岩夹细碧角斑岩、含放射虫硅质岩与泥灰岩组合,为碳酸盐岩、硅泥质-砂泥质复理石和火山岩建造。在西侧形成江达-德钦-维西火山-岩浆弧及其火山弧西侧的昌都-兰坪弧后前陆盆地(T)。

晚三叠世开始,金沙江带进入全面弧-陆碰撞造山阶段,于金沙江带内及其后缘的边缘前陆盆地中堆积形成碎屑磨拉石含煤建造,并不整合在金沙江蛇绿混杂岩之上。总体变形样式为一系列向西逆冲推覆的叠瓦构造和伴生的一系列褶皱,同时保留了一些早期构造形迹,叠加了一些走滑型韧性剪切。

此外,在该带中南段还出露分布有三叠纪中酸性花岗岩类侵入体,岩石类型主要为花岗闪长岩,次有二长花岗岩和石英二长岩,仅有少量属钾长花岗岩、斜长花岗岩和闪长岩,属于钙碱性系列Ⅰ型花岗岩,获得岩体同位素年龄为 227.08～208.25Ma,应形成于碰撞作用的构造环境。

(二)哀牢山结合带

哀牢山蛇绿混杂岩带主要由介于西侧兰坪-思茅地块与扬子陆块西南缘活化基底冲断带间,东以哀牢山断裂为界与哀牢山深变质带相邻,西以阿墨江断裂为界与思茅地块东缘的墨江-绿春火山弧相邻,东南端延至越南境内,北端在弥渡附近尖灭,在国境内延伸长度超过 240km。

哀牢山蛇绿混杂岩带由下而上依次为变质橄榄岩(包括二辉橄榄岩和方辉橄榄岩)、堆晶杂岩(包括辉石岩、辉长岩、辉长斜长岩、斜长花岗岩)及辉绿岩、基性熔岩(包括钠长玄武岩和辉石玄武岩等)及含放射虫硅质岩。

哀牢山弧后洋盆在中晚泥盆世浅海陆棚碳酸盐岩台地背景下,出现局部拉张,在九甲-安定断裂带西侧,于裂陷盆地中沉积了中晚泥盆世次深海泥砂质夹硅质沉积。石炭纪—早二叠世是哀牢山弧后洋盆进一步扩张定型时期,在近陆边缘的石炭纪—二叠纪台地碳酸盐岩多呈孤立岛链状分布,并有硅泥质复理石夹玄武岩,兰坪-思茅地块从扬子大陆块裂离而成独立的地块。早石炭世时在双沟—平掌—老王寨一带出现以洋脊玄武岩为代表的洋壳,在洋盆西侧的墨江布龙—五素一带发现裂离地块边缘的裂谷盆地中具有"双峰式"火山喷溢。在新平平掌见有紫红色硅质岩(C_1)和洋脊型火山岩,双沟辉长岩和斜长花岗岩的锆石 U-Pb 年龄为 362～328Ma(简平,1998)、斜长花岗岩分异体单颗粒锆石 U-Pb 年龄为 256Ma,以及蛇绿岩中的系列同位素年龄为 345～320Ma(杨岳清等,1993;唐尚鹤等,1991;李光勋等,1989)。因而,认为哀牢山蛇绿岩的形成时代不会晚于早石炭世,早石炭世—早二叠世代表了哀牢山弧后洋盆整体扩张发育时代。此外,哀牢山北东侧潘家寨火山岩已变质成绿片岩和蓝片岩(王义昭等,2000),蓝片岩中的蓝闪石为铁钠钙闪石和蓝透闪石,其岩石化学和地球化学特征表明为大陆裂谷型粗面玄武岩和玄武岩。

哀牢山弧后洋盆于早二叠世末或晚二叠世初开始向西俯冲,西南侧兰坪-思茅陆块东缘形成了墨江-绿春陆缘弧。墨江-绿春陆缘弧主体以晚二叠世—晚三叠世火山沉积岩和晚三叠世俯冲型石英闪长岩、花岗闪长岩、斜长花岗斑岩及晚三叠世晚期花岗岩侵入为特色,260~250Ma 为俯冲造弧期,与晚二叠世弧火山岩时间相当。

晚古生代末—晚三叠世,扬子大陆块向西斜向楔入,由于弧-陆碰撞作用形成的太忠-李仙江同碰撞型火山岩,叠加于二叠纪俯冲型陆缘火山弧之上或其东侧,发育了一套具岛弧性质的玄武安山岩-英安岩-流纹岩等钙碱性火山岩组合。在区域上,上三叠统一碗水组不整合于蛇绿岩之上,其底部砾岩中含有蛇绿岩与铬铁矿碎屑。所以,可以认为哀牢山蛇绿岩的时代是在中三叠世末、晚三叠世(一碗水组)沉积之前。

侏罗纪进入陆内构造演化阶段,该时期可能由于前一阶段逆冲-推覆的强烈造山作用,山势急剧抬升。由于重力失衡作用,在逆冲推覆带后缘形成反滑或伸展,使哀牢山群和苍山群变质基底逐渐被构造剥露,出现在核杂岩中所见的一系列构造变形形迹。晚白垩世末—古近纪,由于雅鲁藏布江洋盆闭合,印度板块向北挤压,该带全面进入陆内汇聚造山过程,发育系列逆冲推覆与走滑剪切构造,并导致成矿物质的再分配、聚集形成著名的哀牢山金成矿带。

十一、德格-中甸地块

(一) 中咱-中甸地块

中咱-中甸地块($Pt_2 \backslash Pt_3 — T_2$)西以金沙江结合带为界,东邻勉戈-青达柔弧后盆地带,呈狭长梭状展布。古生代属于扬子陆块西部被动边缘的一部分,晚古生代中晚期由于甘孜-理塘洋的打开,使中咱-中甸地块从扬子陆块裂离。在裂离之前,该地块随扬子陆块的运动沉浮不定,造成了与扬子陆块主体沉积特征既有区别又有联系的特点。该地块历经三大发展阶段,即基底形成阶段、稳定地块形成阶段和地块褶皱隆升的反极性造山阶段。

基底为变质结晶基底,南段石鼓岩群羊坡岩组(Pt_{2-3})为一套高绿片岩相-角闪岩相变质岩。新元古代青白口纪—南华纪发育裂谷盆地沉积的绿片岩相碎屑岩夹变基性火山岩组合。

地块的稳定盖层由古生界碎屑岩和碳酸盐岩组成,显示稳定台型沉积。早二叠世晚期由于金沙江洋壳向西的俯冲消减,中咱-中甸地块二叠纪则为被动大陆边缘裂陷盆地。三叠纪开始,由于金沙江洋盆俯冲消亡演变为残留海盆地,弧-陆碰撞造山作用使得中咱-中甸地块的下三叠统布伦组(T_1)、中三叠统洁地组(T_2)不整合于下伏古生界之上,发育滨浅海相碎屑岩夹灰岩组合。至晚三叠世时期的强烈弧-陆碰撞造山作用,导致了地块上古生代地层的褶皱变形,并使晚三叠世地层不整合覆于其上,发育一套滨浅海相碎屑岩夹灰岩及煤线。

地块上构造变形样式从地块中轴向西部,从无劈理、宽缓的等厚褶皱到同斜倒转、紧密的劈理褶皱,显示由弱到强的变化,呈现一种反极性造山作用。这种反极性造山作用使中咱-中甸地块向西逆冲推覆,构成三江地区东侧一条重要的区域性规模逆冲带,自晚三叠世之后未再接受沉积。

(二) 义敦-沙鲁里岩浆弧

义敦-沙鲁里岛弧带(T_3)也称义敦岛弧,也有称昌台-乡城岛弧带(李兴振等,2002),以居德来-定曲、木龙-黑惠江断裂和甘孜-理塘蛇绿混杂岩带的马尼干戈-拉波断裂为其东界,包括义敦-白玉-乡城-稻城及三江口地区。义敦-沙鲁里岛弧是在中咱地块东部被动陆缘基础上,于晚三叠世早中期受甘孜-理瑭洋向西俯冲制约形成。

义敦-沙鲁里岛弧基底。前寒武系出露于南端东侧恰斯地区,与扬子陆块相似的地壳结构——前震旦纪变质基底和震旦纪及其以后的古生代及早中三叠世沉积盖层,说明它们原先是扬子陆块的一部分

（李兴振等，1991）。青白口系下喀莎组（Qb）、南华系木座组（Nh）和震旦系蜈蚣口组（Z_1）主体为一套绿片岩相变质岩系，震旦系水晶组（Z_2）为浅海碳酸盐岩建造。

早古生代为稳定的滨浅海相台型碳酸盐岩-碎屑岩建造，晚古生代以来受西部金沙江洋盆打开的影响，开始出现被动边缘拉张型火山岩，皆为滨浅海相碎屑岩和碳酸盐岩夹基性火山岩建造。其中泥盆系依吉组（D_1）、崖子沟组（D_{2-3}）为被动边缘裂陷盆地中的陆棚相碎屑岩-碳酸盐岩夹基性火山岩组合。在早石炭世，随着甘孜-理塘洋盆的打开，中咱地块同步从扬子陆块裂离出来，构成沙鲁里-义敦岛弧带的基底。这也表明岛弧带是在扬子陆块陆壳基底的堑垒构造之上发展起来的，内部包含具老基底的地块。二叠纪开始，演化明显有别于西部中咱稳定型沉积，二叠系冈达概组（P_{2-3}）主要为被动边缘裂陷盆地中的一套变基性火山岩-碳酸盐岩-碎屑岩组合。

中生代早中三叠世，东西部的沉积环境差异明显，西部党恩组（T_1）、列衣组（T_2）主要为被动边缘裂陷盆地中的一套深水陆棚-斜坡相变碎屑岩夹硅质岩及火山岩建造，东部领麦沟组（T_1）、三珠山组和马索山组（T_2）为被动边缘盆地中一套较稳定的浅海相碳酸盐岩和细碎屑岩组合。

晚三叠世义敦-沙鲁里岛弧。晚三叠世卡尼期和诺利早期为火山岛弧及弧间盆地的活动型火山-沉积建造，曲嘎寺组（T_3）和图姆沟组（T_3）为一套浅海相碳酸盐岩夹中基性—中酸性火山岩组合，构成典型的岛弧火山岩带，是晚三叠世卡尼期首次造弧活动的产物，其 Rb-Sr 同位素年龄为 220Ma。其间发育的根隆组（T_3）和勉戈组（T_3）发育"双峰式"火山岩组合，构成弧间裂谷盆地的主体，火山活动年龄为 232~210Ma（叶庆同等，1991；徐明基等，1993；侯增谦等，1995），与之共生的还有辉绿岩墙群。上部包括喇嘛垭组（T_3）和英珠娘河组（T_3）为滨浅海相含煤（线）碎屑岩组合，含双壳类和丰富的植物等化石，标志着甘孜-理塘洋盆闭合与弧-陆碰撞造山作用。

义敦-沙鲁里岛弧与甘孜-理塘蛇绿混杂岩带有密切的时空关系，在火山弧北段（赠科-昌台地区）自东向西依次可见以下的空间配置：甘孜-理塘蛇绿混杂岩带→外火山弧（东安山岩带）→弧间裂谷盆地（双峰式火山岩带）→内火山弧（西安山岩带）→弧后区（勉戈-青达柔弧后盆地）。总的来说，火山岩东老西新，火山活动中心自东向西迁移。在弧的中南段（乡城地区），火山岩的空间配置大致可与北段对比，所不同的是未见弧后区火山岩出露，弧后位置被前弧期末—主弧期初期火山岩占据，火山活动中心有自西向东迁移的趋势。

义敦-沙鲁里岛弧带深成岩浆规模较大，构成非常醒目的带状岩浆弧，可以分为东、西两个亚带。东亚带侵入岩浆活动的时代为 237.5~208Ma，侵位形成与晚三叠世岛弧火山岩同期异相，岩石类型以中粗粒斑状二长花岗岩为主，次为花岗闪长岩，少量闪长岩、闪长玢岩、花岗斑岩等，从早到晚岩石为闪长岩→花岗闪长岩→二长花岗岩→花岗岩→花岗斑岩，即向酸碱质增高、钾钠比增大的方向演化。尤其是东亚带南段的部分二长闪长玢岩-花岗斑岩小岩体（年龄 235~208Ma）控制了斑岩型铜矿床的生成，如普朗特大型斑岩型 Cu 矿、雪鸡坪中型斑岩型 Cu 矿等。后碰撞造山期花岗岩年龄为 208~138Ma，主要岩石类型为二云母花岗岩和钾长花岗岩，次为二长花岗岩和二长闪长岩，叠加在俯冲期花岗岩带之上，主要发育于岛弧带的北段。西亚带侵入岩浆活动的时代主要为 193.42~178Ma，其次是白垩纪（133~73Ma），个别为 57~39Ma，并可上延至始新世，侵位形成于甘孜-理塘洋盆消减后的后碰撞至碰撞后造山期构造环境，亦是川西地区矽卡岩型、云英岩-石英脉型（Cu）W-Sn（Ag）矿成矿带。西亚带侵入岩以中细粒黑云母花岗闪长岩、斑状二长花岗岩、二长花岗岩、黑云母正长花岗岩、二长花岗斑岩、花岗岩为主，属钙碱性→高钾钙碱性系列岩类，具 S 型花岗岩特点。古近纪花岗岩主要发现于雀儿山—格聂一带复式岩基中，岩性为中细粒黑云母二长花岗岩和黑云母花岗岩。

强烈构造运动始于晚三叠世末，甘孜-理塘洋盆沿俯冲带收缩为残留盆地，持续到早中侏罗世。晚侏罗世开始义敦岛弧主体隆起，至新生代受逆冲断裂的控制，发育断陷盆地中的河湖相碎屑磨拉石沉积。新生代以来为陆内造山作用时期（65~15Ma），岩浆活动也较发育，叠加在前期弧岩浆岩和同碰撞花岗岩分布区内，主体为似斑状中细粒钾长花岗岩。

此外，在义敦-沙鲁里岛弧带北段德格-昌台地区出露系列超基性—基性岩，在空间上与晚三叠世曲嘎寺组和图姆沟组（T_3）或根隆组和勉戈组（T_3）火山岩系紧密共生，岩石类型为斜辉辉橄岩、纯橄榄岩、斜辉橄榄岩、单辉橄榄岩、辉长岩等，贫钙、贫铝、贫碱至弱碱，M/F 值达到 8.38，属镁质超镁铁岩类，可能是与弧间裂谷盆地形成一致的底侵超基性—基性岩。

勉戈-青达柔弧后盆地(T_3)位于义敦-沙鲁里岛弧带主弧区西侧，大致以柯鹿洞-定曲河断裂为界，西邻中咱地块。主要发育在义敦岛弧带北段昌台岛弧西侧，扩张中心位于孔马寺—勉戈—农都柯一线，发育有双峰式火山活动，形成高钾的流纹岩-钾玄岩组合，两者构成同一条 Rb-Sr 等时线，并给出年龄为 213.7Ma（侯增谦等，2004，2008）。弧后伸展断陷盆地为图姆沟（呷村）组(T_3)和喇嘛亚组(T_3)含火山岩的黑色砂板岩系，根据生物化石和地层对比，盆地充填序列形成于晚三叠世诺利克期。

在弧后扩张盆地的西侧（中咱-中甸地块一侧）发育弧后板内火山岩带，主要为一套酸性火山岩系，呈带状与弧后盆地中的火山岩大体平行展布。后碰撞造山期（138～75Ma）花岗岩发育于柯鹿洞-乡城断裂与矮拉-日雨断裂带夹持的狭长区域，形成区内另一条重要的高贡-措莫隆花岗岩带。此外，发育有新生代后造山时期（65～15Ma）的岩浆活动。

十二、甘孜-理塘弧后结合带

甘孜-理塘蛇绿混杂岩带(P_2—T_2)位于青海南部治多县-玉树向南东经甘孜，转为近南北向，北东侧为可可西里-松潘前陆盆地(T_3)，西侧为义敦-沙鲁里岛弧带，在玉树一带与西金乌兰湖-金沙江蛇绿混杂岩带交会、归并。混杂带基质为浊积砂岩夹板岩、千枚岩，发育典型的 SSZ 型蛇绿岩。蛇绿岩由基性—超基性堆晶岩、辉长岩、辉绿岩墙、洋脊型拉斑玄武岩和放射虫硅质岩组成，除理塘禾尼—热水塘一带出露较完整的蛇绿岩层序外，大多被肢解呈构造岩块散布于基质中。二叠纪—三叠纪洋脊型拉斑玄武岩与基性—超基性岩属同源产物，后者局部蛇纹石化。据岩石地球化学资料，还存在少量洋岛型碱性玄武岩和裂谷型玄武岩。在德格竹庆、理塘温泉、木里鸭咀场西沟等地的硅质岩中，已发现早石炭世—晚三叠世放射虫化石。混杂岩内常见存在奥陶纪—三叠纪外来沉积岩块，如理塘地区的中二叠世灰岩和甘孜玉隆地区的志留纪笔石页岩等较大型岩块。混杂岩的基质为二叠纪—三叠纪砂板岩和火山岩。另在理塘之南发现榴闪岩露头，在新龙坡差和木里依吉一带存在蓝闪片岩。上述蛇绿混杂岩的厘定，标志甘孜-理塘弧后洋盆的存在及其演化过程，据已知的蛇绿岩残片、硅质岩、外来岩块以及基质的时代，结合区域地质演化特征，可以推断甘孜-理塘洋盆起因于晚古生代弧后扩张作用，早石炭世打开，二叠纪—中三叠世进入顶峰扩张期，晚三叠世洋盆萎缩引起向西俯冲，最终在晚三叠世末因洋壳消亡殆尽而结束。

近年的 1:5 万和 1:25 万区调工作，先后在木里瓦厂、新龙坡差和石渠起钨等地发现海相侏罗纪地层，主要为一套滨-浅海相碳酸盐岩-碎屑岩建造，产珊瑚、层孔虫、水螅、腹足、苔藓、藻类、孢粉及遗迹等化石，表明甘孜-理塘弧后洋盆消亡后仍存在有侏罗纪残留海盆沉积。

十三、扬子陆块

毗邻的扬子板块内部构造单元有：巴颜喀拉地块、盐源-丽江陆缘裂谷盆地、楚雄前陆盆地、点苍山-元阳变质基底杂岩带、金平被动陆缘。

（一）巴颜喀拉地块雅江盆地

该盆地为三叠纪残余盆地(T)，东、西两侧分别由炉霍-道孚蛇绿混杂岩带和甘孜-理塘蛇绿混杂岩带所围限，一般认为是巴颜喀拉三叠纪海盆的重要组成部分，以发育晚三叠世巨厚复理石为特征。

雅江残余盆地的基底仅在木里、锦屏山一带局限出露，盆地东侧有古元古代结晶基底变质岩系，叠置其上的古生界为扬子陆块西缘的被动边缘盆地沉积。盆地内部的二叠纪枕状玄武岩大面积展布，显示洋-陆过渡壳的构造环境。三叠系被称作西康群(T)，主要为一套以巨厚碎屑岩为主的复理石建造，发育典型退积式浊积扇沉积(1∶25万甘孜县幅,2000)。

三叠纪末期,随着甘孜-理塘洋盆的关闭与弧-陆碰撞造山作用,导致全区进入褶皱造山阶段,发育晚三叠世—侏罗纪碰撞→后碰撞造山环境下的花岗岩及系列北西-南东向褶皱与纵向断层。其花岗岩类侵入体集中分布于盆地东部的沙鲁—麦地龙一带,侵位时代总体可分为238～179Ma和137～97Ma两组,早期岩体部分偏I型花岗岩特征,晚期岩体均属S型花岗岩类。新生代侵入岩仅见于康定的折多山复式岩基中,岩性为A型二长花岗岩体,侵位时代为中新世(15～10Ma)。

(二) 盐源-丽江陆缘裂谷盆地

盐源-丽江陆缘裂谷盆地(Pz_2)位于小金河断裂带与金河-箐河断裂带之间,盆地内基底未出露,其盖层发育齐全,以泥盆系和石炭系最发育,沉积建造与上扬子区相近。构造线为北北东和北北西向,其中发育向南突出的弧形木里-盐源逆冲推覆构造,东部的锦屏山前陆推覆造山带为一向南东凸出的弧形推覆构造,由巨厚的三叠纪沉积-蒸发岩系构成主体,东缘古生界成叠瓦状逆冲岩片,由西向东推覆叠置于康滇前陆隆起带之上。包括宁蒗陆缘裂谷(Pz_2)、鹤庆陆缘裂谷(Pz_2)、金平陆缘裂谷(Pz_2)、盐源坳陷盆地(E)、柏林山陆缘裂谷盆地(P_{2-3})、金河-箐河陆棚($Z—T_2$)。

震旦系及古生界主要沿金河-箐河断裂北西侧和宁蒗—宾川一带分布,亦称为观音崖组(Z_1)和灯影组(Z_2),为砂页岩和白云岩夹灰岩。缺失寒武系上部和下奥陶纪统下部,其余各系、统地层单位基本齐全,以台地相的碳酸盐岩为主,次为细碎屑岩和奥陶纪、志留纪的火山岩,均属玄武质岩石组合,为地层之夹层。晚古生代,扬子西南缘盐源—丽江一带,沿小金河-箐河断裂,程海断裂带发生巨大碳酸盐岩台地的分裂解体,形成了自南东向北西的台地-斜坡-海洋盆地的格局,西侧或西北侧发育碎屑流、浊流的斜坡相碳酸盐重力流,继而出现峨眉山海相或海陆交互相玄武岩喷溢,平均厚2000多米。新生界古近系、新近系为湖沼相或河湖相灰色砂岩、泥岩、碳质黏土岩夹褐煤层。

发育齐全的海相三叠系,早三叠世含有放射虫硅质岩、硅质板岩的下三叠统均有凝灰岩、沉凝灰岩、凝灰质灰岩呈夹层出现。断裂带南东侧在攀西裂谷缺失早—中三叠世。新近纪火山岩零星出露,岩石类型为基性—超基性火山岩。新生代浅成斑岩主要为粗面岩-正长斑岩组合,由正长斑岩及次粗面岩组成。

(三) 楚雄前陆盆地(Mz)

以金河-箐河断裂带为界,与西北的盐源-丽江大陆边缘盆地相连,西南以哀牢山断裂带南段与思茅陆块为界,东为康滇前陆隆起带。本区属扬子西南边缘的前陆坳陷地带,西侧有元古宙结晶基底出露,其余地区主要由古生界—三叠系覆盖。盆地西部为一个狭长逆冲-推覆构造带,西界为红河断裂,东界为渔泡江-沙桥断裂。带内包括了程海、三街、渔泡江及沙桥等一系列逆冲断裂,构成了一条由西向东的叠瓦状逆冲推覆体系。东部由一系列断块组成,断块中发育开阔平缓的褶皱,断块边缘以断裂分割,发育紧密线状褶皱。

基底及古生界同上扬子陆块。本分区缺少三叠系中下部,但上三叠统及以上地层发育齐全、分布广,构成了前陆盆地主体。从下部的海相复理石细碎屑岩演变为海陆交互相的含煤地层。侏罗系、白垩系和古近系构成楚雄盆地主体。主要由河湖相细砾岩—砂岩—页岩多个旋回构成。新近系零星出现在山间盆地或断陷盆地中,分2个组。小龙潭组(N_1)下部为灰色砂砾岩,中上部为灰色、灰白色泥岩,钙质泥岩泥灰岩及褐煤;茨营组(N_2)为紫灰色、黄灰色黏土夹钙质泥岩及含砾砂质黏土,下部为白色黏土质灰岩。

(四) 点苍山-元阳变质基底杂岩带(Pt)

该分区为紧邻哀牢山断裂带南部的狭长地带,东西两侧被红河断裂、哀牢山断裂控制,带内被不同尺度断裂分割,是由无序地质单元组成的构造带。包括点苍山中深变质杂岩(Pt)、哀牢山中深变质杂岩(Pt)。

基底哀牢山群(Pt)主要由一套角闪岩相为主的深变质岩系组成，下部为片麻岩夹变粒岩，中部为大理岩夹片麻岩、变粒岩，上部为变粒岩、片麻岩、片岩，产微古化石。哀牢山群的同位素年龄为1971.9～1672.2Ma。王冬兵、唐渊等(2013)研究，其变质岩原岩组分至少包括有新元古代[(700±6)Ma]的侵入岩，中寒武世(509Ma)的沉积层及中—晚三叠世(240～220Ma)岩浆岩和地层，而不是以往认为都是古元古代变质基底，主要岩浆构造事件与扬子西缘基本相近，变质变形的时代为31～26Ma。

古生代地层为马邓岩群，可分4个岩组，但各组之间均被断层分割，不具上下层序。岔河岩组(Pz)为绢云板岩、硅质绢云板岩夹砂岩、粉砂岩；大平坝岩组(Pz)为片理化变质细砂岩、粉砂岩、千枚岩、结晶灰岩；转马路岩组为千枚岩、变质粉砂岩、绿片岩和糜棱岩；外麦地岩组以变质碎屑岩为主，部分为碳酸盐岩。

该分区中三叠统亦呈构造夹片出现，被称为干塘坝岩群(T)，其下部为灰白色、灰色劈理化石英质砾岩，变质石英砂岩；中上部为劈理化石英岩、绢云石英千枚岩、千枚岩。

该分区局部出现新生界古近系、新近系，仍采用宝相寺组(E)和金丝场组(N)，岩性特征同前，主要为砂泥岩夹煤。

(五) 金平被动陆缘(S—P)

东以哀牢山断裂为界，与哀牢山深变质带相邻；西北以阿墨江断裂为界，与哀牢山洋盆相邻。该相主要由志留纪至二叠纪深水-半深水相灰绿色绢云硅质板岩、变岩屑砂岩、钙质绢云硅质板岩、泥晶灰岩、绿泥片岩和硅质岩等组成，局部地区出现蓝晶石片岩。在硅质岩中发现有早石炭世放射虫 *Albaillella paradoxa*(?), *Deffaadree*, *Astroentactinia multis pinisa* Won。老王寨放射虫硅质岩的硅同位素($\delta^{30}Si$)值为0.2‰，与丁悌平(1984)划分的深海环境($\delta^{30}Si$)为$-0.6‰\sim 0.18‰$(平均0.16‰)值接近。泥盆纪和石炭纪的硅质岩稀土元素的$\sum REE$为$(47.56\sim 137.93)\times 10^{-6}$，轻重稀土分馏明显，LREE为$(7.07\sim 9.46)\times 10^{-6}$，$(La/Yb)_N$为0.61～10.63，稀土配分模式为轻稀土富集右倾型，负Eu异常明显，δEu为0.58～0.79，显示半深海至深海环境。

第二节 区域地球物理特征

一、重力特征

该区东以金沙江-红河重力高为界，向北在维西—贡山一带向青藏高原过渡，向西南延伸进入缅甸、老挝、越南等广大区域。该区是重力场最复杂的地区，总体分布呈北低南高趋势，布格重力值从北部的$-450\times 10^{-5}m/s^2$升高至南部的$-180\times 10^{-5}m/s^2$多。重力梯度带宽缓不一，走向也不尽相同。众多的断裂或断裂带引起的重力异常或以等值线同向弯曲，或以梯级带形式展现。背景场以重力高为主，主要是该地区莫霍面抬升所引起。

该异常区带由4个二级异常带组成，即$Ⅵ_1$腾冲重力梯级带、$Ⅵ_2$保山异常带、$Ⅵ_3$兰坪-思茅盆地异常带及$Ⅵ_4$哀牢山重力低异常带。重力异常特征及其所反映的地质规律，总体上为青藏高原岛弧构造特征的延续，所不同的是，青藏高原的重力异常带走向大致与莫霍面等深线平行，而该区域则与莫霍面等深度线垂直。

1. 北巴颜喀拉-马尔康异常带

该异常带位于四川西部，包含两个Ⅲ级成矿亚带，即松潘-平武 Au Fe Mn 成矿亚带和金川-丹巴 Li Be Pb Zn Au 白云母成矿亚带(Pz_1; V; I-Y)。从布格重力异常看，该区以重力梯级带特征为主，其东部地区显示为北东向的重力梯级带[异常值$(-440\sim -250)\times 10^{-5}m/s^2$]，中部以马尔康为中心，呈近南北向局部重力低,西部异常转为北西向局部重力低;剩余重力异常呈北西向和南北向等轴状、椭圆状及条带状。推断这些局部异常与区内断裂、中酸性岩有关。

2. 南巴颜喀拉-雅江异常带

该异常带可分为两个区块,其中,西部区块位于西藏西北部,东部区块位于四川中西部。西藏部分布格重力异常呈东西向条带状,异常$(-560\sim-525)\times10^{-5}\mathrm{m/s^2}$;四川部分布格重力异常呈北西向梯度带(局部有等轴状重力高),异常$(-510\sim-260)\times10^{-5}\mathrm{m/s^2}$。剩余重力异常显示,西藏部分呈东西向正异常条带局部充填负异常条带,异常$(-14\sim7)\times10^{-5}\mathrm{m/s^2}$;四川部分则呈北西向或近东西向条带正异常,其局部圈闭包围椭圆状负异常,异常值$(-25\sim7)\times10^{-5}\mathrm{m/s^2}$。推断异常主要与区内断裂,酸性岩、基性岩和火山岩有关。

3. 义敦-香格里拉异常带

区内异常值$(-510\sim-305)\times10^{-5}\mathrm{m/s^2}$,在北部和中部呈北西向椭圆状、条带状负异常,南部呈梯级带特征,且以稻城西-香格里拉作为转折端,东部梯级带呈北东向,西部梯级带呈北西向;剩余重力异常呈北北西或近南北向条带状正负相间异常,异常值$(-18\sim11)\times10^{-5}\mathrm{m/s^2}$,且中部负异常条带两侧剩余重力异常特征各不相同,其西部局部异常规模大、走向单一,东部局部异常较为零散,走向以北西向、南北向为主。推断异常与区内断裂、酸性及基性岩浆岩有关。

4. 金沙江异常带

区内布格重力呈条带状分布,局部有东西向或近东西向负异常,异常值$(-555\sim-520)\times10^{-5}\mathrm{m/s^2}$,且以区带中部异常规模最大;剩余重力异常显示,区内主要有5条东西向正负相间的异常条带,总体呈两高夹一低的分布特征,异常值$(-10\sim13)\times10^{-5}\mathrm{m/s^2}$,局部异常呈椭圆形,且长轴方向沿东西向(南部局部正异常轴向北东和北西均有)。推断区内异常主要为断裂、岩浆岩和基底局部凹陷的综合反映。

5. 墨江-绿春异常带

墨江往南东布格重力异常表现为重力低,绿春一带出现圈闭的低值中心;墨江往北西为相对重力高,再往北西的狭窄段内重力异常则不明显。剩余重力异常则以负异常为主。带内出露的最老地层为志留系,分布于南段的南西侧,下志留统为砂质板岩与石英砂岩、长石英砂岩、粉砂岩互层,最厚达1150多米,中志留统以石英砂岩、粉砂岩为主,与粉砂质板岩互层,夹少量泥灰岩、灰岩,厚度大于1000m;上古生界自中泥盆统开始,泥盆系—石炭系及下二叠统以碳酸盐岩沉积为主夹砂、泥质沉积,总厚约4800m;中生代自中三叠世开始,为泥、砂质岩石夹中酸性火山岩及少量灰岩,上三叠统为砂砾岩及砂岩,侏罗系零星分布。可见,区内出露一套以较低密度为主的地层,但在不同地段又有晚海西期—印支期花岗岩侵入,二者叠加则形成区内以重力低为主的布格重力异常特征。

矿带内推断断裂2条,阿墨江断裂沿矿带西侧边缘呈北西向展布,长约210km,基本构成矿带西界;哀牢山断裂亦呈北西向展布,长约170km,构成矿带南东段的东部边界。矿带南东段还推断隐伏花岗岩体3处,已知花岗岩体1处,现在尚不清楚花岗岩体与矿体的关系。矿带北段分布墨江-元江镍矿预测工作区,南段分布金平-绿春金矿预测工作区,与重力异常关系不大。

6. 昌都-普洱重力低异常带

本区布格重力异常西低东高、北低南高,呈北西向条带状分布;剩余重力异常则以2条近似平行的环状正异常条带为主,它们分别位于该成矿亚带的东、西部,其间被北西向的负异常条带隔断,且该负异常条带在查雅与贡觉南部走向发生转折,转为北东向。推断该区异常与区内断裂和基性岩浆岩有关。

兰坪-普洱Pb Zn Ag Cu Fe Mn Hg Sb盐类成矿亚带包含兰坪-思茅中生代地堑式坳陷盆地,其北与鲁甸-点苍山-南涧重力低异常带对应,南与镇沅-普洱-勐腊重力低异常带对应,德钦以北布格重力异常资料不全,仅有部分资料显示为重力低,剩余重力异常为负异常;红坡—维西段,布格重力异常显示为重力高带,其中小火山村及甸心存在圈闭重力高,强度$(2\sim4)\times10^{-5}\mathrm{m/s^2}$,与其对应的剩余重力异常为两个正异常,强度$(7\sim11)\times10^{-5}\mathrm{m/s^2}$,其东侧还有3个小范围负异常;维西往南至乔后段为重力低,剩余重力异常则为两个负异常的东侧部分。这种重力场的变化,主要与兰坪-思茅中生代坳陷盆地之基底隆、坳构造、岩性及盖层厚度有关:即基底隆起产生重力高,如李仙江重力高;基底坳陷及巨厚的盖层沉积则产生重力低,如镇沅-普洱-勐腊重力低。带内推断断裂6条;澜沧江断裂北段位于矿带北段西侧,基本构成矿带西界;维西-无量山-勐腊断裂位于矿带西侧,呈反"S"形展布;河西-漾濞-南涧断裂靠近矿带北段东界附近,基本与矿带东界平行展布;把边江断裂平行于矿带南段东界分布,构成李仙江重力高的西部界线;另外还有两条北东向断裂将矿带切为南、中、北3段,构成兰坪、思茅盆地的界线。带内分布勐腊易田-新山铁矿预测工作区、巍山金矿预测工作区、登海山铜矿预测工作区、兰坪-云龙铅锌矿异常工作区、勐腊易田-新山铅锌矿异常工作区、兰坪银矿预测工作区,以及兰坪-云龙、镇沅-景谷、江城-勐腊钾盐预测工作区。3个钾盐预测区均位于重力低上,与钾盐矿关系密切,并可圈定钾盐预测工作区范围;其他矿产则与重力高、低关系不大。

7. 昌宁-澜沧异常带

区内北部耿马一带下古生界为一套地槽型含少量基性熔岩、碳酸盐岩的细碎屑沉积,厚度大于5000m,上古生界由一套地台型浅海相泥质碎屑-碳酸盐岩组成,厚约4000m,火山岩夹层甚少,故重力高带被重力低截断,即基性熔岩、碳酸盐岩集中分布地段则出现重力高,其余地段则出现重力低,这就是重力高异常带不连续分布的地质原因。昌宁-孟连是重力高异常带。云县-临沧-勐海重力低异常布格重力低及剩余重力负异常带主体与临沧-勐海花岗岩基对应,仅其西部边界进入花岗岩基西侧的澜沧群地层中,故重力低异常带由临沧-勐海花岗岩基引起无疑,且岩基西侧澜沧群之下尚有部分隐伏花岗岩存在。

带内断裂较为发育,推断断裂7条,北东向南汀河深大断裂、北西向黑河断裂将成矿带分为南、北、中3段;勐永-四排山-勐连断裂近南北向展布;孟连-团田断裂北东向展布;薅坝地-酒坊断裂则靠近北段的北部边界;澜沧江断裂南段位于矿带东侧;昌宁-双江-西定断裂位于矿带西侧。推测耿马和勐撒有两处隐伏花岗岩,分别与两处重力低对应,区内矿化不明显;黑河断裂和孟连-团田断裂夹持的南一段分布银、铅锌、钼矿3个预测工作区,与西盟-孟连重力高对应,与银、铅锌、钼矿成矿无关;南汀河断裂和孟连-团田断裂则北东向穿过临沧-勐海花岗岩基,将其分为方向不同的3段。北段分布锡矿昌宁薅坝地预测工作区,永德亚练预测工作区,昌宁薅坝地锡矿及预测区位于云县-临沧-勐海重力低带北端的西部边缘,与重力低(推测为花岗岩)有关,永德亚练锡矿及预测区则位于重力高上(已知花岗岩体很小),与锡矿无关;云县-临沧-勐海重力低推断为临沧-勐海花岗岩基及其隐伏部分。带内有临沧-双江铁矿预测工作区、景洪大勐龙铁矿预测工作区和临沧-勐海金矿预测工作区,均位于重力低的西侧边缘,与澜沧群及大勐龙群变质岩系对应,故铁矿、金矿均与重力低无关。

8. 保山异常带

该异常带分布六库-孟定重力高、漕涧-保山-施甸重力低、柯街-四排山-孟连重力高(北段西侧)。

六库-孟定重力高异常带北起六库,经道街、碧寨、镇康,至孟定,平面呈"S"形展布,道街、小勐统、孟定西出现圈闭高值中心,且在永德-木场被局部重力低所截断;剩余重力正异常则由4个局部正异常组成,平面上呈串珠状展布,强度在$(10\sim19)\times10^{-5}\mathrm{m/s^2}$之间变化,永德-木城段被负异常截断。此重力异常处于保山盆地西侧边缘隆起带,其上大量出露的上古生界是一个密度较大的$(2.67\times10^{3}\mathrm{kg/m^3})$岩性层,同时上古生界上石炭统还有较厚的海相玄武岩以及中侏罗世玄武岩夹灰岩,综合以上两因素后其密度可达$2.70\times10^{3}\mathrm{kg/m^3}$,故边缘隆起和高密度地层$(2.70\times10^{3}\mathrm{kg/m^3})$即是重力高异常带的地质起因。

漕涧-保山-施甸重力低异常带呈南北向展布,长约110km,宽约25km,保山、保场村出现圈闭低值中心,保山低值中心强度可达-8×10^{-5}m/s^{2}以上,与其对应的剩余重力负异常有3个,呈串珠状南北向展布。此异常带与保山复向斜对应,保山地区以沉积了巨厚的早古生代冒地槽沉积和微弱的岩浆活动显示了带内为坳陷很深的负向构造,密度资料表明下古生界的密度(2.61×10^3kg/m^3)小于上古生界的密度(2.70×10^3kg/m^3)及下伏地层,故此,巨厚的早古生代沉积和坳陷很深的负向构造即是重力低的地质起因,保山盆地重力密度模型计算结果显示本区是坳陷深度达15km的对称盆地。

永德-木城重力低呈北东向长椭圆状,长约30km,宽约15km,强度在-6×10^{-5}m/s^{2}以上,有两个低值中心,与剩余重力负异常对应。重力低与永德-镇康穹隆对应,其核部出露晚寒武世、奥陶纪、志留纪地层,周围展布晚古生代地层;上寒武统为大套灰岩与碎屑岩,奥陶系以砂岩为主夹灰岩,志留系为砂质碎屑沉积和碳酸盐沉积,上古生界除以厚大灰岩为主外,尚有大量晚石炭世、二叠纪玄武岩分布;就此套地层岩性而言,其密度较大[与上、下地层剩余密度差均达$(0.09\sim0.10)\times10^3$kg/m^3],无法解释重力低,但在穹隆南东侧的花岗岩露头却为重力低提供了地质依据,故推测永德-木城重力低应由隐伏花岗岩体引起。

成矿带内推断断裂3条,南汀河深大断裂北东走向,控制矿带南部边界;漕涧-蒲漂断裂近南北走向,是六库-孟定重力高异常带与漕涧-保山-施甸重力低异常带分界断裂,即保山盆地的西界断裂;薅坝地-酒房断裂北东走向,它控制了保山盆地的南部边界。怒江断裂则是矿带的西部边界。同时,根据重力低还推断了隐伏花岗岩体4处,北部保山双麦地隐伏花岗岩体已被钻探证实,其埋深在300~600m范围内变化,矿化较弱;施甸仁和桥隐伏岩体位于保山西邑-施甸东山铅锌矿带的西侧,此岩体可能对矿带有一定的控制作用;永德-芦子园隐伏花岗岩体和崇岗-木厂隐伏花岗岩体是根据负异常推断的,与镇康芦子园铁铅锌铜多金属矿对应,钻探已证实隐伏花岗岩的存在,且与铁铅锌铜矿密切相关。

成矿带内,保山以北为钨、锡矿预测工作区,与重力高对应,矿产与重力异常关系不大;保山及其南侧分布3个铅锌矿预测工作区,且均为重力低异常区,推测有隐伏花岗岩体存在,重力低(推测隐伏花岗岩体)与铅锌矿关系密切。

9. 上江-潞西-瑞丽重力高异常带

该异常带分布南高黎贡山重力低,上江-潞西-瑞丽高南段重力高。

南高黎贡山重力低走向南北,至木城后重力低尚有往南西延伸的趋势,且在镇安西、象达东分别出现圈闭低值中心;镇安西低值中心呈南北向椭圆状,长约24km,宽约15km,强度达6×10^{-5}m/s^{2}以上;象达东低值中心亦呈南北向椭圆状,长约12km,宽约8km,强度2×10^{-5}m/s^{2}以上。剩余重力负异常完全与重力低对应,其上出现3个局部剩余重力负异常,负异常强度最大可达-19×10^{-5}m/s^2,其余两个强度较小,分别为-12×10^{-5}m/s^{2}和-9×10^{-5}m/s^2。此重力低内出露地层为轻变质的公养河群类复理石砂、页岩沉积夹硅质岩和灰岩透镜体,除此外还有大面积出露的潞西复式花岗岩基,由勐冒、黄连沟、蚌渺、平河、平达、勐堆等加里东期及燕山期10多个花岗岩体组成,它们即是重力低的场源体,由重力低分布特征推测其北部镇安一带和平河花岗岩体南西部还应有隐伏花岗岩体存在。

上江-潞西-瑞丽南段重力高,基本沿瑞丽江断裂南东侧呈北东向展布,北起龙陵南,经芒市、遮放、往南西至勐板村北,长约90km,且在芒棒村北出现圈闭高值中心,强度达8×10^{-5}m/s^{2}以上;其上有剩余重力正异常与其对应,极大值均在10×10^{-5}m/s^{2}以上。此重力高异常带与分布于瑞丽江断裂南东侧槽谷沉积之中侏罗统勐嘎组及其以上地层对应,勐嘎组下段岩性为夹钙质砾岩,中段为灰岩夹白云质灰岩,上段夹多层橄榄玄武岩,是一套高密度地层,同时沿瑞丽江断裂还有基性—超基性岩侵入,故推测重力高应是高密度地层和隐伏基性、超基性岩体共同引起。该重力高与金矿潞西预测工作区对应,潞西上芒岗金矿位于瑞丽江断裂南侧,根据重力高推测的隐伏基性—超基性岩体是金矿的矿质来源,而瑞丽江断裂则控制了基性超基性岩体的分布。

成矿带内推断断裂3条,怒江深大断裂呈南北走向,过平达后向南近南北向延至南伞,构成成矿带东界;瑞丽断裂北东走向,交于怒江断裂,为成矿带北西边界;龙川江断裂南北走向,分割西部重力高和东部重力低的界线,亦是潞西花岗岩基的西界。根据重力低推断潞西花岗岩基,其岩基出露的北部还有隐伏的岩体。

10. 班戈-腾冲重力低异常带

区内布格重力异常值$(-565\sim-130)\times10^{-5}\,\text{m/s}^2$,局部异常呈椭圆形,主要有班戈重力低、班戈-边坝重力低、边坝重力低、八宿重力低及泸水-瑞丽重力梯级带。推断班戈重力低主要为基底局部坳陷的反映;剩余重力异常显示,边坝以西的局部负异常被正异常包围,异常走向主要有东西向和南北向,推断这些负异常与局部小坳陷和断裂有关,而局部正异常规模大、幅值强,则可能与基性岩或地理隆起有关;边坝、洛隆和八宿负异常分别呈南北向、北东向和北西向,推断其为断裂的反映。

八宿以东、腾冲县以北,布格重力异常显示为等值线向南和向北的同形扭曲之近南北向相对重力低和重力高平行排列;腾冲以南则由不同方向和规模的重力高和重力低组成。腾冲以北则南北向重力低主要是地表出露花岗岩体及隐伏花岗岩体的反映,当然不排除还有第四纪、第三纪低密度沉积地层的叠加影响;腾冲以南重力低是由北东向条带状高黎贡山群的沟谷地带(俗称坝子)第三纪、第四纪低密度松散沉积而显示为相对重力低,并与重力高相间排列分布。剩余重力异常与布格重力异常相对应,主要有泸水局部重力高、腾冲局部重力低、盈江局部重力低和丽江局部重力高。矿带内除推断的大盈江断裂(二级)外,还根据重力低推断了两个花岗岩体,即腾冲-梁河花岗岩带和盈江花岗岩体,前者仅西部小部分位于成矿带内,盈江花岗岩体也仅有1/3位于成矿带内。带内分布的与花岗岩有关的钨、锡多金属矿产既不与重力低相关,也不与重力高相关,而是位于重力梯级带上或重力低边缘。腾冲附近的剩余重力正、负异常起因与布格重力异常一致,即腾冲北重力负异常主要由地表出露花岗岩及隐伏花岗岩引起,腾冲南则为低密度第三系、第四系叠加在高黎贡山群之上而形成相对正、负异常。

二、磁场特征

三江地区以串珠状异常为主,变化范围约为$-75\sim225\,\text{nT}$。

1. 昌都-香格里拉正磁异常区

此正磁异常区处于丁青-昌都-巴塘-香格里拉,主要以正磁异常为主,正磁异常强度中等,正磁异常有北北西向的串珠状特征。仅在昌都有一负磁异常,负磁异常呈北北东向,异常强度为$-20\,\text{nT}$。总体正磁异常走向为北西向。

昌都-香格里拉正磁异常区对应地质地层区为昌都地层区,主要为唐古拉-昌都地层分区和西金乌兰-金沙江地层分区。主体为一中生代盆地,古生代及其以前的地层多分布于盆地的东、西两侧。三叠纪以后由浅海环境逐步向陆相转化,形成侏罗纪—古近纪红色盆地。该区域有德钦蛇绿混杂岩和金沙江蛇绿混杂岩,其间也包括昌都-芒康-兰坪-勐腊侏罗纪—新近纪碎屑岩坳陷盆地、叶枝-易田中晚二叠世火山碎屑浊积岩、火山碎屑岩夹碳酸盐岩、中基性火山岩及以泥岩-粉砂岩-杂砂岩为主的弧后盆地、维西石炭纪—泥盆纪蛇绿混杂岩扩张洋脊、石登志留纪—二叠纪碳酸盐岩夹火山岩等与岩浆活动有磁的地层出露。该磁异常区内含有义敦-香格里拉AuAgPbZnCuSnHgSbWBe成矿带、金沙江(缝合带)FeCuPbZn成矿带、昌都-普洱(地块/造山带)CuPbZnAgFeHgSb石膏菱铁矿盐类成矿带3个成矿带。该区域上的航磁数据主要反映了岩浆活动基底特征,所以表现为正磁异常特征。

2. 玛多-马尔康正磁异常区

此正磁异常位于石渠-甘孜-马尔康-若尔盖地区,位于南巴颜喀拉地块,该异常主要以正磁异常为主,异常强度为$25\,\text{nT}$。仅在丹巴、平武两地出现负磁异常,丹巴负极值稍小($-20\,\text{nT}$),而平武负磁异常极值为$-45\,\text{nT}$。此负异常区为南巴颜喀拉地块两个角点,可能是由于角点碰撞严重,岩体破碎,无定向的磁性,从而表现为负磁异常区。

玛多-马尔康正磁异常区对应地质地层区为巴颜喀拉地层区,主要位于玛多-马尔康地层分区,包括平武志留纪—泥盆纪碳酸盐岩陆表海、摩天岭元古宙碎屑岩陆表海、黄龙-白马泥盆纪—三叠纪碳酸盐岩陆表海、色达-松潘-马尔康-金川三叠纪浊积岩复理石周缘前陆盆地、若尔盖-红原三叠纪—第四纪砂砾岩-粉砂岩-泥岩夹火山岩无火山岩断陷盆地、南坝-汶川志留纪—泥盆纪海相碎屑岩和碳酸盐岩陆缘斜坡、丹巴-金汤泥盆纪—三叠纪被动陆缘碳酸盐岩台地、丹巴三叠纪—侏罗纪被动陆缘陆棚碎屑岩盆地、丹东-道孚晚三叠世滑塌岩-浊积岩陆缘裂谷、泥杂-炉霍晚三叠世深海浊积扇火山碎屑岩,砂砾岩深海平原、巴颜喀拉-四通达晚三叠世深海浊积岩残余海盆、阿坝第四纪河流相砂砾岩坳陷盆地。成矿带方面位于北巴颜喀拉-马尔康成矿带（AuNiPtFeMnPbZnLiBe 云母），该区域以正磁异常为主,强度不大,局部火山岩引起部分弱的正磁异常。

3. 滇西南正磁异常区

此正磁异常区位于兰坪—保山—思茅一带。地质上前者西南三江板块东部,磁异常强度较大,异常强度为 50nT。局部出现负磁异常,主要位于镇康、景洪—思茅,负磁异常强度不大,异常强度分别为 $-20nT$ 和 $-15nT$。

滇西南正磁异常区对应地质地层区为保山、腾冲、思茅地层分区,位于云南省西南部,包括哀牢山洋盆、澜沧江残余海盆、临沧被动陆缘、怒江洋盆、保山被动陆缘、腾冲岩浆弧等,该区内岩浆活动发育,重要断裂构造也很多。成矿带也包括怒江（缝合带）Cr 成矿带、班戈-腾冲（岩浆弧）SnWBeLiFePbZn 成矿带、昌宁-澜沧（造山带）FeCuPbZnAgSn 白云母成矿带、保山（地块）PbZnSnHg 成矿带。该正磁异常表明该区成矿条件好,岩浆活动频繁。

第三节　区域地球化学特征

（一）重要控制构造（断裂）

西南三江地区地球化学异常分带明显,总体特征与构造特征完全一致。

1. 澜沧江断裂带

澜沧江断裂带是亲中酸性岩浆元素西富东贫的分界线。Sn、W、Bi、Be、U、Th、K_2O 等元素和氧化物在断裂以西普遍呈带状富集,以东则普遍贫化,仅局部呈岛状富集。

2. 金沙江-红河断裂带（结合带）

金沙江断裂带之字嘎寺-羊拉断裂、金沙江-红河断裂（大理以南以阿墨江-李仙江断裂）为界,V、Ti、Cu、Fe、Zn 等亲基性岩浆元素和氧化物在断裂东侧普遍面型富集,而西侧相对贫化。在金沙江-红河结合带以西（南）,所有富集区或异常的条带状特征非常明显,而且多数呈弧形分布;结合带以东则多为形状不等的富集区或异常区分布,总体条带特征不明显。

3. 班公湖-怒江结合带

该结合带以亲超基性岩浆元素 Cr、Ni、Co、Cu、Fe、Mg 等的线状异常分布为标志,异常多与一套线状分布的地幔橄榄岩相对应,但与雅鲁藏布江结合带不同,该带除了自身形成了亲超基性岩浆元素高强异常条带外,对青藏高原内部地球化学带的控制作用并不十分明显,只对少数元素的空间上的突变产生了控制作用。Cr、Ni 等异常带的延续性较差,断裂带本身的界限及主次断裂也不易界定。从地球化学特征分析,该带的北界大约为班公湖-康托-怒江断裂,而南界的特征模糊,西段大约为噶尔-古昌-吴如错断裂,东段大致相当于嘉黎-然乌断裂。标志元素及异常分布特征表明,该结合带为一系列深达地幔

(二) 地球化学(异常)分区

可划分出以下地球化学区:冈底斯-念青唐古拉东 W、Sn、Au、Ag 地球化学区,腾冲 Sn、W、Bi、Al 地球化学区,保山 Pb、Zn、Sn、Bi、Sb、Mn、Ni、Ti 地球化学区,怒江 Bi、W、Cr、Ni、Ag、Au、(Sn)W、Bi 地球化学区,类乌齐 Sb、Cu、Sn、W、Bi、Ag、Pb、Zn、Cu、Ti 地球化学区,临沧花岗岩 Bi、Sn、W、Al 地球化学区,昌都-思茅盆地 Ag、Pb、Zn、Al 地球化学区,红河-哀牢山 Au、Cu、Ni 地球化学区,德格-中甸 Cu、Au 地球化学区,义敦 Ag、Au、Pb、Zn、Cu 地球化学区,甘孜-理塘 Au、Ag、Cu 地球化学区(表 1-3)。

表 1-3 西南三江地区地球化学(异常)区带划分及主要特征简表

地球化学域	地球化学省	异常区带	高背景元素	强异常元素	典型矿床
泛扬子亲铁亲铜元素地球化学域	甘孜-理塘	甘孜-理塘	Au、Ag、Cu	(Au)	金木达等金矿
	义敦	稻城	Ag、Au、Pb、Zn、Cu	(Ag、Au、Pb、Zn)	赠科嘎衣穷铜镍锌矿、呷村锌矿
	德格-中甸	德格、中甸	Cu、Au、Pb、Zn	Cu、Au	普朗铜矿
	金沙江	金沙江	Ag、Au、Cu、Ni、Pb、Zn、	Ag(Au)、Cu、Pb	羊拉
	昌都-思茅盆地	昌都盆地	Cu	Ag、Pb、Cu(Mo、Sb)	玉龙铜(钼)矿床
		兰坪-思茅盆地	Ag、Pb	Zn、Al	金顶铅锌矿
	红河-哀牢山	红河-哀牢山	Ag、Au、Cu、Cr、Ni	Ag、Au、Pb(Sb)、Cr、Ni	镇沅金矿、金宝山铂钯矿、元江镍矿、长安金矿
	临沧花岗岩	临沧花岗岩	Bi、Sn、W、Al	Sn	惠民铁矿、西定铁矿
冈底斯-喜马拉雅亲氧元素地球化学域	保山	保山	Ag、Sb、Cu、Cr、Ti(Pb、Zn、Sn)	Pb、Zn、Sn、Bi、Sb、Mn、Ni、Ti	芦子园铅锌矿、勐兴铅锌矿
	腾冲	畹町	Sn、W、Bi、Al	Au、Sn、W、Bi、Mo、Ni	黄莲沟铍矿
		腾冲	Sn、W、Bi、Pb、Al	Au、Sb、Sn、W、Bi、Cu、Ni	铁窑山钨锡矿、滇滩铁矿、铜厂山铅锌矿等
		盈江	Au、Pb、Sn、Al	Bi(Sb)	—
	类乌齐	类乌齐	Sb、Cu	Sn、W、Bi、Ag、Pb、Zn、Cu、Ti	赛北弄锡矿
	怒江	八宿县	Bi、W、Cr、Ni	Cr、Ni	
		嘉黎县	Au、Bi、W	Ag、Au(Sn)W、Bi	龙卡朗铅锌矿、沙拢弄锌矿、聪古拉铜多金属矿
	冈底斯-念青唐古拉东	察隅县	W、Sn	Au、Ag、W、Sn	—

第二章 区域成矿单元特征

第一节 腾冲成矿带成矿特征

波密-腾冲成矿带是西南三江最西部的一个最重要的 Sn、W、稀有金属矿成矿带,该带向北穿过缅甸北部山地可延至贡山及西藏南部的察隅一带,向南与从缅甸央米丁、莫契到泰国比劳克东山、普吉的东南亚西部 Sn 矿带连为一体,总长达到 2500km。云南境内的腾冲-梁河成矿带延长 400km,集中分布的 Sn、W、稀有金属矿床是三江地区的优势矿种之一,已发现大型矿床 4 处,中型矿床 5 处,以及小型矿床、矿点百余处(图 2-1)。

波密-腾冲成矿带中的这些矿床不仅具有品位高、储量大、远景好的特点,而且类型多样,分带明显,特征显著,特别是一些重要矿床中(如百花脑稀有金属矿床)可供综合回收利用的稀有元素达 30 多种,其中 9 种元素在岩体中分布均匀、稳定,Rb 已达工业要求,Nb、Ta 接近工业要求,其他元素也具有较大的回收价值。仅就大秧田、百花脑和席草坝 3 个矿段浅井工程所获储量来看,也十分惊人。其中 Rb 组分已达超大型规模,储量占全球 Rb 总储量的 1/3,Sc、Y、Ta、Cs、Li、Sn、W 等品位虽然偏低,但储量规模也达大、中型矿床标准,而且该矿床为全岩风化矿床,面型分布、易采易选,有用元素大都可以综合回收,可见其潜在的经济价值是非常巨大的(李兴振等,1999)。

在大地构造位置上,波密-腾冲成矿带位于班公湖-怒江结合带西侧的波密-腾冲岩浆弧。中新元古代中深变质的高黎贡山群构成了岩浆弧的褶皱变质基底,显生宙除早泥盆世呈零星分布外,主要是古特提斯晚石炭世—二叠纪"冈瓦纳"型冰水沉积和中三叠世碳酸盐岩组成盖层,其余地质时期均处于隆起剥蚀状态。

中—新元古代高黎贡山群为一套陆源碎屑-火山沉积建造,属高绿片岩相-低角闪岩相高温低压变质岩系,并具有强烈混合岩化及韧性剪切变形特征。除下泥盆统及二叠系为碳酸盐岩建造局部分布外,主要为石炭系勐洪群浅变质含砾砂板岩夹钙硅酸盐岩,为该带花岗岩和 Sn 多金属矿床的主要围岩。三叠系泥质灰岩及新生代盆地沉积零星分布。此外,还发育晚新生代中—基性火山喷发岩。

中生代末至新生代早期,在前寒武纪、加里东期、海西期多次区域变质并混合岩化的基础上发育有十分强烈的花岗岩类岩浆活动,以波密-腾冲成矿带为主体的滇西 Sn 矿带得以形成。

波密-腾冲地区的花岗岩类自东向西有规律地形成 3 个亚带,东亚带主要分布于棋盘石—东河—明光—腾冲一带,大致相当于腾冲以东,由晚侏罗世—早白垩世侵位的东河岩群所组成,同位素年龄值为 143~100Ma,相当于燕山早期;成矿专属性为以 Sn、Fe、Pb、Zn 为主的多金属矿床。中亚带主要分布于狼牙山—小龙河一带,大致位于梁河以东与腾冲以西,由晚白垩世侵位的古永岩群所组成,同位素年龄值为 84~78Ma,相当于燕山晚期;成矿专属性为以 Sn、W 为主的多金属矿床。西亚带位于槟榔江两岸及新岐—来利山一带,大致位于梁河以西,由古近纪侵位的槟榔江岩群所组成,同位素年龄值为 59~51Ma,相当于喜马拉雅早期;成矿专属性为以 Sn、W 和稀有、稀土金属为主的多金属矿床。

在岩石类型演化上,3 个花岗岩亚带中均包括碱长花岗岩、钾长花岗岩、二长花岗岩、花岗闪长岩和石英二长闪长岩,但成矿最好的燕山晚期、喜马拉雅期岩体更集中于碱长花岗岩和钾长花岗岩、二长花岗岩区,而且随时间演化,后期岩体成矿富集度越来越高,形成矿床规模也越大。

该成矿带包含槟榔江(喜马拉雅期岩浆弧)Be-Nb-Ta-Li-Rb-W-Sn-Au 矿带、棋盘石-小龙河(燕山期岩浆弧)Sn-W-Fe-Pb-Zn-Cu-Ag 矿带、东河-明光(燕山期岩浆弧)Sn-Cu-Pb-Zn-Ag-Fe-Mn 矿带 3 个 Ⅳ 级矿带。

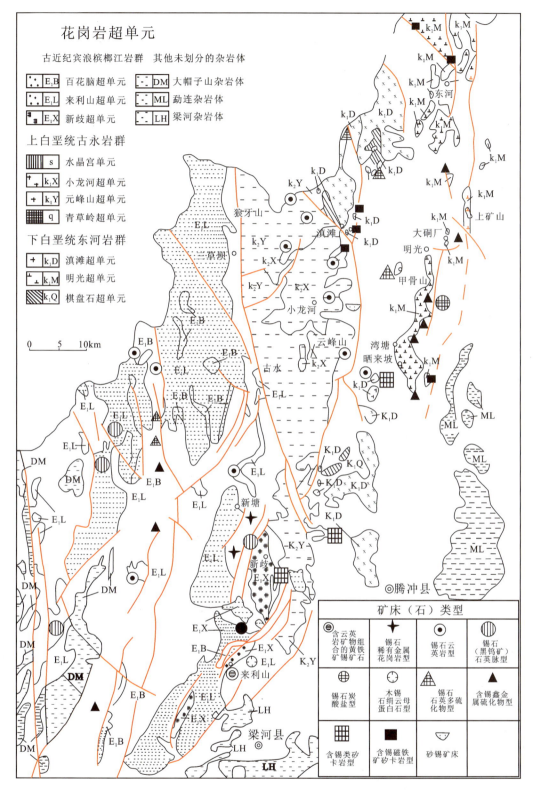

图 2-1 波密-腾冲成矿带主要矿床(点)分布图(据刘增乾等,1993)

一、槟榔江(喜马拉雅期岩浆弧)Be-Nb-Ta-Li-Rb-W-Sn-Au 矿带

该矿带位于腾冲陆块西部,古永-新岐以西至中缅边界,南北长150km,东西宽40km。与喜马拉雅早期花岗岩有关的锡、钨、稀有成矿作用是带内最为重要的成矿作用,已发现大型钨锡矿2处,中型2处,小型及矿点10余处;小型铅锌银矿2处;中型稀有矿床1处等。典型矿床有来利山大型锡钨矿、丝光坪大

型锡矿、新歧中型稀有金属矿,矿床类型分属外云英岩型、木锡石绢云蛋白石型、(变花岗岩)风化壳型。

该时期的矿床(点)主要分布于西亚带含矿花岗岩带中,沿槟榔江两岸及新岐—来利山一带,大致位于梁河以西,已发现岩浆期后热液充填交代作用形成的云英岩(蚀变花岗岩)-石英脉型来利山大型 Sn-W 矿床(图 2-2)、云英岩(蚀变花岗岩)-石英脉型百花脑大型 Nb-Ta-Rb(Sn、W)稀有金属矿床等,以及小型矿床、矿点数十处。矿床规模大小不等,该带中众多矿床所拥有的矿石量,在三江地区的有色、稀有和稀土金属的矿产总储量中占有很大的优势。

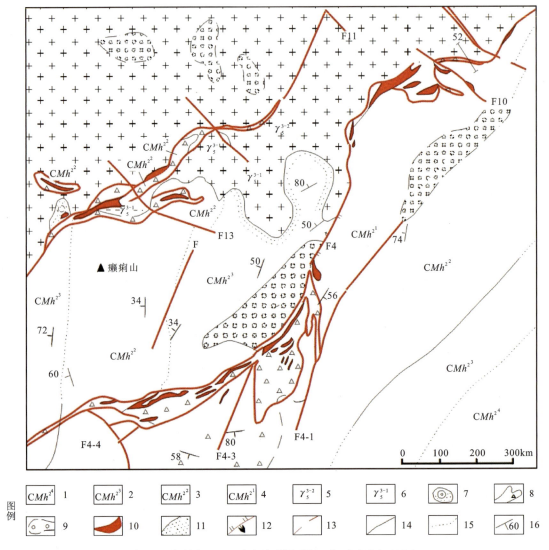

图 2-2 来利山 Sn-W 矿床地质图(据《三江矿产志》,1984)

1.勐洪群第二段第四层角岩化石英粉砂岩;2.勐洪群第二段第三层角岩化黑云石英砂岩;3.勐洪群第二段第二层角岩化含砾砂岩、黑云砂岩夹石英岩;4.勐洪群第二段第一层含砾粉砂岩夹条带状粉砂岩、板岩;5.细粒二云母花岗岩;6.等粒二长花岗岩;7.褪色蚀变带;8.角砾岩带;9.Sn 矿转石分布区;10.Sn 矿体;11.角岩化;12.逆断层及编号;13.实测及推测不明断层;14.实测地质界线;15.推测地质界线;16.地层产状

二、棋盘石-小龙河(燕山期岩浆弧)Sn-W-Fe-Pb-Zn-Cu-Ag 矿带

该矿带位于腾冲陆块古永-新岐以东,棋盘石-大盈江断裂带以西,南北长 90km,东西宽 15km。燕山晚期花岗岩成矿作用是矿带内最重要的成矿作用,矿种以钨锡为主,铅锌、银其次。矿床类型以云英岩型较典型,矽卡岩型、角岩型也有出现。已发现大型钨锡矿 1 处,锡矿 1 处,中小型 3 处,矿点 10 余处;小型铅锌银矿 2 处等。

典型矿床有小龙河式钨锡矿,属内云英岩型,赋存于岩体顶部;铁窑山式锡矿,属类矽卡岩、角岩叠加云英岩型,赋矿地层为上石炭统勐洪群含冰水砾岩的富钙碎屑岩及二叠系—三叠系的碳酸盐岩。

该时期的矿床(点)主要分布于中亚带含矿花岗岩带中,沿狼牙山—小龙河一带,大致于梁河以东与腾冲以西展布。已发现岩浆期后热液充填交代作用形成的云英岩-石英脉型小龙河大型 Sn(Be、Li、Rb)矿床,云英岩-石英脉型铁窑山中型 W-Sn(Mo、Pb、Zn)矿床(图 2-3),云英岩-石英脉型老平山中型 W-Sn(Mo、Pb、Zn)矿床等,以及众多的小型矿床、矿点数十处。矿床规模主体以大中型为主,成矿作用强度及其 Sn、W 矿石质量明显好于晚侏罗世—早白垩世的矽卡岩型矿床。

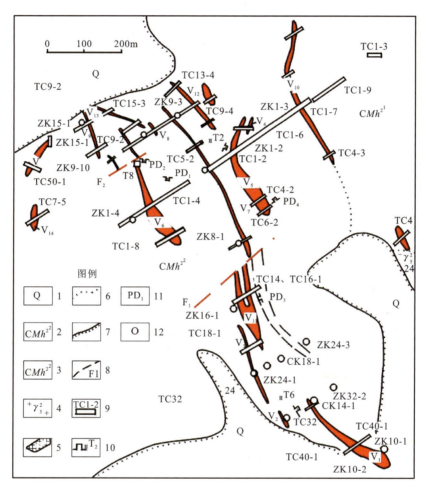

图 2-3 铁窑山 W-Sn(Mo、Pb、Zn)矿床地质图(据《三江矿产志》,1984)

1.第四纪冲积层;2.勐洪群二段第一层黑云长英角岩夹石英砂岩;3.勐洪群二段第二层黑云石英角岩夹矽卡岩透镜体;4.燕山期中—细粒黑云母花岗岩;5.Sn-W 矿体及编号;6.地质界线;7.不整合接线;8.推测断层及编号;9.探槽及编号;10.老硐及编号;11.平坑及编号;12.钻孔及编号

成矿作用主要与侵位于晚古生代地层中的晚白垩世花岗岩类侵入体直接相关,岩石类型主要为黑云母花岗岩、黑云母钾长花岗岩、黑云母钠长花岗岩、二长花岗岩等。这些岩石以富碱质,特别是稀有碱性元素,富挥发分、水等和矿化元素为显著特征,且以岩浆演化具多阶段性和成熟度高为特点。其矿化元素主要以 Sn、W 为主,伴生有 Pb、Zn、Be、Li、Rb 等有用组分。赋矿围岩蚀变强烈,与成矿有关的热液蚀变作用有矽卡岩化、云英岩化、硅化、黄铁矿化,其中云英岩化和硅化与成矿作用的关系更为密切相关。矽卡岩化阶段伴随微弱的 Sn、W 矿化,不构成 Sn、W 矿体;石英-磁铁矿阶段一般不构成 Sn、W 矿体,Fe 可能形成矿体;石英-硫化物阶段充填、交代破碎矽卡岩,一般形成 Sn、W 矿体;云英岩化阶段是成矿作用的主要时期,形成大而富的 Sn(W)矿体;氟化物阶段充填、交代上述各类蚀变岩石(矿石),形成较富的 W 矿体。

通常复式岩体的晚阶段富挥发分、稀碱元素和成矿元素的衍生物有最直接的时间、空间及成生联系，表现为云英岩化阶段和氟化物阶段 Sn、W 矿化作用明显叠加于早期阶段的蚀变岩石（如矽卡岩）之上，矿体沿蚀变岩石中的破碎带展布，形成大而富的脉状、网脉状和囊状 Sn、W 矿体。云英岩-石英脉型的矿床在外营力的长期作用下，往往可以形成残坡积型砂矿床，甚至经过较长距离的搬运，成为大型的湖积型砂矿床。

成矿作用主要与侵位于晚古生代地层中的古近纪花岗岩类侵入体直接相关，来利山 Sn-W 矿床主要与紫苏花岗岩、黑云母二长花岗岩、黑云母钾长花岗岩及花岗斑岩有关，以富 F、S 为其显著特征。矿体产于岩体与围岩的接触带或远离接触带的围岩构造破碎带中，呈透镜状、似层状、脉状产出。矿区内围岩蚀变强烈、广泛，并且多阶段的蚀变作用互相叠加，与成矿关系相关的有云英岩化、硅化、黄铁矿化、绿泥石化，尤其是晚期云英岩化、中期硅化与黄铁矿化沿内外接触带和围岩中破碎带的充填交代作用，形成发育了矿区内最为主要的和重要的富矿体。

中生代末至新生代早期，由于印度板块向北下插推挤和欧亚大陆的围抗，致使沿贡山—瑞丽一带产生一个巨大的向东南突出的弧形逆推带，形成数百米宽的糜棱岩带，以及向上由韧脆性至脆性变形的过渡带。这次构造热事件，引发了地壳下部具有稀有、有色金属和挥发分元素地球化学异常背景值的岩石（如褶皱基底变质岩系）发生选择性部分重熔，造就了初始较富稀有、有色金属和挥发分的酸性岩浆，并提供它们上侵的热力学和动力学条件。区域不同性质、不同方向的构造叠加与交切部位具有良好的地球化学屏障和成矿淀积空间，有利于富挥发分的成矿流体进行充分的发展演化，而后在有利的构造部位富集成矿。区域成矿模型可以概括为如图 2-4 所示。

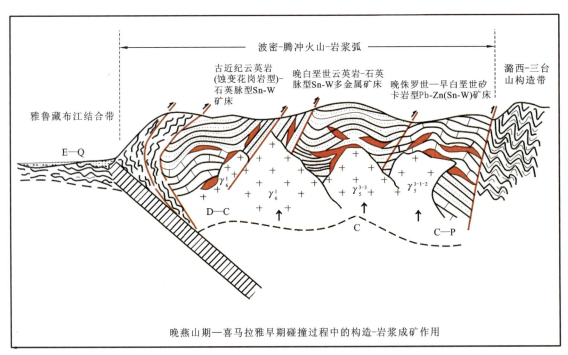

图 2-4 波密-腾冲 Sn、W、稀有金属成矿带区域成矿模式示意图（据潘桂棠，2008）

三、东河-明光（燕山期岩浆弧）Sn-Cu-Pb-Zn-Ag-Fe-Mn 矿带

该矿带位于腾冲陆块东缘、怒江断裂带及龙陵-瑞丽断裂带以西地区。棋盘石-大盈江断裂（南部）及独龙江断裂（北部）以东，矿带南北长 220km。带内已发现大型锡矿 1 处，大型硅灰石矿床 1 处，中型铁矿 1 处，中型铅锌矿 1 处，小型铅锌银矿 2 处，小型淋积型稀土矿 1 处，铅锌、钨、锡、宝石、非金属（化）点 30 余处。典型矿床有红岩头式锡矿（多金属硫化物型锡矿）、滇滩式铁矿（镁质矽卡岩型铁矿）、大硐

厂式铅锌矿（多金属硫化物型铅锌矿）、白石岩硅灰石矿（层控接触变质型硅灰石矿）、龙安稀土矿。除龙安稀土矿外，这些矿床赋矿地层均为上石炭统勐洪群含冰水砾岩的富钙碎屑岩及二叠系、三叠系的碳酸盐岩。

带内以与燕山早期花岗岩侵入有关的成矿作用为主，表现为铁、铅锌、锡、钨矿化。晚期花岗岩具锡、钨、铌、银、金矿化。目前北段及中段尚未发现小型以上矿床，南段则形成众多与燕山早期花岗岩有关的接触交代型锡、铁、铜、铅锌多金属矿床，南端帮棍尖山印支期二长花岗岩风化壳形成淋积型稀土矿。

此外，区内沿怒江边变质岩系中有与花岗岩有关的碧玺、海蓝宝石、黄玉等宝石，以及与元古宙变质岩有关的红宝石、磷灰岩、大理岩等非金属矿的成矿作用。

已发现接触交代形成的矽卡岩型滇滩中型 Fe(W、Sn)矿床，矽卡岩型大硐厂中型 Pb-Zn(Sn)矿床（图 2-5），矽卡岩型大矿山中型 Pb-Zn(Cu)矿床，矽卡岩型灰窑小型 Cu-Pb-Zn 矿床等，以及众多的小型矿床、矿点数 10 处。矿床规模主体以中小型为主。

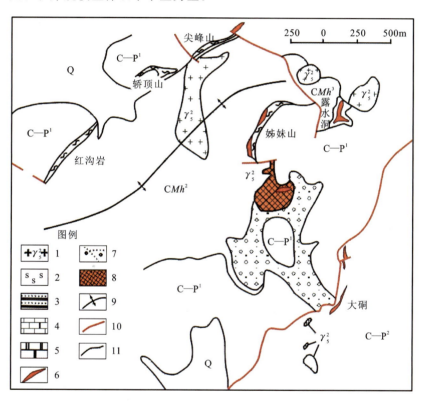

图 2-5　大硐厂 Pb-Zn(Sn)矿床地质图（据《三江矿产志》，1984）
1.花岗岩；2.矽卡岩；3.砂岩夹页岩；4.灰岩；5.白云岩；6.矿体；7.砂矿；
8.褐铁矿化带；9.背斜轴；10.断层；11.地质界线

成矿作用主要与侵位于晚古生代地层中的晚侏罗世—早白垩世花岗岩类侵入体直接相关，岩石类型主要为花岗闪长岩、黑云母花岗岩、黑云母钾长花岗岩等。与之有关的成矿作用多和中、晚阶段的岩体有成因联系，其矿化元素分别为 Fe（伴生 W、Sn）、Pb-Zn（伴生 Cu、Sn）、Cu（伴生 Pb、Zn、Sn）。矿体受断裂破碎带及蚀变岩石（矽卡岩）的控制，主要赋存于强烈蚀变围岩的层间破碎带或断裂破碎带中，矿化作用以成矿母岩为中心，由内向外依次产出有矽卡岩型矿体、细脉和网脉状的锡石-硫化物型矿体。围岩蚀变强烈，分带明显，在内接触带中发育硅化、绢云母化、绿泥石化和黄铁矿化，外接触带则发育矽卡岩化、大理岩化、角岩化。与围岩蚀变分带对应的矿化分带相应为 Sn、W→Sn、Fe→Sn、Cu→Sn、Pb、Zn、Ag，与之相应的成矿阶段主要有矽卡岩化阶段→锡石-磁铁矿阶段→锡石-硫化物阶段→硫化物阶段，有的矿床中还发育硫化物-碳酸盐阶段。

第二节 怒江-北澜沧江成矿带成矿特征

潞西(断块)Cu-Pb-Zn-Fe-Au-Sn-W-Ni-稀有金属矿带

1. 地质特征

该矿带夹持于怒江深大断裂带南段东支和其西支龙陵-潞西-瑞丽断裂之间的三角形断块带,并以它们为东、西边界,南界为国境线,自泸水南到龙陵、潞西、瑞丽一带,面积4600余平方千米。

地质构造上,矿带与"三江"造山系—潞西-三台山弧后结合带、保山地块西被动陆缘的范围大体一致,以往也称为潞西复式背斜隆起区。岩浆岩较发育,除主断裂带内有镁质超基性岩和燕山晚期花岗岩产出外,东部主要为规模较大潞西复式岩基所占据,复式岩基由勐冒、黄连沟、蚌渺、华桃林、大坡等10余个岩体组成,时代为加里东期与燕山期—喜马拉雅期,系多旋回、多期次岩浆活动形成,以黑云母二长花岗岩为主。加里东期因花岗岩浆侵入而形成了大的岩基,燕山期和喜马拉雅期花岗岩类侵入于岩基中,组成复式杂岩,在燕山期花岗岩体边缘和接触带中常伴有铜、铅、锌矿化,在喜马拉雅期花岗岩体边缘常伴有锡、钨、铍矿化,从加里东期—燕山晚期,花岗岩由钙碱性演化到钙性-钙碱性和钙性系列,由富含铅、锌演化到富含铜、钨、锡、铌、钽、铍、锂等微量元素。

加里东期(525.9Ma)黑云母花岗闪长岩,局部有沿岩体边缘裂隙带产出的含锡石云英岩、电气石-石英岩脉带型矿化,成矿作用可能与晚期旋回热事件或花岗岩浆的侵入活动有关。燕山-喜马拉雅旋回(169~41.6Ma)多期次花岗岩浆活动侵位的花岗闪长岩、二长花岗岩-二云母钾长花岗岩-白云母碱长花岗岩、花岗伟晶岩演化序列的岩类,与锡、钨、铍的产出有关。岩体多呈岩株状侵入于加里东期平和岩基的北侧,形成复合岩基北部的晚期旋回岩基,部分侵入于南部岩基中。尽管花岗岩极其发育,且呈多旋回、多阶段分异演化良好的岩石序列产出,晚期高侵位花岗岩中含有较高的成矿元素及标型锡、钨成矿花岗岩指示性微量元素,矿化类型有锡石-云英岩型、含锡伟晶岩型、锡石-(黑钨矿)-电气石-石英型及砂锡矿,但除黄连沟绿柱石伟晶岩型铍等稀有矿床外,成矿带中仅发现了一些零星的锡、钨矿点和矿化点,局部形成了小型钨矿床(赧洒)。

2. 成矿特点

该带出露的加里东晚期(—海西中期)的花岗岩和燕山晚期花岗岩与成矿关系密切,主要形成矽卡岩型和岩浆热液型、云英岩型矿床。铅锌多金属矿(大矿山)和铁矿(芒亮)、钨矿(赧洒)为小型,燕山晚期酸性杂岩特别是岩浆期后的伟晶岩脉形成大型稀有金属铍、铌、钽矿矿床;在芒市-龙陵断裂带南东侧岩溶不整合面次级构造破碎带中有金矿化带产出,部分金矿段达中型规模。归纳矿带主要成矿特点有以下3个方面。

(1)与加里东晚期(—海西中期)花岗岩有关,晚期形成热液型铅锌矿化,发生于花岗岩外接触带,受地层与构造控制,目前规模较小,如火炉厂铅锌矿点。龙陵小黑山黄蜡石(也称黄龙玉)矿也产在该期二长花岗岩的石英脉中,在不同部位由于形成的颜色差别,从白色至黄色,质地细腻。石英脉有的延长达千米以上,脉宽1~2m不等,其中呈黄色的质地细腻部分经打磨加工成挂件或雕刻成形,成为黄龙玉制品。

(2)燕山晚期酸性杂岩第一阶段黑云母二长花岗岩,在岩体外接触带形成铅、铜矿化,与岩浆热液作用有关,多以构造充填和接触交代矽卡岩型铅锌矿产出,如芒市大矿山铅锌矿。产于燕山晚期第一阶段含角闪黑云二长花岗岩-蚌渺岩体西侧外接触带中,受花岗岩和中泥盆世碳酸盐岩、背斜及断层、层间破碎带和裂隙控制,常于两组断裂相交处形成较大的矿囊、矿柱。围岩蚀变有大理岩化、白云岩化、硅化、绢云母化及铁锰赭石化、轻微矽卡岩化等热液蚀变。囊状矿体一般厚度大、延长短、分支尖灭明显,并成为上部大向下逐渐小之漏斗状。矿石品位变化大。根据初步勘探结果,铅金属量17 440t,锌金属量56 000t,为小型铅锌矿床。

第二阶段黑云母花岗岩,侵入公养河群浅变质地层中,岩体相对富硅酸及碱,岩浆期后伟晶岩发育,对稀土成矿有利,形成与伟晶岩有关的铍、铌、钽矿化,黄莲沟大型铍等稀有金属矿就产于这一伟晶岩交代作用广泛的黄莲沟岩体中。处于龙泉和孟冒两大花岗岩体之间,矿区出露的岩石为燕山期花岗岩及其古生代变质岩系。含Be伟晶岩聚集于花岗岩体顶部及其与围岩的内外接触带中,控制伟晶岩的成矿构造为内外接触带中大量密集平行排列、部分交叉、大小不等的裂隙,相应的矿体也呈脉状、网脉状、囊状、串珠状等形态展布。含Be伟晶岩有微斜长石-白云母伟晶岩、钠长石-微斜长石-白云母伟晶岩、钠长石-白云母伟晶岩、钠长石-铁锂云母伟晶岩和细粒长英岩。含矿伟晶岩中交代作用非常普遍,矿化作用主要与钠长石化、铁锂云母化、云英岩化密切相关。稀有金属矿物为绿柱石、铌钽铁矿、独居石、铌钇矿、铀云母等。

第三阶段二云母碱性花岗岩,岩体中BeO平均含量可高达0.0115%,未形成大量伟晶岩,对花岗岩铍矿仍需予以重视。在外接触带有岩浆热液型铁矿化,如瑞丽的芒良(亮)铁矿,规模有200多万吨。沿晚三叠世泥质砂岩围岩裂隙充填以致密赤铁矿为主,脉状产出,个别铁矿脉厚达5m。

第四阶段的碱性花岗岩对稀有金属成矿有利,是稀有金属矿化的有利岩类,值得注意。

(3) 与侏罗纪及其下伏的二叠纪岩溶不整合接触界面附近构造带有关的"卡林型"金矿,矿带内已有一定规模,矿化带长10余千米,受地层、岩性和构造控制,沿芒市-龙陵断裂南东侧侏罗纪及二叠纪碳酸盐岩产出,次级断裂及剪切带发育,地球化学Au异常断续在该带出现,已有上芒岗金矿等,与Au地球化学异常吻合较好,达中型规模,值得进一步深入找金矿。

第三节　保山-镇康成矿带成矿特征

保山-镇康有色金属和稀有金属成矿带位于昌宁-孟连成矿带的西侧,主体叠置于保山陆块之上的以Pb、Zn、Hg为主的多金属及稀有金属成矿带。成矿带北起六库、保山,南至镇康,南北长约230km,东西宽约50km。成矿带内共有铁铜铅锌金等重要矿产地80处,其中,大型矿床3处(保山市隆阳区西邑铅锌矿、龙陵县勐兴铅锌矿、镇康县鲁子园铅锌铁铜金多金属矿),中型矿床3处(保山市核桃坪铅锌矿、施甸县东山铅锌矿、施甸县摆田铅锌矿),小型矿床31处(以铅锌矿为主,共15处,金矿7处,铁矿、铜矿、锑矿等各1处);铁矿、铅锌矿等矿点、矿化点39处。此外,成矿带尚有大型稀有金属(Be-Li-Nb)矿床1处(龙陵县黄连沟),大型钛铁砂矿1处(保山市板桥),汞矿床大型1处(施甸县茅草坡)、中型3处(保山市水银厂、金家山、罗明烈马山),中型砷矿床1处(施甸县和平),以及这些相应矿产矿点多处,古近纪以来的山间盆地多有中小型褐煤产出,还产有石膏、硅藻土等(图2-6)。

一、地质条件

新元古代—早、中寒武世公养河群为一套冒地槽沉积碎屑岩系,其间尚未发现与沉积作用有关的矿产,仅在上部硅质岩夹层中含磷有所增高。上寒武统由碳酸盐、砂泥质沉积构成3个大沉积旋回,有沉积改造型铅锌矿及与隐伏岩体有关的铅、锌、金、铜、铁及锡矿化。上古生界以碳酸盐岩为主,铅、锌矿化比较普遍,因而可能也属层控成因类型。下二叠统与石炭系间为区域性假整合,底部为砾岩并逐渐过渡为铁铝质岩,局部存在赤铁矿或铝土矿扁豆体,但均不具工业意义。上三叠统下部有一套不甚稳定的中

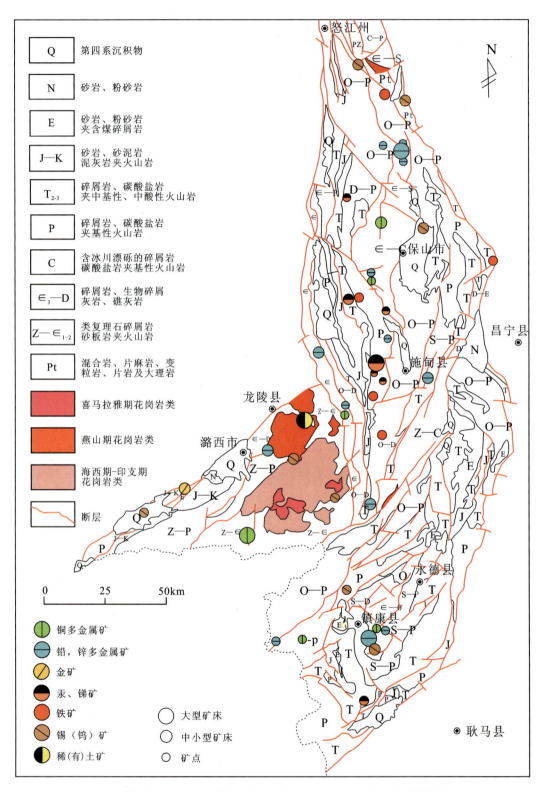

图 2-6 保山-镇康 Pb、Zn、Hg、稀有金属成矿带主要矿床(点)分布图(据潘桂棠,2010)

基性火山岩平行不整合于中三叠世白云岩之上,见铝土质页岩,但未达到铝土矿床工业要求。侏罗系主要在本区西部沿怒江断裂分布,下部为红色碎屑沉积,并有短暂的基性火山喷发;中上部为滨海-浅海相碳酸盐岩夹砂页岩;平行不整合覆于三叠系之上,是本区含膏盐的主要层位。新近纪至早第四纪为山间盆地含煤沉积,构成较多的小型褐煤矿床;在盆地周围基性岩发育区,尚可形成冲积-湖积型钛铁矿(砂矿),如保山板桥,但因品位低,目前尚不能利用。

该地区构造形变以发育密集排列的断裂和宽缓的褶皱为特征,大部分呈北北东向、北东向展布。褶皱常被走向断裂破坏而不完整。褶皱保存较好的有镇康复背斜,其西翼较陡,东翼缓,略呈不对称状,褶皱轴面略向北北西向倾斜,总体表现为一个不对称短轴背斜,两翼被同轴向次级褶皱复杂化。由于它对泥盆纪沉积的明显控制,表明在泥盆纪前已形成。北部保山、施甸一带,总的形成一个南北向的复式背斜构造,称保山复背斜。与之平行,在怒江东岸形成一个南北向的复向斜构造。保山复背斜之东翼,在水寨—平林子一带同样形成一个复向斜,称平林子向斜。以上为复背斜和复向斜,常因次级褶皱和断裂发育而复杂化。从总体看,保山地区应为一个复式向斜构造。勐波罗河-晒干河断裂以南,区域构造线呈北东向,出现一系列北东向紧密线状褶皱,一般向斜保存完好,背斜多被断层破坏,呈现出向斜较开阔、背斜较紧密的组合形态。这类褶皱的形成时期可能是燕山晚期—喜马拉雅期,其构造线由南北向转为北东向,有可能与勐波罗河-晒干河断裂南部地块发生右行扭动有关。断裂构造基本可分为南北向、北东向—北北东向两组。南北向一组发育早,且占主导地位,常密集成带,平行延伸。

区域岩浆活动较弱,中酸性侵入岩主要分布于本区西南角,即潞西复式岩群。岩浆活动始于早加里东期的花岗闪长岩-二长花岗岩,继后有海西期—燕山早期的花岗闪长岩,燕山晚期的黑云母二长花岗岩,喜马拉雅早期的二云母-白云母花岗岩侵入体叠加,组成多旋回的复式岩群。其中燕山晚期—喜马拉雅早期的黑云母二长花岗岩、白云母花岗岩与稀有金属矿化作用密切相关。镇康木厂出露的碱性花岗岩(253~217Ma,锆石U-Pb),含锡丰度较高,并伴有锡石重砂异常,可能与锡矿化有关,有人甚至认为镇康乌木兰锡矿也与此类花岗岩有成因联系。该岩体含稀土及稀有元素较高,是值得注意的找矿线索。保山大雪山与超基性岩有关,有硫化镍矿化。总的看来,保山-镇康成矿带,除有少量基性火山喷发外,岩浆活动微弱,因而与岩浆侵入作用直接有关的矿产不甚发育。但在一些背斜构造的核部,如核桃坪至施甸,以及至镇康一带,有隐伏(中—酸性)岩体存在的可能性,而围岩又多为碳酸盐岩,因此,寻找隐伏接触交代型多金属矿可能是一个新的找矿途径。与沉积作用有关的矿化线索普遍,产于寒武系—奥陶系的铅、锌矿具较大远景。怒江东侧的汞(锑)矿带成矿地质条件比较好,近年来,金矿化线索亦陆续有所发现;在河流重砂中分布有含金点及金异常多处。

二、成矿特点

保山-镇康成矿带中矿床的发育与其两侧构造带(西侧班公湖-怒江和东侧的昌宁-孟连结合带)的形成有着密切的成生联系。随着前寒武纪末至早古生代初泛大陆的解体(Bozhko H A,1986;Lindsay J E et al,1987;Ilin A V,1991),古生代时期的保山陆块随着原特提斯和古特提斯洋的发育而长期处于被动边缘发展状态(李兴振等,1999)。早古生代于保山地块中东部被动边缘盆地→被动边缘裂陷盆地中沉积了厚度较大的类复理石夹火山岩、硅质岩及碳酸盐岩建造,并在其陆棚台地和礁后半封闭潟湖中,以生物化学作用和化学作用的方式在寒武纪—奥陶纪的生物碎屑灰岩和礁灰岩中,以及碳酸盐岩与碎屑岩的转换界面上沉积形成矿(化)体,且在区域层位性上具有可比性。区域成矿演化模型可以概括为如图2-7所示。

印支期保山陆块两侧的弧-陆碰撞至燕山晚期—喜马拉雅期的陆内汇聚作用,使其保山陆块上的地层发生褶皱和断裂构造作用,地块中部隆起并缺失中生代地层,并产生近南北向及其伴生的北西向、北东向次级断裂带及层间破碎带,以及岩石的区域变质作用。在构造-岩浆热源的作用下的下渗地表水或原生建造水在地壳深部受热增温,发生环流、活化、萃取各时代地层中的成矿物质,并形成含矿热液沿断裂带向上运移。当含矿热液运移至古生代地层中的层间破碎带,或褶曲轴部构造剥离空间,以及生物碎屑灰岩或碳酸盐岩与碎屑岩等不同岩性接触界面上时,一方面对早期形成的矿床(体)叠加改造,并使其进一步富集形成沉积-改造型Pb、Zn(Ag)多金属矿床;另一方面,在新的赋矿空间中发生金属硫化物沉淀,形成构造热液-脉型Hg、Sb、As多金属矿床。

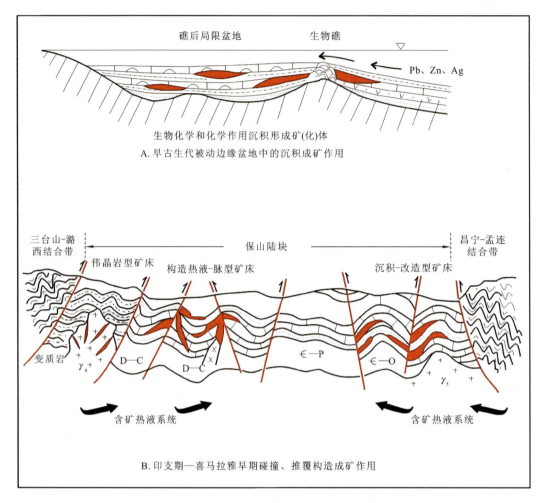

图 2-7　保山-镇康有色金属及稀有金属成矿带区域成矿过程模式示意图(据李兴振,2002)

第四节　昌宁-孟连成矿带成矿特征

昌宁-孟连成矿带位于临沧-勐海岩浆弧带的西侧,主体是发育在洋脊-准洋脊火山岩-蛇绿岩带上的 Pb、Zn、Ag 多金属成矿带,呈近南北向延伸,北起昌宁,南至孟连,南北长约 270km,东西宽 10～20km。该带已发现澜沧老厂大型 Pb-Zn-Ag 矿床 1 处,铜厂街小型 Cu 矿床 1 处,小村小型 Hg 矿床 1 处,以及 Pb、Zn、Ag 多金属矿点 10 余处(图 2-8)。

昌宁-孟连构造带西侧出露大面积变质基底,如新元古界勐统群、王雅岩组、允沟岩组,下古生界孟定街岩群等,另见零星的古元古代结晶基底西盟群出露。东部的澜沧岩群与西部勐统群之间被晚古生代沉积的条带体所覆盖,直接的接触关系不明。晚古生代地层之岩性及沉积特点在东、西两侧迥异,西侧的上古生界表现为被动大陆边缘的沉积充填序列特点,而东侧表现为被动-主动大陆边缘的沉积充填序列特征,二者之间为南北向断续延伸约 200km 的石炭纪铜厂街蛇绿混杂岩。沉积条带东西宽仅 10 余千米至数十千米,而南北延长甚远,北端在昌宁以北受截于澜沧江深断裂,往南经昌宁、凤庆,被北东向的南汀河断裂错移而出现于稍靠西面的耿马、沧源一带,又为北西向黑河断裂向东错移而出露在澜沧、孟连一带,继续向南延出国境。据近年来的研究,西侧的下石炭统平掌组火山岩具大洋板内碱性火山岩的特征,定量模拟计算表明,其原始岩浆相当于稀土元素 2～2.5 倍于球粒陨石的石榴石方辉橄榄岩低度部分熔融(1.5%±)的产物。在澜沧老厂,下石炭统平掌组火山岩之凝灰岩中有火山热水沉积成

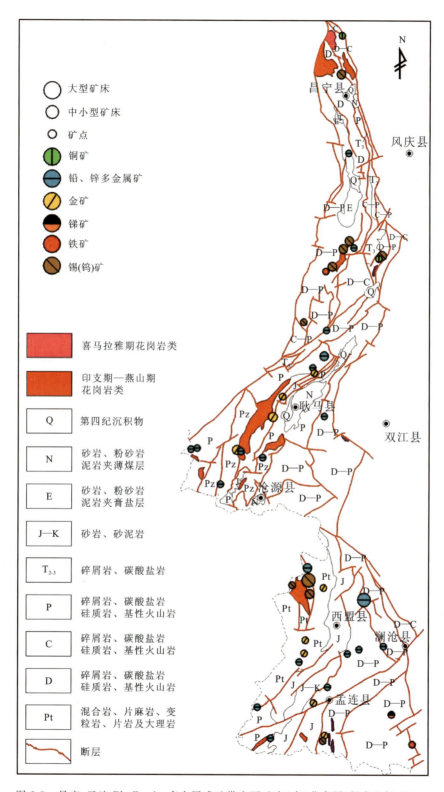

图 2-8　昌宁-孟连 Pb、Zn、Ag 多金属成矿带主要矿床(点)分布图(据李兴振,1999)

因的银铅锌矿床;北段之永德云岭—昌宁薅坝地一带,有花岗岩出露并有较广泛的锡矿化。在昌宁薅坝地一带,出露一套以泥质沉积为主的浅变质岩。其上部为深灰色页岩、粉砂岩夹石英杂砂岩、碳质页岩和硅质岩,薅坝地锡矿即产于此层位的石英杂砂岩间;中下部为复成分岩屑砂岩夹含砾岩屑杂砂岩、碳质页岩。永德云岭一带也有类似地层出露。其中赋存的锡矿化层,根据锡石及电气石在岩层中的产出特征,以及包体、硫同位素等分析说明,薅坝地锡矿系海底沉积-喷气矿床并非岩浆成因。当然,后期花岗岩侵入也促使含矿层再富集,并形成脉状穿插锡石-电气石细脉。永德云岭一带,亦有与薅坝地相同的地质条件和矿化特点,但矿化弱,未能构成工业矿床。

一、耿马矿带

1. 地质特征

耿马(保山地块东缘被动边缘褶冲带)Pb-Zn-Ag-Sn 矿带,位于昌宁-澜沧成矿带西侧,西界为柯街-孟定断裂、南定河断裂,西与保山成矿带之保山矿带南部相接,矿带北东向南定河断裂和北西向木夏断裂切割为北、中、南 3 段,木夏断裂以北的北段、中段,以沧源断裂为东界,木夏断裂以南的南段,以昌宁(-孟连)断裂为东界,东与昌宁-孟连裂谷-洋盆矿带为邻,矿带北端在昌宁薅坝地以北封闭,南北向条带展布自昌宁向南至耿马西、沧源、西盟、孟连一带抵达缅甸境内,面积 7200 余平方千米(图 2-8)。

地质构造上,矿带与保山地块东部的被动大陆边缘地区之Ⅲ级构造单元——耿马被动边缘褶冲带的范围大体一致,属元古宙至古生代澜沧江洋西侧的保山陆块被动边缘沉积带。出露最老地层为南段原岩,为火山-沉积建造的古元古界西盟岩群中深变质岩(低角闪岩相),由一套变粒岩、片岩、片麻岩及大理岩夹钙硅酸盐岩等组成,厚度大于 830m,属西盟变质核杂岩的核部,是中型西盟锡矿的含矿围岩,发育有中—基性火山岩,表明早古生代以前,本区为古岛弧带。上覆新元古界王雅岩组、允沟岩组浅变质碎屑岩(绿片岩相),含新厂等铅锌矿。深、浅变质岩系间,为顺层剥离韧性剪切带。沿变质核杂岩核部及西侧有喜马拉雅期花岗岩侵入,Rb-Sr 法年龄值为 50.4Ma(王义昭等,2000),局部有混合岩化,伟晶岩脉也较发育,形成 Sn、W、Be、F 等地球化学异常区,阿莫式锡矿即沿顺层韧性剪切带产出,有可能与喜马拉雅期酸性岩浆侵入活动有关。下古生界是带内出露最广的地层,为一套浅变质岩系,主要由千枚岩、片岩及大理岩、大理岩化灰岩组成,是铅锌银金矿的主要容矿层,局部尚夹磁铁矿和赤铁矿层。上三叠统出露于昌宁-南定河断裂两侧,为砂岩及页岩;中侏罗统—下白垩统与普洱地区相同,为一套红色建造,与下伏地层亦呈不整合关系,缺失上白垩统;上始新统—渐新统仅见于北段昌宁附近,为磨拉石建造,不整合覆于古生代或中生代地层之上;上新统为内陆含煤建造,零星分布于一些小型山间盆地中,在北段勐统附近尚有基性火山岩。

带内中酸性深成岩浆侵入活动以北段和中段较为发育,共有大小岩体 9 个;南段在西盟及孟连一带,有小岩体 5 个。其中,以耿马大山岩体最大,出露面积 $280km^2$。岩体时代以印支期、燕山期及喜马拉雅期为主,主要岩石类型有二长花岗岩、花岗闪长岩、花岗岩,及少量浅成花岗斑岩、石英斑岩、英安斑岩。岩石组构较均匀,少见暗色包体。伴随岩浆侵入活动有锡、金等成矿作用,形成昌宁-耿马-西盟锡、金多金属成矿带。岩性偏中性者与金银铅锌多金属矿产有一定的成因联系,如产于耿马大山岩体一带的石英脉型金矿床(拱丁、新华村等),其规模可达小型,以及沧源南腊—班老一带岩浆热液型铅锌银多金属中小型矿床(南腊、芒哈等);岩性偏酸性者则与锡、钨的成矿有关,形成以薅坝地、阿莫 2 处中型锡矿床为代表的众多锡、钨矿化。

矿带的构造变形比较复杂,在南定河断裂以北总体为复式背斜。从北往南,轴向由北西—北北西转向南北—北北东,表现向东凸出的弧形,轴部断裂较少,但有中生代云岭花岗岩体的侵入;西翼断层密集,以走向逆冲断裂为主;次级褶皱呈紧密线状,两翼对称。南定河断裂与黑河断裂所截地区(中段),因前者的右行位移和后者的左行移动,此段复背斜总体呈一尖端指向北东的楔形体;褶皱轴向东偏移成北东或北北东,轴部被印支期耿马花岗岩体所侵占,沿断裂常见有喜马拉雅期斑岩小岩体,铅、锌、金矿化受其两者的控制。南段在西盟一带总体似为一穹状短轴背斜,但翼部的王雅岩组、允沟岩组则表现出极其复杂的构造变形,背斜轴部及沿断裂有燕山期及喜马拉雅期花岗岩小岩体侵入,伟晶岩脉及厚大石英脉发育,是西盟锡矿的控岩控矿构造。

在燕山晚期—喜马拉雅期的陆内汇聚作用过程中,除在地层的褶皱、断裂带及层间破碎带中形成沉积-改造型 Pb、Zn(Ag)多金属矿床,构造热液-脉型 Hg、Sb、As 多金属矿床外,还形成燕山晚期的黑云母二长花岗岩、喜马拉雅早期的二云母-白云母花岗岩侵入体。岩浆活动的晚期形成富碱、富挥发分和稀有金属元素的岩浆期后热液,沿岩体及其与围岩的内外接触带中的次级裂隙、小断裂充填交代形成含矿伟晶岩脉,从而发育伟晶岩型的稀有金属(Be-Li-Nb)矿床。

褶皱、断裂构造系统及其碳酸盐岩物性条件和不同岩性的转换界面,是其沉积-改造型矿床和构造热液-脉型矿床成矿作用的主控因素;燕山晚期—喜马拉雅早期的花岗岩类侵入体,及其岩浆活动形成的岩浆期后热液的蚀变交代作用及其沿构造裂隙的充填交代作用是其伟晶岩型矿床成矿作用的主控要素,蚀变伟晶岩脉即是矿(化)体。

2. 成矿特点

矿带以锡、钨、铅、锌、银、金等矿产为主,成矿作用与带内 3 个期次花岗岩的侵入活动密切相关,基本都为岩浆热液成因,古元古代深变质岩、新元古代与早古生代浅变质岩系是最重要的容矿围岩建造。

带内 3 期次花岗岩,即印支期(耿马大山花岗岩,云岭—大雪山一带二长花岗岩,云岭—大雪山也可能属燕山期)、燕山期(柯街、新街花岗岩-二长花岗岩)及喜马拉雅期(耿马大山、南腊、班老、西盟一带花岗斑岩-二长花岗岩)花岗岩类。岩浆侵入活动形成的锡、钨、金、银、铅、锌成矿作用,由北往南分布有昌宁薅坝地中型锡矿,永德轻木林、云岭、小水井小型锡矿,崇岗小型锑矿,耿马安明村、新华村、拱丁小型金矿,沧源南腊中型铅锌银矿,芒哈小型铅锌矿,西盟新厂小型铅锌矿,阿莫中型锡矿,班哲小型锡矿,翁嘎科小型金矿等,构成南北向昌宁-耿马-西盟以锡、金为主的多金属矿带。

其中,燕山期—喜马拉雅期花岗岩为造山期后花岗岩类,属陆壳浅层重熔(或部分重熔)之花岗岩,构成薅坝地-西盟电气石花岗岩带。富 Na-B 花岗岩源岩为稳定地块富硼海相沉积物,在 Al>K+Na 的正常系列花岗岩里,成矿是在含锡的 Na-B 花岗岩浆定位后,随着温度降低发生不混溶现象,富锡的富硼相熔体集中于岩浆囊的上方,呈似层状含锡电英岩(吕伯西称佤山岩,一种新的岩浆岩)产出,大量的富锡、富硼相熔浆上侵于岩体外接触带,呈脉状含锡电英岩产出,形成电英岩型锡矿床,矿床成因类型应属岩浆型锡矿床(或称岩浆分凝型锡矿床)。含锡电气石花岗岩主要是铝过饱和的钠质岩石,形成典型矿床为西盟阿莫电英岩型锡矿床,锡的富集与硼密切相关,如阿莫含锡电气石花岗岩墙,由下向上硼、锡含量同步增高,两者呈正相关。含锡丰度低的花岗岩,锡与硼却无线性关系。花岗岩岩性偏中性,偏向与金铅锌银多金属矿化为主,花岗岩体内外硅化、绢云母化、绿泥石化蚀变构造破碎带,常有金、含金富银铅锌多金属矿体,如耿马大山岩体一带的石英脉型拱丁、新华村等金矿床,沧源南腊一带岩浆热液型铅锌银多金属矿床;岩性偏酸性,则产生锡、钨矿化,形成如昌宁薅坝地、西盟阿莫等锡矿床。

西盟岩群变质岩系中,发育有中—基性火山岩,是该区早古生代以前发育古岛弧带的依据,火山活动与铁矿成矿关系较密切,又受印支期、燕山期及喜马拉雅期岩浆侵入活动影响而富化,局部可形成磁铁矿体。

总体来说,带内的锡、金、铅、锌、银多金属矿等,均为典型的后生矿床,成矿作用受中—新生代构造岩浆活动的控制。矿床(点)的分布,除少数直接产于中—新生代中—酸性岩体中外,多数出现在岩体或隐伏岩体外接触带的沉积岩系或沉积变质岩系中,且不论岩体内外均赋存在构造破碎带,几乎不受围岩岩性和时代的限制。

二、昌宁-孟连成矿带

1. 地质特征

昌宁-孟连成矿带即同名的结合带,它经历早古生代(?)—早石炭世的洋盆开裂,二叠纪的洋盆俯冲封闭,以及燕山期—喜马拉雅期的陆内碰撞和挤压,形成近南北向的狭窄条带。带内出露地层以上古生界为主,少数为中新生代陆相红层。上古生界包括泥盆系、石炭系、二叠系等,由硅质岩、碳酸盐岩、砂泥页岩夹大量基性火山岩及凝灰岩等组成。岩性、岩相变化大,包括浅水陆棚到深水大洋环境沉积物。下三叠统怕拍组泥岩、粉砂岩组合为一套深海—半深海相的陆缘碎屑沉积,分布局限,可能为碳酸盐岩台地上的裂陷海槽沉积;上三叠统三岔河组泥岩、粉砂岩、砾岩、砂砾岩夹碳质页岩、泥灰岩透镜体河湖相含煤碎屑岩组合,为碰撞造山后的磨拉石建造;侏罗系勐嘎组海陆交互砂、泥岩夹砾岩为上叠内陆盆地沉积;新近系三号沟组、芒棒组属山间断陷、坳陷盆地沉积,分别为河湖相含煤碎屑岩组合与湖泊-三角洲砂岩、泥岩组合,产褐煤、硅藻土。

上古生界泥盆系—二叠系铜厂街蛇绿混杂岩具有地层学、岩石学、大地构造学的多重意义。蛇绿混杂岩呈南北向出露于昌宁—云县铜厂街—双江县牛井山—孟连一带,断续长超过300km,主要岩石类型为绿片岩、斜长角闪岩、变质玄武岩、枕状玄武岩、英云闪长岩等,在牛井山、孟连等地见蛇纹岩、苦橄玢岩、辉长岩、辉绿岩的岩片及碳酸盐岩、基底变质岩系的岩片混杂其中,牛井山—铜厂街一带的斜长角闪岩中可见良好的火成堆积层理,由层状、纹层状的斜长角闪岩、角闪岩与纹层状英云闪长岩构成多个"沉积"韵律,孟连地区广泛出露的苦橄玢岩有人认为属"夭折的堆晶岩",1:5万孟连幅等划分的二叠系火居组也划归铜厂街蛇绿混杂岩。绿片岩、斜长角闪岩、枕状玄武岩的岩石地球化学特征具有明显的低钾特点,属典型的亚碱性岩系拉斑玄武岩系列之洋中脊玄武岩、洋底拉斑玄武岩。全岩的铅同位素特征表明,其岩浆岩区主要来源于3200Ma前由原始地幔中分离出来的长期亏损的地幔源区,另有少数样品与平掌组洋岛玄武岩的源区相同,来源于1200Ma前由原始地幔中分离出来的富集型地幔源区,极少数样品显示了极度亏损放射成因Pb的下地壳基性麻粒岩的混染作用。从目前所获得的同位素年龄、古生物资料等分析,铜厂街蛇绿混杂岩的形成历史较为悠久、复杂。所获年龄自473~212Ma,结合上三叠统三岔河组不整合覆于铜厂街蛇绿混杂岩之上、平掌组洋岛玄武岩广泛分布等一系列地质事实分析,昌宁-孟连洋盆在早奥陶世地史时期就已经发育有典型的洋壳,可能在志留纪发生过俯冲、消减但并未关闭,其后在泥盆纪再次快速扩张于石炭纪达到鼎盛,并于早二叠世开始再次俯冲消减,至中三叠世洋盆关闭,发生弧-陆碰撞作用。铜厂街一带的小型块状硫化物铜矿即赋存于铜厂街蛇绿混杂岩中。

沧源基性—超基性岩体群出露于沧源县羊棉大寨、新寨及勐来等地,主要由羊棉岩体群、大董岩体、新寨岩体群、勐来岩体群等组成,单个岩体的规模都很小,但常成群成带,总体上大致沿昌宁-孟连洋盆的西部边界分布,除呈构造夹片状产于泥盆系曼信组硅质岩中勐来岩体为方辉橄榄岩外,其余岩体均为辉长辉绿岩、辉绿岩,多侵入到奥陶系老尖山组中。岩石化学多显示了拉斑玄武岩的分异、演化趋势和洋脊、洋底玄武岩的特点,应属洋壳拉张、成盆过程中的产物。

岩浆作用以海西期基性岩为主,可能包括不同时代、不同阶段和不同系列(拉斑系列和碱性系列)的产物。此外尚有海西期、印支期、燕山期和喜马拉雅期的酸性小型侵入体,沿昌宁—永德—耿马一线呈近南北向分布。在昌宁以北地区尚有少量的晚三叠世花岗岩、闪长岩出露,并有云龙铁厂中型锡矿床产出,其岩石学、岩石地球化学特征均与云岭—耿马大山一带的晚三叠世花岗闪长岩类似,产出的区域大地构造背景也相同,不再赘述。

区内火山岩主要赋存于下石炭统平掌组中,属拉斑玄武岩系列洋岛玄武岩,主要岩石类型有玄武岩、安山玄武岩、玻基玄武岩、粒玄岩、碧玄岩及玄武质火山角砾岩、玻屑凝灰岩等。火山岩与岩屑杂砂岩、粉砂岩、含放射虫泥质硅质岩等共生,形成一个以火山碎屑岩开始、熔岩结束的喷发旋回,爆发相与溢流相相互交替。

矿带属昌宁-孟连结合带的核心地段,构造变形十分复杂,区域构造线为南北向的舒缓波状,主要是昌宁-孟连洋盆关闭过程中弧-陆碰撞作用的产物,形成的一系列断裂、褶皱构造和逆冲、推覆构造,总体上显示了向东俯冲、向西逆冲的特征,并在喜马拉雅期的再次改造中使构造格局进一步复杂化。在南定河断裂以北总体为复式向斜,从北往南,轴向由北西—北北西转向南北—北北东向,表现为向东凸出的弧形,走向逆冲断裂、次级褶皱密集发育;南定河断裂与黑河断裂所截地区(中段),因前者的右行位移和后者的左行移动,此段复向斜总体呈一尖端指向北东的楔形体,褶皱轴向东偏移成北东或北北东向;南段在澜沧至孟连一带亦是由上古生界组成的复式向斜,总体为一向东突出的弧形,是黑河断裂南盘向南东走滑的结果,矿带内目前最大的澜沧老厂铅锌(银)矿床就在这一弧形复式向斜构造的北部。

2. 成矿特点

该带被北东向的南汀河断裂和北西向的木嘎断裂切割成北、中、南3段。北段有与早石炭世基性、中基性火山岩有关的铜厂街Cu矿床及小村Hg矿床;中段矿产以Pb、Zn、Ag、Cu、Hg为主,也与早石炭世基性、中基性火山热液有关,有老厂Pb-Zn-Ag矿床和矿点数处。

成矿带内成矿作用主要与海西期洋盆扩张阶段的火山活动和燕山晚期—喜马拉雅期陆内汇聚阶段的构造-岩浆作用有关。区域成矿模型可以概括为如图2-9所示。

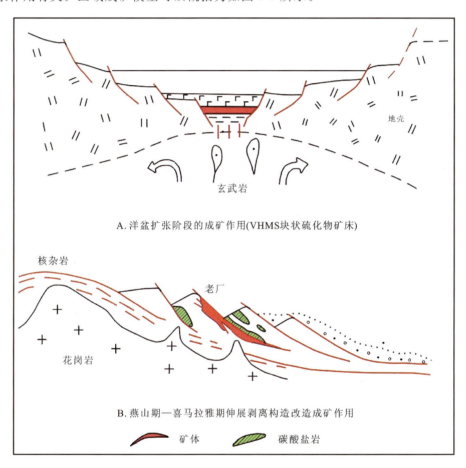

图2-9　昌宁-孟连多金属成矿带区域成矿模式示意图(据李兴振等,1999)

海西期昌宁-孟连洋盆扩张阶段,在洋盆火山活动过程中相伴形成的含矿热液,直接喷流-沉积于火山或火山碎屑岩中聚集成矿,成矿作用与基性火山喷发作用有关,形成块状、似层状、网脉状Cu、Pb、Zn、Ag多金属矿体,也是该类型矿床形成的主体成矿期。因而成矿作用是受火山活动和沉积作用的双重因素控制,区域上具有一定的层位性和对比性。

在燕山期—喜马拉雅期的陆内汇聚阶段,发育于昌宁-耿马褶冲带后缘的伸展作用和核杂岩的构造剥露,以及相应发育的岩浆侵入活动,成矿作用与伴随西盟变质核杂岩形成的酸性岩浆热液交代作用有关,形成受剥离断层控制的Cu、Pb、Zn矿体,或叠加于海西期的VHMS矿体之上,对早期成矿作用产生了不同性质的改造和富化,并使其矿体定形、定位,最终形成大而富的Pb-Zn-Ag多金属矿床(如老厂Pb-Zn-Ag多金属矿床)。

铅锌矿是成矿带内最为重要的矿产,矿产地达22处,有大型矿床1处、中型1处、小型13处,常共伴生银、铜等而成多金属矿。铅锌矿随成矿作用、矿化类型、成矿时代等的不同,相应矿床(点)的分布亦各具特点。其中,与火山成矿作用直接有关的铅锌多金属矿,主要受昌宁-孟连结合带或晚古生代(早石炭世为主)澜沧裂谷/洋盆形成和演化的控制。澜沧老厂铅锌银钼多金属矿床最具代表性,在昌宁-孟连矿带内,不仅矿床规模大,开采历史长,建国后经历过多次地质勘查工作,矿床的工作及研究程度高,且近年工作取得新的重大突破,在矿区已探明铅锌银大型矿床的深部,部署开展接替资源勘查工作新发现了隐伏钼矿,初步查明属喜马拉雅期斑岩型钼矿,具有特大型远景规模。矿区为两个完全不同的成矿系统"同位叠加"成矿的典型矿区,属于早期(古生代)海底火山喷发-沉积、后期(喜马拉雅期)斑岩侵入形成的复合"内生"型铅锌银钼多金属矿床。铅锌银矿与古生代扬子地块西缘岛弧带地壳拉张时的火山沉积作用及后期热液叠加活动有关,同早石炭世板内裂谷海相玄武岩古火山喷发-沉积盆地及中、晚石炭世—早二叠世稳定台地碳酸盐岩有显著的依存关系,矿区火山机构明显,为火山穹隆构造(老厂背斜),层状、似层状矿体赋存在海底火山喷发-沉积旋回中上部的3个岩性层中(主),赋存在碳酸盐岩中的脉状矿体为典型的后生热液叠加成矿(海西期—燕山期)。喜马拉雅期低钛、富碱花岗斑岩(同位素年龄50~43Ma)叠加成矿(钼)作用,于斑岩体与早石炭世火山岩接触带矽卡岩化凝灰岩或矽卡岩中形成细脉浸染状Mo(Cu)矿体。与岩浆侵入作用有关的铅锌矿,紧随印支期弧-陆碰撞造山作用和燕山期—喜马拉雅期陆内变形与构造改造发生的花岗岩类侵入活动,主要在耿马大山、沧源南腊-班老、云岭大雪山等地一带侵入于古生界至侏罗系等地层中的岩体,于接触带或附近围岩构造破碎带,形成矽卡岩型、岩浆热液型铅锌银多金属中小型矿床分布。

　　成矿带内铜矿床(点)不多,仅有云县铜厂街1处,规模也不大,铜、硫皆为小型,但却是云南境内唯一最具标准的海底火山喷流-沉积型块状硫化物铜矿床,非常具有特殊性和重要矿床学研究意义。矿床产于铜厂街蛇绿混杂岩带的核心部位,早石炭世海相含矿火山沉积岩以基性凝灰岩、沉凝灰岩为主,夹不稳定的钠质基性熔岩和碧玉岩、含碳凝灰岩或凝灰质泥岩,矿区还见含矿超基性—基性岩构造侵位,含矿岩石受低温动力变质,普遍达低绿片岩相,矿体于其中呈似层状、扁豆状和透镜状产出,与地层同步褶皱,并受后期断层破坏,矿石类型为以稠密浸染、条纹条带和块状构造为主的含铜黄铁矿,亦即所谓的"黄矿",并伴生硒、钴、铅、锌、金等。

第五节　吉塘-澜沧古岛弧带/东达山-临沧陆块的含矿特征

　　吉塘-澜沧古岛弧带/东达山-临沧陆块仰冲相位于澜沧江断裂带(结合带)的西侧,主体为发育在类乌齐-东达山和临沧-勐海火山-岩浆弧带之上的Sn、Fe、Pb、Zn多金属成矿带。该成矿带由于中段的强烈收缩,空间展布上可以明显地分为两个成矿亚带:北段的类乌齐-左贡Sn、W、Pb、Zn多金属成矿亚带和南段的临沧-勐海Sn、Fe、Cu、稀有金属成矿亚带。

一、类乌齐-左贡岩浆弧

　　该岩浆弧主体叠置于左贡陆块东缘褶冲带和类乌齐-东达山岩浆弧带上,是以Sn、Pb、Zn为主的成矿带,空间上分布于类乌齐、东达山、左贡一带。该带中除已发现与花岗岩有关的中小型Sn矿床3处外,其余仅有Cu、Pb、Zn矿点多处。近年来工作新发现许多Ag、Au、Cu矿点,共有Ag矿点31处,Au矿点12处,Cu(Ag)矿点17处,Sn矿点27处和W矿点11处,是一个新的具有潜在找矿远景的成矿带(图2-10)。

　　类乌齐-左贡多金属成矿亚带在察瓦龙以北,昌都盆地以西,主体为发育在类乌齐-东达山火山-岩浆弧带之上的Sn、W、Ag、Au多金属成矿带。包括前寒武系吉塘群和下古生界西西群等一套低中变质的基性火山-复理石建造,构成他念他翁古隆起带的主体部分,可能属原特提斯岛弧带的一部分;石炭系—二叠系为被动边缘带沉积。这些地层均被中上三叠统河流至浅海相碳酸盐岩-碎屑岩夹少量火山

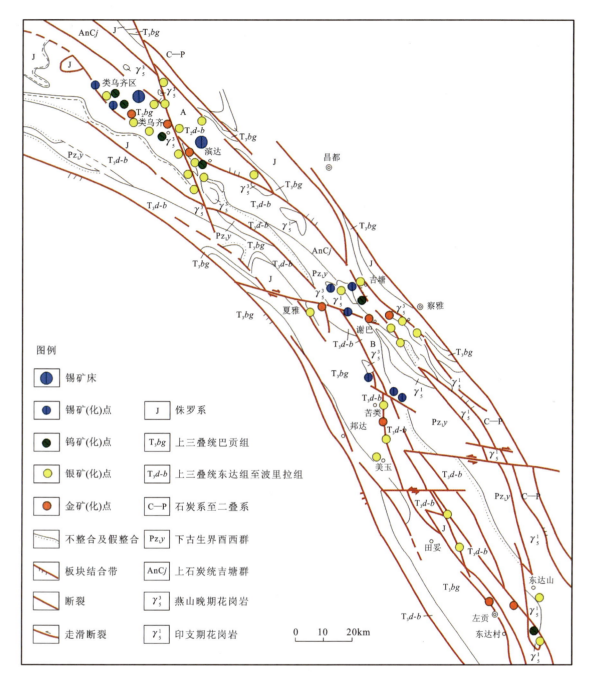

图 2-10 类乌齐-左贡多金属成矿带主要矿床(点)分布图(据李兴振等,1999)

岩所超覆,部分地区其上不整合以侏罗纪的海陆交互相碎屑岩-碳酸盐岩。

该带岩浆岩包括前寒武系吉塘群和下古生界酉西群中的变质基性火山岩,石炭纪—二叠纪基性火山岩,以及中新生代中酸性侵入体,其中以中新生代的中酸性侵入体与成矿的关系最为密切,集中分布于类乌齐及其以南,主要岩类有花岗闪长岩、二云母花岗岩、钠长花岗岩及花岗斑岩等,单个岩体一般较小,主要为燕山晚期—喜马拉雅期。它们的形成可能是燕山晚期—喜马拉雅期陆内汇聚阶段的热动力作用的重熔产物,或重力均衡调节作用产生的地壳拉伸、上隆的热动力作用所造成的 S 型花岗岩。这些岩体具有过铝质、富硼、含大量电气石等特征,并与区域构造线一致。带内的构造变形强烈、褶皱紧闭,产生向西(南段)或向南、向北(北段)的逆冲-推覆构造。

类乌齐-左贡多金属成矿亚带主体为发育在类乌齐-东达山火山-岩浆弧带之上的 Sn、W、Ag、Au 多金属成矿带,早期的岛弧火山-沉积岩系无疑对后期(燕山晚期—喜马拉雅期)构造-岩浆成矿作用的实行提供了物质基础。在赋矿围岩的地球化学背景上,带内分布前寒武系吉塘群、下古生界酉西群和上三叠统(巴贡组或阿杜拉组),其 W、Sn 及 Ag、B、As、Sb、Bi、Hg、Pb 等元素,或部分岩层中的 Au、Mo、Zn、Ba 等元素,高于地壳克拉克值数倍或数十倍,均与 Sn、W 矿化有关,并常见 Au、Ag 元素相伴生,或与 Ag、Au 矿化直接有关,为区内重要的矿源层。

燕山晚期—喜马拉雅期,类乌齐-左贡构造带在陆内碰撞阶段发生强烈的构造变形、变位,形成一系列以北西向为主干的逆冲-推覆、走滑-剪切断裂,及其派生的北北西向、北北东向断裂,同时沿北西向的主干断裂带发育岩浆活动,形成众多的花岗闪长岩、二云母花岗岩、钠长花岗岩及花岗斑岩等小规模的岩株和岩脉状中酸性侵入体。燕山晚期—喜马拉雅期花岗岩具 Sn-W 和 Ag-Au 多金属成矿专属性,其原因可能是花岗岩熔浆主要来自上述元素背景值较高的陆壳重熔及与 Sn、W、B、Ag、Au 元素及其组合元素熔入并富集于高、中温期后热液中有关。区域带内逆冲-推覆、走滑-剪切断裂构造作用和酸性岩浆活动的复合叠加,造就了极为有利的构造-岩浆成矿条件,发育与酸性侵入体有关的岩浆期后热液充填交代作用形成的云英岩(电英岩)-石英脉型 W、Sn 矿床(如赛北弄中型 Sn 矿床等),以及与冲断-剪切带有关的构造-热液脉型 Ag(Au)矿化(如堆垃 Ag 多金属矿点等),还可能存在斑岩型的 Ag(Au)矿化。

类乌齐-左贡多金属成矿亚带的成矿时代主要是晚白垩世至古近纪,其中 Au、Ag 多金属矿化相对晚于 Sn、W 多金属矿化。矿床(点)的空间分布,受北西向主干断裂和次级北北西向、北北东向断裂及晚白垩世含锡花岗岩体的控制,在岩体旁侧有 Sn(W)矿化,外围伴有 Ag(Au)多金属矿化,反映二者在矿床成因上的密切联系和共生关系。因而矿床(点)的空间分布上,具有成群、成带展布的特点。因此,燕山晚期—喜马拉雅期陆内汇聚挤压构造背景下发生的强烈逆冲-推覆、走滑-剪切等构造作用,以及同期发育的岩浆侵入活动,是乌齐-左贡多金属成矿亚带内呈现的最主要构造-岩浆-成矿作用形式,并由此控制着构造-岩浆-成矿流体系统的运动,而成为流体成矿作用最为重要的成矿要素。区域成矿模型可以概括为如图 2-11 所示。

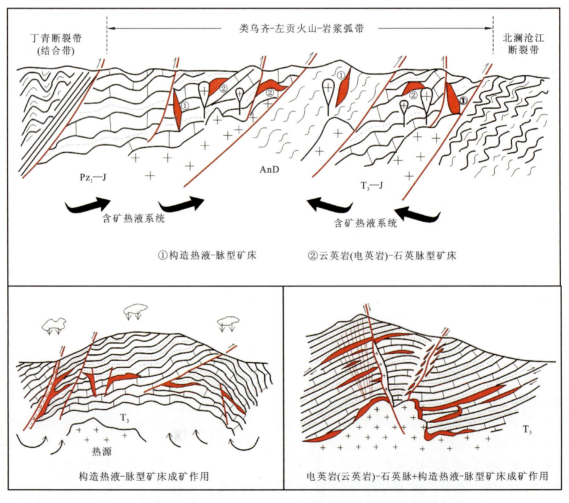

图 2-11 类乌齐-左贡 Sn(W)、Ag(Au)多金属成矿带区域成矿模式示意图

二、临沧-勐海 Sn、Fe、Cu、稀有金属矿成矿亚带

临沧-勐海多金属成矿亚带属于类乌齐-临沧-勐海 Sn、Fe、Pb、Zn 多金属成矿带的南段,主体发育于临沧-勐海岩浆弧带上,是以 Sn、Fe、Cu、稀有金属为主的成矿带。空间上分布于西盟、崇山-澜沧变质地体上,成矿带北起云县,经临沧、西盟,南至勐海,长约 500km,宽约 20~70km。该带中的矿种复杂,类型多样,Sn、Fe、Cu、稀有等金属组分均形成一定规模的矿床分布(图 2-12),铁矿产地 66 处,约占 2/3,特大型矿床 1 处(澜沧惠民),已发现大型矿床 1 处(勐往独居石矿)、中型矿床 5 处(勐阿磷钇矿、铁厂 Sn-W 矿、嬷坝地 Sn-W 矿、厂洞河 Cu-Pb-Zn 矿、大勐龙 Fe 矿),以及小型矿床、矿点、矿化异常数十余处,是一个具有潜在找矿远景的成矿带。该带向北接类乌齐-左贡,向南经泰国到马来西亚,组成藏东-滇西-东南亚 Sn 矿带的中带。

1. 地质特征

临沧-勐海成矿亚带主体是发育在西盟、崇山-澜沧变质地体和岩浆岩带之上的 Sn、Fe、Cu、稀有金属成矿带,区域主要分布前寒武纪澜沧群/大勐龙群、崇山群、西盟群混合岩、混合片麻岩、变粒岩、片岩、大理岩等中深成变质岩,原岩为一套海相中基性火山岩及沉积岩系,以细碎屑岩为主,碳酸盐岩较少,火山岩发育。泥盆系—石炭系主要为碳酸盐岩及碎屑岩沉积,二叠系—三叠系发育活动边缘的中酸性火山岩、火山碎屑岩系;侏罗系分布较少,主要为碎屑岩。其中前寒武纪中深成变质岩,即原岩为一套海相火山岩及火山-沉积岩系,是 Fe、Sn(W)矿床的重要赋矿围岩。

该带岩浆岩包括前寒武系澜沧群/大勐龙群、崇山群、西盟群中的变质中基性火山岩,二叠纪—三叠纪的中基性及中酸性火山岩,以及大规模的花岗岩类侵入体的分布。区域上可见为巨大的临沧花岗岩基,以及向北到云龙槽涧一带的志本山花岗岩(Rb-Sr 年龄值为 472.77Ma),向南在勐海一带有较多的燕山期小岩体。从西侧昌宁经耿马到西盟,出露一连串沿断裂分布的重熔型花岗岩体,侵位时代以印支期、燕山晚期和喜马拉雅期(50.4Ma)占主要。因而区域带上包括了从加里东晚期到喜马拉雅期的多次岩浆侵入,造就了极为有利的构造-岩浆-成矿地质条件,其中以印支期花岗岩类侵入体与 Sn(W)、Cu(Pb-Zn)的成矿作用关系密切,以燕山晚期至喜马拉雅期花岗岩与稀有金属矿化作用密切相关。

2. 成矿特点

矿带内与临沧花岗岩基有关的矿产,锡钨矿化有较多地球化学与自然重砂异常的线索,但仅在岩基南倾没端出露的小岩体发现有原生锡矿的小型矿床和矿点,临沧花岗岩体是整个东南亚地区出露面积最大的岩体,在岩体内及周边万余平方千米范围,分布有大小众多的新近纪盆地,其沉积物多有来源于岩体的副矿物的次生富集,部分盆地经评价有大中型稀土矿物砂矿床,硅藻土、高岭土、锗矿等亦形成大型矿床,就目前工作情况看,是与岩体相关较有价值的矿产。

由上述可见,矿带主要发育与元古宙火山岩、同碰撞期临沧花岗岩带及其与花岗岩风化有关的 3 种重要的成矿作用。

(1) 与变质地体有关的铁铜矿。

区内铁矿赋矿的澜沧岩群、大勐龙岩群变质地体,以火山-沉积建造为主,其变质基性火山岩属大洋型火山岩或接近大洋一侧的岛弧型火山岩,表明矿带中元古代时是一条环扬子地块西缘的南北向岛弧带,赋存的惠民式、疆峰式铁矿主体系海底火山喷发沉积成因的前寒武纪硅铁建造型铁矿,规模巨大,矿产地连片成带达数百千米,铁矿资源潜力十分巨大。

(2) 与同碰撞期花岗岩有关的锡矿。

临沧花岗岩基中 Na-B 花岗岩体属造山期后花岗岩(吕伯西,1993),源岩为稳定地块富硼海相沉积物,经陆壳浅层重熔(或部分重熔)形成花岗岩。含锡电气石花岗岩主要是铝过饱和的钠质岩石,锡的富集与硼密切相关,于临沧花岗岩基西侧及南部,可能属岩基结晶晚期富集硅碱及锡的残浆而形成的浅色花岗岩带,普遍具有锡矿化,形成勐宋锡矿等。此外,花岗岩岩基的硅化、绢云母化、绿泥石化蚀变构

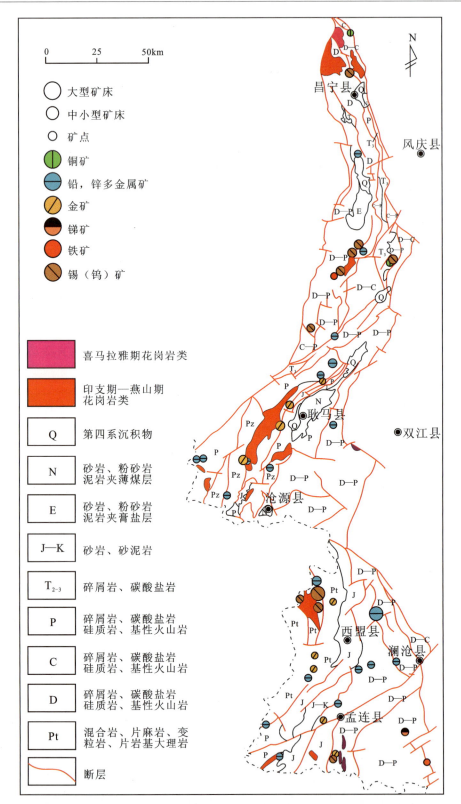

图 2-12　临沧-勐海 Sn、Fe、Cu、稀有金属成矿亚带主要矿床(点)分布图(据李文昌,2010)

造破碎带,常有金矿化,产出澜沧丫口、金厂河岩浆热液型金矿。

(3) 与同碰撞期花岗岩风化作用有关的稀土矿。

临沧花岗岩带所处地理地带表生气候、地貌条件有利于岩石风化作用,来自岩体岩石的副矿物或矿物包裹体,风化产物中磷钇矿等稀土矿物呈稳定的重矿物组分保存下来,经流水作用聚集在山间盆地,形成冲积型磷钇矿、独居石砂矿床,并有独居石、磷钇矿、锆石、金红石、钛铁矿等重砂矿物集中、高值异常表现。

依据前人恢复大勐龙群、澜沧群的主体原岩为一套以小碎屑复理石和中基性火山岩为主的火山-沉积岩系(《三江矿产志》,1984),结合微古植物组合,认为赋Fe矿的大勐龙群、澜沧群可能为中元古代(可能延续至古元古代),其岩石地球化学性质为低钾-钙碱性拉斑玄武岩系列,构成了扬子陆块西北边缘分布的活动边缘的古岛弧带(罗君烈等,1994)。因此,赋Fe矿的大勐龙群、澜沧群形成于Rodinia汇聚时期岛弧的弧后裂陷-裂谷盆地中。惠民Fe矿、大勐龙Fe矿等系列矿床(点),是在弧后裂陷-裂谷盆地的火山活动过程中,直接喷流-沉积于火山岩中聚集形成。因而成矿是受火山和沉积作用双重因素控制,区域上具有一定的层位性和对比性,火山活动的发育程度直接制约了Fe矿床的规模。随后的早古生代加里东期区域变质和混合岩化的改造富化,以及晚古生代岛弧火山活动、侵入岩浆作用的叠加富化,最终形成了前寒武纪变质岩中的VHMS-改造型Fe矿床。区域成矿模型可以概括为如图2-13所示。

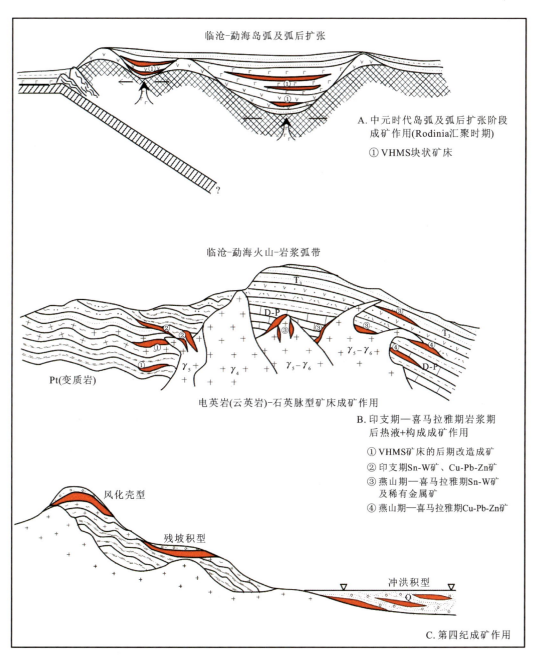

图 2-13 临沧-勐海Sn、Fe、Cu、稀有金属成矿亚带区域成矿模式示意图(据李文昌,2010)

至印支期,临沧-勐海两侧的古生代洋盆闭合、弧-弧或弧-陆碰撞,区域上发育大规模的岩浆侵入活动,在海西期岩体的基础上叠加侵入,形成了临沧复式巨型花岗岩基的主体。岩浆晚期演化形成的富含挥发分含矿热液系统,在围岩和岩体的构造破碎带中以充填交代作用的方式形成电英岩(云英岩)-石英脉型 Sn(W)、Cu(Pb-Zn)多金属矿床,并共生(伴生)以独居石、磷钇矿为主的稀有金属元素,从而成为区域上重要的 Sn(W)矿化时期。成矿母岩岩石类型主要是中粒二云母花岗岩,次为黑云母花岗岩、白云母花岗岩,岩石普遍具高硅、富钾钠、贫钙镁的特征。

燕山晚期—喜马拉雅期,于陆内汇聚阶段发育形成了白云母花岗岩、黑云母花岗岩等超酸性侵入岩,叠加于早期形成的岩体中,一方面对先期的矿床进行叠加改造,另一方面岩浆侵入活动常伴随有 Sn(W)、Cu(Pb-Zn)及稀有金属元素矿化。该时期的矿化组分与印支期共生(伴生)的以独居石、磷钇矿为主的稀有金属元素组分,为第四纪砂矿型稀有金属矿床的形成提供了丰富的物源,使其在第四纪盆地中发育形成以冲积型砂矿为主的独居石、磷钇矿等稀有金属矿床。

第六节　杂多-景洪晚古生代末—早中生代火山弧逆冲推覆体的含矿特征

杂多-景谷-景洪成矿带位于西侧澜沧江断裂带(结合带)与东侧昌都-兰坪-思茅盆地之间,主体发育于晚古生代末—早中生代火山-岩浆弧带之上的 Cu、Sn 多金属矿成矿带。空间上,沿杂多、竹卡、景谷、景洪一线呈北西-南东向展布,中间"蜂腰"地段受推覆构造的掩盖,而未出露。该带中已发现的各类矿床(点)均分布于成矿带南段的景谷—景洪一带(图 2-14),主要有大型 Cu 多金属矿床 1 处(大平掌 Cu 矿床),中型 Cu 多金属矿床 2 处(三达山 Cu 矿床、民乐 Cu 矿床),以及小型 Cu 矿、Ag(Pb、Zn)矿、Sn 矿等矿床(点)数十处。

杂多-景谷-景洪成矿带为一主体发育于晚古生代末—早中生代火山-岩浆弧带之上的 Cu、Sn、Pb、Zn 多金属成矿带,带内出露最老地层为中上泥盆统斜坡至盆地边缘环境中的碎屑岩和硅质岩,石炭系主要被动边缘带的碎屑岩夹基性火山岩系,二叠系为碎屑岩-碳酸盐岩及玄武岩、安山岩和流纹岩组成的岛弧型火山-沉积建造;中上三叠统则是以弧火山岩为主的一套火山-沉积岩系,包括玄武安山岩、安山岩、英安岩、流纹岩及其火山碎屑岩;晚三叠世该带北部云县—文玉—民乐一带出现富钾的玄武岩与富钾流纹岩构成的"双峰式"火山岩组合(莫宣学等,1993)。其中以石炭纪的基性火山岩系和晚三叠世的火山活动与 Cu 多金属的成矿关系最为密切。

岩浆侵入活动发育于海西期—印支期,其大量同位素年龄值介于 258~212Ma(范承钧,1993)之间,主体表现为印支期的碰撞型岩浆活动。岩体主要侵位于二叠纪—三叠纪的岛弧型火山岩、火山-沉积岩系中,主要由闪长岩、花岗闪长岩、石英闪长岩、二长花岗岩、花岗斑岩等岩类组成,具有 I 型花岗岩的特征,是岛弧岩浆作用的组成部分(莫宣学等,1993)。其中以印支期的二长花岗岩、花岗斑岩与 Sn 多金属的成矿关系密切。

一、碧罗雪山(岩浆弧)Fe-Pb-Zn-Ag-Sn 矿带

1. 地质特征

矿带呈近南北向分布于普拉底与碧罗雪山韧性剪切带之间,北起滇藏省(区)界,南至永平,南北长约 400km,东西宽约 15km。

主要出露古元古界崇山岩群($Pt_1C.$)、石炭系莫得群(CMd)、二叠系雨崩组(P_1y)。侵入岩主要有

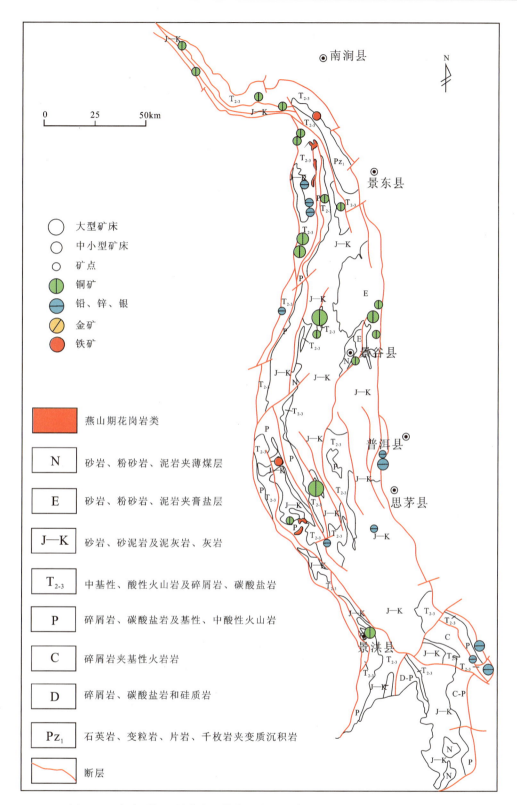

图 2-14　杂多-景谷-景洪成矿带南段主要矿床(点)分布图(据潘桂棠,2010)

古元古代的片麻状花岗岩、中—三叠世二长花岗岩、晚白垩世二长花岗岩。

该地区位于澜沧江断裂带与怒江-昌宁-孟连断裂带之间,属"三江"造山带中段强烈挤压的地段,前中生代地层的岩石普遍遭受强烈的挤压、剪切变形,一些岩石地层单位的正常地层层序难以恢复,加之地形条件恶劣,工作程度总体上较低,是长期发展演化的怒江-昌宁-孟连洋盆北段的东部被动大陆边缘上的古陆及斜坡相沉积。

2. 成矿特点

带内成矿以钨锡多金属、铅锌(银)、铜矿为主,成矿特征简述如下。

(1) 钨锡(多金属)矿锡石-云英岩(电气石)型矿点1个、锡石-电气石-石英岩型中型矿点1个、矿(化)点4个,花岗伟晶岩型矿点3个。探明资源储量约 $6×10^4$ t。典型矿床为云龙铁厂锡矿,其特征为:矿床产于澜沧江断裂带西侧,元古宇崇山岩群中。分布于崇山岩群组成的复式背斜西翼铁厂河次级褶-断带内,矿体呈脉体群产出,有38个矿体,形态有似层状、囊状、脉状锡石-电气石-石英岩型,品位 0.17%~2.28%。赋矿围岩主要为条痕状混合岩、花岗岩质片麻岩,但与矿化关系不大,属与燕山期花岗岩有关的锡矿床。蚀变有硅化、电气石化、硫化物化。储量大于 $2.5×10^4$ t,达中型。

(2) 铜矿中低温热液型矿(化)点2个,火山热液型矿点1个,小型1个。主要矿床为科登涧铜矿,其特征为:矿床与小定西组二段(T_3x^2)安山玄武岩、安山岩、玄武质火山碎屑岩有关。断裂呈北北东向,使下二叠统拉竹河组向东逆冲于小定西组之上,沿背斜核部附近产生断裂破碎带,长大于500m,宽7~20m。矿体赋存于破碎带中,有1个脉状矿体,矿体长491m,厚 0.83~40.56m,平均厚 2.41m。含铜 1.31%~8.62%,最高 12.26%,平均品位 4.28%;含银 $(4.08~73.60)×10^{-6}$,最高 $142×10^{-6}$,平均品位 $52.26×10^{-6}$。呈透镜体,矿体顶板为中基性凝灰岩,矿体岩性与顶板岩相同,两者界线不清;底板以碎裂中基性火山角砾岩为主,与矿体界线清晰易分。

围岩有褪色、硅化、碳酸盐化等蚀变,与矿化呈正相关。求得铜金属储量 15 174.22t,银 20t,属小型规模。

(3) 铅锌银矿、中低温热液型矿化点3个,高中温热液型矿(化)点2个、中型1个,高温热液型矿(化)点1个。主要矿床为贡山县未坡铅锌银矿。

此外,有构造蚀变岩型金矿化,目前仅发现矿化点1个。

二、云县-景洪(火山弧)Cu 多金属矿带

1. 地质特征

矿带位于普洱弧后盆地-前陆盆地西缘,云县-景洪弧火山岩带(C_1—T_3),夹持于酒房断裂与澜沧江断裂(东支)之间,面积约 14 000km²。

区内出露晚泥盆世—二叠纪一套复理石砂板岩夹中基性岛弧型火山岩、硅质岩、碳酸盐岩及含煤碎屑岩建造;中晚三叠世碎屑岩夹中基性、酸性火山岩建造;侏罗纪—白垩纪海陆交互相-陆相红色碎屑岩建造构造以南北向断裂为主,区内断裂构造十分发育。主要有澜沧江断裂(东支)和酒房断裂。澜沧江断裂带(东支)总体呈南北向的弯曲弧度不大的"S"形,断裂带常由宽数百至数千米的糜棱岩带和破碎带组成,分布着巨大的构造混杂岩带,属大型韧性剪切带,对沉积作用、岩浆活动、变质作用和变形特征等,均表现了强烈的控制作用。

酒房断裂为隐伏—半隐伏的区域性大断裂,具明显的压扭性特征,是普洱中生代前陆盆地与澜沧江复杂火山岩带的边界。沿断裂带形成宽数十米的挤压破碎带,断裂对两侧的沉积建造控制也十分明显,许多矿床(如大平掌、民乐铜矿床)均与其有成因上的联系。

晚古生代和中晚三叠世火山活动频繁。晚古生代火山岩主要为石炭纪和二叠纪火山岩。石炭纪细碧-角斑岩系,赋存有大平掌铜多金属矿(块状矿),二叠纪火山岩为具有弧火山岩特征的玄武岩-安山岩-英安岩-流纹岩及其火山碎屑岩组合(莫宣学等,1993),赋存有三达山铜矿。

中—晚三叠世火山活动强烈,火山岩系总厚度由北向南逐渐减薄,从中三叠世→晚三叠世早期→晚三叠世晚期,喷发环境由海相→海陆交互相→陆相变化。

中三叠统分布于北部云县—临沧邦东一带和南部景洪—勐腊一带,北部中三叠世火山岩发育齐全,为一套高钾流纹质火山岩,景谷民乐铜矿赋存于该套地层中。上三叠统遍及澜沧江南段,下段以中性—

基性火山岩为主，火山活动强度大，上段在北部云县一带为富钾的钾质粗面玄武岩与富钾流纹质火山岩构成"双峰式"火山岩组合，中南部的火山岩不显"双峰式"特征，变为粗安质-英安质-流纹质火山岩组合。文玉、官房铜矿赋存于上三叠统小定西组。

侵入岩较为发育，但单个岩体规模较小，岩石类型复杂。主要以吉岔岩体、半坡岩体、景洪南联山岩体、帕冷岩体为代表的早二叠世闪长岩-辉长岩-橄榄岩杂岩体；以旧街岩体、曼秀岩体为代表的早二叠世辉绿岩-闪长岩-英云闪长岩型杂岩体；以糯扎江岩体、吉打罗岩体为代表的侏罗纪二长花岗岩-花岗斑岩组合。

2. 成矿特征

矿带内与火山活动有关的铜多金属矿床(点)有数十处，其中较为重要的有北部官房、文玉，中部民乐、岔河、大平掌，南部三达山铜矿床等。

大平掌铜多金属矿床为海底火山喷气沉积-次火山热液叠加和改造，为一具有两种明显不同的成矿地质背景和矿化特征的矿体因造山带构造岩浆作用叠加在一起的复合型矿床。矿区火山岩主体为细碧角斑岩系，分为盆地相海底喷气沉积形成的块状硫化物矿体和管道相次火山热液型细脉浸染状矿体，主矿体浸染状矿体受英安岩等组成的火山穹隆构造及隐爆角砾岩筒构造所控制。

民乐浸染状铜矿主要产于中三叠世灰流型富钠质熔结凝灰岩流、角斑岩及火山角砾岩中，矿区火山岩主体为细碧-角斑岩系，矿床的形成与陆内再生地槽海相火山活动及其后的热液蚀变作用具有密切关系，矿石类型主要是细脉浸染状，矿体分布明显受火山岩岩性、岩相、层位及构造控制，在成因上与火山喷发和爆发作用有关，矿床受后期火山热液及次生富集改造，富化明显。成矿方式在区内很有特色，是一种重要类型。

景洪三达山铜矿为远火山口的与酸性凝灰岩有关的含铜黄铁矿型矿床，含铜黄铁矿赋存于早二叠世碳质绢云母片岩与变质火山凝灰岩的过渡地带，矿石以致密块状含铜黄铁矿为主，铜矿体的产状与围岩一致，顶板为变质火山凝灰岩，底板为碳质绢云母片岩。

文玉、官房细脉浸染型铜矿赋存于晚三叠世中基性火山熔岩中，矿化受岩性、构造裂隙及蚀变作用等联合控制，矿体呈透镜状、脉状断续分布，与围岩无明显界限，矿石类型主要是浸染状及脉状、网脉状。

综上所述，带内铜多金属成矿属于主要与泥盆-石炭-二叠纪、三叠纪火山岩有关的两个成矿时代、两种类型的成矿作用。

(1) 火山喷气沉积(VMS型)型。

与泥盆纪—石炭纪—二叠纪发育钙碱性系列的玄武岩有关，由细碧岩-角斑岩-石英角斑岩等组成细碧角斑岩建造，原始岩浆主要形成于下地壳-上地幔，为洋盆发展阶段晚期产物，矿床多具两层结构，沉积系统矿石呈块状，补给系统呈细脉浸染状。矿体呈似层状、透镜状、脉状，以铜为主，共生铅锌，伴生金银。为洋盆扩张期，硫质的火山喷流沉积形成块状硫化物矿床。成矿机理是海底火山喷发的间歇期，含卤素、硫质的火山喷气-热液所携带的 Cu、Zn、Pb、Ag、Au 及源于海水的地下水在岩浆热液的驱动下产生对流，从岩石中淋滤出矿质，当含矿热液上升到达海底喷出口附近，由于压力释放而产生沸腾、气化，注入沉积洼池，形成块状矿体。典型矿床为普洱大平掌铜多金属矿，累计查明资源量达 50 余万吨。

(2) 远喷口喷气沉积型铜矿(火山沉积-改造型)。

与中三叠世—晚三叠世碰撞弧火山岩有关，而且三叠纪火山岩分布广泛，以基性—中性火山岩(次火山岩)组合为主，构成玄武岩-流纹岩的"双峰式"组合变化，晚期中基性火山岩，铜矿化较普遍。主要沿酒房断裂及其以西，大规模火山活动，火山沉积岩系中的火山-沉积型铜矿(含黄铁矿型铜矿)及断层带、岩层间扩容带、火山岩内的火山通道或后期火山穹丘的边缘内外接触带，则有浸染状(火山)热液型 Cu 矿化，形成细脉浸染状矿体。矿体呈似层状、透镜状、扁豆状，矿石呈致密块状、浸染状，以铜为主，或铜硫共生，伴生金钴。产出景谷民乐浸染状铜矿、云县官房铜矿、景东文玉铜矿，已达中、小型。

杂多-景谷-景洪成矿带是发育于晚古生代末—早中生代火山-岩浆弧带之上的 Cu、Sn 多金属矿成矿带，因而岛弧火山-岩浆岩的形成过程实际上也即是 Cu、Sn、Pb、Zn 多金属矿化作用过程。区域成矿演化模型可以概括为如图 2-15 所示。

（1）海西期随着西侧南澜沧江洋盆的扩张作用,在其兰坪-思茅陆块西部边缘（即景谷—景洪一带）发育被动边缘裂陷-裂谷盆地中的基性火山活动,形成晚泥盆世—早石炭世海底火山成因细碧角斑岩系中 VHMS 块状硫化物矿床（如大平掌 Cu 矿床）。

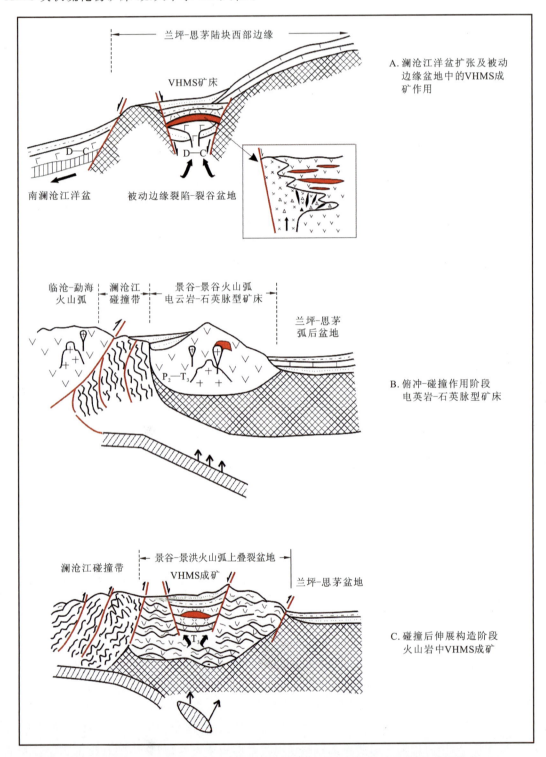

图 2-15 杂多-景谷-景洪 Cu、Sn 多金属成矿带南段区域成矿过程模式示意图（据潘桂棠,2010）

（2）早二叠世末澜沧江洋壳开始向东俯冲于兰坪-思茅陆块之下,其陆块边缘由被动边缘转化为活动边缘,至三叠纪发生弧-弧碰撞对接,不但形成二叠纪—三叠纪岛弧钙碱性系列的中酸性火山岩及其火山-沉积岩系,相应的区域上还出现印支期大规模的岩浆侵入活动,形成碰撞型的花岗岩类侵入体。

侵入岩浆活动的晚期所聚集的含矿热液与围岩相互作用,以充填交代作用为主的方式形成岩浆期后热液电英岩-石英脉型 Sn、W 多金属矿床(如布朗山 Sn 矿床、勐宋 Sn 矿床),并发育与矿化作用密切相关的矽卡岩化、电英岩化、硅化和碳酸盐化,成矿岩体为二长花岗岩、花岗斑岩等富含挥发分的酸性花岗岩浆。

(3) 晚三叠世早期,火山-岩浆弧总体由挤压转为拉张,形成晚三叠世碰撞后地壳伸展背景下的上叠裂陷-裂谷盆地,盆地中以"双峰式"火山喷发为主的火山活动,带入大量的成矿物质组分,同时与海水中的物质组分相互作用形成含矿热液活动系统,在较还原条件下于"双峰式"组合的长英质火山岩系中产出 VHMS 矿床,并直接沉淀聚集于火山碎屑岩或火山碎屑岩与上覆沉积岩之间的过渡带中(如三达山 Cu 矿等),与矿化作用密切相关的热液蚀变作用主要有绿泥石化、硅化、绢云母化、碳酸盐化及黄铁矿化,具有 Cu-Pb-Ag 金属组合特征。晚三叠世该类型矿床的成矿地质背景、时间及其方式,与江达-德钦-维西陆缘火山弧内的碰撞后地壳伸展构造背景具有一致性和同步性,构成了三江地区重要的成矿时期和矿化类型。

第七节 昌都-思茅前陆盆地的含矿特征

昌都-兰坪-思茅成矿带分布于东侧江达-维西-绿春火山-岩浆弧带与西侧杂多-景谷-景洪火山-岩浆弧带之间,为发育在上古生界之上的中生代复合弧后前陆盆地中的 Cu、Pb、Zn、Ag 多金属成矿带。成矿带北西起杂多、囊谦,经昌都、芒康,向南过兰坪、思茅,直至勐腊,呈南北撒开、中间紧缩的不对称反"S"形展布。昌都-兰坪-思茅盆地带中除在北段(昌都盆地)分布有晚古生代及其以前的地层外,前陆盆地中大部分布的地层为厚度巨大的中生代—新生代的碎屑岩和碳酸盐岩沉积岩系。除此之外,在昌都-兰坪-思茅盆地带北段的昌都盆地东缘发育南北向展布的喜马拉雅期花岗岩类斑岩带(即玉龙-芒康斑岩带)。

昌都-兰坪-思茅 Cu、Pb、Zn、Ag 多金属成矿带中的成矿地质条件优越,也是三江地区最重要的以 Cu、Pb、Zn、Ag 为主的成矿带之一,该带中已发现世界著名的特大型 Cu、Pb、Zn 矿床 2 处(玉龙 Cu-Mo 矿床、金顶 Pb-Zn 矿床),大型 Cu、Pb、Zn、Ag、Sr、As、Sb 矿床 11 处,中型 Cu、Pb、Zn、Ag 矿床、矿(化)点及矿化异常数百处。依据矿床类型、成矿作用及其矿床空间分布的区位优势,可以明显分为"两区一带":玉龙-芒康斑岩型 Cu(Mo)、Au 成矿带,昌都盆地 Pb、Zn、Ag 多金属矿富集区,以及兰坪-思茅盆地 Pb、Zn、Ag 多金属矿富集区。

一、玉龙-芒康斑岩型 Cu(Mo)、Au 成矿带

玉龙-芒康斑岩型 Cu(Mo)、Au 成矿带位于昌都盆地东缘,东与江达-维西火山-岩浆弧北段相邻。主要矿床类型为与喜马拉雅期浅成—超浅成中酸性岩体有关的 Cu(Mo) 矿床和 Au(Ag) 矿床。矿带北起夏日多,经玉龙、芒康,南到徐中一带,呈北北西向展布(图 2-16),面积达数千平方千米。已发现特大型矿床 1 处(玉龙 Cu 矿床)、大型矿床 3 处(纳日贡玛、多霞松多、马拉松多 Cu 矿床)、中型矿床 1 处(莽总 Cu 矿床),矿点及矿化点数十处,是我国最重要的铜矿带之一。除 Cu、Mo 之外,近期还发现与岩体或断裂及爆发角砾岩有关的 Au、Ag、Pb、Zn 矿化多处,潜在远景很大。

成矿带位于昌都盆地东缘,夹持于车乡所断裂和结扎、察雅断裂之间,东与江达-维西火山-岩浆弧北段相邻。成矿带两侧断裂是一组在陆-陆碰撞、走滑阶段,由于东西向挤压作用形成的共轭"X"形剪切断裂的一部分。成矿带内与成矿作用密切相关的地层以三叠系为主,下三叠统为碎屑岩、酸性火山岩夹碳酸盐岩,上三叠统及侏罗系至白垩系为陆相夹海相红色岩系。矿带中的褶皱与断裂大都出现于温泉断裂西侧,具明显的右行雁行排列,反映了这些大断裂所具有的右行走滑运动。矿带内与成矿作用有关的喜马拉雅期中酸性浅成—超浅成岩体,主要侵位于晚三叠世的砂页岩、灰岩及早中三叠世的中酸性火山岩系中,它们的产出与青泥洞—贡觉一带的右行走滑断裂活动有密切联系。

成矿斑岩体的主要岩石类型,包括花岗斑岩、二长花岗斑岩、花岗闪长斑岩,以及二长斑岩、正长斑

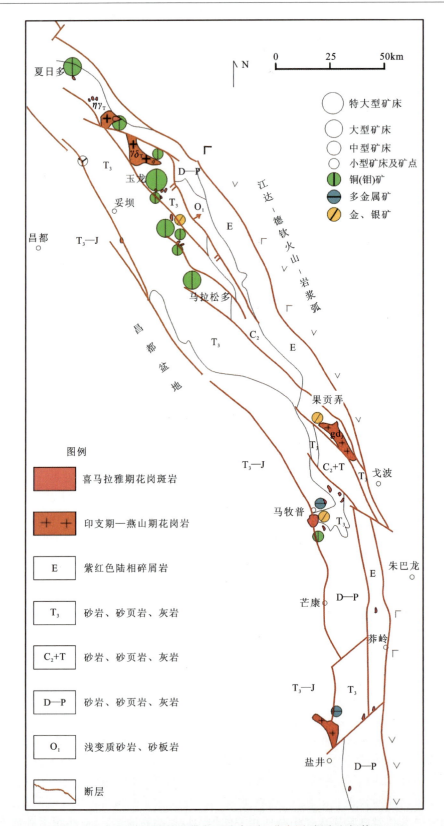

图 2-16　玉龙-芒康斑岩成矿带主要矿床(点)分布图(据李兴振等,1999)

岩等,Cu(Mo)矿化作用主要与二长花岗斑岩类有关,而 Au(Ag)矿化作用主要与二长斑岩、正长斑岩有关。岩体多呈小型复式岩株状产出,一般面积在 $1km^2$ 以下。主要斑岩体的同位素年龄为 $52\sim30Ma$,属始新世至渐新世产物,也证明它们的形成与喜马拉雅早期陆内汇聚作用有关。

在喜马拉雅期印度板块向北—北北东方向运动和扬子板块相对向南南西的运动过程中,位于三江巨型走滑剪切体系南西侧的昌都地块东缘,主要表现为地块的主体与其东部造山带之间的车乡所断裂和结扎、察雅断裂发生右旋运动,发育以走滑拉张为主的构造活动,一方面形成一系列走滑拉分伸展盆地及其同期的以碱性为主的深源火山-岩浆活动,另一方面在夏日多-海通带、高吉-妥坝带由于其构造的扩容性,成为侵入岩就位的有利环境,形成岩株、岩脉状的斑岩体成群成带分布,构成重要的构造-斑岩带,与斑岩铜矿的形成密切相关。其形成的机制可以总结为:陆-陆碰撞作用下的大型走滑断裂系统是含矿斑岩产出的重要地质构造背景,与俯冲碰撞作用有关的岛弧型火山岩系是含矿斑岩的可能来源,"岛弧型"源岩+岩石圈走滑断裂则可能是含矿斑岩形成的新的成岩模式(据侯增谦等,2000)。

浅成—超浅成斑岩侵入体不仅作为成矿母岩向系统直接提供成矿流体和成矿物质,而且为成矿直接提供必不可少的热能,驱动热液流体发生循环,使成矿在这种机制下得以充分实现。岩体本身还可成为重要的容矿岩石,含矿斑岩主要有两种岩石类型:即以钙碱性系列为主的二长花岗斑岩类和以碱性系列为主的石英二长斑岩、正长斑岩类,二者分别控制了不同的成矿系列或组合,在空间上大致构成了东、西两个不同的成矿斑岩带。钙碱性系列的夏日多—玉龙—芒康一线的斑岩带,为与二长花岗斑岩类相关的 Cu(Mo)矿化;碱性系列的日通—高吉—马牧普一线的斑岩带,为与二长斑岩-正长斑岩类相关的 Au(Ag)多金属矿化。矿化作用发生于岩浆演化晚期的岩浆热液交代作用阶段,岩体及围岩蚀变作用强烈,并形成从岩体中心向外由钾硅化带→石英-绢云母化带→矽卡岩化、角岩化、黏土化及青磐岩化等构成的同心环状蚀变分带。玉龙-芒康斑岩型 Cu(Mo)、Au 成矿带及昌都盆地 Pb、Zn、Ag 多金属矿富集区的区域成矿作用演化模型可以概括为如图 2-17 所示。

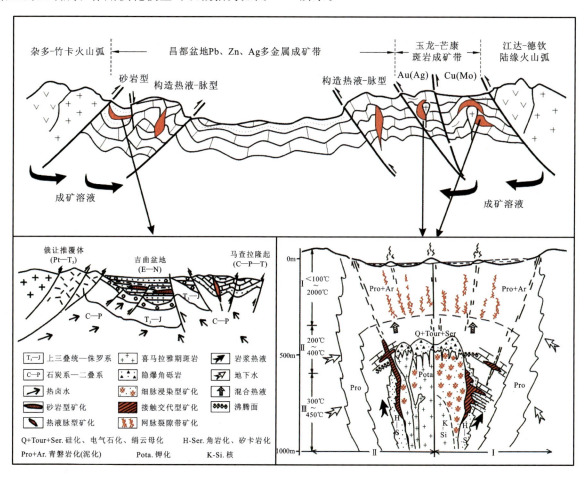

图 2-17　玉龙-芒康斑岩型成矿带及昌都多金属矿富集区的区域成矿模式示意图

二、昌都盆地 Pb、Zn、Ag 多金属矿富集区

昌都盆地多金属矿富集区位于昌都-兰坪-思茅 Cu、Pb、Zn、Ag 多金属成矿带北段,前述玉龙-芒康

斑岩型 Cu(Mo)、Au 成矿带的西侧,主体属昌都盆地的范围,在空间上呈一向北西方向撒开的不对称"V"形展布。成矿富集区内主要地层以三叠系为主,下三叠统为碎屑岩夹碳酸盐岩,上三叠统及侏罗系至白垩系为陆相夹海相红色岩系,第三系分布于走滑或断陷盆地中,而奥陶系—二叠系仅见于背斜轴部,前者为复理石砂板岩夹碳酸盐岩,后者为浅海相碳酸盐岩及含煤岩系。

近年来,昌都盆地多金属矿富集区内的找矿与资源评价工作取得较大进展,已发现俄洛桥大型 As-Hg 矿床、都日大型 Ag-Pb 多金属矿床、拉诺玛中型 Pb-Zn-Sb 矿床、错纳中型 Ag-Pb-Zn 多金属矿床等,以及数十处矿点、矿化点及矿化异常(图 2-18)。

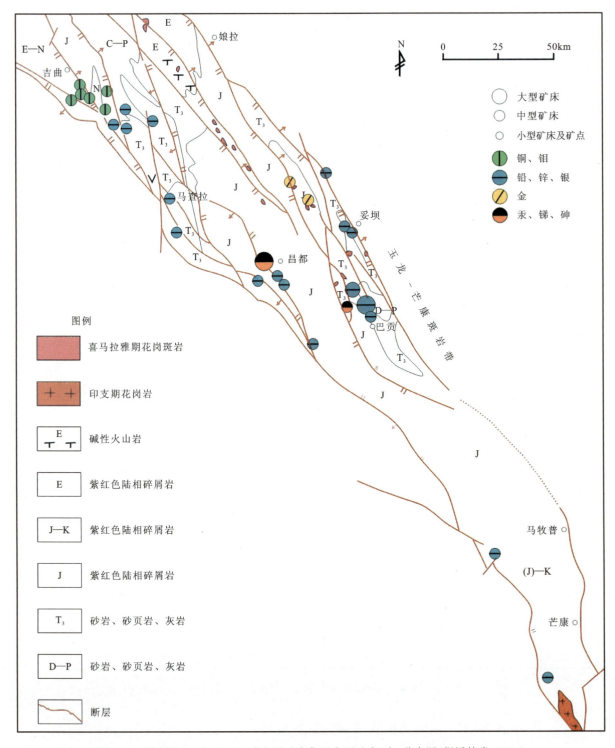

图 2-18　昌都盆地 Pb、Zn、Ag 多金属矿富集区主要矿床(点)分布图(据潘桂棠,2010)

昌都盆地 Pb、Zn、Ag 多金属矿富集区主体位于昌都中新代坳陷盆地中,东、西两侧分别为晚古生代晚期—早中生代火山弧。昌都盆地是在前寒武纪—早古生代增生楔型变质"软基底"的基础上形成的,晚古生代为弧后盆地中的浅海相碎屑岩-碳酸盐岩沉积;晚三叠世以来转化为弧后前陆盆地,大部地区缺失下、中三叠统,晚三叠世至白垩纪为弧后前陆盆地,沉积了由海相碎屑岩-碳酸盐岩沉积转变为海陆交互相-陆相碎屑岩及含煤、膏盐岩;古近纪发育压陷盆地及其盆地中的碎屑岩堆积。

整个昌都盆地夹持于东侧娘拉-妥坝-巴贡逆推带和西侧马查拉-堆拉逆推带之间,在其盆地内部形成了妥坝断裂、额艾普断裂、俄洛桥断裂、火叶雄断裂、马查拉断裂等一系列的近南北向逆冲断裂系,它们的出现不仅控制了新生代压陷盆地的形成,而且与成矿作用的关系密切,为重要的控矿构造,表现为前锋逆冲断裂带中形成发育了一系列的中低温热液型多金属矿床(点)及其较强的多元素综合地球化学异常。昌都中新生代坳陷盆地的形成,亦即是盆地内中低温热液型多金属矿床的形成发育过程。盆地内岩浆活动不发育,仅部分地区发现第三纪碱性火山岩及碱性岩体。

在燕山晚期—喜马拉雅期强烈陆内汇聚挤压的构造背景下,昌都盆地及邻区产生了强烈的陆内汇聚构造变形、变位,是继特提斯多岛-弧盆系统演化之后地壳结构构造和物质组成发生的又一次大规模改造、调整和重组,从而成为最重要的成矿期。在陆内汇聚挤压的构造背景下发生强烈的逆冲-推覆、走滑-剪切等构造作用,是昌都盆地及邻区地壳表层所呈现的最主要的构造作用形式,并由此控制着地壳表层成矿流体系统的运动,而成为流体成矿作用最为重要的成矿要素。

在区域性构造应力的驱使下,昌都盆地和两侧造山带中有大量的流体排出,并与来自地壳深部的变质热液、岩浆热液、陆内俯冲形成的构造热液,甚至地幔流体和可能被加热的大气降水发生大汇聚、大混合;这些不同来源的流体在构造挤压的作用下,可以进行大规模地迁移、运动,从更加广泛的物源区提取和搬运成矿物质,形成巨大的成矿流体系统。成矿流体一方面在昌都盆地两侧逆冲-推覆的前锋带内的次级断裂构造破碎带中,发育形成以充填作用为主的构造热液-脉型(或构造-蚀变岩型)中低温热液矿床($100\sim300$℃),发育大规模与矿化有关的热液蚀变(硅化、泥化、碳酸盐化、重晶石化等),并伴有沥青出现,由此所控制的成矿带和地球化学异常带纵贯南北,矿(化)点、地球化学异常星罗棋布,形成包括都日大型 Ag-Pb 多金属矿床、俄洛桥大型 AS-Hg 矿床、拉诺玛中型 Pb-Zn-Sb 矿床、错纳中型 Ag-Pb-Zn 多金属矿床等一批有潜力的矿床,成矿元素主要为(Cu)、Pb、Zn、Ag、As、Sb、Hg 等多金属中低温组合,显示出良好的找矿远景;另一方面在逆冲-推覆构造过程中,成矿流体向逆冲-推覆带前缘的压陷盆地排泄,在侏罗系-白垩系及第三系,特别是第三纪碎屑岩系中形成发育砂岩型 Cu 矿床(点),成矿组合以 Cu、Pb、Zn 为主。

除此之外,随着燕山晚期—喜马拉雅期强烈陆内汇聚挤压作用,在昌都盆地东缘与区域挤压应力场发生由近南北向到近东西向的改变而引起的走滑伸展作用,于地壳伸展背景下地壳减压导致了下地壳和上地幔的部分熔融,形成著名的玉龙-芒康中酸性至偏碱性-富碱性斑岩 Cu(Mo)、Au 成矿带。昌都盆地 Pb、Zn、Ag 多金属矿富集区及玉龙-芒康斑岩型 Cu(Mo)、Au 矿成矿带的区域成矿模型可以概括为如图 2-17 所示。

三、兰坪-普洱成矿亚带

兰坪-普洱成矿亚带位于昌都-兰坪-思茅 Cu、Pb、Zn、Ag 多金属成矿带南段,主体属兰坪-思茅盆地的范围。富集区北起维西,向南东延伸,中段在无量山附近急剧变窄,在空间上总体呈一向南东方向撒开的不对称"V"形展布。成矿富集区内缺失早中三叠世地层,晚三叠世及侏罗纪至早白垩世由海相砂页岩及碳酸盐岩转变为海陆交互相、陆相含煤、含膏盐碎屑岩系,晚白垩世至第三纪发育一系列走滑拉分盆地及其含膏盐碎屑岩系。

经多年来的矿产资源勘查与评价工作,在兰坪-思茅盆地多金属矿富集区内已发现特大型矿床 1 处(著名的金顶 Pb-Zn 矿)、大型矿床 5 处(河西 Sr 矿、白秧坪 Ag 多金属矿、岩村 Sb 矿、笔架山 Sb 矿、磺厂 As 矿),以及中型矿床、小型矿床、矿点百余处(图 2-19)。盆地内成矿作用主要集中分布于富集区北部,规模较大,是三江地区重要的成矿远景区之一。

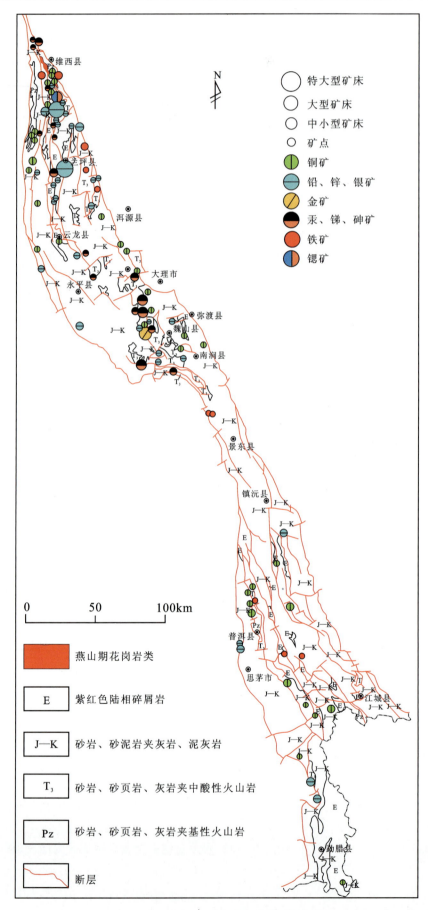

图 2-19 兰坪-思茅盆地多金属矿富集区主要矿床(点)分布图(据云南省地质调查院修编)

1. 地质特征

兰坪-思茅盆地 Pb、Zn、Ag 多金属矿富集区主体位于兰坪-思茅盆地中,是在印支褶皱基底上发育起来的中新生代坳陷盆地,东、西两侧分别为绿春和景谷-景洪晚古生代至早中生代火山弧,因此从晚三叠世以来,它经历了弧后前陆盆地→走滑盆地等复杂的演化过程。盆地中沉积了巨厚的以陆相碎屑为主的沉积物,夹有多层膏盐沉积和含煤沉积,而在盆地边缘则分布有前寒武纪变质岩系(苍山群、崇山群)以及三叠纪的火山岩系。

古生界为弧后盆地沉积,主要为火山岩-碳酸盐岩-碎屑岩组合。中生界为前陆盆地沉积,三叠系主要为浅海碳酸盐岩-碎屑岩-火山碎屑岩组合;侏罗系—白垩系,主要为湖泊相砂岩-粉砂岩-泥岩组合。新生界为走滑拉分盆地沉积,主要为湖相泥岩-粉砂岩-石盐组合、河湖相含煤碎屑岩组合、砂砾岩-粉砂岩-泥岩组合。兰坪-思茅中新生代坳陷盆地的形成,亦是盆地内中低温热液型多金属矿床的形成发育过程。

盆地内岩浆活动不发育,仅部分地区发现有喜马拉雅期的碱性岩体,包括正长斑岩、石英二长斑岩等,部分与成矿作用有关,它们也是喜马拉雅期构造作用的产物。各种测试方法获得的同位素年龄集中在 38~33Ma 之间,具有后造山岩浆活动的特点,应属 65~58Ma 的喜马拉雅主碰撞造山作用结束之后,区域性地壳松弛、伸展、山根塌陷、拆沉作用的产物。

火山岩主要赋存于古生代地层中,均显示明显的火山弧-弧后盆地岩浆活动的特征。主要层位有志留系—泥盆系大凹子组、无量山岩群、石登群、龙洞河组、邦沙组、吉东龙组、沙木组、羊八寨组等,分布十分广泛。大凹子组火山岩锆石 LA-ICP-MS 年龄为 (421.2 ± 1.2)Ma、(417.6 ± 5.1)Ma,大平掌铜矿的黄铁矿 Re-Os 等时线年龄为 421.3Ma。

整个盆地夹持于金沙江断裂系和澜沧江断裂系之间,特别是矿产集中分布的兰坪盆地北段,由于接近蜂腰部分,发育一组近南北向逆冲-推覆断裂系,包括华昌山断裂、沘江断裂、北莽山断裂和麻栗箐断裂等。它们的出现不仅控制了新生代走滑拉分盆地的形成,而且是重要的控矿构造。中轴构造带是该区域最为醒目的构造形迹。在南部主要沿无量山、宁洱、整董一线展布,向南延出国境;往北沿云龙—白羊厂—兰坪—河西一带出露。主要表现为一个宽 10~20km、长约 600km 的复杂断裂带、变质带、高地热带、成矿带,控制并破坏了古近纪的沉积盆地;在古近系勐野井组底部的砾岩中可见褪色、镜铁矿化的白垩纪红色泥岩的砾石,表明最晚的构造-热事件一直延续到了晚白垩世。兰坪金顶铅锌矿就位于该构造带上。宁洱一带还发育有第四纪全新世的火山岩,表明构造带目前仍然处于活动状态。

2. 成矿特征

印支期三江古特提斯洋闭合,发生造山运动,位于盆地两侧的晚古生代至中生代火山-岩浆弧中的巨厚火山岩系,为盆地内晚三叠世—古近纪沉积物的初始富集提供了大量的矿质来源,而晚三叠世—古近纪沉积物具有 Cu、Pb、Zn、Au、Hg、As 等元素的高背景值,一方面在上三叠统至古近系的多个层位中,出现有沉积砂岩型 Cu、Pb、Zn、Au、Hg、As 多金属矿化及其异常,表现为区域上广泛分布的矿点及矿化点;另一方面为后期(喜马拉雅期)逆冲-推覆、走滑-剪切构造作用过程中的中低温热液成矿(构造-热液脉型或构造-蚀变岩型多金属矿床)提供了丰富物源。

喜马拉雅期,兰坪盆地产生了东、西两个方向的相向逆冲-推覆,在这种双向应力作用下,形成了高山深盆以及盆地内部的前陆式冲断与褶皱,出现了褶皱重叠、盆地断陷、断层的多期次活动、沉积中心摆动等复杂的构造形式。在双向应力长期作用下,加之下伏地幔隆起,促进了深部地应力与热能的释放,形成一个局部的热隆升和成矿溶液的向上运移。随着时间的推移,兰坪-思茅盆地湖盆面积不断缩小,在干旱的古气候条件下,演变成了含膏盐的红色建造,为区内有色金属矿床的形成提供了充足的卤源。大气降水或古建造水,沿构造及岩石裂隙下渗时,溶解了膏盐层中的 NaCl,并不断增强,提高了它们对金属离子的溶解能力,因而在向下迁移时,不断地淋滤、浸取地层中的矿化元素,并和深部来源的热水和矿质混合在一起,形成含矿热卤水。

新生代频繁的构造作用,盆地北部不同规模、不同性质断裂构造的相互影响,地震活动也频频发生。区内几条大断裂也是地震频繁活动的构造区。地震的活跃往往伴随地裂、滑坡、崩塌。随着地震的频发,盆地边缘的同生断裂逐渐深切,裂隙增大,盆地深处的成矿流体也因压力差所造成的泵吸作用由不同层次沿断裂向上迁移,从而释放在具有良好的孔隙度和地层封闭条件的空间中并卸载沉淀富集成矿。因此,喜马拉雅期陆内汇聚挤压构造背景下发生的强烈逆冲-推覆、走滑-剪切等构造作用,是兰坪-思茅盆地(乃至昌都盆地及邻区)地壳表层所呈现的最主要的构造作用形式,并由此控制着地壳表层成矿流体系统的运动,从而成为流体成矿作用最为重要的成矿要素。区域成矿模型可以概括为如图 2-20 所示。

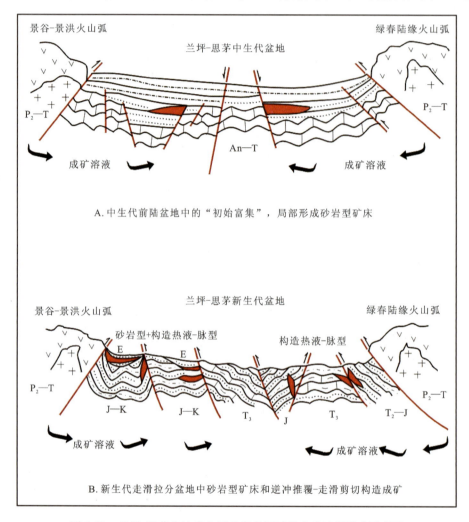

图 2-20　兰坪-思茅盆地多金属矿富集区区域成矿过程模式示意图

矿带最具远景的盐类矿床,主要赋存于北部的兰坪-云龙、洱源乔后及南部的景谷-勐腊、景东-江城等新生代走滑拉分盆地,含盐系属古近系古新统云龙组(勐野井组)。盆地成盐条件较好,各个成盐阶段发育,有硫酸盐-氯化钠-氯化钾各阶段的矿产沉积;矿床沿走滑拉分盆地呈带状分布,面积不大,沉降较深,盐层厚度、品位变化较大,含钾性以南段富集,在江城勐野井形成钾盐矿床;矿床为多中心的"牛眼式"沉积模式,钾钠盐居盐盆(盐凹)中部,硫酸盐矿床多在盆地边缘,呈环带状分布。

与盐系相伴矿带出现一条轻变质带,盐系之下伏红层轻微变质,一般为变质砂岩及千枚状板岩。变质作用可能发生于走滑拉分盆地形成的早期,并延续至古新统云龙组(勐野井组)沉积之后,与走滑拉分盆地有成因上的联系。在镇沅、景谷地区尚见浅成的花岗斑岩侵入于盐系地层中,根据勐野井盐矿石的包裹体测温数据,石盐的形成温度为 200~210℃,表明盐系沉积时具有高温热流异常特点。

由高温热流异常形成的热卤水,对围岩的金属离子具有溶解、迁移和富集的能力,因此,沿轻变质带广泛分布含多金属石英脉,含多金属菱铁矿脉及含多金属重晶石脉等,形成思普铁厂铅锌矿、白龙厂铜矿等。于兰坪-云龙及乔后-巍山两走滑拉分盆地间的隆起区,以齐母-西里及紫金山-歪古村复背斜,发生强烈汞、锌、砷、金成矿作用,形成黑龙谭汞矿、罗旧村锑矿、石磺厂砷矿及扎村金矿等。同时,热卤水对早期形成矿床(点)进行改造使其富化或增添了成矿金属组分,如勐腊新山铁多金属矿、南坡铜矿、瑶家山铜矿、金满铜矿等。

兰坪-云龙走滑拉分盆地,不仅赋存盐类矿床,而且在盆地东部,因含矿热卤水沿沘江断裂带喷溢于沘江断裂带西侧的次级坳陷,形成兰坪金顶陆相 SEDEX 型铅锌矿床。矿床容矿岩系为古新统云龙组中、上段。中段为重力滑塌岩块及角砾岩相-构造活动型冲积扇相沉积;上段为河口砂坝相沉积。矿床两层结构明显:上部为化学沉积成矿系统,下部为补给成矿系统。成矿物质系深源,硫来自硫酸盐经分解而产生的还原硫,成矿介质属混合水。矿床在有利的聚矿次级坳陷,导矿的沘江同生断层,有利的矿化沉积岩相及上下屏蔽层圈闭,以及外来岩系掩埋等条件下耦合形成。

含矿热卤水于构造带中循环,沿一系列构造接口中沉淀,形成兰坪白秧坪式银铅锌矿床,喷溢于地表沟谷形成云龙大龙式热泉型银铅锌矿床。

前陆盆地(或称裂谷盆地,或称坳陷盆地)至走滑拉分盆地(或称堑沟),每当沉积环境改变,每一沉积旋回开始均为短暂的沼泽相(泥炭沼泽相)沉积,继之为含铜岩系沉积,其后为含盐岩系沉积,"三元"结构明显。如中侏罗统花开左组下部砂岩含铜,中、上部杂色泥岩夹石膏层且有含盐显示;下白垩统景星组底部为含铜砂岩,其上也有含盐显示;上白垩统虎头寺组为含铜砂岩层位,其上的古新统为本矿带主要含盐岩系。各含铜层位的沉积相比较复杂,河床相、平原河流相及潟湖相沉积均有含铜砂岩产出,但以平原河流相砂岩铜矿最为常见。

本区含铜砂岩的物质组分较滇中楚雄盆地的含铜砂岩复杂,一般富含钴,并常见铀、铅、锌、汞伴生,尤以本区北部铜铀、铜汞、铜铅伴生较普遍。后期蚀变现象显著,改造对铜的富集尤为重要。含铜砂岩层位多,矿点多,分布面积广,然而矿体延长短,变化大,一般不具工业意义。以赋存于古近系始新统等黑组中段的景谷登海山铜矿为代表。

第八节　江达-维西-绿春晚古生代末—早中生代火山弧逆冲推覆带的含矿特征

江达-维西-绿春成矿带位于金沙江结合带与昌都-兰坪-思茅陆块之间的江达-维西-绿春陆缘火山弧之上,呈北北西-南南东向的反"S"形沿江达—戈波—徐中—阿登格—溜筒江—捕村—南佐—燕门—巴迪—叶技—墨江—绿春一带展布。该成矿带是三江地区重要的以 Cu、Pb、Zn、Ag 为主的有色、贵金属成矿带之一,迄今已发现大型矿床 5 处(里仁卡 Pb-Zn 矿、赵卡隆 Ag-Fe 多金属矿、丁钦弄 Ag-Cu 多金属矿、足那 Ag-Pb-Zn 多金属矿、楚格扎 Fe-Ag 多金属矿)、中型矿床 4 处(加多岭 Fe-Cu 矿、南佐 Pb-Zn 矿、鲁春 Zn-Cu 多金属矿、老君山 Pb-Zn 矿),以及小型矿床及矿点近百处,主要分布于改成矿带的中北段(图 2-21)。江达-维西-绿春成矿带矿床(点)的发育形成,与江达-维西-绿春陆缘火山-岩浆弧的形成演化有着密切的成生联系。

江达-维西-绿春 Fe、Cu、Pb、Zn 多金属成矿带位于江达-维西-绿春陆缘火山-岩浆弧带中,陆缘火山-岩浆弧的形成发育及其相关成矿作用与金沙江-哀牢山洋盆的俯冲消减和弧-陆碰撞作用具有很好的对应关系。陆缘火山-岩浆弧带主要由 3 个次级火山岩带所组成:早二叠世晚期至晚二叠世俯冲型弧火山岩带、早—中三叠世碰撞型弧火山-岩浆岩带、晚三叠世裂陷-裂谷型火山岩带,不同时期、不同构造环境的火山岩带中发育形成了不同类型、不同矿种的矿床(据王立全等,2001)。

早二叠世晚期至晚二叠世弧火山岩带位于该带的中南段,是金沙江洋-哀牢山洋盆向西俯冲消减于昌都-兰坪-思茅陆块之下作用的产物,从早到晚发育拉斑玄武岩系列→钙碱性系列→钾玄武岩系列火山岩,其火山岩特征显示岛弧的发生—发展—成熟的完整过程,主要岩石类型为石英拉斑玄武岩、中钾安山岩、英安岩、流纹岩及火山碎屑岩。该带中分布的主要典型矿床(点)有:产于二叠纪灰岩中的里仁卡大型 Pb-Zn 矿床，赋存于二叠纪灰岩、火山碎屑岩中的南佐中型 Pb-Zn 矿床，以及产于二叠纪火山岩、次火山岩、火山碎屑岩中的南仁和谷松 Au(Ag)-Cu 矿点等。

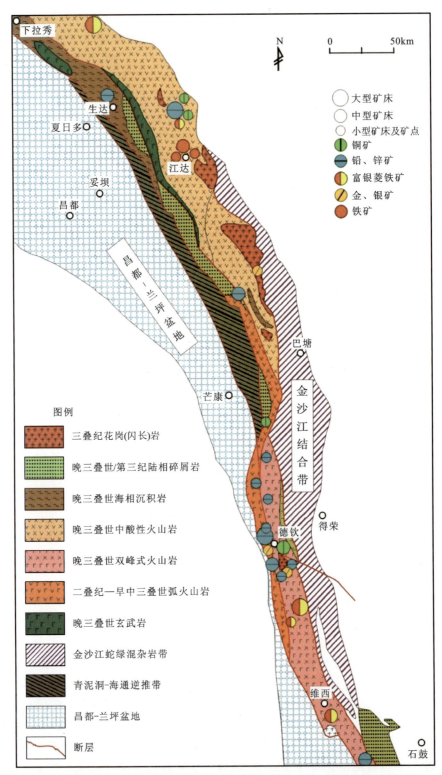

图 2-21 江达-维西-绿春成矿带北段矿床(点)分布图

早—中三叠世弧火山-岩浆岩主要分布于该带的中北段，是在二叠纪俯冲型弧火山岩的基础上，系金沙江洋盆消减闭合后弧-陆碰撞作用的结果，发育同碰撞型的弧火山岩及中酸性侵入岩(岩体侵入时代为 243~223Ma)。弧火山岩发育较完整的钙碱性玄武岩→玄武安山岩→安山岩→英安岩→流纹岩火山岩组合,同碰撞岩浆侵入岩主要为花岗闪长岩、二长花岗岩、斜长花岗岩、闪长玢岩、石英闪长玢岩等。到目前为止,与早中三叠世弧火山岩有关矿产未能取得突破,主要见有与闪长玢岩、石英闪长玢岩有关的玢岩型矿床,如加多岭中型玢岩型 Fe-Cu 矿床及其矿点。

晚三叠世裂陷-裂谷型火山岩带空间上叠置于早二叠世晚期至中三叠世的陆缘火山-岩浆弧带之上,形成于造山带碰撞后地壳伸展背景(据王立全等,2002),火山岩主要分布于成矿带的中北段。晚三叠世的伸展型火山岩在不同地段的产出状态有所差异,主要有3种:① 该带北段的生达—车所—鲁麻(裂陷盆地)一带,出现张裂型拉斑玄武岩及其玄武质凝灰岩系(未见"双峰式"),该区分布的矿床为产于裂陷盆地内碎屑沉积岩系中的足那 Ag-Pb-Zn 多金属矿;② 该带南段的徐中—鲁春—红坡和箐口塘—催依比—上兰(裂谷盆地)一带,发育玄武岩和流纹岩组合构成的"双峰式"火山岩、火山碎屑岩系及辉绿辉长岩墙-岩脉,该区分布的矿床为赋存于流纹质火山碎屑岩系中的鲁春中型 Zn-Cu 多金属矿床、老君山 Pb-Zn 矿床等;③ 该带中北段较广泛分布的晚三叠世中酸性火山岩(次火山岩)、火山碎屑岩系,主要岩石类型为英安质-安山质-流纹质火山岩、火山碎屑岩、凝灰岩、凝灰熔岩以及次火山岩(石英钠长斑岩)等,分布的矿床(点)较多,主要有产于火山碎屑岩系中的赵卡隆大型 Ag-Fe 多金属矿床、丁钦弄大型 Ag-Cu 多金属矿床、楚格扎大型 Fe-Ag 多金属矿床,以及赋存于碎屑沉积岩系中的里仁卡大型石膏矿床。

江达-维西-绿春 Fe、Cu、Pb、Zn 多金属成矿带的形成,是二叠纪俯冲造弧、早—中三叠世碰撞成弧、晚三叠世碰撞后伸展,以及燕山期—喜马拉雅期陆内碰撞逆冲-推覆、走滑-剪切过程中岩浆活动、构造作用、热液系统等地质事件综合作用的产物,经历了长期发展演变过程,其区域成矿作用演化模式可以表述为图 2-22。

(1) 二叠纪至早—中三叠世陆缘弧形成阶段。金沙江洋盆于早二叠世晚期开始向西俯冲消减于昌都-兰坪-思茅陆块之下,在其陆块东缘形成江达-德钦-维西-绿春俯冲-碰撞型陆缘火山弧,发育钙碱性的中基性→中性→中酸性→酸性系列火山岩,以及同碰撞型的花岗闪长岩、二长花岗岩、斜长花岗岩、闪长玢岩、石英闪长玢岩等侵入体。该时期已发现的矿床为与闪长玢岩、石英闪长玢岩相关的玢岩-矽卡岩型矿床,如加多岭玢岩-矽卡岩型 Fe-Cu 矿床。虽然矿床规模和类型较少,但俯冲-碰撞型的弧火山岩系可以为后期(燕山期—喜马拉雅期)构造-热液脉型(或构造-蚀变岩型)Cu、Au、Pb、Zn、Ag 多金属矿床的形成提供丰富的物源,即重要的矿源岩/层,如里仁卡大型 Pb-Zn(Ag)矿床、南佐中型 Pb-Zn(Ag)矿床,以及南仁 Au-Cu 矿、阿中 Au 矿、秀格山 Cu-Au 矿、南戈 Au 矿、谷松 Ag-Cu 矿等一系列的矿点、矿化点及其矿化异常区。

(2) 晚三叠世碰撞后地壳伸展(上叠裂陷-裂谷盆地)阶段。晚三叠世早期,陆缘火山弧总体由挤压转为拉张,形成晚三叠世碰撞后地壳伸展背景下的上叠裂陷-裂谷盆地,构成其 VHMS 成矿作用的主体,不同地段盆地发育的程度以及盆地形成演化的不同阶段,均形成了不同类型的矿床。在成矿带北段发育的裂陷盆地(相当于裂谷盆地的早期)中,形成有沉积岩系中的 SEDEX 型矿床,具有 Pb-Zn-Ag 金属组合特征,如足那大型 Ag-Pb-Zn 多金属矿床。在成矿带中段的裂谷盆地中,伸展盆地的早期阶段于"双峰式"火山岩组合的长英质火山岩系中产出 VHMS 块状硫化物矿床,具有 Zn-Cu-Pb-Ag 金属组合特征,如鲁春中型 Zn-Cu-Pb(Ag)多金属矿床、老君山中型 Zn-Pb-Ag 多金属矿床;伸展盆地的晚期阶段,在中酸性火山岩系及其与上覆碳酸盐岩接触带中产出 VHMS 块状硫化物矿床,具有 Ag-Fe-Cu-Pb-Zn 金属组合特征,如赵卡隆大型 Ag-Fe 多金属矿床、丁钦弄大型 Ag-Cu 多金属矿床、楚格扎大型 Fe-Ag 多金属矿床;盆地的末期阶段,在滨浅海相磨拉石碎屑岩中产出里仁卡式石膏矿床。金沙江造山带碰撞后地壳伸展背景下 SEDEX 型和 VHMS 型矿床是该成矿带中最为宏伟的成矿时期,成矿作用的研究对于造山带中的找矿工作具有重要的指导意义。

(3) 燕山中晚期—喜马拉雅期陆内碰撞造山阶段。燕山期—喜马拉雅期既是陆内碰撞及其逆冲推覆、走滑剪切构造过程,又是该成矿带中又一重要的成矿作用时期,一方面使得先期形成的矿床得以进一步加强,并使成矿作用的类型、过程及其成矿元素组合更加复杂,如丁钦弄矿床中花岗岩类侵入体导致接触交代型(矽卡岩型)成矿作用直接叠加于早期的 VHMS 矿床之上,以及逆冲推覆、走滑剪切构造

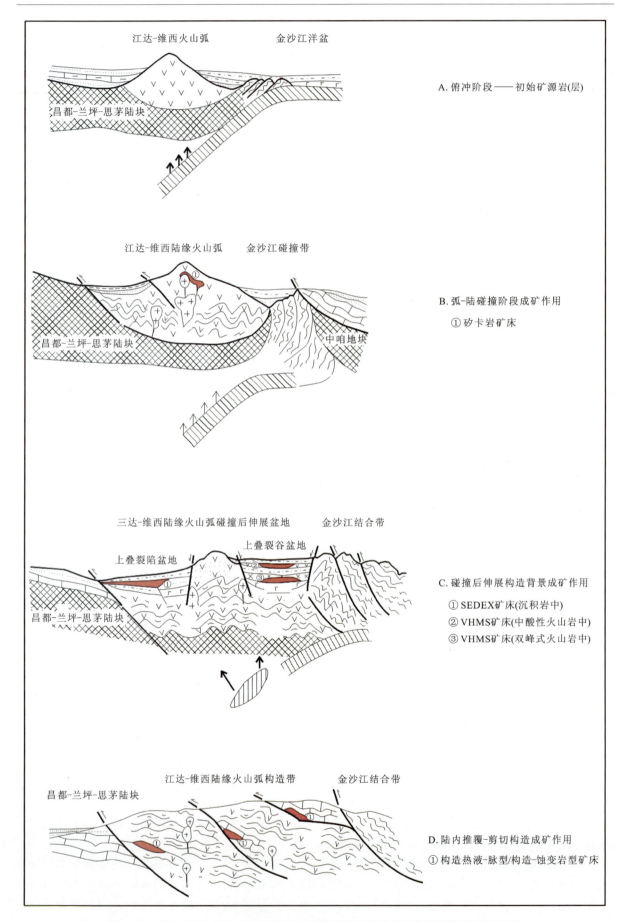

图 2-22 江达-维西-绿春多金属成矿带区域成矿过程模式示意图(据潘桂棠,2010)

对于先期形成矿床的叠加改造作用,形成穿切 VHMS 矿床矿体的脉状、网脉状矿体,并最终定形、定位;另一方面又在强烈的逆冲推覆、走滑剪切构造作用形成的破碎带及其次级断层裂隙中,形成发育浅成低温热液构造-蚀变岩型(或构造-热液脉型)多金属矿床,弧火山岩系可能为其重要的矿源岩/层,如里仁卡大型 Pb-Zn 矿床、南佐中型 Pb-Zn 矿床等。该时期的 Ag、Pb、Zn 多金属矿化作用分布较广,矿化类型也较多,目前研究工作程度较低,但潜在远景较大。

第九节 金沙江-哀牢山弧后盆型构造-混杂带的含矿特征

金沙江-哀牢山成矿带分布于金沙江-哀牢山结合带上,是发育在晚古生代板块结合带及其洋脊型火山岩-蛇绿岩之上的以 Au、Cu 为主的成矿带。成矿带北西起自治多,经玉树、巴塘,再经东竹林、吉义独,向南东至哀牢山一带,呈北西-南东向的不对称反"S"形展布。该带东西宽 20~40 余千米,南北长数千千米,除主要由蛇纹石化超镁铁岩、超镁铁堆晶岩(辉石岩-纯橄榄岩)、辉长岩-辉绿岩墙群、洋脊型玄武岩及硅质岩和放射虫硅质岩等组成,与其他被肢解的泥盆纪、石炭纪、二叠纪灰岩块,洋内弧火山岩及其基质绿片岩构成蛇绿混杂岩带外,尚有三叠纪(印支期)及大量燕山晚期至喜马拉雅期的中酸性侵入岩基、岩株、岩脉分布。

金沙江-哀牢山 Au、Cu、Pt 成矿带中的成矿地质条件优越,是三江地区最重要的以金为主的成矿带之一,可明显分为金沙江成矿亚带(中带,以 Cu 为主)和哀牢山成矿亚带(南带,以 Au 为主)2 个成矿亚带。到目前为此,金沙江-哀牢山成矿带中已发现大型 Cu 矿床 1 处、中型 Cu 矿床 1 处,大型 Au 矿床 4 处,中型 Au 矿床 8 处,中型 Pb-Zn 矿床 2 处,以及小型 Au、Cu、Pb-Zn 矿床(点)近百处,特别是哀牢山成矿亚带将成为国家级的黄金基地之一。

一、金沙江 Cu、Pb、Zn 成矿亚带

金沙江 Cu、Pb、Zn 成矿亚带位于金沙江-哀牢山成矿带(亦即金沙江-哀牢山结合带)中段,呈北北西-南南东方向展布,主要由中咱-中甸地块西缘褶皱-冲断带(或逆推带)以及结合带内的浅变质岩带组成复杂的推覆构造带。该成矿亚带亦是三江地区重要的以 Cu、Pb、Zn 为主的成矿带之一,迄今已发现大型 Cu 矿床 1 处(羊拉 Cu 矿)、中型 Cu 矿床 1 处(拖顶 Cu 矿)、中型 Pb-Zn 矿床 2 处(纳交系、三家村 Pb-Zn 矿),以及小型及矿点数十余处(图 2-23)。金沙江成矿带矿床(点)的发育形成,与金沙江构造带的形成演化有着密切的成生联系。

金沙江成矿亚带是以金沙江-哀牢山板块结合带中段为主体的于中新生代陆内汇聚阶段形成的复杂推覆剪切构造带,它包括金沙江蛇绿混杂岩带和中咱-中甸陆块西缘褶皱-冲断带两大构造单元。

1. 金沙江蛇绿混杂岩带

蛇绿混杂岩构成了金沙江结合带的主体,该带夹持于金沙江大断裂带和羊拉-鲁甸断裂之间,属金沙江结合带及其西侧的西渠河-奔子栏-羊拉洋内弧所在地。主要包括:① 洋盆形成时的洋脊/准脊型火山岩-蛇绿岩,主要分布于金沙江结合带中,与石炭纪—早二叠世深水浊流沉积物共同组成蛇绿混杂岩带。② 洋盆向西俯冲时期形成洋内弧火山岩,主要为玄武岩、安山玄武岩、玄武安山岩、安山岩组合,羊拉大型 Cu 矿床就产于洋内弧火山碎屑沉积岩中。③ 印支晚期—喜马拉雅期碰撞推覆阶段形成的中酸性花岗岩和走滑阶段出现的富碱性斑岩侵入体,它们与 Cu、Au 矿化有较密切的成生关系。如羊拉 Cu 矿中的矽卡岩型和斑岩型矿化,区域上广泛发育与推覆剪切作用有关的 Au 多金属矿化,以及西渠河、王大龙、霞若等 Au(Ag)矿点(矿化点)。

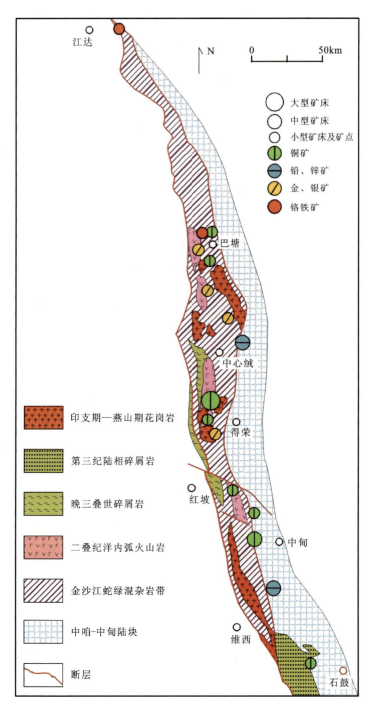

图 2-23 金沙江 Cu、Pb、Zn 成矿带中主要矿床(点)分布图

2. 中咱-中甸陆块西缘褶皱-冲断带

该带位于中咱-中甸陆块西部边缘,北起德格洞普,向南经巴塘、中咱、得荣延至中甸尼西、拖顶及石鼓,主体沿金沙江东岸南北延伸。该带以发育叠瓦式逆冲推覆及伸展滑脱断裂、"飞来峰"构造为特色,并伴随强烈的构造糜棱岩化、流变褶曲、流劈理及动力变质作用,是一个长达 600 余千米的规模巨大的推覆-滑脱构造带,亦是 Cu、Pb、Zn 等有色金属成矿带,拖顶中型 Cu 矿床及纳交系、三家村中型 Pb-Zn 矿床等位于其中。褶皱-冲断带从西向东可以分为前缘逆冲-推覆带及后缘剪切-滑脱带,前者具有明显的挤压逆冲性质,表现为不同时代的地层向西逆冲推覆在金沙江构造混杂岩之上,断裂带中岩石强烈剪切破碎,片理、劈理及揉皱发育,拖顶铜矿就位于泥盆系逆冲-推覆体底部的碳酸盐岩中;后者由近南北

向的剪切-滑脱断裂组成,表现为不同地层和同一地层不同岩性之间的剪切-滑脱,以及相应的剪切变形、片理化、剪张性裂隙等构造形迹,纳交系 Pb-Zn 矿、格兰 Cu 矿等产于剪切-滑脱断裂的张性裂隙或次级张性断层中。

金沙江成矿带的形成,同样经历了复杂多阶段的地质演化过程,洋盆形成于早石炭世至早二叠世早期,早二叠世晚期开始向西俯冲消减,分别形成朱巴龙-羊拉-东竹林洋内弧及其火山弧西侧的西渠河-雪压央口吉义独-工农弧后盆地(洋壳基底),中三叠世洋盆闭合发生弧-陆碰撞,并在随后的陆内造山过程中,出现强烈的由东向西的推覆作用和左行走滑剪切作用,以及印支晚期—喜马拉雅期各种中酸性、酸性岩浆岩及岩脉的发育。金沙江带 Cu、Pb、Zn 矿化作用也是在这复杂的构造演化过程中形成的。

金沙江 Cu、Pb、Zn 成矿带的形成,是海西期以来洋-陆转换、盆-山转换过程中岩浆活动、构造作用、热液系统等地质事件的结果,经历了长期发展演变过程,其区域成矿过程可以表述为图 2-24。

海西期金沙江出现洋盆,沉积在洋盆中的深水浊积岩系、基性火山-沉积岩系和幔源蛇绿岩系构成

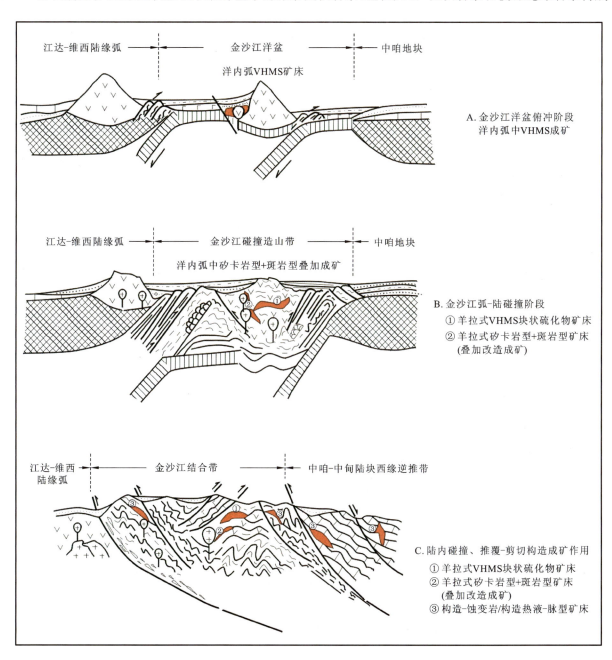

图 2-24　金沙江 Cu、Pb、Zn 成矿带区域成矿过程模式示意图(据潘桂棠,2010)

了后期构造-蚀变岩型(或构造-热液脉型)金矿化的初始矿源层,形成时间为石炭纪—早二叠世早期。海西末期洋壳发生向西的大幅度俯冲消减,形成朱巴龙-羊拉-东竹林-西渠河洋内火山弧,发育中基性→中基性→中性火山岩、火山碎屑岩系,并形成了火山-沉积岩系中的 VHMS 块状硫化物矿床(如羊拉 Cu 矿里农主矿体),形成时间为早二叠世晚期—晚二叠世。印支期末—燕山期发生的陆内碰撞推覆事件,形成花岗闪长岩、二长花岗岩、斜长花岗岩、二长花岗斑岩、正长斑岩、钠长斑岩等中酸性—酸性侵入岩体叠加于混杂岩(特别是洋内弧)之上,发育与岩浆活动相关的矽卡岩型和斑岩型 Cu(Mo)、Pb、Zn 多金属矿化,并叠加于 VHMS 块状硫化物矿床之上(如羊拉 Cu 矿加仁矿体),形成时间为晚三叠世—早白垩世。

喜马拉雅期的逆冲-推覆、走滑-剪切-滑脱构造作用,使得矿床、矿体得到叠加改造而复杂化,并形成构造-热液脉型 Cu、Pb、Zn 多金属矿化作用,如羊拉 Cu 矿中的脉状、细脉状矿体,中咱-中甸陆块西缘逆冲-推覆带中的 Cu、Pb、Zn 多金属矿床,以及混杂岩带中一系列的 Au、Ag 多金属矿化及其地球化学异常等。

二、哀牢山 Au、Pt 成矿亚带

哀牢山 Au、Pt 成矿亚带位于金沙江-哀牢山成矿带(亦即金沙江-哀牢山结合带)南段,呈北窄南宽的北西向楔形体,由扬子地块西缘的哀牢山基底逆推带、金平滑移体以及结合带内的浅变质岩带组成复杂的推覆构造带(图 2-25)。该成矿亚带是三江地区最重要的以金为主的成矿带之一,迄今已发现大型金矿床 4 处(老王寨、冬瓜林、金厂、大坪),中型矿床 8 处,小型矿床及矿点数十余处,累计探明储量 150 余吨,预计远景储量可达 500t 以上,已成为云南省的支柱矿产地之一,也将成为国家级的黄金生产基地之一。

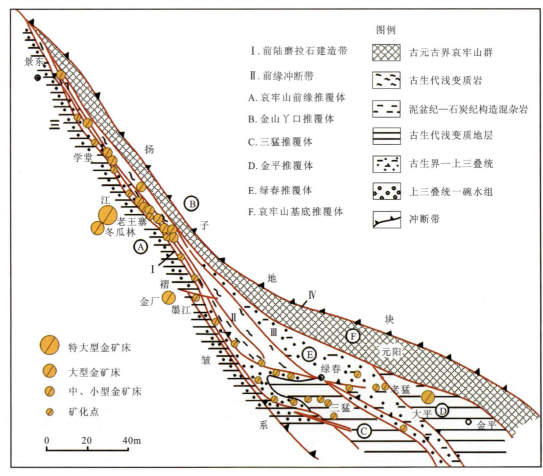

图 2-25 哀牢山成矿亚带推覆构造与主要矿床(点)分布图(据李兴振等,1999)

哀牢山成矿亚带是以金沙江-哀牢山板块结合带南段为主体的于中新生代陆内汇聚阶段形成的复杂推覆剪切构造带,它包括红河断裂带、哀牢山断裂带和九甲-墨江断裂带3个区域性逆冲断裂带。它们都具有走向北北西、倾向北东、倾角较陡的特点,走向延长均在500km以上。其中红河断裂带是经过多期次活动的超壳型断裂,新生代晚期具右行走滑特点。

成矿带中的岩浆活动频繁多样,并与金矿的形成有密切关系。①洋盆形成时的洋脊/准脊型火山岩-蛇绿岩带,主要分布于九甲-墨江断裂带上盘的前缘推覆带中,分布长达200余千米,与泥盆纪—早二叠世深水浊流沉积物共同组成蛇绿混杂岩带。②洋盆向西俯冲闭合时期形成岛弧玄武岩-安山岩组合,包括哀牢山大断裂带西侧及阿墨江断裂带上的二叠纪玄武岩。③同碰撞阶段形成的中酸性侵入体,它们集中出现在二叠纪的火山岩带之上,形成带状展布的酸性侵入岩基。④燕山期—喜马拉雅期碰撞推覆阶段形成的酸性花岗岩带以及走滑阶段出现的富碱性斑岩和较强的花岗岩化作用及煌斑岩侵入体,它们与金矿化有较密切的空间关系。

不同时期岩浆岩的含矿性研究表明,由晚泥盆世至早二叠世的火山岩-蛇绿岩系及深海沉积物组成的蛇绿混杂岩中,金的背景含量普遍较高,可能为本区金矿床的来源层,而区域地球化学工作也证明,浅变质岩带为As、Sb、Ag、Hg组合和Pb、Zn(Cu)、Ag组合异常带,组合类型复杂,组合异常分带具浓缩中心,并与相应矿床对应较好,这些异常大多靠近九甲-墨江断裂以东的浅变质的蛇绿混杂岩和古生代地层分布区,证明它们是Au的源层区。

哀牢山成矿带的形成,经历了复杂多阶段的地质作用过程,它是在晚泥盆世—早二叠世拉伸裂离而成的哀牢山洋盆的基础上,于早二叠世晚期向西俯冲、消减、闭合,并在随后的碰撞过程中,在其前缘形成前陆坳陷盆地,堆积了晚三叠世磨拉石建造。燕山晚期至喜马拉雅期,又出现强烈的由东向西的大距离推覆作用以及左行走滑作用,最终形成北窄南宽、向南东撒开的推覆走滑构造面貌。本区的金矿化作用也是在这复杂的构造演化过程中形成的。

哀牢山Au成矿带的形成,是经历了海西期以来若干重大地质事件的结果。它的成矿模式可以通俗地概括为"裂聚层,碰成矿"(李兴振等,1999)。"裂聚层"——海西期出现的哀牢山洋盆的开裂,沉积在洋盆中的深水浊积岩系和幔源蛇绿岩系形成金的初始矿源层,同位素年龄值集中在400~300Ma;海西末期—印支早期的俯冲作用,部分矿源层在俯冲消减带的重熔再造作用下,形成新的矿源岩(辉石闪长岩等岩体),同位素年龄值为285~200Ma。"碰成矿"——印支期末—燕山期发生的陆内碰撞推覆事件,导致先期形成的矿源层或矿源岩,变质变形上升暴露,下渗的大气降水析离、萃取成矿元素,形成弱酸性中温成矿卤水,然后在构造应力作用下,沿着前缘冲断带的低压带上升,于有利的次级推(滑)覆构造顶端汇聚形成工业矿床,成矿作用的同位素年龄值为140~60Ma。受喜马拉雅期造山运动的影响,出现的以左行走滑为主的构造运动及其以煌斑岩为主的广泛侵入,部分矿床、矿体得到叠加改造而复杂化,最新的成矿年龄为30Ma左右。区域成矿作用演化模式可以综合归纳为图2-26。

哀牢山Au成矿带的主要找矿标志为:①泥盆纪—石炭纪蛇绿混杂岩发育地区,包括浊积岩、滑塌角砾岩、硅质岩、超镁铁岩、玄武岩、闪长岩等成片分布区,既是矿源层又是容矿岩石;②推覆构造弧顶部位及其力学性质改变的层间裂隙密集带(不同岩性层间的裂隙带),有利于导、储矿系统的发育,与之相伴生的次级层间牵引虚脱带是储矿的极好空间;③基性、中酸性脉体发育区,包括花岗岩、石英斑岩、煌斑岩等发育地段,这些脉体的存在往往预示与深部热源相通;④存在不同物理性质的岩石组合地段,如硅质绢云板岩与变石英杂砂岩的组合,硅质绢云板岩、杂砂岩类与玄武岩的组合等,其顶、底板有深水相薄层灰岩作屏蔽层时往往矿体比较厚大;⑤不同类型脉体发育地带,主要表现为热液石英脉、铁白云石脉以及金属硫化物脉的密集分布带,常常发育有黄铁矿、毒砂、辉锑矿、黄铜矿、方铅矿、闪锌矿、硫锑铜矿等含矿标型特征的硫化矿物,直接显示发生过突发成矿作用和晚期低温热液的叠加活动。

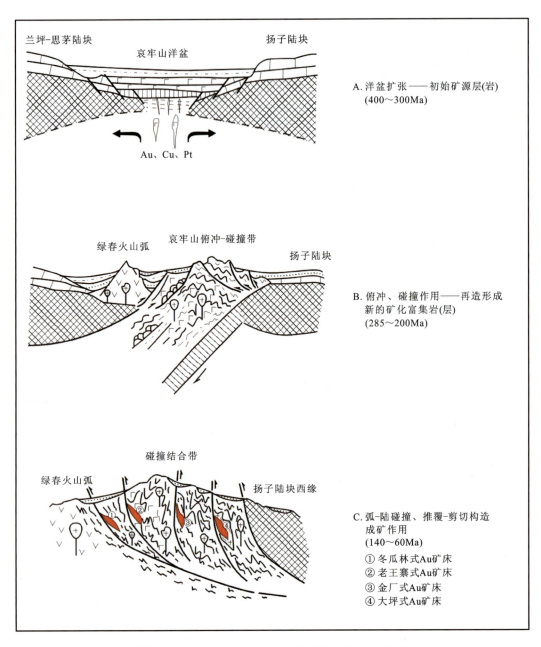

图 2-26 哀牢山 Au 成矿带的区域成矿过程模式示意图

第十节 德格-中甸陆块的含矿特征

在空间上,从西向东可细分为 3 个成矿亚带:昌台-乡城晚三叠世岛弧、义敦-下桥头晚三叠世弧后盆地、中咱-中甸地块,但由于它们时间上的穿插,成矿期次的叠加,又难以区分,因而还是以成矿带进行阐述。

德格-乡城 Cu、Pb、Zn、Ag 多金属成矿带紧邻甘孜-理塘结合带西侧,是发育在晚三叠世昌台-乡城(义敦)岛弧带上的一个重要的多金属成矿带,与昌台-乡城火山-岩浆岩带相一致。该带北起四川德格,南抵云南中甸,为一条南北长达 500km,东西宽 90～150km 的北北西向展布的构造-火山(岩浆)带。带内岛弧造山期弧火山-岩浆活动及造山期后构造活动强烈,成矿条件优越,蕴藏着丰富的矿产资源,是一个以 Cu、Pb、Zn、Ag 为主的多金属成矿带。已发现大中型矿床 10 余处,著名的超大型呷村 Ag 多金属矿床即位于其中,近期又发现超大型的夏塞 Ag 多金属矿床、普朗大型 Cu 矿床(图 2-27),据不完全统计,沿岛弧带分布的矿床、矿点及各类异常多达数百处,是三江地区重要的找矿远景区之一(图 2-28)。

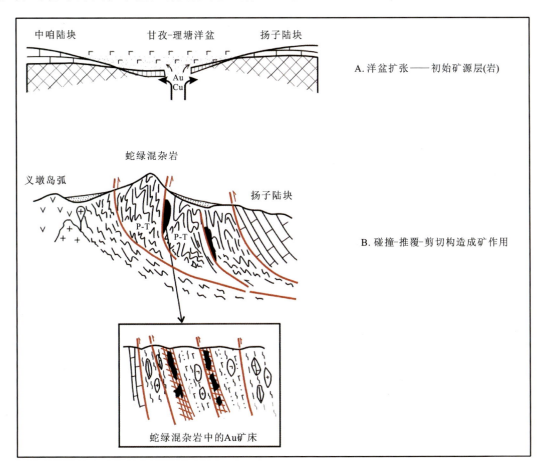

图 2-27　甘孜-理塘成矿带区域成矿过程模式示意图(据潘桂棠,2010)

德格-乡城成矿带属于中咱-中甸微陆块东侧的晚三叠世岛弧带,主要出露地层为三叠系及少量第三系。中下三叠统为一套海相碎屑岩夹碳酸盐岩、硅质岩,厚达 5000m;上三叠统中下部为一套巨厚的复理石砂板岩夹基性—酸性火山岩及碳酸盐岩,厚约万米,上部为浅海碎屑岩和海陆过渡相含煤碎屑岩。第三系为山间盆地磨拉石堆积。

本带岩浆活动强烈,由 4 个构造发展阶段的火山岩和侵入岩共同组成德格-乡城(义敦)火山-岩浆岩带,即:①晚二叠世至晚三叠世早期为拉张裂陷的被动边缘发展阶段,形成板内张裂型碱性-过渡型玄武岩或玄武岩-流纹岩组合;②晚三叠世中期为岛弧开始发育阶段,主要发育以安山岩为主的钙碱性火山岩组合,并伴有以中酸性浅成斑岩为主的同熔型花岗岩(如雪鸡坪斑岩带);③晚三叠世晚期,形成以钙碱性的二长花岗岩和花岗闪长岩为主的措交玛-稻城花岗岩带;④燕山晚期—喜马拉雅早期后碰撞阶段的 S 型壳熔花岗岩及浅成花岗斑岩。

德格-乡城岛弧带是由二叠纪—中三叠世拉开的甘孜-理塘洋于晚三叠世向西俯冲消减而形成,但洋壳的俯冲消减作用并未在岛弧带上引起强烈的褶皱造山,而是沿岛弧带表现为区域性的隆升或断块式的升降,造成隆、拗相间的构造古地理格局和复杂的岩性、岩相组合。它经历了早期成弧(挤压)、弧间裂谷(拉张)和晚期(挤压)成弧等阶段,相应地发育形成外弧、岛弧裂谷、内弧等空间展布格局,这种张压交替、升隆更叠的复杂历史过程,不仅使它具有更加活跃的构造、岩浆条件,而且形成了优越的成矿地质

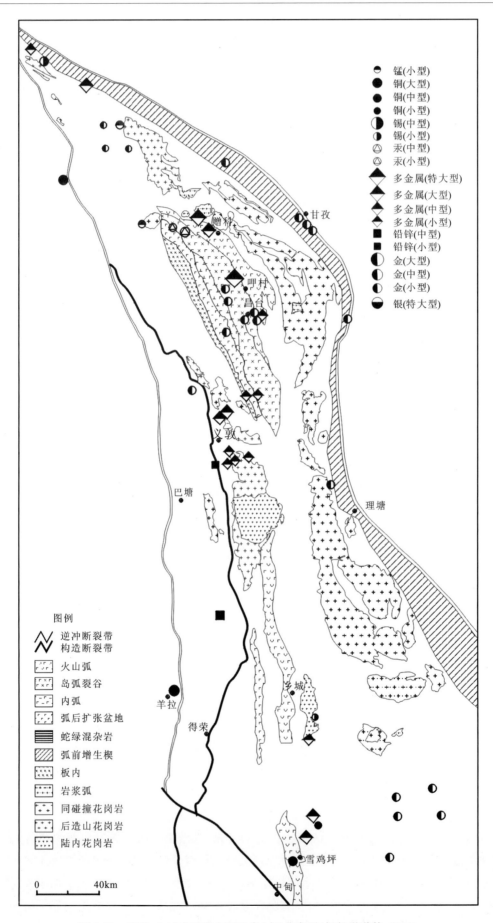

图 2-28 德格-乡城成矿带主要矿床(点)分布图(据侯增谦等,2000)

条件。矿带内的矿化元素主要为 Ag、Pb、Zn、Cu、Au、Hg 等,与火山岩或次火山岩(含斑岩)密切相关,主要矿床类型有黑矿型 VHMS 矿床、斑岩型 Cu 矿床、热液脉型 Ag 矿床和火山岩型 Hg 矿床。

该带碰撞造山作用主要在燕山期、喜马拉雅期得到进一步加强,形成若干与构造线方向一致的大断裂带和左行平移韧性剪切带,如柯鹿洞-乡城大断裂带上广泛发育糜棱岩。近期发现的夏塞特大型 Ag 矿床可能与之有关,呷村 Ag、Pb、Zn 多金属矿体也受到此期韧性平移和韧性剪切的影响。

德格-乡城 Cu、Pb、Zn、Ag 多金属成矿带中不同类型矿床的形成,以及众多矿床(点)的发育,是义敦岛弧火山-岩浆带演化历史的产物。随着甘孜-理塘洋盆的俯冲消减及其随后的碰撞造山作用,使义敦岛弧火山-岩浆带不仅具有活跃的构造、岩浆条件,而且形成了优越的成矿地质条件。从岛弧火山-岩浆活动与成矿作用统一地质场的角度,以及构造带-成矿带→成矿系列→成因类型的统一一致关系,将德格-乡城成矿带中构造-岩浆-成矿作用的时空结构序列进行如下划分,并概括为区域成矿作用演化模式的可能图解(图 2-29)。

1. 岛弧俯冲造山阶段(印支期)

该阶段为德格-乡城成矿带中的最重要成矿期,包括有:岛弧裂谷盆地中火山活动成因的 VHMS 块状硫化物矿床,如呷村特大型、嘎依穷中型 Ag-Pb-Zn 多金属矿床等;岛弧弧后盆地火山岩中的浅成低温 Au、Ag、Hg 多金属矿床,如农都柯 Au-Ag 多金属矿床、孔马寺大型 Hg 矿床等;与浅成—超浅成相中酸性侵入岩相关的斑岩型 Cu(Mo、Au)多金属矿床和矽卡岩型 Cu 多金属矿床,如普朗大型斑岩型 Cu(Mo)矿床、雪鸡坪中型斑岩型 Cu(Mo)矿床、红山矽卡岩型 Cu 多金属矿床、浪都矽卡岩型 Cu 多金属矿床等。

2. 岛弧碰撞造山阶段(燕山晚期—喜马拉雅早期)

该阶段为德格-乡城成矿带中的又一重要成矿期,包括有:与中—深成相中酸性侵入岩相关的接触交代型(矽卡岩型)Cu、Sn 多金属矿床和岩浆期后热液充填交代型(云英岩-石英脉型)W、Sn(Ag)多金属矿床,如连龙矽卡岩型 Sn-Ag 多金属矿床、昌达沟 Cu-Au-Ag 多金属矿床、休瓦促云英岩-石英脉型 W-Mo 多金属矿床等;碰撞造山推覆剪切带中的热液脉型(远成岩浆热液+构造)Ag、Pb、Zn 多金属矿床,如夏塞特大型 Ag、Pb、Zn 多金属矿床等。

3. 新生代陆内造山阶段

新生代陆内造山推覆剪切带中的构造-蚀变岩型 Au、Ag 多金属矿床,如耳泽、红土坡 Au 矿床等。除此而外,新生代的岩浆活动与推覆、逆冲、剪切等构造作用的强烈复合叠接,亦形成一系列的浅成低温热液脉型或构造-蚀变岩型多金属矿床,该时期的 Ag、Pb、Zn 多金属矿化作用分布较广,矿化类型也较较多,目前研究工作程度较低,但潜在远景较大。

上述不同时期、阶段形成的矿床在燕山期、喜马拉雅期碰撞造山过程中得到进一步加强,特别是新生代陆内汇聚过程中,受到褶皱、推覆、剪切等构造作用的叠加改造,并最终定形、定位。碰撞造山和陆内造山构造作用形成若干与构造线方向一致的大断裂带和左行平移韧性剪切带,如柯鹿洞-乡城大断裂带上广泛发育糜棱岩。近期发现的夏塞特大型 Ag、Pb、Zn 多金属矿床可能与之有关,呷村特大型 Pb、Zn、Ag 多金属矿体也受到此期韧性平移和韧性剪切的影响。在柯鹿洞-乡城大断裂带上发现一系列的矿点,如在乡城以南该断裂带上发现的豆改、亚金等 Au、Ag 多金属矿点,可能亦属同一类型的矿化。

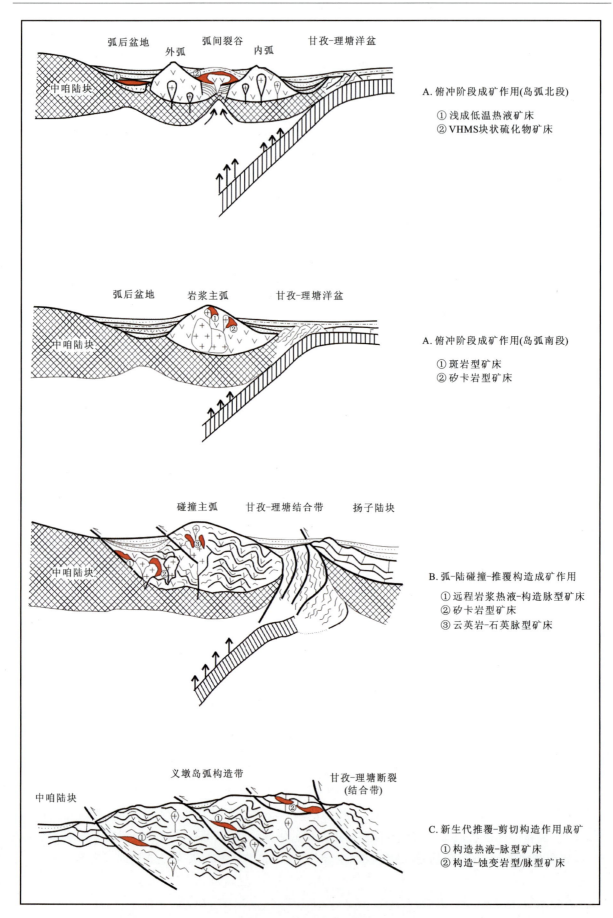

图 2-29 德格-乡城成矿带区域成矿过程模式图

第十一节　甘孜-理塘板块消减杂岩相的含矿特征

该岩相位于三江地区东缘的甘孜-理塘 Au 成矿带,是发育在印支期的板块结合带以及甘孜-理塘洋脊型火山岩-蛇绿岩带之上的以 Au 为主的成矿带。成矿带北西起自青海治多,经玉树歇武寺以西,向南东过甘孜、理塘,南下至木里,呈北西-南东向的不对称反"S"形展布,向西延伸归并于金沙江结合带中,南延交接于小金河-三江口-虎跳峡断裂,并被扬子地块边缘向西的推覆带所掩盖,长度约 800km。金矿化主要集中于中南段(图 2-30),已发现大中型矿床 4 处(嘎拉、错阿、雄龙西 Au 矿及金厂沟、生康砂 Au 矿等),小型矿床及矿点多处。这些矿床(点)的形成,绝大多数与燕山期—喜马拉雅期碰撞推覆构造作用密切相关,是本区具有找矿前景的 Au 成矿带之一。

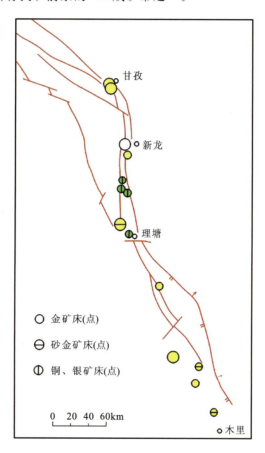

图 2-30　甘孜-理塘成矿带主要 Au、Cu 矿床(点)分布图(据李兴振等,1999)

甘孜-理塘结合带是中咱-中甸微陆块于二叠纪—中三叠世裂离于扬子陆块西缘形成的小洋盆,后于晚三叠世晚期洋壳向西俯冲于中咱-中甸微陆块之下,经洋盆闭合、弧-陆碰撞作用而成,并在其西侧形成德格-乡城(义敦)岛弧及其弧间和弧后盆地。在甘孜-理塘洋盆的发育过程中,主要发育了二叠纪—晚三叠世由洋脊型拉斑玄武岩、苦橄玄武岩、镁铁质与超镁铁质堆晶岩、辉长岩、辉绿岩墙、蛇纹岩(变质橄榄岩)及放射虫硅质岩等,以及呈被肢解的构造岩块与外来的奥陶纪—三叠纪灰岩块等其他沉积岩块体及复理石砂板岩、裂谷型碱性玄武岩等组成的构造混杂岩带。中段理塘一带,以早中三叠世火山岩为主,而在南段则以晚二叠世为主。与枕状熔岩相伴的有橄榄岩,各种堆晶岩、辉绿岩、辉绿玢岩、辉长岩及放射虫硅质岩,共同组成相对完整的蛇绿岩套,代表了晚二叠世—晚三叠世早中期洋脊扩张型基性岩浆活动的产物。

甘孜-理塘洋盆于晚三叠世末期封闭后的碰撞造山活动,主要发生在燕山期,沿结合带形成一组巨大的反"S"形断裂带,包括东缘的甘孜-理塘-木拉-木里大断裂和西缘的邓柯-绒坝岔-拉波大断裂。该组断裂具有剪切扭动的特性,北西段西倾、中南段东倾,夹持其间的火山-沉积岩系,遭到了强烈的挤压剪切变形作用,成矿带上的绝大多数Au矿床(点)都分布在这些断裂带上。

第三章　重要矿集区成矿作用

一、重要矿集区划分原则

根据西南三江地区优势矿产的分布特点，结合找矿突破战略行动的目标要求，选择铜、铅、锌、银、金、锡、铁等为主要矿种，以斑岩型-矽卡岩型铜矿、喷流沉积型-沉积改造型铅锌银多金属矿、矽卡岩型-云英岩型锡矿、火山沉积型-矽卡岩型铁矿和构造蚀变岩型金矿等为重要矿床类型，在具有大型—超大型矿床分布的Ⅳ级成矿远景区或找矿远景区的范围内，依托设置的国家级整装勘查区、重要的省级整装勘查区和地质矿产调查专项部署开展找矿评价与综合研究的成矿有利地区等进行重要矿集区的划分。

国家级整装勘查区具体包括：云南保山-龙陵地区铅锌矿整装勘查区、云南香格里拉格咱地区铜多金属矿整装勘查区、云南省镇康县芦子园-云县高井槽地区铁铅锌铜多金属矿整装勘查区和云南省腾冲-梁河地区锡多金属矿整装勘查区。

重要的省级整装勘查区有：云南省腾冲地区铁矿整装勘查区、云南省剑川-兰坪地区铅锌多金属矿整装勘查区、云南省镇源老王寨地区金矿整装勘查区和云南省保山-金厂河地区铅锌多金属矿整装勘查区等。

部署开展找矿评价与综合研究的成矿有利地区有：四川省九龙县江浪穹隆地区、四川省木里县唐央穹隆地区、四川省白玉县呷村地区、四川省巴塘县义敦地区等。

二、重要矿集区的分布

针对西南三江成矿带重要矿产和主要矿床类型，按照上述划分依据和原则，西南三江地区重要矿集区分布有云南省腾冲-盈江地区铁钨锡矿（1）、云南省保山-龙陵地区铅锌矿（2）、云南省镇康卢子园-云县高井槽铅锌矿（3）、云南省西孟县-澜沧县老厂地区铅锌矿（4）、云南省澜沧县大勐龙地区锡铁铜矿（5）、云南省思茅大平掌地区铜铅锌矿（6）、云南省兰坪-白秧坪地区铅锌银矿（7）、西藏自治区昌都地区铅锌银多金属（8）、西藏自治区玉龙地区斑岩-矽卡岩铜金矿（9）、西藏自治区各贡弄-马牧普地区金银多金属矿（10）、云南省德钦县徐中—鲁春-红坡牛场地区铜多金属矿（11）、云南省德钦县羊拉地区铜金矿（12）、云南省哀牢山地区金铂矿（13）、四川省夏塞-连龙地区银铅锌锡矿（14）、四川省呷村地区银铅锌铜矿（15）、云南省香格里拉格咱地区斑岩-矽卡岩铜铅锌矿（16）、四川省梭罗沟地区金铜多金属矿（17）、四川省九龙县里伍地区金铜多金属矿（18）共计18个矿集区（图3-1）。其中：铜多金属矿集区6个，铅锌多金属矿集区7个，金多金属矿集区3个，铁锡多金属矿集区2个。

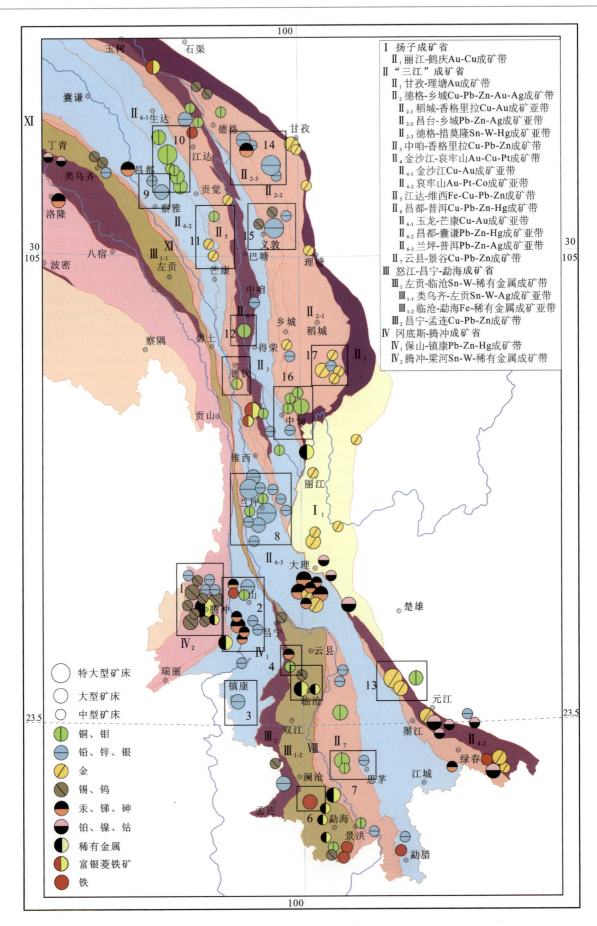

图 3-1 西南三江成矿带矿集区分布图

第一节　云南省腾冲-盈江地区铁钨锡矿矿集区

一、概述

腾冲-盈江铁钨锡矿矿集区位于云南省滇西南地区,行政区划隶属于保山市腾冲县和德宏州盈江县、梁河县等。矿集区地理坐标:E97°43′—98°43′,N24°38′—25°46′。矿集区面积约7965 km²,位于西藏-三江造山系昂龙岗日-班戈-腾冲岩浆弧带南段(潘桂棠等,2013)。在成矿带的划分上属于特提斯成矿域(I_1)腾冲成矿省(II_1),腾冲(岩浆弧)Sn-W-Be-Nb-Ta-Rb-Li-Fe-Pb-Zn-Au成矿带(III_2)中的槟榔江(喜马拉雅期岩浆弧)Be-Nb-Ta-Li-Rb-W-Sn-Au矿带(IV_2)、棋盘石-小龙河(燕山期岩浆弧)Sn-W-Fe-Pb-Zn-Cu-Ag矿带(IV_3)。

二、地质简况

矿集区位于怒江断裂以西,大地构造位置为冈底斯弧盆系,主要属腾冲岩浆弧带(龙川江燕山期岩浆弧和高黎贡山结晶基底断块)和盈江喜马拉雅期岩浆弧。区域上主要出露古元古界高黎贡山岩群,古生界志留系、泥盆系、石炭系、二叠系,中生界三叠系及新生界构造发育,岩浆活动强烈(图3-2)。

区内花岗岩在时空上受断裂控制,可划分为东、中、西带3条不同时代、平行分布的花岗岩带,即:棋盘石-腾冲断裂以东,为东带晚侏罗世—早白垩世东河花岗岩带(126~116 Ma,杨启军等,2006),以西至古永-中和断裂为中带晚白垩世古永花岗岩带(76~68 Ma),古永-中和断裂至苏典-盈江断裂间为西带古近纪槟榔江花岗岩带(53~52 Ma,侯增谦等,2008;杨启军等,2009)。

棋盘石断裂以东岩浆岩为燕山早期,棋盘石断裂与中河-古永断裂间岩浆岩为燕山晚期—喜马拉雅早期,古永断裂以西岩浆岩为喜马拉雅期。岩石具高$\delta^{18}O$、$^{87}Sr/^{86}Sr$、$\sum Ce/\sum Y$、δEu和低Rb/Ba,以及Sm/Nb系统分异很弱的特征,南延与马来西亚锡矿带花岗岩相对应,为锡矿的成矿母岩,主要属K-F花岗岩类型。总体上,花岗岩由东到西酸碱度增高、时代变新(燕山早期—喜马拉雅期)、含锡丰度增高。

区内喷出岩主要集中在腾冲马站、龙川江流域,火山机构保存完整,火山口、玄武岩柱状节理发育,是举世著名的腾冲火山旅游景观。岩性为气孔状玄武岩、英安岩、橄榄玄武岩等。

区域内构造复杂,构造线走向以南北向为主,次为北东-南西向,主要受近南北向的龙川江断裂、棋盘石-腾冲断裂、槟榔江断裂、古永-中和断裂及北东向的大盈江断裂控制。

三、主要矿产特征

腾冲-盈江铁钨锡矿矿集区矿产十分丰富,现已发现评价了锡、钨、铁、铜、铅、锌、银、金、硅灰石等一大批重要矿产地。其中,以锡、钨、铁矿为主要矿种,尤其是锡矿,具有分布广、产出多、储量大、远景好的特点,是区内具有重要经济意义的矿产。

1. 锡钨矿

区内锡钨矿分布较广泛,以高温矿产为主,形成了较多的Sn、W、Nb、Ta等高温矿产组合,矿床类型主要为气成高温热液型及矽卡岩型,次为中高温矿产组合,在岩体内外接触带上或断层破碎带内,形成了以矽卡岩型、热液型为主要类型的中高温Sn-W(Fe、Cu、Pb、Zn)多金属等矿产。与花岗岩空间分带相对应,钨锡多金属成矿在空间上也可划分为东、中、西3个矿带。目前在该矿集区内已发现锡钨矿床点20余处,已勘查评价10余处,典型矿床有来利山大型锡矿、小龙河大型锡矿、木梁河中型锡矿、大松坡中型锡矿、铁窑山中型钨锡铁多金属矿、大秧田锡钨-稀有金属矿、红沟岩中型锡矿、仙人洞-地瓜山钨锡矿等。

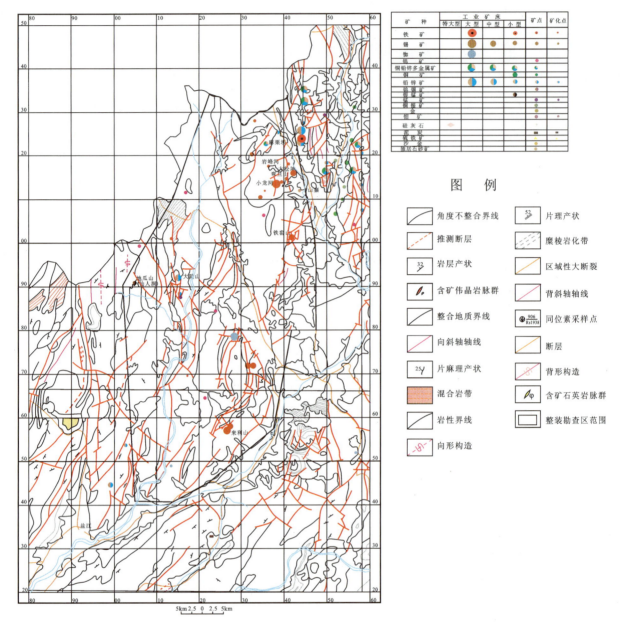

图 3-2 腾冲-盈江铁钨锡矿矿集区地质矿产简图(据云南省地质矿产勘查院,2013)

2. 铁矿

区内铁矿主要分布于中东部,铁矿类型以矽卡岩型为主。在中酸性侵入花岗岩体内外接触带发育矽卡岩化和角岩化围岩蚀变,形成矽卡岩铁多金属矿化,矿石矿物以磁铁矿为主,赤铁矿和假象赤铁矿次之,少量铁闪锌矿、磁黄铁矿、黄铁矿、方铅矿等,并含微量锡石。矿集区内此类铁矿常与铜铅锌组成 Fe、Cu、Pb、Zn、Sn 等中高温矿产组合。目前在该矿集区内已发现 10 余处铁矿床点,典型矿床有滇滩大型富铁矿、大硐厂铁铅锌矿、干柴岭铁多金属矿、叫鸡冠铁多金属矿等。

四、典型矿床

(一)来利山锡矿床

来利山锡矿地处云南省梁河、盈江、腾冲三县交界之分水岭地带,位于梁河县城北西 345°方向,平距 13km,有简易公路相通。来利山锡矿主要产于来利山复式花岗岩中部东侧外接触带,由淘金处、三个洞、老熊窝、丝光坪等矿段组成。

1. 地质背景

来利山锡矿处于大盈江弧形构造带向东凸拱部位的内侧,新歧-罗梗地复向斜的西翼。出露地层除第四系零星分布于缓坡沟谷外,均为石炭系勐洪群第二段、第三段(图 3-3)。勐洪群第二段为锡矿的主要围岩,下部以长石石英砂岩、含砾杂砂岩、含砾泥质石英砂岩为主,夹少量粉砂岩;上部以泥质粉砂岩、石英粉砂岩为主,局部含砾,夹砂岩及少量板岩。第三段上部为灰岩、硅质灰岩、白云质灰岩、白云岩等;中—下部以板岩、粉砂质板岩为主,夹粉砂岩、石英砂岩等,其中砂岩为丝光坪矿段矿体的围岩。

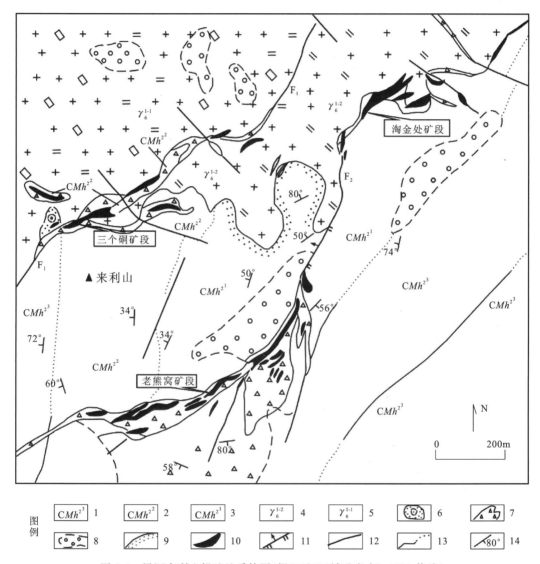

图 3-3 梁河来利山锡矿地质简图(据《三江区域矿产志》,1984 修编)

1.角岩化疙瘩状黑云石英砂岩;2.角岩化含砾石英砂岩、黑云石英砂岩夹石英砂岩;3.泥质含砾粉砂岩、硅化砂岩夹条带状粉砂岩、板岩;4.中粗粒黑云花岗岩;5.似斑状黑云花岗岩;6.浅色蚀变带;7.角砾岩带;8.砂锡矿;9.角岩化;10.锡矿体;11.逆断层;12.断层;13.地层界线;14.地层产状

矿区主体为一背斜构造,即来利山背斜,由北而南轴向由北东向转为北北东向,向南南西倾伏。北西侧为岩体侵入及断裂所破坏。矿区断裂发育,大致可分为北东向、南北向、北西向 3 组,南北向断裂为区域主干断裂;北东向断裂具多期活动特点,为区内主要容矿构造,控制矿化带展布,矿体分布于其中;北西向断裂规模较小,多为成矿后断裂,破坏矿体。

来利山岩体主要由斑状黑云母花岗岩、中粗粒黑云母花岗岩构成,亦发育有细粒(浅色)二云母花岗岩、白云母花岗岩、花岗伟晶岩、长英质细晶岩等。其中,黑云母花岗岩与锡矿化密切相关,为成矿母岩,具高硅、富碱特点,含锡丰度较高,镁钛比和锆锡比等均具成锡花岗岩特征。其呈岩株状出露于F1、F2两组北东向断裂带之间(图3-3),与勐洪群二段呈侵入接触,岩体边缘及外接触带不同程度硅化、云英岩化、黄铁矿化。正接触带常伴有断裂破碎,形成沿接触带分布的角砾岩带。本区锡矿体均产于正接触带及岩株南侧围岩断裂破碎带中。

2. 矿床地质

区内锡矿体受中粗粒黑云母花岗岩岩浆接触构造带和断裂破碎带控制,成群产出,根据矿体产出部位和空间分布集中程度,可划分出老熊窝、淘金处、三个硐3个矿段(图3-3)。老熊窝矿段矿体产于远离接触带(400~1200m)的围岩构造破碎带中,其余两矿段矿体产于正接触带及其两侧的断裂破碎带内,近矿围岩均为勐洪群二段,部分为黑云母花岗岩。矿体形态不规则,呈透镜状、囊状、(分支)脉状等产出,厚度、品位变化较大。

矿石类型以锡石-黄铁矿型为主,次为锡石-萤石-石英型,局部出现锡石-白云母-石英型。矿石矿物成分相对简单,金属矿物主要有锡石、黄铁矿和磁黄铁矿,含少量黄铜矿、磁铁矿、方铅矿、闪锌矿、自然铋、辉铋矿等;非金属矿物以石英和云母为主,萤石、黄玉次之。

矿化及围岩蚀变种类较多,远离矿体的蚀变多为成矿前蚀变:阳起石化、钾长石化等;近矿围岩蚀变多为成矿期蚀变:黄铁矿化、硅化、云英岩化、萤石化、绿泥石化、绿帘石化等。主要成矿蚀变为黄铁矿化及云英岩化,次为硅化。

矿床工业类型属石英脉及云英岩型锡矿。

(二) 滇滩铁矿床

滇滩铁矿地处云南省腾冲县城357°方向直距56.5km处。县城至滇滩的公路里程65km,滇滩向东、向东北分别有至矿区的大坪地和土瓜山通简易公路,均为4km。其北西方向10km即为国境线。

铁铅锌矿体产于燕山晚期黑云母花岗岩与碳酸盐岩、碎屑岩的接触带上。构造线和接触界线均为南北走向。主要由大平地、土瓜山、铜厂山等几个矿段组成。矿区北起土瓜山,南至铜厂山,南北长约6km,东西平均宽1km。

1. 地质背景

矿区地处冈底斯弧盆系—腾冲岩浆弧带-龙川江燕山期岩浆弧北端,棋盘石-腾冲断裂东侧。

矿区赋矿地层为上石炭统空树河组和二叠系大硐厂组(图3-4)。空树河组为一套浅变质碎屑岩建造,下部(第二段)岩性为灰绿色石英砂岩、含砾砂岩;上部(第三段)为黄绿色含碳质绢云母板岩夹细粒石英砂岩及粉砂质板岩,局部含钙质较高,为次要赋矿层位。大硐厂组为碳酸盐岩建造,下段岩性为含燧石条带灰岩、白云质灰岩、含碳质灰岩等;上段岩性为白云质大理岩夹白云质灰岩、白云岩及角砾岩。

矿区受腾冲棋盘石近南北向断裂控制,岩层的走向、主要断层的展布方向以及岩体(脉)展布方向均以南北向主。区内主要褶皱为核桃园-铜厂山向斜,该向斜轴向长8km,核部由石炭纪—二叠纪碳酸盐岩组成。矿区断裂有南北向组、北东向组、北西向组及近东西向组,矿区主要工业矿体主要受南北向断层控制。

区内岩浆岩发育,以酸性侵入岩为主。主要成岩时代为早白垩世,岩性为中细粒黑云母二长花岗岩、细粒斑状二长花岗岩、石英斑岩、角闪石英二长闪长岩等。铁矿化与黑云母二长花岗岩紧密相关,铁矿体主要产于岩体外接触带的矽卡岩及破碎带中。

2. 矿床地质

滇滩铁矿体产于中细粒黑云母二长花岗岩(同位素年龄84.3~78.7Ma)与二叠系大东厂组碳酸盐岩接触带中,部分矿体产于岩体与石炭纪碎屑岩接触带(大平地矿段)或岩体外接触带的角岩化带中(土瓜山矿段)。目前矿区内已发现大、小矿体20余个。根据矿体产出于接触带及其外带围岩的有利部位,

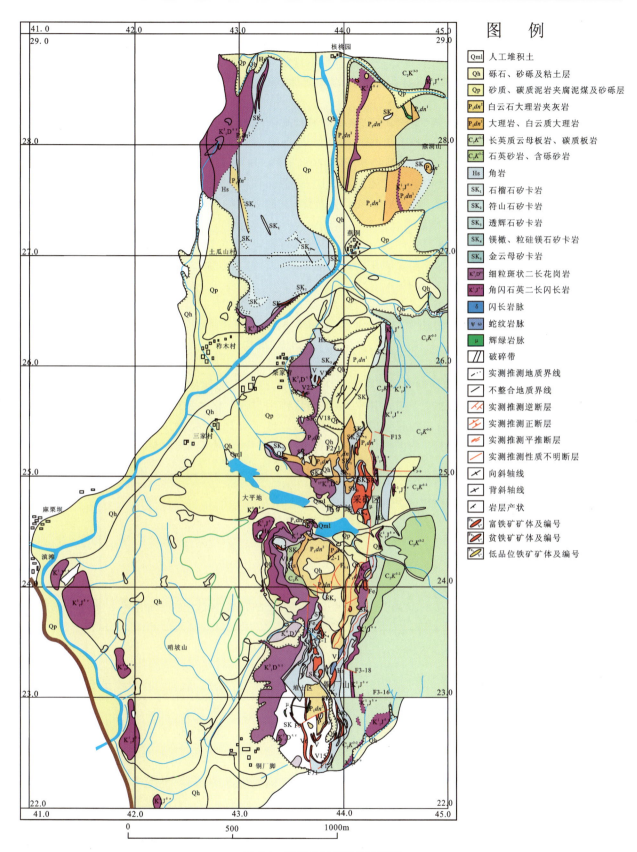

图 3-4 滇滩铁矿区地质矿产图

大体可归纳为 4 类：①接触带外带受 F1 断层控制的矿体，为矿区内主要铁矿体，矿体发育在断裂下盘的矽卡岩中，断层上盘是斑点板岩、角岩、轻微变质的砂岩，矿体产状与围岩或断层面的产状基本一致，呈透镜状、似层状，如大松山、柴家小坡、扛橡树21号矿体等；②紧靠接触面的外带围岩中的矿体，接触面、围岩和矿体产状一致，呈似层状、层状，如土瓜山、燕洞矿体；③正接触带内（包括岩体中的捕虏体）的矿体，围岩为矽卡岩或白云大理岩，矿体产出形态受不规则界面的控制，呈脉状、透镜状、囊状等，如马头窝、老矿山矿体；④白云质大理岩和矽卡岩中的裂隙矿体，呈脉状、豆荚状等，规模较小，如11号、19号矿体等。

铁矿石工业类型有原生矿石、混合矿石、氧化矿石。矿石自然类型主要有块状磁铁矿石、浸染状磁铁矿石、褐（赤）铁矿化磁铁矿石、多孔状（赤）褐铁矿石4种。矿区铁矿石按品级划分为富矿（TFe≥50%）、贫矿（TFe30%～49.99%）和低品位矿（TFe20%～29.99%）3个品级。富矿多在氧化或混合矿石及致密状矿石中；贫矿为稠密浸染状或团斑状铁矿石；低品位矿为稀疏浸染状矿石。

矿石具自形—半自形—他形粒状结构、交代残余结构、胶状结构等。矿石构造主要有块状构造、浸染状构造、条带状构造、角砾状构造等。

金属矿物主要有磁铁矿、铁闪锌矿、异极矿、赤铁矿、黄铜矿、磁黄铁矿、方铅矿等；氧化物有褐铁矿、针铁矿、孔雀石、铜蓝、水锌矿等。非金属矿物以粒硅镁石、透辉石、石榴石、镁橄榄石、金云母、蛇纹石等硅酸盐矿物为主，少量方解石、白云石。

矿石主要矿物成分为磁铁矿，占92%以上，赤、褐铁矿及菱铁矿各占2%左右，其他共占3%以下。混合矿或氧化矿石中，磁铁矿的比例减少，而赤、褐铁矿的比率则相应增高。矿石中最高铁品位可达67%，富矿铁品位51%～58%，平均55%；贫矿最低33%，平均35%；低品位矿一般22%～26%，平均24%。

本区在大规模花岗岩岩浆活动及岩浆期后气液活动下，围岩有选择性地不同程度地遭受了接触热力变质、接触交代变质和热液蚀变作用。其中，接触交代作用与铁矿化关系最为密切。矿区内铁成矿作用经历了矽卡岩阶段、硫化物阶段和表生成矿作用阶段，以矽卡岩化-硫化物阶段原生铁成矿作用为主（图3-5）。矿床类型属于典型的与中酸性侵入体有关的接触交代-热液矿床（矽卡岩型磁铁矿床）。

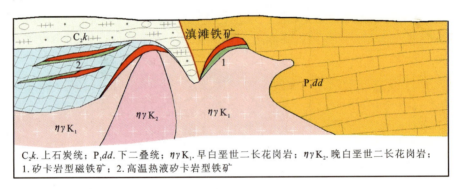

C_2k.上石炭统；P_1dd.下二叠统；$\eta\gamma K_1$.早白垩世二长花岗岩；$\eta\gamma K_2$.晚白垩世二长花岗岩；
1.矽卡岩型磁铁矿；2.高温热液矽卡岩型铁矿

图3-5 云南腾冲滇滩铁矿成矿模式图

五、成矿作用分析

（一）控矿因素分析

根据区域地质及矿床、矿（化）点产出特征，矿集区内矿体受构造、岩浆岩、地层等因素控制明显。

1. 构造对成矿的控制

断裂构造控制了不同时期的岩浆活动，也控制了成矿带的分布，如棋盘石-腾冲断裂和龙川江断裂控制了东带以矽卡岩型、热液型为主要类型的中高温Sn、W、Cu、Pb、Zn、Ag多金属及富铁、硅灰石等矿产；棋盘石-腾冲断裂和古永-中和断裂控制了中带以锡、钨矿产为主的高温矿产组合；古永-中和断裂和苏典-盈江断裂控制了西带热液型高温的锡、钨、稀有金属，及中低温铅锌、银、金矿产。一部分规模较大的断裂是矿床形成时矿液运移的通道，而伴生断裂或次级断裂构造则是矿体形成赋存的场所。如棋盘石断裂为滇滩铁矿床和无极寺铅锌矿的导矿构造,矿体则分布于该断裂旁侧次一级断裂破碎带中。

2. 岩浆活动对成矿的控制

区内岩浆岩的成矿专属性明显,各个时期岩浆的侵入为矿床的形成提供了丰富的热液和充足的物质来源。如东带岩浆岩为早白垩世东河岩群的花岗岩,其中的大哨塘单元二长花岗岩与铁矿关系密切,铜厂山岩序对Fe、Cu、Pb、Zn成矿有利,为成矿提供了丰富的物质来源;中带古永岩群属晚白垩世,其中的小龙河、小团山岩序黑云母花岗岩、碱长花岗岩对形成钨锡矿床有利;西带槟榔江岩群属古近纪,锡成矿于来利山岩体,稀有金属、稀土元素成矿于百花脑岩体。

3. 围岩性质对成矿的控制

矿集区矿产在不同时代地层中呈一定规律性分布。有利成矿的地层层位是:二叠系大东厂组(有可能是Fe、Sn、Pb、Zn、Ag、Mn的矿源层)、上石炭统空树河组三段(有可能是Sn、Pb、Zn的矿源层)、勐洪群(Sn矿源层)、泥盆系关上组二、三段(有可能是Fe、Pb、Zn、Ag的矿源层);围岩与矿化有关的蚀变有矽卡岩化、大理岩化、硅化、方解石化、磁铁矿化-磁黄铁矿化、褐铁矿化等,其中矽卡岩化、硅化、磁铁矿化-磁黄铁矿化、褐铁矿化等与矿化关系密切。

(二)成矿作用分析

腾冲地块在地史上经历过多期构造运动。晋宁运动—早加里东运动造成区内缺失$\in-S_1$的沉积,沉积盆地处于长期的隆升状态;而海西运动—印支运动使得该地区地壳表现为升降运动,缺失了中泥盆统—下石炭统、上二叠统,沉积了中石炭统和下二叠统,构成了腾冲北部晚古生代主要的地层,其中大东组(P_1dd)为测区Cu、Pb、Zn、Ag等重要的含矿层位,空树河组一、二段(C_2K^{1-2})、勐洪群二段(DCM^2)为W、Sn等重要含矿层位;燕山运动的影响在本区极为重要,它不仅表现为弧后隆升期,缺失侏罗纪—白垩纪的沉积,更重要的是它伴随大量的中酸性、酸性花岗岩侵入,为成矿提供了足够的热源和矿液,为矿集区热液成矿的主要时期;喜马拉雅运动使本区地壳强烈抬升并褶皱成山,相继发育褶皱、断裂,形成断陷裂谷并向断陷火山堰塞湖盆演化发展,再到湖盆消亡而进入山间河流作用阶段,这一阶段,除大面积花岗侵入外,还伴随有第四纪火山喷发活动,该时期既为本区岩浆热液成矿相继时期(多期次),也为构造-岩浆成矿的重要时期。总之,经长期的地质构造演化发展,最终形成了现在区内既复杂多变的褶皱断裂构造又具明显分带特征的花岗岩格局,这些构造亦为矿集区最主要的容矿和导矿构造,与花岗岩一起构成了区内成矿富集最有利的地带。

矿集区内燕山期—喜马拉雅期花岗岩的空间分布基本平行于主构造带,而且受区内发育的数条基底断裂控制,总体上具自东往西沿各构造带南北向分布,年龄值呈逐渐变新的特点,即燕山早期东河花岗岩、燕山晚期古永花岗岩、喜马拉雅期槟榔江花岗岩。与成矿关系密切的侵入体,多呈似斑状或斑状结构,具被动侵位、快速冷却、结晶分异度差等特点。同时,由于温压条件的变化,成矿元素也渐趋富集。矿集区内特殊的花岗岩分带、被动侵位及岩浆演化特征,形成较多含矿花岗岩体,其与围岩接触处多发生角岩化、大理岩化、矽卡岩化,从而形成一系列铁、钨、锡多金属矿床。

六、资源潜力及勘查方向分析

主要矿种:锡、铅、锌、铁,兼顾稀土。

目前区内化探、重砂测量发现的大量异常,仅有少部分经检查后开展评价工作;大部分经检查发现了锡矿(化),均未做深入工作,这些异常及矿化点内有较好的找矿潜力。如地瓜山钨锡钼异常(仙人洞钨锡矿)、茜草坝锡矿点、六红厂锡铅锌多金属异常等。"从已知到未知"是勘查工作的一个重要方向,注重加强对已知矿山外围及已废弃的矿山的综合地质找矿工作,也是扩大矿集区资源潜力的一个重要方向,如小龙河矿区、来利山矿区目前仅进行了浅部开采,而矿体仍向下延伸,且部分矿体尚未封边,其外围地区未深入开展工作。

第二节　云南省保山-龙陵地区铅锌矿矿集区

一、概述

云南保山-龙陵铅锌矿矿集区位于云南省保山市隆阳区、施甸县、昌宁县和龙陵县。地理坐标范围为E99°02′31″—99°23′49″, N24°17′58″—25°12′56″(图3-6)。面积2367km²。

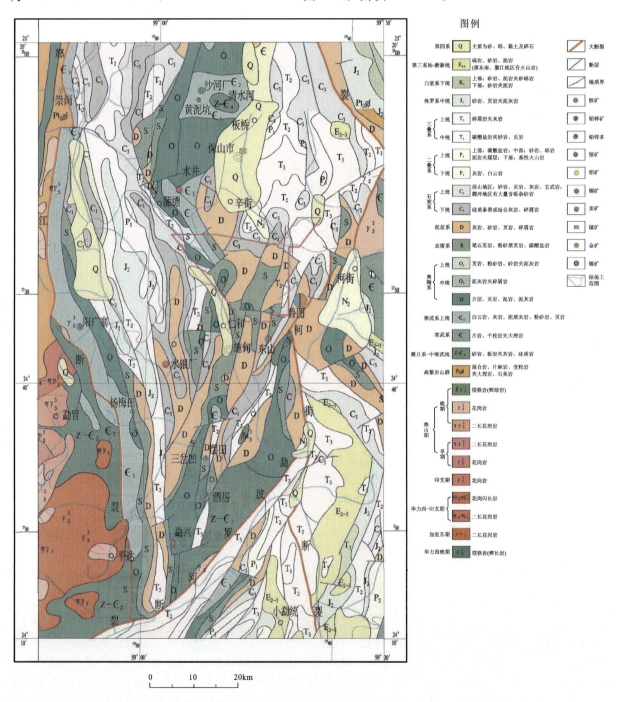

图3-6　龙陵-隆阳地区铅锌多金属矿勘查区区域地质矿产图(据云南省地质矿产勘查院,2013)

保山-龙陵矿集区叠置于保山地块,是三江南段重要铅锌多金属成矿区之一,地质构造复杂,铅锌成矿条件优越。在矿集区内已经发现西邑、东山、摆田和勐兴大—中型铅锌矿床,在矿集区的北侧和南侧分别有核桃坪与芦子园铅锌矿床。

二、地质简况

矿集区位于保山地块西侧,保山地块西界为近南北向怒江断裂,北东界为北西向的瓦窑河-云县断裂,中东界为近南北的柯街-大山断裂,南东界为北东向的南汀河断裂,这3条断裂共同组成保山地块的东界。矿集区的构造线大多数与边界断裂一致,呈近南北向、北东向和北西向。沿地块中部横穿全区的北东向勐波罗河断裂将地块分割为南、北两个菱形块体,菱形块体边部或核部构造发育耦合部位是铅锌矿重要的成矿部位。区内褶皱构造较为发育,总体为保山-施甸复背斜,且全区次级褶皱较为发育,多为一系列紧密线状褶皱,与铅锌多金属矿成矿作用关系密切。

矿集区地层出露齐全,震旦系—新近系均有出露。震旦系—中寒武统公养河群为类复理石砂岩、杂砂岩夹板岩、页岩,属较活动的过渡型沉积。奥陶系至泥盆系西部有粗碎屑岩和镁质碳酸盐岩发育。泥盆系向东水体逐渐变深,表明西部接近物源区,东部邻近较深水盆地。石炭系上部出现含冰川漂砾的碎屑岩和冷水动物群 Eurydesma 等,并有玄武岩、安山玄武岩的喷溢。古生代的多层碳酸盐岩是重要的有色金属容矿建造,中生界超覆不整合在下伏不同时代的地层之上,为一套碎屑岩夹中基性、中酸性火山岩,顶部出现红色磨拉石堆积,磨拉石主要分布在东、西两侧。新近系上新统为砂砾岩、含煤碎屑岩,分布局限。晚古生代的生物群发育,且具有亲冈瓦纳特征。

矿集区岩浆活动主要以早古生代、中生代晚期和新生代为主。早古生代主要出露在保山地块南部的花岗岩中,年龄范围大致在 500~470Ma 之间,形成于统一的冈瓦纳大陆时期(Chen et al,2007;Liu et al,2009;董美玲等,2012;Dong et al,2013);中生代晚期呈小岩株零星产出,其同位素年龄约 100~70Ma(Chen et al,2007;廖世勇等,2013)。保山卧牛寺等地分布有石炭纪—二叠纪的火山基性岩。区内脉岩类分布广泛,暗色脉岩以基性岩脉为主,少量为煌斑岩,浅色脉岩类有花岗斑岩脉、石英斑岩脉等,脉岩大小不一,脉岩延伸方向往往受局部断裂构造的控制。脉岩多与铅锌等矿产空间关系密切。

三、主要矿产特征

矿产一般产于以下部位:①在褶皱与断裂交会部位;②碳酸盐建造,尤其是含层纹灰岩、生物碎屑灰岩的寒武纪、奥陶纪—志留纪、石炭纪、二叠纪等地层,在它们的层间破碎带、蚀变破碎带中一般都有铅锌矿化;③碳酸盐岩与碎屑岩不同岩性转换界面;④铁帽;⑤重晶石脉;⑥重力低异常区和铅锌银镉等元素组合异常;⑦重力负异常区。

四、典型矿床

1. 西邑铅锌矿床

西邑铅锌矿床位于保山市南约35km,大地构造位置位于保山地块中北部,位于保山-龙陵铅锌矿集区最北端。矿区内出露地层主要为志留系、泥盆系、石炭系和三叠系的一套灰岩、砂岩和页岩,其中赋矿地层为下石炭统香山组的泥质灰岩、碳质灰岩。构造与区域构造线一致,表现为北北东向展布的线性构造。矿区内南部出露的岩浆岩为石炭纪的玄武岩,西北部见辉长辉绿岩脉,西侧出露有印支期的癫痢头山岩体,侵位时代约230Ma(聂飞等,2012),以及燕山期的柯街岩体和新街岩体。矿区划分3个矿段,分别为董家寨、赵家寨及鲁图矿段。其中董家寨矿段规模最大,其矿体(矿化带)主要分布于下石炭统香山组泥质灰岩、碳质灰岩中(图3-7),严格受断层破碎带控制,呈似层状、脉状、网脉状及透镜状产出,基本与地层产状一致。

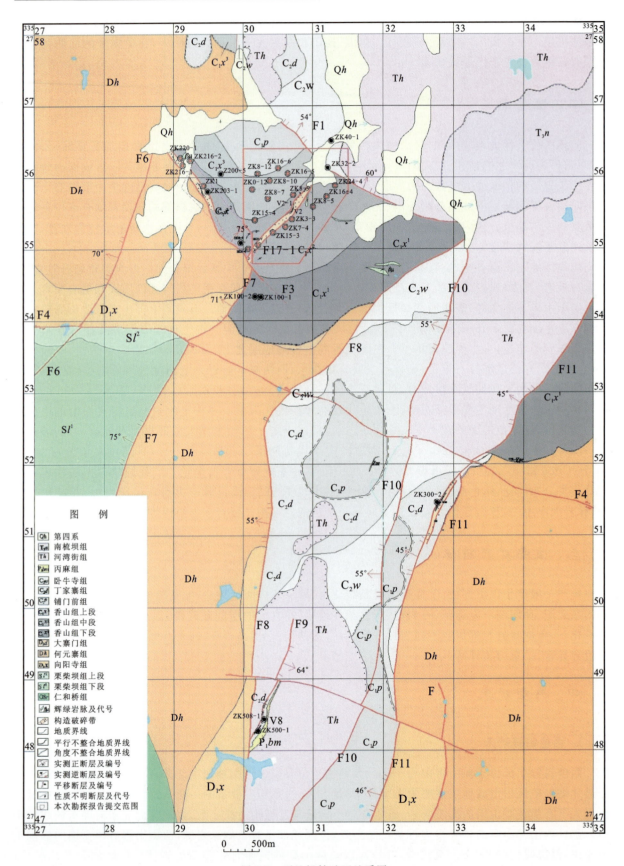

图 3-7 西邑铅锌矿区地质图

2. 东山铅锌矿床

东山铅锌矿区位于保山市施甸县城东 8km,平均海拔约 2500m,矿床处于保山地块中部。东山铅锌矿区出露地层主要是泥盆系何元寨组白云质灰岩、泥质灰岩;下泥盆统向阳寺组含砂质白云岩、含砾白云岩、白云质灰岩和泥质粉晶灰岩;二叠系沙子坡组白云岩、泥盆中—块状层细-粉晶白云岩、粉晶-中晶白云岩及含生物碎屑白云岩,本组为矿区主要含矿层位;下二叠统丙麻组砂质、粉砂质泥岩、砂岩和页岩;三叠系南梳坝组页岩夹含砂质页岩、粉砂质页岩,河湾街组白云岩(图 3-8)。矿区内构造线方向呈南北向展布,总体为一复式的向斜构造,轴向近北北东向。区内的断层可分为 3 组,分别为南北—北北东向组、北西向组、东西向组。南北—北北东向组为本区的控岩、控矿构造。东山矿区外围东部发育有中酸性岩,西部发育有基性岩(辉长岩),矿区钻孔见花岗岩。

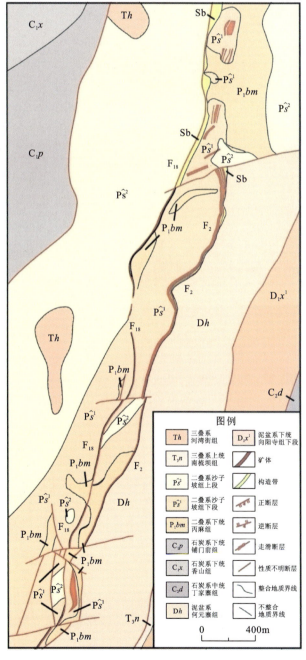

图 3-8 东山铅锌矿床北段地质图

东山铅锌矿根据勘查情况可分为 6 个矿段:大丫口矿段、黄草坝矿段、老厂矿段、熊硐矿段、青石崖矿段、新地基矿段。工作重点主要在黄草坝矿段 V6 矿体。V6 矿体赋于断裂带中，呈脉状产出，近南北向展布（图 3-9）。

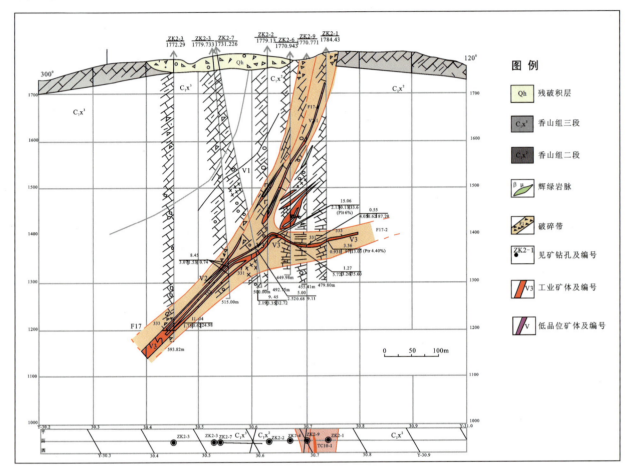

图 3-9 西邑矿区 2 线剖面图

矿体经系统地表槽探工程得知控制矿体走向长大于 1300m，钻孔及两个老硐控制倾向 70~200m，矿体近地表倾向西，倾角 46°~82°。主要矿石矿物为方铅矿、闪锌矿、黄铁矿等；脉石矿物主要有方解石、重晶石等。矿石主要以脉状、网脉状、稀疏浸染状、团包状、星点状等分布。围岩蚀变主要为重晶石化、方解石化、黄体矿化和硅化等。截至 2012 年东山铅锌矿床累计探获 333＋334 类铅锌金属量 $35.87×10^4$t，矿床规模达中型，具大型远景。

3. 勐兴铅锌矿床

勐兴铅锌矿床位于龙陵县城南东，直距 50km，大地构造位置位于保山地块中南部，保山-龙陵铅锌矿集区南端。矿区出露地层从老到新依次为寒武纪变质砂岩、千枚岩，奥陶纪长石石英砂岩，早志留世千枚岩与细砂岩，中志留世的石英砂岩与灰岩，晚志留世千枚岩，泥盆纪灰岩，三叠纪灰岩，侏罗纪灰岩和第四纪砂土。其中矿（化）体均产于中志留世上仁和桥组下段层纹灰岩中的生物碎屑灰岩及层纹状灰岩、含碳千枚岩、石英千枚岩内，在岩相变化及与碎屑岩、石英千枚岩、含碳千枚岩层的接触面附近矿体较富厚。

矿区地质构造比较复杂，褶皱断裂发育，总体构造呈南北向延伸。南北向怒江深大断裂于矿化区北部通过，后期又叠加上北东方向和东西方向断层，地应力的作用使一系列复式向斜褶皱亦受上述两个方向的大断裂（层）的影响和制约。层间断层与破劈理发育，具扭性特征，其层间破碎带也为矿液通道及贮矿场所。当地层产状陡直甚至倒转时，即发现层理呈锐角相交，密集产出的破劈理带常为矿液充填交代场所，其边部呈波状面交代，则整个矿体呈穿层（交角甚小）的细脉产出，即矿区北部出现的层脉型矿群（图 3-10）。

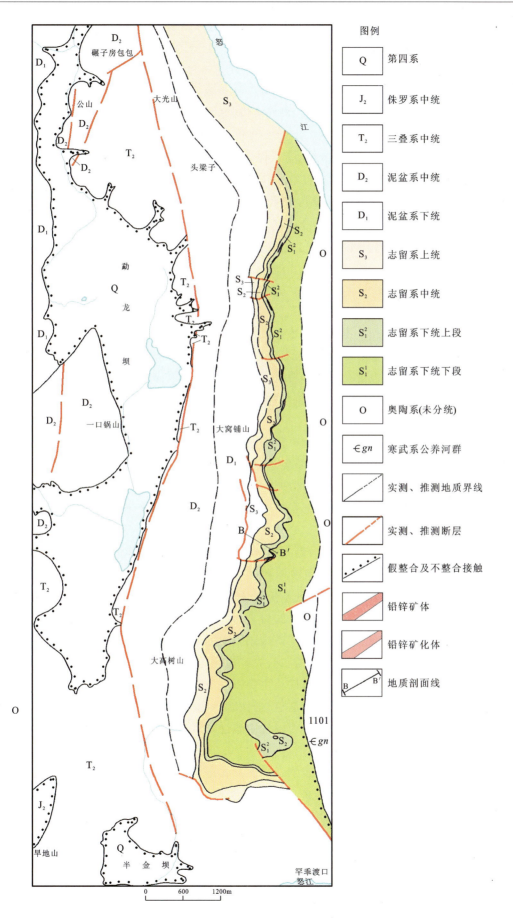

图 3-10 龙陵勐兴铅锌矿地质简图

距矿区西侧8km,出露平河岩体,面积约800km²。南部勐连坝边缘(距离约5km)见一花岗岩株,面积约0.2km²。另外区内偶见辉绿岩脉以及沉火山熔岩。矿床呈近南北向展布,南北长10km,东西宽3km,面积约30km²,矿体呈似层状、透镜状、豆荚状顺层产出,产出状态与围岩一致,具尖灭再现、分支复合现象,平面上表现为侧列的雁行式,剖面上呈反叠瓦状产出。矿体45个,平均厚2.28m,矿床铅平均品位5.98%,锌8.73%,铅+锌14.71%,伴生银49.51t,镉2828.86t。截至2012年探明铅锌资源储量达$70×10^4$t以上。

矿石矿物主要为方铅矿、闪锌矿和黄铁矿,次为黄铜矿、脆硫锑铅矿、硫镉矿和毒砂。脉石矿物主要有方解石、白云石、绢云母、石英和重晶石。矿石结构主要有细粒、球粒、同心环带结构、放射状结构、交代残余结构、港湾结构、定向乳滴结构、假象结构和再生长结构等。矿石构造以层纹状、散点状、浸染状、细脉条带状为主及改造期形成的云雾状、斑杂状、致密块状、成层大脉状、角砾状构造。围岩蚀变弱,以重晶石化和方解石化为主,地表可见高岭土化、褐铁矿化等。

五、成矿作用分析

通过对比矿集区3个典型矿床赋矿地层得出各矿床的赋矿地层层位与含矿岩系不同。西邑赋矿地层为下石炭统香山组泥质灰岩和碳质灰岩;东山铅锌矿床矿体产于上二叠统丙麻组含生物碎屑灰岩中;勐兴铅锌矿床赋矿地层为中志留统上仁和桥组生物瞧灰岩。而矿集区外北部与南部的核桃坪与芦子园铅锌矿床的赋矿地层分别为上寒武统核桃坪组大理岩化灰岩和寒武系沙河厂组大理岩和大理岩化灰岩。

通过上文的描述可知矿集区3个典型矿床构造控矿十分明显,尤其是断裂与褶皱组合,即在断裂与褶皱的交会部位,例如西邑矿床位于柯街断裂与保山复背斜的交汇处,勐兴与东山铅锌矿床位于勐波罗河断裂与单斜构造的交会处,北侧的核桃坪产于澜沧江与保山复背斜的交会处,而南侧的芦子园矿床则产出于南汀河断裂与镇康复背斜的交汇部位。西邑铅锌矿床矿体的产出严格受北北东向断裂破碎带控制,呈似层状、脉状、网脉状和透镜状产出,产状基本与地层(围岩)一致,但可见到穿层矿体;东山铅锌矿床的矿体产在北北东向的构造破碎带中;勐兴铅锌矿床的矿体产在层间破碎带,与近南北向断裂关系密切。3个典型矿床中控矿构造可能是燕山晚期和喜马拉雅期构造运动形成的,这一时期的构造运动加剧地壳裂隙作用和伸展作用,使区内断裂处于拉张环境中,并且褶皱作用较强,形成保山和镇康复背斜(季建清等,2000;姜朝松等;2000;杨小峰等,2011)。

西邑、东山与勐兴矿区相比较,虽它们的矿床成因类型总体可以都归属为沉积-改造型铅锌矿,但无论是在含矿建造、成矿时代方面,还是成矿控制、成矿演化等方面,它们均有显著的差异性,应视为两种不同类型的铅锌矿床。勐兴矿区铅锌矿体矿化主要以"层控"和"岩控"为主,虽后期富化改造特征显著,但沉积主成矿时代较早;而西邑、东山虽与层位、岩性有一定关系,但更多的是以"构控"为主导,且物探区域重力低异常推测它们的矿区外围附近有隐伏中酸性岩体存在,与铅锌成矿可能有成因关系,成矿时代则明显较新。

保山-龙陵矿集区内岩浆活动较弱,岩浆岩总体不发育,除了地层中的火山岩(如西邑矿区外围晚古生代玄武岩)外,侵入岩仅见零星出露分布,主要岩石类型为少量的辉长岩和辉绿岩脉(在3个典型矿区内均有辉绿岩出露)及钾长花岗岩小岩体、小岩脉。辉绿岩脉在矿集区的3个典型矿床和矿集区南北两侧的核桃坪、芦子园均有出露,且Pb和Zn含量相对较高,在矿体与这些辉绿岩脉接触部位出现矿体增大现象(朱余银等,2006)。矿区辉绿岩广泛产出,可能反映矿集区及保山地块内部存在地壳/岩石圈幕式拉张(范蔚茗等,2003;毛景文,2005)。但矿集区周围岩浆活动极为频繁,西距勐兴矿区仅有8km的平河二长花岗岩、花岗岩复式岩体,其周边少有一系列同期侵入的小花岗岩株出露,岩体形成均在早古生代(500~460Ma)(Chen et al,2007;Liu et al,2009;董美玲等,2012;Dong et al,2013),并且有学者认为在同时期的成矿作用形成了勐兴铅锌矿床(刘增乾等,1993;Liu et al,2009),综合考虑平河花岗岩岩体及其与围岩接触带附近形成的中小型铅锌、钨、锡、铍矿,外围有锑、贡、砷等矿,且具有一定的分带性,推断勐兴铅锌矿床与平河复式岩体这一期岩浆活动有关。在西邑与东山铅锌矿床近距离没有较大岩体出露,但是在西邑与保山铅锌矿床之间保场一带重力负异常,推断深部可能有隐伏中酸性岩体存在,同时保场一带发育铜铅锌多金属矿化及热液蚀变特征,结合保山地块北侧、南侧的核桃坪和芦子园的铅锌矿区内均有隐伏中酸性岩体对成矿起到了关键作用,推断隐伏岩体在西邑、东山岩体成矿发挥了重要作用。

西邑、东山铅锌矿床的主要矿物组合为:闪锌矿＋方铅矿＋黄铁矿±黄铜矿±毒砂,为典型的中高温矿物组合;西邑铅锌矿床中闪锌矿和方铅矿包裹体数量多,且起爆温度在250℃以上,说明成矿热液活动强烈且成矿温度较高。西邑铅锌矿床中的闪锌矿以富Fe、Co贫In为特征结合方铅矿(Sb、Bi)、黄铁矿和毒砂(Co、Ni)中的微量元素,表明西邑铅锌矿床与岩浆热液型矿床类似。同时考虑到西邑铅锌矿床硫同位素(0值附近)和铅同位素属于岩浆作用的壳幔混合型,说明西邑铅锌矿床的形成可能与岩浆活动有关,进一步证明了与保场一带的隐伏岩体可能有关。

本矿集区的典型矿床目前没有精确成矿年龄报道,但是在同一地块内的核桃坪与芦子园已经有精确的成矿年龄,分别为(116.1±3.9)Ma(陶琰等,2010)和(141.9±2.6)Ma(朱飞霖等,2011),证实保山地块内燕山晚期发生成矿作用,核桃坪与芦子园地表均有矽卡岩出露,且在钻孔和深部坑道中矽卡岩化作用增强,加之其地区有重力负异常,推断两个矿区隐伏岩体为燕山期岩浆活动产物。同在保山地块中保场隐伏岩体也很有可能是在燕山期同一岩浆活动时形成的,结合上文所述的西邑、东山铅锌矿床控矿构造与核桃坪、芦子园铅锌矿床的控矿构造均是在燕山期晚期—喜马拉雅期形成,所以西邑、东山铅锌矿床很可能与核桃坪、芦子园铅锌矿床同时形成。

综上所述,除了勐兴铅锌矿床成矿时代为早古生代,西邑、东山、芦子园和核桃坪铅锌矿床均为燕山期中特提斯洋向西俯冲和关闭的产物。西邑、东山、芦子园和核桃坪铅锌矿床产于碳酸盐岩建造中,碳酸盐岩建造具备显著的初始矿源层特征;随着保山地块两侧的印支期弧-陆碰撞至燕山期—喜马拉雅期的陆内汇聚作用,使保山地块地层发生褶皱和构造断裂作用,为含矿热液运移及富集空间提供条件。在燕山期,中特提斯洋关闭,虽然是汇聚作用,但是阶段性出现剪切拉张作用(西邑、东山、芦子园和核桃坪均有与矿体空间关系密切的辉绿岩脉出露为直接地质证据),同期的岩体(隐伏中酸性岩体)不仅提供驱动含矿热液热源,而且提供部分成矿物源。总之碳酸盐岩、构造(断裂和褶皱)、中酸性隐伏岩体、辉绿岩和岩浆热液矿床构成了矿集区以及保山地块内部燕山期成矿作用中密切相关的地质体组合(图3-11)。

六、资源潜力及勘查方向分析

保山-龙陵铅锌矿集区矿产资源较为丰富,整体而言是云南省重要铅锌矿化区,大中型铅锌矿床密集,且与芦子园大型铅锌矿床、核桃坪中型铅锌矿床及缅甸包德温世界级大型铅锌矿床同处在一个铅锌成矿带上,铅锌成矿条件优越,具有良好的找矿前景。目前,矿集区中西邑大型铅锌矿床资源量达$105×10^4$t,并且具有超大型远景;东山铅锌矿床首次发现了陡倾斜铅锌矿体,为深部找矿提供了新思路,资源量达到54.44t,具有大型远景;勐兴铅锌矿床在2008年获得矿石量$88×10^4$t,并且远景较好。在矿集区根据化探异常点又相继发现摆田小型铅锌矿床,打黑渡、老缅营盘、大花石和龙竹坡等铅锌矿化点及栗树坪-大田坝铅锌矿异常区。这些铅锌矿床(矿化点)总体有着相同的成矿地质构造环境,除个别矿床有不同认识外,其矿床地质特征和成矿作用有着良好的可对比性,基本可以确定它们的形成有着统一的时、空、物和演化的历史,并且在矿集区内尚有良好的找矿前景。

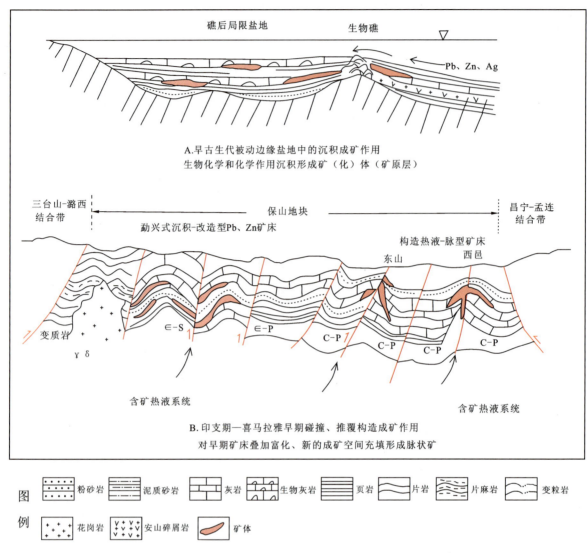

图 3-11　保山-龙陵铅锌矿矿集区区域成矿模式图

第三节　云南省镇康卢子园-云县高井槽铅锌矿矿集区

一、概述

芦子园矿集区隶属于云南省临沧市,位于镇康县、永德县、耿马县等交界处。滇西南公路网覆盖,东接 214 国道,北通 320 国道,交通方便。矿集区地处澜沧江板块结合带和怒江断裂带之间的保山陆块,二级构造单元为保山-镇康地块,是三江构造带的重要组成部分。

范围拐点坐标:①E98°42′14″,N23°50′31″;②E99°12′18″,N24°06′05″;③E99°21′35″,N23°57′11″;④E99°32′33″,N23°49′56″;⑤E98°51′49″,N23°29′10″;⑥E98°54′27″,N23°37′21″;⑦E98°49′29″,N23°47′28″。面积近 2615km²。

矿集区主要矿种为:铅锌矿、铁矿、钨锡钼矿、金矿等。

矿集区主要矿床类型为:与隐伏岩体有关的成矿系列,包括芦子园式中低温矽卡岩-热液型铅锌矿床、小河边式中高温矽卡岩-热液型磁铁矿床、木厂式高温云英岩化锡矿床。

二、地质简况

1. 地层

区内出露地层丰富,包括古生代—新生代的大多数地层都有出露,如图 3-12 所示。其中赋矿地层为寒武系,可分为核桃坪组、沙河厂组、保山组等,与区内成矿密切相关。沙河厂组为一套滨、浅海相泥

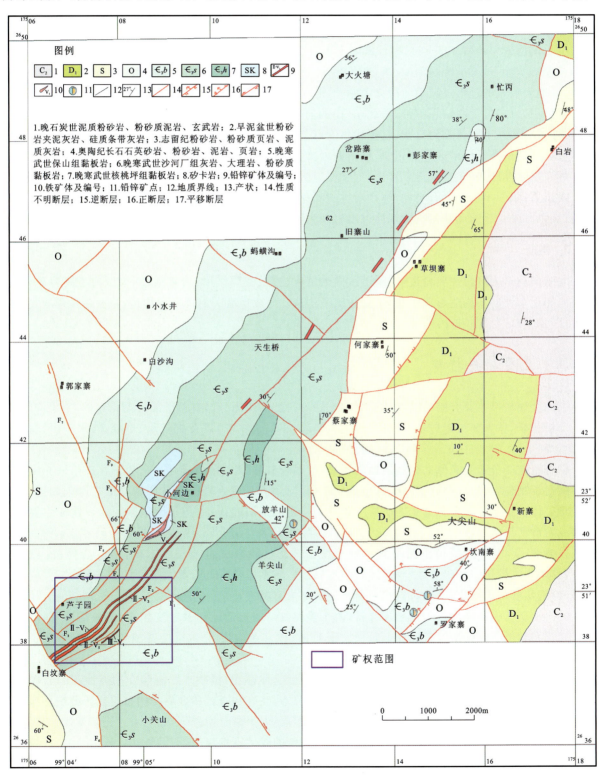

图 3-12 芦子园铅锌铁矿区域地质矿产略图

质、细碎屑夹碳酸盐沉积,是矿集区重要的矿源层。核桃坪组和保山组以碎屑岩为主,夹碳酸盐岩薄层或透镜体。

2. 岩浆岩

主要的侵入岩有木厂侵入岩体、明信坝石英闪长玢岩体,次为区内出露较多的辉绿(玢)岩脉。喷出岩见于早石炭世、晚石炭世、晚三叠世地层中。

木厂岩体:位于区内木厂一带,为一不规则的岩株。大致呈北东40°方向延伸,长约4km,宽0.6~1.5km,面积约4.5km^2。主要岩性为碱性长石花岗岩,少量霓石碱性长石花岗岩,并与碱闪石英正长岩相伴生。同位素年龄值253~217Ma,属印支期。化学成分主要表现为MgO、CaO含量较低,Na$_2$O+K$_2$O含量较高,(Na$_2$O+K$_2$O)/Al$_2$O$_3$比值较高。是一个与区内上三叠统牛喝塘组第二段流纹岩同期、同源、近地表侵入的过铝过碱质的次火山A型花岗岩。

明信坝岩体:位于明信坝一带,呈北东-南西向呈棒槌样展布,长约2.5km,宽约0.8km。主要岩石为石英闪长玢岩,主要斑晶为长石、石英和角闪石。目前,该岩体研究不足。但据最新物探测量反映,该岩体数据特征与芦子园矿区深部相似,推测该岩体为区内岩体重要的地表出露点。

辉绿(玢)岩:分布较广,呈脉状产出,一般长280~310m,宽10~40m,少数脉岩长30~50m,规模较小。

喷出岩:集中出现于早石炭世、晚石炭世、晚三叠世,主要分布于镇康复背斜两翼,以三叠系牛喝塘组、石炭系卧牛寺组的海陆相喷发基性火山岩系为典型代表。

3. 构造

北东向构造为区内主要构造,控制了区内的沉积建造、变质作用、岩浆活动,为区内主要容矿构造;北西向和近东西向小构造形成较晚,主要为破矿构造。与成矿有关的北东向构造,主要包括镇康复背斜和南汀河断裂、芦子园-忙丙断裂。

三、主要矿产特征

区内金属矿产主要有铅、锌、铁、铜、银、金、锑等。已知矿床(点)有芦子园大型铅锌矿、小干沟金矿、放羊山铅锌矿、罗家寨银铅锌多金属矿、钨木兰锡矿、小河边铁矿,以及枇杷水、草坝寨、水头山、翁孔铅锌矿点等。

勘查区矿产分布受晚寒武世地层控制明显,为易于破碎,化学性质活泼,有利于含矿热液充填交代的碳酸盐岩围岩,常形成网脉状、脉状、浸染状矿(脉)体,若有泥质岩作为盖层则易形成厚大的透镜状、似层状矿体。具一定规模和远景的矿产均赋存于特定的地层时代中(芦子园地区的铅锌铁矿主要赋存于寒武系沙河厂组的矽卡岩、矽卡岩化大理岩、碎裂状大理岩及少量大理岩与板岩接触带处),有的地层虽也发现矿产,但一般规模小而不具工业意义。据统计晚寒武世地层中有矿产地10处,占总数的40%,其中具大型铅锌矿床1处(芦子园)、小型铅锌矿床多处(放羊山、罗家寨等),是一套含矿性较好的地层,特别是沙河厂组二、三段对铅锌多金属成矿更为有利。

区内控矿构造主体为芦子园复式背斜,由于多期(次)的构造运动及蚀变作用、热液活动等,沿芦子园复式背斜轴部的纵张断裂带形成走向长大于20km的北东向忙丙-忙喜构造蚀变矿化带,形成了叠加-改造和热液脉型铅锌多金属矿床。

以寒武系为核部的镇康复背斜深部有隐伏中酸性岩体存在,镇康木厂有印支期碱性花岗岩体出露并伴有锡多金属矿化,在侵入岩热液影响及提供物源下,在有利围岩和金属初始富集或矿源层形成远程的矽卡岩及其磁铁矿、铅锌矿化。(隐伏)岩体上部形成钨、锡高温型矿床,如乌木兰锡矿等。

由上述3个成矿与控矿地质条件形成了区内特殊的成矿富集规律,即勘查区矿床(化)点、区域化探异常、水系重砂异常分布明显地受芦子园复式背斜构造控矿。由于多期(次)的构造运动及蚀变作用、热液活动等,沿背斜轴部之纵张断裂带形成的芦子园-忙丙构造蚀变矿化带经后期构造叠加,局部形成利于矿液集聚的良好构造空间——横跨褶曲和鼻状构造。根据物化探及已有矿(床)点测量资料统计,芦子园背斜由南部转折端—轴部—两翼成矿具高、中低温系列。沿背斜轴主要出现中温矿物组合,代表性矿(床)点为芦子园铅锌铁多矿床,放羊山铅锌矿点,小河边铁矿,矿种以铅、锌、铜、银为主,南部倾伏部位则出现高中温矿物组合,代表性矿(床)点有小干沟金矿、乌木兰锡矿等,成矿元素以锡、金为主,次为铅、锌、银等;向两翼出现中低温矿物组合的异常,以铜、铅、锌为主。由于受隐伏岩体的影响,沿背斜轴走向成矿温度亦具有梯度变化,南西端以中低温矿物组合为主(芦子园本部铅锌矿),往北成矿温度逐渐增高(小河边铁矿、天生桥铁矿)。

四、典型矿床

(一)芦子园铅锌多金属矿床

1. 成矿地质背景

该矿床隶属云南省镇康县凤尾镇芦子园村,位于县城南65km,距凤尾镇政府所在地15km,交通方便。地理坐标:E99°03′00″,N23°50′30″。主要出露第四系、石炭系、泥盆系、志留系、奥陶系及寒武系。赋矿地层为上寒武统沙河厂组第二段、第三段碳酸盐岩与细碎屑岩互层。

岩浆岩不发育,仅在矿区的西侧见有辉绿岩脉零星出露,多沿北东向次级断裂产出,脉体一般长280~310m,宽10~40m,少数脉岩长30~50m,规模较小。

矿区主要构造线呈北东向展布,包括北东向的镇康复式背斜轴部及次级尖山背斜。区内断裂发育,分为北东向组和北西向组。由于断裂的发育,造成褶皱形态破碎而不完整。

2. 矿床地质

该矿床包括Ⅰ、Ⅱ、Ⅲ3个矿带,矿带间距约100m,其间有断层隔开:Ⅰ、Ⅱ间由F_3断层分开,Ⅱ、Ⅲ之间由F_2断层分隔(图3-13)。

以Ⅱ—V_1矿体为例。矿体控制走向长1647m,控制最大倾向延深达860m,总体倾向298°~343°,倾角38°~82°。分布标高1206~2065m,向下为铁铜矿体,全铁平均品位21.88%,厚36.00m;铜平均品位0.50%,厚9.18m。矿体真厚0.60~30.55m,平均5.02m,厚度变化系数80%,属厚度较稳定型矿体。单工程平均品位铅0.30%,锌2.56%。主元素锌品位变化系数57.50%,属有用组分分布均匀型矿体,矿石中普遍伴生铜、银,铁可综合回收利用。

矿区按含矿岩石不同,矿石自然类型可划分为大理岩型铅锌矿石、绿泥石英片岩型铅锌矿石、矽卡岩型铅锌矿石和辉绿岩型铅锌矿石。大理岩型铅锌矿石和矽卡岩型铅锌矿石为矿区主要类型。按有用元素的不同分为铅锌矿石、铜铅锌矿石等。

矿区已查明金属矿物有14种,非金属矿物16种。矿物共生组合有闪锌矿-方铅矿-黄铁矿-方解石-白云石-石英-绿泥石组合、闪锌矿-黄铜矿-方解石-白云石-石英-绿泥石组合、方铅矿-黄铜矿-铁白云石-方解石-石英组合、闪锌矿-方铅矿-磁铁矿-方解石-透辉石-阳起石-绿泥石组合、闪锌矿-方铅矿-黄铁矿-磁铁矿-滑石-绿泥石-方解石-石英-钾长石组合及菱锌矿-异极矿-白铅矿-褐铁矿-方解石-绿泥石-石英组合。矿石结构有半自形—他形粒状结构、放射状结构、胶状结构,其中半自形—他形粒状结构为硫化矿的主要结构类型。区内铅锌矿石构造主要有条带状构造、浸染状构造、角砾状构造、块状构造和多孔状、皮壳状及土状构造。局部地段有钾化。矿床类型为矽卡岩-热液交代型铅锌矿。

(二)小河边铁矿

小河边铁矿床位于芦子园铅锌矿床北东侧,同样隶属云南省镇康县凤尾镇芦子园村,位于镇康县城南65km,距凤尾镇政府所在地15km,交通方便。地理坐标:E99°05′00″,N23°51′00″。

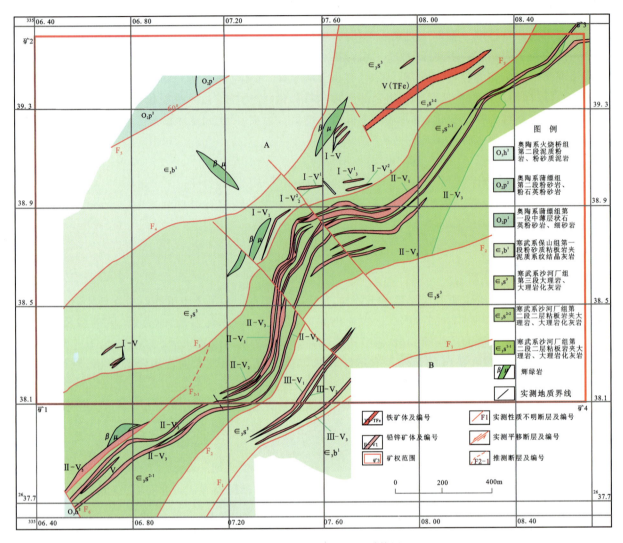

图 3-13 芦子园铅锌矿区地质简图

矿区主要出露第四系、奥陶系及寒武系。赋矿地层为上寒武统沙河厂组第二段、第三段碳酸盐岩与细碎屑岩互层，以及部分保山组，如图 3-14 所示。

区内岩浆岩不发育，仅在矿带的东、西两侧见有辉绿岩脉零星出露，多沿断裂产出。其中，北东向脉体规模较大，一般长 200m 左右，宽 10~40m，北西向脉岩规模较小，长度一般 30~50m。

矿区镇康复式背斜的北东方向延伸部位，主要构造线呈北东向展布，区内断裂发育，分为北东向组和北西向组。由于断裂的发育，造成褶皱形态破碎而不完整。

区内主要控矿断裂为北东向展布：主要断裂有 3 条（F_3、F_4、F_5），北西向断裂对矿体进行了切割破坏作用，属破矿构造。

围岩蚀变以绿泥石化、硅化、矽卡岩化、黄铁矿化、大理岩化为主。蚀变可发生在灰岩中，也发生在辉绿岩脉中，并伴随相应的铁矿化。

经稀疏地表工程揭露和坑、钻工程验证，共圈定主要铁矿体 3 条：V_1、V_2、V_3。矿体沿北东向断裂展布，呈脉状、似层状产出，矿体走向北东，倾向北西，赋矿岩石为阳起石矽卡岩，局部为辉绿岩（ZK28-1 V_3）（图 3-15）。

V_1 矿体呈似层状产出，矿体总体走向北东 49°，倾向北西，南段局部倾向南东，倾角 47~50°，于 28 线出现弧形弯曲，南段矿体走向 68°，北段矿体走向 30°。有 3 个工程控制（2 个钻孔，1 个探槽），工程间距 198~401m，工程控制矿体走向长 599m，控制矿体倾斜延深 42~55m。矿体厚 13.44~27.74m，平均 19.64m，厚度变化系数 26.14%，属厚度变化稳定型。单样品位 TFe 最高 52.64%，最低 21.08%，一般

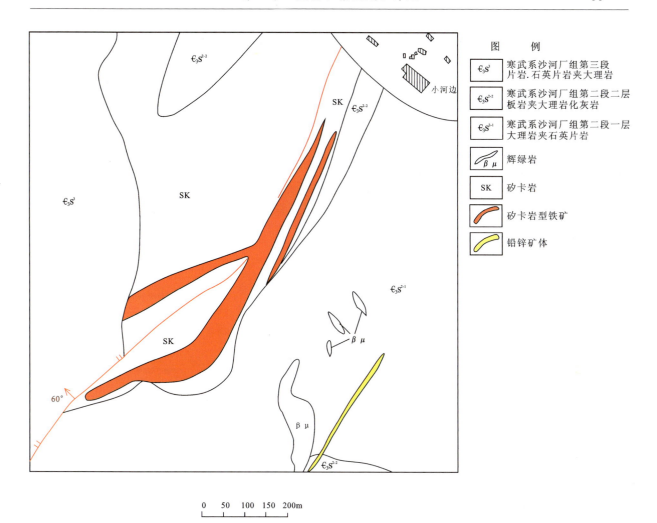

图 3-14 小河边铁矿区地质简图

为 25%～45%；单工程平均品位 TFe 最高 39.75%，最低 30.18%，矿体平均 34.98%，品位变化系数 13.71%，属有用组分均匀型。

五、成矿作用分析

1. 岩石地层对成矿的意义

晚寒武世至二叠纪为稳定地块型浅海碎屑岩和碳酸盐岩沉积，尤其是晚寒武世稳定型浅海碎屑岩和碳酸盐岩沉积造成了本区成矿元素的初始富集，形成了矿源层。如沙河厂组二段，为芦子园铅锌矿和小河边铁矿的赋矿层位。其岩石光谱分析显示，含 $Pb(108～144)\times10^{-6}$，$Zn(178～189)\times10^{-6}$，$Cu(133～176)\times10^{-6}$，$Ag(0.1～0.14)\times10^{-6}$，$Sn(10～45)\times10^{-6}$，$W(30～1000)\times10^{-6}$，$Mn 2\%～5\%$，主要成矿元素含量明显高于元素丰度值，达 1～7 倍。

2. 构造对矿床的控制

芦子园复式背斜由于多期（次）的构造运动，背斜轴部纵张断裂带形成走向长大于 20km 的北东向忙丙-忙喜构造蚀变矿化带，形成了芦子园铅锌多金属矿床、小河边铁矿床等。而与之平行的次级断裂及层间破碎带则控制了矿体的产出形态、产状及规模。

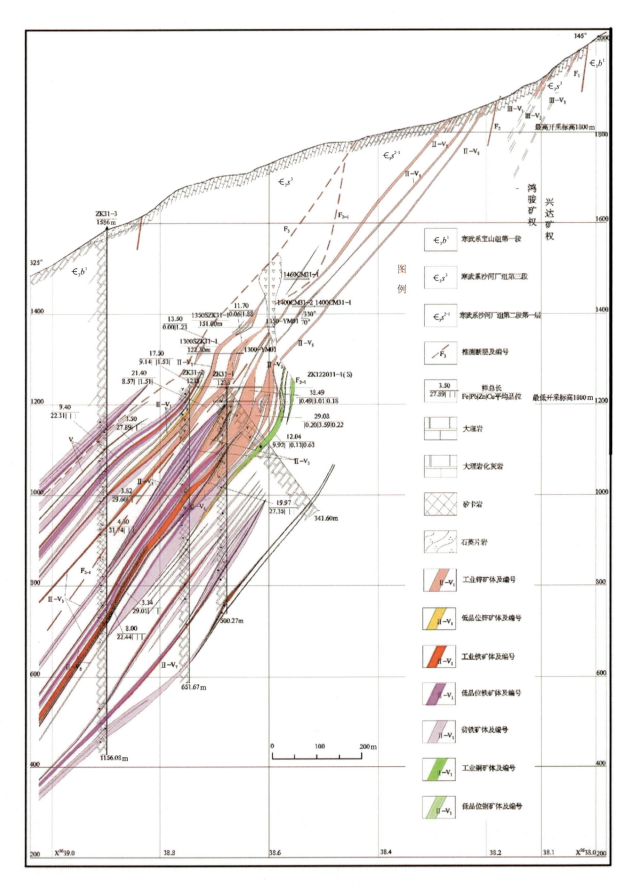

图 3-15 小河边铁矿剖面示意图

3. 岩浆-热液活动对成矿的意义

芦子园矿集区矿产种类多样、类型丰富、分布广泛、成矿温度跨度大,有较好的找矿前景。矿区内发现有长石岩脉及较多辉绿岩脉产出,同时矿集区东部发现了明信坝浅成岩体、木厂侵入岩体出露。多年来,经遥感解译及多种物探测量推断都有隐伏中酸性岩体存在,但一直没有进展。近期 EH4 物探主干剖面测量显示,明信坝石英闪长玢岩的数据特征与小河边矿区深部十分相似,其间稳定性好并连续变化,进一步肯定了深部岩体对矿集区成矿作用的意义。分析认为,岩浆活动时代为燕山期。在本期岩体侵入及热液作用下,岩石发生了矽卡岩化、云英岩化等围岩蚀变,原始成矿物质发生了迁移富集,与岩浆热液一起在有利的成矿部位形成了磁铁矿、铅锌矿床或钨、钼、锡矿床,如乌木兰锡矿、芦子园铅锌矿等。

4. 矿化围岩蚀变

围岩蚀变因矿床形成的围岩及温度不同而有所不同。其中铅锌矿产于灰岩、大理岩中,成矿温度以中低温为主,围岩蚀变以绿泥石化、硅化、矽卡岩化、黄铁矿化、大理岩化、蔷薇辉石化、碳酸盐化为主;铁矿产出围岩以灰岩、大理岩、粉砂岩为主,围岩蚀变以绿泥石化、硅化、矽卡岩化、黄铁矿化、大理岩化为主;锡矿产于石英粉砂岩夹泥质粉砂岩中,成矿温度为高温,围岩蚀变以云英岩化、硅化为主,显示高温蚀变矿物组合。在铅锌矿和铁矿的围岩蚀变作用中,其母岩可以是灰岩、粉砂岩,也可以是辉绿岩,并有相应的矿化作用发生。

5. 成矿物质来源分析

流体包裹体研究表明,芦子园铅锌矿的硫、铅同位素组成具有变化范围窄、相对均一的特点。$\delta(^{34}S)=(9.23\sim10.17)\times10^{-3}$;$w(^{206}Pb)/w(^{204}Pb)=18.224\sim18.338$,$w(^{207}Pb)/w(^{204}Pb)=15.715\sim15.849$,$w(^{208}Pb)/w(^{204}Pb)=38.381\sim38.874$。其矿石硫与铅同位素都反映铅锌矿的成矿过程与上寒武统密切相关,并受到后期岩浆活动的影响。

6. 成矿温度压力及密度

流体包裹体测温显示,铅锌矿化经历中低温(160~280℃)和中高温(280~420℃)两个矿化阶段。根据均一温度和盐度进一步推算的芦子园铅锌矿床的成矿流体的密度为 $0.834\sim0.957(\mathrm{g\cdot cm^{-3}})$,均一压力为 $(7.24\sim72.05)\times10^5$ Pa。

7. 成矿时代

相关研究显示,矿床中闪锌矿和方铅矿的铅同位素数据点都落在正常铅演化线之上,数据点较集中,揭示两矿床中的铅具有较均一的来源。铅同位素模式年龄为 405~509Ma,与地层时代相近,揭示沉积期存在铅锌矿化。而在与硫化物矿石密切共生的热液石英及石英钾长石脉中的钾长石等 Rb-Sr 同位素定年分析,其等时线年龄为 (141.9 ± 2.6)Ma,初始锶同位素组成为 $^{87}Sr/^{86}Sr(t=141.9Ma)=0.714\,497$。显示燕山期岩浆侵入作用带来的一次成矿叠加与活化作用,并最终形成矿集区各类矿床。

8. 成矿模式

如上所述,综合芦子园矿集区地质找矿研究成果和最新进展,芦子园矿集区成矿作用具有:多种物质来源、多种成矿温度、多个成矿时代、多种围岩蚀变的特点,具有地层控制矿床、岩石控制矿种、褶皱控制矿床、断裂控制矿体、隐伏岩体(枝)控制矿床空间分布的特点。依据成矿系统理论,初步建立芦子园矿集区隐伏岩体成矿模式,如图 3-16 所示。

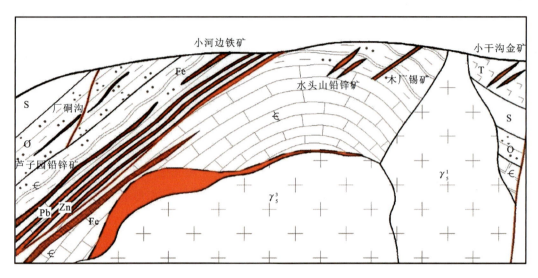

图 3-16 芦子园铅锌矿成矿模式图(引自《云南潜力评价报告》,2013)

六、资源潜力及勘查方向分析

区内铁铅锌多金属矿受晚寒武世地层层位、芦子园复式背斜、隐伏岩体控制。据现有矿床的成矿特征、赋矿地层和富集规律分析,资源潜力巨大。围绕隐伏岩体成矿系统研究与找矿的工作正在深入,近年来,在芦子园铅锌矿深部发现小河边式铁矿就是这些努力的一个重要成果。

1. 找矿潜力分析

(1) 勘查区位于三江成矿带中南段之保山-镇康铅锌铜铁金成矿带南段,具有优越的成矿地质背景和丰富的找矿信息,通过 1:5 万土壤测量,圈定芦子园-忙丙、水头山-罗家寨等多个铅锌异常带;1:5 万磁测圈定了芦子园等 4 个规模较大的磁异常带,重力和近期勘查成果推断证明本区有隐伏酸性岩体,因此具有寻找沉积改造型-矽卡岩型铅锌铁多金属矿资源潜力。

(2) 该区 Pb、Zn、Cu、Ag 等元素化探异常衬度高、规模大,浓集中心明显,各元素异常套合好;物探磁、激电异常规模大且异常值高。区内目前认为规模很小的矿点或矿化点,都有异常反映,本区现有勘查成果表明物、化探异常与矿床(点)吻合度好。而在勘查区内的枇杷水-忙丙及背斜南东翼的旧寨—水头山—罗家寨一带化探、激电、磁测异常区未深入工作,芦子园磁异常南段仁和一带尚未开展查证,显示该区具有良好的找矿前景;同时芦子园矿区深部铁矿体尚可向下延伸,资源潜力尚未查明。

(3) 近期矿产勘查工作已取得了重大进展。近期商业勘查在芦子园铅锌矿区深部揭露到厚大的矽卡岩带和铅锌铁矿,矿床叠加成矿作用明显。目前矿区尚无工程揭穿矿化带及矿体群,部分工程已证实Ⅲ号矿带矿体向下延伸,此外在小河边铁矿段 26 线以南与芦子园铅锌铁矿段结合部有磁异常存在,因此在芦子园—小河边等矿区通过进一步勘查可实现资源量的大幅增长。

2. 资源潜力评价

该区通过 2010 年云南省矿产资源潜力评价,对区内圈定的 7 个最小预测区进行成矿预测,以地质体积法共预测铅锌金属资源量为 $446.51×10^4$ t,铁矿石量 $1.5×10^8$ t。但据近期勘查,在芦子园区深部发现了厚大铁矿体,初步探明铁矿石量大于 $1.5×10^8$ t,铁矿石资源潜力有望大于 $3×10^8$ t。目前仅对芦子园预测区进行了相对系统的勘查,但其深部及外围资源潜力尚未查明;此外枇杷水、旧寨、大尖山、放羊山、罗家寨、水头山 6 个预测区未进行系统勘查,资源潜力巨大。

第四节 云南省西盟县-澜沧县老厂地区铅锌矿矿集区

一、概述

该矿集区主体是发育在洋脊-准洋脊火山岩-蛇绿岩带上的 Pb、Zn、Ag 多金属成矿带,呈近南北向延伸,北起昌宁,南至孟连,南北长约 270km,东西宽 10~20km。该带已发现澜沧老厂大型 Pb-Zn-Ag 矿床 1 处,铜厂街小型 Cu 矿床 1 处,小村小型 Hg 矿床 1 处,以及 Pb、Zn、Ag 多金属矿点 10 余处(图 3-17)。

二、地质简况

它经历晚泥盆世—早石炭世的洋盆开裂,二叠纪的洋盆俯冲封闭,以及燕山期—喜马拉雅期的陆内碰撞和挤压,形成近南北向的狭窄条带。带内出露地层以上古生界为主,少数为中新生代陆相红层。上古生界包括泥盆系、石炭系、二叠系等,由硅质岩、碳酸盐岩、砂泥页岩夹大量基性火山岩及凝灰岩等组成。岩性、岩相变化大,包括浅水陆棚到深水大洋环境沉积物。岩浆作用以海西期基性岩为主,可能包括不同时代、不同阶段和不同系列(拉斑系列和碱性系列)的产物。此外尚有海西期、印支期、燕山期和喜马拉雅期的酸性小型侵入体,沿昌宁—永德—耿马一线呈近南北向分布。

该带被北东向的南汀河断裂和北西向的木嘎断裂切割成北、中、南 3 段。北段有与早石炭世基性、中基性火山岩有关的铜厂街 Cu 矿床和小村 Hg 矿床;中段矿产以 Pb、Zn、Ag、Cu、Hg 为主,也与早石炭世基性、中基性火山热液有关,有老厂 Pb-Zn-Ag 矿床和矿点数处。

三、主要矿产特征

1. 矿床的空间分布特征

成矿带内已知大型矿床仅澜沧老厂 Pb-Zn-Ag 矿床 1 处,小型矿床及矿点 10 余处,大多以 Pb、Zn、Cu 为主,主要产于晚古生代地层中,主要的成矿类型为与扩张阶段大洋环境下的洋脊玄武岩有关的 VHMS 块状硫化物矿床,以铜厂街 Cu 矿床和老厂 Pb-Zn-Ag 矿床为代表,喜马拉雅期构造-岩浆作用的叠加改造则在老厂 Pb-Zn-Ag 矿床中表现尤为明显(图 3-17)。

2. 矿床类型及其特征

在铜厂街 Cu 矿床和老厂 Pb-Zn-Ag 矿床中,与大洋扩张阶段洋脊玄武岩有关的火山喷流-沉积作用是其成矿作用的主体。矿区范围内早石炭世海相基性火山岩广为发育,含矿岩系为一套变质拉斑玄武岩系列的火山岩组合,地球化学特征表明为洋脊-准洋脊型玄武岩,Cu、Pb-Zn-Ag 矿体赋存于绿片岩化凝灰岩及斜长斑状玄武岩,火山角砾岩夹少量碧玉条带的岩层中(如铜厂街 Cu 矿),或产于古破火山口内的火山岩中(老厂 Pb-Zn-Ag 矿)。矿体呈层状、似层状赋存于蚀变火山岩或火山碎屑岩系中(图 3-18),金属硫化物主要有黄铜矿、闪锌矿、方铅矿、黄铁矿、磁黄铁矿、磁铁矿、斑铜矿、黝铜矿等,常有不同矿物组成细层交替出现,显示层理构造,或呈条纹状顺层分布显马尾丝状构造,或单矿种组成矿层交替产出;硫化物碎屑具分选性和磨圆度,有的矿石含块状硫化物矿石角砾并具塑性变形等。在老厂 Pb-Zn-Ag 矿区,含矿岩系中还存在"三位一体"空间叠置关系,自下而上为火山碎屑岩→硫化物似层状矿体→化学沉积岩(硅质岩、层凝灰岩),显示其特征的喷流-沉积成矿作用。主要蚀变分带为绿泥石化、绢云母化、硅化以及黄铁矿化。

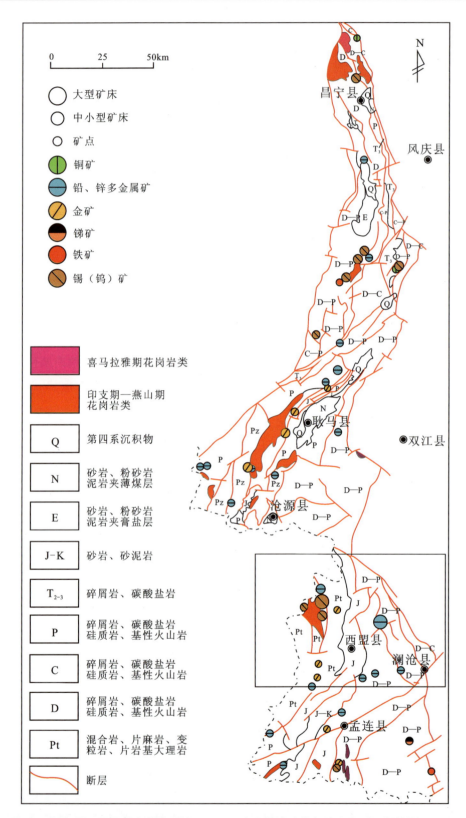

图 3-17 西孟县—澜沧县 Pb、Zn、Ag 多金属成矿带主要矿床(点)分布图

除上述火山成因的喷流-沉积成矿作用外,喜马拉雅期构造-岩浆作用的叠加改造则在老厂 Pb-Zn-Ag 矿床中表现尤为明显。矿区深部多个钻孔中发现花岗斑岩,Rb-Sr 年龄值为 50.27Ma,属喜马拉雅期,并且深部岩体附近局部发育矽卡岩化、角岩化、碳酸盐化等蚀变作用。在上部见受层间断裂破碎带控制的矿体等,均表明老厂 Pb-Zn-Ag 矿床受到喜马拉雅期构造-岩浆作用的叠加改造,并最终形成了

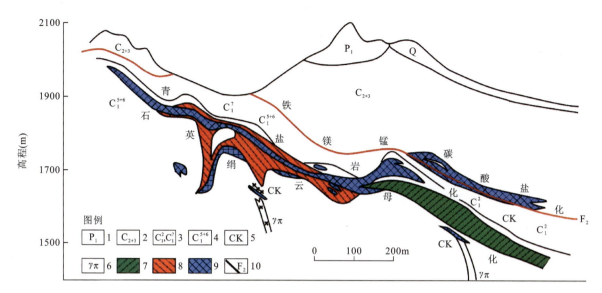

图 3-18 老厂 Pb-Zn-Ag 多金属矿床横剖面图(据李兴振等,1999)
1.下二叠统;2.中晚石炭世碳酸盐岩;3.早石炭世火山凝灰岩;4.早石炭世玄武岩;
5.矽卡岩;6.花岗斑岩;7.Cu 矿体;8.黄铁矿体;9.Pb+Zn 矿体;10.断层

大而富的 Pb-Zn-Ag 矿床。

四、典型矿床——老厂铅锌矿床

云南澜沧老厂铅锌银多金属矿床有很久的采矿历史,矿区已经累计探明 Pb 金属量为 86.58×10^4 t,Zn 为 33.55×10^4 t,Ag 为 1736.84 t,Cu 为 11.61×10^4 t,硫铁矿为 283.61×10^4 t 及伴生 Au 805 kg。近年来,通过危机矿山接替资源项目的实施,矿区深部又发现细脉-浸染状钼(铜)矿化,进一步扩大了找矿前景,使其规模可以达大型矿床以上。

1. 区域构造背景

石炭系(C)为矿区的赋矿岩系,下石炭统(C_1)出露为依柳组一套火山-沉积岩系,主要由基性—中性、碱基性—碱中性火山岩及火山碎屑岩组成,其中火山岩又以火山碎屑岩为主,次为熔岩,厚度达 870 m;矿区主要赋矿围岩之一的早石炭世晚期—晚石炭世玄武岩应为洋壳板内碱性玄武岩,形成于洋内热点产物的洋岛环境。

矿区西侧具特征的推覆和滑脱构造,在芭蕉塘至南本一带可见泥盆系为一大型推覆体超叠在下石炭统依柳组(C_1y)火山岩和中石炭世—早二叠世碳酸盐岩之上(图 3-19),推覆体前缘发育典型飞来峰。矿区内褶皱、断裂及火山机构发育,尤其火山洼地是主要控矿构造。

2. 含矿岩系特征

矿区火山岩系中的熔岩和火山碎屑岩比例较高,其中熔岩占 45.3%,火山碎屑岩占 43.3%,包括集块岩、火山角砾岩、凝灰岩和沉凝灰岩等,其他夹杂的岩性包括黑色砂页岩、硅质岩(含生物碎屑)、碳酸盐岩等。

赋矿围岩中与安山质凝灰岩接触的玄武岩进行了 SHRIMP 锆石 U-Pb 同位素定年,其 $^{206}Pb/^{238}U$ 年龄的加权平均值为 (307.1 ± 8.5) Ma(MSWD=7.1)。

3. 矿体特征

矿床中铅锌多金属矿体多呈层状(上)及网脉状(下)产于中上石炭统(C_{2+3})—下二叠统(P_1)碳酸盐

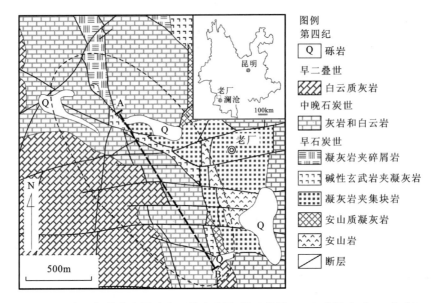

图 3-19 老厂铅锌多金属矿床区域地质图(据王瑞雪,2007;龙汉生,2009 修改)

岩(碳酸岩型矿石)和下石炭统依柳组(C_1y)火山岩(火山岩型矿石)中。

4. 矿物组成及结构构造

火山岩型矿石成分比较复杂,主要金属矿物有方铅矿、闪锌矿、黄铜矿、辉银矿、黄铁矿、褐铁矿,次要金属矿物有车轮矿、硫锌铅矿、白铅矿、铅矾、异极矿、菱锌矿、砷黝铜矿、毒砂等。脉石矿物为石英、方解石、白云石、长石、绢云母、电气石、石榴石等;碳酸盐岩型矿石主要金属矿物有白铅矿、铅矾、方铅矿、菱铁矿、硅锌矿、闪锌矿、铜蓝、褐铁矿等,呈浸染状、团块状、不规则脉状、胶状、皮壳状产出,银矿物主要赋存于白铅矿及残留方铅矿中。脉石矿物主要为方解石、白云石、石英、绢云母、黏土。矿床矿物生成顺序为:胶状黄铁矿→早期方铅矿→闪锌矿→立方体黄铁矿→黄铜矿(砷黝铜矿)→晚期方铅矿。

区内矿石结构复杂,除有火山期后热液和后期岩浆热液充填交代成因典型结构外,还发育沉积或成岩成因的结构,如胶状结构,早期黄铁矿呈胶状产出,胶体环状常被闪锌矿等硫化物所交代。

不仅有沉积成因的构造组合,热液构造特征也较常见:矿石具有胶状组构,块状构造,角砾状构造,颗粒状、松散块状、稠密浸染状构造,层纹状构造,条带状构造,网脉状构造及晶洞状构造等。

5. 围岩蚀变分带及特征

区内围岩蚀变强烈、类型复杂,具多期叠加和明显分带特点,是重要的找矿标志。主要的蚀变类型有铁锰碳酸盐化、青磐岩化、碳酸盐化、硅化、黄铁矿化、绢英岩化、矽卡岩化、角岩化、大理岩化等,其中矽卡岩化、大理岩化及角岩化与隐伏中酸性侵入岩体有关。矿床矿体由地表到深部,围岩蚀变发育有由铁锰碳酸盐化→青磐岩化→黄铁矿化→黄铁绢英岩化→矽卡岩化及花岗质细脉带的分带性,Pb-Zn-Ag 矿化主要存在于铁锰碳酸盐化带、石英绢云母化带、矽卡岩化带的构造有利部位,Cu 矿化主要产在矽卡岩化及花岗斑岩中。

五、成矿作用

云南澜沧老厂铅锌多金属矿床属于石炭纪洋岛火山喷流成矿与古近纪岩浆热液叠加改造成矿共同作用的结果,其成矿模式可分为两个阶段。

承接于罗迪尼亚超大陆(Rodinia)裂解,以昌宁-孟连结合带为代表的特提斯大洋发生、发展至石炭纪—二叠纪,在总体处于洋盆萎缩消减的洋-陆转换过程中,发育了一系列洋内"热点"作用的洋岛中基性火山岩与海山碳酸盐岩组合。老厂矿区就形成于洋岛火山建隆过程中的火山机构及其边缘火山洼地内,并伴随着喷流沉积成矿作用的发生,在火山通道及其附近形成充填角砾状 Fe-Cu 矿体,其上部及其边缘火山洼地中形成以 Cu-Fe 为主的块状硫化物矿体(如Ⅰ号矿群),最上部火山岩系中形成块状-条带状 Pb-Zn(Cu)矿体。

新生代受印度与欧亚大陆发生强烈碰撞及其随后高原隆升作用的影响,三江特提斯造山带成为调节碰撞应变和高原隆升的构造转换应变域,在昌宁-孟连结合带中发育以大规模的逆冲推覆、走滑剪切构造为主体的构造组合系统,并伴随一系列高钾长英质岩浆侵位和成矿流体活动,造成了老厂富碱花岗斑岩的侵入,其中岩浆热液流体所携带的大量 Mo、Cu 和 Sn 等成矿元素,不仅在斑岩内外接触带形成巨厚的细脉-浸染状 Mo-Cu 矿化和石榴石-透辉石-绿帘石矽卡岩化,以及层间或断层破碎带及其附近节理-裂隙密集带中的热液脉型矿化,更为重要的是叠加改造了喷流沉积阶段形成的 Pb-Zn-Cu-Fe 矿化,致使矿石中 Sn 含量明显增加,部分 Sn 矿物交代早期硫化物,至此,老厂铅锌多金属矿床最终形成(图 3-20)。

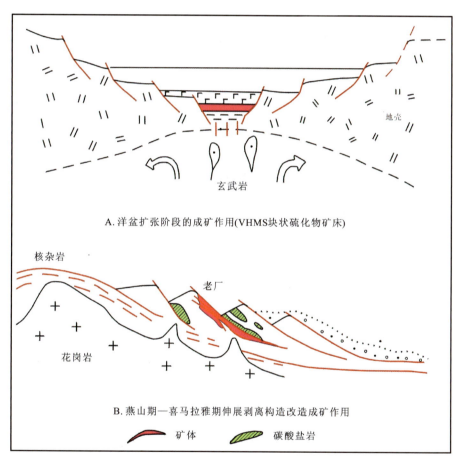

图 3-20　昌宁-孟连多金属成矿带区域成矿模式图(据李兴振等,1999)

六、资源潜力及找矿方向

根据化探扫描结果,区内化探异常元素组合复杂,叠合性较好,异常浓度值高,其中以 Pb、Zn、Ag 的浓度值最高,其次为 Cu、Au。Pb 异常浓度为 $10\,926\times10^{-6}$,异常衬值为 786;Zn 异常浓度为 5760×10^{-6},异常衬值为 169;Ag 异常浓度为 7.9×10^{-6},异常衬值为 109;Cu 异常浓度为 115×10^{-6},异常衬值为 7.2;Au 异常浓度为 120×10^{-9},异常衬值为 98。异常均沿断裂展布,明显受断裂控制,尤其在断裂交会部位,异常浓度明显增高,强度增大,各元素异常的重叠性更好。

从异常本身具有的特点,结合其产出地质背景及地质地球化学环境分析,这些异常多数具有找矿前景,特别以老厂、回俄—南雅一带的环形异常带可能预示深部存在大的喜马拉雅期花岗岩体,目前已在老厂矿区的深部发现喜马拉雅期花岗斑岩(Rb-Sr 年龄值为 50Ma),并发现有 Cu 矿体,地表新发现有风化壳型 Ag、Mn 矿,因此澜沧老厂矿区本部及外围,以及回俄—南雅一带,即为区内中很有希望的找矿远景区。Au 矿已小规模开采,找矿前景良好。区内新增矿种和扩大资源量具有形成大型矿床规模的远景。

第五节 云南省澜沧县大勐龙地区锡铁铜矿矿集区

一、概述

该矿集区主体发育于临沧-勐海岩浆弧带上,是以 Sn、Fe、Cu、稀有金属为主的成矿带。空间上分布于西盟、崇山-澜沧变质地体上,成矿带北起云县,经临沧、西盟,南至勐海,长约 500km,宽 20~70km。该带中的矿种复杂,类型多样,Sn、Fe、Cu、稀有金属等金属组分均形成一定规模的矿床分布(图 3-21),已发现大型矿床 2 处(勐往独居石矿、惠民 Fe 矿)、中型矿床 5 处(勐阿磷钇矿、铁厂 Sn-W 矿、姆坝地 Sn-W 矿、厂洞河 Cu-Pb-Zn 矿、大勐龙 Fe 矿),以及小型矿床、矿点、矿化异常数 10 余处,是一个具有潜在找矿远景的成矿带。该带向北接类乌齐-左贡,向南经泰国到马来西亚,组成藏东-滇西-东南亚 Sn 矿带的中带。

二、地质简况

主体是发育在西盟、崇山-澜沧变质地体和岩浆岩带之上的 Sn、Fe、Cu、稀有金属成矿带,区域主要分布前寒武纪澜沧群/大勐龙群、崇山群、西盟群混合岩、混合片麻岩、变粒岩、片岩、大理岩等中深成变质岩,原岩为一套海相中基性火山岩及沉积岩系,以细碎屑岩为主,碳酸盐岩较少,火山岩发育。泥盆系—石炭系主要为碳酸盐岩及碎屑岩沉积,二叠系—三叠系发育活动边缘的中酸性火山岩、火山碎屑岩系;侏罗系分布较少,主要为碎屑岩。其中前寒武纪中深成变质岩,其原岩为一套海相火山岩及火山-沉积岩系,是 Fe、Sn(W)矿床的重要赋矿围岩。

该带岩浆岩包括前寒武系澜沧群/大勐龙群、崇山群、西盟群中的变质中基性火山岩,二叠纪—三叠纪的中基性及中酸性火山岩,以及大规模的花岗岩类侵入体的分布。区域上可见为巨大的临沧花岗岩基,以及向北到云龙槽涧一带的志本山花岗岩(Rb-Sr 年龄值为 472.77Ma),向南在勐海一带有较多的燕山期小岩体。从西侧昌宁经耿马到西盟,出露一连串沿断裂分布的重熔型花岗岩体,侵位时代以印支期、燕山晚期和喜马拉雅期(50.4Ma)占主要。因而区域带上包括了从加里东晚期到喜马拉雅期的多次岩浆侵入,造就了极为有利的构造-岩浆-成矿地质条件,其中以印支期花岗岩类侵入体与 Sn(W)、Cu(Pb-Zn)的成矿作用关系密切,以燕山晚期至喜马拉雅期花岗岩与稀有金属矿化作用密切相关。

三、主要矿产特征

1. 矿床的空间分布特征

成矿作用复杂,类型多样,Sn、Fe、Cu(Pb-Zn)、稀有金属等组分均形成一定规模的矿床,主要集中分布于该带的南部,大型矿床 2 处、中型矿床 5 处,以及小型矿床、矿点、矿化异常数十余处,是一个具有潜在找矿远景的成矿带。其中 Fe 矿床主要分布于崇山-澜沧变质地体上的前寒武纪变质岩中,Sn、Cu(Pb-Zn)矿床主要分布于临沧复式巨型花岗岩基中,而稀有金属矿床则呈砂矿型分布于勐海县的第四

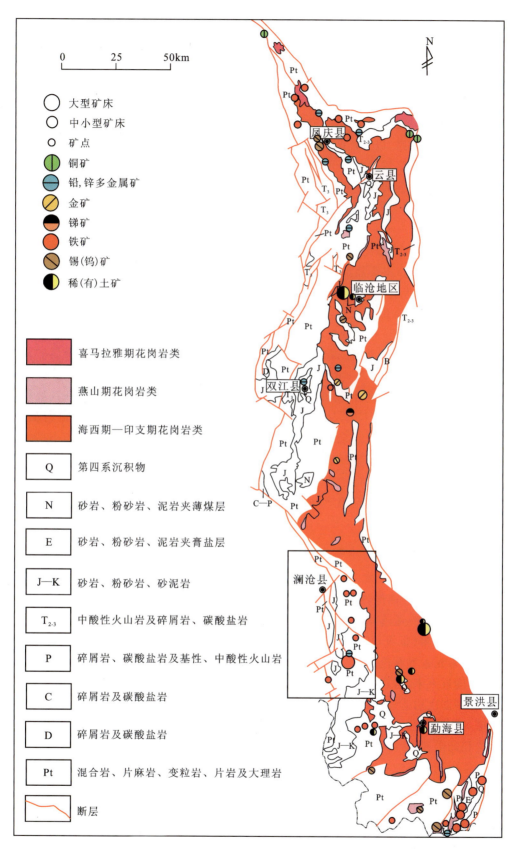

图 3-21 临沧-勐海 Sn、Fe、Cu、稀有金属成矿主要矿床(点)分布图(据潘桂棠,2005)

纪盆地中。

依据矿床形成的不同构造环境、不同成矿方式及其作用过程,临沧-勐海 Sn、Fe、Cu(Pb-Zn)、稀有金属矿的矿床类型主要可以分为：岩浆期后热液形成的电英岩（或云英岩）-石英脉型 Sn(W)、Cu(Pb-Zn)多金属矿床，火山成因的 VHMS-改造型 Fe 矿床，砂矿型稀有金属矿床。

2. 矿床类型及其特征

（1）岩浆期后热液充填交代形成的电英岩（或云英岩）-石英脉型 Sn(W)、Cu(Pb-Zn)多金属矿床。该类型的矿床（点）主要分布于临沧复式巨型花岗岩基及其附近围岩中，成矿作用主要与印支期的酸性侵入岩有着密切的成生联系，以 Sn(W)多金属矿床为主，较少见 Cu(Pb-Zn)多金属矿床，二者往往在成矿系列中是互为消长的。区域性断裂仍是成矿主导因素，除花岗岩形成有特色的断裂重熔型岩体外，主要矿床无例外地出现于北西向线性断裂或层间破碎带内，矿体也以成群分布的锡石-石英脉带为主。厂洞河 Cu-Pb-Zn 矿床的矿体赋存于基性火山-沉积岩中，为顺层透镜体，以 Pb、Zn 为主，Sn 作为次要组分共生。

（2）火山成因的 VHMS-改造型 Fe 矿床。该类型的矿床带内分布有惠民大型 Fe 矿床、大勐龙中型 Fe 矿床，以及一些 Fe 矿点，主要分布于崇山-澜沧变质地体上的前寒武纪古老变质岩中，是目前三江地区发现最低层位的 Fe 矿床。磁铁矿体直接产于基性火山熔岩中或与基性火山熔岩互层状产出，火山岩的发育程度与矿体的规模直接相关，火山活动强烈、大厚度火山岩的前缘地段则发育厚大的 Fe 矿体，火山岩厚度小的地段则 Fe 矿体规模小直至尖灭。

（3）砂矿型稀有金属矿床。临沧-勐海成矿带中尚未发现矿床级别的原生稀有金属矿床，目前已确定的稀有金属矿床类型均为砂矿型，主要分布于勐海县的第四纪盆地中。

已发现的稀有金属矿床有独居石和磷钇矿，均属砂矿型矿床（点），包括冲积型和残坡积型，以冲积型砂矿为主，残坡积型一般规模不大，品位较贫。冲积型砂矿床主要分布于该带南段的勐海县各盆地中。其中勐往独居石砂矿床为大型，勐阿磷钇矿砂矿床为中型，勐海独居石砂矿床为小型，勐海磷钇矿砂矿床为矿点等。

四、典型矿床——云南省澜沧县惠民铁矿

1. 区域地质背景

该矿床位于云南西南部西藏-三江造山系（Ⅱ级）东南缘，昌宁-澜沧造山带（Ⅲ级）之四级构造单元——临沧-勐海岩浆弧带西侧，东邻多期形成、规模巨大、面积近万平方千米的临沧花岗岩基，西接澜沧俯冲增生杂岩带（昌宁-孟连结合带/裂谷-洋盆）。成矿区带划归三江成矿省（Ⅱ级）昌宁-澜沧 Pb-Zn-Ag-Cu-S-Hg 成矿带（Ⅲ级）、临沧-勐海 Fe-Pb-Zn-Au-Ag-Sn-Sb-Ge-REE 矿带（Ⅳ级）。

区域出露有中元古界澜沧岩群、古生界、中生界侏罗系—白垩系红层和新生界第三系，缺失中生界下部，地层总厚度近万米，岩石类型包括碎屑岩、火山岩、化学沉积岩等。该区历经加里东期、海西期、印支期、燕山期等多期次构造运动，总体呈一复式背斜，褶皱和断裂均十分发育，对地层和沉积建造的完整性有强烈的破坏作用。区内经受了强烈低压区域动力热流变质作用，元古宙和古生代地层普遍已变质，出现了绿片岩相的绢云母-绿泥石、黑云母、铁铝石榴石 3 个变质带。中元古代和海西期—喜马拉雅期，与构造运动相伴生的超基性岩、基性岩、中性岩、中酸性岩岩浆活动频繁，其中，中元古代基性火山岩与矿床关系最为密切。整体显示活动性较大的特征。

区内铁矿赋矿的澜沧岩群变质地体，下部为硅质、泥质建造，中部以火山-沉积建造为主，上部为泥砂质类复理石建造，是活动性较强的沉积环境下的产物。澜沧岩群中的变质中、基性火山岩，据稳定矿物研究，应属大洋型火山岩或接近大洋一侧的岛弧型火山岩，其间赋存的惠民铁矿系海底火山喷发沉积成因，矿床规模巨大，经详细普查探明铁矿石资源量 21.89×10^8 t，全铁平均品位 30% 左右，达超大型铁矿床规模。

2. 成矿地质构造环境、控矿因素

惠民铁矿为产于中元古界澜沧岩群惠民岩组中,受变质中基性火山岩建造控制的海相火山-沉积型铁矿床,成岩成矿时代为中元古代,成矿年龄为1900~1000Ma。矿床形成于中元古代岛弧发展阶段,原岩沉积过程中,沿古断裂带火山喷发、岩浆流溢,局部形成火山脊围限成半封闭的火山盆地。在火山喷发的间隙期,与基性火山活动有成因联系的铁矿于盆地内沉积形成。火山多期次、多旋回喷发可形成多层铁矿。

矿床产于区域复式背斜中由澜沧岩群组成的相邻的两个次级北西-南东向宽缓背、向斜内。发育北东、北西、东西、近东西向4组断裂,以北东、北西向两组最为发育,均对矿体有破坏作用。

矿床控矿因素,一是地层层位控矿——惠民铁矿主要产于澜沧岩群惠民岩组中部(中段),具有一定的层位;二是岩性建造控矿——惠民岩组上、下段的火山岩为中性的富钠质的安山岩类,中段的火山岩属基性火山岩。

3. 矿床矿体空间分布特征

矿床呈北西-南东向展布,长11km,宽3~5km,面积约40km^2。共有14层铁矿,其中可采矿层10层(图3-22)。铁矿体主要赋存于澜沧岩群惠民岩组的基性火山-沉积变质岩中,呈火山岩-铁硅质岩-铁矿层互层。矿体形态呈似层状、透镜状。

4. 矿石类型及矿物组合

矿石类型以菱铁磁铁矿石、菱铁矿石为主,次为硅质菱铁矿石、绿泥菱铁矿石、铁蛇纹菱铁矿石。矿床氧化带内有褐铁矿石。原生矿石占84%,具有硅高、硫高、磷高、品位低、粒度细等特点,属难选用矿石。

矿石矿物组合以菱铁矿、磁铁矿为主,次有鳞绿泥石、黑硬绿泥石、铁蛇纹石、迪闪石,少量石英、玉髓,微量胶磷矿、磷灰石、黄铁矿。矿床氧化带还有大量褐铁矿(水针铁矿、针铁矿),极少量硬锰矿、软锰矿、假象赤铁矿、绢云母、高岭石等。

5. 矿石结构构造

矿石结构有变胶状结构、显微粒状结构、粒状结构、鳞片状结构、齿状镶嵌结构、变凝灰结构、显微鳞片针柱状结构、隐晶质结构。后两者为氧化带褐铁矿石所特有。

矿石常见构造有条纹条带状构造、块状构造、角砾状构造、浸染状构造、流纹状构造。矿床氧化带还有多孔状构造、土状构造、皮壳状构造。

6. 矿化阶段划分及分布

矿床形成于中元古界澜沧岩群惠民岩组中—基性火山岩喷溢-沉积阶段,所有矿层均呈层状、似层状、透镜状顺层产出,且具条纹条带、流纹构造。早期富钠质中性岩喷溢-沉积形成0号透镜状矿层;中期基性火山岩喷溢-沉积有9个韵律,形成9层铁矿;后期岩浆喷溢又向中性演化且逐步减弱,形成两层薄矿层(Ⅵ、Ⅶ号矿层)。

变质作用仅对铁矿物起了重结晶作用,矿层组分、形态等均未发生改变。

五、成矿作用

依据前人恢复大勐龙群、澜沧群的主体原岩为一套以碎屑复理石和中基性火山岩为主的火山-沉积岩系(《三江矿产志》,1984),结合微古植物组合,认为赋Fe矿的大勐龙群、澜沧群可能为中元古代(可能延续至古元古代),其岩石地球化学性质为低钾-钙碱性拉斑玄武岩系列,构成了扬子陆块西北边缘分

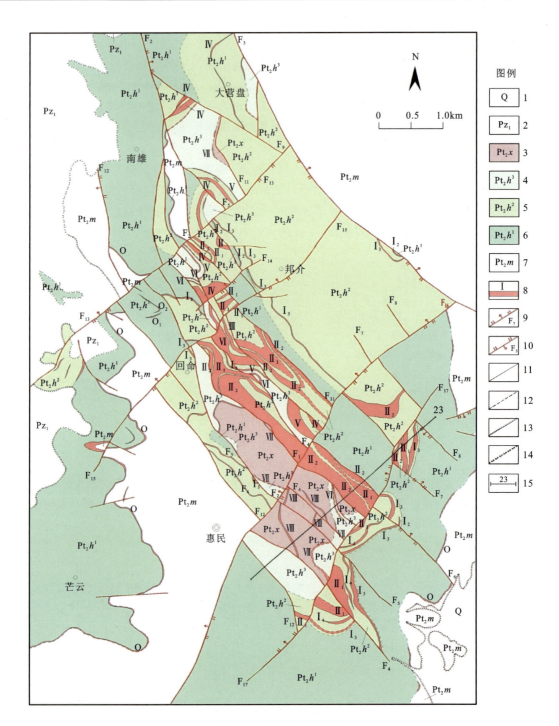

图 3-22 惠民矿区地质图

1.第四系;2.早古生代变质石英砂岩;3.西定岩组石英片岩;4.惠民岩组上段变质中性火山岩;5.惠民岩组中段变质基性火山岩;6.惠民岩组下段变质中性火山岩;7.勐满岩组石英云母片岩;8.矿体及编号;9.正断层及编号;10.逆断层及编号;11.实测地质界线;12.推测地质界线;13.实测角度不整合界线;14.推测角度不整合界线;15.剖面线及编号

布的活动边缘的古岛弧带(罗君烈等,1994)。因此,赋 Fe 矿的大勐龙群、澜沧群形成于 Rodinia 汇聚时期岛弧的弧后裂陷-裂谷盆地中。惠民 Fe 矿、大勐龙 Fe 矿等系列矿床(点),是在弧后裂陷-裂谷盆地的火山活动过程中,直接喷流-沉积于火山岩中聚集形成。因而成矿是受火山和沉积作用双重因素控制,区域上具有一定的层位性和对比性,火山活动的发育程度直接制约了 Fe 矿床的规模。随后的早古生代加里东期区域变质和混合岩化的改造富化,以及晚古生代岛弧火山活动、侵入岩浆作用的叠加富化,最终形成了前寒武纪变质岩中的 VHMS-改造型 Fe 矿床。区域成矿模型可以概括为如图 3-23 所示。

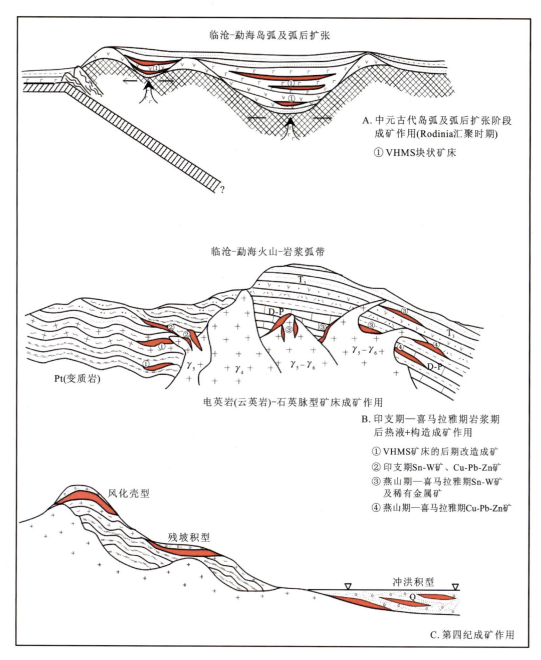

图 3-23 临沧-勐海 Sn、Fe、Cu、稀有金属矿区域成矿模式图(据潘桂棠,2005)

至印支期,临沧-勐海两侧的古生代洋盆闭合、弧-弧或弧-陆碰撞,区域上发育大规模的岩浆侵入活动,在海西期岩体的基础上叠加侵入,形成了临沧复式巨型花岗岩基的主体。岩浆晚期演化形成的富含挥发分含矿热液系统,在围岩和岩体的构造破碎带中以充填交代作用的方式形成电英岩(云英岩)-石英脉型 Sn(W)、Cu(Pb-Zn)多金属矿床,并共生(伴生)以独居石、磷钇矿为主的稀有金属元素,从而成为区域上重要的 Sn(W)矿化时期。成矿母岩岩石类型主要是中粒二云母花岗岩,次为黑云母花岗岩、白云母花岗岩,岩石普遍具高硅、富钾钠、贫钙镁的特征。

燕山晚期—喜马拉雅期,于陆内汇聚阶段发育形成了白云母花岗岩、黑云母花岗岩等超酸性侵入岩,叠加于早期形成的岩体中,一方面对先期的矿床进行叠加改造,另一方面岩浆侵入活动常伴随有 Sn(W)、Cu(Pb-Zn)及稀有金属元素矿化。该时期的矿化组分与印支期共生(伴生)的以独居石、磷钇矿为主的稀有金属元素组分,为第四纪砂矿型稀有金属矿床的形成提供了丰富的物源,使其在第四纪盆地中发育形成以冲积型砂矿为主的独居石、磷钇矿等稀有金属矿床。

六、资源潜力及找矿方向

2011年,"云南省三年找矿行动计划"在曼养、国防、疆锋等铁矿矿区重点开展了勘查工作,完成槽探 2319m³、钻探 40 395m。投入地质勘查资金约 1 亿元,累计探获 332+333+334 类铁矿石资源量 $3.52×10^8$ t,新增 332+333+334 类铁矿石资源量约 $2.5×10^8$ t。本区是云南省寻找铁矿资源较有潜力的地区之一,在景洪大勐龙预测工作区划分出 14 个预测区块,预测铁矿资源潜力为 $16.4×10^8$ t。

1. 惠民式海相火山-沉积型铁矿远景区

成矿构造环境为中元古代海相古火山喷发-沉积盆地,火山喷发-沉积活动中心地带。预测区东部为临沧-勐海花岗岩基。已知的惠民式火山-沉积型铁矿床(化)点是本类型铁矿的主要预测标志。矿床形成与中元古代扬子地块西缘岛弧带火山活动直接有关,铁矿与惠民岩组第二火山喷发-沉积旋回有明显关系。南北向临沧-勐海区域性巨大重力低异常带西侧,已知矿区处于重力高与重力低过渡带近重力高一侧,局部剩余重力正异常,重力高与澜沧岩群含矿地质体对应,与其他地质体存在一定密度差,就铁矿床而言无明显的重力异常显示。航磁 ΔT 异常表现正背景上的局部正异常,地磁场 ΔZ 异常有异常带对应,磁铁矿是引起磁异常的主要磁性地质体。通过高精度磁测,共圈定 3 个磁异常区、18 个局部磁异常,均与已知磁铁矿床相吻合。重磁异常成果显示磁铁矿床(点)与重磁异常呈正相关,重磁同源对应性很好,反映深部有较好的铁多金属矿资源潜力,有较好的找矿前景。

2. 疆峰铁矿中深部及外围远景区

该远景区位于临沧-勐海(岩浆弧)Fe-Pb-Zn-Au-Ag-Sn-Sb-Ge-REE 矿带($Ⅳ_9$)。典型矿床为景洪疆锋铁矿,确定 1 个预测工作区(景洪大勐龙预测工作区)。成矿构造环境与火山弧带火山活动关系密切,受火山机构控制明显。三叠纪基性岩、闪长岩、花岗岩以及古近纪石英二长岩十分发育,其中基性岩与铁矿的富化关系密切。新元古界大勐龙群变粒岩与大理岩的过渡带为变质基性火山岩-沉积岩石组合。疆峰铁矿中深部及外围铁矿(化)点是典型矿床主要预测标志。矿区位于大勐龙群复式背斜的核部,被后期纵向断裂所破坏而复杂化。重力资料反映为一梯度密集带,高磁异常沿此带呈线型展布,为面积较大、形态规整、强度较大的地磁异常。北起南林山,南至国防,全长 60km,由 17 个异常组成。其中疆峰(M016)磁异常为北东-南西走向的窄长带状异常,长 3500m,宽 300~800m,极大值 28 000γ,极小值 1237γ,一般 2000~4000γ。预测工作区共圈定 1:2.5 万磁异常带 17 个,磁异常带严格受构造控制,沿南林山-曼帅-大勐龙背斜轴部及其两侧的断裂线呈北东向分布,而单个异常的分布又受喷发中心侵入体两种因素制约;另外还圈定 1:1万~1:5000 地磁 ΔZ 异常 38 个。

第六节　云南省思茅大平掌地区铅锌银铜金矿矿集区

一、概述

云南南澜沧江地区,位于云南省西南部,地理(极值)坐标:E100°00′00″—101°00′00″,N 21°30′00″—24°20′00″,面积约 40 000km²。区内已发现大型矿床 1 处(思茅大平掌),中、小型矿床 20 余处,矿点 100 余处。

二、地质简况

勘查区主体位于思茅中生代坳陷盆地西部之澜沧江沿岸,呈狭长带状分布。大地构造位置属云县—景洪晚古生代末—早中生代火山弧带,成矿作用与火山弧带火山活动关系密切,受火山机构控制明显。

区内出露地层由老到新为古生界至第三系。元古宇澜沧岩群为一套复理石碎屑岩及中基性岛弧火山岩建造,岩石普遍变质,变质程度达绿片岩相;上泥盆统—二叠系(海西期)为一套复理石砂板岩夹中基性岛弧型火山岩、硅质岩、碳酸盐岩及含煤碎屑岩建造;中—上三叠统,为一套碎屑岩夹中基性、酸性火山岩建造;侏罗系—白垩系为海陆交互相至陆相红色碎屑岩建造;新生界第三系为陆相红色碎屑岩建造。其中,与三叠纪火山岩有关的铜矿或铜多金属矿有云县官房、景东文玉、景谷民乐铜矿床及多个富银铅锌铜矿点。与石炭纪—二叠纪火山活动有关的铜、金及铅锌矿化普遍,主要工业矿床有喷流沉积型的思茅大平掌铜矿。除火山岩外,尚有具大陆裂谷产出特征的基性及超基性侵入体,如景谷半坡环状超基性岩及景洪—大勐龙一带的二叠纪基性—超基性侵入体等(图3-24),这些岩体(辉长岩或辉长辉绿岩)局部具铜镍矿化,富含铜镍硫化物,如南林山岩体,地表土壤化探异常的镍异常局部可高达1%,蚀变的辉长辉绿岩中磁黄铁矿、镍黄铁矿可见,帕冷岩体中野外调查发现含较多的磁黄铁矿和黄铜矿,这些岩体的岩性特征和成矿时代与扬子地台西缘峨眉山地幔柱范围内的金宝山铂钯矿、金平县白马寨铜镍矿有很好的可对比性。

酒房断裂为隐伏—半隐伏的区域性大断裂,具明显的压扭性特征,是思茅中生代断陷盆地与澜沧江复杂火山岩带的边界。沿断裂带形成一宽数十米的挤压破碎带,该断裂对两侧的沉积建造控制也十分明显,许多矿床(如大平掌、民乐铜矿床)均与其有成因联系。

本区岩浆活动十分强烈而分布广泛,无论在时间上,还是空间上均受控于板块俯冲带,与火山岩同处于同一俯冲带内或构造带内。侵入岩以海西—印支期早期酸性侵入最为强烈,形成了沿澜沧江西侧展布的临沧-勐海花岗岩基,由二长花岗岩及少量花岗闪长岩或斜长花岗岩组成;其次在澜沧江深断裂东侧有零星的海西期、印支期、燕山期及喜马拉雅期的中酸性小岩株、岩体;基性侵入岩出露零星,规模小,为岩脉、岩墙、岩株等,孟连一带以蛇绿岩-镁质超基性岩为主;澜沧江东侧的景谷半坡、景洪南林山等岩体,为铁质超基性—基性岩类。

三、主要矿产特征

本区主体属于澜沧江复杂火山岩带中段,为两个Ⅱ级大地构造单元的接合部位,区内地质构造背景复杂,岩浆活动频繁,各类火山岩、侵入岩发育,分布广,演化历史长,岩石类型多。这些特点为本区火山岩浆成矿作用提供了良好的地质条件,与火山岩浆活动有关的矿床,为本区主要的矿床类型,也是本区成矿条件最好、最有找矿前景的矿床类型。沿澜沧江深断裂带,分布有海西期、印支期的火山岩和海西期—喜马拉雅期侵入岩,尽管不同时代的侵入岩、火山岩组合从南向北有所变化,但成矿都与火山岩、侵入岩相联系,成矿具有3个成矿期、4个成矿系列的区域矿床(组合)模式,3个成矿期是指海西期、印支期、燕山期—喜马拉雅期;4个成矿系列是指与海西期海相细碧角斑岩系有关的块状硫化物矿床系列(大平掌块状硫化物矿体),与印支期基性火山岩有关的火山热液矿床系列(文玉及官房铜矿、民乐铜矿),与印支期岩浆侵入活动有关的热液矿床系列(芒海铜多金属矿),与燕山期—喜马拉雅期岩浆浅成侵入体有关的热液矿床系列(澜沧雅口铜多金属矿)。前三类系列已发现一定规模的矿床,后一种成矿系列已见矿化,存在与斑岩有关的铜多金属矿床。与二叠纪基性—超基性侵入体有关的金平白马寨式铜镍硫化物矿床类型在区内也获得了重要的找矿信息。

四、典型矿床特征

(一)思茅大平掌复合型铜多金属矿床

1. 成矿地质背景

矿床位于兰坪-思茅陆块南部西缘,南澜沧江晚古生代末—早中生代岛弧火山岩带。与成矿作用关系密切的地层主要有:上泥盆统—下石炭统大凹子组细碧岩-角斑岩-石英角斑岩等组成细碧角斑岩建造。矿区构造总体为一北西走向的背斜构造,由于受断裂岩体破坏,形态不完整。区域上的酒房断裂(F_1)从矿区南西侧穿过。

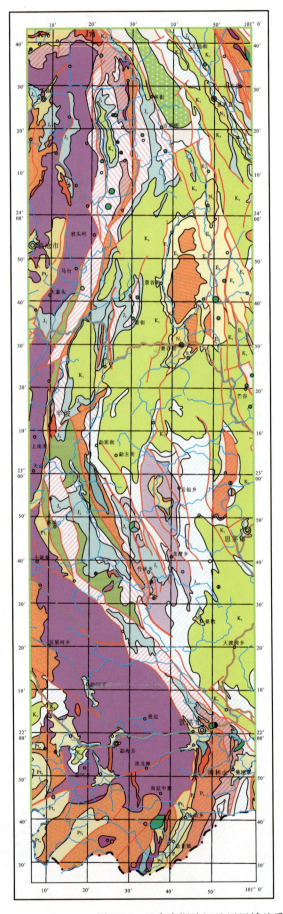

图 3-24 云南南澜沧江地区区域地质矿产图

2. 矿床特征

矿区主要由 V_1、V_2 矿体组成，V_1 矿体受次火山岩侵入和构造的影响，呈北西向断续分布，长 400～665m，宽 70～400m，厚 2.00～6.26m，单工程平均铜品位 0.45%～5.52%、平均 2.90%，伴（共）生铅 1.68%、锌 7.55%、金 $2.18×10^{-6}$、银 $125.45×10^{-6}$、硫 20.39%。V_2 矿体长 2600m，中部宽 700m，两端宽约 100m，平均厚 13.43m。单工程铜平均品位 0.31%～2.26%，矿体铜平均品位 0.95%，伴生组分总体含量低。上部致密块状硫化物矿体成矿时代为 D_3—C_1，因受后期构造破坏，呈囊状分布，树断裂（F4）、白沙井断裂（F2）沿矿区两侧分布。酒房断裂、李子树断裂与成矿作用关系密切（图 3-25）。

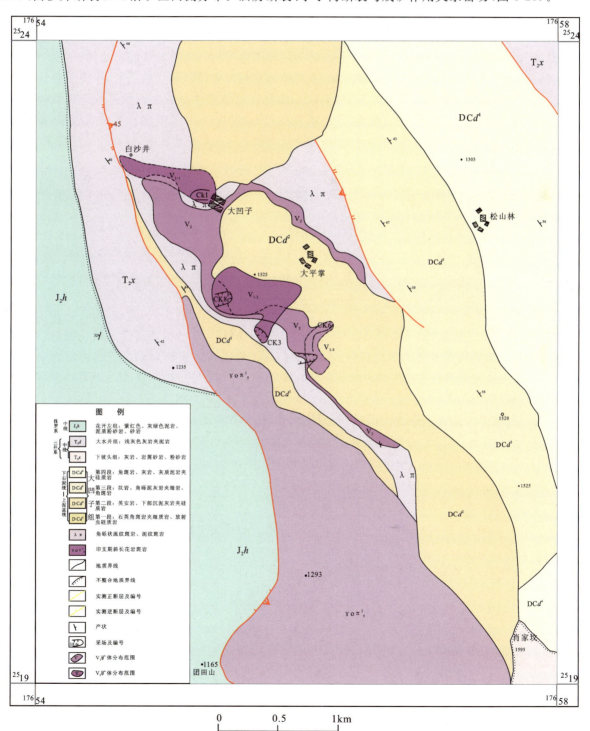

图 3-25 云南思茅大平掌铜矿区地质

于断层破碎带，矿石具微—细粒状、溶蚀、乳浊状、交代、包含、鲕粒和草莓结构；块状、角砾状、条纹条带状构造。矿石金属矿物有闪锌矿、黄铜矿、黄铁矿、方铅矿及银黝铜矿等，以富闪锌矿和黄铜矿为特征；脉石矿物有石英、方解石、绢云母、绿泥石及重晶石。矿石低硅、高铁、高铅锌。下部细脉浸染状矿体形成时代为 T_2—T_3。块状矿体呈透镜状产于次火山角砾岩筒中，矿石具中—粗晶粒、交代、共结边、包含和固溶体分离结构；浸染状、细脉浸染状构造。矿石金属矿物有黄铁矿、黄铜矿、闪锌矿、方铅矿等，以贫闪锌矿和方铅矿为特征；脉石矿物有石英、长石、绢云母、方解石及绿泥石。矿石高硅、低铁、低铅锌。

围岩蚀变强烈，主要有硅化、黄铁矿化、绿泥石化、绢云母化、重晶石化、碳酸盐化等。矿区构造总体为一北西走向的背斜构造，区内岩浆岩有火山岩及酸性侵入岩。矿区化探异常和激电中梯异常明显。矿体有两种类型，上部为块状硫化矿石，下部为浸染状铜矿石。

对矿床的成因有两种观点：一种认为矿床是较典型的火山成因块状硫化物矿床，具双层结构，是海底喷流-喷气活动的产物；另一种认为矿床是由具有两种截然不同的地质背景和矿化特征的矿体，因造山带构造-岩浆作用叠合在一起的复合型矿床，块状矿体是晚古生代陆缘盆地阶段，火山喷流沉积形成的矿床，成矿时代为晚泥盆世—早石炭世（D_3—C_1），细脉浸染状矿体是造山阶段碰撞作用形成的次火山热液型矿床，成矿时代为中—晚三叠世（T_2—T_3）。按后一种观点，块状矿体成矿时代较早，成矿背景属盆地开放环境，矿体赋存于细碧角斑岩系中；细脉浸染状矿体成矿时代较晚，成矿背景属碰撞环境，矿体产于次火山角砾岩筒中，受次火山岩体及火山穹隆构造控制。

（二）景谷民乐铜矿

矿区位于南澜沧江火山岩带中段，出露地层主要有上二叠统龙潭组绢云石英千枚岩、绢云母板岩、粉砂质板岩、局部夹薄层玄武岩。三叠系上统小定西组钠长玄武岩、凝灰岩、凝灰质砂岩，中统芒怀组安山岩、凝灰岩、暗紫色安山质晶屑凝灰岩、熔岩、玄武岩、玄武岩质晶屑凝灰岩、安山质凝灰岩、蚀变玄武岩夹砂岩及泥岩、角砾岩等。侏罗系下统漾江组泥岩、粉砂岩和砂岩，中统和平乡组泥岩、粉砂岩、含砾砂岩，上统坝注路组泥岩、粉砂岩及细砂岩。白垩系下统景星组砂岩、砂砾岩、泥岩、粉砂岩等。可分为东、西两个矿化带，分别沿坤南箐背斜及其延长线（东矿带）和那布-翁姑田背斜及其延长线（西矿带）两背斜轴线展布。区内铜矿有3个产出部位。即：产于 T_2s^3 火山岩之不整合面附近的火山岩中的铜矿体；产于 T_2s^2 火山玄武岩构造破碎带内的火山岩热液型铜矿体和产于 T_2s^2 底部之石英砾岩（层）中的火山-沉积型铜矿。

2006年在坝卡河发现了隐伏火山-沉积型铜矿体，矿体走向近南北，倾向西，倾角35°～45°，呈层状、似层状产出，含矿岩石为浅色石英砾岩，矿带长大于800m，矿体平均厚约3.80m，铜平均品位0.717%，其中29线施工结果说明本类铜矿存在厚富的矿体。

（三）云县官房铜矿

矿区为上三叠统小定西组基性火山岩组成的一近南北向背斜西翼的次级向斜构造。含矿围岩主要为玻基、半玻基质致密块状玄武岩。矿区断裂发育，有北西、北东和近东西向3组。沿此3组断裂均有矿化。铜矿体呈脉状、透镜状产出，沿走向和倾向延伸品位、厚度尚较稳定。矿化地段玄武岩热液蚀变明显，主要有硅化、绿帘石化、黄铁矿化，次为绿泥石化，局部钠长石化、碳酸盐化，以硅化和铜银多金属矿化关系最为密切。蚀变带上界较清楚，下界不规则过渡。矿石为蚀变玄武岩型铜矿石。

（四）景东文玉铜矿

本矿区与云县官房铜矿隔江相对，矿区出露地层为上三叠统小定西组（T_3xd）中上部中、基性熔岩夹火山碎屑岩。矿区总体为一火山喷发向斜构造。铜矿体或铜铅矿体产于小定西组第四喷发旋回第三个韵律层中，顺层产出，赋矿岩石为浅紫红色、浅灰绿色、气孔状、斑杂状玄武岩。围岩蚀变以绿泥石化、绿帘石化、绢云母化和硅化为主，以硅化与矿化关系最为密切。矿区目前圈定3个矿体，V_1 主矿体长

490m,控制斜深170m,平均厚18.83m,平均品位:Cu 1.39％,Pb 1.04％,Ag 33.76×10^{-6}。矿石以硫化矿为主。本区铜矿体具有厚度较大、品位较高的特点,以往地质工作程度较低,矿区有进一步找矿前景。

(五)云县果园铜矿

矿体产于上三叠统小定西组第二段(T_3xd^2)玄武岩、安山玄武岩的破碎带中,圈定矿体4条。各矿体特征如下。

V_1矿体:呈脉状产于上三叠统小定西组第二段(T_3xd^2)紫红色、红褐色安山玄武岩中,总体走向北西,倾向南西,共有7个地表工程控制,地表工程控制长660m,单工程矿体厚1.00~15.75m,平均7.94m,单工程矿体平均品位Cu 0.64％~2.81％,矿体平均品位Cu 0.89％。矿体沿走向上未完全控制,并有铜草和转块分布,推测矿体尚具一定走向延伸。矿石类型为碎裂状安山玄武岩型铜矿石。

V_2矿体:呈脉状产于上三叠统小定西组第二段(T_3xd^2)紫红色、灰绿色安山玄武岩中,地表工程控制长400m,单工程矿体厚1.48~3.00m,平均2.10m,单工程矿体平均品位Cu 0.58％~0.83％,矿体平均品位Cu 0.65％,沿矿体走向、倾向均未控制全。矿石类型为碎裂状安山玄武岩型铜矿石。

V_3矿体:呈脉状产于上三叠统小定西组第二段(T_3xd^2)紫红色、灰绿色安山玄武岩中,总体走向北西,倾向南西,倾角60°~65°,地表工程控制长500m,单工程矿体厚2.00~5.00m,平均3.50m,单工程矿体平均品位Cu 1.06％~1.55％,矿体平均品位Cu 1.41％,沿矿体走向向北西未控制全、向南东变成矿化破碎带,沿倾向未有工程控制。矿石类型为碎裂状安山玄武岩型铜矿石。

V_4矿体:呈脉状、透镜状沿F17压扭性断裂破碎带分布,矿体产状与破碎带产状基本一致,总体走向北东向,倾向西,倾角60°左右,地表工程控制长580m,单工程矿体厚0.94~16.17m,平均4.50m,单工程矿体平均品位Cu 0.64％~1.27％,矿体平均品位Cu 1.17％,沿矿体走向向北未控制全、向南被F9断裂切割后未见出露,沿倾向未控制。矿石类型为碎裂状安山玄武岩型铜矿石。

矿石结构有自形—半自形晶结构、他形晶结构;矿石构造主要有星散浸染状、细脉浸染状、条带状、团包状、薄膜状构造,碎块角砾状构造。氧化矿石矿物以孔雀石为主,次为蓝铜矿、硅孔雀石、褐铁矿;硫化矿矿石矿物主要为辉铜矿、黄铜矿、斑铜矿、黄铁矿,其次为黝铜矿、铜蓝;脉石矿物以斜长石、石英为主,其次为绿泥石、角闪石、绿帘石、泥质、辉石、阳起石等。近矿围岩蚀变主要有硅化、绿泥石化、褐铁矿化、黄铁矿化。矿床成因为与火山岩有关的中温热液型铜矿床。

(六)银子山铜铅锌矿

已发现两个矿体,产于D_2—C_1大凹子组安山岩、英安岩、安山质细碧岩中。受断裂构造、火山岩层位及岩性控制,矿石类型有块状硫化物和浸染状铜矿石。V_1矿体,地表工程控制长400m,厚1.8~2.0m,铜品位0.51％~0.98％,浅部有PD1控制,见两层矿体,厚度为2.40m和7.00m,铜品位为0.75％和0.52％;V_2矿体仅有一个地质点控制,厚2m,铜品位2.68％,其中有一件样品含金1.85×10^{-6}。浸染状铜矿石金属矿物为黄铁矿、黄铜矿,脉石矿物为长石、绿泥石、少量碳酸盐岩,具他形晶粒结构,浸染状、斑点状构造,铜品位0.10％~1.42％,平均0.59％,伴生金0.07×10^{-6}~0.14×10^{-6};块状硫化物矿石金属矿物有黄铜矿、黄铁矿、方铅矿、闪锌矿,具微细粒、他形粒状结构,交代残余结构,包含结构,致密块状构造,在断裂破碎带中呈角砾产出,据组合分析,品位为:铜3.95％、铅0.29％、锌2.40％、银87.5×10^{-6}、金0.5×10^{-6}。

该矿床点的成矿方式、矿床类型和成矿时代,均与大平掌铜矿极为类似,是寻找到火山喷流沉积型铜多金属矿床的重要地区之一。

五、成矿作用分析

(1)区域内与火山岩有关的热液型铜矿主要分布于三叠系玄武岩、安山玄武岩、安山凝灰岩、流纹岩、火山角砾岩、岩屑砂岩内；主要围岩蚀变有硅化、绿泥石化、黄（褐）铁矿化，且矿体旁侧常见有辉绿岩等基性岩体分布。

（2）区域内与花岗岩有关的热液型锡钨矿主要分布于临沧花岗岩体东、西两侧，主要围岩蚀变有硅化、褐铁矿化、绢云母化等。

（3）空间上，近火山口相是最有利的成矿部位，尤其是热液活动强烈的次火山顶部，更是块状硫化物矿床赋存的重要场所。

（4）区域构造上，矿产分布沿近南北向断裂带呈条带状展布，与南北向构造关系密切，二者复合部位常有利于铜、铅锌矿的富集。

（5）从成矿时代来说，晚古生代火山喷发作用，铜、铅、锌矿化较为普遍，伴生金、银；中生代火山岩，以铜为主，伴有铅、锌、金、银矿化。

（6）区域内成矿规律明显，空间分布以岛弧（陆缘弧、滞后型弧）为主，次为陆块地堑带；时间分布以印支成矿期为主，次为喜马拉雅期；类型以斑岩型及火山喷气沉积型为主，次为矽卡岩型及沉积-改造型，与基性—超基性岩有关的岩浆熔离型铜镍矿床也显示了重要的成矿意义。

六、资源潜力及勘查方向分析

1. 云县漫湾-景东文玉铜多金属找矿远景区——与三叠系火山活动有关的找矿远景区

远景区主要出露中三叠统忙怀组酸性火山岩、小定西组中酸性火山岩，局部地段有侏罗系花开佐组碎屑岩分布。区内构造线呈近南北向。除火山岩外，岩浆岩以基性、中酸性脉岩为主。

本区处于重力低梯度异常带、航磁低平缓异常区，化探异常以 Pb、Zn、Cu、Au 异常为主，且 Cu-Mo-Ag 组合异常及 Pb-As-Sb-Hg-Cd 组合异常均有较好反映，本区经进一步开展 1∶5 万土壤测量，圈定了一大批铜铅锌银异常，展示了较好的找矿潜力。从遥感影像上看，本区位于澜沧江弧形深断裂带与景谷南北向巨大型菱透状块体叠合部位，线性构造以南北、北东向为主，在后箐、栗树乡、大朝山分别有东西向线性构造通过，矿床（点）大都位于构造交汇带。

区内铜铅锌多金属矿床点成带分布，主要矿床有云县官房铜矿、景东文玉铜矿及近期工作新发现的果园铜矿、查家村铜矿、栗树街铜矿、邦东铜矿、大地山铜矿等矿床点，除前两个以往工作发现的矿床点外，区内多数矿床点地质工作程度极低，同时内有大量新圈定的化探异常未能深入检查。

2. 景谷民乐与三叠系火山活动有关的铜多金属找矿远景区

远景区处于澜沧江深断裂东侧，于白垩系、侏罗系红层中突起，主要出露地层为上三叠统基性—中酸性火山岩，部分为二叠系、石炭系碳酸盐岩、火山岩，近南北向断裂发育。

远景区位于重力高及宽缓磁力高异常带。化探异常属南澜沧江 Pb、Zn、Ag、Cu 综合异常带的一部分，伴有 Au、As、Sb 等元素异常。区内化探异常以铜为主，伴有铅锌银异常。

区内矿产以铜为主，以民乐铜矿为代表，矿床类型主要有产于英安斑岩侵入体内的次火山岩热液型铜矿（如宋家坡、老八田、双龙等）、陆相火山-沉积岩内的浅成热液铜矿（如坝卡河等），此外有产于侏罗系红层中的砂岩型铜矿（如三厂、鸡叫山等），构成了斑岩铜矿-浅成热液铜矿-砂岩铜矿的成矿系列。本区除民乐外，面上地质工作程度较低。

3. 宁洱厂硐-白龙厂铜多金属找矿远景区

远景区位于思茅-勐腊成矿带中部。出露地层主要有二叠系灰岩、三叠系火山岩及侏罗系花开左组砂砾岩。区内断裂构造发育，近南北向断裂是主要控矿断裂。矿区内无岩浆岩出露。近矿围岩蚀变以硅化、碳酸盐化及大理岩化为主。

远景区处于东西向重力高梯级带，航磁异常为高平缓跳跃区。化探异常以 Pb、Zn、Cu 异常组合为主,Pb-Zn-Cd 组合异常显示亦较好,异常多出现在构造交汇处,并形成浓集中心。该地球化学分区主要为 Pb、Zn、Ag、Cu、Sb 等元素组合异常,呈近南北向条带状分布。Pb-Zn-Cu 元素组合异常集中分布于芒谷—勐泗一带,与普洱突起的三叠系、二叠系相对应。南段异常内有罗卜山中型铅锌矿、红石岩小型铅锌矿;北段有白龙厂、正兴、帕娃山等 10 余个铜矿点。Sb 元素异常带较长,南段与芒谷-勐泗 Pb-Zn-Cu 组合异常对应,向北延伸至景东。带内尚有 Au 元素异常零星分布,仅卢家山异常较明显,其出露地层为古近系砂泥岩。

遥感异常位于勐泗南北向线性密集带中,此外有少量北东、北西向线性密集带加入,在勐泗附近存在东西向线性密集带。

区内已评价了普洱县罗卜山中型铅锌矿床。矿床产于二叠系灰岩中,矿床类型为沉积改造型铅锌矿床。预测在罗卜山铅锌矿以北地区厂硐—勐泗一带有进一步找矿前景。

4. 半坡-谦六铜镍金铁找矿远景区

本区处于澜沧江火山弧与兰坪-思茅弧后盆地的过渡地带。主要出露地层有元古宇变质岩、早古生界沉积岩以及三叠系忙怀组和小定西组火山岩等。区内构造发育,构造线以近南北向为主;全区岩浆活动强烈,以三叠纪基性—超基性岩浆喷发作用和次火山侵入活动为主。主要基性岩体有半坡岩体。

远景区处于无量山-景洪重力高带异常上,半坡、谦六一带为局部重力高;区内有半坡、谦六 2 个航磁异常分布。化探异常元素组合为 Cu、Ni、Pb、Zn、Au、Ag,形成多处浓集中心。区内遥感表现为区域性弧形构造带内侧菱透状构造带,具多成因多类型成矿叠加复合特征。环形构造以岩浆热液环为主,直径 2~8km,呈北东向分布,主要分布在永平镇—半坡一带。

本区以与火山活动有关的铜矿为主,南部有芒棒等矿床点分布,远景区有进一步找矿潜力。

5. 大平掌铜多金属找矿远景区

远景区处于澜沧江主弧地体与兰坪-思茅弧后盆地的过渡地带。出露地层主要有古元古界变质岩、泥盆系大凹子组酸性火山岩、中统浅海相碳酸盐岩夹碎屑岩、二叠系下统大新山组浅变质岩及上统龙潭组碎屑岩、三叠系忙怀组、小定西组火山岩、大平掌组滨海相杂色砂泥岩、侏罗系海陆交互相红色碎屑岩等。区内褶皱主要有大平掌复背斜。断裂构造以北西西向为主,主要断裂有酒房断裂。区内岩浆岩发育,主要为中酸性岩、酸性岩及少量超基性、基性岩,代表性岩体有海西期侵入岩(临沧-勐海花岗岩基)、印支期中酸性、中性侵入岩,燕山期超基性、基性岩,喜马拉雅期花岗斑岩等。

远景区处于无量山-景洪重力高异常带,航磁处于高平缓异常带。化探异常沿澜沧江东侧分布,以 Cu 元素为主,伴有 Pb、Zn、Ag 异常,Cu-Mo-Ag 组合异常与已知矿床(大平掌铜矿)吻合性较好,反映此种组合对寻找铜矿床有一定指示意义。处于区域性弧形构造内侧菱透状构造带中。北段北东、北北东、南北、北北西、北西、东西向线性构造呈扇形排列,南段叠套状环形构造发育。影像显示其下存在北北西向长椭圆状隐伏岩体。已知铜及铜多金属矿床(点)位于隐伏岩体内侧东西向构造及北东向构造交汇部位,局部岩石矿化蚀变褪色明显。

区内主要矿床有与火山活动有关的思茅大平掌火山喷流沉积铜多金属矿床(大型),和八落、芒海等印支期与中酸性岩浆活动有关的热液型铜金矿、铅锌矿及与燕山期超基性、基性岩浆活动有关的铂钯矿化,及喜马拉雅期与斑岩有关的多金属矿(雅口)。此外还有铁矿、石膏等。

6. 雅口街与燕山期斑岩有关的铜铅锌找矿远景区

远景区出露地层主要为二叠系下统大新山组微晶片岩、绢云千枚岩、变质砂岩夹变质安山岩、千枚岩,中统忙怀组中酸性火山岩及上统小定西组中基性火山岩。侏罗系花开左组以海陆交汇相的红色碎屑沉积为主。构造线呈北西向转南北向。岩浆岩仅在雅口一带出露,为燕山期花岗闪长岩、喜马拉雅期花岗斑岩、石英斑岩及二长斑岩。

远景区处于重力高低交变异常带,航磁处于跳跃式高低异常带。化探异常以 Cu、Pb、Zn 异常为主,并见有 Cu-Mo-Ag、Pb-As-Sb-Hg-Cd 组合异常。经开展1:5万土壤测量圈定了具有较好找矿前景的化探异常,但未深入检查。位于澜沧江向西突出弧形断裂与大坎-竹林断裂夹持的锐角地带,南段发育窑房坝街中型(22.5km×17.5km)椭圆形岩浆热液环,环内直径23km的小环组成同心状,叠套状环结;北段在谦六形成岩浆热液环。线性构造以东西向、北西向为主。本区位于岩浆热液环内东西向与近南北向弧形构造交汇部位,遥感信息显示本区成矿条件优越,有良好的找矿远景。

本区成矿作用与火山热液活动以及中酸性岩浆侵入活动关系密切,目前已知矿床点有雅口铅锌多金属矿点。本区处于有利的成矿带上。

7. 景洪-大勐龙铁铜金镍找矿远景区

远景区位于忙怀-景洪铜铅锌金成矿带南段,临沧花岗岩体南伏末端东侧。出露地层主要为元古宇大勐龙群变质岩,二叠系火山岩以及三叠系忙怀组火山岩。构造线总体呈北东向,与主断裂澜沧江断裂一致。本区岩浆活动频繁,有较多的时代不明的酸性、基性以及超基性侵入体分布。

远景区处于重力高梯级异常带、航磁异常高跳跃带。化探异常以 Cu、Au 异常为主,Cu-Mo-Ag 组合异常亦有较好显示。遥感处于澜沧江断裂带向东突出的弧顶部位,北西向木戛断裂带南延部分与位于缅甸境内的北东向断裂构成的"鱼头"状三角形断块带中。北西侧为勐海巨大型构造-岩浆复式环,弧顶部位有呈近南北向环链发育。有近东西向、北东向断裂与弧带密集交汇,已发现矿点分布,具有良好的找矿前景。

区内矿产以铁铜金为主,铁矿主要与变质作用关系密切,铜矿化和金矿化以及黄铁矿化与火山岩活动有关。主要矿点有三达山铜矿、卡拉龙金矿等。本区成矿地质条件优越,找矿条件好,通过工作可望实现地质找矿的新突破。

8. 惠民-西定铁金找矿远景区

远景区位于临沧花岗岩体西侧,临沧-勐海金成矿带上。远景区出露地层主要为元古宇澜沧岩群惠民组,其次为侏罗系和白垩系碎屑岩。地质构造以北西向断裂构造组发育为特征,岩浆岩主要为燕山期侵入岩体,分布在远景区东部及南部,岩性为混合岩化角闪黑云二长花岗岩。

物化探异常特征:本区处于临沧-勐海重力低带,澜沧高低平缓航磁异常带。遥感处于糯福中大型构造环、勐海巨大型构造环以及木戛断裂透镜状岩块带叠合部位。构造-岩浆-热液环发育,呈环结状沿南北向分布,遥感推测惠民、吉量等地有隐伏岩体存在。化探异常以 Au 异常为主,伴有 Pb、Zn、Ag、Cu 异常及 Sb-Hg-Mo 组合异常,上述组合异常主要分布在澜沧岩群中,常处于构造交汇部位并有东西向隐伏断裂分布。已知金矿(化)点多分布于隐伏岩体外侧与北东、北西向构造叠合部位。

本远景区矿产丰富,主要内生矿产有铁矿、金矿及锰铜铅锌等。铁矿主要为早古生代沉积变质型矿床,金矿主要为微细粒型金矿。主要矿床(点)有惠民铁矿、西定金矿、勐满金矿、巴夜锰矿、布朗山锡矿等。

第七节 云南省兰坪-白秧坪地区铅锌银矿集区

一、概述

兰坪-白秧坪矿集区位于云南省兰坪县与维西县两县交界的三山—白秧坪一带,面积约 900km² (图 3-26)。其内,以铅、锌、银和铜等多金属矿产为主,已知含矿岩系包括上三叠统三合洞组、中侏罗统花开佐组、白垩系景新组、南新组、虎头寺组和古近系云龙组。矿集区范围内有超大型铅锌矿1个,大型银矿2个,中型铜银矿3个,小型及矿点近两百个,可谓星罗棋布。除超大型金顶铅锌矿外,有沉积-热液改造型的金满、白洋厂等大-中型铜银多金属矿床;热水沉积-热液改造型的三山(灰山、燕子洞、下区五、新厂山等)铜银多金属矿床;构造-火山蚀变岩型铜矿床(恩期、黄柏、大宗矿点、象鼻村矿点、凤川矿点、期吉矿点等);热液脉型银铜多金属矿床(白秧坪、富隆厂、核桃箐等)。矿集区南端有超大型的金顶铅锌矿床。

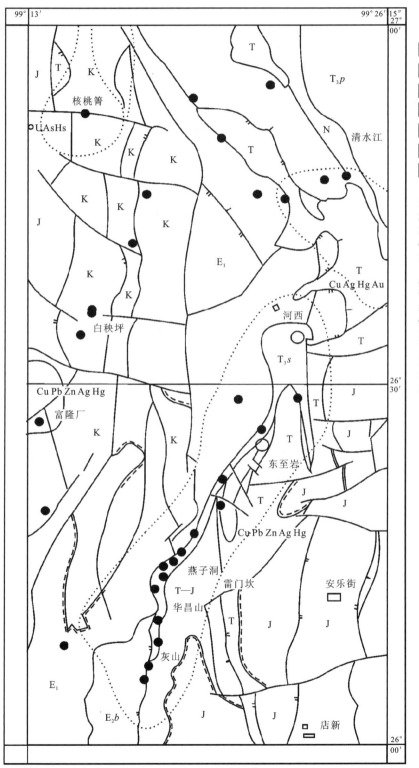

图 3-26　兰坪-白秧坪地区铜银多金属矿集区地质图
(据云南三大队 1:5 万区调资料修改)

二、地质简况

矿集区位于兰坪盆地内。该盆地是一个中、新生代的大型叠合盆地,由多个具有不同性质的盆地单型组成。不同性质的盆地叠置顺序由老到新为:中三叠世晚期至早侏罗世为陆内裂谷盆地,中、晚侏罗世为坳陷盆地,白垩纪为前陆盆地,古新世—始新世为走滑拉张盆地,始新世末至渐新世为走滑挤压盆地,中新世至今为走滑拉分盆地。盆地规模从中侏罗世以后逐步缩小。

晚三叠世是该区成矿物质富集的主要时期,而新生代盆地的走滑聚敛与对冲造山阶段是主要成矿期,成矿年龄约 65~20Ma。

三、主要矿产特征

本矿集区可划分出两个主要成矿带。其一是盆地西缘澜沧江沿岸 Cu 矿化带,北起期吉,南至兔峨,长约 100km;其二为盆地中部近南北向的 Cu-Pb-Zn-Ag-Co 多金属成矿带,此带北起白秧坪-富隆厂,南至白洋厂、龙马山一带。厘定了 4 种主要的铜银多金属矿成矿类型:①沉积-热液改造型铜矿床,产于中侏罗统花开佐组碳泥质砂岩及下白垩统景星组、南新组、虎头寺组中;②热水沉积-热液改型铜银多金属矿床,产于上三叠统三合洞组白云质岩、硅质岩、白云质灰岩中;③构造-火山蚀变岩型铜矿床,产于兰坪盆地西缘;④热液脉型银铜多金属矿床,产于以上各层位中。其中最具找矿前景的是前两类。

(一) 热水沉积-热液改造型铜、银多金属矿床

矿床的形成既与晚三叠世活跃的热水活动有密切联系,又与喜马拉雅期强烈的构造活动有关。主要矿床(点)有:黑山-灰山银铅锌矿床、燕子洞银铜铅锌矿床、下区五-东至岩银铜矿床、东至岩-河西锶矿床。

1. 含矿岩系特征及其控矿意义

含矿岩系为上三叠统三合洞组。该含矿岩系由 4 部分组成,下部为厚层块状灰岩、白云质灰岩、白云质岩;中部为角砾状灰岩、白云岩;上部为各类含矿的硅质岩、白云质灰岩;顶部为黑色碳泥质页岩、板岩。在横向上,硅质岩及角砾状灰岩、白云岩断续分布。

矿化体主要分布在白云质岩和硅质岩与黑色碳泥质页岩、板岩的层序界面的交界处。

2. 矿体产出特征及规模

矿体呈层状、似层状、透镜状。在黑山、灰山矿段中,华昌断裂上盘的破碎带中也有小规模的矿化,但均不是主要的工业矿体。燕子洞矿段沿落山-日望洞矿带中的主要矿体或矿段受华昌山断裂的控制,该断裂在矿带中大致呈 20°方向延伸,西盘为古近系红层(主要为勐野井组(E_1m)、宝相寺组(E_1b),东盘为上三叠统三合洞组(T_3s),断层破碎带宽 10~20m,在平硐中可见破碎带局部厚达 40 多米,带中发育断层角砾岩,硅化、方解石化强烈,从断裂带的显微构造指示了断层上盘上三叠统逆冲到古近系之上,断层面波状起伏,总体产状 110°~125°∠30°~40°。断层性质属逆冲性质。

3. 矿石的物质组成

该类矿床矿物组成为硫砷锑铅矿、灰硫锑铅矿、方铅矿、闪锌矿、黄铁矿、辉铜矿、黄铜矿、斑铜矿、辰砂及大量铅、锌、铜、铁的氧化矿物。矿石中少见高温矿物,矿物组成亦较简单,与常见热液矿床比较,少见复杂的硫盐类矿物。

4. 矿石组构

该类矿体的矿石组构较复杂,既保留有原始热水沉积成矿的矿石组构,如条带状构造、霉菌状构造、原生角砾状构造等;更为常见的热液改造过程中结晶作用、交代作用形成的组构。由于原生矿石的矿物组合相对较简单,大部分热液成矿作用形成的组构主要由矿物间相互交代形成。组构研究表明,三山地区上三叠统三合洞组的银铜多金属矿早期已经有热水沉积成矿作用形成的矿化体。

常见的矿石构造有:霉菌状构造、条带状构造、角砾状构造、网脉状-细脉状构造。氧化带矿石中发育皮壳状、薄膜状、蜂窝状、土状、环状构造等风化成矿作用形成的矿石构造。

矿石结构:主要发育有各类交代结构、结晶结构和固溶体分离结构。

5. 成矿期、成矿阶段划分

沿华昌山断裂分布的银铜铅锌多金属矿床有着和兰坪盆地内其他银多金属矿不同的成矿作用,在晚三叠世时已经在三合洞组形成了热水沉积贱金属矿化体或矿体,银矿化是在喜马拉雅期大规模的盆内流体成矿作用的叠加。

(二) 沉积-热液改造型铜(银)多金属矿床

该类矿床赋存地层为中侏罗统花开佐组,白垩系景星组、南新组和虎头寺组。典型矿床分别是金满铜银多金属矿床、白洋厂银铜多金属矿床。虽然两矿床的赋矿层位有所不同,但成矿作用和地质特征有许多相似之处。如矿石组构、矿物组合、矿体形态、控矿构造、围岩蚀变等都有相似点。

金满铜(银)多金属矿床

1. 含矿岩系特征及控矿意义

含矿岩系的沉积环境为浅海陆棚相到河、湖沉积或河湖三角洲相的杂色岩层组合,灰绿色、灰色、青灰色粉砂质页岩、钙质页岩、钙质石英杂砂岩夹黑色、紫色页岩构成了主要的含矿层,上部有浅灰色泥晶灰岩、泥灰岩夹钙质泥岩(变质成为钙质页岩)。金满铜矿以南,相变为海相灰岩,顶部有膏盐沉积。

钙质砂岩与钙质页岩的层间矿化最为强烈。在极薄层的钙质砂岩、钙质粉砂岩与钙质页岩(泥岩)的层间常见到顺层分布的黄铜矿、斑铜矿矿化。

2. 矿体产出特征及规模

金满铜(银)多金属矿床位于澜沧江断裂带东侧,受断裂活动影响,区内及外围花开佐组地层发生浅变质,砂、泥岩变质形成板岩、千枚岩。主矿体呈脉状、似层状产出,总体走向北东25°,倾向南东,倾角70°~80°,局部直立,矿体长大于800m,延伸大于350m,平均厚7.87m,矿化均匀,平均铜含量2.12%,银20.4×10^{-6}。

3. 矿石的物质组成

金满铜(银)矿床的主要矿物成分和矿物组合中,条带状、层纹状矿石的矿物组合和角砾状、脉状、细脉浸染状矿石的矿物组合有所不同。前者矿石矿物简单,以黄铜矿+石英+斑铜矿+黄铁矿、石英+斑铜矿、沥青质+黄铜矿、黄铜矿+石英、斑铜矿+石英组成为主;而后者的矿石以脉状-细脉状、浸染状矿石为主,矿体是穿层的脉状,矿物组成较为复杂,在黄铜矿、斑铜矿中包含有大量的黝铜矿族矿物、钴镍硫化物、砷化物,甚至形成黝铜矿+菱铁矿+铁白云石矿脉。脉石矿物有石英、菱铁矿、铁白云石、白云石、沥青质。

由此可见,金满铜(银)多金属矿床的矿物组成较为复杂,既具备黑色岩系的矿物组成特征,也具有一般浅成热液矿床的矿物组成。

4. 矿石组构

金满铜矿的原生矿石主要有条带矿石、层纹状矿石、角砾状矿石、脉状-网脉状矿石、浸染状矿石等。

5. 成矿期及成矿阶段

根据矿石组构、矿石组分以及矿体的形状和产出特征,本矿床的形成经历了复杂的成矿过程,其主要的成矿期有:沉积成矿期、热液改造成矿期、表生成矿期。

四、典型矿床

(一) 云南省兰坪县白秧坪矿区铅锌银铜钴多金属矿

1. 区域地质背景

大地构造属西藏-三江造山系东缘之四级构造单元兰坪-思茅中新生代上叠陆内盆地,东邻维西陆缘弧,西接云岭-景洪弧后盆地。区域出露地层有中生界上三叠统—侏罗系—白垩系红层和新生界古近系;岩浆活动仅见于陆内盆地两侧边界断裂附近,如弥沙河断裂带喜马拉雅期酸性、基性小侵入体,澜沧江断裂带燕山期花岗岩侵入体。中东部侏罗系、白垩系局部见轻微变质作用。

成矿区带属特提斯成矿域之Ⅳ级成矿带兰坪-普洱(地块)Cu-Pb-Zn-Ag-Fe-Hg-Sb-As-Au盐类矿带($Ⅳ_{12}$)。区域成矿作用主要受喜马拉雅期逆冲推覆构造控制,并沿兰坪-思茅盆地中轴构造两侧展布。中轴构造自中生代以来长期活动,与上地幔及上涌岩浆源直接沟通,形成构造-岩浆-热源-流体活动系统,控制着区域内矿床、矿点的分布。内生矿产以铅、锌、银、铜、钴为主,除白秧坪铅锌银铜中型矿床外,尚有东至岩-下区五大型铜银矿床、大坪子中型铜钴矿床、富隆厂中型银铜铅矿床、黑山中型铅锌矿床、灰山中型铅锌矿床,其他铜、铅、锌、锑、锶矿点有32处。上述矿床、点均沿本区中轴断裂两侧成带分布,受其次级断裂、裂隙带、褶皱层间剥离带和喜马拉雅期逆冲-推覆构造控制。

2. 矿床成矿地质环境

矿床围岩建造为中—新生代红色碎屑-膏盐建造,赋矿地质体为由以中生代海相碳酸盐-碎屑建造为主、少量新生代陆相膏盐建造组成的构造岩。矿床赋矿围岩为中生代海相碳酸盐建造和古近纪膏盐建造。

矿区沿华昌山复式背斜核部西侧华昌山断裂带分布(图3-27)。主要矿体产于断层破碎带内,破碎带厚10~100m,由主构造面向外依次出现片理化泥化带(断层泥)→角砾岩带→碎裂岩带→正常围岩,矿体主要赋存在角砾岩和碎裂岩带中。

3. 矿体特征

矿体呈似层状、透镜状、脉状赋存在华昌山断裂构造破碎带中,产状与华昌山断裂基本一致,并随其变化而变化,总体产状80°~135°∠35°~70°,容矿岩石为碎裂白云质灰岩、碎裂生物碎屑灰岩、碎裂岩屑石英砂岩及相应的构造角砾岩。共圈定矿体16个,KT1为主矿体。共探获资源量:铅锌19.00万t,铜23.91万t,共生银697.11t,矿床规模为中型。

4. 矿石类型、矿物组合及矿石结构构造

矿石工业类型较简单,主要为铜-碎裂白云质灰岩(含灰岩)型,次为银-碎裂白云质灰岩(含灰岩)型、银-构造角砾岩型及铜-银-碎裂白云质灰岩(含灰岩)型,尚有少量铜-银硅质岩型。矿石物相分析结果,氧化率均在70%以上,故矿石自然类型确定为氧化矿。

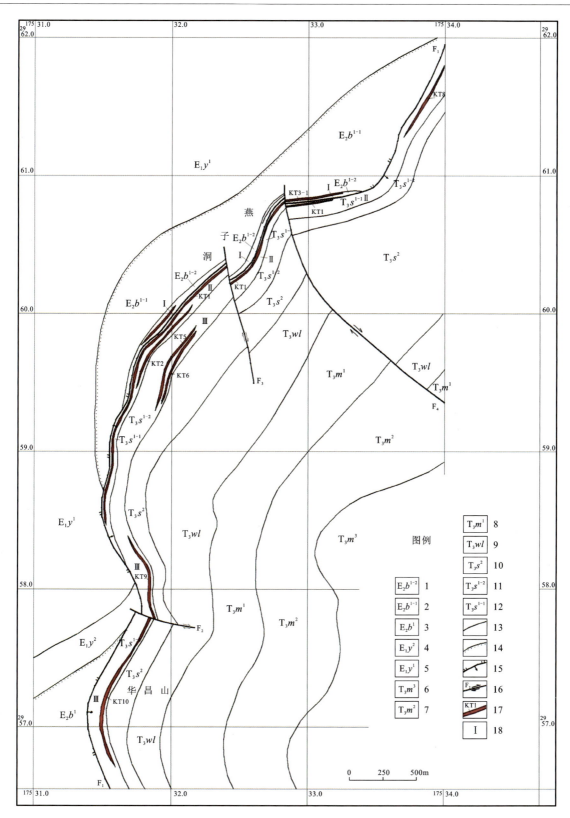

图 3-27 兰坪县白秧坪铅锌银铜钴矿区地质简图(据李文昌,2012)

1.宝相寺组下段二亚段岩屑石英砂岩、粉砂岩;2.宝相寺组下段一亚段复成分砾岩、砂砾岩、岩屑石英砂岩夹粉砂岩;3.宝相寺组下段复成分砾岩、砂砾岩、岩屑石英砂岩;4.云龙组上段泥岩、粉砂岩夹细砂岩;5.云龙组下段钙质泥岩、粉砂岩夹细砂岩;6.麦初箐组三段砂岩、粉砂岩、泥岩夹泥灰岩;7.麦初箐组二段含岩屑石英砂岩、粉砂质泥岩夹页岩;8.麦初箐组一段粉砂岩、粉砂质泥岩夹页岩、细砂岩;9.挖鲁八组页岩、粉砂岩夹细砂岩;10.三合洞组上段灰岩、生物碎屑灰岩;11.三合洞组下段二亚段白云质灰岩、白云岩、结晶灰岩;12.三合洞组下段一亚段灰岩、白云质灰岩、白云岩;13.整合地质界线;14.角度不整合地质界线;15.逆断层;16.平移断层;17.矿体及编号;18.矿群编号矿石矿物主要为蓝铜矿、孔雀石、矽孔雀石、白铅矿、水锌矿、菱锌矿、褐铁矿,少量砷黝铜矿、辉铜矿、黝铜矿、辉铜矿、黄铜矿、自然铜、闪锌矿、黄铁矿、砷铅矿、白砷石、铅钒等,脉石矿物以白云石、方解石、重晶石为主。

矿物共生组合有以下几种:

① 砷黝铜矿+斑铜矿+辉铜矿+车轮矿+黄铁矿+黄铜矿+方解石+白云石+重晶石+石英组合;

② 砷黝铜矿+辉铜矿+闪锌矿+黄铁矿+方解石+白云石组合;

③ 砷黝铜矿+闪锌矿+黄铁矿+自然铜+方解石+白云石+重晶石组合;

④ 蓝铜矿+孔雀石+矽孔雀石+褐铁矿+重晶石+方解石组合;

⑤ 孔雀石+砷铅矿+白砷石+重晶石+方解石组合。

矿石结构以半自形—他形粒状结构、交代残余结构、微晶结构、反应边结构为主,次为交代残余结构、嵌晶结构、包含结构、胶结结构、针状及叶片状结构、纤维羽毛状结构等。矿石原生构造有块状构造、细脉-网脉状构造、浸染状构造、角砾状构造、斑点-斑杂状构造等,风化后呈土状、蜂窝状、皮壳状、放射状、葡萄状构造等。

5. 矿化阶段划分及矿化分带

矿床属中低温热液矿床,划分为早期方解石-石英-重晶石-黄铁矿-闪锌矿-方铅矿-黄铜矿阶段、晚期方解石-重晶石-黄铁矿-闪锌矿-斑铜矿-辉铜矿阶段。

成矿元素沿矿带有一定变化规律,北部成矿元素以 Ag、Cu 为主,伴生 Pb、Zn;南部成矿元素以 Pb、Zn 为主,伴生 Ag。同一矿体中有用组分 Cu、Ag 矿化由北往南沿走向也有一定变化规律,即北段以铜矿化为主,南段以银矿化为主。

围岩蚀变总体较弱,方解石化、天青石化、重晶石化、白云石化与铜银多金属成矿关系较为密切。局部地段有黄铁矿化及萤石化,与成矿关系不十分明显。

6. 成矿时代

白秧坪多金属矿床的成矿作用,发生在华昌山大规模推覆构造形成之后,也就是宝相寺组沉积之后,矿区矿化的最新地层为晚始新统宝相寺组砂岩,说明该矿床是在宝相寺组沉积成岩,并参与区域变形之后的产物。由此判断矿床形成应该在始新世进入渐新世的 33Ma 以后,参考铅同位素年龄,确定矿床形成时限应该在 33~31Ma 之间。

7. 矿床成因机制

综上所述,中始新世至晚始新世,由于印度板块与扬子板块的碰撞,区域性挤压作用使地壳缩短,发生大规模逆冲推覆作用,形成大规模的构造破碎带及其附近三合洞组灰岩内与之平行的裂隙系统。受构造运动的驱动,热卤水溶液将深部地层或岩石中有用元素活化、富集,在浅部构造的有利部位和有利的岩性中定位形成矿体。成矿过程中可能存在岩浆热源的驱动和成矿物质的加入,矿床成矿模式见图 3-28。

(二) 云南省兰坪县金顶矿区铅锌矿

兰坪铅锌矿床是矿集区内规模和成矿特征最为特殊的特大型矿床。全矿区现有 Pb+Zn 总储量达 1700 多万吨。它是我国目前探明储量最大的铅、锌矿床,也是世界上少数的特大型矿床之一。矿床中除铅锌主金属外,还共生天青石、硫铁矿、石膏,伴生镉、铯、银、硫、锶、钡等有益元素,并有较大规模。

有关兰坪铅锌矿床的勘探和研究已经延续了两代人,尽管它不是"九·五"攻关项目的主要研究内容,但在涉及矿集区和成矿作用等一系列关键地质问题时,不能不对有如此巨量堆积的特大矿床加以对比和再认识。该矿床的成因归纳起来有两种截然相对的观点:一是同生说和喷流矿床学说;二是后生

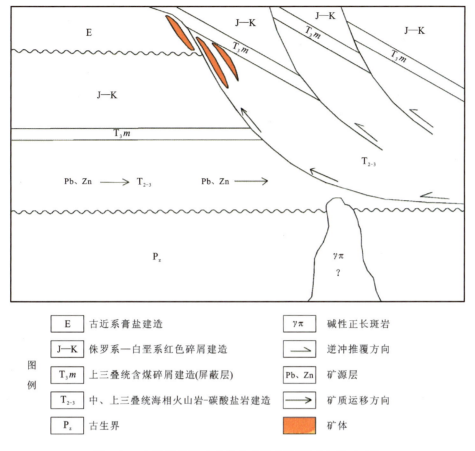

图 3-28 白秧坪铅锌矿矿床成矿模式图(据李文昌,2012)

说,包括热卤水成矿、沉积改造成矿等学说在内。根据已有的工作成果与上述矿床类型以及成矿系列的相关理论,我们认为金顶铅锌矿床应当是后生矿床,属于热水沉积-热卤水改造型矿床。

1. 矿床形成的区域地质环境

兰坪金顶铅锌矿床位于金沙江-哀牢山构造带和澜沧江构造带之间的兰坪盆地内,该盆地的演化经历了洋陆转换和陆内汇聚的多旋回构造发展阶段和相应盆地性质的转化。矿床位于新生代拉张挤压-走滑盆地即兰坪、云龙古新世盆地内。

2. 成矿地质条件

(1) 构造条件:侏罗纪以来,地壳隆升,形成一系列张性断裂,并形成一些叠合盆地,包括拗陷盆地(中—晚侏罗世),前陆盆地(白垩纪)、拉张挤压-走滑盆地(新生代)。盆地东缘的沘江断裂长期活动,造成西盘下降、东盘抬升,形成高山深盆地貌。该断裂具有同生断裂的性质,一方面利于深部含矿热液上溢运移,另一方面亦形成硫化物的沉淀环境。古新世末,推覆体覆盖成矿拗陷加速了云龙组及铅锌矿成岩成矿过程,并形成含锶热液的向北迁移、就位成矿。

(2) 盆地条件:兰坪-云龙古新世南北向槽状不对称湖盆,东深西浅的次级水下拗陷,是铅、锌热液汇聚沉淀的良好场所。

(3) 岩相古水文条件:盆地东缘云龙组中,上段重力滑塌角砾岩相和冲积扇相粗碎屑沉积,孔隙度高,利于含铅、锌等成矿物质的热液沉淀[①]。矿液在泥质隔水层的屏蔽作用下,处于过压状态,迫使矿液沿沘江断裂运移,早期汇入盆地前沿,晚期则滞留在构造破碎带中。

---

① 杨荆舟,罗君烈,赵准. 云南矿床区域成矿模式. 云南地质,1998,(增刊):263-275.

3. 矿床地质特征

（1）矿区地层分为原地岩系和外来岩系，前者有白垩系和古新统，后者有上三叠统、中侏罗统，且倒转覆于原地岩系之上。原地岩系和外来岩系呈断层接触（F_2）。主要矿体产于古新统云龙组地层中、上段，与景星组地层两者断层接触处。前者为角砾岩块堆积，含角砾钙质砂岩、泥质粉砂岩和底部灰岩角砾岩、砂质角砾岩等，称下含矿层；后者为细粒石英砂岩夹砂质灰岩角砾岩，称上含矿层。

（2）矿体具有两层结构：上部为层状矿体沿 F_2 断裂带上、下地层分布，含矿岩石为砂岩、灰岩，矿石以胶结结构及浸染状和斑点状构造为主，蚀变不强，发育有硫铁矿和重晶石；下部为角砾岩型透镜状、筒状、不规则状矿体，矿石以交代溶蚀和晶粒结构及角砾状和脉状构造为主，有强烈的黄铁矿化、天青石化以及方解石化和赤铁矿化。

（3）矿石矿物以闪锌矿、方铅矿为主，次为黄（白）铁矿，含微量黄铜矿、磁黄铁矿、辉银矿和自然银。共生有天青石、硫铁矿、石膏，伴生有镉、铊、银、钡等元素。

（4）矿床以锌为主，Zn/(Zn+Pb)值为0.83。金属元素有一定分带性，从深部到浅部，由沘江断裂到矿床西侧：呈现的元素分别是 Sr→Fe→Zn→Pb→Hg。代表性矿物有硬石膏→天青石→黄（白）铁矿→闪锌矿（方铅矿）→方铅矿→辰砂。

（5）成矿期和成矿阶段：可分为沉积成岩期、热卤水再造期、表生氧化期3个成矿期。沉积成岩期有早期金属硫化物生成，但数量少，大量金属矿化物是在热卤水成矿期形成具有工业意义的矿体。

（6）矿床成因。

综合以上控矿因素，主要依据矿床赋存于 F_2 断裂带上、下两套地层的砂岩和灰岩角砾岩中，矿体呈层状、似层状及透镜状；原生矿石矿物组分相对较简单，以锌为主，铅锌共生，伴生多种有益矿产和元素。同位素研究表明：硫同位素 $\delta^{34}S(‰)$ 多为负值且较为分散，局部出现小的塔式分布，可能是热卤水分馏作用所致。铅同位素比值说明，μ 值低（0.572～0.593），接近火山岩的铅同位素组成，属正常铅。模式年龄有 275～259Ma；(ρ)178～149Ma(τ)；83～22Ma(AK_2-E)三组数据。可以认为金属硫化物的同位素年龄部分是与围岩时代一致的，或许来自于矿源层，主要矿源层可能是晚三叠世的火山岩。因而该区成矿具有多期成矿特点，但主要成矿期在喜马拉雅期。综上各点可以认为金顶铅锌矿是经后期热卤水改造，矿源层且运移至浅部云龙组盆地中适合岩性部位沉淀的热卤水改造型铅锌矿床。

五、成矿作用分析

印支期三江古特提斯洋闭合，发生造山运动，位于盆地两侧的晚古生代至中生代火山-岩浆弧中的巨厚火山岩系，为盆地内晚三叠世—古近纪沉积物的初始富集提供了大量的矿质来源，而晚三叠世—古近纪沉积物具有 Cu、Pb、Zn、Au、Hg、As 等元素的高背景值，一方面在上三叠统至古近系的多个层位中，出现有沉积砂岩型 Cu、Pb、Zn、Au、Hg、As 多金属矿化及其异常，表现为区域上广泛分布的矿点及矿化点；另一方面为后期（喜马拉雅期）逆冲-推覆、走滑-剪切构造作用过程中的中低温热液成矿（构造-热液脉型或构造-蚀变岩型多金属矿床）提供了丰富物源。

喜马拉雅期，兰坪盆地产生了东、西两个方向的相向逆冲-推覆，在这种双向应力作用下，形成了高山深盆以及盆地内部的前陆式冲断与褶皱，出现了褶皱重叠，盆地断陷，断层的多期次活动，沉积中心摆动等复杂的构造形式。在双向应力长期作用下，加之下伏地幔隆起，促进了深部地应力与热能的释放，形成一个局部的热隆升和成矿溶液的向上运移。随着时间的推移，兰坪-思茅盆地湖盆面积不断缩小，在干旱的古气候条件下，演变成了含膏盐的红色建造，为区内有色金属矿床的形成提供了充足的卤源。大气降水或古建造水，沿构造及岩石裂隙下渗时，溶解了膏盐层中的 NaCl，并不断增强，提高了它们对金属离子的溶解能力，因而在向下迁移时，不断地淋滤、浸取地层中的矿化元素，并和深部来源的热水和矿质混合在一起，形成含矿热卤水。新生代频繁的构造作用，盆地北部不同规模、不同性质断裂构造的相互影响，地震活动也频频发生。区内几条大断裂也是地震频繁活动的构造区。地震的活跃往往伴随地裂、滑坡、崩塌。随着地震的频发,盆地边缘的同生断裂逐渐深切,裂隙增大,盆地深处的成矿流体因压力差所造成的泵吸作用也由不同层次沿断裂向上迁移,而释放在具有良好的孔隙度和地层封闭条件的空间中卸载沉淀富集成矿。因此,喜马拉雅期陆内汇聚挤压构造背景下发生的强烈逆冲-推覆、走滑-剪切等构造作用,是兰坪-思茅盆地(乃至昌都盆地及邻区)地壳表层所呈现的最主要的构造作用形式,并由此控制着地壳表层成矿流体系统的运动,而成为流体成矿作用最为重要的成矿要素。区域成矿模型可以概括为如图3-29所示。

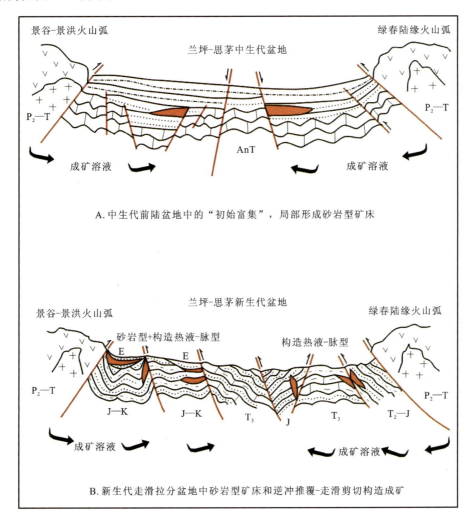

图 3-29　兰坪-思茅盆地多金属矿富集区区域成矿过程模式图(据潘桂棠,2005)

兰坪盆地内具代表性的矿床为沉积改造型矿床。成矿可分3个阶段。

第一阶段为三叠纪裂谷盆地阶段。

晚二叠世澜沧江、金沙江洋的基本消亡,并相向俯冲导致了兰坪盆地在东西挤压下,存在上隆的热源,促使兰坪盆地开始拉张形成陆内裂谷,裂谷的形成和发展,导致盆地内一系列同生断裂形成,沿同生断裂形成热水沉积矿化体或矿床(图3-30)。成矿流体以垂向运移为主。表现为成矿物质既具陆相来源,又具有下部地壳来源,成矿流体为封存建造水(图3-31),形成沉积原生矿石。

第二阶段为白垩纪前陆盆地阶段,流体演化与造山带推覆构造方向有关。形成沉积砂岩型铜矿床。白垩纪以来,造山带自北东向南西推覆,造成盆地内流体没有垂直上涌的机会而在主应力作用下发生侧向迁移。主要是沿着一些粗碎屑沉积孔隙度大的砂岩类岩层流动,成矿流体以建造水的形式保存在地层中。或许这个阶段的物质聚集为后期的成矿奠定了物质基础。

第三阶段是走滑盆地阶段:古新世在盆地两侧对冲造山带的影响下,深部发生析沉构造,致使盆地发生普遍性的张性走滑作用,由此诱发深部流体进入红层砂岩中,并与其中的建造水发生混合,产生新

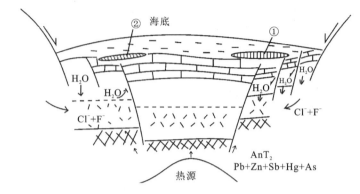

图 3-30　裂谷盆地阶段流体成矿示意图（据李文昌，2012）
①燕子洞铜、银多金属矿床；②下区五-东玉岩银、铜、锶矿床

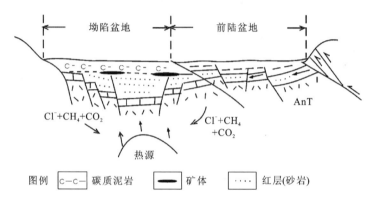

图 3-31　坳陷盆地、前陆盆地流体成矿示意图

的混合的成矿流体。古新世以后，盆地性质在两侧逆冲推覆造山持续作用下，发生深部流体和浅部红层盆地中流体的混合，进而形成构造圈闭。致使成矿流体沿走滑方向产生带状分异现象，Pb、Zn等成矿元素由于硫化物的溶解度低，优先就位于盆地中部穹隆中，这个穹隆由挤压逆冲推覆形成，最终形成著名的金顶铅锌矿。

兰坪盆地的性质是几经转变的叠覆盆地。中侏罗世以来，巨厚的红层沉积保证了盆地流体的储聚，然而因构造活动频繁以及同生继承性断裂的活动，直到始新世开始，盆地内才形成规模大、具储聚场所良好的空间，如兰坪金顶穹隆、三山-白秧坪地区的断裂圈闭构造等。大量的在盆地演化过程中聚集起来的成矿流体和成矿物质，如经大自然的选矿作用一样逐步富集起来，最终形成超大型金顶铅锌矿床。

六、资源潜力及勘查方向分析

华昌山断裂两侧的矿化特征表明，在新生代晚期自东向西的推覆逆冲作用导致对两侧先存的沉积层状矿体（或矿化层）发生改造，形成了一系列沿主断裂及其两侧次级断裂以及与主断裂相配套的近南北向褶皱控制的 Ag-Cu 多金属热液脉状矿体。

大量的化探资料数据的处理表明，Cu-Ag-Sr-Ba-Au 等成矿元素的分布及其异常的分布受中—新生代盆地两侧断裂的控制，盆地中心部位以 Zn-Pb-Sr 矿化为主，盆地南北两侧的三角地带以 Cu-Ag-Sr-Ba-Au 矿化为主，化探异常圈闭好，与构造吻合，含矿主岩及北东向控矿构造、近东西向构造联合控矿，是不可多得的有利成矿集聚区。因此，盆地南北的两个银铜三角地带，特别是盆地北三角地带是铜银多金属的有利找矿地带。认定兰坪-白秧坪地区是潜在的大型—超大型的银铜多金属成矿远景区。其中日望洞-新厂山 39 线附近的小穹隆及老地盘背斜的白云质岩层位可作为进一步工作勘查铜多金属矿靶点（勘查方向）。

（1）"三山"地区的新厂山—下区五一带的老地盘背斜的白云质岩层位可作为进一步工作勘查 Cu、

Ag多金属矿的块段,老地盘背斜圈闭构造是华昌山断裂上盘最为重要的控矿构造,该背斜圈闭构造圈闭性好,在空间展布上呈一鼻状构造,是热液改造成矿最为有利的成矿空间。

(2) 白秧坪-富隆厂矿段的深部预测前景良好,该矿区的 Cu、Ag 多金属矿具有水力压裂或隐伏爆破的特殊组构和矿物组成,矿体在深部延伸方向有多个爆破中心,造成矿体在垂向上表现为多个呈透镜状的矿体的断续分布或雁行状排列。另外白秧坪矿段除了钴构成主有用元素外,镍的综合利用也应该考虑,从元素的分布规律分析可知,预知白秧坪-富隆厂矿段的深部应该有 Ag+Cu+Co+Ni 元素组合的矿体,具有形成大型矿床以上规模的潜力。

(3) 核桃箐菱铁矿型 Cu(Au)矿床作为进一步工作勘查的块段,矿区具有北东向和近东西向构造联合控矿的特点,在成矿元素上的分布和白秧坪矿区有所不同,除了 Cu 元素以外,尚有 Au 元素富集。东西向的短轴背斜和近东西向的断裂联合控制了核桃箐 Cu(Au)矿体的分布,元素组合和矿石组构判断成矿流体的来源较深,并有造山带流体的混入,而且短轴背斜圈闭良好,菱铁矿型矿体沿穿过背斜的近东西向的断裂分布,预测背斜核部的层间构造中有矿化体的存在。

第八节 西藏自治区昌都地区铅锌银多金属矿矿集区

一、概述

该矿集区位于西藏昌都地区,行政隶属于昌都县、八宿县、察雅县等。矿体赋存于上三叠统波里拉组(T_3b)角砾状灰岩中,矿体顶底板围岩为细晶灰岩、白云质灰岩,矿体展布严格受波里拉组碳酸盐岩控制。近年来,昌都盆地多金属矿富集区内的找矿与资源评价工作取得较大进展,已发现俄洛桥大型 As-Hg 矿床、都日大型 Ag-Pb 多金属矿床、拉诺玛中型 Pb-Zn-Sb 矿床、错纳中型 Ag-Pb-Zn 多金属矿床等,以及数十处矿点、矿化点及矿化异常(图 3-32)。

二、地质简况

昌都盆地 Pb、Zn、Ag 多金属矿富集区主体位于昌都中新生代坳陷盆地中,东西侧分别为晚古生代晚期—早中生代火山弧。昌都盆地是在前寒武纪—早古生代增生楔型变质"软基底"的基础上,晚古生代为弧后盆地中的浅海相碎屑岩-碳酸盐岩沉积;晚三叠世以来转化为弧后前陆盆地,大部分地区缺失下、中三叠统,上三叠统至白垩系于弧后前陆盆地内沉积了由海相碎屑岩-碳酸盐岩沉积转变为海陆交互相-陆相碎屑岩及含煤、膏盐岩系;古近纪发育压陷盆地及其盆地中的碎屑岩堆积。

整个昌都盆地夹持于东侧娘拉-妥坝-巴贡逆推带和西侧马查拉-堆拉逆推带之间,在其盆地内部形成了妥坝断裂、额艾普断裂、俄洛桥断裂、火叶雄断裂、马查拉断裂等一系列的近南北向逆冲断裂系,它们的出现不仅控制了新生代压陷盆地的形成,而且与成矿作用的关系密切,为重要的控矿构造,表现为前锋逆冲断裂带中形成发育了一系列的中低温热液型多金属矿床(点)及其较强的多元素综合地球化学异常。昌都中新生代坳陷盆地的形成,亦即是盆地内中低温热液型多金属矿床的形成发育过程。盆地内岩浆活动不发育,仅部分地区发现第三纪碱性火山岩及碱性岩体。

三、主要矿产特征

1. 矿床的空间分布特征

虽然区内的找矿与资源评价工作取得较大进展,但总体来讲,昌都盆地 Pb、Zn、Ag 多金属矿富集区

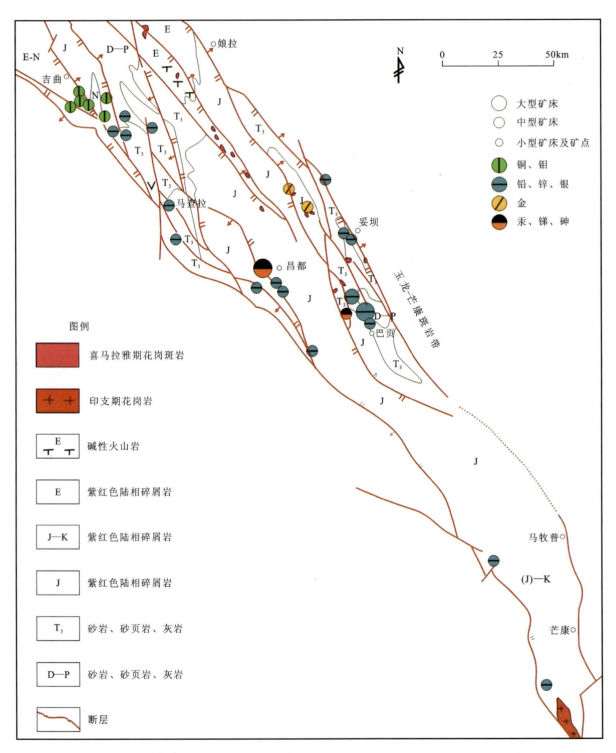

图 3-32　昌都盆地 Pb、Zn、Ag 多金属矿富集区主要矿床(点)分布图(据李文昌,2012)

内的工作程度较低,其潜在找矿远景较大。就目前已发现的 Pb、Zn、Ag 多金属矿矿床(点)而言,依据矿床类型、成矿方式及其产出的地质构造环境的不同,主要有两种类型的多金属矿床:产于逆冲推覆构造破碎带中的中低温热液构造-蚀变岩型(或构造热液-脉型)Pb、Zn、Ag 多金属矿矿床,产于第三纪压陷盆地中的沉积砂岩型 Cu 多金属矿床。

构造-蚀变岩型(或构造热液-脉型)Pb、Zn、Ag 多金属矿矿床,构成昌都盆地中成矿作用及其矿床规模的主体,主要分布在盆地两侧的近南北向的逆冲推覆带中,如东侧娘拉-妥坝-巴贡逆推带及其附近的都日大型 Ag-Pb 多金属矿床、拉诺玛中型 Pb-Zn-Sb 矿床、错纳中型 Ag-Pb-Zn 多金属矿床等,以及矿点、矿化点及矿化异常,马查拉-堆拉逆推带及其附近的俄洛桥大型 As-Hg 矿床、赵发涌 Ag-Pb-Zn 多金属矿床、堆垃 Ag 多金属矿点等。

除了上述产于逆冲推覆构造带中的构造-蚀变岩型(或构造热液-脉型)矿床之外,在吉曲、甲桑卡等第三纪盆地中分布众多的砂岩型 Cu 矿点、矿化点等,但成规模的砂岩型矿床尚未发现。

2. 矿床类型及其特征

逆冲推覆构造破碎带中的构造-蚀变岩型(或构造热液-脉型)多金属矿床。构造-蚀变岩型(或构造热液-脉型)矿床构成了昌都盆地 Pb、Zn、Ag 多金属矿富集区内成矿作用及其矿床规模的主体。该类型矿床(点)的含矿围岩地层虽然较为广泛,有上古生界、上三叠统、侏罗系—白垩系,最新层位为第三系。但对岩性有较强的选择性,地层中的灰岩、砂岩等化学性质活泼、原生或经构造作用具有高渗透性的岩石对成矿有利,如都日大型 Ag-Pb 多金属矿床产于下二叠统交嘎组灰岩中,俄洛桥大型 As-Hg 矿床(图 3-33)、拉诺玛中型 Pb-Zn-Sb 矿床、错纳中型 Ag-Pb-Zn 多金属矿床、Ag-Pb-Zn 多金属矿床等均产于上三叠统波里拉组灰岩中。控制流体最终成矿的容矿构造多种多样,以具有张性特征的构造对成矿最为有利,包括与主要推覆断裂下盘中出现的滑落正断层、后缘伸展正断层、推覆/滑覆圈闭构造、褶皱的层间虚脱、滑脱构造,以及推覆兼走滑性质断层所派生的次级张性断裂等。成矿作用以中低温热液充填交代形成的构造破碎带型或脉型为主,成矿受构造控制非常明显。成矿作用主要发生在燕山晚期—喜马拉雅期。

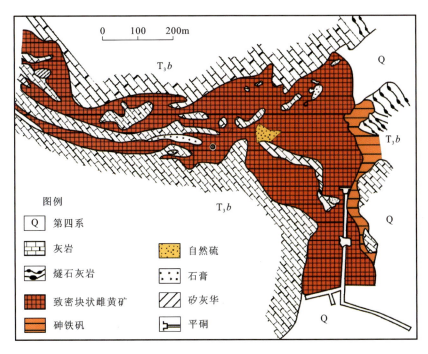

图 3-33 俄洛桥 As-Hg 矿床地质简图(据《三江矿产志》,1984)

四、成矿作用分析

控矿因素表现为:①主碰撞期强烈的区域性构造活动,及其所产生的不同级别的逆冲断裂构造,构造活动为成矿流体的形成提供了动力条件,区域性逆冲推覆构造为流体的大规模运移提供了通道;②盆地内的中生代地层为成矿提供了形成成矿流体必不可少的物质来源;③上三叠统波里拉组(T_3b)碳酸盐岩建造,它们为成矿物质的卸载沉淀提供了场所。

本书认为拉诺玛矿床应属碳酸盐岩层控热液脉型。

五、典型矿床

1. 都日大型 Ag-Pb 多金属矿床

该矿床位于昌都盆地东侧娘拉-妥坝-巴贡逆冲推覆体的前缘断裂带南东段。矿床产在推覆构造内的妥坝-岗卡背斜西侧下二叠统次级断裂中（图3-34），断层带内糜棱岩、构造角砾岩、挤压构造透镜体十分发育，沿断裂带岩石蚀变及矿化现象较为显著，在北部形成有夏雅村热液型 Cu 矿点，在南段形成有彭多沟 Sb 矿点。交嘎组是矿区的含矿地层，岩性主要为生物碎屑灰岩、砂屑灰岩夹薄层泥灰岩，与化学活泼性较强有关。含矿断裂主要有北西向和近东西向的两组，均属区域逆冲断裂所派生出来的次级断层，具有张性断裂的性质。矿（化）体呈层状、似层状，以及复合脉状。矿石类型以原生硫化物型 Pb、Ag 矿石为主，矿石矿物组合较为简单，主要以方铅矿、闪锌矿为主，其次含微量的黄铁矿、辉银矿、黄铜矿、黝铜矿、银黝铜矿、脆硫锑铜矿等，沿各种构造裂隙、角砾孔隙充填，呈网脉状、浸染状、条带状及不规则团块状分布，发育以热液充填作用形成的典型矿石构造。矿化蚀变总体较弱，主要发育在矿体内部或近矿围岩中，形成产物以上述的脉石矿物组合为代表，蚀变类型主要为重晶石化、硅化及方解石化，主要出现在各种裂隙构造中，其中重晶石化、硅化与成矿的关系密切，方解石化属成矿后期蚀变。

2. 第三纪压陷盆地沉积岩系中的砂岩型 Cu 矿床

昌都盆地多金属矿集区内砂岩型的 Cu 矿化作用较普遍，主要发育于逆冲推覆带前缘的压陷盆地（如吉曲、甲桑卡盆地），含矿地层主要为侏罗系—白垩系及第三系，特别是第三系压陷盆地中的碎屑岩系。含矿层主要为河湖相紫红色、杂色砂泥岩夹泥灰岩，矿化与砂岩层有密切关系，呈多层出现，并可伴随有明显的热液蚀变（岩石褪色）和脉状矿化，表明成矿期或成矿后有热液改造。成矿物质既有可能从两侧推覆隆升带随剥蚀物进入盆地，也有可能来自推覆带中的构造排液，成矿组合以 Cu、As、Pb、Zn 为主。该类型的矿化作用虽然较为广泛发育，但工作程度较低，目前是只见"星星"，未见"月亮"，其资源潜力有待进一步探索。

六、资源潜力及找矿方向

在燕山晚期—喜马拉雅期强烈陆内汇聚挤压的构造背景下，昌都盆地及邻区产生了强烈的陆内汇聚构造变形、变位，是继特提斯多岛-弧盆系统演化之后地壳结构构造和物质组成发生的又一次大规模改造、调整和重组，而成为最重要的成矿期。在陆内汇聚挤压的构造背景下发出强烈的逆冲-推覆、走滑-剪切等构造作用，是昌都盆地及邻区地壳表层所呈现的最主要的构造作用形式，并由此控制着地壳表层成矿流体系统的运动，而成为流体成矿作用最为重要的成矿要素。

在区域性构造应力的驱使下，昌都盆地和两侧造山带中有大量的流体排出，并与来自地壳深部的变质热液、岩浆热液、陆内俯冲形成的构造热液，甚至地幔流体和可能被加热的大气降水发生大汇聚、大混合；这些不同来源的流体在构造挤压的作用下，可以进行大规模地迁移、运动，从更加广泛的物源区提取和搬运成矿物质，形成巨大的成矿流体系统。成矿流体一方面在昌都盆地两侧逆冲-推覆的前锋带内的次级断裂构造破碎带中，形成发育以充填作用为主的构造热液-脉型（或构造-蚀变岩型）中低温热液矿床（100～300℃），发育大规模与矿化有关的热液蚀变（硅化、泥化、碳酸盐化、重晶石化等），并伴有沥青出现，由此所控制的成矿带和地球化学异常带纵贯南北，矿（化）点、地球化学异常星罗棋布，形成包括都日大型 Ag-Pb 多金属矿床、俄洛桥大型 As-Hg 矿床、拉诺玛中型 Pb-Zn-Sb 矿床、错纳中型 Ag-Pb-Zn 多金属矿床等一批有潜力的矿床，成矿元素主要为（Cu）、Pb、Zn、Ag、As、Sb、Hg 等多金属中低温组合，显示出良好的找矿远景；另一方面在逆冲-推覆构造过程中，成矿流体向逆冲-推覆带前缘的压陷盆地排

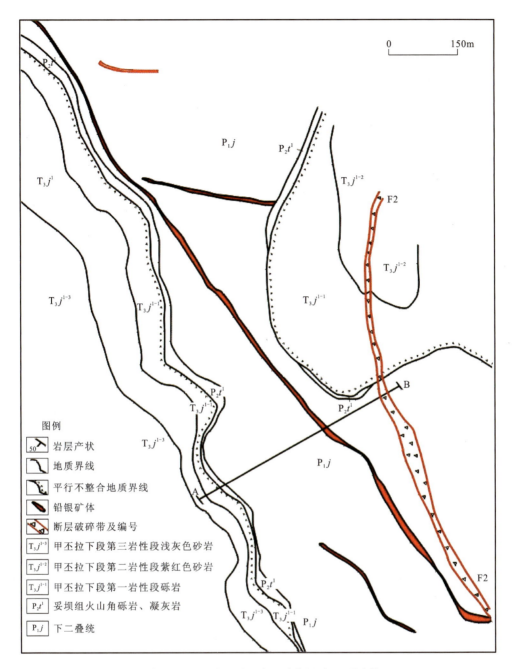

图 3-34 都日 Ag-Pb 多金属矿床地质简图(据汪明杰等,2000)

泄,在侏罗系—白垩系及第三系,特别是第三系碎屑岩系中形成发育砂岩型 Cu 矿床(点),成矿组合以 Cu、Pb、Zn 为主。

1. 吉曲-甲桑卡压陷盆地铜(银)次级找矿远景区

该压陷盆地紧邻西侧主逆推带展布,是在其前缘部位发育形成的拗陷带。盆地呈由北西向南东收缩尖灭的楔形状,南西以毕扎弄断裂(主逆推边界断裂)为界,北东以取隆达断裂与马查拉隆起相邻,盆地受后期构造挤压折断形成吉曲-甲桑卡中轴断裂,并以中轴断裂为界,其以东的断层大致平行于取隆达断裂发生向西南逆冲,以西的断裂大致平行于毕扎弄断裂发生向北东逆冲,形成对冲格局。盆地自晚三叠世以来经历了持续的拗陷沉降,发育连续巨厚的上三叠统—白垩系,在此基础上新生代又进一步下陷,上叠了古近系和新近系盆地。盆地形成的构造机制直接与南西侧的推覆带和北东侧马查拉隆起的不断抬升以及对冲挤压有关。盆地内 Cu、Pb、Zn、Ag、Hg 等元素地球化学异常和铜、铅簇、辰砂簇等重矿物异常发育，铜银矿化点密集分布，达数十处，主要沿断裂带、断裂交汇点附近出现。成矿类型主要为砂岩型和沉积改造型，前者主要产于上侏罗统小索卡组紫红色砂泥岩中，与灰色—灰白色砂岩、粉砂岩夹层有关，有3~4个含矿层，形成包括宰后、吞多格、丁桑及当尕等一批矿化点；后者含矿地层除了上述的小索卡组外，还有中侏罗统土拖组紫红色、灰黄色砂泥岩，始新统然木组及中新统色如组紫红色砂泥岩，矿化主要产于上述地层的层间破碎带中，除了铜以外，还伴有铅锌、雄（雌）黄及辰砂等低温矿物组合，矿化破碎带或地层岩石的（中）低温热液蚀变作用明显，主要有硅化、泥化、绢云母化、碳酸盐化及黄铁矿化，使紫红色、灰绿色的岩石褪色为灰白色、浅灰色，成为重要的找矿标志。盆地内已发现以沉积改造型铜银为主的矿化点达27处，主要沿盆地的中轴断裂带两侧分布，可见盆地中轴断裂是主要的导矿构造，是盆地内成矿热卤水上升的重要通道，尤其在中轴断裂的南东段北隆尕地区，成矿相对富集，形成有孔沙、浪欠那、浪打、日翁异等一批颇具潜力的矿床/点，所形成的矿体规模较大，延伸稳定，品位较高，具有较好的找矿前景，是最有希望突破的地区。

2. 马查拉隆起带银铅锌多金属找矿远景区

马查拉隆起带位于吉曲-甲桑卡拗陷盆地东侧的当巴拉—马查拉一带，呈北北西向延伸，主体由石炭系—二叠系组成，为海相-过渡相的碎屑岩、碳酸盐岩，含中酸性火山岩、火山碎屑岩，火山岩具有较高的成矿元素背景，可能为重要的矿源层岩石。其上残留有超覆的上三叠统红色碎屑岩，之中夹有石膏，向东依次过渡为上三叠统和侏罗系。构造上总体构成一北东-南西向不对称的扇形背向褶皱冲断带，在隆起带的东侧大致沿尚卡—马查拉一带发育一组近于南北向的隐性高角度断裂，断面西倾，倾角70°~80°，具有右行走滑兼斜冲的性质，如堆拉-嘎格断裂、尚卡-马查拉断裂等；其北西段主体以西发育一组走向北北西—北西、倾向北东的叠瓦状逆冲断裂并伴随一系列轴面倾向北东的褶皱，断裂倾角40°~60°，以取隆达断裂为前锋断裂依次由北东向南西于吉曲拗陷之上推覆，该组断裂向南东延伸被近南北向断裂限制而终止。隆起带内Mo、U、As、Cd等元素的地球化学异常与铜、铅、锌等重矿物的异常十分发育，异常和矿化主要受马查拉背斜、桑采背斜以及北西向逆冲断裂和近东西向走滑断裂控制，以银（金）多金属成矿为主，成矿类型为破碎带充填交代型，成矿与岩石化学性质较为活泼的碳酸盐岩密切相关，与重晶石化、萤石化等低温蚀变相伴，是重要的找矿标志。分布有赵发涌、桌登尕、打旧、他门尕、容日埃、堆拉、打日通、拉龙拉等一批有前景的矿床/点，具有一定的找矿潜力。另外，石炭系—二叠系中酸性火山岩、火山碎屑岩中见有铜矿化，对与火山岩有关的铜多金属矿也应该引起重视。

3. 俄洛桥-加卡-吉塘砷（锑）多金属找矿远景区

区内由西向东依次出露上三叠统和侏罗系。上三叠统岩性组合由下而上为甲丕拉组红色磨拉石、波理拉组浅海相碳酸盐岩和阿堵拉-夺盖拉过渡相灰色碎屑岩，侏罗系为一套陆相红色磨拉石。构造上由一系列北西向右行排列的断层束与褶皱构造组成。

西侧为火叶雄断裂带，由7条断裂组成，向北西撒开，向南东收缩归并被北澜沧江主逆推带所截。北东侧主边界断裂断面倾向235°，倾角30°~40°，以其为界，南西侧为上三叠统，北东侧为侏罗系。位于其南西的其余断裂也大多倾向南西，向北东逆冲，各断层破碎带十分发育，局部有岩脉侵入，硅化等蚀变作用明显，古泉华堆积及现代泉水呈线状分布。沿断裂带铅锌、汞锑等矿化普遍。

中间为小索卡复式向斜，主体由侏罗系组成，两翼有少量上三叠统，向斜大致呈北西290°~300°方向延伸，轴面倾向南西，倾角约为60°。

东侧为俄洛桥断裂带，由4条走向北西，向北东逆冲的断裂组成。北东侧边界断裂走向330°~340°，断面倾向265°，倾角54°，主要切割侏罗系，沿断裂上出露有上三叠统，向北东逆冲于侏罗系之上，断裂向南东延伸在吉塘附近截止于北澜沧江主推覆带上。上述各断层断裂破碎发育，岩石蚀变显著，见有银多金属化、汞（锑）矿化、雄（雌）黄矿化及天青石化。

区内多金属地球化学与重砂矿物异常密集发育，以中低温热液充填交代型砷（锑）、汞、银及铅锌矿化为主,成矿主要受上述两个逆冲断裂带控制,其中北东侧的俄洛桥断裂带是主要的含矿断裂,含矿岩石主要为上三叠统的波理拉组灰岩。在北西段形成有俄洛桥大型砷矿,加卡一带有多处砷、汞、多金属矿化点,在吉塘附近有达中型规模的拉若玛铅锌矿,进一步扩大远景的潜力仍然很大。西侧火叶雄断裂带与俄洛桥断裂带特征相似,异常及蚀变矿化显示也较好,是值得开拓的有利成矿地带。

4. 妥坝-巴贡银多金属找矿远景区

妥坝-巴贡银多金属找矿远景区北自妥坝以北,南至巴贡以南,北西向延伸约50km,宽度约20km,总面积约1000km^2。构造上处于昌都-芒康中生代前陆盆地东侧逆冲推覆带的前锋部位,由一系列向南西逆冲推覆的断裂、构造断块和紧闭的线性褶皱构造所组成。出露上古生界(D—P)和中生界(T_3—J)两大构造层,前者主要为浅海相碳酸盐岩夹碎屑岩,上二叠统发育中酸性火山岩,其上被上三叠统不整合超覆,总体构成北西向妥坝复式破背斜,沿轴部有少量中酸性岩体侵入。区内以中低温组合为主的综合地球化学异常发育,沿北西向推覆构造带分布,在南段都日一带异常规模大,强度高,已查明属矿致异常。主要的推覆断裂及其次级断裂中蚀变现象普遍较为明显,主要为硅化、重晶石化、碳酸盐化,并伴有多金属矿化。成矿类型有两种:一是受推覆断裂控制,与构造驱排的中低温热卤水活动有关,形成充填交代型多金属矿化,以都日银铅矿、夏雅村铜矿、彭多沟锑矿为代表,初步查明都日银铅矿受上二叠统灰岩中的构造破碎带控制,主矿体规模大,延伸稳定,银、铅品位较富,具有典型中低温热液矿床的特征,有望成为大型矿床规模,外围尚具有进一步扩大远景的希望;二是与侵入岩有关,属广义上的斑岩型矿化,以冲坡弄、哈冲玛及美那贡等含矿斑岩为代表,含矿斑岩以二长花岗斑岩、石英正长斑岩为主,普遍伴有爆发角砾岩,斑岩体内外蚀变发育,金银多金属矿化较为明显。区内这两种成矿类型均具有找矿潜力。

第九节 西藏自治区玉龙地区斑岩-矽卡岩铜金矿集区成矿作用

一、概述

玉龙铜-钼矿位于西藏东部江达县青泥洞区以西,川藏公路以北8km处的宁静山下,海拔4560~5120m,矿区总面积6.59km^2。大地构造位置位于喀喇昆仑-三江造山省(Ⅱ级)的羌塘-三江复合地体板片(Ⅱc)中的北羌塘-宁静山华夏南缘滨陆岛弧造山亚带(Ⅱc-1)昌都微陆-火山弧盆断褶系(Ⅱc-1-2)内(周详,2012),成矿单元属特提斯成矿域(Ⅰ级)东部的喀喇昆仑-三江成矿省(Ⅱ级)中的北羌塘-昌都(-普洱)成矿带(Ⅲ级)的西藏区段。"玉龙"在藏语中意为"孔雀石沟",相传清末年间曾有人在此开采铜矿,至今在玉龙矿区地表还可见数处古采矿坑和采矿遗址(图3-35)。

根据四川省地质矿产勘查开发局四零三地质队和西藏自治区地质矿产勘查开发局第六地质大队于2009年共同提交给西藏玉龙铜业股份有限公司的《西藏自治区江达县玉龙铜矿勘探报告》,玉龙铜矿床为典型的斑岩型铜矿床,由Ⅰ、Ⅱ、Ⅴ三个矿体组成。Ⅰ矿体为主矿体,呈筒状,平面长轴约1.6km,短轴约0.9km,面积约0.85km^2,勘探深度3900m标高以上,共获(331+332+333)铜金属资源量483.36万t,占本次勘探所获铜总资源量的83.78%。Ⅱ矿体10线以南延长约0.9km,沿勘探线方向平均延伸为212m,平均厚度为31.49m,获(331+332+333)铜金属资源量13.24万t。Ⅴ矿体延长约2km,勘探线平均延伸为302m,平均厚度为38.78m,获(331+332+333)铜金属资源量87.01万t。区内共获(331+332+333)铜金属资源量617.39万t。矿床平均品位0.62%;共生矿产为钼、铁、硫,其中钼平均品位为0.042%,铁平均品位41.07%,硫平均品位17.92%。伴生有益元素为镓、硫、金、银4种。矿石类型分为斑岩型铜矿、角岩型铜矿、氧化铜矿、铜硫矿、铁矿,其中斑岩型铜矿(原生矿)、铜硫矿为易选矿石。铜资源量规模居全国第二位。

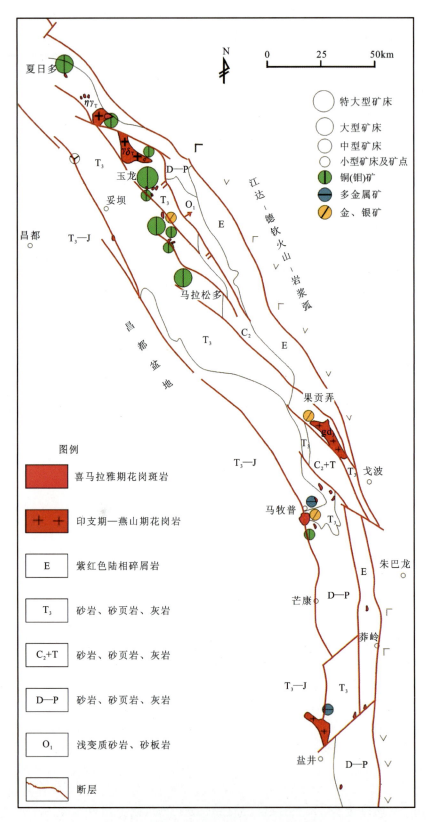

图 3-35　玉龙-芒康斑岩成矿带主要矿床(点)分布图(据李兴振等,1999)

二、地质简况

成矿带位于昌都盆地东缘,夹持于车乡所断裂和结扎-察雅断裂之间,东与江达-维西火山-岩浆弧北段相邻。成矿带两侧断裂是一组在陆-陆碰撞、走滑阶段,由东西向挤压作用形成的共轭"X"形剪切断裂的一部分。成矿带内与成矿作用密切相关的地层以三叠系为主,下三叠统为碎屑岩、酸性火山岩夹碳酸盐岩,上三叠统及侏罗系至白垩系为陆相夹海相红色岩系。矿带中的褶皱与断裂大都出现于温泉断裂西侧,具明显的右行雁行排列,反映了这些大断裂所具有的右行走滑运动。矿带内与成矿作用有关的喜马拉雅期中酸性浅成—超浅成岩体,主要侵位于上三叠统的砂页岩、灰岩及中下三叠统的中酸性火山岩系中,它们的产出与青泥洞—贡觉一带的右行走滑断裂活动有密切联系。

成矿斑岩体的主要岩石类型包括花岗斑岩、二长花岗斑岩、花岗闪长斑岩,以及二长斑岩、正长斑岩等,Cu(Mo)矿化作用主要与二长花岗斑岩类有关,而Au(Ag)矿化作用主要与二长斑岩、正长斑岩有关。岩体多呈小型复式岩株状产出,一般面积在$1km^2$以下。主要斑岩体的同位素年龄为52～30Ma,属始新世至渐新世产物,也证明它们的形成与喜马拉雅早期的陆内汇聚作用有关。

三、主要矿产特征

玉龙-芒康斑岩型Cu(Mo)、Au成矿带位于昌都盆地东缘,东与江达-维西火山-岩浆弧北段相邻。主要矿床类型为与喜马拉雅期浅成—超浅成中酸性岩体有关的Cu(Mo)矿床和Au(Ag)矿床。矿带北起夏日多,经玉龙、芒康,南到徐中一带,呈北北西向展布(图3-35),面积达数千平方千米。已发现特大型矿床1处(玉龙Cu矿床),大型矿床3处(纳日贡玛、多霞松多、马拉松多Cu矿床),中型1处(莽总Cu矿床),矿点及矿化点数十处,是我国最重要的铜矿带之一。除Cu、Mo之外,近期还发现与岩体或断裂及爆发角砾岩有关的Au、Ag、Pb、Zn矿化多处,潜在远景很大。

1. 矿床的空间分布特征

玉龙-芒康斑岩成矿带是三江地区重要的以Cu(Mo)、Au为主的有色、贵金属成矿带之一。从空间上,斑岩型的Cu(Mo)矿床主要分布于该带的北段,特大型和大型Cu(Mo)矿床集中产出;斑岩型的Au(Ag)矿床或多金属矿点主要分布于该带的南侧及其南段,目前研究程度相对较低,已发现以各贡弄、马牧普Au(Ag)矿(其远景可望达到中型及以上规模)等为代表的多处矿点。从时间上,斑岩型Cu(Mo)、Au矿床均形成于喜马拉雅期,并与浅成—超浅成相斑岩体紧密相关。

依据现今发现的矿种、矿床类型及其与斑岩体类型的成矿专属性关系,区内与浅成—超浅成相斑岩侵入体的成矿作用主要包括两种类型:与二长花岗斑岩有关的斑岩型Cu(Mo)矿床;与二长斑岩、正长斑岩有关的Au(Ag)矿床。前者已发现多处特大型、大中型矿床,工业意义大,研究程度较高;后者工业远景尚未肯定,研究程度较低,但潜在远景很大。

2. 矿床类型及其特征

(1) 与二长花岗斑岩有关的斑岩型Cu(Mo)矿床。已发现特大型矿床1处、大型矿床3处、中型1处,矿点及矿化点数十处。该类型的矿床以玉龙特大型的斑岩型Cu(Mo)矿床为代表,含矿斑岩体侵入于上三叠统甲丕拉组及波里拉组中,出露面积为$0.64km^2$,全岩Rb-Sr等时线年龄值为52Ma,斑岩体主要为二长花岗斑岩。整个岩体除中心外,均不同程度发生矿化作用。矿床组分除Cu、Mo外,Au、Ag、Re、W、Co、Ni、Bi、Mn等是重要的伴生组分,部分可达工业指标。

斑岩型Cu(Mo)矿床具有明显的分带性,以岩体为中心,由内带(岩体内)→中带(围岩接触带)→外带(围岩蚀变带)组成环带,且不同矿带中矿石结构、组分和品位均有所不同。内带以细脉浸染型及含铜黄铁矿型矿石为主,由黄铁矿、黄铜矿、辉钼矿等矿石矿物组成,脉石矿物以钾长石、斜长石、石英、绢云母为主,含Cu品位较低,Mo较富;中带以块状含铜黄铁矿型矿石为主,矿石矿物以黄铁矿、黄铜矿、磁铁矿为主,次为辉钼矿、白钨矿、菱铁矿、方铅矿、闪锌矿等，脉石矿物为透闪石、阳起石、绿帘石、石英、绢云母、白云石、方解石等，含 Cu 品位富，Mo 较低；外带为细脉浸染状及块状硫化物型矿石，矿物以黄铁矿、黄铜矿、方铅矿、闪锌矿为主，脉石矿物主要为石英及方解石，矿体受层间破碎带控制，常呈脉状及似层状，含 Cu 品位较高，局部以 Pb、Zn 为主。岩体及围岩蚀变强烈、分布广泛，从岩体中心向外大体可分为 3 个带，中心带为钾硅化带→接触带为石英、绢云母化带→外带为矽卡岩化、角岩化、黏土化及青磐岩化等（图 3-36）。

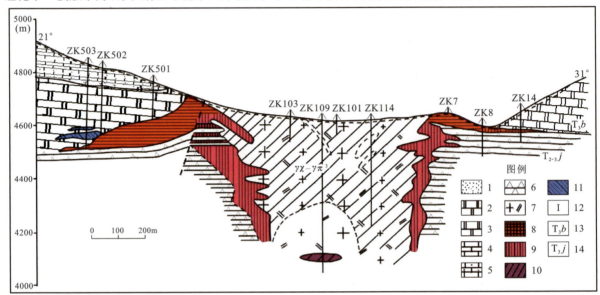

图 3-36　玉龙 Cu(Mo)矿床剖面地质图（据《三江矿产志》，1982）
1.第四系；2.大理岩；3.大理岩化灰岩；4.灰岩；5.泥晶灰岩；6.碎屑岩；7.二长花岗斑岩；8.金矿化带；
9.铜矿化带；10.银矿化带；11.钼矿化带；12.矿体编号；13.波里拉组；14.甲丕拉组

斑岩型 Cu(Mo) 矿床的成矿作用可以划分为：气成高温热液阶段，成矿温度为 400～700℃，造成斑岩体大部分钾硅化，接触带矽卡岩化、角岩化，伴有 Cu、Mo 矿化；高中温热液阶段，成矿温度为 200～500℃，产生石英、绢云母化及其 Cu、Mo、Fe 矿化；中低温热液阶段，成矿温度低于 230℃，在外接触带及其围岩中形成黏土化及青磐岩化，形成 Au、Ag 多金属矿化；表成氧化阶段，在地表形成明显的褐红色氧化铁帽及其系列硫化物的氧化矿物等找矿标志。

（2）与二长斑岩、正长斑岩有关的 Au(Ag)矿床。对以二长斑岩、正长斑岩为主体的 Au、Ag 多金属成矿，近年来在矿带的南段，特别是该带的南侧日通—高吉—马牧普一带有多处发现，有可望达到中型及其以上规模的矿床如马牧普、各贡弄等，以及吉措、俄察地、哈冲玛等 Au、Ag 多金属矿床（点）。它们均与喜马拉雅期的角闪正长斑岩、石英正长斑岩、辉石正长斑岩及石英二长斑岩、二长花岗斑岩等有关，大部分以小型岩株或岩墙状侵位于上三叠统—侏罗系的砂页岩及灰岩中，面积一般为 0.01～1.5km^2。岩体定位明显受构造控制，岩体边缘普遍发育岩浆期后流体爆发作用形成的爆破角砾岩筒和角砾岩脉，角砾成分主要为蚀变斑岩、角岩、蚀变围岩等，胶结物为微晶电气石（如各贡弄）。岩体中有硅化、黏土化及钾化蚀变，接触带及围岩中则发育有矽卡岩化、角岩化、黄铁矿化，以及硅化、绢云母化、青磐岩化、电气石化等围岩蚀变，并有斑岩脉出现。在蚀变岩体、角砾岩筒及蚀变围岩中均有矿化出现，成矿元素以 Au、Ag 为主，包括 Pb、Zn、Cu、W、As、Sb、Hg、Bi 等。主要矿石类型包括细网脉型、浸染型及脉状、角砾状等，成矿作用属斑岩型，与斑岩岩浆期后含矿热液活动密切相关。

四、典型矿床

玉龙含矿斑岩体呈复式岩株状浅成—超浅成被动侵位于恒星错-甘龙拉背斜轴部的上三叠统中，岩性主要为黑云母二长花岗斑岩和花岗闪长斑岩。出露地貌为一向东开口的箕形（图 3-37），最高点在南端和西端，相对高差 240m。含矿岩体空间形态呈"蘑菇"状，在地表展布形态为梨形，北大南小，其长轴为近南北向，已控制长约 1.6km，短轴为近东西向，宽约 0.9km，面积约 0.85km^2。岩体与甲丕拉组的接触面呈犬牙交错状,与波里拉组的接触面平整,界限清楚。复杂的岩体形态、岩浆的多次侵入以及近于直立的产状为斑岩铜矿的形成提供了有利的条件,岩体大部分钾化、硅化,蚀变为黑云母花岗斑岩和钾长花岗岩。蚀变和矿化均受该复式斑岩体的控制。

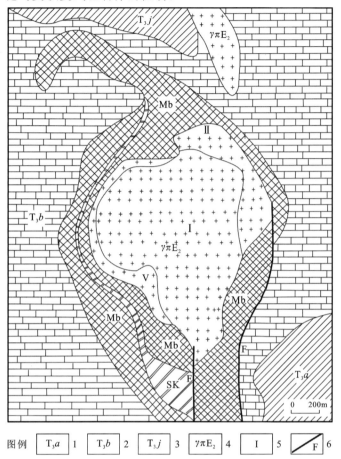

图 3-37 玉龙铜矿矿床地质略图(据秦覃,2010)
1.上三叠统阿堵拉组;2.上三叠统波里拉组;3.上三叠统甲丕拉组;4.始新世黑云母二长花岗斑岩;5.铜矿体编号;6.断层;SK.矽卡岩;Mb.大理岩

(一) 矿床地质特征

1. 矿区地层

上三叠统甲丕拉组(T_3j)、波里拉组(T_3b)和阿堵拉组(T_3a)地层广泛出露于整个矿区,是玉龙铜矿床的直接围岩。

甲丕拉组(T_3j)分布于矿区北部地区,厚约 1050m,为碎屑岩夹灰岩建造;矿体两侧出露波里拉组(T_3b),岩性为一套浅海相灰岩夹砂岩,总厚度约 510m,在矿区内大面积出露。阿堵拉组(T_3a)为一套浅海相砂页岩,厚度大于 600m,分布在矿区南部(图 3-37)。

2. 矿区构造

矿区位于昌都复式向斜和青泥洞复背斜的交接部位,以及恒星错-甘龙拉背斜的东南倾伏端,矿区内褶皱发育,主要由一组分布于玉龙主矿体南部呈北西走向的①、②、③、④号小而平缓的背斜、向斜组成(图 3-37)。

裂隙在矿区内较为发育,主要含矿裂隙发育在含矿斑岩与甲丕拉组的接触带中,呈交错状、网状。次要含矿裂隙为含矿斑岩体的原生冷缩裂隙,产状散乱,其中多发育含矿细脉充填。无矿裂隙为成矿后期构造,主要发育在脆性的斑岩蚀变的硅铝质围岩中,裂隙面均较平直,密集平行出现。

层间破碎带产出部位为上三叠统甲丕拉组和波里拉组接触带中,在平面上呈空心环状,围绕含矿斑岩体连续稳定分布。其产状与前述倾伏背斜的地层产状基本一致。该破碎带为玉龙铜矿Ⅱ号、Ⅴ号似层状矿体提供了容矿空间,其形态控制了似层状矿体的分布。层间破碎带内矿化蚀变很强烈,由于成矿作用的多期性使带内矿化蚀变作用多次叠加而变得十分复杂,原岩的许多基本特征已不复存在。

3. 含矿斑岩体

含矿斑岩体为复式岩体,侵入顺序依次为二长花岗斑岩、花岗斑岩、石英二长斑岩、钠长斑岩以及长英岩岩脉。斑晶矿物总量一般在 30%~50% 之间,矿物种属包括钙质角闪石、镁质黑云母、中更斜长石、中微斜长石到透长石质钾长石和石英。石英斑晶则主要见于正长花岗斑岩和碱长花岗斑岩中,二长花岗斑岩中一般不含或只含少量石英斑晶。基质一般为隐晶质,矿物颗粒细小。主要由更钠长石($An20\sim4$)、钾长石($Or91\sim82$)和石英组成;基质中的石英呈他形粒状,长石均呈自形粒状,更钠长石常发育细而密的聚片双晶,长石则发育卡斯巴双晶。

4. 矿体特征

(1) 矿体的形态和产状。

矿体赋存于斑岩体内及围岩中,由 3 个主要矿体组成。

Ⅰ号矿体为矿区的主要矿体,主要以细脉浸染状矿化形式发育在斑岩体内及其接触带的角岩中,构成筒状矿体。矿化岩体主要为二长花岗斑岩和黑云母二长花岗斑岩等。斑岩体与围岩接触带上发育的隐爆角砾岩以及角岩中发育的石英脉型铜矿,由于分布较为零星,其工业类型以细脉浸染状矿石为主,因此亦将其归入Ⅰ号矿体中。

Ⅱ号和Ⅴ号矿体分别呈似层状和凸透镜状分布在Ⅰ号矿体东、西两侧的外接触带矽卡岩中,矽卡岩矿化主要发育于波里拉组与甲丕拉组碳酸盐岩层中的层间破碎带中,部分产出于波里拉组一段中上部及二段地层中,围绕Ⅰ号矿体呈环带状展布,矿体形态呈似层状,并向外缓倾呈楔形变薄尖灭,剖面上呈锯齿状产出。两矿体空间上基本相连,从而在Ⅰ号主矿体周围形成一个基本连续的铜(铁)矿化环带,只是由于铜(铁)矿化环带中矿化强弱程度有差异而划分出两个矿体。3 个矿体实际上是一个空间上连为一体的主矿体,具以岩体为中心的对称矿化分带特征。

(2) 矿化类型。

玉龙铜(钼)矿区确认的矿化类型主要有 5 种,分别为:① 斑岩体及其接触带上角岩中细脉浸染型铜钼矿化;② 斑岩体与波里拉组灰岩、大理岩接触带上的矽卡岩型铜钼矿化;③ 斑岩体外侧波里拉组下部碳酸盐岩层与甲丕拉组顶部角岩之间的似层状铜矿化;④ 斑岩体边缘局部的隐爆角砾岩型铜钼矿化;⑤ 斑岩体外接触带上的脉状铅锌矿化。其中,①、④型矿化为Ⅰ矿体的主要矿化类型;②、③、⑤型矿化为Ⅱ号、Ⅴ号矿体的主要矿化类型(刘永刚等,2013)。

5. 矿石特征

(1) 矿石类型有细脉浸染状、矽卡岩型含铜黄铁矿、含铜褐铁矿、斑岩体外接触带地层中的团块状、脉状铅锌矿矿石。

(2) 矿物组合。

矿石矿物:Ⅰ号矿体为黄铜矿、辉铜矿、辉钼矿等;Ⅱ号、Ⅴ号矿体为孔雀石、黄铜矿、蓝铜矿、蓝辉铜矿、磁铁矿、闪锌矿等。脉石矿物:Ⅰ号矿体为石英、钾长石、斜长石、绢云母、黄铁矿等;Ⅱ号、Ⅴ号矿体为黄铁矿、水高岭石、蛋白石、伊利石、绢云母、绿泥石及矽卡岩矿物等。目前矿区已发现矿物 70 余种,其中,金属矿物 40 余种、非金属矿物 30 余种。

(3) 矿石结构构造。

矿石结构:玉龙矿区矿石结构分为结晶结构、交代结构、固溶体分离结构、压力结构和表生结构等,而以前二者为主。其中又以结晶结构中的他形晶结构、半自形结构、包含结构最发育。

矿石构造：玉龙斑岩铜钼矿床的矿石构造按不同矿体来划分和描述，Ⅰ号矿体（包括斑岩型铜钼矿石和角岩型铜钼矿石）以热液成矿作用形成的矿石构造为主，较常见者为细脉浸染状构造和细脉网脉状构造，稠密浸染状构造、团块状构造和角砾状构造次之；Ⅱ号、Ⅴ号矿体以氧化作用形成的矿石构造为主，较常见者为胶状构造等。

6. 围岩蚀变

玉龙含矿斑岩的蚀变具以岩体为中心的面型蚀变矿化分带特征，从岩体中心到边缘可划分为硅化带、钾化带、绢英岩化带、黏土岩化带、青磐岩化带等，矿化主要发育于钾硅酸盐蚀变带与绢英岩蚀变带。在斑岩体与碳酸盐层接触带部位发育矽卡岩化。形成了范围宽广的蚀变晕，其面积为岩体面积的10倍以上。

（二）成矿时代

玉龙复式岩体的侵入是一个长期的过程，从成矿前石英二长斑岩（43.6±0.8Ma），到成矿期黑云母二长花岗斑岩（41.0±1.0Ma），至少经历了2.6Ma。Hou等（2003）报道了辉钼矿Re-Os年龄为40.1±1.8Ma，与成矿期斑岩的侵入年龄存在约1.0Ma的时差，表明从岩浆形成到成矿热液活动，经历了一个快速的降温降压过程。

（三）矿床成因分析及成矿模式

随着古特提斯洋的闭合，松潘-甘孜板块与羌塘板块碰撞，下地壳部分熔融的埃达克质岩浆向上侵入至地壳中浅部位（侵位至10km左右深处）集聚形成深部岩浆储（冷凝形成花岗岩岩基）。岩浆储内部分岩浆以脉动的形式继续上侵至地壳大约4km以浅的浅部岩浆房就位，冷凝形成玉龙含矿复式花岗斑岩岩株（图3-38）。

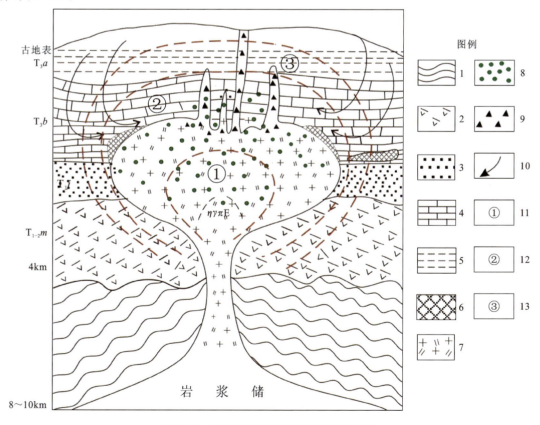

图3-38 玉龙矿带斑岩铜矿床成矿模式图

1.早古生代变质岩；2.上三叠统马拉松多组安山岩；3.上三叠统甲丕拉组泥质粉砂岩和粉砂质泥岩；4.上三叠统波里拉组灰岩；5.上三叠阿堵拉组页岩；6.矽卡岩型矿化；7.二长花岗斑岩；8.斑岩型铜矿（化）体；9.爆破角砾岩；10.天水；11.钾化带；12.绢英岩化带；13.青磐岩化带

在浅部岩浆房就位的岩浆必定将产生下述6个方面的效应。

(1) 围岩被侵入的岩浆加热,导致围岩的热变质形成角岩,同时也驱动岩体周缘围岩中大气水的对流。

(2) 深部岩浆储中大量的挥发分携带铜和钼随之上升进入到浅部岩浆房,在处于冷凝过程中的岩株状斑岩体内生成了一个上升的含矿气液流体柱。

(3) 随着岩浆的冷凝结晶,岩体内部高温气相流体集聚至流体压力大于上覆静岩压力时导致沸腾隐爆作用发生,形成网脉状微细裂隙和热液角砾岩,与此同时,气相流体在转化为液相的过程中高温气液流体与冷凝岩石发生交代反应导致硅化、钾化和绢英岩化,流体中所携带的金属沉淀富集形成斑岩铜(钼)矿化。

(4) 在外接触带,岩浆气液相流体渗滤到碳酸盐围岩层中引起交代作用,导致矽卡岩的形成,矽卡岩化后期阶段金属硫化物富集成矿。

(5) 热液作用导致岩体外围围岩发生青磐岩化,并在局部形成铅锌矿化富集。

(6) 成矿系统的冷却过程中发生退化蚀变作用(黏土岩化),这种退化蚀变是由于围岩中地下水的循环发展起来的。

(7) 部分岩浆可能喷出地表。

五、成矿作用分析

在喜马拉雅期印度板块向北—北北东方向运动和扬子板块相对向南南西的运动过程中,位于三江巨型走滑剪切体系南西侧的昌都地块东缘,主要表现为地块的主体与其东部造山带之间的车乡所断裂和结扎、察雅断裂发生右旋运动,发育以走滑拉张为主的构造活动,一方面形成一系列走滑拉分伸展盆地及其同期的以碱性为主的深源火山-岩浆活动,另一方面在夏日多-海通带、高吉-妥坝带由于其构造的扩容性,成为侵入岩就位的有利环境,形成岩株、岩脉状的斑岩体成群、成带分布,构成重要的构造-斑岩带,与斑岩铜矿的形成密切相关。其形成的机制可以总结为:陆-陆碰撞作用下的大型走滑断裂系统是含矿斑岩产出的重要地质构造背景,与俯冲碰撞作用有关的岛弧型火山岩系是含矿斑岩的可能来源,"岛弧型"源岩+岩石圈走滑断裂则可能是含矿斑岩形成的新的成岩模式(侯增谦等,2000)。

浅成—超浅成斑岩侵入体不仅作为成矿母岩,向系统直接提供成矿流体和成矿物质,而且为成矿直接提供必不可少的热能,驱动热液流体发生循环,使成矿在这种机制下得以充分实现。岩体本身还可以成为重要的容矿岩石,含矿斑岩主要有两种岩石类型:即以钙碱性系列为主的二长花岗斑岩类和以碱性系列为主的石英二长斑岩、正长斑岩类,二者分别控制了不同的成矿系列或组合,在空间上大致构成了东、西两个不同的成矿斑岩带。钙碱性系列的夏日多—玉龙—芒康一线的斑岩带,为与二长花岗斑岩类相关的Cu(Mo)矿化;碱性系列的日通—高吉—马牧普一线的斑岩带,为与二长斑岩-正长斑岩类相关的Au(Ag)多金属矿化。矿化作用发生于岩浆演化晚期的岩浆热液交代作用阶段,岩体及围岩蚀变作用强烈,并形成从岩体中心向外由钾硅化带→石英-绢云母化带→矽卡岩化、角岩化、黏土化及青磐岩化等构成的同心环状蚀变分带。玉龙-芒康斑岩型Cu(Mo)、Au矿成矿带及其昌都盆地Pb、Zn、Ag多金属矿富集区的区域成矿作用演化模式可以概括为如图3-39所示。

六、资源潜力及勘查方向分析

在三江巨型造山带,陆内深源浅成斑岩在喜马拉雅期陆内汇聚成矿系统中占有举足轻重地位,它们的形成构造环境之独特,产出规模之宏大,成矿潜力之巨大,堪与安第斯陆缘弧斑岩铜矿带相媲美。

在三江造山带的昌都微陆块东缘,已发现喜马拉雅期斑岩体百余个,主要分布于微陆块内部新生代时期形成的隆起区或隆拗结合处。隆起区两侧为走滑拉分盆地,东侧为贡觉半地堑式滑伸展盆地,西侧

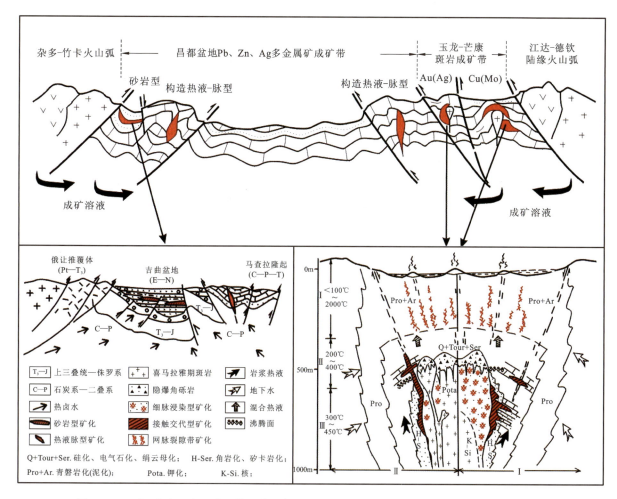

图 3-39 玉龙-芒康斑岩型成矿带及其昌都多金属矿富集区的区域成矿模式(据潘桂棠,2005)

为囊谦走滑拉分盆地。盆地内堆积了厚达 4000 余米含膏盐的红色磨拉石,并伴有碱性火山岩系发育,呈夹层分布于第三纪红层中(图 3-40)。

喜马拉雅期斑岩至少可分为两个带,东带为玉龙含矿斑岩带,位于贡觉盆地西缘,北起青海省纳日贡玛,经日胆果、夏日多、玉龙、马拉松多,抵南部马牧普,岩带长 200 余千米,宽 15~30km。大小二长花岗斑岩多达 20 余个(图 3-40)。西带为富碱斑岩带,以正长斑岩为主,该斑岩带北起日通—香堆,向南经芒康、中甸、大理、金平向南延入越南北部,长达 1000 余千米,构成规模巨大的富碱斑岩带(张玉泉等,1997)。玉龙斑岩带以发育典型的斑岩铜(钼)矿床为特征(芮宗瑶等,1984;马鸿文,1990),富碱斑岩带形成斑岩型和隐爆的砾岩型金银多金属矿床(汪明杰等,2000)。

夏日多斑岩型铜钼硫远景区:区内出露地层($GnPt_{1-2}$)古中元古代片麻岩,侵入岩为渐新世—始新世花岗斑岩 $\gamma\pi E_{2-3}$、花岗闪长斑岩 $\gamma\delta\pi E_{2-3}$,成矿条件较好,铜单元素化探异常$>67\times10^{-6}$,Ag-Au-Cu-Mo-Pb-Sb-W-Zn 组合元素异常的浓集中心,方铅矿重砂异常区(128 粒/30 千克)。

玉龙斑岩型铜钼银硫矿远景区:该区为玉龙典型矿床所在地,出露地层为上三叠统波里拉组(T_3b)生物碎屑灰岩夹泥质粉砂岩,甲丕拉组(T_3j)长石石英砂岩与粉砂质泥岩互层夹泥晶灰岩,裂隙构造均十分发育,含矿裂隙主要产于含矿的二长花岗斑岩、斑岩与甲丕拉组接触带的钾长石黑云母石英混杂岩(钾质混杂岩)、角岩以及接触带的矽卡岩等脆性易裂的岩类中,成矿地质条件很好。

莽总斑岩型铜钼银硫远景区:区内出露波里拉组(T_3b)的成矿围岩,花岗斑岩的成矿岩体,化探 Cu-Bi-Au-Mo-W-Ag-Pb-Zn 综合异常浓集。

多霞松多斑岩型铜钼银硫远景区:该区为多霞松多矿点所在地,出露地层甲丕拉组(T_3j)的成矿围岩,花岗斑岩的成矿岩体及较高值化探异常。

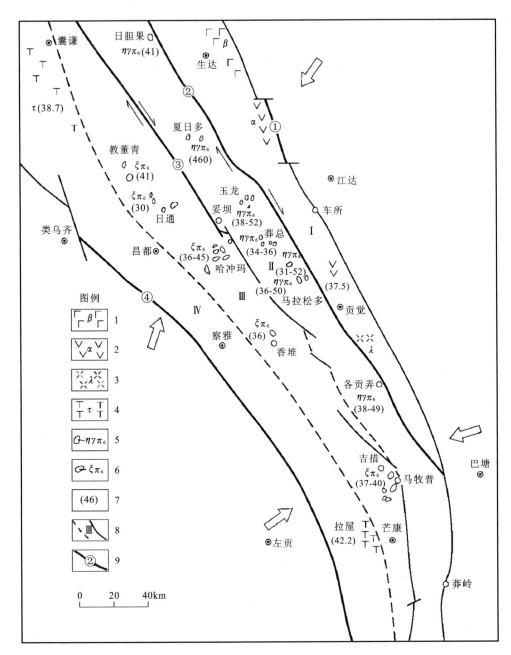

图 3-40 藏东含矿斑岩带构造地质与岩体分布(据潘桂棠,2005)

1.玄武岩;2.安山岩;3.流纹岩;4.粗面岩;5.二长花岗斑岩;6.正长斑岩;7.岩体编号;8.构造带编号;9.断裂编号

第十节 西藏自治区各贡弄-马牧普地区金银多金属矿集区成矿作用

一、概述

该矿化区范围北自贡觉县拉妥,南至芒康县老然,南北向延伸 60km 左右,东西宽度约 15km,面积 900km² 左右,为著名的玉龙喜马拉雅期斑岩成矿带南延部分(图 3-41)。近年来的研究表明,玉龙喜马拉雅期斑岩成矿带由斑岩型铜(钼)矿床和与斑岩有关的金(银)多金属矿床两种成矿组合构成(汪名杰,1995;雍永源,1999),前者位于玉龙斑岩带北段的马拉松多-玉龙之间及其以北,由玉龙、马拉松多、莽总、多霞松多等已探明的特大—大中型斑岩铜(钼)矿床组成,含矿斑岩以钙碱性二长花岗斑岩类为主;后者主要位于斑岩带的南段各贡弄—马牧普一带以及妥坝西侧的高吉-日通斑岩带,成矿主要受碱性-偏碱性的石英二长斑岩、正长斑岩类控制,以斑岩-爆发角砾岩型金银、多金属矿床为主。虽然二者的形成构造背景、时代相同,但成矿类型、成矿组合等方面确有一定差异。偏碱性二长/正长斑岩分布较多,化探异常显示明显,与之有关的金银、多金属矿化发育,可望成为一种新的具有潜力的矿床类型,以各贡弄—马牧普一带成矿最好,具较大的找矿前景。近年来对各贡弄斑岩-爆发角砾岩型金银、多金属找矿研究所取得的重要突破,实际上已对上述认识作出了初步验证。由于区内暂时尚未有探明储量的矿床,故暂称之为矿化区。

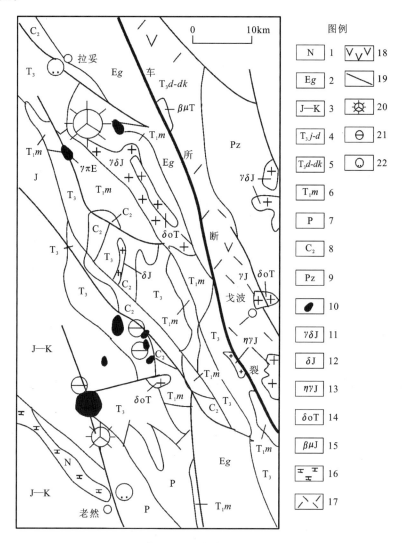

图 3-41 各贡弄-马牧普矿化区地质简图

1.新近系;2.古近系贡觉群;3.侏罗系—白垩系;4.上三叠统甲丕拉组-夺盖拉组;5.上三叠统东独组-洞卡组;6.下三叠统马拉松多组;7.二叠系;8.中石炭统;9.古生界;10.喜马拉雅期花岗岩;11.燕山期花岗闪长岩;12.燕山期闪长岩;13.燕山期二长花岗岩;14.印支期石英闪长岩;15.印支期辉绿岩;16.粗面岩;17.酸性火山岩;18.中性火山岩;19.断层;20.斑岩-爆发角砾岩型金(银)多金属矿;21.铜矿;22.砂金矿

二、地质简况

构造上位于海西期—印支期江达-莽岭火山弧西缘的青尼洞-海通褶断隆起带(东)与昌都-芒康中生代拗陷盆地的结合部位(图 3-41),东侧隆起带主要由上古生界石炭系—二叠系及下三叠统组成,石炭系—二叠系主体为一套浅海相碳酸盐岩、碎屑岩,局部夹少量中基性、中酸性火山岩,在南部宗西—加色顶一带,二叠系发育一套安山质火山岩,属钙碱性系列的弧火山岩性质,表明当时属于火山弧环境。下三叠统马拉松多组分布于拉妥以南的支巴一带,由下部的海相碎屑岩段和上部的(中)酸性英安-流纹岩段组成,火山岩以高硅、高钾为特征,属壳源性质,与早印支期的陆内碰撞造山作用有关,与火山岩同期即印支期及稍后的燕山早期,有同源岩浆性质的S型花岗闪长岩侵入。西侧中生代盆地由连续的上三叠统至侏罗系—白垩系组成,临近古隆一侧主要出露上三叠统,下部甲丕拉组为红色磨拉石建造,向东超覆于隆起带上的古生界及下三叠统之上,中部波里拉组为一套浅海相灰岩,上部阿堵拉-夺盖拉组为一套浅海-过渡相含煤碎屑岩建造。侏罗系—白垩系分布在西侧盆地内,为大套的以陆相为主的红色碎屑岩。上述隆起与盆地之间为一相对构造脆弱带,燕山期—喜马拉雅期发生的向西冲断及右旋走滑运动在上三叠统中所形成的一系列左行雁列式褶皱构造,对喜马拉雅期玉龙斑岩带起着重要的控制作用。区内现已发现的各贡弄、马牧普、吉措、色礼、色错、俄查地、日耳地等近十余处斑岩或爆发角砾岩群主要沿褶断隆起带西侧分布。

三、主要矿产特征

玉龙喜马拉雅期斑岩带所在的夏日多-海通褶冲带晚石炭世—二叠纪弧火山岩及早三叠世碰撞型火山岩的存在,表明为海西期—印支期古陆缘弧背景,而并非长期稳定的板内环境。海西期—早中印支期金沙江洋壳向昌都地块之下俯冲改造的上地幔或下地壳是喜马拉雅期斑岩的直接物源区,斑岩240～200Ma的Sm－Nd同位素模式年龄(王增,1995)表明斑岩原始岩浆脱离地幔的时间在印支晚期。

根据已有资料的统计,喜马拉雅期与成矿有关的斑岩(或同期火山岩)同位素年龄集中在52～30Ma(主要为K-Ar年龄)之间,相当于始新世。岩浆活动受控于昌都地块喜马拉雅期陆内汇聚过程中的地壳走滑伸展机制,深源岩浆主要沿构造伸展期间活动的张性深大断裂上升在构造扩容的隆起区发生浅成侵位,构造与岩浆之间的耦合对斑岩型矿床的形成起重要作用。喜马拉雅期控/导岩构造既有老的区域深大断裂的走滑复活,也有同期新形成大断裂,在区内分别控制形成了东、西两个重要的喜马拉雅期(火山)侵入带,其中东岩带即玉龙斑岩带,是昌都地块喜马拉雅期主含矿岩带,位于车所大断裂以西上述的夏日多-海通隆起与昌都-芒康盆地之间。车所断裂为昌都地块东部海西期江达-莽岭陆缘主弧西侧的一条区域性超壳深大断裂,古近纪陆内汇聚阶段不但控制了延伸达数百千米的贡觉半地堑型走滑伸展盆地,而且控制了西侧深源浅成斑岩带的形成,早期以右行走滑剪切为主的活动在西盘断裂一侧发育形成一系列与车所断裂斜交的北西—北北西向呈左行雁列式排列的褶皱与压扭性断裂构造,构成主要的配岩构造,随后发生左行松弛伴有向西伸展活动,次级构造由压扭转变为张扭性质而处于扩容状态,对岩浆侵入十分有利,成为包括本区斑岩最终定位的最有利场所。

斑岩对成矿的控制主要体现在以下几个方面。

(1) 作为含矿母岩,斑岩类型对成矿起着重要的控制作用。如前所述,钙碱性到偏碱性系列的二长花岗斑岩类和以碱性系列为主的石英二长斑岩、正长斑岩类,二者分别控制了斑岩铜(钼)矿和金银多金属两个成矿系列或组合。

(2) 岩浆的就位环境与产出状态对成矿起重要控制作用。含矿斑岩多数侵位于当时近地表构造扩容性质的背斜穹隆构造或断裂交汇部位,产出状态以浅、陡、小、群为主要特征,有利于岩浆期后热液的聚集,使成矿流体系统具备了很好的聚矿功能。

(3) 含矿斑岩具有高能量和高挥发成分。多数含矿斑岩都伴有爆破角砾岩,表明岩浆上侵时具有极高的能量和极富挥发性组分。隐爆角砾岩主要在斑岩的顶部构成角砾筒,有的则呈现多次隐爆,最常见的一类隐爆角砾岩为电(电气石)英(石英)质角砾岩,其形成与斑岩岩浆中所分异的一种极度富硼的具有岩浆性态的熔体有关。这种高能富挥发性组分的流体对相对矿质的萃取和迁移具有重要影响。含矿斑岩外围普遍发育的比岩体大得多的蚀变范围表明岩浆侵位所产生的高水热作用是驱动流体系统循环成矿的关键因素。

（4）金属堆积以斑岩体为中心，由产于岩体中细脉-浸染型矿化、接触带附近的复杂交代型矿化及围岩有利构造控制的构造蚀变岩型或脉状矿化组成，由岩体向外金属分带清楚，Cu、Mo 在内，Au、Ag 多金属在外。蚀变、矿化的空间结构研究表明，与斑岩有关的成矿系统其下部主要形成斑岩铜矿，中上部主要形成爆发角砾岩型金银多金属矿，浅表部位为地热储的排放口，几处现代热泉沉积物中见有自然硫、辰砂、重晶石、辉锑矿、雄（雌）黄等矿物以及含有较高的 As、Sb、Mn、Hg、Au、Ag 等典型低温元素组合，表明可能构成热泉型或浅成热液型矿化。

四、典型矿床

（一）各贡弄金（银）多金属矿床

各贡弄金（银）多金属矿床位于贡觉县拉妥乡南约 17km 处，是区内主要斑岩-爆破角砾岩型金（银）多金属矿床之一。含矿（从本）斑岩体发现于 20 世纪 70 年代初，早期被作为斑岩铜矿进行工作，80 年代后期以来，成都地质矿产研究所（汪名杰，雍永源等，1999）先后在岩体外围发现多处含金蚀变矿化带。在此基础上，本轮又进行了深化研究，作为矿床靶区提出，1998 年与西藏地质六队联合开展了检查验证，在岩体北东侧外接触带初步控制北西向含金银矿化破碎带长大于 2000m，宽 20～80m，东段圈出金银矿化体 13 个，平硐控制主矿体平均厚度 8.05m，含 Au 平均为 $3.6×0^{-6}$，Ag 平均为 $173.14×10^{-6}$。靠近斑岩体铜趋向增高并接近品位，显示斑岩铜矿也具有突破的潜力。初步证明是一个颇具找矿前景的 Au、Ag 多金属矿床靶区。

1. 矿床地质

矿区出露地层为下三叠统马拉松多组下段，总体走向北西，为一套滨浅海相砂泥质碎屑岩夹碳酸盐岩。受从本斑岩-爆发角砾岩侵入期后气液交代蚀变，含矿岩段主要由长英质角岩、透辉石石榴子石矽卡岩、硅化砂岩、大理岩等组成（图 3-42）。

各贡弄矿区构造主要由下三叠统马拉松多组组成的穹状背斜。岩体侵位于该背斜构造的核部，故该背斜是矿床重要的控岩控矿构造。矿区断裂构造有北西西向和北东向两组，其中以北西西向断裂为主，与成矿关系密切（图 3-42）。

含矿二长花岗斑岩体为一椭圆状岩株，出露面积约 $1.2km^2$。岩体年龄为 49.4Ma 和 40.0Ma（全岩 K-Ar 法）。各贡弄矿区共发现 5 个大小不一的电英质爆破角砾岩筒。

岩体的蚀变类型以硅化、绢云母化、电气石化、黏土化为主，其主要表现为大量石英细脉-网脉的形成及电气石细脉沿节理、裂隙对斑岩体的穿插等。围岩蚀变以角岩化、硅化、矽卡岩化、大理岩化为主。其中，角岩化、硅化、矽卡岩化发育于近岩体部位，且愈靠近岩体，地层愈破碎，其蚀变强度愈高。角岩化、硅化、矽卡岩化的强蚀变地段同时也是 Au、Ag、Cu、Pb、Zn 矿化带矿体的发育地段，蚀变与矿化密切相关，是找矿的直接标志。

2. 矿化特征

矿化带、矿体均产出于花岗斑岩岩体的外接触带，受北西西向断裂及断裂破碎带控制。容矿岩石为长英质角岩、黄铁绢云母化硅化砂岩、石榴子石矽卡岩、大理岩。

根据矿化元素的种类及组合特点，矿区可划分出 Au-Ag、Pb-Ag-Au 及 Au-Cu 3 种矿化类型。

3. 矿床类型

根据矿床直接产出于喜马拉雅期斑岩-爆破角砾岩体的外接触带和容矿岩石为一套长英质角岩、黄铁绢云母化砂岩、透辉石石榴子石矽卡岩、大理岩等热液蚀变岩，其成矿基本特征与玉龙带斑岩型矿床相似，属斑岩类矿床无疑。矿床中黄铁矿、方铅矿、毒砂等矿物的 $δ^{34}S(‰)$ 值多介于 $-0.86～+2.34$ 之

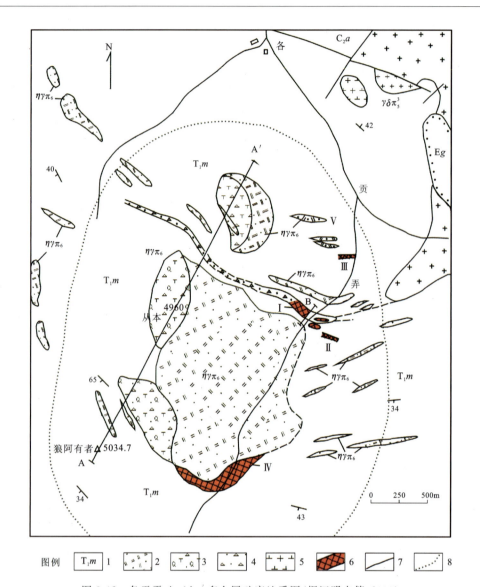

图 3-42 各贡弄 Au(Ag)多金属矿床地质图(据汪明杰等,2000)
1.下三叠统马拉松多组;2.喜马拉雅期二长花岗斑岩;3.电(气石)-(石)英质角砾岩;4.构造破碎带;
5.燕山期花岗闪长岩;6.矿(化)体;7.断层;8.蚀变带范围

间,平均 0.87,均值接近于零,极差较小判断,成矿的 S 源主要来自于岩浆,两件较高的 S 同位素样品[$\delta^{34}S$(‰)值 5.56、6.27]可能显示有少部分沉积地层硫的加入。一件取自矿石中石英(细脉)的 $\delta^{18}O$ 值为 13.365‰,较岩浆成因石英的 $\delta^{18}O$ 值略高,也显示成矿过程中有地层水或地表水的加入;从矿床中流体包裹体以液相为主,气液比 10%~20% 判断,成矿主要发生于岩浆期后的热液阶段。

矿区可划分出 4 种矿石类型:长英质角岩型矿石、黄铁绢英化砂岩型矿石、矽卡岩型矿石及大理岩型矿石。长英质角岩型矿石、黄铁绢云硅化砂岩型矿石中的金属矿物以黄铁矿、毒砂、方铅矿为主,含磁黄铁矿、闪锌矿、黄铜矿、自然金等;矽卡岩型矿石中的金属矿物以黄铁矿、磁铁矿、方铅矿为主,含毒砂、闪锌矿、自然金;大理岩型矿石中的金属矿物以黄铁矿、方铅矿为主,含闪锌矿、自然金。

单工程见矿的 13 个矿化体,金品位变化于 $1.0\times10^{-6}\sim7.80\times10^{-6}$,一般$<3.0\times10^{-6}$。银品位 $50.00\times10^{-6}\sim560.75\times10^{-6}$,一般小于 150×10^{-6},铅品位 0.5%~3.51%。

(二)马牧普金、银多金属矿

马牧普金(银)多金属矿位于矿化区南端,成矿与正长斑岩有关,20 世纪 80 年代对其开展过斑岩铜矿的找矿工作,但对金银评价工作不够,"八五"以来的研究(汪名杰等,1994)表明,马牧普主要以金、银多金属成矿为主。

1. 含矿斑岩

成矿与马牧普正长斑岩有关,岩体分为两支,呈北东向舌状侵位于下二叠统交嘎组灰岩、砂页岩和上三叠统阿堵拉组-夺盖拉组砂页岩中(图3-43),西侧为主岩体,长约4km,宽200~800m。Rb-Sr同位素年龄为38Ma,相当于古近纪。

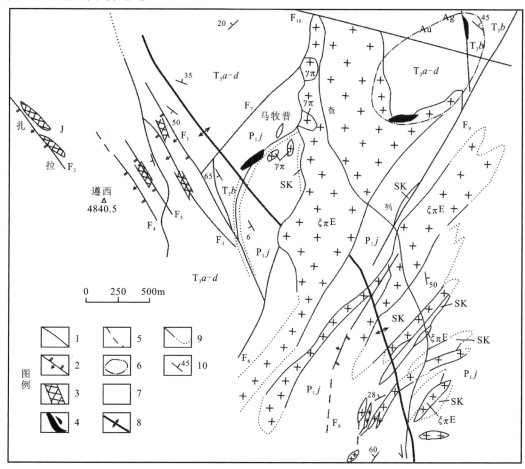

图 3-43 马牧普金银多金属矿点地质图

J.侏罗系;T_3a-d.上三叠统阿堵拉组-夺盖拉组;T_3b.上三叠统波理拉组;P_1j.下二叠统交嘎组;$\xi\pi E$.古近纪正长斑岩;$\gamma\pi$.花岗斑岩;SK.矽卡岩;1.断层;2.逆断层;3.铅银矿体;4.金(钨)矿化体;5.金矿化带;6.金银地球化学异常;7.断层编号;8.背斜轴;9.地质界线;10.地层产状

2. 围岩蚀变

斑岩及围岩的热液蚀变发育,斑岩体内主要有钾硅化、绢云母化、条纹长石化(即钠长石化),其次为黏土化、绿泥石化及碳酸盐化,仅在岩体西部蚀变相对较强,但总体蚀变强度远不及玉龙带其他含矿斑岩。

矿化类型以金、银多金属矿化为主。矽卡岩型铜金矿化和破碎带型金银多金属矿化是两种主要矿化类型,受岩体接触带及围岩中的断裂构造控制。

五、成矿作用分析

以往均将其归属玉龙-海通喜马拉雅期斑岩铜矿带,近年来的研究发现,区内喜马拉雅期斑岩主要属碱性-偏碱性的石英二长斑岩、正长斑岩类,以斑岩-爆发角砾岩型金银(多金属)成矿为主,与北段玉龙—马拉松多一带以二长花岗斑岩为母岩的斑岩铜(钼)矿床有显著差异。区内发育近十余处斑岩或爆发育角砾岩群，主要沿东侧由上古生界和下三叠统形成的青尼洞-海通褶断隆起带与西侧由上三叠统、侏罗系—白垩系所组成的昌都-芒康盆地之间结合部侵位，侵入围岩包括上二叠统、下三叠统、上三叠统以及侏罗系。以各贡弄、马牧普、吉措等含矿斑岩为代表，均具有相似的成矿地质特征。

（1）含矿斑岩和爆发角砾岩结伴而生，在空间结构上斑岩作为主侵入相位于中心或深部，本身具有强烈的钾硅化，接触带部位发育石英-绢云母化和泥化，爆发角砾岩分布于斑岩的四周或作为顶盖位于斑岩体之上，以电英质角砾岩发育为特征，电英质主要呈一种特殊的高挥发浆态充填胶结角砾，表明含矿斑岩演化晚期形成了挥发组分的高度富集，对于成矿较为有利。

（2）围岩蚀变普遍发育，类似于斑岩铜矿，面型分带特征明显，由内向外依次大致为角岩化、矽卡岩化（局部）、石英-电气石化、青磐岩化等。黄铁矿化在岩体及围岩中均广为发育，氧化后形成醒目的红色铁染，成为含矿斑岩最直观的标志。围岩蚀变的范围远远大于岩体，表明岩体侵位后流体活动相当强烈。

（3）金银（多金属）矿化主要产于蚀变围岩中，受岩体接触带或围岩中构造破碎带/构造裂隙带控制，斑岩体内矿化不明显，但不排除深部有斑岩型铜（钼）矿存在的可能。矿化元素的分带性明显，近斑岩一侧主要为Au、Cu、Bi、Mo、W、As等，外围主要以Ag、Pb、Zn、Sb等为主。成矿与斑岩-爆发砾岩密切相关，成矿类型应属广义的斑岩-爆发角砾岩型。

（4）由矿化斑岩所引起的Au(Ag)、Cu、Pb、Zn等综合地球化学异常发育，面积大，强度高，浓集和元素分带清晰，与主要的矿化部位较为吻合。矿化斑岩附近地区有砂金矿形成，证明金源较为丰富。各贡弄和马牧普等矿化斑岩发育有昌都地区最好的金多金属地球化学异常。

（5）各贡弄矿床的矿化、富集具以下特点：①矿化受北西西向断裂破碎带的控制；②角岩化、矽卡岩化、硅化、大理岩化等蚀变作用强，矿化强；蚀变弱，矿化弱；③金矿化与硫化物，特别是黄铁矿、毒砂等的富集程度关系密切，银矿化与方铅矿的发育密切相关；④近从本斑岩体的外接触带以Au、Ag、Cu矿化为主，远离岩体，矿化以Ag、Pb、Au、Zu为主；⑤Cu、Au、Ag矿化在垂向上有深部变强的趋势。深部有发现高品位金银多金属矿体的可能。

六、资源潜力及勘查方向分析

各贡弄-马牧普Au、Ag多金属矿远景区位于昌都盆地东缘玉龙-芒康斑岩型成矿亚带南段，区内喜马拉雅期斑岩主要属碱性-偏碱性的石英二长斑岩、正长斑岩类，以斑岩-爆发角砾岩型Au(Ag)多金属成矿为主，与北段玉龙—马拉松多一带以二长花岗斑岩为母岩的斑岩Cu(Mo)矿床有显著差异。区内发育近十余处斑岩或爆发角砾岩群，主要沿东侧由上古生界和下三叠统形成的青尼洞-海通褶断隆起带与西侧由上三叠统、侏罗系—白垩系所组成的昌都-芒康盆地之间的结合部侵位，以各贡弄、马牧普、吉措等含矿斑岩为代表，具有相似的成矿地质特征。

在马牧普正长斑岩周围，发育的Cu(Mo)、Au、Ag、W、Pb及As、Sb、Bi、Zn等元素地球化学异常达$8km^2$，浓集中心分别位于岩体的北、西接触带，Au的高值可达$50×10^{-9}\sim 450×10^{-9}$，在岩体西侧外围蚀变破碎带发育，其中含Au达$1×10^{-6}\sim 7×10^{-6}$，成矿条件极好，有希望取得找矿的突破。在马牧普北西-南东侧外围地区的吉措、日耳地、俄查地发育一系列斑岩-爆发角砾岩体群，普遍具有蚀变、矿化和异常显示，其中在吉措斑岩南东侧蚀变破碎带中含金$6.38×10^{-6}\sim 13.05×10^{-6}$，Ag $4×10^{-6}\sim 802×10^{-6}$，Pb+Zn $0.34\%\sim 5.72\%$，具有形成中型矿床规模以上的远景。

各贡弄矿区浅成斑岩-爆发角砾岩热液活动强烈，矽卡岩化、角岩化、大理岩化等热液蚀变发育，异常显示明显，北西向控矿断裂破碎带规模较大，成矿地质条件优越。已发现矿化带6条，矿化体13个，且自地表向深部矿化强度有增高趋势，深部找到富矿及斑岩型铜矿的潜力很大。另在矿床下游河谷近两年已探采砂金储量达1t以上，证明矿区有丰富的金源供给，原生金矿大有希望。

马牧普斑岩体及围岩蚀变发育，Cu(Mo)、Au、Ag、W、Pb及As、Sb、Bi、Zn等元素地球化学异常显著，面积达$8km^2$，浓集中心分别位于岩体的北、西接触带，局部Au的异常值高达$50×10^{-9}\sim 450×10^{-9}$，岩体西侧外围蚀变破碎带中含Au达$1×10^{-6}\sim 7×10^{-6}$，矿化具有明显的分带性。在矿点下游的查列河中有砂金矿形成,成矿条件极好,与各贡弄成矿特征相似。以往主要将其作为斑岩铜矿对待,对金银多金属矿注意不够,有希望取得找矿的突破。

色错斑岩型铜银矿区,出露地层为中下三叠统马拉松多组($T_{1-2}m$)流纹岩、砂岩、砂泥岩,遥感推断岩体花岗斑岩($\gamma\pi E_{2-3}$),具良好的综合化探异常浓集中心,北西—南东向区域断裂发育,成矿地质条件较好。

米拉卡铅锌银矿区,出露波里拉组(T_3b)的灰白色白云岩、灰岩夹砂屑砾屑灰岩等碳酸盐岩建造,受北西-南东向区域性的断裂控制。具有较好的 Ag 单元素异常及 Sb、Cu、Pb、Ag、Au、Zn、Bi、Ba、Cd、As 等综合异常。

在马牧普北西-南东侧外围地区的吉措、日耳地、俄查地发育一系列斑岩-爆发角砾岩体群,普遍具有蚀变、矿化和异常显示,其中在吉措斑岩南东侧蚀变破碎带中含金 $6.38\times10^{-6}\sim13.05\times10^{-6}$,Ag $40\times10^{-6}\sim802\times10^{-6}$,Pb+Zn $0.34\%\sim5.72\%$。外围地区的矿化斑岩,也具有较好的成矿远景。

第十一节 云南省德钦县徐中-鲁春-红坡牛场地区铜多金属矿集区

一、概述

徐中-鲁春-红坡牛场矿集区(以下简称鲁春矿集区)位于滇藏交界之横断山脉北段,属澜沧江峡谷地带,行政区划属滇西北德钦县与西藏芒康县间的徐中、鲁春、燕门的红坡牛场一带,面积约 1000km² (图 3-44)。地理坐标:东经 98°55′25″—98°56′38″,北纬 28°27′54″—28°30′33″。214 国道(滇藏公路)从矿区西侧通过。并有简易公路直达矿区南段、北段,交通方便,区内已发现特大型矿床 1 处,大型矿床 1 处,中小型矿床 14 处。

1979 年,原云南省地矿局第七地质队对该区进行过磁铁矿的普查工作,在鲁春圈定了 3 个磁铁矿矿体,提交了相应的普查简报。1980 年,原云南省地矿局第三地质大队对该区进行过物探磁法检查评价,提交了相应的检查评价简报。1985 年,原云南省地矿局区调队,在 1:20 万德钦幅的区调过程中又对鲁春矿点作过踏勘检查。1994—1995 年,原云南省地勘局第三地质大队进行了扶贫地质勘查(扶贫专项基金),施工了探槽、坑道及浅井,划分为南、中、北 3 个矿段,共圈出 8 个矿体,提交了相应的地质勘查报告,求出 C+D 级金属量:Cu 17 437.32t,Pb 22 326.34t,Zn 43 054.48t,并认为属白茫雪山花岗闪长岩体作用的中高温气成热液矿床。1996 年,原云南省地勘局物探大队完成了 1:20 万德钦幅水系沉积物化学测量,圈定了多个铜、铅、锌、金、银等元素异常区。1993 年开始民采,至今已经开采 7 年。1997 年,原云南省地勘局物探大队开展了鲁春矿区 1:5 万土壤地球化学测量,圈定了多个铜、铅、锌、金、银综合异常。

二、地质简况

地质构造位置上,鲁春-红坡铜金锌多金属矿集区,位于金沙江弧-陆碰撞结合带与昌都稳定陆块之间的活动边缘火山岩带中,属江达-德钦-维西火山岩带的中段。时间上,经历了两次重要的构造演化过程:一是金沙江洋壳俯冲消减、弧-陆碰撞作用,陆缘火山弧的形成(P_1^2—T_2);二是碰撞后的伸展构造作用,火山沉积盆地(裂谷盆地)的形成(T_3^1)。两次构造演化过程与两次成矿作用耦合,形成了该区多矿种和时代越新、矿床规模越大的特点。

1. 鲁春-红坡双峰式火山岩

以鲁春铜矿床为代表的喷流-沉积型块状硫化物矿床,产于晚三叠世早期鲁春-红坡双峰式火山岩

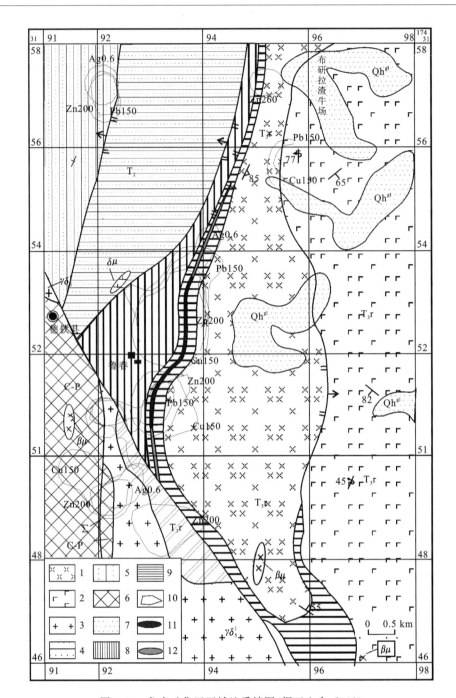

图 3-44　鲁春矿集区区域地质填图（据王立全，2001）

1.流纹岩；2.玄武岩；3.花岗闪长岩；4.砂岩；5.砂岩-粉砂岩；6.绿泥板岩；7.粉砂岩；
8.绢云绿泥板岩；9.泥岩；10.矿区范围；11.矿体；12.矿化体（层）

带中，对其产出的火山岩特征及其构造环境判别分析，是进行鲁春-红坡火山沉积盆地性质分析和鲁春喷流-沉积型块状硫化物铜矿床成因研究的前提。

鲁春-红坡双峰式火山岩分布于徐中—鲁春（几家顶）—红坡牛场一带（图 3-45）。火山岩系主要由基性端元的玄武岩及其脉岩和酸性端元的流纹岩，以及相应的火山碎屑岩和凝灰岩组成。玄武岩按 CIPW 标准矿物分子分类以橄榄拉斑玄武岩为主，石英拉斑玄武岩次之；流纹岩或流纹斑岩为斑状结构，基质霏细结构或显微花岗结构，流纹构造，斑晶由石英、条纹长石、少数斜长石及钾长石组成，基质由显微晶质长英质矿物组成。脉岩为辉长辉绿岩和辉长辉绿玢岩，主要由含钛普通辉石和钠化斜长石组成。

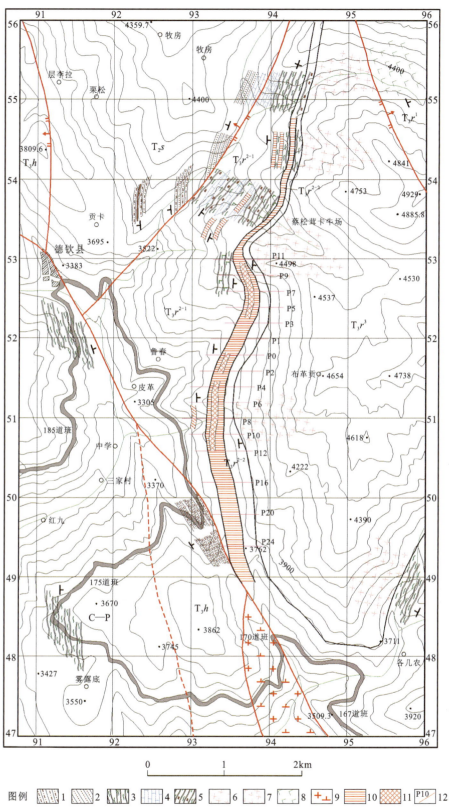

图 3-45 鲁春矿区地质图(据王立全,2001)

1.砂质-粉砂质泥岩;2.砂岩-粉砂岩;3.绿泥板岩;4.厚层块状灰岩;5.绢云绿泥板岩;6.流纹岩;7.英安岩;8.玄武岩;9.花岗闪长岩;10.矿化体(层);11.矿体;12.勘探线及编号

2. 白茫雪山花岗岩

白茫雪山花岗岩系-复式岩体,位于滇西北德钦县境内,德钦-沙冲大断裂东侧,呈北北西-南南东向的椭圆形展布,长约 25km,宽约 70km,面积近 150km²。岩体与围岩多以断层接触。岩体的外部相以细粒黑云母花岗闪长岩、细粒黑云母斜长花岗岩为主,其次为细粒石英闪长岩、石英二长闪长岩、黑云母二长花岗岩。内部相为中粒-不等粒黑云母花岗闪长岩和似斑状、中粒黑云母二长花岗岩。外部相宽 2~4km,内部相宽 3km。

黑云母二长花岗岩 K-Ar 法黑云母同位素年龄为 230~220Ma(云南地科所,1984),属印支期(晚三叠世)。

花岗岩的形成多属于岩浆岛弧到大陆碰撞演化的构造环境。

3. 断裂构造

矿集区处在"三江蜂腰"地段,断裂构造十分发育。以近南北向的断裂构造为主导构造,规模较大的有德钦-沙冲断裂、甲午雪山断裂带以及北西向的中甸-德钦剪切断裂。除此之外在鲁春矿区尚发育一系列规模较小的北东向或近东西向的断裂组,这些断裂组往往对南北向断裂有分割和改造作用,证明其形成时间最晚。

三、主要矿产特征

以鲁春 Zn-Cu-Pb 矿床为代表。产出背景为碰撞后拉伸裂谷盆地,含矿岩系为中酸性火山-沉积岩系,成矿模式是原地卤水塘模式(下盘蚀变较弱),金属硫化物分带明显,黄铁矿-黄铜矿在上部,层状铅锌矿在下部。成矿作用时限发生在中三叠世末期,主要在晚三叠世早期。

矿集中区的铜-金-铅-锌(银)矿产分布具有明确的两个成矿富集带。二叠纪陆缘火山弧中的铜-金-铅-锌(银)成矿富集带:矿床形成于二叠纪陆缘弧火山-沉积岩系中,主要有两种类型,一是构造破碎蚀变岩型铅-锌(铜、银)矿床,如里仁卡铅-锌(铜、银)矿床;二是火山-次火山热型的铜-金-铅-锌(银)矿床,并经后期构造叠加改造富集,如南佐铅-锌(铜)矿床、南仁铜-金(铅-锌)矿点。三叠纪裂谷盆地中的铜-金-铅-锌(银)成矿富集带:矿床形成于晚三叠世早期的裂谷盆地环境中,矿床成因为喷流-沉积型块状硫化物矿床,如鲁春锌-铜-铅(银)多金属矿床。其中鲁春锌-铜-铅(银)多金属矿床为本次工作的重点,里仁卡铅-锌(铜、银)矿床、南佐铅-锌(铜、银)矿床、南仁铜-金(铅-锌)矿点为区域成矿规律研究中调查的对象。

四、典型矿床——鲁春锌铜矿床

1. 矿化层位及含矿岩性

鲁春锌铜矿床位于晚三叠世徐中-鲁春(几家顶)-红坡裂谷盆地"双峰式"火山-沉积岩系中。矿区出露的地层为上三叠统人支雪山组的中上部地层。地层走向南北,倾向东,倾角 20°~60°,构成一向东倾斜的单斜构造。铜矿体及矿化层产于"双峰式"火山-沉积岩系中部的长英质火山-沉积岩中,赋矿岩系为一套强烈绿泥石化、绢云母化、硅化的浅变质火山岩系(图 3-45)。

矿区内锌铜矿化及有关的矿化蚀变具有明显的层控性质,锌铜矿化及矿体均位于上三叠统人支雪山组中部的长英质火山-沉积岩系地层中,含矿层产状与上、下地层产状一致,有上、下两个含矿层位,总厚度大于 200m。由于地表剥蚀、第四系的覆盖以及东西向的断裂位错,造成含矿层近南北向的断续出露,可分为南、中、北 3 个矿段。

北矿段含矿层:出露面积较大,构成矿区的主体,向北、向南、向西均被第四系覆盖,南北长约 540m,

东西宽约120m,出露面积约0.065km²。含矿层呈南北向展布,出露北高南低,北端出露最高标高4230m,南端出露最低标高3950m,高差达280m。

中矿段含矿层:出露面积较小,南、北两端均被厚大的第四系覆盖,南北长约120m,东西宽约240m,出露面积约0.03km²。含矿层呈南北向展布,出露标高3550m。

南矿段含矿层:出露面积较大,构成矿区的主体,向北、向南均被第四系覆盖,南北长约600m,东西宽约200m,出露面积约0.12km²。含矿层呈南北向展布,出露北高南低,北端出露最高标高3700m,南端出露最低标高3500m,高差200m。

2. 矿体形态、产状

鲁春锌铜铅多金属矿体产于南北向展布的上三叠统人支雪山组中部的一套强烈绿泥石化、绢云母化、硅化浅变质火山-沉积岩系地层中;矿体呈层状、似层状、透镜状产出,矿体产状与上、下地层产状完全一致,矿体倾向东70°～120°,倾角25°～40°。并严格受地层层位的控制。矿体与围岩之间无明显的界线,呈渐变过渡关系,由于地表剥蚀、第四系的覆盖以及东西向的断裂位错,造成含矿体近南北向的断续出露,可分为南、中、北3个矿段,共圈出8个矿体,其中南矿段圈出4个矿体,中矿段圈出2个矿体,北矿段圈出2个矿体。

总之,鲁春锌铜铅多金属矿床受赋矿岩性和层位的控制,呈层纹状、层带状、透镜状产出;含矿层和矿体延伸较长,且连续性较好,层位稳定,显示出较好的地质远景,更可喜的是在上述层状矿之下已经显示出两个以上规模较大的筒状矿化体。

3. 矿石类型及矿物组合

矿石自然类型分为氧化矿、混合矿、硫化矿3类。按矿石构造划分为块状硫化物铜铅锌矿石及浸染状-细网脉状铜铅锌矿石。据含矿岩石类型分为含铜铅锌磁铁矿型、含铜磁铁矿型、含铜铅锌磁铁矿绿泥板岩型、含铜铅锌薄层大理岩型、含铜铅锌角砾岩型等,以前4类为主。

矿石工业类型可划分为6类:黄铜矿-方铅矿-磁铁矿型、黄铜矿-磁铁矿型、方铅矿-闪锌矿-磁铁矿型、菱锌矿-方铅矿(白铅矿)型、铜铅锌磁铁矿(化)大理岩型、铜铅锌磁铁矿绿泥板岩型。

矿石中除铜、铅、锌外,矿石中的银已达伴生有益组分的评价指标。

矿石的主要金属矿物有黄铜矿、辉铜矿、黄铁矿、闪锌矿、铁闪锌矿、方铅矿、磁铁矿、赤铁矿等,次生矿物有孔雀石、蓝铜矿、硅孔雀石、白铅矿、水锌矿,脉石矿物有方解石、石英、绿泥石、萤石、绿帘石、绢云母等。

4. 矿石结构构造

矿石结构有自形—半自形粒状结构、他形粒状结构、碎裂结构、包裹或包含结构、充填交代结构。

矿石构造有浸染状构造、斑状构造、块状构造、脉状-网脉状构造、似角砾状构造等。

5. 矿化阶段划分及分布

矿床中黄铁矿、黄铜矿和方铅矿的矿物铅同位素组成具有极差小和变化小的特点,表现为正常普通铅的特征,计算鲁春矿床的铅同位素模式年龄为199.9～198.3Ma,平均为199.2Ma,其值稍晚于矿区南部出露的白茫雪山花岗岩体的形成年龄值。

块状硫化物矿石的矿物铅同位素计算模式年龄值为199.3～198.3Ma,反映印支晚期有一次成矿。同时在鲁春矿床局部地段的矿体中,分布有后期石英脉、石英-碳酸盐脉穿切。脉体含有大量的黄铜矿、黄铁矿、方铅矿和闪锌矿,结晶粒度粗大。通过对穿切于矿体内的后期石英-硫化物脉、石英-方解石-硫化物脉中的石英进行核磁共振分析,石英矿物的年龄值为135.0～54.1Ma,说明燕山晚期—喜马拉雅期再次成矿,并对早期形成矿(化)体叠加改造,使其变富。

6. 多期成矿的叠加改造

早期成矿为印支晚期，铅同位素计算模式年龄值为199.3~198.3Ma；燕山晚期—喜马拉雅期再次成矿，石英矿物的年龄值为135.0~54.1Ma。

7. 矿化蚀变带划分及分布

蚀变集中分布于上兰组上段第一层(T_2s^{2-1})，蚀变叠加且强度大的部位，就是矿体产出的部位，并多形成稠密浸染状-块状的铜铅锌多金属矿石。与矿化有关的主要蚀变有绿泥石化、黄（褐）铁矿化、磁黄铁矿化、矽卡岩化、角岩化等。矿床内蚀变类型主要有4种：绿泥石化、黄（褐）铁矿化、矽卡岩化和角岩化。前两者与成矿关系比较密切，后两类蚀变可能与矿区南部的白茫雪山花岗闪长岩体有联系，随距岩体距离的缩短，蚀变有变强的趋势。

矿化热液蚀变作用范围广、强度大，尤其以矿体附近及其下伏岩石的热液蚀变作用更为强烈，与矿化作用直接相关的热液蚀变有绿泥石化、硅化、绢云母化、碳酸盐化。火山岩（及次火山岩）-矿体（矿化蚀变岩）-热水沉积岩（纹层状硅质岩和灰岩）"三位一体"是该类型矿床的重要特征，这种组合代表了火山活动→热液蚀变成矿作用→热水沉积作用的连续演化过程。

8. 矿床成因机制

矿床围绕印支期花岗岩带的倾伏端，沿打郭-鲁春断裂派生的近于平行的低级别、低序次的层间破碎带、裂隙带产出。含矿层位为具磁铁矿化或铜铅锌矿化的绿泥板岩、绢云板岩、薄层状大理岩或磁铁矿体。块状硫化物矿石的矿物铅同位素计算模式年龄值为199.3~198.3Ma，反映印支晚期有一次成矿。同时在鲁春矿床局部地段的矿体中，分布有后期石英脉、石英-碳酸盐脉穿切。脉体含有大量的黄铜矿、黄铁矿、方铅矿和闪锌矿，结晶粒度粗大，核磁共振分析石英矿物的年龄值为135.0~54.1Ma，说明燕山晚期—喜马拉雅期再次成矿，并对早期形成矿（化）体叠加改造，使其变富。硫同位素测试结果表明，矿床中主成矿期的黄铁矿、黄铜矿和方铅矿的矿物硫同位素组成具有极差小和变化小的特点，其值既不同于岩浆岩的硫同位素组成（$\delta^{34}S$值为0‰），也不同于变质岩的硫同位素组成（$\delta^{34}S$值变化大），反映的是多源硫平衡的结果。初步认为属中—高温热液型铜铅锌多金属矿床。

五、成矿作及分析

江达-维西-鲁春Fe、Cu、Pb、Zn多金属矿成矿带的形成，是二叠纪俯冲造弧、早—中三叠世碰撞成弧、晚三叠世碰撞后伸展，以及燕山期—喜马拉雅期陆内碰撞逆冲-推覆、走滑-剪切过程中岩浆活动、构造作用、热液系统等地质事件综合作用的产物，经历了长期发展演变过程。

（1）二叠纪至早—中三叠世陆缘弧形成阶段。金沙江洋盆于早二叠世晚期开始向西俯冲消减于昌都-兰坪-思茅陆块之下，在其陆块东缘形成江达-德钦-维西-鲁春俯冲-碰撞型陆缘火山弧，发育钙碱性的中基性→中性→中酸性→酸性系列火山岩以及同碰撞型的花岗闪长岩、二长花岗岩、斜长花岗岩、闪长玢岩、石英闪长玢岩等侵入体。该时期已发现的矿床为与闪长玢岩、石英闪长玢岩相关的玢岩-矽卡岩型矿床，如加多岭玢岩-矽卡岩型Fe-Cu矿床。虽然矿床规模和类型较少，但俯冲-碰撞型的弧火山岩系可以为后期（燕山期—喜马拉雅期）构造-热液脉型（或构造-蚀变岩型）Cu、Au、Pb、Zn、Ag多金属矿床的形成提供丰富的物源，即重要的矿源岩/层，如里仁卡大型Pb-Zn(Ag)矿床、南佐中型Pb-Zn(Ag)矿床，以及南仁Au-Cu矿、阿中Au矿、秀格山Cu-Au矿、南戈Au矿、谷松Ag-Cu矿等一系列的矿点、矿化点及其矿化异常区。

（2）晚三叠世碰撞后地壳伸展（上叠裂陷-裂谷盆地）阶段。晚三叠世早期，陆缘火山弧总体由挤压转为拉张，形成晚三叠世碰撞后地壳伸展背景下的上叠裂陷-裂谷盆地，构成其VHMS成矿作用的主体，不同地段盆地发育的程度以及盆地形成演化的不同阶段，均形成发育了不同类型的矿床。在成矿带北段发育的裂陷盆地(相当于裂谷盆地的早期)中,形成有沉积岩系中的 SEDEX 型矿床,具有 Pb-Zn-Ag 金属组合特征,如足那大型 Ag-Pb-Zn 多金属矿床。在成矿带中段的裂谷盆地中,伸展盆地的早期阶段于"双峰式"火山岩组合的长英质火山岩系中产出 VHMS 块状硫化物矿床,具有 Zn-Cu-Pb-Ag 金属组合特征,如鲁春中型 Zn-Cu-Pb(Ag)多金属矿床、老君山中型 Zn-Pb-Ag 多金属矿床;伸展盆地的晚期阶段,在中酸性火山岩系及其与上覆碳酸盐岩接触带中产出 VHMS 块状硫化物矿床,具有 Ag-Fe-Cu-Pb-Zn 金属组合特征,如赵卡隆大型 Ag-Fe 多金属矿床、丁钦弄大型 Ag-Cu 多金属矿床、楚格扎大型 Fe-Ag 多金属矿床;盆地的末期阶段,在滨浅海相磨拉石碎屑岩中产出里仁卡式石膏矿床。金沙江造山带碰撞后地壳伸展背景下 SEDEX 型和 VHMS 型矿床是该成矿带中最为宏伟的成矿时期,成矿作用的研究对于造山带中的找矿工作具有重要的指导意义。

(3) 燕山中晚期—喜马拉雅期陆内碰撞造山阶段。燕山期—喜马拉雅期既是陆内碰撞及其逆冲推覆、走滑剪切构造过程,又是该成矿带中又一重要的成矿作用时期,一方面使得先期形成的矿床得以进一步加强,成矿作用的类型、过程及其成矿元素组合更加复杂,如丁钦弄矿床中花岗岩类侵入体导致接触交代型(矽卡岩型)成矿作用直接叠加于早期的 VHMS 矿床之上,以及逆冲推覆、走滑剪切构造对于先期形成矿床的叠加改造作用,并形成穿切 VHMS 矿床矿体的脉状、网脉状矿体,并最终定形、定位;另一方面又在强烈的逆冲推覆、走滑剪切构造作用形成的破碎带及其次级断层裂隙中,形成发育浅成低温热液构造-蚀变岩型(或构造-热液脉型)多金属矿床,弧火山岩系可能为其重要的矿源岩/层,如里仁卡大型 Pb-Zn 矿床、南佐中型 Pb-Zn 矿床等。该时期的 Ag、Pb、Zn 多金属矿化作用分布较广,矿化类型也较多,目前研究工作程度较低,但潜在远景较大。鲁春式锌-铜-锌矿床属沉积岩容矿的喷流沉积矿床,简称 SEDEX 型(图 3-46)。

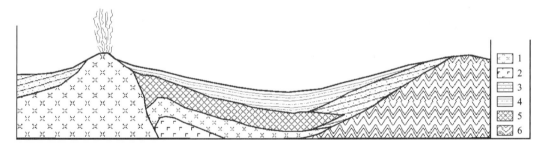

图 3-46 鲁春 SEDEX 矿床的成因模型(据潘桂棠,2005)

1.晚三叠世早期裂谷火山喷发;2.晚三叠世"双峰式"火山岩;3.晚三叠世早期碎屑岩;4.晚三叠世早期砂页岩、碳质泥岩及纹层状硅质岩;5.喷流-沉积型矿体;6.构造混杂岩

六、资源潜力及勘查方向分析

鲁春-红坡中三叠世晚期至晚三叠世早期的碰撞后拉张、裂陷导致的成谷、成盆作用及其裂谷作用过程中的"双峰式"火山岩浆活动,为喷流-沉积型(SEDEX)块状硫化物矿床的形成提供了有利的盆地-火山-成矿的构造动力学背景。在鲁春-红坡"双峰式"火山岩带中,除已有的鲁春锌-铜-铅(银)多金属矿床以外,近年来(1996—2000 年),以鲁春矿床为典型代表的矿床成因和区域成矿地质条件分析研究,于该带中发现了新的矿点和矿化线索。在鲁春矿床北部的相同层位中尚有布研拉渣锌-铜-铅(银)多金属矿点及地球化学异常区,在鲁春-红坡"双峰式"火山岩带南端的相同层位中还发现了红坡牛场铜-金(铅-锌-银)矿点及地球化学异常区,显示出很好的找矿地质前景。已有矿床因工作程度关系,特别是中矿段因浮土掩盖,影响矿体连结,矿床尚可向深部找矿可大大扩大储量。矿床外围布研拉渣,南段雾露顶一带尚有矿化显示,显示出找矿有利地段特点;红坡牛场一带已发现 6 个铜金矿体;Cu-Au 异常蚀变强度大。

(1) 鲁春 Zn-Cu-Pb(Ag)多金属矿床是产于中三叠世晚期至晚三叠世早期裂谷盆地中的喷流-沉积型块状硫化物矿床,属同生层控型矿床,具有形成大型—特大型 Zn-Cu-Pb(Ag)多金属矿床的优越地质条件,赋矿盆地保存尚好,找矿前景很好。

(2) 鲁春矿区的含矿岩系厚度大(大于 200m),空间延伸较稳定(约 3600m),Zn-Cu-Pb(Ag)矿体(层状矿体)呈多层状顺层产出。含矿岩系可划分为上含矿层和下含矿层两个层位,除上含矿层出露区地表及浅部有一定数量的工程控制矿体外,下含矿层中没有工程揭露或控制矿(化)体,从已出露各地质点的情况看,下含矿层中还有多层矿(化)体分布,进一步工作可望找到新的矿(化)体。

鲁春和红坡牛场矿床外围及徐中矿化异常区,具有形成大型矿床以上的远景。

第十二节　云南省德钦县羊拉地区铜金矿集区成矿作用

该矿集区地处中咱陆块-金沙江结合带-江达火山弧交接地段,属金沙江结合带 Cu、Fe、Au 成矿带。位于德钦县羊拉—曲隆一带,北起里农,南至曲隆,西起宗亚,东至金沙江,南北长 38km,东西宽约 12km。地理坐标:东经 $99°00'—99°08'$,北纬 $28°32'—28°53'$,面积 456km^2。

本区位于维西-鲁春火山弧北段,晚古生代末—早中生代火山弧由于海西期金沙江、澜沧江洋盆先后开启及其扩张,洋壳相向俯冲消减于兰坪-思茅陆块之下,其后陆陆碰撞形成火山弧带。该区早三叠世强烈褶皱,中—晚三叠世接受碎屑及碳酸盐沉积,并有中基性—中酸性火山喷发,于(双峰式)火山岩系产出火山喷流沉积型铜铅锌矿床,陆块碰撞造山阶段,中酸性岩浆侵入,伴随有矽卡岩型铜矿成矿作用发生。北部的羊拉地区为北东向正负异常伴生的磁异常,以南地区为南北向重力高异常带。

主要矿床类型有矽卡岩-斑岩复合型铜矿(德钦羊拉)、火山喷流沉积型铜铅锌矿(德钦鲁春)与热液型铜铅锌银矿及复合型矿床。主要矿产有铜矿、铅锌银矿等;已发现和评价了羊拉大型铜矿、鲁春铅锌矿、红坡牛场铜金矿、南佐铅锌多金属矿等,另有中小型矿床多处和大量的异常信息等,特别是近年新开展的矿产远景调查项目在本区新发现了宗亚铜矿、曲隆铜矿、加仁铜矿等多个有进一步找矿前景的矿点。初步工作证实里仁卡—红坡牛场一带有进一步的找矿潜力。

主攻矿种和主攻矿床类型:以铜铅锌金银为主攻矿种,以喷流深积型铜铅锌多金属矿、火山热液型铅锌铁金多金属矿及热液型铅锌铜多金属矿为主攻类型。

一、概述

羊拉矿集区位于"三江"造山带中段的中咱地块与昌都-兰坪陆块间的金沙江构造带内,该带主要由蛇绿混杂岩带和其西侧的陆缘火山弧带组成,反映了金沙江洋向西俯冲消亡的历史过程和相关的成矿作用过程。

羊拉矿集区位于川滇交界的金沙江两岸,行政区划属云南德钦县和四川巴塘、得荣间,本近农、羊拉、贡荣一带,面积约 800km^2。区内已发现大型矿床 1 处,中小型矿床 11 处(图 3-47)。

二、地质简况

在区域上,金沙江带和南段的哀牢山带均由金沙江-哀牢山弧盆系演化而来。由金沙江-哀牢山古洋盆消减形成的结合带和江达-维西-鲁春复合弧组成了金沙江-哀牢山铜、金构造成矿带。金沙江-哀牢山结合带的蛇绿岩形成时代,根据洋脊型玄武岩同位素测年资料和伴生的放射虫硅质岩中放射虫定年等相关资料确定为晚泥盆世—早石炭世。洋盆于早二叠世末向南西俯冲,并于朱巴龙—羊拉—贡卡一带发育洋内初始弧,在西侧的西渠河—东竹林一带形成弧后盆地带,更西侧则出现江达—维西、太忠—李仙江一带的陆缘弧或岛弧盆地系统。岛弧火山岩活动始于早二叠世末期,形成一套中基性火山岩系和花岗闪长岩岩石组合。如南仁—南佐一带的吉东龙组火山岩,是由玄武岩、安山岩-英安岩组成,

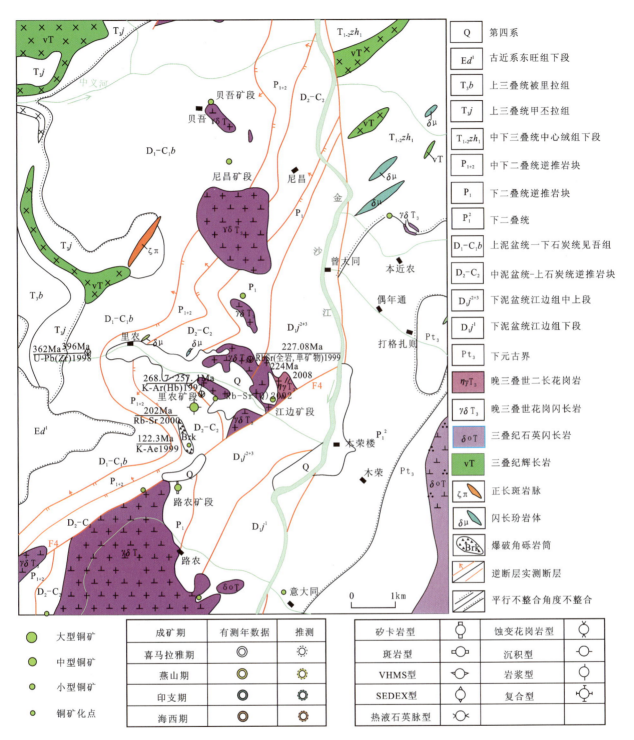

图 3-47 云南省德钦县羊拉铜金矿集区地质图(据尹光侯,2012)

总的反映岛弧发生、发展、成熟趋势。金沙江结合带以西为鲁甸、加仁白茫雪山闪长岩、花岗闪长岩、二长花岗岩带,其岩石的岩石化学、微量元素特征显示钙碱性岩系特点,具岛弧型的Ⅰ型花岗岩特征。大规模的碰撞型和碰撞后火山岩活动发生在中、晚三叠世,其火山活动显示,碰撞带内增厚的岩石圈曾发生过拆沉作用,引发的拉张环境可能导致地幔上涌或上隆,引起岩石圈地幔部分熔融而诱发形成基性火山岩;另一部分则形成酸性熔浆,如德钦—维西一带崔依比组二元结构火山岩系一样。

金沙江带保存的地层系统一部分是扬子陆块被动大陆边缘沉积,从晚泥盆世到二叠纪,以早石炭世最盛的陆源细碎屑浊积岩和碳酸盐浊积岩为主,夹多层玄武岩和放射虫硅质岩。金沙江蛇绿岩(辉长岩的单斜辉石 $^{40}Ar/^{39}Ar$ 年龄 339.2±13.9Ma,据钟大赉,1990)主要形成于早石炭世,其后构造侵位到边缘或洋内弧沉积物中组成蛇绿混杂岩带。另一部分洋盆西侧则发育一套二叠纪—三叠纪火山弧、裂谷型二元火山岩系等。晚三叠世晚期碰撞是造山带发育时期，形成一套陆内红色沉积以及走滑拉分的局限盆地沉积。从洋盆形成、汇聚消亡、到碰撞造山带形成以及陆内变形的各种地质时期，在金沙江带均有发育程度不等的成矿作用产生，形成了规模不等、强弱不一的矿化，其中最有价值的是铜（铅、锌）金矿化。

印支期—燕山期加仁-贝吾花岗岩带沿金沙江断裂西侧呈近北北东向展布，长约35km，宽1～9km不等，由加仁、里农、格亚顶、江边、尼吕、贝吾、苏鲁西、茂顶、曲隆9个岩体组成，面积约269km^2。主要岩石类型有黑云母花岗闪长岩-斜长花岗岩-石英闪长岩-黑云二长花岗岩-花岗斑岩，具从中性—酸性分异演化趋势。加仁、里农、里农西、江边、尼吕、贝吾岩株的周边，茂顶岩体北侧，岩体侵位带来了富含Cu、Pb、Zn等矿化元素的热液，在近岩体的围岩，发生交代、充填作用，于构造有利地段、部位等沉淀富集成矿，形成矽卡岩型、热液型和喷流沉积改造型铜（铅锌）矿，已知矿床、点、异常区大部分围绕其分布，参见图3-47。

三、主要矿产特征

洋内弧火山岩中的VHMS块状硫化物矿床。该类型的矿床目前仅见于金沙江蛇绿混杂岩带（结合带主体）内的羊拉-贡卡二叠纪洋内弧残体中，典型矿床为羊拉大型Cu多金属矿床。以羊拉含铜黄铁矿（喷流沉积型）矿床为代表，形成背景为洋内弧环境，成矿系统为喷流-火山成因类型，接触交代矽卡岩类，脉状矿化类。主要成矿模式是堆积硫化物模式（强烈下盘蚀变），主要成矿时间为二叠纪，演化延续至侏罗纪。

羊拉铜矿位于南北向羊拉断裂与金沙江断裂之间的金沙江结合带内的羊拉-贡卡二叠纪洋内弧残体中，含矿岩系主要是中、晚二叠世的一套洋内弧环境的中基性火山-沉积建造，总厚度大于1268 m，含矿岩系主要包括硅质板岩类、变硅质岩类、碳酸盐岩类、变石英砂岩类、矽卡岩类、玄武安山岩、安山岩类等。岩浆岩以花岗岩类为主，主要岩石类型为花岗闪长岩，次有二长花岗岩和石英二长岩，仅有少量属钾长花岗岩、斜长花岗岩和闪长岩，形成于印支晚期（227.08～208.25Ma）；仅见1处花岗斑岩呈小岩株侵位，并发现一些爆破角砾岩，属燕山晚期（122.3±1.5Ma）。

羊拉铜矿目前已圈定10余个矿体，其中里农矿段的主矿体（Ⅱ、Ⅲ）基础储量大于70万t，Ⅱ号矿体呈大透镜状、似层状与火山-沉积岩呈整合接触，矿体中夹有矽卡岩和蚀变火山岩；Ⅲ号矿体位于Ⅱ号矿体下部硅质绢云板岩内，主要由脉状和浸染状矿石组成；Ⅱ号矿体与Ⅲ号矿体在空间上的位置构成了"上层下脉"的喷流-沉积体系。矿石矿物主要为黄铜矿、黄铁矿、磁黄铁矿、磁铁矿、黝铜矿、斑铜矿、辉铜矿等，次为白铁矿、闪锌矿、方铅矿、辉钼矿、锡石、白钨矿、辉铋矿、辉锑矿、毒砂、钛铁矿等；脉石矿物主要有石榴子石、透辉石、透闪石、阳起石、绿泥石、绿帘石、角闪石、石英、方解石、长石、铁白云石、菱铁矿等。矿石构造主要有纹层状构造、条纹条带状构造、角砾状构造、块状构造、浸染状构造、网脉状构造等，矿石结构主要有凝胶结构、同心环状结构、网格状结构、共结边结构、重结晶结构等。围岩蚀变主要有绢云母化、硅化、矽卡岩化、绿泥石化、碳酸盐化、钾化、蒙脱石化、角岩化等，与喷流-沉积成矿有关的蚀变组合主要为硅化、绿泥石化、层状矽卡岩化和蒙脱石化。矿石中除Cu外，并伴较高的Au、Ag、Pb、Zn、Mo等有用组分。矿石中各类硫化物的硫同位素δ^{34}S为$-0.82‰\sim+1.20‰$，均值为$+0.23‰$；成矿温度变化范围较大，相对集中于两组区间：150～250℃和300～450℃；成矿类型属与洋内弧火山活动有关的VHMS块状硫化物矿床。

羊拉矿区经历了多次构造-岩浆作用，受到了后期成矿热液活动的叠加改造，是一个以铜为主的多金属矿区。除上述VHMS块状硫化物矿体外，尚存在有矽卡岩型矿体、斑岩型矿化和热液脉状矿体。矽卡岩型矿体主要分布在路农、加仁一带印支期中酸性花岗闪长岩，闪长岩体内外接触带中，Cu矿体产状变化较大，规模也不大，除伴生Au外，常见Co、Ag、Pb、Zn等伴生元素。燕山晚期—喜马拉雅期的斑岩型铜多金属矿化出现在里农二长花岗斑岩株伴随Cu、Mo（可达0.088%）、Pb、Zn矿化，路农正长斑岩体为全岩型铜矿化,尼吕钠长斑岩体也具有弱的铜矿化。热液脉状矿体严格受南北走滑剪切形成的NE向或NEE向构造破碎带及密集节理带控制,矿体呈脉状和细(网)脉状产于里农矿区花岗闪长岩体内及其火山-沉积岩系围岩中,主要发生Cu、Mo、Pb、Zn矿化作用。

四、典型矿床

矿集区内主要的矿床是羊拉黄铁矿型铜矿,目前已达大型规模,正在进行钻探验证。除此之外,尚有路农矽卡岩铜矿,通吉格、格亚顶、加仁和汝得贡一带的铜、铅锌(银)、金等脉状充填矿床(化)。从矿床类型来讲喷流沉积矿床是主导类型,除此之外还有矽卡岩型、热液脉状和斑岩型等多种矿床(化)类型。

本书着重讨论大型规模的喷流沉积型矿床,矽卡岩和斑岩型矿床只概略论述。

(一) 羊拉含铜黄铁矿型铜矿床

矿区位于"三江"中段的中咱地块与昌都-兰坪地块间的金沙江结合带(甲午雪山断裂带和日雨断裂带间)中部(图3-48)。就工作程度而言,里农矿段Ⅱ号主矿体工作程度较高,普查储量数最多,因而是研究的重点矿段。除此之外,还有矽卡岩矿床和热液脉状矿化。

1. 矿区地质

区内出露地层分为两个系统,一是构造蛇绿混杂岩系统,其中包括了晚泥盆世,早、中石炭世和早二叠世的沉积物及其构造地层块体(岩块),属构造地层单元;第二种属于稳定地块的沉积地层,可包括日雨断裂以西中咱陆块上的古生界、中生界以及不整合于造山带岩层上的中、新生界,甲丕拉组和波里拉组及古近系+新近系、第四系坡残积、冲积物等。

含矿岩系:通过矿区剖面的实测和研究工作,我们识别出二叠系中基性火山-沉积建造是羊拉铜矿的含矿岩系,从层序上来看虽然是不完整的,但有其特殊意义。其一是可与区域研究比较详细的二叠系代表洋内弧环境的沉积物进行对比,其次是早二叠世时限范围可以确立,第三是矿床产出的背景独特,找矿意义重大。下二叠统(P_1)(原a+b段)段:岩性为灰色—深灰尘色条纹、条带状砂质绢云板岩、变硅质岩,可能夹有中厚层状灰岩,上部夹玄武安山岩、角闪安山岩多层,顶部有薄层变石英砂岩或变硅质岩。矿区剖面上构成两个完整的韵律层。李定谋等于1997年测得其中角闪安山岩的角闪石年龄为268.7～257.1Ma(K-Ar法),相当于早二叠世晚期—晚二叠世早期。根据对区域的调查研究,该套地层在其走向方向上与北部的西渠河一带,南部贡卡、东竹林一带出露的地层,无论在岩性组合、火山岩成分及微量元素、稀土配分特征上均可对比,时代上应一致,只是三地均成岩块状产于造山带地层中。本岩性层在矿区是主要的含矿层,故称含矿岩系。与上、下岩性段为断层接触,综合的厚度约在600m以上。含矿岩系层序,含矿岩系主要是指早、中二叠世的一套代表洋内弧环境的中基性火山沉积岩含矿建造。

岩浆岩:羊拉矿区的岩浆岩以花岗岩类为主,包括路农、里农和加仁岩体,以及一些与变形变质作用相关的花岗质侵入体,构成一南北向岩浆活动带。主要花岗岩类岩石类型为花岗闪长岩,次有二长花岗岩和石英二长岩,仅有少量属钾长花岗岩、斜长花岗岩和闪长岩。1998年战明国等用Rb-Sr法对里农和加仁岩体进行了测年。获知里农岩体形成于227.08Ma,加仁岩体形成于208.25Ma,两岩体均形成于印支期,时代属晚三叠世,相比较里农岩体形成稍早。花岗岩类与板块碰撞结合带的火山弧有关,其构造环境相当于挤压碰撞的岛弧环境。

火山岩与脉岩类:羊拉矿区出露的火山岩是区域蛇绿混杂岩的一部分。总的可分为上、下两个组合,下部为一套灰绿色拉斑玄武岩,Al_2O_3含量<15%;TiO_2含量(0.7%～1.5%)中等,MgO含量(1.2%～4.8%)偏高;K_2O含量(0.05%～1.7%)中等,与洋脊型玄武岩相当,时代为C_1。上部为安山

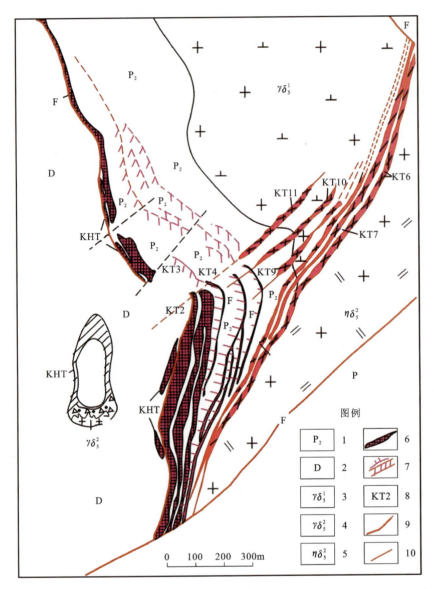

图 3-48 德钦羊拉 Cu 多金属矿床地质略图（据李定谋等，2002）
1.中二叠统；2.泥盆纪；3.印支期花岗闪长岩；4.燕山早期花岗闪长岩；5.燕山早期二长闪长岩；
6.矿化体；7.构造破碎带；8.矿体编号；9.矿体；10.断裂

岩、安山玄武岩组合，属钙碱性玄武岩系列，为羊拉矿床的含矿岩系。其 TiO_2 含量、K_2O 含量中偏低，Al_2O_3 含量偏高，落入岛弧拉斑玄武岩区，时代为早二叠世末期。羊拉矿区常见的脉岩有花岗细晶岩、英安斑岩、闪长玢岩以及一些规模不大的辉绿岩脉。一般规模不大，多沿北东向次级断裂分布，多数切穿地层，少数沿层间裂隙分布。多数脉岩蚀变不太强烈，主要发育的蚀变有硅化、碳酸盐化、绢云母化、绿泥石化等。与之相关的金属矿化微弱，规模零星又小。

矿区构造：羊拉铜矿位于金沙江构造带中，据航磁资料（蔡振京，1984）显示，金沙江构造带是一条重要的区域磁场界线，在上延 20km 的 ΔT 平面图上依然清晰可辨，表明它是一条延伸较远的构造带。刘福田等（2002）利用地震层析成像揭示出滇西特提斯造山带下 250km 存在扬子地块的板片状高速异常，而其西侧覆于板片之上有一低速带，它是软流圈上涌的结果，俯冲的杨子陆块有可能被断离，并导致新生代的岩浆活动（60～50Ma）。这一发现为大陆生长过程提供了一个新的信息源。因此与哀牢山带相连的金沙江带，在考虑其物、化探资料来解释其深部构造时必然要考虑到刘福田等提供的大陆生长的这个信息源，特别在揭示岩浆成矿作用方面要给予充分的关注。考虑到这些因素，金沙江带羊拉一带陆块下插的时限估计比思茅一带要早，可能在 200Ma 左右。此时，花岗岩浆活动强烈。

羊拉矿区位于金沙江结合带内,东侧受限于近南北向展布的里甫-日雨断裂,西侧被字嘎寺-德饮断裂所隔开。区域内构造线、蛇绿混杂岩带,岩块(地层)总体轴向展布呈南北向,以断裂构造为主,组成逆冲叠瓦状构造,局部发育同斜褶皱。

2. 矿床地质

矿体形态产状:矿体呈大透镜状、似层状与火山沉积岩呈整合接触。产状与地层产状一致,除地表氧化污染的矿体外,原生矿体延伸稳定,向西倾斜,矿体倾角在20°～25°间,比较平缓。矿体中的夹石主要为矽卡岩、蚀变火山岩、大理岩。

矿石物质成分:矿物组合较为复杂,矿石矿物主要为黄铜矿、辉铜矿、黝铜矿、斑铜矿、黄铁矿、磁黄铁矿、白铁矿、磁铁矿、闪锌矿、方铅矿、辉钼矿、锡石、白钨矿、辉铋矿、辉锑矿、毒砂、钛铁矿等,相应氧化产物常见的主要有孔雀石、铜蓝、蓝铜矿、沥青铜矿、褐铁矿、臭葱石等。脉石矿物主要有石榴子石、透辉石、透闪石、阳起石、绿泥石、绿帘石、角闪石、石英、方解石、长石、铁白云石、菱铁矿等。

矿石组构包括胶状、条纹条带状、细网脉状、热液隐爆角砾状、块状及浸染状等构造。

围岩蚀变主要有绢云母化、硅化、矽卡岩化、绿泥石化、碳酸盐化、钾化、蒙脱石化(黏土化)、角岩化等,与喷流沉积成矿有关的蚀变组合主要为硅化、绿泥石化、层状矽卡岩化和蒙脱石化。

3. 成因类型

矿床成矿过程可简述为:深部来源的物质包括金属、硫等的流体在岩浆热能的推动下,主要沿火山通道或同生断裂系统运移,这时流体与围岩相互作用形成成矿流体。这种流体由于具可熔性、可混性和无定形性,因而可随时间、部位而变化(如 pH、温度、成分)。最终从渗透率很高的地段喷出就地堆积,在高温热水环境下形成了大量胶状和隐晶质含金属硫化物的沉淀物以及钙铁硅酸盐沉积物(原生矽卡岩层),并堆积于热水塘盆地的相对较高位置保存下来,在成岩阶段,赋存于各类沉积物中的原始铜物质经过进一步聚集作用,富集成铜工业矿床。矿床形成后,经历了多次构造岩浆作用,受到了后期成矿热液活动的叠加改造。

(二)羊拉矽卡岩型矿床地质

这类型矿体主要分布在路农、加仁一带印支期中酸性花岗闪长岩、闪长岩体内外接触带,铜矿体具有不规则矿化的特点,矿体产状变化较大,规模也不大。除伴生 Au 外,常见 Co 元素,组成铜、金矿床;Ag、Pb、Zn 为次要的伴生元素。

路农矿床位于铜矿集区的中南部,加仁花岗闪长岩体东北端。矿床主要由两个矿体(KT1、KT2)组成,赋存于构造混杂岩带中的火山-沉积岩系块体与加仁岩体北东部内外接触带中。

1. 矿体形态、产状

KT1 产于加仁岩体之内接触带,矿体顶板为花岗闪长岩及砂质板岩,底板主要为砂质绢云板岩、变质石英砂岩及少量长英质砂岩。含矿岩石主要为由透辉石、透闪石、石榴子石、硅灰石等矿物组成的矽卡岩及矽卡岩化碎屑岩。矿体形态为透镜状和不规则状,走向近南北,总体西倾,倾角较陡,为45°～75°,长约640m,厚3.60～30.97m不等,铜平均品位为0.67%,局部伴生金可达 3.80×10^{-6}。

KT2 产于加仁岩体之外接触带,矿体顶板为变质石英砂岩、砂质绢云板岩,底板为大理岩。含矿岩石主要有矽卡岩、矽卡岩化大理岩。矿体呈似层状,产状与 KT1 相似,但产状较为稳定。矿体长约680m,厚1.44～15.16m。铜平均品位1.8%,亦伴有金矿化。

2. 矿石特征

矽卡岩型矿床的矿石矿物主要由黄铜矿、磁铁矿、黄铁矿、磁黄铁矿及少量方铅矿、闪锌矿等组成,相应的氧化产物为褐铁矿、蓝铜矿、孔雀石等。脉石矿物主要为透辉石、石榴子石、透闪石、硅灰石、斜长石、石英、方解石等。

矿石结构主要为粒状变晶结构、骸晶结构、交代残余结构等，矿石构造主要为块状构造、浸染状构造和团粒状构造等。

矿石类型，地表基本表现为氧化矿石，深部可见原生矿石，按含矿岩石可分为透辉石（石榴子石）矽卡岩型、硅灰石矽卡岩型（贝吾）、大理岩型等；按矿石构造可分为块状矿石、浸染状矿石、细网脉状矿石等。

矿床伴随的热液蚀变类型主要有硅化、角岩化、矽卡岩化、绿泥石化、绿帘石化、绢云母化、碳酸盐化。其中以矽卡岩化、绿帘石化、绿泥石化和硅化与 Cu、Au 矿化关系密切。

（三）羊拉斑岩型矿床地质

"三江"地区处于全球性的特提斯-喜马拉雅斑岩铜钼矿带的东缘，因此斑岩型铜矿一直被作为区域上铜找矿突破最重要的类型，并在昌都地块发现了玉龙超大型斑岩铜（钼）成矿带，但前期工作在其他各构造单元尤其是金沙江带均未有重大发现。本项目通过对羊拉地区北北东向构造岩浆带的研究，发现存在燕山期—喜马拉雅期的斑岩型铜多金属矿化。如里农二长花岗斑岩株伴随 Cu、Pb、Zn 矿化，路农正长斑岩体为全岩型铜矿化，尼吕钠长斑岩体也具有弱的铜矿化。可见斑岩型铜矿应是羊拉地区乃至整个金沙江带铜找矿工作中值得充分重视的又一铜矿类型。以里农二长花岗斑岩株的铜成矿特征为例，阐述该类型矿床在本区的表现特征。

1. 斑岩体的产出特征

里农斑岩体出露于里农矿区泥盆系大理岩块体内，为一椭圆状小岩株，其长轴方向为北西-南东向，出露面积约 $0.01km^2$。斑岩为石英（黑云母）二长花岗斑岩，斑晶主要为石英、斜长石、钾长石，另外还含少量黑云母斑晶。斑晶为自形—半自形晶，大小一般为 0.1～1cm，基质为隐晶-微晶结构的长英质矿物，与斑晶成分相同。

在斑岩外接触带发育一角砾岩体。该角砾岩总体表现为一角砾岩筒，空间上环绕岩体呈半月状分布，主要发育于斑岩之北东接触带，角砾岩体一般宽度约 4～10m，最宽可达 20m 以上。角砾岩角砾主要为石英二长花岗斑岩，其次为围岩角砾。斑岩角砾多为浑圆状、次浑圆状，一般大小为 1～30cm，其展布具有一定的定向排列特点；围岩角砾主要是灰岩及板岩，大小不一，其中灰岩角砾变化范围最大，单个角砾长度可达到 5m 以上，一般形态不规则，多呈棱角状、次棱角状，少数为次浑圆状。角砾岩之胶结物比较复杂，主要为岩体及围岩的岩屑和岩粉，次为热液矿物（如石英、方解石、绿泥石、绢云母、黄铁矿，以及其他金属矿化物等），尤其是矿化的角砾岩，胶结物中热液矿物为主要成分。从角砾岩中角砾组成及胶结物类型可以看出该角砾岩具有隐蔽爆破相岩石成岩的特征，应为隐爆角砾岩。该角砾岩为成矿的主要载体。

2. 斑岩的岩石化学特征

斑岩化学成分及微量元素分析结果表明该斑岩属典型的酸性岩浆岩，而其 K_2O+Na_2O 总量较高，且 $K_2O>Na_2O$，里特曼指数 $\sigma=1.6～3.6$，小于 4，属高钾钙碱性系列。稀土元素显示其稀土总量较高，为 $(140～142)\times10^{-6}$，稀土配分模式具有强富集轻稀土（$\Sigma Ce/\Sigma Y=3.78～4.58$），铕负异常明显的特点（$\delta Eu=0.73～0.77$），与区内花岗闪长岩体的稀土元素组成接近，反映其间具有同源岩浆演化的趋势。根据其化学成分及微量元素组成判断该斑岩形成于同碰撞造山期，与区内构造岩浆的演化规律相吻合。斑岩年龄为 123Ma，表明岩体形成于燕山期。

斑岩中成矿元素 Cu、Pb、Zn、As 含量较高，其中 Cu 平均为 133.5×10^{-6}，Mo $0.035\%～0.091\%$，平均为 0.05%，Pb 平均为 74×10^{-6}，Zn 平均为 275.5×10^{-6}，As 平均为 125.5×10^{-6}，是区内所有花岗闪长岩体中这些成矿元素平均含量的几倍到几十倍（羊拉地区花岗闪长岩中 Cu、Pb、Zn、As 的平均含

量分别为 Cu 24×10^{-6}、Pb 26×10^{-6}、Zn 39×10^{-6}、As 7.68×10^{-6}），反映出该斑岩具有良好的 Cu、Pb、Zn 成矿地球化学背景。

3. 矿化特征

与斑岩有关的矿化发育在斑岩内及其相关岩石中，主要为铜铅锌银多金属矿化。根据矿化特征，从斑岩体向外可以划分为 3 个带，分别为蚀变斑岩带、隐爆角砾岩矿化带及接触带附近的脉状矿化带。

4. 成因浅析

随着印支期古特提斯碰撞造山过程中花岗质岩浆的不断上侵，至燕山早期，在浅成—超浅成环境下形成了含矿的斑岩岩浆。成岩过程中，岩浆的结晶分异作用聚集了大量的挥发分及流体，在屏蔽作用下，强大的上冲机械能导致岩体顶部及上覆围岩碎裂和隐爆，形成了隐爆角砾岩筒和外围裂隙网络，最终为成矿流体提供了迁移通道和沉淀空间。随着温压下降，物化条件改变，含矿流体沿隐爆角砾岩中的裂隙和孔隙以及接触带附近的断裂裂隙充填交代而富集成矿。

（四）羊拉热液脉状类型的矿床地质

该类型铜矿化明显受区域上几条南北向走滑剪切大断裂（如字嘎寺-德钦断裂、金沙江断裂、日雨-里埔断裂）所派生的北东向或北东东向断裂破碎带控制。根据成矿期次和伴生元素组合，又可分为两个亚类：①印支期岩浆期后热液型铜矿化，多伴有 Mo、Sn、W 矿化，典型矿化体为里农矿区中的 KT6-11 号矿体；②喜马拉雅期破碎带热液充填交代型铜矿化，主要与造山期后（喜马拉雅期）陆内变形作用有关，伴有 Pb、Zn、Au、Ag 矿化，加仁、宗亚、汝得共矿床（点）等可能属该类型。

1. 印支期岩浆期后热液型铜矿床

这一类型的铜矿化主要分布于印支期岩体内部及其外围围岩中，呈大脉和细网脉状产出，可形成单个矿化体，亦可表现叠加于早期形成的矿床或矿体中，如里农主矿体的 Mo、Sn、W 矿化，即为这一期成矿作用的结果。以里农矿区 KT6、KT7、KT8 等矿体主要矿化特征加以说明。

矿体特征：这一组矿体产于里农花岗闪长岩或二长花岗岩内及其外围接触带附近，但放射性铅略为偏低，说明其均一化程度相对较高，同时高的源区特征值亦反映铅主要来源于上地壳。在铅构造模式图上，落于太平洋岛西岸弧铅的范围内，说明成矿时处于岛弧环境，这与该类型的特征完全吻合。

成矿时代：根据矿区内 KT8 中含黄铜矿、辉钼矿石英脉中的石英包裹体 Rb-Sr 等时线的测定，其年龄为 209±7Ma，稍晚于区内里农岩体（227Ma），而与加仁岩体（208Ma）的成岩年龄相近，表明该类型矿床为岩浆期后热液的产物，这与上述特征是一致的。

2. 喜马拉雅期破碎带热液充填交代型铜矿床

这一期热液型矿化的表现特征与岩浆期后热液型矿床有所不同。矿床严格受南北走滑剪切形成的北东向或北东东向构造破碎带控制，矿石多呈脉状和网脉状，含矿体主要受北东向破碎带及密集节理带控制，矿体呈脉状和细（网）脉状产于花岗闪长岩体内及二叠系火山沉积岩系中。矿体走向北东，倾向北西，倾角 32°~75°，矿石矿物主要为黄铜矿、黄铁矿、辉钼矿、锡石等，氧化产物为孔雀石、褐铁矿、蓝铜矿等，脉石矿物主要有石英、长石、方解石、角闪石等。矿石类型多为脉状矿石、细网脉矿石、碎裂状矿石及浸染状矿石。围岩蚀变主要有硅化、角岩化、矽卡岩化、绢云母化、钾化等。铜含量变化范围为 0.30%~11.90%，伴生成矿元素主要为钼（可达 0.088%），次为锡、钨。

五、成矿作用分析

初步认为勘查区铜多金属矿床为泥盆纪—石炭纪海底火山喷流成矿元素预富集，或形成喷流沉积矿床；印支期—燕山期中酸性（斑）岩体侵入叠加围绕岩体产出内外接触带矽卡岩型铜矿；在气成-热液阶段形成主矿体矽卡岩型铜矿之后又经多次的中、低温热液叠加成矿作用形成热液脉状矿床，矿体从岩体内的破碎带一直插入角岩化的围岩之中。矿床成因类型为喷流沉积预富集（或形成矿床）的斑岩-矽卡岩、热液脉型复合铜矿床。

矿床围绕印支期—燕山期中酸性（斑）岩体产出，既产于外接触带围岩之中，也见于岩体内部破碎（裂隙）带及内接触带。产于围岩之中的主矿体以顺层产出为主，呈似层状、层状；产于接触带的矿体呈似层状、透镜状；脉状矿体从岩体内的破碎带一直插入角岩化的围岩之中。围岩和岩体蚀变分带明显，同时伴有铜多金属矿化。硫同位素测量结果证明矿区硫源属幔源硫，矿石铅同位素组成相当均一，说明成矿物质来源单一，成矿时处于岛弧环境。根据矽卡岩矿石中石榴子石、透辉石、石英及方解石均一法包体测温结果，矿床成矿温度主要为中、高温。

金沙江洋盆于晚二叠世末期至早三叠世早期俯冲消亡，形成金沙江结合带和江达-维西陆缘火山弧。在羊拉一带于早二叠世末期形成洋内弧，产出与中基性火山岩有关的羊拉喷流沉积型铜矿床（图3-49、图3-50），陆缘火山弧内呈岛链状分布的二叠系吉东龙组中形成南佐火山沉积改造型铅锌矿床、南仁次火山热液型铜金矿床。金沙江洋碰撞后拉伸的晚三叠世人支雪山组双峰式火山岩中二元火山结构，在长英质端元内产出的热水沉积型锌-铜-铅矿床。

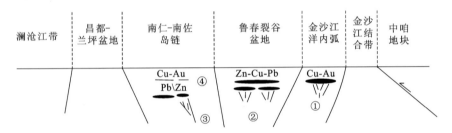

图 3-49　金沙江构造带铜、铅、锌、金区域成矿模式（据潘桂棠，2005）
①拉式；②鲁春式；③南佐；④南仁

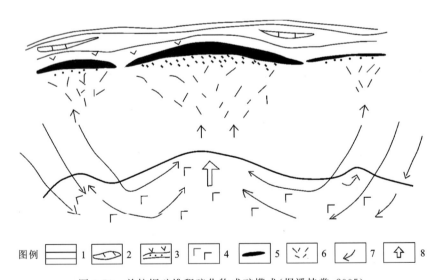

图 3-50　羊拉铜矿堆积硫化物成矿模式（据潘桂棠，2005）
1.热水硅质岩；2.碳酸盐岩；3.岛弧火山沉积岩系（C_3-P_2）；4.基性火山岩；5.含铜黄铁矿体；6.裂隙系统及下盘蚀变细脉状矿化体；7.热水系统及流向；8.深部热流

羊拉式铜矿床，具有下部热流补给系统与中基性火山作用相关的黄铁矿型铜、金矿床。归纳如图3-50所示，称堆积硫化物成矿模式。

喜马拉雅期的逆冲-推覆、走滑-剪切-滑脱构造作用，使得矿床、矿体得到叠加改造而复杂化，并形成构造-热液脉型Cu、Pb、Zn多金属矿化作用，如羊拉Cu矿中的脉状、细脉状矿体，中咱-中甸陆块西缘逆冲-推覆带中的 Cu、Pb、Zn 多金属矿床,以及混杂岩带中一系列的 Au、Ag 多金属矿化及其地球化学异常等。

六、资源潜力及勘查方向分析

该类型矿化作用除在中咱-中甸陆块西缘褶皱-冲断带中发育并形成 Cu、Pb、Zn 矿床以外,还在金沙江成矿带中的其他地区,特别是混杂岩中较广泛分布,近年来的工作已发现众多的 Au、Ag 多金属矿点、矿化点、地球化学异常等找矿线索,由于工作程度较低,尚未取得找矿突破,但潜在远景较大。值得重视的是洋内弧火山-沉积岩系(如西渠河 Au 矿点)、洋脊型火山-沉积岩系(如王大龙 Au、Ag 矿点)以及深水浊积岩(如霞若 Au、Ag 矿点)中的推覆-剪切构造破碎带,是寻找构造-热液脉型或构造-蚀变岩型 Au、Ag 多金属矿床的潜在远景区。

1. 勘查方向分析

朱巴龙-羊拉-东竹林铜、金矿集区,以羊拉含铜黄铁矿(喷流沉积)型矿床为代表,形成背景为洋内弧环境,成矿系统为喷流-火山成因类型,接触交代矽卡岩类,脉状矿化类。主要成矿模式是堆积硫化物模式(强烈下盘蚀变),主要成矿时间为二叠纪,演化延续至侏罗纪。

曲隆铜多金属矿区:1:5万化探土壤测量成果显示(羊拉-鲁春矿集区资源评价项目成果),矿区为 Cu、Pb、Zn、Ag、Au 综合异常。异常呈不规则状北东向长条状产出,异常值 Cu $122\times10^{-6}\sim141\times10^{-6}$,Pb $825.6\times10^{-6}\sim2186\times10^{-6}$,Zn 427×10^{-6};Au $7.2\times10^{-9}\sim30\times10^{-9}$,Sb 37.4×10^{-6},As 116×10^{-6},异常面积 $49.1km^2$。

矿区已圈出 2 个铅矿体,在岩体外接触带圈出 2 个铜矿(化)体带。估算 334? 类别铜资源矿石量 811.25 万 t,金属量 54 682t。深部见铜矿化斑岩,铜品位 $0.20\%\sim0.53\%$,宽 52m(未揭穿),深部激电异常强,找矿前景好。

宗亚铜矿区:1:5万水系沉积物化探测量,圈出宗亚铜铅多金属异常。异常以 Cu 为主,Cu 异常面积达 $4.35\ km^2$,平均含量 695×10^{-6},最高含量 1214×10^{-6},与之密切共生的有 Pb,平均 203×10^{-6},最高含量 704×10^{-6}。伴生元素有 As、Zn、Ag、Bi、Sn 等,区内异常浓集中心明显,高浓集区形态规整呈等轴状,成矿元素含量高且高含量点分布集中、连续性好,场源区矿化相对均匀、强度高。

共圈出 6 个矿体,除 KT6 矿体产于花岗闪长岩体西接触带外,其余 KT1、KT2、KT3、KT4、KT5 矿体产于加仁花岗闪长岩体内部构造裂隙带中,总体受北东向构造的控制,矿体倾向南东,倾角 $45°\sim75°$。岩石蚀变强烈,以绿泥石化、绿帘石化、片理化及硅化为主,地表具褐铁矿化。

经估算,宗亚铜矿区获铜远景资源量(334?):矿石量 396.03 万 t,金属量 100 823t,平均品位 2.54%。伴生银 64 627kg,平均品位 16.31×10^{-6}。

加仁铜矿:1:5万水系沉积物化学测量成果显示(云南大羊拉地区矿产远景调查项目成果),区内异常以 Cu、Pb、Zn 综合异常为主,异常呈不规则状北东向展布,异常面积约 $30km^2$,Cu 异常值 $80\times10^{-6}\sim100\times10^{-6}$,Pb 异常值 $70\times10^{-6}\sim280\times10^{-6}$,Zn 异常值 $150\times10^{-6}\sim300\times10^{-6}$。伴生元素有 Au、Ag、Mo 等。

区内异常浓集中心明显,高浓集区形态呈等轴状至椭圆形,场源区矿化相对均匀、强度高。水系沉积物化探异常与土壤化探异常套合较好。

矿区共圈出 4 个矿体,估算 334? 远景资源量:铜矿石量 974.39 万 t,铜金属量 198 531t,平均品位 2.04%。

扎热隆玛铜矿:区内异常以 Cu 为主,伴生有 As、Ab、W、Sn、Bi,局部叠加 Pb、Zn、Au 等元素。异常面积约 $10\ km^2$,Cu 平均含量 229×10^{-6},最高 849×10^{-6},异常与已知矿床点吻合。Pb 异常面积虽大,但浓集中心与 Cu 不重合。

As 与 Cu 关系密切,其次是 W、Sn、Bi 等元素。表明区内成矿热流与中酸性岩浆侵入有关。铜、铅化探异常与角岩、矽卡岩化带较为吻合。

矿体产于加仁岩体西接触带 $D_{2+3}l^1$ 砂板岩、矽卡岩中,呈似层状、透镜状产出。共圈出 4 个矿体,分别为 KT1、KT2、KT2-1、KT3。矿区共估算 332+333+334$_1$ 铜资源量 10.25 万 t，平均厚 2.00m，铜平均品位 1.24%。

2. 资源潜力远景区

以下 3 个地区属于这种类型。

(1) 崩扎-中心绒-叶日铜、金、铬远景区：主要矿床类型是与晚蛇绿混杂岩分布有关的蛇绿混杂岩型金矿。该类矿床的成矿物质基本来源于蛇绿岩，经构造（包括蛇绿混杂）反复作用，地下水淋取矿源层（蛇绿混杂岩）中金属，并在适当构造部位富集成矿，成矿作用过程长，且成矿时期较新，多在燕山晚期—喜马拉雅早期。如目前发现的王大龙金矿点、角白西矿点等，均具找矿前景。

(2) 德钦羊拉-茂顶河 Cu、Au 多金属矿远景区：位于金沙江 Cu、Pb、Zn 成矿亚带中段，属蛇绿构造混杂岩内洋内弧火山-沉积岩系中的 VHMS 矿床，以及后期的矽卡岩型矿床和构造作用的热液脉型矿床的叠加，已有羊拉铜矿Ⅱ号矿体属大型规模。羊拉矿床南侧以及花岗岩浆作用的矽卡岩型和构造热液-脉型矿床，具有形成中型矿床规模以上的远景。

(3) 朱巴龙-加仁-鲁甸中、酸性岩浆作用有关的铜（钼）、金成矿远景区：该带多沿羊内弧边缘分布，成矿与碰撞型花岗闪长岩关系密切，构成岩浆成矿作用系统。目前在路农、加仁一带发现一些规模尚小的含铜矽卡岩矿体和岩浆热液脉状充填的矿体，值得综合评价。

第十三节　云南省哀牢山地区金铂矿集区成矿作用

一、概述

哀牢山金铂矿集区位于金沙江-哀牢山结合带南段，呈北窄南宽的北西向楔形体，由扬子地块西缘的哀牢山基底逆推带、金平滑移体以及结合带内的浅变质岩带组成复杂的推覆构造带（图 3-51）。迄今已发现大型金矿床 4 处（老王寨、冬瓜林、金厂、大坪），中型 8 处，小型及矿点数十余处，累计探明储量 150 余吨，预计远景储量可达 500t 以上。

二、地质简况

哀牢山成矿亚带是以金沙江-哀牢山板块结合带南段为主体的于中新生代陆内汇聚阶段形成的复杂推覆剪切构造带，它包括红河断裂带、哀牢山断裂带和九甲-墨江断裂带 3 个区域性逆冲断裂带。它们都具有走向北北西，倾向北东、倾角较陡的特点，走向延长均在 500km 以上。其中红河断裂带是经过多期次活动的超壳型断裂，新生代晚期具右行走滑特点。

成矿带中的岩浆活动频繁多样，并与金矿的形成有密切关系。①洋盆形成时的洋脊/准脊型火山岩-蛇绿岩带，主要分布于九甲-墨江断裂带上盘的前缘推覆带中，断裂分布长达 200 余千米，与泥盆纪—早二叠世深水浊流沉积物共同组成蛇绿混杂岩带。②洋盆向西俯冲闭合时期形成岛弧玄武岩-安山岩组合，包括哀牢山大断裂带西侧及阿墨江断裂带上的二叠纪玄武岩。③同碰撞阶段形成的中酸性侵入体，它们集中出现在二叠纪的火山岩带之上，形成带状展布的酸性侵入岩基。④燕山期—喜马拉雅期碰撞推覆阶段形成的酸性花岗岩带和走滑阶段出现的富碱性斑岩和较强的花岗岩化作用及煌斑岩侵入体，它们与金矿化有较密切的空间关系。

不同时期岩浆岩的含矿性研究表明，由晚泥盆世至早二叠世的火山岩-蛇绿岩系及深海沉积物组成的蛇绿混杂岩中，金的背景含量普遍较高，可能为本区金矿床的来源层，而区域地化工作也证明，浅变质岩带为 As、Sb、Ag、Hg 组合和 Pb、Zn(Cu)、Ag 组合异常带，组合类型复杂，组合异常分带具浓缩中心，

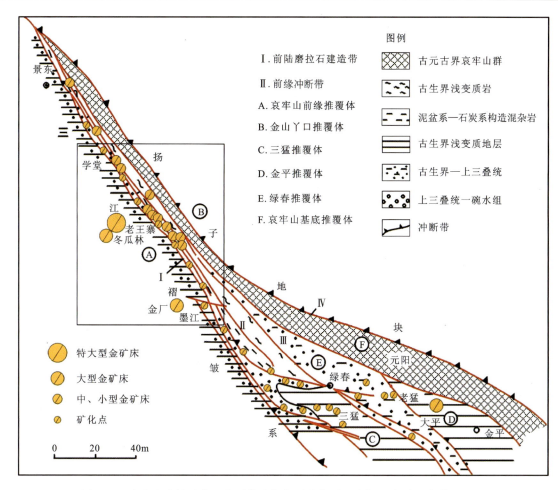

图 3-51 哀牢山金铂矿集区推覆构造与主要矿床(点)分布图(据李兴振等,1999)

并与相应矿床对应较好,这些异常大多靠近九甲-墨江断裂以东的浅变质的蛇绿混杂岩和古生代地层分布区,证明它们是 Au 的源层区。

哀牢山成矿带的形成,经历了复杂多阶段的地质作用过程,它是在晚泥盆世—早二叠世拉伸裂离而成的哀牢山洋盆的基础上,于早二叠世晚期向西俯冲、消减、闭合,并在随后的碰撞过程中,在其前缘形成前陆坳陷盆地,堆积了晚三叠世磨拉石建造。燕山晚期至喜马拉雅期,又出现强烈的由东向西的大距离推覆作用以及左行走滑作用,最终形成北窄南宽,向南东撒开的推覆走滑构造面貌。本区的金矿化作用也是在这复杂的构造演化过程中形成的。

三、成矿作用特点

1. 矿床矿体空间分布特征

矿床总体呈北西-南东向展布,北西起和平丫口,南东至库独木大寨,长约 12km,宽约 2km,由 6 个矿段组成,从北西至南东依次为浪泥塘矿段、冬瓜林矿段和老王寨矿段、搭桥箐矿段、蝙蝠山矿段和库独木矿段,金矿化带长约 8400m,宽 100~500m,最宽 1000 余米(图 3-52)。整个金矿床共圈定 17 个矿群、295 个矿体,其中主要矿体有:老王寨矿段Ⅲ$_2$、Ⅳ$_1$ 矿体,冬瓜林矿段 SⅡ$_2$、SⅡ$_3$ 矿体(图 3-53)和浪泥塘矿段Ⅰ$_1^1$ 矿体。

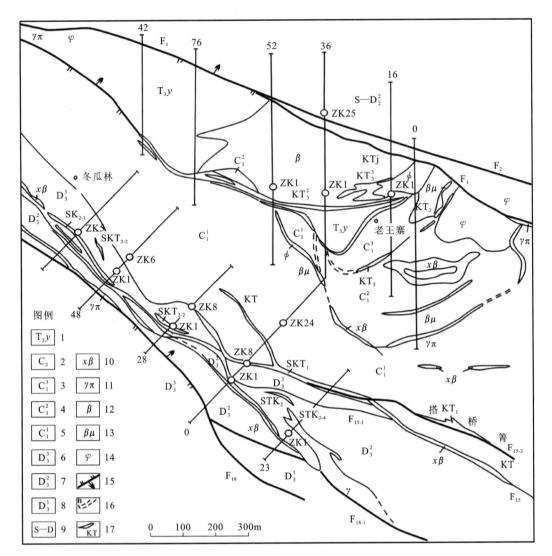

图 3-52 老王寨、冬瓜林 Au 矿区地质略图(据李兴振等,1999)

1. 一碗水组紫红色粉砂岩、砂岩;2. 生物碎屑灰岩;3. 含砾绢云板岩;4. 含砾硅质绢云板岩;5. 钙质板岩、灰岩;6. 变石英杂砂岩;7. 灰岩、杂砂岩、绢云板岩;8. 砂板岩;9. 薄-微层变石英杂砂岩;10. 煌斑岩;11. 花岗斑岩;12. 紫红色斜长玄武岩;13. 辉石玄武岩;14. 超基性岩;15. 弧形推覆断裂带;16. 滑脱剪切带;17. 矿体及编号

主要金矿床集中成片、成带位于前缘推覆带上盘之弧顶部位,且等距分布,每间隔 35km 左右有 1 个大中型矿床。大型矿床均集中于泥盆系—石炭系容矿岩层中,主要矿体分布在不同岩性层间的滑脱面内,与主干断裂贯通的滑脱裂隙带控制了矿体形态、产状和规模以及蚀变带的分布。矿体在蚀变破碎带中成群、顺层分布。单个矿体在走向和倾向上往往呈尖灭再现和重复出现的特点、矿体分支复合部位、膨胀部位多形成富矿柱。主矿体矿化连续,晶位较稳定,具侧伏特点,单矿体规模达中—大型。在 Hg、As、Sb、Au 异常套合区,且分布面积在 20km² 以上,有成片异常具有梯度特征的矿段即特大型矿床分布区。

2. 矿床类型及其特征

哀牢山成矿带中就已知具有工业意义的矿化类型而言,均为 Au 矿床。虽然不同的矿床具有不同的成矿作用特征,但弧形推覆构造控矿则是哀牢山成矿带中总的控矿样式。依据该带金矿床特征、成矿作用特点及其成矿地质背景,可以归入陆-陆碰撞阶段的碰撞-冲断-剪切构造带中的构造-蚀变岩型金矿床(或称为推覆造山带型式改造型金矿床,李兴振等,1999)。并按其矿床的赋矿围岩、空间产状及其主要控矿构造特点,主要区分为 4 种矿床样式(李定谋等,1998;李兴振等,1999)。

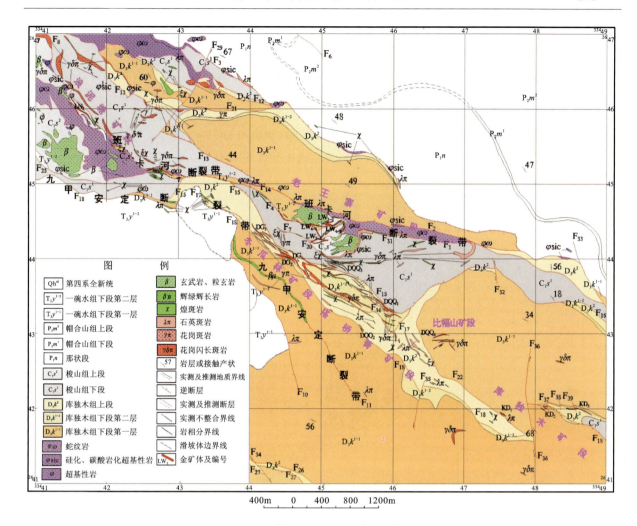

图 3-53 镇沅老王寨金矿床地质简图

四、典型矿床

1. 冬瓜林式 Au 矿床

以冬瓜林 Au 矿床为代表,是以浊积岩为主要容矿围岩的金矿床,赋矿岩性为变质石英杂砂岩、硅质绢云板岩、煌斑岩等,产于层间破碎带中(图 3-52),矿体主要呈层状、似层状、大透镜体等形态展布。与矿化作用密切相关的围岩蚀变发育绢云母化、硅化、碳酸盐化,元素组合为 Au-Sb-As、Ag,矿石类型为少硫化物微细粒金浸染状型、脉型,矿物组合为胶状和他形粒状黄铁矿、自然金、辉锑矿、毒砂、石英、白云石、绢云母,成矿温度为 140~253℃,成矿深度约 1.560km。该样式的矿床剥蚀浅,区域找矿潜力巨大。

2. 老王寨式 Au 矿床

以老王寨 Au 矿床为代表,是以火山岩、火山碎屑沉积岩为主要容矿围岩的金矿床,赋矿岩性为玄武岩、含砾板岩、变石英砂岩等,产于脆性断裂破碎带中(图 3-52),矿体主要呈似层状、透镜状、囊状、脉状等形态展布。与矿化作用密切相关的围岩蚀变发育碳酸盐化(白云石化)、绿泥石化,元素组合为 Au-As、Hg-Sb,矿石类型为少硫化物微细粒金浸染型、网脉型,矿物组合为自然金、黄铁矿、铁白云石、石英、绢云母,成矿温度为 150~190℃,成矿深度约 1.645km。该样式的矿床剥蚀程度高,区域找矿潜力有限。

3. 金厂式 Au 矿床

以金厂 Au 矿床为代表,是以蛇绿混杂岩为主要容矿围岩的金矿床,赋矿岩性为含砾板岩、硅质岩、超基性岩等,产于弧形扭张裂隙、滑塌体底部等断裂破碎带中(图 3-54),矿体主要呈囊状、透镜状、脉状等形态展布。与矿化作用密切相关的围岩蚀变发育硅化、绢云母化,元素组合为 Au(Ni)-Ag-As-(Cu)-Sb-Hg,矿石类型为细粒金浸染型、网脉型、含金石英脉型,矿物组合为自然金、硫砷铜矿、辉银矿、辉锑矿、银黝铜矿、石英、绢云母,成矿温度为 100~140℃,成矿深度约 1.465km。该样式的矿床在中南段有较大找矿潜力。

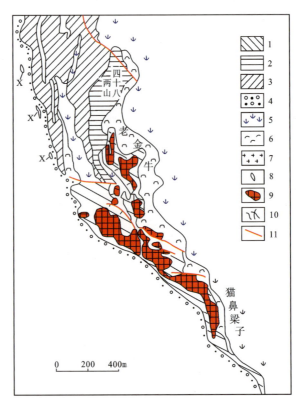

图 3-54 墨江金厂 Au 矿床地质略图(据《三江矿产志》,1984)

1.泥盆系变石英岩、砂岩;2.泥盆系砂板岩;3.泥盆系灰岩、砂板岩;4.上三叠统一碗水组紫红色砂岩、砂砾岩;5.蛇纹石化超基性岩;6.滑石化(部分菱镁矿化)带;7.花岗斑岩;8.煌斑岩脉;9.复合型 Au 矿体;10.石英脉型 Au 矿;11.断层

五、成矿作用分析

矿床成矿地质构造环境为印支期(T_3)含蛇绿岩构造混杂岩带+喜马拉雅期陆内走滑—拉分—压扭性构造体系+喜马拉雅期富钾碱性斑岩岩浆-流体作用"三位一体"。以九甲断裂带上(F_3)、下(F_{18})边界断裂为矿区北东、南西边界,区内断裂构造发育,以北西向断裂为主导。

根据生物化石、岩性组合及空间关系,区内出露的地层可划分为 3 套:矿床西侧(F_{10} 以西)为一套含火山物质的红色碎屑岩系,属上三叠统一碗水组;夹持于 F_{10}—F_3 之间的为上泥盆统库独木组、下石炭统梭山组浅变质岩系,为区内主要容矿地层;矿床北东侧(F_3 以东)含火山物质的滨海相碎屑岩系为二叠系。

矿区处于九甲断裂带与近东西向断裂带交汇部位,构造线以北西向为主导,形成菱形网格状构造带,主要为叠瓦状逆冲推覆脆-韧性剪切断裂。断裂构造主要有北西向、东西向和北东向 3 组断裂组(带),首先北西向的九甲-安定断裂带为区域性控岩控矿断裂,属成矿前及成矿期断裂,控制着区内地层、岩浆岩、矿床(点)的分布,与 F_3 和 F_{10} 断裂间的次级北西向断裂共同构成上陡下缓的背驮式逆冲断裂带,为镇沅金矿的导矿、配矿构造;其次,东西向的班卡河断裂组是北西向断裂派生的共轭构造,断裂活动以左行平移剪切为特征,其断裂组是老王寨矿段的配矿、容矿构造;三是北东向断裂组,属成矿期后断裂,多分布于矿床东部的大翁子和蝙蝠山一带,主要断裂有 F_{34}、F_{35}、F_{44} 等,具左行平移特征,平移断距 5~12m,规模较小。

区内各类岩浆岩十分发育,成群成带分布。老王寨、浪泥塘两矿段以超基性岩、基性岩、玄武岩为主,次为煌斑岩、石英斑岩;冬瓜林、搭桥箐、比幅山和库独木矿段以煌斑岩及酸性脉岩的岩浆岩带为主。岩浆活动时间跨度较大,从海西期至喜马拉雅早期均发生较为强烈的岩浆活动,其中海西期岩浆活动主要为早期裂谷环境中形成的蛇绿岩带,海西晚期—印支期岩浆活动以基性、超基性岩构造侵位及部分酸性脉岩侵入为主,而燕山晚期—喜马拉雅早期主要发生煌斑岩、花岗斑岩、石英斑岩脉侵入。区内变质岩分布广泛,占区域面积的 80% 以上,主要出露深、浅两套变质岩,深变质岩属苍山-哀牢山变质带,浅变质岩属墨江-绿春变质岩带中段(图 3-55)。

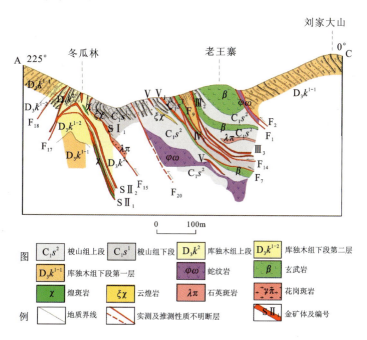

图 3-55 镇沅老王寨金矿老王寨矿段—冬瓜林矿段 A—C 地质剖面图

哀牢山 A 金铂矿集区的形成,是经历了海西期以来若干重大地质事件的结果。它的成矿模式可以通俗地概括为"裂聚层,碰成矿"两句话(李兴振等,1999)。即"裂聚层"——海西期出现的哀牢山洋盆的开裂,沉积在洋盆中的深水浊积岩系和幔源蛇绿岩系形成金的初始矿源层,同位素年龄值集中在 400~300Ma;海西末期—印支早期的俯冲作用,部分矿源层在俯冲消减带的重熔再造作用下,形成新的矿源岩(辉石闪长岩等岩体),同位素年龄值为 285~200Ma。"碰成矿"——印支期末—燕山期发生的陆内碰撞推覆事件,导致先期形成的矿源层或矿源岩,变质变形上升暴露,下渗的大气降水析离、萃取成矿元素,形成弱酸性中温成矿卤水,然后在构造应力作用下,沿着前缘冲断带的低压带上升,于有利的次级推(滑)覆构造顶端汇聚形成工业矿床,成矿作用的同位素年龄值为 140~60Ma。受喜马拉雅期造山运动的影响,出现以左行走滑为主的构造运动及其以煌斑岩为主的广泛侵入,部分矿床、矿体得到叠加改造而复杂化,最新的成矿年龄为 30Ma 左右。区域成矿作用演化模式可以综合归纳为图 3-56。

六、资源潜力及勘查方向分析

带内构造发育,岩浆活动及变质作用强烈,成矿地质条件十分优越,已发现金、铜、镍、铬、铁、铂、钯等十余种具有经济价值的矿产,镇沅金矿、墨江金矿、元阳金矿、弥渡金宝山铂钯矿等矿床达大型,蝙蝠

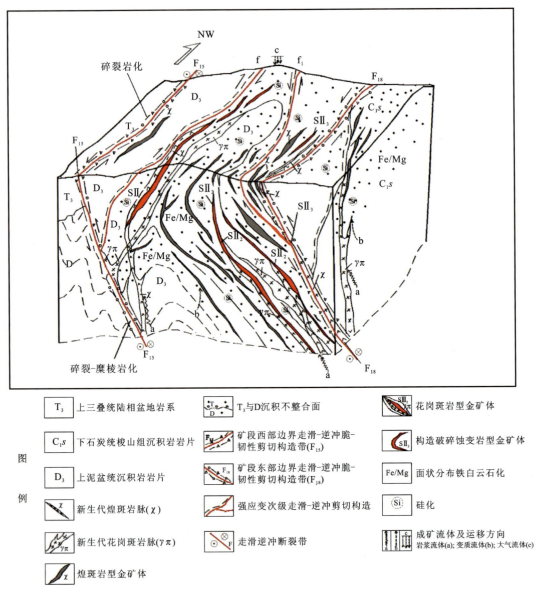

图 3-56 哀牢山 Au 成矿带的区域成矿过程模式图

山金矿、库独木金矿达中型规模,尚有数十处中小型金、铜镍、铂钯、铬、铁、铅锌矿床及矿点。

1. 新平老王寨-双沟 Au 矿远景区

该远景区位于哀牢山 Au、Pt、Pd 成矿亚带中北段,属蛇绿构造混杂岩前缘推覆体中的构造热液-脉型(或构造-蚀变岩型)Au 矿床,已发现冬瓜林、老王寨大型和库独木中型 Au 矿床,及其矿点、矿化异常。独木矿区外围及其双沟—川沟一带的矿化较好,预测具有大型矿床以上的远景。

2. 金平-绿春地区 Au、Cu 矿远景区

该远景区位于哀牢山 Au、Pt、Pd 成矿亚带南段,属镁质—铁镁质超基性岩—基性岩浆熔离型和构造热液-脉型(或构造-蚀变岩型)Au、Pt 矿床,已发现白马寨大型 Cu、Ni 矿床和砂 Au 矿床各 1 处,以及中小型矿床、矿点。金平及绿春附近的矿点及其矿化异常区中,具有形成中大型矿床规模的远景。

3. 新平金厂-墨江底玛 Au 矿远景区

该远景区位于哀牢山 Au、Pt、Pd 成矿亚带中段,属蛇绿构造混杂岩前缘冲断带中的构造热液-脉型

（或构造-蚀变岩型）Au 矿床,已发现金厂大型 Au 矿床,及其矿点、矿化异常。金厂矿区南侧及其南延的底玛地区矿化较好,预测具有中型矿床以上的远景。

第十四节 四川省夏塞-连龙地区银铅锌锡矿集区成矿作用

一、概述

该矿集区位于甘孜藏族自治州白玉、巴塘、理塘三县交界部位,主体属巴塘县所辖。长 170km,最宽 50km,面积约 5235km²,呈北北西-南南东向的纺缍形。地理坐标:东经 98°57′56″—99°48′18″,北纬 29°37′00″—30°56′16″。已发现夏塞超大型银、铅、锌矿床,热隆锡矿床和措莫隆、亥隆、吕顶贡、砂西中型及一批小型矿床,尚有大批矿（化）点和异常有待检查验证,是四川省银、锡成矿最有利的地区（图 3-57）。

二、地质简况

该矿集区位于义敦岛弧褶皱带主弧带中段,夹持于德格-乡城大断裂与德来-定曲深断裂之间,是构造-岩浆活动十分活跃的地带。

出露地层主要是上三叠统,为巨厚的非稳定型建造系列,以细—中碎屑岩为主,夹碳酸盐岩和中酸性火山岩;上二叠统—中三叠统仅见于西侧边缘隆起地带,亦是非稳定型建造系列,但所夹火山物质明显较少。

燕山晚期—喜马拉雅期酸性岩浆侵入活动十分强烈,构成规模巨大的昌多阔-格聂花岗岩带,岩体呈大小不等的岩株、岩基及岩墙产出,较大的岩体有昌多阔、辛果隆巴、措普、若洛隆、绒伊措、哈嘎拉、格聂、罗错仁等。为陆内汇聚造山时期多次岩浆侵入活动生成的复式岩体,岩石总的演化系列是从中粗粒似斑状花岗岩→不等粒花岗岩→细粒花岗岩→花岗斑岩,岩体侵位深度由中深成→浅成,岩体规模由大→小,岩石粒度由粗→细,一般均具块状构造。岩石类型比较单一,基本为黑云母花岗岩和黑云母二长花岗岩,偶见二云花岗岩。岩石化学成分比较稳定,为钙碱性系列,SiO_2 72.76%～73.14%,Na_2O+K_2O 7.97%～8.35%,$K_2O>Na_2O$,富挥发分,低 Fe、Mg、Ca,铝过饱和。为壳源重熔型花岗岩。同位素年龄值为 133～93Ma,可大致划分出 4 个年龄值段:133～109.8Ma,91.03～81.00Ma,74.37～67.40Ma,58～39Ma。表明岩浆侵入活动持续时间较长,活动高峰不少于 4 次。

岩石所含主要成矿元素是 Sn、Ag、Pb、Zn、Cu、W 等,均高出克拉克值 3～6 倍。所有岩体内外边缘及附近,特别是以北、北西、北东侧及其周围小岩株,几乎都有矿化显示,不少地段已找到工业矿床。

构造线总体呈北北西向,由一系列近于平行的北北西向断裂和背斜、向斜相间排列,有时被北西向或北东向断裂斜切,另有近东西向基底断裂通过。这些构造,特别是不同方向的构造交汇地带,是成矿物质流动和疏导的活跃地带,也是成矿最有利的地段。

岛弧带是由于二叠纪—中三叠世拉开的甘孜-理塘洋于晚三叠世向西俯冲消减而形成,但洋壳的俯冲消减作用并未在岛弧带上引起强烈的褶皱造山,而是沿岛弧带表现为区域性的隆升或断块式的升降,造成隆、拗相间的构造古地理格局和复杂的岩性、岩相组合。它经历了早期成弧（挤压）、弧间裂谷（拉张）和晚期（挤压）成弧等阶段,相应地发育形成外弧、岛弧裂谷、内弧等空间展布格局,这种张压交替、升隆更叠的复杂历史过程,不仅使它具有更加活跃的构造、岩浆条件,而且造成了优越的成矿地质条件。矿带内的矿化元素主要为 Ag、Pb、Zn、Cu、Au、Hg 等,与火山岩或次火山岩（含斑岩）密切相关,主要矿床类型有黑矿型 VHMS 矿床、斑岩型 Cu 矿床、热液脉型 Ag 矿床和火山岩型 Hg 矿床。

该带碰撞造山作用主要在燕山期、喜马拉雅期得到进一步加强,形成若干与构造线方向一致的大断裂带和左行平移韧性剪切带,如柯鹿洞-乡城大断裂带上,广泛发育糜棱岩。近期发现的夏塞特大型 Ag

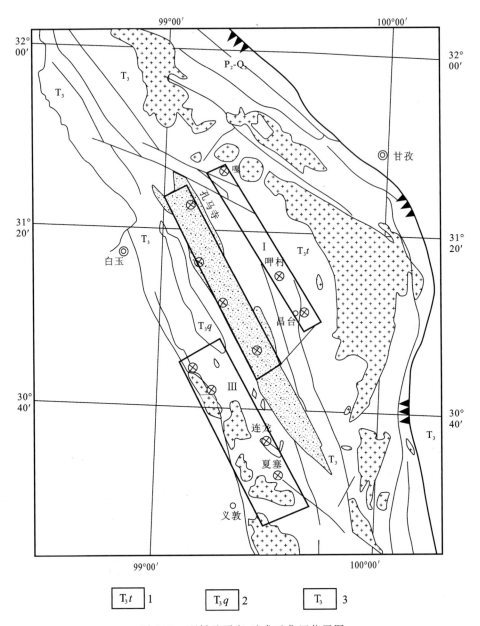

图 3-57 呷村及夏塞-连龙矿集区位置图

Ⅰ.呷村黑矿型银多金属矿集区;Ⅱ.孔马寺-龙都金银汞矿化区;Ⅲ.夏塞-连龙锡银多金属矿集区

矿床可能与之有关,呷村 Ag、Pb、Zn 多金属矿体也受到此期韧性平移和韧性剪切的影响。

三、主要矿产特征

发现各类金属矿产地 98 处。其中,超大型矿床 2 处,中型 4 处,小型 10 处。成矿基本是与燕山晚期—喜马拉雅期壳源重熔型花岗岩有关的银、铅、锌、锡、铜矿系列。矿床主要分布于绒伊措、若洛隆等北部小岩体及哈嘎拉岩体北段的外接触带。主要矿床类型:构造破碎带型银铅锌矿以及接触交代、云英岩、石英-硫化物型锡铜多金属矿,紧邻中咱地块边缘裂陷槽晚二叠世—早三叠世中沉积改造铅锌矿、构造蚀变岩型金矿。

已发现夏塞超大型银、铅、锌矿床,热隆锡矿床和措莫隆、亥隆、吕顶贡、砂西中型及一批小型矿床,尚有大批矿(化)点和异常有待检查验证,是四川省银、锡成矿最有利的地区。

四、典型矿床

（一）夏塞银多金属矿床

该矿床在构造上位于义敦主岛弧西侧的弧后冲断带内。现已基本探明达到特大型矿床规模（图3-58）。

1. 矿床地质特征

赋矿地层为上三叠统图姆沟组，岩性为一套单调的浅变质石英杂砂岩和板岩，局部有少量碳酸盐岩和硅质板岩夹层。

含矿岩系总体属浅海陆棚相沉积，局部为浊流沉积，地层岩石以 Sn、Bi、As、Sb、Ag 等特别富集（$K>5$），Pb、Zn、W、Cr、Hg、Li 等相对富集（$0.5<K<5$）为特征，可能成为重要的矿源岩。

矿区未见花岗岩体，但在矿区以南约 2km 处出露有绒依措花岗岩体（面积 122km^2）。

总体呈北北西向展布，侵入于上三叠统图姆沟组和喇嘛垭组，岩体北接触带向北倾伏于矿体赋矿围岩之下。另在矿区东约 1.5km 处出露有一小岩株（面积 0.1km^2）。

夏塞矿区从西向东由若干走向北北西、完整或不完整的背向斜组成，褶皱构造被断裂强烈切割，形成了一系列的褶断块体、逆冲块体，岩石普遍具有较强的韧性变形，成矿主要与断裂构造关系密切。

2. 矿体形态、规模及产状

矿床主要由 5 个矿段组成，其中以 Ⅰ、Ⅱ、Ⅴ 三个矿段规模最大，且研究程度较高。矿体沿断裂期破碎带断续产出。矿体形态、规模变化很大，多呈脉状、透镜状产出。

3. 矿石类型、物质成分、结构构造及矿物生成顺序

矿石包括原生矿石（为主）和次生矿石（次要）。原生矿石可分为：富银铅锌矿石，银锌铅铜锡矿石。

原生矿石矿物包括硫化物、银硫盐系列（Cu-Sb-Ag、Sb-Ag）矿物、Pb-Sb 和 Bi-Pb 硫盐系列矿物及自然元素或含金矿物等。除方铅矿、富铁闪锌矿及黄铜矿是主要工业矿物外，银的硫盐矿物和硫化物是重要的银工业矿物。

矿石结构包括自形晶、填隙、骸晶、交代乳滴状、交代似文象、交代叶片状、压碎等结构。上述结构中以骸晶结构、交代残余结构、交代乳滴状结构和压碎结构最为常见。

矿石构造主要有以下几种：块状、斑杂状、条带状、角砾状等构造。

成矿主要以中低温热液为主，其中硫化物-石英阶段主要形成 Fe、Cu、Pb、Zn、Sn 的硫化物，之后发育了银硫盐矿物和 Pb-Sb(Bi)硫盐矿物。

4. 围岩蚀变及其与矿化关系

赋矿围岩为上三叠统图姆沟组，成矿前这些岩层受到了低级的区域变质作用的影响。在成矿作用期间，这些岩石受到沿断裂带和裂隙运移的热液作用，在近矿围岩中往往呈现以线型为主的热液蚀变。其中，硅化、绢云母化、绿泥石化、阳起石-绿泥石化和阳起石化与矿化关系最为密切。

5. 控矿因素及成矿机制

（1）成矿地质条件及控矿因素。

矿区赋矿地层为上三叠统图姆沟组。含矿岩系地层微量元素与泰勒的相应元素在地壳中平均含量相比：Sn 增高 4 倍，Pb、Zn 增高近 1 倍，Ag 增高 36 倍，Sb 增高 29 倍，As 增高约 20 倍，Bi 增高近 8 倍。绒依措岩体侵入于图姆组并向北倾伏于矿区地层之下，其与本矿床之间有密切的空间联系。表明该岩

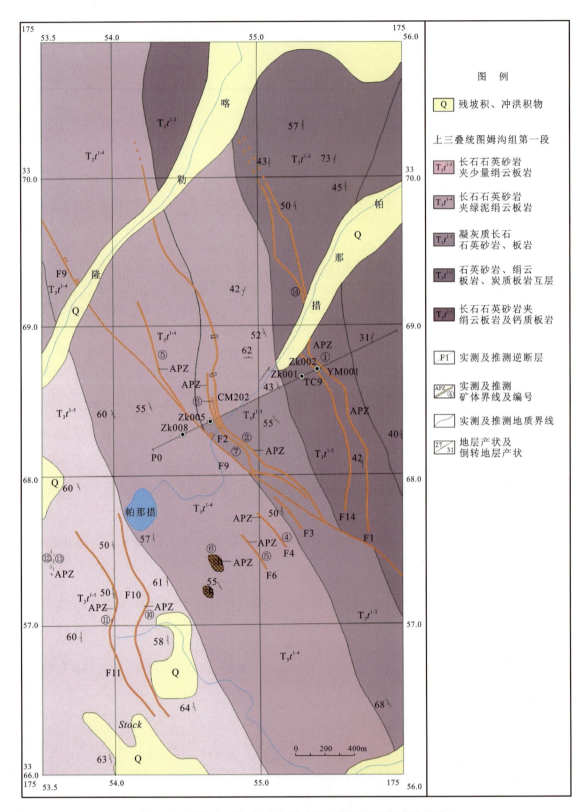

图 3-58 夏塞 Ag-Pb-Zn 多金属矿床地质图(据四川省地调院)

体为成矿物质、成矿流体及能量的提供者。区域北北西、近东西向等断裂及其交错部位,控制着绒依措岩体的侵位和空间分布。

(2) 成矿机制。

燕山晚期构造-岩浆活动,导致绒依措似二长花岗岩体(K-Ar 年龄 82.6Ma)侵位于图姆沟组中,该岩体派生的岩浆期后热液与雨水或层间水混合构成成矿流体,当沿穿切图姆沟组及下伏地层的北北西向和近南北向断裂运移过程中,除岩浆期后热液携带有部分 Sn、Pb、Ag、Bi 外,还从 Ag、Pb、Sn、Sb 等背景含量高的围岩中萃取有关成矿元素,组成成矿溶液。随着温度降低,在还原条件下,上述成矿元素与经细菌还原的地层生物硫和地层海水 SO_4^{2-} 中的硫反应,形成硫化物矿物和银硫盐矿物等沉积成矿。其矿石矿物组合、断裂控矿、围岩线型的硅化、绢云母化、绿泥石化和碳酸盐化蚀变,显示出中低温成矿作用特征。硫化物原生矿化过程以毒砂、黄铁矿、富铁闪锌矿、方铅矿形成开始,继而形成以 Cu-Sb-Ag、Sb-Ag 硫盐矿物为主的银矿化,尔后以形成 Pb-Sb 硫盐矿物而告终,呈现出多期次矿化的特点。

(二)连龙锡、银、铋多金属矿床

矿床位于上述夏塞矿床的北西侧,处在同一与花岗岩有关的 Sn、Ag 多金属成矿带中,二者在成矿环境上相似。区别在于含矿花岗岩侵入上三叠统曲嘎寺组(图 3-59)灰岩地层中,通过强烈接触交代作用形成了矽卡岩型 Sn、Ag 多金属矿床。

1. 含矿花岗岩

连龙矿区燕山期花岗岩分布于西直沟矿段,呈 3 个北北西向展布的小岩株出露(图 3-59),面积约 0.23km²。岩石具粗中粒花岗结构,块状构造。岩性为黑云母二长花岗岩。

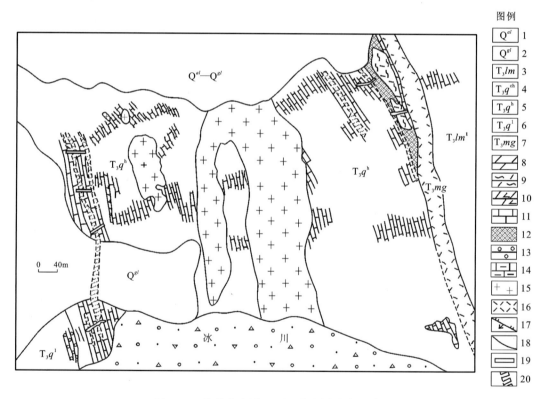

图 3-59 连龙矽卡岩 Sn-Ag 多金属矿床地质图

1.第四系冲积物;2.第四系冰川堆积;3.上三叠统喇嘛垭组碎屑岩;4.上三叠统曲嘎寺组碎屑岩;5.上三叠统曲嘎寺组灰岩;6.上三叠统曲嘎寺组砾岩;7.上三叠统勉戈火山碎裂屑岩;8.泥灰岩;9.硅质泥灰岩;10.生物碎屑灰岩;11.大理岩;12.角岩化砂岩;13.砾岩;14.矽卡岩;15.花岗岩;16.火山碎屑岩;17.断层;18.地质界线;19.探槽;20.矿体

连龙矿区花岗岩体中以 Au、Ag、W、Sn 元素富集为特征,尤以 Ag 富集程度最高,大体在 20~30 倍之间;Sn 次之,约 5~10 倍;Au 和 W 富集程度较低,大体在 2~5 倍,这套富集顺序与矿床中的矿化元素组合完全一致。反映了花岗岩是矿床成矿元素的主要供给者。

2. 接触交代类型

交代类型:钾化、大理岩化、矽卡岩化(透辉石矽卡岩、石榴石矽卡岩、符山石-透辉石矽卡岩、黄长石矽卡岩)、钠化、伟晶岩化。

3. 矿床类型

连龙矿区矽卡岩矿床以 Sn 矿化为主,伴生 Ag、Bi 矿化,Cu、Pb、Zn 也有明显富集,因此,该矿区应为矽卡岩型 Sn-Ag-Bi 多金属矿床。从矿床建造来看,矿化主要发生在矽卡岩化阶段,云英岩化阶段虽然常形成富矿体,但是分布局限。在矽卡岩化矿石中,尤以次透辉石钙铁辉石系列的矽卡岩分布最为普遍。石榴石矽卡岩、符山石矽卡岩及黄长石矽卡岩只是局部产出,因此本矿区的矿床类型应属于钙矽卡岩型 Sn-Ag-Bi 多金属矿床。

在连龙矿区 Sn-Ag-Bi 多金属矿床的成矿过程中,燕山晚期花岗岩具有极其重要的作用。它既是成矿物质的主要来源,又为广泛的交代作用提供了强大的能量支持。图姆沟组灰岩的作用在于为成矿提供了有利的外部条件,在大理岩化过程中也贡献了一部分成矿物质。在南直沟,围岩地层为一套砂板岩系,含矿流体沿破碎带充填交代形成蚀变岩型银多金属矿化,这即是夏塞特大型银多金属矿床的缩影。因此,本地区燕山晚期 A 型花岗岩的大规模发育是决定区域成矿前景的关系因素。区域上隶属昌多阔-哈嘎拉构造岩浆岩带的大规模花岗岩侵入与区域 Ag、Pb、Zn、Cu、Bi、Sb、Au 地球化学异常相重合是良好成矿前景的有力指示。在已有花岗岩出露的已知矿区,深入研究岩体产状和倾伏情况是扩大储量的有效途径。在有良好地球化学异常,但没有花岗岩出露的地区应注意深部隐伏岩体的寻找和断层破碎带的研究,这是寻找盲矿体和破碎带蚀变岩型矿床的有利靶区。

五、成矿作用分析

晚三叠世义敦岛弧造山带为一级控矿要素,岛弧造山带西侧燕山期后造山伸展作用所形成的 A 型花岗岩带为二级控矿要素,岩带内的小岩株、大岩基外围的卫星岩体或隐伏岩体为三级控矿要素。

伴随岩浆侵入的水热活动是驱动成矿流体系统成矿的重要因素,蚀变矿化与花岗岩体之间具有密切的时空关系,直接产于岩体内外接触带部位。近岩体部位发育主要由岩浆热液引起的云英岩化、钾化、矽卡岩化等为代表的中高温蚀变,以 Sn、Bi、Cu 为主,岩体远外带为混合水、天水所引起的中低温蚀变,以 Ag 多金属矿化为主和硫盐矿物发育为特征。

矿集区内与花岗岩有关的成矿组合总体以 Sn、Ag、Bi 多金属为特色。成矿作用形式(或矿床类型)决定于岩体的侵位环境,主要是构造与岩性条件。Sn、Ag 多金属矿床主要表现为两种形式,一种是岩体侵入于以砂板岩为主的碎屑岩地层中,成矿主要受围岩中的断裂构造破碎带控制,特别是碰撞汇聚造山过程中所形成的规模较大的推覆/滑覆、走滑冲断界面,成为岩浆热液、构造驱排的大气降水运动的良好通道,对成矿非常有利,可在远岩体部位形成破碎带蚀变岩型矿床,规模大,品位富,以夏塞特大型银多金属矿床为代表;而当岩体侵位到以灰岩为主的地层中时,岩浆热液与化学性质活泼的灰岩之间发生广泛的接触交代作用,则形成另一种重要的矿化类型——矽卡岩型 Sn、Ag 多金属矿化,矿体受岩体与灰岩接触带控制,以措莫隆、连龙西直沟 Sn、Ag 多金属矿床为代表。

硫、铅同位素研究表明(见以下夏塞、连龙矿床部分),铅主要源于上地壳,地层中的生物硫和海水硫明显地加入到了成矿流体系统。成矿物质具有多重来源,花岗岩的 Sn、Ag 等成矿元素普遍较高,是成矿物质主要贡献者,同时,前期在岛弧发育过程中所形成的富含火山物质的三叠系碎屑岩也普遍具有高的成矿元素背景,区域上容矿围岩主要为上三叠统图姆沟组,说明三叠系围岩也为成矿提供了部分成矿物质。矿集区 Sn、Ag 多金属成矿模式见图 3-60。

夏塞 Ag 多金属矿床的成矿作用过程概括为:燕山晚期构造-岩浆活动,导致绒依措似二长花岗岩体(K-Ar 年龄 82.6Ma)侵位于图姆沟组中,该岩体派生的岩浆期后热液与雨水或层间水混合构成成

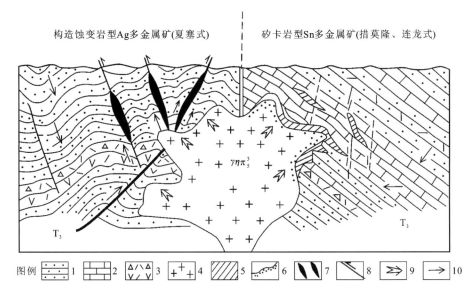

图 3-60 夏塞-连龙矿集区 Sn、Ag 多金属成矿模式

1.砂泥质碎屑岩类；2.灰岩类；3.中酸性火山岩；4.花岗岩；5.矽卡岩型 Sn、Ag 多金属矿；6.内矽卡岩型/云英岩型（蚀变花岗岩）Sn、Cu 矿；7.构造蚀变岩型 Ag 多金属矿；8.逆推断层；9.岩浆流体；10.构造驱动的地下卤水

矿流体，当沿穿切图姆沟组及下伏地层的北北西向和近南北向断裂运移过程中，除岩浆期后热液携带有部分 Sn、Pb、Ag、Bi 外，还从 Ag、Pb、Sn、Sb 等背景含量高的围岩中萃取有关成矿元素，形成含矿溶液。随着温度降低，以充填为主、交代为辅的方式在北北西断裂、近南北向逆冲断层、北东向断裂，以及层间破碎带中堆积成矿，并相应发育与成矿作用密切相关的线型硅化、绢云母化、绿泥石化和碳酸盐化蚀变，显示出中低温成矿作用的特征。

六、资源潜力及勘查方向分析

1. 白玉热加-夏囊沟 Ag 多金属矿远景区

该远景区位于德格-乡城 Cu、Pb、Zn、Ag 多金属成矿带的北段，属赠科弧间裂谷盆地"双峰式"火山岩中的 VHMS 块状硫化物矿床，已发现曲靖中型 Ag、Pb、Zn 多金属矿床。曲靖矿床外围以及铜厂沟矿点、矿化异常区，可望形成大型以上矿床规模远景。

2. 巴塘砂西-脚跟玛 Ag、Sn 多金属矿远景区

该远景区位于德格-乡城 Cu、Pb、Zn、Ag 多金属成矿带中段西侧，属弧后冲断带内远程岩浆热液＋构造破碎带形成的热液脉型矿床，已发现夏塞超大型 Ag、Pb、Zn 多金属矿床。夏塞矿区西侧的砂西和南延的脚跟玛、夏隆等矿床、矿点及异常区，具有形成大型矿床规模以上的远景。

3. 农都柯 Ag 多金属远景区

川西昌台农都柯 Ag 多金属矿靶区位于"义敦古岛弧"中段的昌台火山-沉积盆地中，离昌台西南方向约 20km，属农都柯-夏囊沟-孔马寺 Ag-Au 多金属矿带的南段。农都柯 Ag 多金属矿靶区是新近发现的成矿远景区，区域化探资料和微波遥感资料也一致表明该区有良好的矿化显示，经四川省地矿局 403 队近年的普查找矿工作发现并基本确定了矿化带的存在，矿化带长 1200m，宽 80～100m，北段以 Pb、Zn、Ag 矿化为主，南段以 Au、Ag 矿化为主，矿床类型为火山岩中的浅成低温热液型 Au、Ag 多金属矿。区域地层发育有三叠系勉戈组流纹质火山岩系、喇嘛垭组砂板岩系和曲嘎寺组砂板岩、玄武岩系，形成于弧后扩张环境的裂陷带中，具有优越的成矿地质背景。

农都柯 Ag 多金属矿靶区与同类型矿床代表的美国 Round 山区和墨西哥瓜纳华托 Au-Ag 矿床对比,它们所处的大地构造位置、成矿时代、赋矿岩系、围岩蚀变、矿物组合等方面均相似,而后者具有品位高、规模大(超大型)的特点,因而农都柯 Ag 多金属矿靶区具有寻找大型 Au、Ag 多金属矿的潜力。从物探方法包括磁法、幅频激电、γ 能谱,并配合 X 荧光快速分析的结果表明,位于南部异常区中部,紧邻东侧高磁异常带和 γ 能谱的 G-1 异常带为矿化体的反映,根据物探资料推断,该 Ag-Au 多金属矿床应具有中型以上的规模。

第十五节 四川省呷村地区银铅锌铜矿集区成矿作用

一、概述

该矿集区主体部分在白玉县,北段进入德格县,南段跨到理塘县境,长 145km,宽 42～62km,面积约 4664km²,呈北西-南东向。地理坐标:东经 98°44′13″—99°47′22″,北纬 30°43′21″—31°48′08″(图 3-61)。

区内已发现呷村超大型银多金属矿床和嘎依穷大型矿床,胜莫隆、孔马寺、曲靖、农都柯中型矿床,以及一大批小型矿床,尚有较多矿点、异常有待工作,是四川省内与晚三叠世火山活动有关的铅、锌、铜、银成矿最有利的地区。

1973 年四川地矿局区调队发现,1977 年四川地矿局 108 队开展初查和详查评价,初算铜、铅、锌、金属储量达大型规模。

二、地质简况

矿集区位于义敦岛弧主弧带北段的赠科和昌台两个火山-沉积盆地中,德格-乡城大断裂带纵贯全区。

本区地层为三叠系。下—中三叠统仅分布于南西缘,为非稳定裂陷槽碎屑岩沉积。上三叠统广布全区,曲嘎寺组(根隆组)和图姆沟组(勉戈组)为岛弧发育期的火山复理石建造,以碎屑岩、中基性—中酸性火山岩为主,夹碳酸盐岩;喇嘛垭组是海陆过渡相沉积。三叠系地层中普遍含矿,尤以勉戈组(图姆沟组)和曲嘎寺组含矿性最好,是铜、铅、锌、银、汞、金等矿产的重要赋存层位。区内沿现代河谷中广布第四系,砂金丰富,著名的"狗头金"产自区内的孔隆沟矿床中。

三、主要矿产特征

区内已发现矿产地 103 处。其中,超大型矿床 1 处,大型 1 处,中型 4 处,小型 3 处,其余为矿点、矿化点。成矿主要是与晚三叠世中基性、中酸性"双峰式"火山岩有关的铅、锌、铜、银、金、汞成矿系列。主攻矿种为铅、锌、铜、银,主要矿床类型为喷流-沉积型和火山热液型。

四、典型矿床——呷村含金富银多金属矿床

矿区位于白玉县昌台区麻邛乡境内,昌台区北 357°方向 17km 处,海拔 3800～4700m,呷村矿段海拔 4150～4400m,地形起伏大。有简易公路与甘孜-白玉干线相连。

1. 矿区地质背景

矿区位于义敦岛弧带北部的中心部位,这里深大断裂发育,褶皱紧密。沿断裂带火山活动频繁。矿

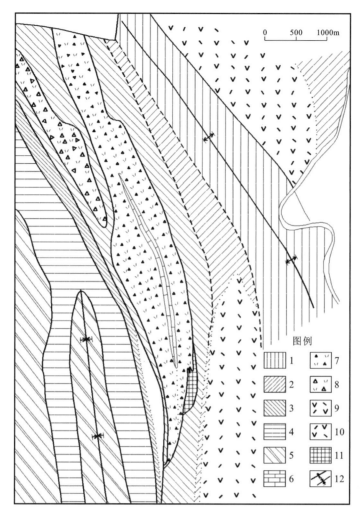

图 3-61 呷村矿区地质略图（引自《三江矿产志》，1985）
1.灰色、灰黑色碳质板岩夹砂岩；2.灰色板岩夹砂岩，底部有含砾砂岩；3.灰色钙质板岩夹砂岩、灰岩；4.灰色钙质板岩、砂岩、灰岩，底部有灰黄色砾岩，中有安山岩、英安岩；5.黑灰色砂岩夹板岩，底部有灰黄色含砾砂岩、砾岩；6.灰白色灰岩；7.灰白色、褐黄色流纹质细角砾熔岩、流纹岩；8.流纹质角砾熔岩；9.英安岩；10.英安岩、安山岩或安山质英安岩；11.多金属矿带；12.背向斜轴

区出露地层主要为上三叠统曲嘎寺组（T_3^q）、图姆沟组（T_3^t）和拉纳山组（T_3^l）。在曲嘎寺组和图姆沟组中见大量似层状、透镜状分布的火山岩。曲嘎寺组主要为安山岩和英安岩，厚近千米。图姆沟组中下段由流纹质角砾熔岩-流纹岩-灰岩组成两个喷发旋回，并见有次流纹岩、花岗细晶岩、石英二长斑岩，以及次生重晶石、石英、绢云母、碳酸盐等岩脉穿插，由此构成十分复杂的岩带。在下伏重晶石岩及变质的沉积岩中，也见有指状穿插的脉岩。复杂岩带及其下伏的重晶石岩为矿区的含矿围岩。

2. 矿床地质

矿化带赋存于上三叠统图姆沟组下段，下旋回火山岩系的下部。

矿体可分为上部流纹质多金属矿体与下部重晶石及重晶石多金属矿体。与含矿流纹质角砾熔岩相间，组成硫化物多金属矿带。矿带产状与地层产状基本一致，总体走向南北，倾向西，倾角 70°～80°，局部倒转。

该矿床的矿石自然类型主要有重晶石矿石和流纹质多金属矿石两大类。

区内火山岩较普遍地遭受了热液蚀变，含矿带围岩——流纹质角砾熔岩及次火山岩等蚀变强烈，主要有次生石英岩体、绢云母化，并与石英、绢云母脉穿插。次为重晶石化、黄铁矿化等多金属矿化。底板沉积(变质)岩中,也见有硅化、绢云母化、黄铁矿化、方铅矿化、闪锌矿化等。远离含矿带蚀变减弱。

3. 矿床特征及成矿地质条件探讨

(1) 义敦岛弧主弧带褶皱紧密,深大断裂发育,火山活动频繁且强烈,与之有关的矿产十分丰富,为本区重要的区域构造-岩浆成矿带。

(2) 该带印支晚期火山岩大多呈"中心式"喷发,串珠状分布,岩浆活动早期以基性为主,沿基性—中性—中酸性—酸性的方向演化。本区多金属矿床的形成与中酸性火山岩有关,尤以弩丘状产出的灰白色流纹质角砾熔岩为主,并与次火山岩、后生脉岩穿插的复杂带关系十分密切。

(3) 近矿围岩蚀变强烈,矿石矿物组合复杂,以流纹质(部分重晶石)多金属矿体为主,呈似层状透镜体产出,重晶石矿体一般为脉状、凸镜状产出。上部和下部矿体群均为多金属矿石,中部矿体群则为单一的铅锌矿石。脉状矿体常出现穿插到底板沉积岩中,并交代围岩的现象。

(4) 金属硫化物硫同位素组成具幔源硫特征,而重晶石的硫同位素组成则具海水硫酸盐中硫的特点,与海相火山喷发的地质特征相一致。

综上所述,呷村含金富银多金属矿,具有多阶段(火山岩、次火山岩、次生脉岩均成矿)成矿特点,为海相火山喷发-热液改造型矿床。其矿床及成矿特点与日本"黑矿"有相似之处。

五、成矿作用分析

德格-乡城 Cu、Pb、Zn、Ag 多金属成矿带中不同类型矿床的形成,以及众多矿床(点)的发育,是义敦岛弧火山-岩浆带演化历史的产物。随着甘孜-理塘洋盆的俯冲消减及其随后的碰撞造山作用,使义敦岛弧火山-岩浆带不仅具有活跃的构造、岩浆条件,而且形成了优越的成矿地质条件。从岛弧火山-岩浆活动与成矿作用统一地质场的角度,以及构造带-成矿带→成矿系列→成因类型的统一一致关系,将德格-乡城成矿带中构造-岩浆-成矿作用的时空结构序列进行如下划分,并概括为区域成矿作用演化模式的可能图解见图3-62。

(1) 岛弧俯冲造山阶段(印支期)。为德格-乡城成矿带中的最重要成矿期,包括有:岛弧裂谷盆地中火山活动成因的 VHMS 块状硫化物矿床,如呷村特大型、嘎依穷中型 Ag-Pb-Zn 多金属矿床等;岛弧弧后盆地火山岩中的浅成低温 Au、Ag、Hg 多金属矿床,如农都柯 Au-Ag 多金属矿床、孔马寺大型 Hg 多金属矿床等;与浅成—超浅成相中酸性侵入岩相关的斑岩型 Cu(Mo,Au)多金属矿床和矽卡岩型 Cu 多金属矿床,如普朗大型斑岩型 Cu(Mo)矿床、雪鸡坪中型斑岩型 Cu(Mo)矿床、红山矽卡岩型 Cu 多金属矿床、浪都矽卡岩型 Cu 多金属矿床等。

(2) 岛弧碰撞造山阶段(燕山晚期—喜马拉雅早期)。为德格-乡城成矿带中的又一重要成矿期,包括与中—深成相中酸性侵入岩相关的接触交代型(矽卡岩型)Cu、Sn 多金属矿床和岩浆期后热液充填交代型(云英岩-石英脉型)W、Sn(Ag)多金属矿床,如连龙矽卡岩型 Sn-Ag 多金属矿床、昌达沟 Cu-Au-Ag 多金属矿床、休瓦促云英岩-石英脉型 W-Mo 多金属矿床等;碰撞造山推覆剪切带中的热液脉型(远成岩浆热液+构造)Ag、Pb、Zn 多金属矿床,如夏塞特大型 Ag、Pb、Zn 多金属矿床等。

(3) 新生代陆内造山推覆剪切带中的构造-蚀变岩型 Au、Ag 多金属矿床,如耳泽、红土坡 Au 矿床等。除此外,新生代的岩浆活动与推覆、逆冲、剪切等构造作用的强烈复合叠接,亦会形成一系列的浅成低温热液脉型或构造-蚀变岩型多金属矿床,该时期的 Ag、Pb、Zn 多金属矿化作用分布较广,矿化类型也较多,目前研究工作程度较低,但潜在远景较大。

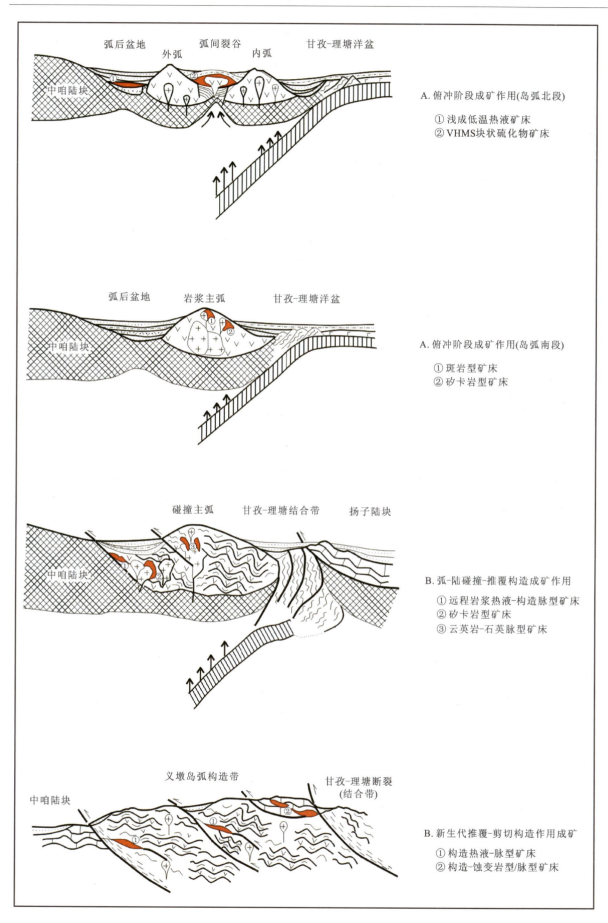

图 3-62 德格-乡城成矿带区域成矿过程模式图(据潘桂棠,2005)

六、资源潜力及勘查方向

其资源潜力及勘查方向在白玉呷村-神山 Ag 多金属矿远景区。位于德格-乡城 Cu、Pb、Zn、Ag 多金属矿成矿带北段，属昌台弧间裂谷盆地"双峰式"火山岩中的 VHMS 块状硫化物矿床，已发现呷村超大型 Ag、Pb、Zn 多金属矿床。

在呷村深部及外围矿段开展地质勘查工作。以往勘查过程中，限于当时技术设备及经济技术条件限制，勘查深度一般都只到 500m 左右，500m 以下的矿体大多未进行控制。勘查资料显示在原勘查最大深度处，相当部分矿床矿体厚度、矿石品位均无明显变化，深部矿体未控边，表明上述矿床深部有较大的资源潜力。呷村矿区南部有热沟异常，以及南延的神山矿化异常，预测可达大型以上远景。

呷村外围有热沟 Pb-Zn-Cu-Ag 多金属矿靶区指的是从呷村矿区勘探线 32 以南到 95 线以北的范围（即有热沟靶区）。有热沟靶区与呷村、嘎依穷、胜莫隆等矿床一道位于昌台-呷村-嘎依穷岛弧（弧间）裂谷火山-沉积盆地内，处于火山机构特别发育的地区，具有与呷村矿床相似的火山活动特征、沉积作用和构造特征，以及相同的成矿物质来源和成矿地质条件。以 23 线为界形成南北对称的两个聚矿盆地，北区的盆地中形成了以呷村、嘎依穷等为代表性的火山喷流-沉积型（VMS）块状硫化物矿床，规模巨大；南区的盆地即有热沟靶区，同样具有火山喷流-沉积型（VMS）块状硫化物矿床（呷村式）发育和堆积的储集场所。

从区域地球物理、地球化学（Pb、Au、Zn、Hg、Cu）、遥感异常特征看，二者处于同一区域异常区带的不同异常中心，即不同的聚矿盆地中心。为此在该靶区内进行了以磁法、X 荧光、幅频激电为重点的快速扫面工作，随后在重点异常区又进行了探测深度大的可控源音频电磁法、瞬变电磁法的矿体定位预测工作。物探综合异常结果显示出较好的异常，且异常规模和异常强度远好于呷村矿床，在 32 线以南到 95 线以北范围内的有利部位存在可与呷村块状硫化物矿床相比拟的富矿体，推测矿化规模远大于呷村矿床，其资源量至少与呷村矿床相当。

第十六节 云南省香格里拉格咱地区斑岩-矽卡岩铜铅锌矿集区成矿作用

一、概述

云南香格里拉-格咱地区铜多金属矿整装勘查区矿产调查评价及综合研究工作区，位于滇西北迪庆藏族自治州东部，隶属香格里拉县格咱乡、洛吉乡所辖，呈北北西向展布，东起四川省和云南省省界，西至胜利乡—新联乡—八道班—翁上（格咱河断裂）—阿热，南起小中甸、东炉房，北至小雪山道班。地理坐标：①99°36′47″，28°33′12″；②100°07′26″，28°33′01″；③100°06′52″，27°33′38″；④99°42′33″，27°33′38″；⑤99°42′44″，28°06′06″；⑥99°36′37″，28°06′08″。东西宽 40~55km，南北长近 100km，面积约 5000km^2。

矿集区大地构造位置属上扬子古陆块和扬子西缘多岛弧-盆系，三级构造单元西部为中咱-中甸陆块，中部为义敦-中甸岛弧带南段，东及东南侧为甘孜-理塘蛇绿混杂岩带、丽江-盐源陆缘褶断带，属印支期义敦岛弧带南端的格咱岛弧，总体呈北北西向展布（图3-63）。

香格里拉格咱矿集区是我国重要的斑岩型铜多金属矿、斑岩-矽卡岩型铜多金属矿产基地之一，由雪鸡坪-阿热、普朗-红山铜多金属和休瓦促-沙都格勒钨钼 3 个成矿亚带组成；目前该矿集区内已发现以铜多金属为主的矿床点（矿化点）31 个，包括铜多金属矿床点（矿化点）19 个、铅锌银多金属矿床点 8 个（矿化点）、金矿点 2 个、钨钼矿床 2 个。具中型以上规模的矿床有 11 个，其中，超大型铜矿 1 个（普朗）、大型铜矿 2 个（红山、雪鸡坪）、中型矿床 8 个（浪都、烂泥塘、春都、铜厂沟、亚杂、磨莫亚、松喀、卓玛)。此外,矿集区内新发现一批具找矿前景的矿产地;该矿集区被认为是滇西寻找斑岩型铜矿最具前景的地区(曾普胜等,2003,2004;杨岳清等,2002)。

二、地质简况

格咱矿集区,出露地层主体为由早—中三叠世雪鸡坪组($T_{1+2}x$)碎屑岩夹火山岩和中—下三叠统尼汝组($T_{1+2}n$)下部火山岩上部灰岩,以及晚三叠世曲嘎寺组(T_3q)、图姆沟组(T_3t)、喇嘛垭组(T_3lm)组成的一套巨厚的碎屑岩-碳酸盐岩-火山岩建造,岩性主要为砂板岩、灰岩、鞍山玄武岩-安山岩、英安岩等。楚波-熏洞断裂以东,安家村断裂以南,主要出露上古生界及三叠系。

该矿集区受义敦岛弧和格咱断裂带控制(图 3-63),矿集区主要位于复向斜南西翼次级背、向斜。北西向褶皱、断裂发育。北西向构造线多交汇于南北向的格咱断裂带上。岩浆侵位具有超浅成—浅成喷溢和侵入的特点,成矿时期主要发生在印支期,前人根据岛弧斑岩岩石类型及其分布特征、成矿作用、成矿与成岩时代等进行了大量的研究,认为西南"三江"格咱火山-岩浆弧中存在蛇绿混杂岩带,并命名为红山-属都蛇绿混杂岩带,其东侧为亚杂-普朗岛弧斑岩带,其西侧为翁上-雪鸡坪岛弧斑岩带(杨岳清等,2002;曾普胜等,2003,2006;李文昌等,2007;李健康等,2007;李文昌等,2011,2010)。区内岩浆活动强烈,其中火山活动以晚三叠世为主,基性火山岩主要发育于曲嘎寺组,中酸性火山岩主要发育于图姆沟组;侵入岩主要有印支期中酸性岩(主要分布于中部格咱火山盆地)、燕山期酸性岩(主要分布于北部)及喜马拉雅期富碱斑岩(主要分布于南部)。

印支期中酸性侵入岩,属壳幔型浅成—超浅成侵入岩,是带内最重要的侵入岩类,浅成—超浅成成矿岩体围岩为图姆沟组火山岩夹砂板岩,形成雪鸡坪、普朗式斑岩型铜矿;浅成成矿岩体围岩为曲嘎寺组碳酸盐岩夹砂板岩形成红山式矽卡岩型铜多金属矿床。燕山期酸性侵入岩,属壳型花岗岩,主要见于休瓦促、热林,岩类有二长花岗(斑)岩、花岗闪长(斑)岩。岩体热液蚀变强烈,发育硅化、云英岩化、黄铁矿化等,形成矽卡岩型钨钼或蚀变花岗岩型铜钼矿床。红山矿区深部隐伏燕山期侵入体,钼矿化强烈,形成隐伏的钼矿床。喜马拉雅期正长岩,分布于甫哥、松诺东一带,主要岩类为(黑云)正长岩,次为黑云辉石二长岩、正长斑岩等。岩体热液蚀变强烈,发育绢云母化、硅化、黄铁矿化、云英岩化、黄铜矿化、锑矿化、金矿化等,岩石含 Au 丰度高,产有甫哥金矿。属滇西与喜马拉雅期富碱斑岩有关的铜钼铅锌金银成矿带的一部分。

三、主要矿产特征

该区属三江成矿带中南段之德格-乡城-中甸沟-弧-盆系铜铅锌金银成矿带(Ⅲ级),区内矿产丰富。内生矿产以有色金属为主,贵金属等次之,分布有 Cu、Pb、Zn、Ag、Mo、Au、Fe 等多金属矿床(点)共 50个。铜、铅锌银、铁金、钼矿化与中酸性浅成斑岩及其接触蚀变带、断裂破碎带关系密切,形成斑岩型、矽卡岩型、热液脉型多金属矿化。主要矿床类型有斑岩型、矽卡岩型、构造热液型、热液石英脉型等,优势矿种为铜、铅、锌、银、钼、金。主要矿床有特大型普朗斑岩型铜矿、大型红山矽卡岩-斑岩型铜钼矿、大型铜厂沟矽卡岩-斑岩型钼铜矿、大型雪鸡坪斑岩型铜矿等。

根据区内主要矿产的成矿时代、成矿作用,成矿作用大致可分为 3 期:首先是与印支期浅成—超浅成中酸性侵入岩有关的斑岩型、矽卡岩-斑岩型铜矿及少量热液型多金属矿,如普朗特大型斑岩型铜矿、红山中型矽卡岩-斑岩型铜矿(多期叠加成矿)、雪鸡坪中型斑岩型铜矿、浪都小型矽卡岩型铜铁矿、烂泥塘小型斑岩型铜矿、春都小型斑岩型铜矿、高赤坪小型矽卡岩型铜铁矿、卓玛小型热液型铜多金属矿、松诺远景中—大型斑岩型铜矿(正在评价)。其次为与燕山晚期二长花岗岩有关的岩浆-热液型(石英脉型)钨钼矿,如休瓦促中型石英脉型钨钼矿、沙都格勒小型石英脉型钨钼矿、热林小型斑岩型铜钼多金属矿;最后为与喜马拉雅期富碱斑岩有关的金多金属矿,如甫哥小型斑岩型金矿(葛良胜等,2002;黄玉蓬等,2011)。

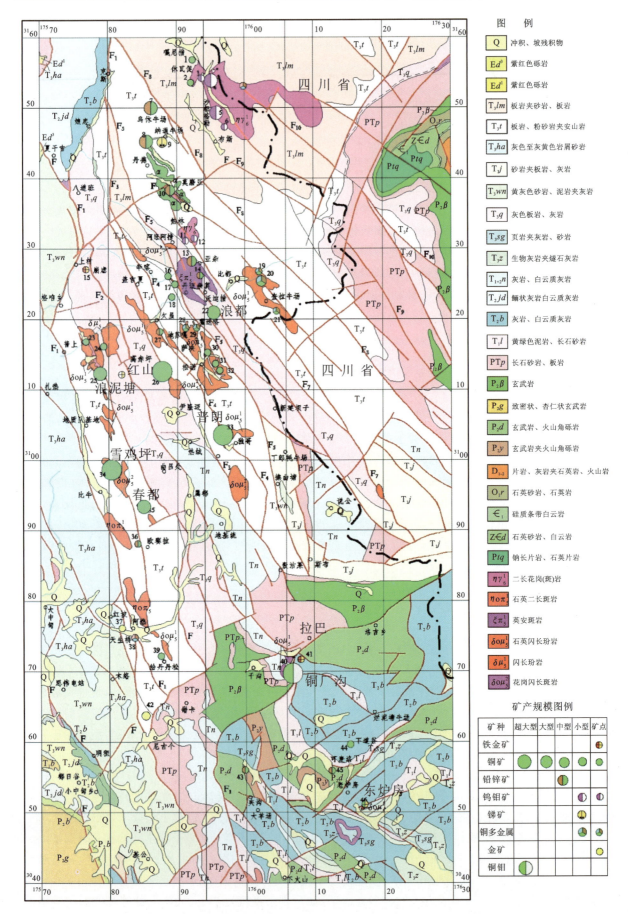

图 3-63 香格里拉格咱地区地质构造矿产略图(据李文昌等,2010)

3期成矿作用中以印支期、燕山期成矿作用最为强烈,形成了资源潜力巨大的斑岩-矽卡岩型铜矿田,是铜多金属矿找矿评价的重要地区。且矿集区内成矿作用具有长期性、继承性的特点,后期成矿往往叠加于早期成矿作用之上,使成矿物质得以不断富集。

四、典型矿床

1. 普朗斑岩型铜矿床

普朗铜矿位于青藏高原南缘,海拔3600~4500m,属高山、高海拔地区。该矿床是格咱地区印支期斑岩型铜矿的典型代表,其产于义敦构造-岩浆带南端的普朗复式岩体中。目前已探获储量650万t,矿床规模达超大型;矿区位于普朗向斜东翼,与区域构造线方向一致。区内构造活动强烈,发育断层、次级褶皱及节理(裂隙)。矿区出露地层主要为上三叠统图姆沟组(T_3t);岩浆岩分布广泛,以侵入岩为主,约占总面积的29.68%;火山岩次之,岩石类型主要为安山岩。矿区范围内主要出露印支期复式中酸性岩体(图3-64);复式岩体为浅成—超浅成的中酸性斑(玢)岩体,可划分为3个侵入阶段,最早为石英闪长玢岩,中期为石英二长斑岩,晚期为花岗闪长斑岩。其侵入于图姆沟组的砂板岩和安山岩中,岩体呈不规则产出,北西向展布,地表出露面积约为12km^2(图3-64);该复式岩体为与安山岩同源的印支期中酸性浅成斑岩,而印支期中酸性浅成斑岩体与成矿关系密切。普朗斑岩型铜矿床主要产于印支期中酸性斑(玢)岩体中,普朗铜矿矿体空间上呈北西向展布,平面上为一不规则的卵形,剖面上呈一向上凸起的穹隆,矿体中心矿化连续,向四周有分支现象。中心部位铜品位高,向四周铜品位逐渐降低。赋矿岩石主要为石英二长斑岩,其次为石英闪长玢岩、花岗闪长斑岩;矿石自然类型有氧化矿、混合矿、硫化矿,以硫化矿为主;矿石结构主要以他形结构、交代溶蚀结构为主,包含结构、半自形结构、交代残余结构次之;矿石构造以细脉浸染状构造为主,其次为浸染状构造、脉状构造和角砾状构造,斑杂状构造仅局部可见。普朗铜矿石英二长斑岩体即为矿(化)体,矿体厚17.00~70.03m,铜品位为0.20%~3.74%,平均为0.44%,品位变化系数为68.69%。目前矿区共圈定出17条铜矿体,其中首采区KHT1中圈出15条铜矿体。外围圈出2条铜矿体,3条铅锌矿(化)体。

岩石蚀变强烈,具典型的"斑岩型"蚀变分带:由斑岩体核部向外依次分布强硅化带→钾化硅化带→绢英岩化带,并依次产出筒状→条带状→大脉状矿体。蚀变主要有钾化、硅化,次有绢云母化、钠长石化等,局部叠置有黏土化、绿泥石化、钠黝帘石化;具对称的蚀变分带:中心部位为强硅化带,向两侧依次为钾化硅化带、绢英岩化带。金属矿物组合为黄铜矿、黄铁矿、辉钼矿-黄铜矿、黄铁矿、磁黄铁矿-黄铁矿。岩体中节理裂隙越发育,裂隙发育地段矿化越强。

2. 红山-红山牛场铜矿区

红山-红山牛场铜矿区位于云南西北迪庆藏族自治州香格里拉县城(中甸)东北部,据县城约40km,隶属于香格里拉乡。214国道及其支线中甸-乡城滇川公路呈南北向贯穿矿区。

该矿床目前被认为是该矿集区内较为典型的矽卡岩型铜矿床;矿区位于德格-中甸陆块、昌台-乡城岛弧南段格咱晚三叠世岛弧带,东侧为甘孜-理塘板块结合带南段,西侧是金沙江板块结合带南段。矿区内次级断裂发育,多数与区域构造线一致,呈北西-南东向,以正断层为主,逆断层次之。特别是成矿前的层间裂隙、节理发育,是产生矽卡岩化及矿化最有利的构造条件。区内地层均不同程度地遭受了区域变质作用改造。区内岩浆岩发育,侵入岩印支期、燕山期及喜马拉雅期都有发育,以印支期和燕山期最为强烈;矿区地表仅有零星印支期的石英闪长玢岩岩墙和石英二长斑岩岩枝。红山矿床成因类型有矽卡岩型和热液石英脉型两种;主要发育中酸性浅成斑(玢)岩、(石英)二长斑岩、花岗斑岩等;中、基性火山岩遍布于上三叠统图姆沟组中。矿区出露地层主要为上三叠统曲嘎寺组二、三段和图姆沟组二段(图3-65)。曲嘎寺组与图姆沟组多以断层接触。曲嘎寺组二段是红(牛)铜矿床的主要赋存层位,其主要岩性为砂泥质板岩、变质砂岩,大理岩和结晶灰岩呈层状、透镜状夹于砂泥质板岩、变质砂岩中。矿区

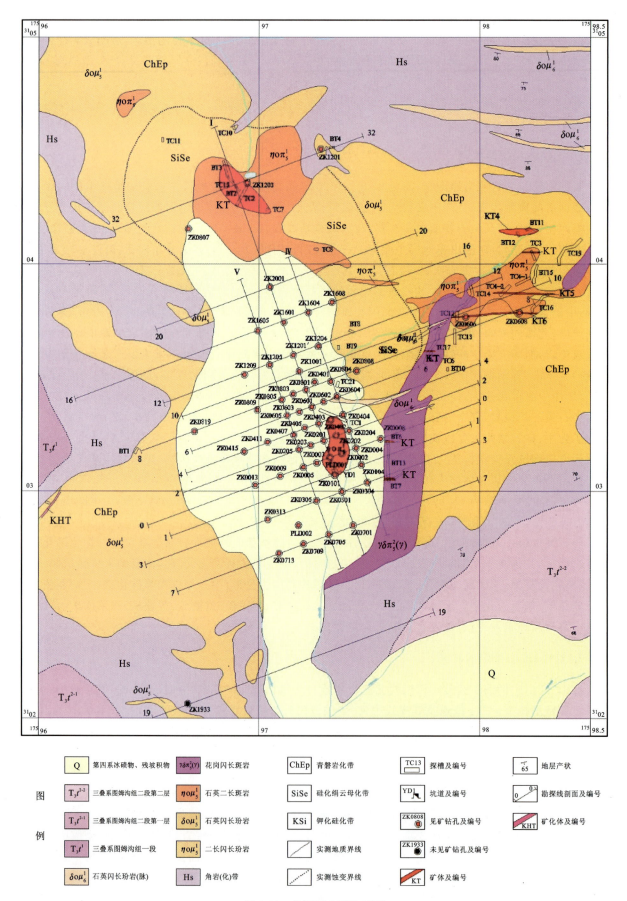

图 3-64 普朗铜矿区地质图

内广泛发育矽卡岩化和角岩化,其与结晶灰岩呈层状、透镜状,夹于砂泥质板岩、变质砂岩中。矿(化)体均产于由板岩为主向碳酸盐岩为主的过渡层中,层控含铜矽卡岩赋存于多层大理岩透镜体的板岩部位。与矿化有关的围岩蚀变主要有矽卡岩化、角岩化。在矿床范围内可圈出一个长约1500m、宽约800m的矽卡岩、角岩带,由10个岩群组成,每个岩群分别由2～6个透镜状或扁豆状矽卡岩体组成,较大的矽卡岩群有5个。矽卡岩体就是铜矿体,至少是铜矿化体。

燕山期的石英二长斑岩为细—中粒状,结晶良好,具有完整的斑岩成矿系统的蚀变分带,就目前控制情况来看,燕山期斑岩表现为全岩矿化,矿化主要为钼矿,其次为铜矿化,在青磐岩化带铜钼矿化主要呈脉状、团块状;在硅化带中铜钼矿化主要表现为细脉状,多沿石英脉分布,其中钼矿化较强,一般为0.05%～0.10%,铜矿化较弱,品位约为0.20%左右。

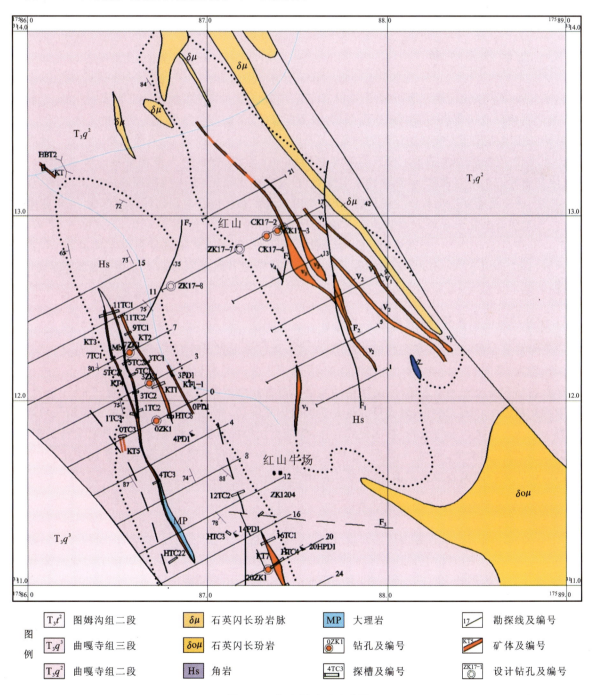

图 3-65 红山铜矿区地质图

矿集区内矽卡岩型铜矿成矿模式探讨：香格里拉矿集区主要矿床类型为斑岩型铜矿，目前认为较为典型的矽卡岩型铜矿为红山-红山牛场铜矿，经研究发现，在矿区深部存在一些石英二长斑岩和花岗斑岩，发育有花岗斑岩 Cu-Mo 矿化与含矿石英脉(李文昌，2007)，花岗斑岩锆石 LA-ICPMS U-Pb 年龄为 81.1±0.5Ma(王新松等，2011)，后期含矿石英脉中辉钼矿的 Re-Os 等时线年龄为 77±2Ma，矿区出露的石英二长斑岩 Rb-Sr 单矿物模式年龄为 214Ma(徐兴旺等，2006)，据黄肖潇(2012)对红山地区出露的两期侵入岩研究表明，红山地区的印支期中酸性岩与普朗-雪鸡坪成矿岩体有着相似的地球化学特征，由于侵入围岩主要为碳酸盐岩，因此印支期形成了矽卡岩型铜矿床；而形成于燕山晚期的红山花岗斑岩地球化学特征指示其来源于中下地壳的部分熔融，并伴随形成了燕山晚期的斑岩型 Cu-Mo 矿床，叠加于印支期成矿作用之上。随着勘查工作的不断加深，发现矿集区范围内，燕山期成矿作用强烈，可与印支期斑岩成矿作用相媲美。

五、成矿作用分析

格咱岛弧成矿系统由晚三叠世地层(含火山岩)、中酸性侵入岩和区域构造三大要素组成，三者密不可分，共同制约形成了斑(玢)岩成矿作用系统，在不同条件、不同部位形成了不同类型矿床。

格咱岛弧经历了印支晚期的洋壳俯冲造山、燕山早期的陆内碰撞造山、燕山晚期后的造山地壳加厚及板内伸展、喜马拉雅期的陆内汇聚及剪切走滑伸展 4 个阶段，据此可大概将格咱岛弧划分为岛弧期(印支晚期俯冲造山)、后岛弧期(燕山晚期碰撞造山)及陆内汇聚期(喜马拉雅期陆内造山)3 期，强烈的构造-岩浆-热液活动伴随岛弧演化的始终，众多学者对该矿集区内各时期岩体的地球化学、矿床地质地球化学、大地构造演化过程等方面做了较多的研究(曾普胜等，2006；任涛等，2011；冷成彪等，2007；吴静等，2011；李文昌等，2010a)；根据格咱岛弧带 3 期岩浆活动，将格咱矿集区分为印支期斑岩 Cu 多金属成矿系统、燕山期斑岩 Mo-Cu 多金属成矿系统和喜马拉雅期富碱斑岩 Au-Mo-Cu 多金属成矿系统(李文昌等，2013)。

1. 印支期斑岩铜多金属成矿模式

印支晚期是甘孜-理塘洋壳向西俯冲造山，同时形成了火山弧 I 型花岗岩带，以发育石英二长斑岩、石英闪长玢岩、英安岩为特征，属于壳幔混合源，是幔源岩浆与壳源岩浆发生大规模混合形成的；甘孜-理塘洋盆在早三叠世开始向西俯冲，两次俯冲残留了属都蛇绿混杂岩带，并形成了东、西两个斑岩带，最强烈俯冲作用发生在晚三叠世，继大量的英安质火山岩喷发后，先后发育了大规模的石英闪长玢岩等次火山岩和石英二长斑岩等侵入岩，形成复式岩体，伴随大规模的铜矿化作用发生，据围岩岩性的差异，形成东、西斑岩带不同类型的铜矿床类型，其中西斑岩成矿带典型代表为红山矽卡岩型铜矿床，东斑岩成矿带典型矿床为普朗斑岩型铜矿床，成矿模式如图 3-66 所示。

2. 燕山期斑岩 Mo-Cu 多金属成矿系统

义敦-中甸岛弧构造带自燕山早期开始进入陆内碰撞造山阶段，发育了大量的 S 型花岗岩，岩浆物源主要以壳源为主；燕山晚期斑岩-矽卡岩型 Mo、Cu 多金属矿床在时间、空间演化上处于后碰撞造山阶段，主要发育花岗闪长岩、二长花岗岩，为下地壳拆沉、减薄，诱发增厚的陆壳物质部分熔融，造成大规模岩浆沿深大断裂等构造薄弱部位上涌，形成酸性岩浆，并伴随广泛的铜钼多金属矿化，形成大型甚至超大型矿床；同时对印支期发生的成矿形成了后期叠加作用，使矿化更加富集。

通过近几年的研究，众多学者认为格咱岛弧燕山期成矿作用可与印支期相媲美，并在寻找燕山期斑岩-矽卡岩型 Mo、Cu 多金属矿方面取得了重大的突破。燕山期斑岩铜钼矿床成矿模式如图 3-67 所示。

3. 喜马拉雅期富碱斑岩 Au-Mo-Cu 多金属成矿系统

喜马拉雅期的格咱岛弧主要表现为陆内汇聚-剪切走滑伸展、断裂构造的再次活动和次级构造的发

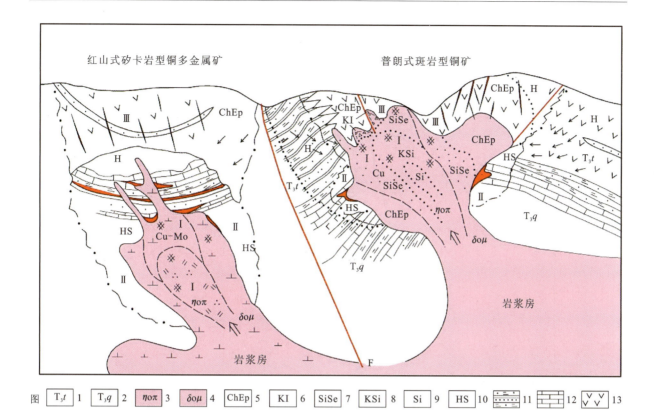

图3-66 香格里拉格咱矿集区印支期铜矿床成矿模式图（据李文昌等，2013）

1.图姆沟组；2.曲嘎寺组；3.石英二长斑岩；4.石英闪长玢岩；5.青磐岩化带；6.泥化带；7.绢英岩化带；8.钾化带；9.硅化带；10.角岩矽卡岩化；11.砂岩板岩；12.灰岩；13.中性火山岩；14.基性火山岩；15.玢岩；16.石英二长斑岩；17.泥化；18.矽卡岩矿体；19.脉状矿体；20.斑岩型网状矿体；21.浸染状矿体；22.侵入界限/岩性岩相界限；23.蚀变分带界限；24.矿化类型界限及编号；25.后期岩浆侵入体及气液上升方向；26.混合热液

育，伴随正长斑岩、二长斑岩的侵入，具有显著的高钾富碱的岩石地球化学特征，岩浆起源于富集地幔，具壳幔混合特征，以幔源为主；这一时期在西南"三江"南段成矿作用主要集中于35～25Ma；其中富碱斑岩提供了成矿物质，形成的典型矿床为甫哥金矿床（李文昌等，2013）。

需要指出的是格咱岛弧复杂的构造演化历程，使得该矿集区显示出成矿系统叠加、复合特征，目前矿集区内公认的斑岩型普朗铜矿、雪鸡坪铜矿，其二次隐爆特征明显，而据李文昌等（2013）对普朗、雪鸡坪、春都、浪都等多个印支期岩体研究表明，这些岩体均存在印支期和燕山期两期热液系统，成矿作用叠加发育，说明形成如此规模的超大型铜矿，其成矿作用并非一蹴而就的。

六、资源潜力及勘查方向分析

格咱铜铅锌矿集区内矿产资源丰富，是西南三江地区重要铜矿生产基地，大中型铜铅锌矿床分布密集，目前矿集区内超大型矿床1个（普朗），大型矿床2个（红山、雪鸡坪），中型矿床7个（浪都、烂泥塘、春都、亚杂、磨莫亚、松喀、卓玛）；同时，还圈定了一批物化遥异常，通过对卓玛、亚杂、磨莫亚、松喀等异常查证、矿点检查，取得了较好成绩；充分显示了矿集区巨大找矿潜力。有找矿潜力的远景区如下。

1. 烂泥塘铜多金属远景区

矿区位于格咱断裂东侧，出露为T_3t^2的板岩夹安山岩，断裂以北西向为主，节理、裂隙发育。岩浆岩以中—中酸性浅成—超浅成侵入岩为主，由石英闪长玢岩、闪长玢岩及石英二长斑岩等构成烂泥塘复式岩体，出露面积近$10km^2$，岩体长轴方向呈北北西向，前两类普遍见绿泥石化、绢云母化、泥化、碳酸盐

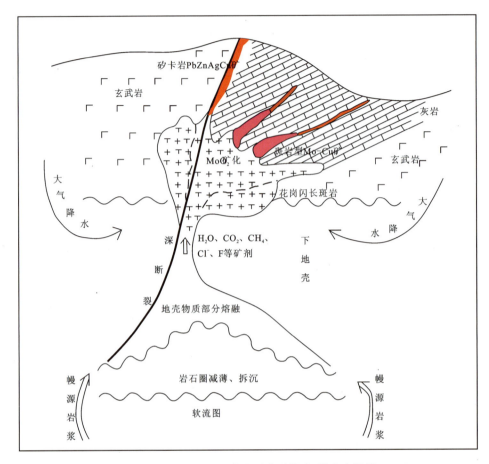

图 3-67　燕山期斑岩 Mo-Cu 多金属成矿模式（据李文昌等，2013）

化等蚀变，构成边缘相，后者见黄铁绢英岩化，构成中心相。矿化体产于石英闪长玢岩体中。

矿区地球物理及地球化学特征：1:20 万水系沉积物测量在烂泥塘-红山圈出以 Cu、Pb、Zn、Au、Ag 为主的多元素异常区，异常呈不规则椭圆状，面积 $120km^2$，有红山、烂泥塘-普上两个浓集中心。航磁测量显示为正异常高值区。1:1万土壤地球化学异常位于烂泥塘矿区及北西 2km 左右一带。该异常区为斑岩型铜多金属矿产出的有利部位。

2. 普上铜多金属矿区

矿区出露地层主要有曲嘎寺组三段深灰色板岩、灰岩；图姆沟组一段深灰色板岩夹灰岩及硅质岩；图姆沟组二段深灰色板岩、中酸性火山熔岩与含火山碎屑熔岩。区内断裂发育，以北西向断裂为主。岩浆作用强烈，区内侵入岩较发育，岩性主要为闪长玢岩、石英闪长玢岩、石英二长斑岩，且岩石蚀变强烈，具有斑岩型铜矿的蚀变分带，从内到外为硅化绢英岩化带、青磐岩化带、局部见有泥化带。

1:5万土壤化探测量在普上一带圈出以 Cu、Pb、Zn、Au、Ag 为主的多元素异常区，浓度分带清晰，浓集中心明显，异常范围面积大，与普上铜矿区套合较好。该异常元素分布特征与典型的斑岩型铜矿元素分布特征基本相似。

综上所述，普上铜矿区斑岩型铜矿应具有一定前景。目前在石英二长斑岩体中已发现铜矿（化）体，走向北西，地表长约 300m，与其南部目前发现的烂泥塘、雪鸡坪、春都等斑岩型铜矿床具有相似的成矿条件，是寻找类似斑岩型铜矿较为有利的地段。

3. 欧赛拉-欠水铜矿远景区

矿区出露地层主要为弧后盆地区上三叠统哈工组三段、岛弧区图姆沟组二段。区内构造发育，北西向乡城-格咱断裂及同向的洛帕来断裂从该区通过，断面东倾，倾角约 40°。沿断裂带岩石破碎，发育

5~15m 的破碎带,常见断层泥、构造角砾岩、构造透镜体等,主要表现为逆断层性质。沿断裂多具黄铁矿化,两断层间有数个二长斑岩体产出。地层中节理裂隙发育,多呈北西向展布。该区侵入岩发育,出露大量石英闪长玢岩、石英二长斑岩,且岩石蚀变强烈,具有斑岩型铜矿的蚀变分带,从内到外为硅化绢英岩化带、青磐岩化带。

1:5万土壤化探异常呈北北西向的带状展布,向北没有封闭,向北延伸了2km,属春都 Cu、Pb、Zn 多金属异常的南延部分。为 Pb、Zn、Ag、Cu、Au、Mo、W 组合异常,异常呈同心浓集,内为 Cu、Au、W、Mo,外为 Pb、Zn、Ag 的分带特征。Ag、Pb、Zn 相互套合,Cu、Mo 相互套合,Au、W 相互套合。该异常具有斑岩型地球化学异常的特征,同时异常与构造热液成矿活动有关,表现出高温热液与中—低温热液作用相互叠加的特点。

该区经初步地质工作,目前已圈出 1 个矿化斑岩体,同时在区内东侧经商业勘查,取得了找矿突破。此外,区内1:5万土壤化探测量在欧赛拉—欠水一带圈出以 Cu、Mo、Au 为主的多元素异常区,异常元素套合好,浓集中心明显。综合分析,认为在欧赛拉—欠水一带,出露大量斑(玢)岩体,成矿地质条件好,是寻找斑岩型铜多金属矿的有利地区。

4. 恩卡银多金属矿远景区

矿区位于红山铜多金属矿区西部,出露地层为一套倾向西的单斜层,为中生界上三叠统半深海相—浅海相曲嘎寺组第二段及第三段。矿区位于红山复式背斜的西翼之次级恩卡向斜部位,向斜核部出露曲嘎寺组三段,两翼出露曲嘎寺组二段,西翼受断裂破坏发育不全。矿区主体为一岩层向西陡倾斜的单斜构造,岩层内层间断裂及小褶曲发育。受区域构造影响,矿区断裂(破碎带)及小褶曲发育,其中破碎带是矿区铅锌矿体的主要赋存部位。矿区岩浆岩不发育,仅于南东部曲嘎寺组二段中见有少量的玄武岩,局部见零星的石英闪长玢岩及石英二长斑岩岩脉。

恩卡-红山铜矿区属典型的"高、大、全"化探异常,形成的多元素综合异常呈东西向长椭圆状,东西长 5km,南北宽 4km,其中以 Pb、Zn、Ag、Cu 规模最大,综合异常浓集中心突出,各元素重合好,以同心浓集为特征。从内往外,依次为 Mo、W、Au、Cu、Ag、Zn、Pb,显示由高温向中低温变化特征。从形态看,Cu、W、Mo 形态最为规整,其次为 Pb、Zn、Ag、Fe、Au。异常区西侧有一北西向 Pb、Zn、Ag、Au 浓集小区,显示该区存在 2 期以上多金属成矿热液作用。

该区经初步地质工作,目前已圈出 9 个银多金属矿化体,矿区内东侧为红山矽卡岩-斑岩型铜钼矿,西侧为烂泥塘斑岩型铜矿。1:5万化探异常显示该矿区位于恩卡-红山异常区西侧北西向 Pb、Zn、Ag、Au 浓集小区,异常元素套合好,浓集中心明显,采到十多个点的 Pb、Zn、Ag、Au 高含量样品,最高 Pb 为 $14\,255 \times 10^{-6}$,Zn 为 $14\,730 \times 10^{-6}$,Ag 为 7.2×10^{-6},Au 为 32×10^{-9},Cu 为 422×10^{-6}。对比研究红山矽卡岩-斑岩型铜钼矿,西侧为烂泥塘斑岩型铜矿,综合分析认为恩卡矿区成矿地质条件好,是寻找热液型银多金属矿的有利地区,深部可能有斑岩型-矽卡岩型铜多金属矿体。

云南省矿产资源潜力评价预测评价区总体资源潜力铜达 1800 万吨。普朗、红山—红山牛场、雪鸡坪铜矿深部,铜厂沟、欠水、春都、热林—亚杂、尼拉、欠虽、卓玛、帕纳牛场、松诺、地苏嘎、普上、松喀等地区尚具较好的找矿前景。

第十七节　四川省梭罗沟地区金铜多金属矿集区成矿作用

一、概述

矿集区隶属于四川省木里藏族自治县行政区管辖,在梭罗沟—争西牧场一带,总面积约 $4500\mathrm{km}^2$。

梭罗沟矿集区大地构造位置位于扬子地台西缘,地处松潘-甘孜造山带东南缘与扬子陆块接合部位的木里-锦屏山弧形逆冲-推覆构造带内(图3-68)。

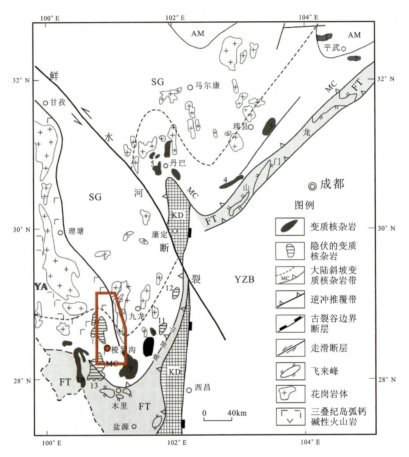

图 3-68　梭罗沟矿集区大地构造位置(据骆耀南,《四川省西部大地构造分区略图》修编,1990)
YZB.扬子板块;KD.康滇地轴;FT.前陆逆冲推覆带;MC、SG.松潘-甘孜造山带;YA.义敦岛弧带;AM.若尔盖地块;1.摩天岭;2.桥子顶;3.雪隆包;4.雅斯德;5.公差;6.格宗;7.踏卡;8.江浪;9.长松;10.恰斯;11.三垭;12.田弯;13.瓦厂;14.唐央

在此弧形逆冲-推覆构造带内相继发育了江浪、长枪、瓦厂、恰斯、唐央等一系列大小不等、呈孤立分散状产出的穹隆地质体,围绕这些穹隆体,构造发育、中酸性岩浆活动强烈,形成了与其密切相关的金(恰斯、唐央)、铜锌(江浪)和铅锌多金属(踏卡)等一系列重要矿产地。由于成矿期次重复叠加,成矿作用反复发生,矿源多次活化富集,最终有利于大型或超大型矿床集中产出,具有"多期成矿、大器晚成"的特征。

二、地质简况

梭罗沟矿集区位于甘孜-理塘断裂带南缘与木里-锦屏山逆冲推覆构造带结合部位,自晚古生代以来,经历了裂谷拉张、洋壳俯冲、陆-弧碰撞和陆内汇聚等一系列构造演化事件。晚古生代末期—晚三叠世初期为岛弧活动期,伴随裂谷的扩张与闭合,有大量基性及中酸性火山岩浆喷溢,其后又有广泛的中酸性岩浆侵入;晚三叠世初期开始的盆地俯冲消减、闭合碰撞,形成甘孜-理塘蛇绿构造混杂岩带。中生代侏罗纪—白垩纪进入陆内后碰撞演化阶段,形成燕山期岩浆活动及大规模的金属成矿作用。新生代时期由于新特提斯洋闭合和印度板块碰撞,矿集区进入了陆陆碰撞后造山隆升演化阶段,遭受双向挤压应力,形成东西向弧形逆冲推覆带,在逆冲推覆带中岩浆活动强烈,形成一系列富碱性浅成侵入体;在推覆带内穹隆构造发育。这种经多期次构造-岩浆演化的持续作用奠定现今的地质构造格局,为区内成矿提供了很好的地质背景和丰富的物质来源。

矿集区地层区划隶属华南地层大区巴颜喀拉地层分区的木里小区。具有以中生界、古生界为主的海相碳酸盐、复理石或类复理石建造、蛇绿混杂岩等多类型建造特征。除前震旦系、震旦系、白垩系、新近系外,其余各系均有出露(图3-69),尤以上三叠统的分布占绝对优势,是甘孜-理塘金成矿带最重要的含矿层位之一,其中赋存有梭罗沟、阿加隆洼等大中型金矿床。

区内构造极其发育,主要表现为断裂构造和穹隆构造,断裂构造主要有北西向甘孜-理塘断裂带,北东向东朗断裂带,以及近东西向的木里-锦屏山弧形逆冲推覆断裂带;穹隆构造区内以唐央穹隆为主。北西、北东、东西三组断裂构造围绕唐央穹隆呈"三角形"分布,控制着区内的地层分区、岩浆活动、矿产分布,形成寻找金铜矿种潜力巨大的"金三角"。

矿集区属三江造山带重要组成部分,构造演化复杂,自中生代以来,伴随着一系列持续的造山演化,岩浆活动强烈,岩体分布较广。晚古生代—中生代早期,东侧的扬子陆块因弧后扩张导致二叠纪玄武岩喷溢和晚古生代基性—超基性岩侵入,产出有玄武岩铜矿(乌坡)、钒钛磁铁矿(渡口、红格)和铜镍铂矿(丹巴杨柳坪和会理大岩子),很明显,多岛海格局与成矿分布存在密切关系。中生代晚期,三江地区进入陆内碰撞造山机制,在金沙江带与龙门山-锦屏山带之间,广泛分布有以燕山期为主的中—酸性陆壳重熔型花岗岩。这一时期的岩浆作用,控制着川西北地区的金矿以及锡多金属和稀有金属矿的分布。新生代时期,形成东西向弧形逆冲推覆带,在逆冲推覆带中岩浆活动强烈。①在四川木里盐源和云南宁蒗滨川一带的壳幔混源型富碱浅成侵入岩发育($65\sim35$Ma),普遍显示铜、钼、金矿化特征;②在四川攀西和云南丽江地区的幔源型碱性侵入岩出露($40\sim30$Ma),以钾质煌斑岩和碱性侵入岩为特征,主要伴随轻稀土和金矿化;③在四川折多山贡嘎山地区的发育有壳源型花岗岩组合,主要由黑云母花岗岩组成($15\sim10$Ma),分布有铅-锌和稀有金属矿化。

在矿集区北部德工牛场一带出现有花岗闪长斑岩体,在岩体内铜矿化特征明显,局部形成工业矿体。在梭罗沟金矿区内未见岩体出露,但有煌斑岩脉穿切矿体,据研究煌斑岩形成时代约为26Ma,应与攀西及丽江地区出露的钾质煌斑岩属同一时期岩浆活动产物,这说明梭罗沟金矿的形成至少要早于$40\sim30$Ma。结合矿区东西两侧耳泽金矿和里伍铜矿的成矿时代($135\sim100$Ma)进行推断,梭罗沟地区主要成矿期应以早白垩世最为可能。

三、主要矿产特征

矿集区内矿产以金、铜为主。目前区内发现金矿床点3处,其中超大型1处,矿点2处;铜矿床点4处(图3-69)。金、铜矿在评价区内已具有很好的资源基础,梭罗沟金矿已具超大型规模,外围有望取得较好突破;德工牛场斑岩型铜矿(点)是该地区寻找斑岩型矿床新的线索,新的突破,打破了相邻云南(普朗大型斑岩型铜矿)的四川境内未发现斑岩型矿床的"瓶颈",为寻找斑岩型矿床打开了新的思路,随着工作的投入开展,形成规模矿床指日可待。

1. 金矿

目前区内金矿床已知有超大型1处(梭罗沟金矿),矿点2处(俄堡催、肮牵)。但相邻区域金矿分布密集,甘孜-理塘是川西著名的金成矿带,有阿加隆洼等大中型金矿床多处。在梭罗沟南西侧分布有与恰斯穹隆有关的洱泽中型铁金矿以及红土坡铁金矿、莱园子铜金矿、神仙水、丹滴等金矿点。梭罗沟大型金矿床,位于唐央穹隆的南东侧,相邻瓦厂穹隆(北西侧),矿体主要受近东西向的左行压扭性质构造控制,未见韧性剪切变质变形特征,矿石呈引爆碎裂结构,含矿热液呈脉状、网脉状充填,分析认为梭罗沟金矿床可能受构造-岩浆-热液系统控制。矿集区内特殊的构造环境,有利的成矿地质背景,为区内寻找梭罗沟式金矿床提供了有利的条件。

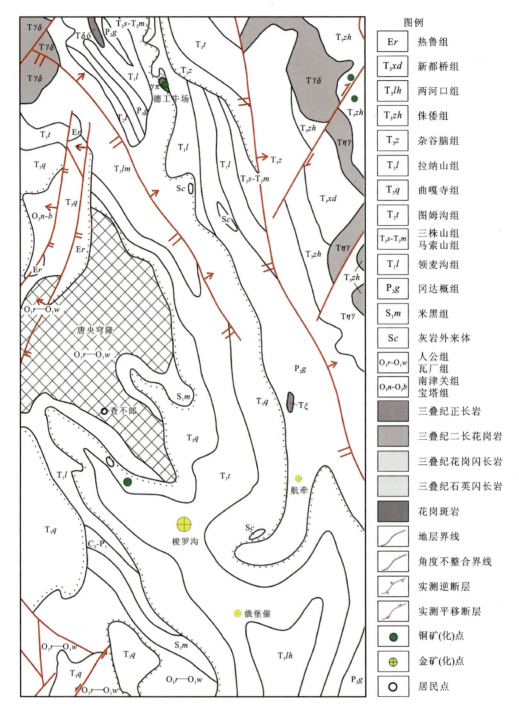

图 3-69 梭罗沟矿集区地质矿产简图

2. 铜矿

评价区已发现的铜矿床类型有与中酸性侵入岩有关的斑岩型铜矿、接触交代型铜矿、与火山岩有关的火山气液充填型铜矿、与构造-热液活动有关的热液型铜矿以及与基性—超基性侵入岩有关的岩浆熔离型铜(镍)矿。评价区的铜矿床具有多类型、多成因、多阶段成矿的复合型特征。

(1) 斑岩型铜矿。近年来,四川省地质矿产勘查开发局区域地质调查队在德工牛场地区发现斑岩型铜矿点,矿(化)体与浅成斑岩(主要为花岗闪长斑岩)有关,含矿斑岩自上而下依次出现了青磐岩化、绢英岩化、钾化,其中钾化表现形式为黑云母呈粒状镶嵌在石英颗粒中,铜矿体主要富集在钾化带内,呈脉状、浸染状产出,铜品位可达2‰~3‰,具有良好的找矿潜力。

(2) 接触交代型铜矿。主要分布在评价区北东角，矿体主要分布在三叠纪中—酸性侵入岩的外接触带上，目前发现有稻城八赫牛场、日霍等铜矿点。在该地区古生代以来台地相碳酸盐岩发育，也可能存在隐伏中酸性岩体，寻找矽卡岩型铜金多金属矿具有较好远景。

(3) 热液充填型铜矿。此类矿床点多，分布面广。主要分布在评价区的西南角，构造上属于荣彩牛场断裂与峨眉断裂之间，出露上三叠统曲嘎寺安山玄武岩、安山质火山角砾岩、玄武质火山角砾凝灰岩、凝灰质板岩及碳酸盐岩。矿（化）体赋存于蚀变灰岩透镜体内，呈脉状沿裂隙贯入成矿，矿质来源于基性火山岩，由火山岩气液富集形成，属火山（气）热液充填型矿床，受控于三叠纪火山机构。

3. 铅锌银矿

矿集区内未发现铅锌矿化点，但在其外围已发现的铅锌银矿床点有理塘措瓦铅锌矿、木里给地铅锌矿、木里崖子沟铅锌矿、盐源阿什沟铅锌矿、盐源足木-罗木嘎铜铅锌矿、木里水洛立彤欢银矿、稻城亚丁银矿等矿床（点），主要类型为热液型铅锌矿床。矿集区内在争西牧场一带铅锌异常明显，有望实现寻找铅锌矿的突破，对比外围成矿条件，区内具有寻找铅锌银矿的找矿潜力。

四、典型矿床

1. 成矿地质环境

梭罗沟金矿位于甘孜-理塘断裂带与木里-锦屏山逆冲推覆构造带结合部位，地处唐央穹隆南东侧近东西向的逆冲推覆褶皱带中。出露地层为上三叠统曲嘎寺组（T_3q），属一套被动大陆边缘拉张裂陷环境下形成的复理石、火山混杂岩建造。该地层上部是一套砂板岩为主的碎屑岩，下部以灰岩和火山岩组合为主。矿体产于下部蚀变基性火山岩的破碎带中，上部砂板岩组合则构成矿体及矿化带的顶板遮盖层（图 3-70）。

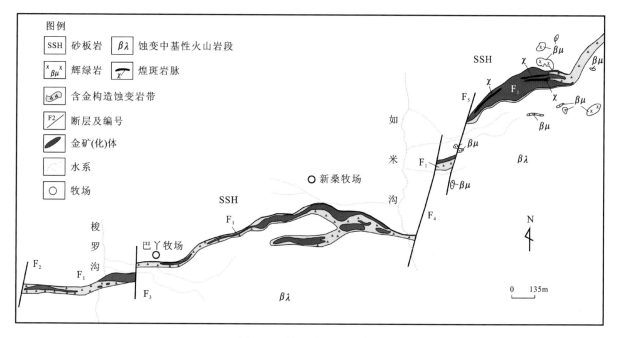

图 3-70 梭罗沟金矿地质图

矿区未发现岩体出露，在 15 号矿体采矿断面上可见煌斑岩脉（26Ma）穿切矿体。王永华等（1998）研究表明，在恰斯和瓦厂穹隆地段推测存在隐伏岩体，金矿主要集中分布在隐伏岩体的北侧，推测其成矿作用可能与新生代的构造-岩浆活动有关。

矿区内构造格架由总体表现为近东西向的主干断裂（F_1）和近南北向、北西向、北东向（F_2、F_3、F_4、

F_5)等断裂组成。其中 F_1 是矿区内控矿、导矿、容矿的主干断裂,具"左行压扭"性质,在断裂带内发育一系列近东西向展布的构造透镜体,含(金)矿热液沿构造透镜体边缘以及构造透镜体内部的裂隙充填形成矿体。F_2、F_3、F_4、F_5 切割和破坏矿区的地层及矿体,为矿区成矿后的"破矿"构造。

据1:5万水系沉积物测量,圈定 Au 异常9处,具3级分带,浓集中心明显,峰值高达 100×10^{-9}。R 聚类分析得出 Au 与 As、Sb、W 相关性良好,分属同一聚类,W 代表一种高温环境,体现中酸性岩浆活动的特征,As、Sb 代表中低温环境,与断裂构造作用关系密切,从元素组合特征可以推断 Au 的成矿应与"构造-岩浆"系统相关。

2. 矿床地质

(1) 矿体特征。矿区已圈定金矿体12个。矿体集中分布于 F_1 控制的构造蚀变带内,形态呈脉状、透镜状,一般长 30~930m,厚 6.39~65.50m。矿体平面展布呈中间宽,向东西两端变窄的长条脉状;剖面形态多呈上宽下窄的漏斗状(向北陡倾,倾角约70°),有向下变薄的趋势,局部地段有分支现象。矿体平均品位 3.96×10^{-6}~5.09×10^{-6},提交 332(122b)+333+334 资源量 47 164.11kg。

(2) 矿石类型。梭罗沟金矿以蚀变岩型金矿石为主,按自然分类有:矿化蚀变凝灰岩、矿化蚀变玄武岩、矿化蚀变岩屑长英砂岩及矿化蚀变粉砂质板岩。以前两种为主,约占矿区矿石总量的90%以上。按工业利用可分为氧化矿石和原生矿石两种工业类型,氧化矿石主要分布在矿体 0~30m 的深度范围内,约占矿区矿石总量的1/4,其余3/4为原生矿石。

(3) 矿石特征。氧化矿的主要矿物为褐铁矿 16%~54%,绢云母 19%~37%,白云石(方解石) 8%~35%,石英 5%~39%,蓝铜矿少量,其围岩蚀变主要为次生褐铁矿化。氧化矿石多为胶状结构,矿石体重平均为 $2.0t/m^3$。原生矿石主要矿物为黄铁矿、毒砂,次为铜矿物,自然金极为少见,粒径小于 0.1mm。主要脉石矿物为绢云母、白云石(方解石)和石英,次为钠长石、次闪石、绿泥石等。黄铁矿、毒砂在矿石中含量为 2%~18%。黄铁矿呈他形粒状、立方体、五角十二面体,粒径一般 0.05~0.2mm。他形粒状黄铁矿在矿石中多呈团块状或莓状集合体及细脉状产出。立方体、五角十二面体黄铁矿多呈星点状或细脉状产出,黄铁矿单矿物分析含 Au 约 100×10^{-6}。毒砂呈自形的菱形、延长状菱形,粒径一般为 0.05~0.3mm。毒砂多呈星点状产出,常见有穿插黄铁矿的特征。毒砂单矿物分析含 Au 约 200×10^{-6}。

(4) 矿石结构。矿石主要结构为自形—半自形粒状结构、碎裂结构、充填结构及交代结构等。矿石构造主要为(引爆)角砾构造、网脉状、星点状、浸染状构造等。

(5) 围岩蚀变。矿区内沿断裂破碎带构造热液活动频繁,蚀变种类较多,与金矿化有密切关系的蚀变主要有硅化、黄铁矿化、毒砂化、褐铁矿化、碳酸盐化等。蚀变没有明显界线,浅表以碳酸盐化为主,硅化次之,黄铁矿化、毒砂化较弱,随着深度的增加,黄铁矿化、毒砂化、硅化逐渐变强,总体由地表至深部,存在碳酸盐(方解石)化逐渐减弱,硅化增强的趋势,硅化、毒砂化、黄铁矿化强的地方 Au 品位高,含矿性较好。

(6) 赋存状态。通过电子探针和电镜扫描分析,未见自然金独立矿物。对黄铁矿和毒砂矿物进行激光离子探针分析发现不同晶形黄铁矿均含金,含量在 0~92.66×10^{-6} 之间。黄铁矿是矿床中最主要的载金矿物,含量变化于 0.2%~0.5% 之间,最高达 20%。毒砂亦为重要载金矿物,分布范围仅次于黄铁矿,含金量 0.2%~3%,最高达 15%。原生矿石中90%以上的金是赋存于黄铁矿和毒砂中,因此黄铁矿、毒砂应该是梭罗沟金矿的主要载金矿物。

五、成矿作用分析

1. 控矿因素

矿集区北部是甘孜-理塘金重要成矿带,南侧则沿弧形构造依次发育有恰斯、唐央、瓦厂、长枪、江浪、踏卡等一系列穹隆构造呈串珠状分布,跟穹隆构造关系密切的已相继发现了里伍大型铜矿(江浪穹隆)、耳泽大型铁金矿(恰斯)等,梭罗沟大型金矿位于唐央穹隆的南侧、瓦厂穹隆北部,对比这一系列穹隆的成矿作用,梭罗沟金矿无不与之密切相关。梭罗沟金矿赋矿地层主要为上三叠统曲嘎寺组(T_3q),矿体主要受近东西向构造控制,分布在变砂岩与基性火山岩层间构造破碎带中,矿区内未发现岩体出露,但从矿石特征方面,主要含矿矿石为强硅化的角砾岩(或引爆角砾岩),并未发生变质变形等。角砾状矿石呈碎裂结构,认为应为在碎裂岩的基础上,由于成矿流体(气液)的"隐爆"作用,二次"破碎"形成含矿引爆角砾岩,巨量的含矿热液充填成矿,这些巨量的成矿流体应来自于深部,与隐伏岩体密切相关。深部的隐伏岩体作用不但为矿化的形成提供热源,而且其岩浆期后热液进一步活化萃取成矿物质组分形成含矿热液,并驱使矿液在近东西向的压扭性断裂构造扩容条件下充填富集成矿。

2. 成矿机理

从矿床成矿作用地球化学环境分析,梭罗沟金矿属浅成热液矿床,成矿阶段大致可划分为3个阶段。早期阶段为初始矿源层形成,即印支晚期,梭罗沟地区处于大洋裂谷向大洋盆地转化时期,形成了一套含Au、As、Sb等丰度高于地壳克拉克值的火山岩建造,形成了初始矿源层。中期阶段燕山晚期—喜马拉雅期盐源/木里-锦屏山大型弧形推覆构造活动,促使深大断裂的继承性发展,多期次活动形成近东西向的压扭性构造破碎空间,并在这个时期伴随着深部岩浆持续活动,岩浆期后热液富含金的物质进一步富集、运移,在压扭性断裂扩容条件下沉淀富集,此为梭罗沟金矿形成的主要阶段。晚期阶段为燕山晚期/喜马拉雅期成矿后,随着区域地块的抬升,矿体暴露于地表,发生了氧化、淋滤和生物作用。这一时期,本区构造活动仍较强烈,表现为矿体和近矿围岩中大量裂隙的形成,这些裂隙加强了地表水和氧气及生物对矿体的作用,导致了原生矿物分解,部分金被迁移,并得到进一步聚集形成氧化矿。

3. 成因类型

载金矿物黄铁矿硫同位素分析得出,硫同位素$\delta^{34}S(‰)$值分布在−1.18～7.79之间,极差8.97,平均5.80,集中于+6‰附近,$\delta^{34}S$直方图呈正态分布,显示其硫的组成和来源相对单一,投点介于典型的热卤水侧与火成岩、变质岩之间,且更接近于火成岩的一般范围,表明它可能包含了与岩浆活动有关的硫源。结合梭罗沟金矿的成矿地质环境及矿床特征,认为该矿床成因类型属于中低温热液充填交代型矿床,工业类型为与岩浆期后热液作用有关的构造破碎蚀变岩型金矿,矿床主要成矿期为燕山晚期—喜马拉雅期。

前述矿区中Au与As、Sb、W相关性好,W元素指示一种高温环境,表明与岩浆活动关系密切。矿区内未发现糜棱岩化作用,因此排除含矿热液来自"韧性剪切"作用。综合分析,认为梭罗沟金矿含矿流体主要来自于深部岩浆作用,属构造-岩浆-热液成矿系统。其成矿地质模型见图3-71。

六、资源潜力及勘查方向分析

1. 资源潜力

梭罗沟矿集区在大地构造位置属甘孜-理塘断裂带南段与锦屏山-木里弧形推覆构造接合部位,属Ⅲ-32-① 甘孜-理塘(洋盆结合带)Au-(Cu-Ni)成矿亚带,是四川省重要金铜铅锌多金属成矿区带之一。

矿集区及外围矿点云集,目前已发现有梭罗沟金矿床(大型)、耳泽铁金矿床(中型)以及铜矿、铅锌矿矿点几十处。在锦屏山逆冲推覆构造带中,围绕穹隆构造相继还存在里伍铜矿(大型)、西范坪斑岩型铜矿等一批金铜铅锌多金属矿床点。矿集区北部德工牛场—博窝乡一带1:20万水系沉积物测量,圈定Cu、Au等综合异常4处,并在德工牛场异常区已发现德工牛场斑岩型铜矿化点,显示了本区具有寻找斑岩型铜矿的较大远景。

矿集区梭罗沟一带,通过1:5万水系沉积物测量,圈定综合异常75处;通过区域成矿规律总结和矿床成因分析,圈出Ⅳ级找矿远景区8个,Ⅴ级找矿靶区13个,并划出了V2嘎歪金铜靶区、V3 肮牵金靶

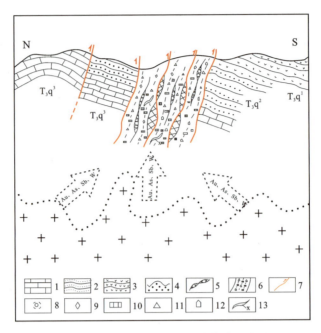

图 3-71 梭罗沟金矿成矿地质模式示意图

1.灰岩;2.变砂岩;3.变基性火山岩;4.推测隐伏岩体;5.Au 矿体;6.蚀变带;7.逆冲断层;
8.硅化;9.方解石化;10.黄铁矿化;11.引爆角砾;12.毒砂化;13.煌斑岩脉

区、V4 梭罗沟金靶区、V8 八定沟金靶区、V9 俄堡催-岗西舵金铜锌靶区、V10 巴地新洼金靶区、V5 藏翁金铜锌靶区、V11 三地多金靶区、V13 括东金铅锌 9 个最小预测区,预测金远景资源量 89.87t,可新增 42.71t。显示了极大的找矿潜力。

2. 勘查方向分析及建议

虽然在这几年的地质工作中,发现了梭罗沟大型金矿床,取得了较大的进展,但整个工作区内地质工作程度相对较低,加上自然地理因素及交通条件等限制,长期以来一直阻碍着该区域矿产资源潜力的评价。德工牛场斑岩型铜矿(点)的发现,是四川境内斑岩型铜矿的重要线索,是下一步勘查工作的重要方向。因此,建议在梭罗沟矿集区开展以金、铜为主要矿种的资源潜力评价工作。

结合本区的地质条件及工作程度,工作部署拟按重点工作区、一般工作区两个层次展开。重点评价区安排在梭罗沟、肮牵、俄堡催、三加龙等矿化线索好、成矿条件有利、有望快速取得找矿重大突破的地区。一般评价区安排在尼玛沟、布西店等异常特征明显,但矿化线索不清、成矿条件有利的地区;以及德工牛场以及博窝乡一带铜异常明显、工作程度较低的成矿条件有利区域。

在重点工作区内开展异常查证和矿产检查等评价工作。通过开展 1∶10 000 地质测量(草测),详细了解区内地质背景及构造格架;同时开展大比例尺物化探测量,为钻探施工提供依据。以槽探、钻探或坑探为主要手段,对主要矿体进行工程控制,探增资源量,提交矿产地。在点上评价基础上,以隐伏岩体为探测目标,在矿区及外围开展中比例尺物探测量,为评价区资源潜力评价提供依据。

对一般工作区,分两层次同时开展工作。第一,针对 1∶5 万地球化学测量空白区域(如德工牛场等地区),优选 1∶20 万化探主要铜金异常开展 1∶5 万水系沉积物测量,发现找矿有利地段。第二,对于矿产远景调查圈定的重要异常,选择性布置 1∶10 000 土壤测量,快速缩小找矿范围,圈定矿致异常及找矿靶区,指导下一步矿产检查工作。

基于项目调查成果,同步开展评价区内综合研究工作,深化对评价区成矿规律和控矿因素的认识,为指导矿集区内矿产评价提供支撑。

通过上述工作,力争发现新的矿(化)体,同时对已有矿(化)体进行控制,对评价区资源量进行估算,并作出资源潜力总体评价,提交一批新发现的矿产地。

第四章 区域矿产成矿规律及成矿演化

第一节 区域成矿规律

特提斯构造成矿域为全球三大成矿域之一。特提斯大洋是晚古生代以来分割地球南北两个古陆的大洋,现仅残存位于欧洲的地中海、里海、黑海。西南三江地区位于特提斯构造域东段以及青藏高原东南侧,冈瓦纳大陆与劳亚大陆的结合部位,构造演化独特且复杂、完整,为全球特提斯构造在中国大陆最典型的发育地区,岩浆活动最强烈、成矿流体最活跃的资源富集区的成矿域。其先后经历了从晚前寒武纪(晚元古代)—早古生代泛大陆解体与原特提斯洋形成,古特提斯—中特提斯微陆块-多岛弧系发育,到新生代印度-欧亚大陆碰撞等一系列重要的区域构造-岩浆事件及多期多成因金属与非金属成矿物质的巨量积聚。

一、原特提斯成矿期

1. 原特提斯旋回

新元古代—早古生代(加里东期),早古生代时期,三江构造域由一个原特提斯洋和散布于其中的泛华夏陆块群组成,主体存在着4个分支(潘桂棠等,1997;李兴振等,1999);解离自欧亚大陆的古亚洲洋,以及解离自冈瓦纳大陆的秦岭-祁连-昆仑洋、古金沙江洋和古澜沧江洋。至早古生代末期,南中国洋与古金沙江洋拼合,形成大陆造山带;秦岭-祁连-昆仑洋闭合,形成与俯冲消减作用相关联的造山系统(张国伟,1988)。分散的陆块,如华北、扬子、柴达木、塔里木和昌都-思茅地块,最终拼合形成统一的泛华夏陆块,嵌布于残存的古亚洲洋和松潘-甘孜洋中(潘桂棠等,1997;李兴振等,1999)。

早古生代伊始(560~520Ma),澳大利亚陆块、印度陆块(包括特提斯-喜马拉雅)、南极克拉通和莫森地块在泛非造山运动的影响下,最终拼合成为统一的大陆。它们集聚于赤道附近靠近南半球的区域,其间由 Piniarra 和 Kuunga 两条主要造山带分隔。三江特提斯域各微地块可能沿着印度陆块北部边缘和澳大利亚西北部边缘逐渐靠拢,至奥陶纪,各微地块已然处于两个陆块的边缘。华南地块、印支地块(思茅地块)、西羌塘地块和东羌塘地块靠近于印度陆块北部边缘,华南地块因显示出部分亲澳大利亚陆块特征,而置于两个大陆块中间,其余3个地块置于华南地块以南而远离澳大利亚陆块。拉萨地块和滇缅泰马地块靠近澳大利亚西北部边缘,滇缅泰马地块因显示出部分亲印度陆块特征,而置于南部靠近印度陆块的位置,而拉萨地块置于其北。此外,西羌塘地块、拉萨地块和滇缅泰马地块上广泛发育早古生代弧岩浆岩,可能反映了原特提斯洋板片的东向(相对于古地理位置)俯冲作用。

三江地区原特提斯洋的存在,证据包括3个方面:①昌宁-孟连缝合带北部南汀河地区发现奥陶纪(473~439Ma)蛇绿岩套;②缝合带西侧保山-腾冲地块发育奥陶纪(502~455Ma)与大洋俯冲有关的花岗岩;③缝合带东侧发现志留纪(421~419Ma)弧火山岩。原特提斯洋呈现一个主洋,包括北段龙木错-双湖洋和南段昌宁-孟连洋。龙木错-双湖洋至少在早寒武世已经开始南向俯冲于西羌塘和拉萨地块之下,导致了早寒武世—早奥陶世(536~474Ma)的弧岩浆活动与早奥陶世—寒武纪地层角度不整合,早古生代蛇绿岩套(467~432Ma)也印证了澜沧江洋存在着原特提斯洋的记录(李才等,2010;Zhu et al, 2012)。

昌宁-孟连洋于中寒武世或者之前西向俯冲于保山-腾冲地块之下，形成了中寒武世—晚奥陶世(502～455Ma)的弧岩浆岩和早—中奥陶世局部地层角度不整合。值得指出的是，晚志留世—早奥陶世，思茅地块西侧云县-景谷陆缘弧带出现俯冲型火山岩(421～418Ma)，推测可能与原特提斯洋壳东向消减作用相关。

依据昌宁-孟连带新识别出的奥陶纪(444～439Ma)N-MORB堆晶岩，经与龙木错-双湖结合带寒武纪—奥陶纪(505～431Ma)N-MORB堆晶岩对比研究，提出龙木错-双湖-怒江-昌宁-孟连对接带是古特提斯大洋最终消亡的巨型结合带，构筑了泛华夏大陆与冈瓦纳大陆的分界，形成时代至少可以追溯到寒武纪—奥陶纪，亦即特提斯洋初始扩张承接于罗迪尼亚超大陆(Rodinia)裂解。

综上所述，原特提斯洋发育于新元古代—早古生代(530～470Ma)即龙木错-双湖-昌宁-孟连洋，其板片南向俯冲于冈瓦纳大陆之下，产生岩浆活动，如：拉萨、腾冲-保山地块早古生代花岗岩(图4-1)。

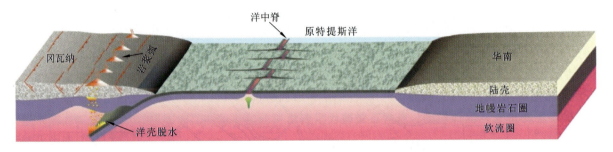

图 4-1　早古生代早期(530～470Ma)原特提斯洋板片俯冲

2. 成矿类型及其空间分布

原特提斯成矿期主要发育于两大陆块群的大陆边缘系统，与陆缘裂离有关。成矿作用主要发育于保山地块的被动边缘和中咱地块(自扬子微大陆裂离而成)边缘上，主要形成火山成因块状硫化物(VMS)矿床和喷气沉积型铅锌矿床。前者主要与早古生代海相火山岩有关，或者赋存于早古生代海相碳酸盐岩中。成矿年龄集中于655～426Ma，代表性矿床包括保山地块边缘裂谷带内芦子园铅锌矿和勐兴铅锌矿，中咱地块内部的纳交系铅锌矿(叶庆同等，1992)；发育于思茅地块西侧之云县-景谷岩浆带的铜矿床，与俯冲上地块裂谷作用相关；条带状含铁建造(BIF)型成矿类型，发育于云县-景谷岩浆带，如惠民Fe矿床。总体上，该成矿期的矿床以Cu-Pb-Zn矿化为主，分布有一定局限性(Hou et al,2007)。

二、古特提斯成矿期

1. 古特提斯旋回

古特提斯洋构造演化是在原特提斯大陆边缘系统上发育起来的多岛洋大洋体系。早古生代末期，原特提斯洋(龙木错-双湖-昌宁-孟连洋)基本闭合后，可能发生过大洋的顺次俯冲作用。早—中泥盆世，承接于可能的原特提斯残留洋，昌宁-孟连洋开始扩张，金沙江-墨江洋与甘孜-理塘洋开启，昌都-思茅地块、中咱地块与华南板块几乎同时从印度-冈瓦纳大陆北缘漂移出来，即古特提斯洋开始形成。

晚古生代是泛华夏古陆解体、古特提斯阶段发育的重要时期(李兴振等，1999；Metcalfe，2002)。昌宁-孟连缝合带是一条重要的古特提斯大洋最终消亡的巨型结合带，构筑了冈瓦纳大陆与劳亚-泛华夏大陆的分界线(Ueno K et al,2003；Sone M,Metcalfe I,2008)，晚古生代早期其仍处于持续发展的大洋盆地状态中，并逐渐向东侧消减，最终于中三叠世消亡(Sone M,Metcalfe I,2008)。金沙江洋与澜沧江洋系昌宁-孟连洋东向俯冲形成弧后小洋盆(钟大赉，1998；王立全等，2011)。金沙江-哀牢山洋于早石炭世打开(365～354Ma；王立全等，2011)，将昌都-兰坪-思茅地块从扬子地台中分离出来(黄汲清等，1987；陈炳蔚等，1991)，二叠纪开始向西俯冲，在昌都-兰坪-思茅地块东侧形成陆缘火山-岩浆弧(莫宣学等,1993),晚三叠世洋盆最终消亡。澜沧江洋于早二叠世由于昌宁-孟连洋的东向俯冲作用而开启,将临沧地体从思茅地块中分离而出(Sone M,Metcalfe I,2008)。甘孜-理塘弧后洋盆于二叠纪从扬子地台西缘裂出,将中咱地块与扬子地台分离开来,三叠纪洋壳开始向西俯冲,逐渐形成了中咱地块东侧德格-乡城火山弧(潘桂棠等,1997;侯增谦等,2001)。

潘桂棠等(2003)认为一系列共存的多条弧链(前锋弧、岛弧、火山弧等)和相间分布的弧后、弧间、边缘海盆地及微陆块,在古生代时期构成复杂的"多岛弧盆"构造系统。以弧后盆地消减及其洋壳俯冲为动力,通过弧-弧碰撞、弧-陆碰撞、陆块-陆块碰撞等多岛造山过程,在中生代类似"东南亚"式的造山过程。

从全球来看,南北统一的联合古陆于中石炭世从欧洲开始形成,至晚三叠世古特提斯洋主体闭合,统一的联合古陆最终完成(Sengör,1979;刘增乾等,1993)。

古特提斯洋呈现一个主支(北段龙木错-双湖洋和南段昌宁-孟连洋)与两个分支(金沙江-哀牢山洋和甘孜-理塘洋)。洋盆开启于早—中泥盆世(400～380Ma)。洋板片俯冲于早二叠世—中三叠世(300～230Ma),并且呈现出双向俯冲的格局,即龙木错-双湖-昌宁-孟连洋东向俯冲,而金沙江-哀牢山洋和甘孜-理塘洋向西俯冲。至中三叠世,大多数洋盆均已关闭,逐次发生板块增生拼贴作用(图4-2)。

龙木错-双湖洋于早志留世—晚泥盆世可能一直存在着洋盆,完成了原特提斯向古特提斯的过渡。晚泥盆世—早石炭世(367～348Ma)洋壳短期南向俯冲于西羌塘地块之下,导致了西羌塘地块弧岩浆岩带的形成。晚石炭世—早三叠世(306～248Ma)洋壳东向俯冲于东羌塘地块之下,导致了东羌塘地块弧岩浆岩带形成。中三叠世早期(～245Ma)洋盆消减完毕,继而发生陆陆碰撞造山作用,形成了早三叠世—晚三叠世(246～202Ma)碰撞型岩浆岩(包括同碰撞S型花岗岩和后碰撞"双峰式"火山岩),以及早三叠世—晚三叠世高压变质带(变质岩剥蚀时代244～214Ma)。晚三叠世望湖岭组(流纹岩夹层年龄214Ma)角度不整合于蛇绿混杂带之上。昌宁-孟连洋早泥盆世—中泥盆世早期为原特提斯向古特提斯的转换过渡时期,该时期可能发生局部的陆陆碰撞或者存在着原特提斯残余洋。中泥盆世(～390Ma),古特提斯大洋可能在原有的残余洋背景上开始扩张,并逐渐发展为分隔南部亲冈瓦纳陆块和北部亲扬子陆块之间的大洋。晚石炭世或者早二叠世,洋壳东向俯冲于兰坪-思茅地块之下,导致了早二叠世(298～292Ma)具有岛弧性质的半坡与南林山基性—超基性岩体与早二叠世(294～274Ma)高压变质带的形成。中三叠世早期(～240Ma)洋盆消减完毕,发生陆陆碰撞造山作用,形成了晚三叠世(239～203Ma)碰撞型岩浆岩(包括同碰撞S型临沧花岗岩基和后碰撞"双峰式"火山岩)。中三叠统上兰组呈角度不整合伏于二叠系之上。

金沙江-哀牢山洋包括北段的金沙江洋和南段的哀牢山洋。金沙江洋开启于中泥盆世(～400Ma)。早二叠世—早三叠世洋壳西向消减于昌都地块之下(261～248Ma),导致江达-维西火山岩浆弧的形成。中三叠世早期(～245Ma)洋盆消减完毕,发生陆陆碰撞造山作用,形成早三叠世—晚三叠世(249～214Ma)碰撞型岩浆岩(包括同碰撞S型花岗岩和后碰撞"双峰式"火山岩)。昌都地块东缘晚三叠世石钟山组不整合于下伏地层之上。

哀牢山洋开启于中泥盆世(～390Ma)。早二叠世—晚二叠世(287～265Ma)洋壳西向消减于兰坪-思茅地块之下,导致了雅轩桥火山岩浆弧的形成。晚二叠世晚期(～260Ma)洋盆消减完毕,发生陆陆碰撞造山作用,形成了晚二叠世—晚三叠世(260～239Ma)碰撞型岩浆岩(包括同碰撞S型花岗岩和后碰撞"双峰式"火山岩)。兰坪-思茅地块东缘晚三叠世一碗水组不整合于下伏早中三叠世火山岩地层之上。金沙江洋与哀牢山洋开启、俯冲和关闭的时间基本上是同步的,因此,两者应为古特提斯时期统一的洋盆。

甘孜-理塘缝合带位于三江地区北东端。洋盆开启于中泥盆世(～390Ma)。中晚三叠世(230～206Ma)西向俯冲于中咱-香格里拉地块之下,导致了德格-乡城火山岩浆弧的形成。

推测洋盆于晚三叠世末期关闭,进入陆陆碰撞造山作用阶段。甘孜-理塘洋相对于龙木错-双湖-昌宁-孟连洋和金沙江-哀牢山洋,洋盆开启的时间基本一致,然而其俯冲和闭合的时间都相对较晚。

综上所述,古特提斯洋在早—中泥盆世(390～370Ma)开启,北部龙木错-双湖洋、金沙江洋和甘孜-理塘洋,南部昌宁-孟连洋、哀牢山洋,几乎同时打开。晚石炭世(～305Ma),古特提斯洋(龙木错-双湖-

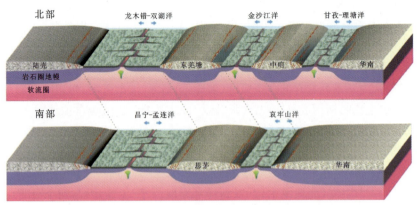

中—晚泥盆世(390~370Ma)，古特提斯洋开启，南、北支洋近同时活动

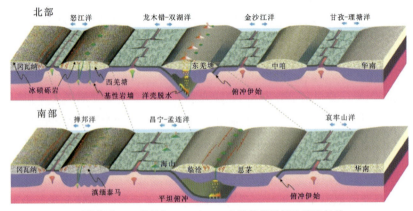

石炭纪末—二叠纪初(~305Ma)，古特提斯洋板片俯冲伊始

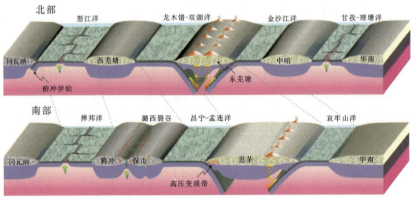

中三叠世(~235Ma)古特提斯洋(除甘孜-理塘洋)闭合

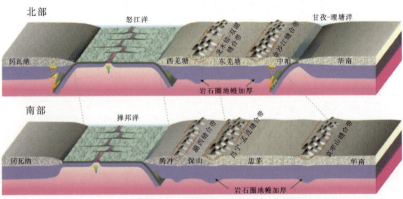

晚三叠世末期(~205Ma)，甘孜-理塘洋闭合

图 4-2　古特提斯演化图

昌宁-孟连洋、金沙江洋)削减伊始,同时中特提斯洋(怒江洋)开启。晚二叠世(~265Ma),古特提斯洋(龙木错-双湖-昌宁-孟连洋、金沙江-哀牢山洋)依然削减,同时中特提斯洋(怒江洋)俯冲伊始。中三叠世(~235Ma),古特提斯洋(龙木错-双湖-昌宁-孟连洋、金沙江-哀牢山洋)闭合,甘孜-理塘洋与中特提斯洋开始俯冲。晚三叠世末期(~200Ma),甘孜-理塘洋闭合,中特提斯洋(怒江洋)板片持续俯冲。

2. 成矿类型及其空间分布

由上述得知古特提斯构造演化是在原特提斯大陆边缘系统上发育起来的多岛洋大洋体,是一个由多陆块、多洋盆和多岛弧相间排布而成的大洋体系,具有复杂的大陆边缘。钟大赉等(1998)强调其具有多岛洋格局,称之为多岛洋大洋体系;潘桂棠等(2003)强调其大陆边缘系统,称之为多岛弧盆构造体系。钟大赉等(1998)强调介于亲冈瓦纳的陆块群与亲扬子的陆块群之间的昌宁-孟连(澜沧江)为主洋盆,而金沙江-哀牢山、甘孜-理塘、南昆仑-阿尼玛卿为支洋盆。潘桂棠等(2003)通过系统解剖"三江"地区的5条蛇绿混杂岩带和4套弧盆系统,并与东南亚弧盆构造系进行对比,提出"三江"古生代蛇绿混杂岩带所代表的盆地原型多数为弧后洋盆、弧间盆地或边缘海盆地。在古特提斯阶段,一系列共存的多条弧链(前锋弧、岛弧、火山弧等)和相间分布的弧后、弧间、边缘海盆地及微陆块构成复杂的大陆边缘构造系统。以弧后盆地消减及其洋壳俯冲为动力,通过弧-弧碰撞、弧-陆碰撞等多岛造山过程,在中生代实现类似"东南亚"式造山过程。

金沙江弧盆系以昌都-思茅陆块西侧的羌塘-吉塘-崇山-澜沧残余弧作为前峰弧,于泥盆纪初在早古生代"软基底"解体的基础上,大体经历了裂陷(谷)盆地阶段(D)、洋盆形成阶段($C_1—P_1^1$)、洋壳俯冲消减阶段($P_1^2—P_2$)、弧-陆碰撞阶段($T_1—T_2$)和上叠裂谷盆地阶段(T_3^1);他念他翁弧盆系以昌都-思茅陆块西侧的羌塘-吉塘-崇山-澜沧残余弧作为前峰弧,在其东北侧澜沧江弧后扩张,大体经历了裂陷(谷)盆地阶段(D)、洋盆形成阶段($C_1—P_1^1$)、洋壳俯冲消减、岩浆弧、陆源弧形成阶段($P_2—T_2$)、弧-陆碰撞阶段(T_3^1)、上叠裂谷盆地阶段(T_3^2)。义敦弧盆系是弧后盆地扩张形成的甘孜-理塘洋盆向西俯冲的产物,经历了俯冲造山作用时期(238~210Ma):外火山-岩浆弧形成阶段(凡卡尼早中期)、岛弧(弧间)裂谷盆地发育阶段(凡卡尼中晚期)、内火山-岩浆弧的形成阶段(凡卡尼末期—诺利早期)和弧后扩张盆地发育阶段(凡诺利中晚期)(侯增谦等,1995;2003a)。昌都-思茅盆地夹持于金沙江结合带和北澜沧江断裂带之间,是在元古宇—下古生界基底之上,于晚古生代、中生代发育形成的复合弧后前陆盆地。

基于上述弧盆系和盆地/微陆块的详细解剖,再造了"三江"古特提斯多岛弧盆系统演化过程(图4-3)。古特提斯期成矿作用贯穿于其岩石圈构造演化始终,主要集中于晚古生代和晚三叠世,在260~230Ma经历了古特提斯大洋俯冲-大洋闭合,成矿类型由上叠式VMS型、俯冲斑岩型矿床过渡为与板内过铝质岩浆有关的Sn-W矿、陆内裂谷VMS型矿床。如德钦矽卡岩Cu多金属成矿带(如羊拉Cu矿床,~235Ma;鲁春Cu矿床,~245Ma),系金沙江缝合带后碰撞岩浆活动产物;临沧Sn成矿带(如松山、布朗山及勐宋Sn矿床,~220Ma),与临沧岩基晚期高分异岩浆活动有关,系昌宁-孟连缝合带后碰撞伸展作用产物,从而形成两个成矿高峰(Hou et al,2007)。

其主要成矿类型包括:①VMS型Cu-Pb-Zn-Ag多金属成矿类型,发育于古缝合带与相应的火山岩浆弧内,如昌宁-孟连缝合带、金沙江缝合带、江达-维西火山-岩浆弧和德格-乡城火山-岩浆弧等,主要与洋中脊玄武岩(如铜厂街Cu矿床和羊拉Pb-Zn矿床)、洋岛火山岩(如老厂Pb-Zn-Ag矿床)和弧间裂谷作用相关(如嘎村、嘎衣穷Ag多金属矿床及鲁春Cu-Pb-Zn矿床);②斑岩型Cu-Mo-Au成矿类型,主要发育于德格-乡城火山-岩浆弧内,与甘孜-理塘洋壳西向俯冲作用导致的岛弧岩浆活动相关,如普朗和雪鸡坪Cu-Mo-Au矿床;③Sn多金属成矿类型,发育于临沧-景谷复合弧的边部,与后造山地壳重熔作用形成的花岗岩基(临沧花岗岩基)侵位作用相关,如松山和布朗山Sn矿床;④矽卡岩型Cu多金属成矿类型,如发育于金沙江缝合带内的羊拉晚期Cu多金属矿化,与金沙江缝合带闭合后的伸展作用相关;⑤岩浆熔离型Cu-Ni成矿类型,发育于保山地块内部,如大雪山Cu-Ni矿床。

(1)晚古生代成矿期。

晚古生代成矿期以海底热水喷气-沉积成矿作用为主体,主要形成不同类型的VMS矿床,主要发

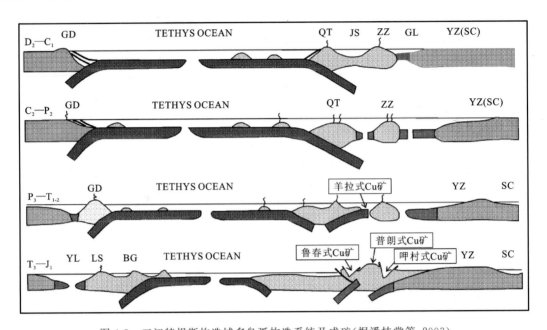

图 4-3 三江特提斯构造域多岛弧构造系统及成矿(据潘桂棠等,2003)

GD.冈底斯;LS.拉萨;YL.雅鲁藏布;BG.班戈-嘉黎带;TETHYS OCEAN.特提斯洋;QT.羌塘;JS.金沙江;ZZ.中咱;
GL.甘孜-理塘;YZ(SC).扬子(四川)

育于3个重要成矿环境。其一为昌宁-孟连洋盆环境,既产出有与二叠纪洋脊玄武岩系有关的铜厂街铜矿,具塞浦路斯型矿床特征,又有产出与偏碱性中基性火山岩系有关的老厂铅锌银多金属矿床,显示火山成因块状硫化物矿床特征(杨开辉等,1992;Yang,Mo,1993)。其二为昌宁-孟连洋盆向东俯冲产生的C—P火山弧(他念他翁弧)环境,在石炭纪海相石英角斑岩系(306Ma)发育大平掌式 VMS 矿床(钟宏等,2004;杨岳清等,2008);在晚二叠世海相中酸性火山岩系产出三达山式块状硫化物铜矿(杨岳清等,2006)。其三为金沙江洋盆向西俯冲产生的洋内弧环境,产出与二叠系弧火山岩系有关的块状硫化物矿床,以羊拉铜矿为代表(陈开旭,2006)。总体上,该成矿期以 Cu、Pb、Zn 矿化为主,Fe 矿化次之。矿床类型以火山成因块状硫化物矿床为主要类型。矿床总体规模较大,富有前景。

(2)晚三叠世成矿期。

晚三叠世成矿期主要发育于岩浆弧环境,部分发育在岩浆弧之上的上叠盆地环境,主要形成不同类型的 VMS 矿床和斑岩型 Cu 矿。在义敦岛弧带,因甘孜-理塘洋盆板片的撕裂和差异性俯冲,产生岛弧分段性。北段因洋壳板片陡深俯冲产生昌台张性弧,以发育弧间裂谷盆地为特征;南段因洋壳板片平缓俯冲产生中甸压性弧,以发育大量中酸性斑岩系为特征(侯增谦等,2003c)。在昌台张性弧的弧间裂谷盆地,发育 VMS 型 Zn-Pb-Cu 矿床,如呷村特大型矿床(侯增谦等,2001a;Hou et al,2001)。其中,与 VMS 矿化相伴的双峰火山岩系年龄集中于 220～218Ma(侯增谦等,2003a),硫化物矿石 Re-Os 年龄介于 218～217Ma 之间(Hou et al,2003c)。在中甸压性弧之斑岩岩浆系统,发育斑岩型和矽卡岩型矿床,以普朗大型斑岩铜矿和红山矽卡岩铜多金属矿床为代表。其中,普朗含 Cu 斑岩的成岩年龄变化于 216～213Ma 之间(曾普胜,2006),矿床辉钼矿 Re-Os 年龄为 213±3.8Ma(曾普胜,2004)。

在江达-维西陆缘弧南段,晚三叠世伸展作用形成火山-裂陷伸展盆地叠置于二叠纪陆缘弧地体上(王立全等,1999)。盆地内部产出与晚三叠世双峰岩石组合有关的块状硫化物矿床。在深水海相酸性火山岩系(Rb-Sr 年龄 230Ma;王立全等,1999),产出鲁春式铜多金属矿床,浅水中酸性火山岩系环境产出楚格扎式铁银多金属矿床,火山裂陷盆地萎缩消亡阶段的热水沉积成矿作用,形成大型重晶石和石膏矿床(王立全等,1999;Hou et al,2003d)。

在江达-维西陆缘弧北段上叠盆地,既产出有与晚三叠世中酸性火山岩系有关的块状硫化物矿床,如赵卡隆和丁青弄铁银多金属矿床,形成于浅水火山环境,又产出有与晚三叠世玄武岩系及伸展盆地有关的海底热水沉积矿床,如生达盆地足那银铅锌矿床(Hou et al,2003d)。

三、中特提斯成矿期

1. 中特提斯旋回

中特提斯洋呈现一个主支(怒江-碧土洋)与一个陆内裂谷盆地(潞西-三台山裂谷盆地)。

怒江-碧土洋系班公湖-怒江洋之东段,南西为拉萨地块,北东为西羌塘地块。班公湖-怒江洋盆开启于早二叠世,西羌塘地块晚石炭世—早二叠世(302~284Ma)板内伸展成因的基性岩墙,可能与怒江初始洋盆打开的时代一致。晚二叠世—早白垩世西向俯冲于冈底斯地块之下,中三叠世—中侏罗世可能东向俯冲于西羌塘地块之下,早白垩世洋盆消失(~130Ma),继而进入陆陆碰撞造山作用阶段(Zhu et al,2012)。洋板片西向俯冲作用在拉萨地块北东部表现为一套早侏罗世—早白垩世(198~130Ma)具有岛弧性质的花岗岩。洋盆闭合作用表现为一套早白垩世(132~109Ma)碰撞型花岗岩。

潞西-三台山缝合带介于保山地块和腾冲地块之间。该带开启于早二叠世晚期—中二叠世,但并未产生成型的洋盆,缝合带内基性—超基性岩系大陆裂谷成因,未表现出洋壳特征(储雪银等,2007)。至中三叠世裂谷带闭合,腾冲与保山地块拼为一体,地壳加厚继而减压熔融形成腾冲地块东部中晚三叠世(232~206Ma)S型花岗岩。因此,潞西-三台山缝合带可能不是怒江缝合带的南延,腾冲地块不属于拉萨地块的南东延续,而与保山地块共同属于滇缅泰马北部地区。

晚石炭世末期(~305Ma),中特提斯洋(怒江洋)开启;晚二叠世(~265Ma),中特提斯洋(怒江洋)持续扩张;晚三叠世末期(~200Ma),中特提斯洋(怒江洋)板片持续俯冲;早白垩世(~120Ma),中特提斯洋(怒江洋)闭合。中特提斯怒江洋于晚石炭世末期开启,西羌塘地块与腾冲-保山地块从冈瓦纳大陆北缘漂移出来,中三叠世向西与向东俯冲,于早白垩世关闭,拉萨地块与西羌塘拼合;介于腾冲与保山地块之间的潞西缝合带,为早二叠世陆内伸展裂谷盆地。古特提斯洋俯冲伊始时间与中特提斯洋开启时间相同,而古特提斯洋闭合时间,与中特提斯俯冲伊始以及新特提斯洋的开启时间也能很好吻合,反映板块扩张为大洋俯冲消减的驱动机制。

怒江洋于晚石炭世末期开启,西羌塘地块与腾冲-保山地块从冈瓦纳大陆北缘漂移出来,西羌塘地块源于印度大陆边缘,而腾冲-保山地块源于澳大利亚大陆边缘,中三叠世向西与向东俯冲,于早白垩世关闭,拉萨地块与西羌塘拼合。

2. 成矿类型及其空间分布

扬子西缘和义敦岛弧内部存在晚燕山期伸展背景下的成岩成矿作用,但地壳伸展的动力学背景存在争议。华南西南部的构造伸展主要集中于早燕山期,晚燕山期以板块俯冲作用为主;扬子西缘的伸展的时空范围与华南西南部的均有不同,从而最近一部分学者认为其与古特提斯构造域演化的关系更为密切,同时也受到古太平洋构造域演化的控制。而义敦岛弧内部存在晚燕山期伸展认为可能与特提斯洋闭合后的伸展有关,但是具体过程仍不清晰。伸展背景下产生多种岩浆类型与成矿作用,岩浆起源-演化以及元素富集过程仍需深入探索。

由于中特提斯洋与古特提斯洋、新特提斯洋空间及时间有诸多重复性,因此由中特提斯洋开启-俯冲-闭合形成的成矿类型还存在争议。目前来看,与其俯冲有关的成矿类型有甘孜-理塘缝合带中的类卡林型金矿床,如嘎啦;中咱地块发育与中特提斯洋俯冲有关的岩浆热液型Pb-Zn-Ag多金属矿产;江达-维西岩浆岩带的矽卡岩型Ag多金属矿产;思茅地块的矽卡岩型Pb-Zn矿床,如邦挖河;保山地块中的岩浆热液型Pb-Zn/Sn-W/Au矿床;潞西裂谷带中的类卡林型Au矿床,如上芒岗;腾冲地块中的矽卡岩-岩浆热液型Fe-Pb-Zn矿床。与中特提斯洋碰撞有关的为保山地块中的岩浆-热液型Cu-Ni矿床,如大雪山。

四、新特提斯成矿期

1. 新特提斯旋回

中生代,特别是晚三叠世,是全球第二次联合古陆解体的时期,新特提斯阶段由此拉开帷幕。三江地区新特提斯洋包括两个分支洋:介于羌塘地块和冈底斯-腾冲地块之间的班公湖-怒江洋(北支)以及介于冈底斯-腾冲地块和特提斯-喜马拉雅地块之间的印度河-雅鲁藏布江洋(南支)。班公湖-怒江洋开裂于侏罗纪,并逐渐发育了完善的蛇绿岩套。印度河-雅鲁藏布江洋张开于白垩纪,其北向俯冲导致了冈底斯火山-岩浆弧的形成。由于印度河-雅鲁藏布江洋的扩张,导致了北侧班公湖-怒江洋的过早(晚侏罗世—早白垩世)闭合,三江地区特提斯多岛弧盆演化史最终结束,而转入陆内构造演化阶段(图4-4)。

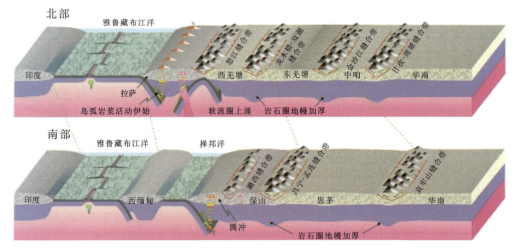

早白垩世(~120Ma)中特提斯洋(怒江洋)关闭,掸邦洋板片持续俯冲;新特提斯洋片俯冲伊始

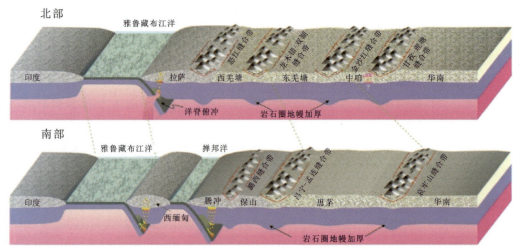

晚白垩世(~80Ma)新特提斯洋(雅江洋)板片持续俯冲,残留的掸邦洋板片依然东向俯冲

图4-4 新特提斯演化图

新特提斯洋,即印度河—雅鲁藏布江洋。洋盆开启于中三叠世(~230Ma)。中侏罗世—古新世向北俯冲,导致了早白垩世(128~120Ma)俯冲型(SSZ)蛇绿岩与晚白垩世(95~80Ma)冈底斯岩基(Zhu et al,2011,2012)的形成。始新世初期洋壳消减完毕,印度大陆与欧亚大陆碰撞拼贴。Najman 等(2010)综合分析认为,新特提斯洋闭合于~55Ma 左右。

印度河—雅鲁藏布江洋未发育于三江地区,然而其北东向俯冲却明显地影响了三江地区的岩浆活动。传统认为,腾冲地区晚白垩世(76~66Ma)岩浆活动为新特提斯洋俯冲作用的产物(Xu et al, 2012)。最近,保山地块西缘揭示出了晚白垩世—古新世(85~60Ma)的 S 型花岗岩(董美玲等,2013;廖世勇等,2013),同时在义敦弧也揭示出了强烈的晚白垩世(~80Ma)S 型花岗岩类活动(李文昌等,2012;Peng et al,2014)。

早白垩世(~120Ma),新特提斯洋(印度河—雅鲁藏布江洋)板片俯冲伊始,晚白垩世(~80Ma),新特提斯洋(印度河—雅鲁藏布江洋)板片持续俯冲。

印度河-雅鲁藏布江洋于中三叠世开启,拉萨地块从澳大利亚大陆西北缘漂移出来,早白垩世向北俯冲,于古近纪关闭,印度大陆与欧亚大陆拼合。

2. 成矿类型及其空间分布

新特提斯构造演化在中国西南地区主要表现为两个新特提斯洋盆的开启闭合与大洋岩石圈的俯冲消减以及叠加于古特提斯构造带的中生代陆内构造-岩浆活动。两个新特提斯洋盆分别发育在拉萨地体(地块)北缘和南缘,前者以班公湖-怒江洋盆为代表,其打开扩张导致拉萨地体与羌塘地体隔海相望;后者以雅鲁藏布江洋盆为代表,其向北俯冲消减形成了冈底斯安第斯型火山-岩浆弧。叠加于古特提斯构造带的中生代陆内构造-岩浆活动主要集中发育于三江构造带,后者在晚三叠世末期伴随着古特提斯洋盆的相继闭合和弧-陆碰撞,使一系列分离的弧地体和残留陆块完成聚敛和拼贴过程。

班公湖-怒江洋盆经历了异常复杂的发育历史,其构造演化目前尚有许多不同认识。基于最新的地调成果和前人研究,可以大致恢复其构造演化历史:①三叠纪班公湖-怒江洋盆初始拉张,在冈瓦纳大陆北缘分解出羌塘陆块和拉萨(冈底斯)陆块;②中侏罗世班公湖-怒江洋盆扩张成熟,以蛇绿岩组合为标志的成熟洋壳和以洋岛玄武岩为标志的大洋火山活动大量发育侏罗纪—白垩纪班公湖-怒江洋盆俯冲,早期向南和晚期向北的俯冲导致了缝合带两侧火山-岩浆弧的发育,白垩纪—古近纪大洋碰撞闭合,伴随着班公湖-怒江缝合带的形成,两侧接受海陆交互三角洲相沉积。

伴随着班公湖-怒江洋的俯冲消减和火山-岩浆弧的发育,以幕式侵入为特色的中酸性岩体呈岩株或小岩基沿班公湖-怒江缝合带两侧东西向带状分布。这些弧岩浆岩以石英闪长岩、花岗闪长岩、二长花岗岩、似斑状花岗岩和花岗斑岩为主体,同位素年龄为 140~70Ma。晚期的斑岩岩浆系统形成了一系列斑岩型 Cu-Mo 和 Cu-Au 矿化。其中,多不杂大型富金斑岩铜矿产于缝合带北侧的岩浆弧内,而尕尔穷矿床则产于缝合带南侧的岩浆弧中。成岩成矿年龄资料表明,多不杂矿区两个含矿斑岩-花岗闪长斑岩的 SHRIMP 年龄分别为 121.6 ± 1.9Ma 和 121.1 ± 1.8Ma,辉钼矿 Re-Os 等时线年龄为 118 ± 2Ma(MSWD=0.3);尕尔穷矿区含矿岩体的锆石 SHRIMP 年龄为 112.0Ma,3 个辉钼矿样品分别给出了 88.4Ma、93.2Ma 和 87.6Ma 的 Re-Os 模式年龄。这些年龄资料表明,斑岩成矿作用发生于白垩纪,形成于班公湖-怒江洋俯冲消减形成的火山-岩浆弧环境。

雅鲁藏布江洋的形成演化历史,前人已做了大量研究,认识趋于统一。通常认为,该洋盆发育在特提斯喜马拉雅北缘-冈瓦纳大陆的被动大陆边缘,大致开启于侏罗纪,俯冲消减于白垩纪,大致在白垩纪末期完成闭合过程。雅鲁藏布江洋向北俯冲消减,自南而北依次形成雅鲁藏布江缝合带、日喀则弧前盆地和冈底斯弧花岗岩基。

俯冲过程中的洋壳岩石圈残片逆冲剥蚀,导致罗布莎铬铁矿矿床沿着雅鲁藏布江缝合带发育和产出。这些铬铁矿矿床类似于世界范围的铬铁矿,向西可能一直延伸至西亚地区,在特提斯构造域西段大量发育。

俯冲产生的火山-岩浆弧在冈底斯强烈发育,岩浆活动主要集中于 120~70Ma。由于印度-亚洲大陆碰撞和冈底斯隆升,弧花岗岩侵入体大面积剥露,形成著名的冈底斯弧花岗岩基。这些弧花岗岩体主要侵位于石炭纪—二叠纪碎屑岩-碳酸盐岩建造内,主要岩性包括辉石苏长岩、角闪黑云花岗闪长岩、含斑黑云二长花岗岩和斑状黑云母花岗岩。在冈底斯西段,岩体与围岩接触带发育规模巨大的矽卡岩型铁矿,如著名的尼雄铁矿,铁矿石资源量达 14 346.38 万 t。据 K-Ar 全岩测年资料,尼雄矿区与铁矿有关的中细粒角闪黑云花岗闪长岩和细粒斑状黑云母花岗岩的结晶年龄分别为 114Ma 和 106Ma,证实铁矿形成于晚白垩世,发育于碰撞之前的岩浆弧环境。最近的研究表明,距尼雄不远的谢通门县的恰功矽卡岩型铁矿,其与矿化有关的二长花岗斑岩的锆石 LA-ICP-MS 微区 U-Pb 年龄为 68.8 ± 2.2Ma,可能是这一碰撞前成矿作用的持续。

伴随着两个新特提斯洋盆的消减闭合和俯冲造山,晚三叠世义敦岛弧带发生强烈的陆内构造-岩浆活动。岩浆活动时限为 135~75Ma,高峰期在 87Ma,集中发育于义敦岛弧的弧后位置,以花岗岩大量侵位为特征,侵入于晚三叠世喇嘛碰组砂板岩系内部。这些花岗岩以富碱、贫水和富含 HFSE(Zr、Hf、Nb、Ta 等)为特征,源于深源环境,显示 A 型花岗岩特征(侯增谦等,2003c)。在花岗岩与砂板岩系接触带,常常发生普遍角岩化;在花岗岩与碳酸盐岩建造接触带,常常形成接触交代矽卡岩。伴随热液交代作用,在一些岩体的内外接触带发育广泛的锡多金属矿化,形成诸如高贡-措莫隆锡多金属矿化带;在远离花岗岩体更远的围岩破碎带,发育热液脉型银多金属矿化,如著名的夏塞银矿和沙西银矿。

新特提斯成矿类型主要包括以下4种。①矽卡岩型/云英岩型 Sn 多金属成矿类型,主要发育于冈底斯-腾冲火山-岩浆弧及保山地块北部,与造山后地壳重熔作用形成的花岗质岩浆活动相关,如大松坡-小龙河 S 矿床。②矽卡岩型/岩浆热液型 Pb-Zn-Cu-Ag-Hg 多金属成矿类型,主要发育于保山地块内部,与后造山地壳伸展作用而导致的中酸性/中基性岩浆活动相关,如核桃坪和鲁子园 Pb-Zn 矿床、杨梅田 Cu 矿床、小干沟 Au 矿床及水银厂 Hg 矿床。③岩浆热液型/斑岩型/矽卡岩型 W-Mo-Ag-Pb-Zn 多金属成矿类型,主要发育于德格-乡城火山-岩浆弧与江达-维西火山-岩浆弧,与加厚地壳重熔作用形成的花岗质岩浆活动相关,如休瓦促 W-Mo 矿床、夏塞 Ag 多金属矿床及丁钦弄 Ag 多金属矿床。一直以来,燕山期都被认为是三江特提斯增生造山作用向陆陆碰撞造山作用的转换时期。最近的研究表明,燕山期本身也具有复杂的成矿多样性,除部分矿床形成于晚印支期后造山伸展背景外(传统的构造转换时期),不少晚燕山期矿床表现出与地壳挤增加厚作用导致的岩浆活动相关,如形成于 80~70Ma 的腾冲火山-岩浆弧内部分 Sn 多金属矿床和德格-乡城火山-岩浆弧内的 W-Mo-Ag 多金属矿床等。④造山型 Au 成矿类型,甘孜-理塘缝合带剪切带型 Au 成矿类型,如阿加隆洼 Au 矿床、雄龙西 Au 矿床等。

五、印度-欧亚陆陆碰撞成矿期

古近纪初(65Ma)以来,印度-欧亚大陆的碰撞作用使三江地区进入全面陆内挤压汇聚环境(早碰撞期,65~41Ma;侯增谦等,2006a)。强烈的挤压与周围刚性块体的阻挡,使该区地层发生峰期变质,地壳加厚与陆壳深熔、壳幔作用与幔源岩浆活动,并形成了大规模逆冲推覆为主的"薄皮板块构造"。由于边界条件的限制,三江及青藏高原内部的地壳缩短尚不能抵消强大的挤压应力。强烈的挤压碰撞作用过后,一部分物质和块体向东南方向挤出,随之产生了一系列大型走滑断裂系(即晚碰撞期,40~26Ma),如红河-哀牢山剪切带约 27Ma 左右发生近 600km 的左行走滑运动。大规模走滑运动后,三江地区地壳开始逐渐伸展,出现了一系列新生代断陷盆地、走滑拉分盆地和拉伸盆地(即后碰撞期,<25Ma),并伴有基性到中酸性的火山作用和酸性及碱性岩的侵入。

印度-亚洲大陆在 65Ma 开始对接与碰撞,使三江地区成为调节和吸纳碰撞应变的构造转换域,形成了以薄皮构造为特征的逆冲推覆构造系统、深切大陆岩石圈的大规模走滑断裂系统和强烈流变的剪切构造系统,伴随着前陆盆地含矿(Zn-Pb-Cu)卤水流体的长距离迁移汇聚、幔源含 REE 碳酸岩-碱性岩-煌斑岩浆和含 Cu 高钾长英质岩浆侵位及岩浆-热液系统发育,含 Au 富 CO_2 剪切变质流体分泌和水/岩反应,控制了大陆碰撞转换成矿类型的形成与发育。

印度-亚洲陆陆碰撞造山作用对三江特提斯构造格架进行了强烈的改造,作为陆陆碰撞侧向物质调整带,三江地区具有独特的构造变形-岩浆活动样式。前人创立了陆陆正向碰撞带的 3 期构造变形样式,即早碰撞挤压期(65~41Ma)、晚碰撞转换期(40~26Ma)和后碰撞伸展期(25~0Ma)。

(一)早碰撞成矿阶段(65~41Ma)

1. 挤压褶皱阶段

印度与亚洲大陆早碰撞的时限过去通常被限定在 55~50Ma,但初始碰撞至少推定至 65Ma,主要约束证据来自板块运动学、古地磁学、地层古生物和区域岩石学。例如,50Ma 前后,印度板块与亚洲板块间的相对速度从 15~25cm/a 迅速减小到 13~18cm/a,这个板块汇聚速率突然减小的时间被视为印-亚大陆碰撞的初始时间。然而,印度洋沉积岩古地磁分析表明,在 55Ma 左右,印度板块向北运动速度从 18~19cm/a 快速衰减到 4.5cm/a,表明大陆初始碰撞可能早于 55Ma。印度西北地区的沉积相在 52Ma 前后出现从海相到陆相的巨变,使人们广泛地认为 52Ma 代表印-亚大陆碰撞的时间。然而,沿巴基斯坦分布的亚洲大陆南缘增生楔和海沟地层(66~55Ma)逆冲到印度大陆的被动边缘上,证实新特提斯大洋岩石圈的消失和印-亚大陆的碰撞至少应发生在55Ma之前。最近，来自区域岩石学和同位素精细年龄的独立证据，将印-亚大陆的初始碰撞时间限定于65Ma（莫宣学等，2003）。同时，青藏高原的岩相古地理证据也进一步把大陆初始碰撞时间约束在65Ma（王成善等，2003）。早碰撞结束的时间虽没有明确的限定，但在青藏高原东部地区，地层古生物证据指示，早碰撞结束时间约在50～41Ma。因此，印度-亚洲大陆从初始对接、经过强烈碰撞、再到碰撞衰减，跨越了近15Ma。这里，将早碰撞期时限介定于65～41Ma之间。

印度-欧亚陆陆碰撞承接新特提洋的俯冲而发生，三江地区遭受强烈的挤压作用而发生逆冲与褶皱。微地块地壳在原有的特提斯造山作用的基础上，进一步增厚。挤压褶皱期的典型特征是形成了一个盆地褶皱-逆冲断裂系统，即兰坪-思茅盆地褶断系。此外，腾冲地区古近纪持续活动的弧岩浆岩（61～53Ma），与西藏地区的冈底斯岩浆带系一个统一的整体，均与新特提斯洋盆闭合后的洋板片的回撤作用相关。

2. 成矿类型及其空间分布

大陆碰撞过程造成挤压褶皱，不仅导致岩石圈缩短和地壳隆升，而且引起壳源和壳/幔混源岩浆活动；流体不仅仅从挤压碰撞带向外排失，而且可形成流体向前陆盆地迁移与汇聚；碰撞带的应力场不总是强烈挤压的，晚期还会出现松弛和伸展。因此，在早碰撞期形成的几个重要构造单元，不仅可以成矿，而且可以成大矿。

挤压褶皱期的成矿作用伴随于早碰撞汇聚过程的始终，主要集中于冈底斯带之上，在"三江"地区挤压褶皱期成矿类型主要包括：①矽卡岩型/云英岩型Sn多金属-REE成矿类型，主要发育于冈底斯-腾冲火山-岩浆弧及保山地块北东边缘，与碰撞挤压作用过程中地壳活化导致的花岗岩侵位活动相关，如来利山和薅坝地Sn-W矿床及百花脑REE矿床；②盆地热卤水型/岩浆热液型Cu多金属成矿类型，主要发育于兰坪-思茅地块西侧和南部，与地壳活化导致的中酸性岩体侵位活动相关或与隐伏岩浆活动相关（如金满Cu矿床和连城Cu-Mo矿床）。

与壳源花岗岩有关的Sn-稀有金属成矿作用主要集中发育于滇西腾冲地区，形成了我国著名的早碰撞期的锡、稀有稀土矿化集中区。区内以发育特殊的块状硫化物型锡矿床——来利山锡矿，而不同于以往人们通常认知的主要锡矿床类型——云英岩型、矽卡岩型以及交代型等锡矿床。此外，伴随着早碰撞花岗岩的起源演化，稀有金属高度浓集形成了以百花脑矿床为代表的多元素稀有金属矿床而独具特色。

（二）晚碰撞成矿阶段（40～26Ma）

1. 晚碰撞转换阶段

晚碰撞造山作用发生于印度与亚洲大陆的持续汇聚和南北向挤压背景之下（40～26Ma），以大陆内部地体（陆块）间的大规模相对运动及其产生的大规模走滑断裂系统和逆冲-推覆构造为特征，主体发育于青藏高原的东缘，其性质和功能类似于经典板块构造的转换断层，调节和吸收了印亚大陆碰撞产生的构造应变。造成由以幔源为主的岩浆活动和大规模走滑-剪切-逆冲-推覆构造及其诱发的流体活动所产生的成矿作用及其形成的成矿类型。晚碰撞期成矿作用强烈发育，主要集中于高原东缘的构造转换带，与大规模逆冲推覆和走滑断裂系统及其相伴产出的富碱侵入岩（斑岩）和碳酸岩-正长岩杂岩密切相关，成矿高峰期集中于35 ± 5Ma。

青藏高原碰撞造山带的晚碰撞造山作用，发生于印度大陆与亚洲大陆的持续会聚和南北挤压背景之下，以大陆内部地体（陆块）的相对运动，即陆内俯冲和逆冲-推覆-走滑活动为特征。其造山作用和地壳变形在青藏高原的不同构造部位具有不同的表现形式和发育特征。在三江古特提斯构造带上表现为一个受控于新生代走滑断裂系统的构造转换带，通常被解释为吸收印-亚大陆碰撞应变的构造调节带。这一构造调节是在总体挤压背景下从晚始新世开始实现的，因其具有类似转换断层的性质和特征，俞如龙（1984）将高原东部的碰撞造山作用称为陆内转换造山作用。在三江地区调节机制是通过两种构造系统来实现的：大规模走滑断裂系统和褶皱-逆冲断裂系统。

(1) 新生代大规模走滑断裂系统。

在三江地区依次发育嘉黎-高黎贡断裂、鲜水河断裂和小江断裂。高黎贡-嘉黎断裂围绕东构造结发育,控制了高原东缘新生代花岗岩的发育与分布。

在整体挤压背景下的走滑转换应变场中,大规模走滑断裂系统也控制了一系列走滑拉分盆地的发育。如沿贡觉-芒康断裂发育贡觉右行走滑拉分盆地,西侧囊谦一带发育左行走滑拉分盆地,沿乔后断裂发育乔后、巍山左行走滑拉分盆地,西侧形成兰坪等右行走滑拉分盆地。这些盆地多呈北北西向展布,显示箕状盆地特征,多数沉积厚达2400~4000m的第三系河湖相红色碎屑岩系,包括巨厚的陆相含盐建造和磨拉石建造。部分盆地伴有40~30Ma的钾质岩浆岩浅成侵入。这些盆地因晚碰撞期侧向挤压、冲断、推覆而闭合。

(2) 新生代褶皱-逆冲断裂系统。

因印度大陆-亚洲大陆晚碰撞作用以及扬子陆块的向西推挤,发生强烈的对冲推覆作用,形成逆冲推覆构造带,并使地块地壳缩短至少达50~60km。在兰坪盆地,逆冲推覆大致可分为两个阶段,早期阶段(约40Ma)在褶皱基础上,于盆地两侧向盆地内部发生对冲,使中生界地层(三叠系—侏罗系)作为推覆体逆冲并覆盖于盆地古新统和渐新统碎屑岩系之上,形成推覆构造群和构造穹隆(如金顶矿区);晚期阶段主要由于盆地西侧较强的侧向挤压,造成盆地西部的逆冲断裂持续向东逆冲,将中生界地层叠瓦状推覆到早阶段的构造之上,在白秧坪地区显示根带、中带和锋带的分带性特征。

2. 成矿类型及其空间分布

晚碰撞转换成矿作用主要发育于高原东缘的陆内转换造山环境,受大规模走滑-推覆-剪切作用控制。这些成矿作用显示出4个重要特征:①通常发育于峰期年龄为35 ± 5Ma的不连续的钾质火成岩省内部,与幔源或壳/幔混源岩浆活动密切相关;②成矿物质(金属、流体、气体)的最终源区不同程度地与深部物质,特别是幔源岩浆关系密切;③不论是与Cu-Au和Pb-Zn-Cu-Ag矿化有关的富碱斑岩,还是与REE有关的碱性岩-碳酸岩和剪切带Au矿有关的煌斑岩,其形成均与深部软流圈活动有着千丝万缕的联系;④成矿作用主要发育于40~21Ma时段,其中,斑岩型铜钼金矿化、REE矿化、热卤水Pb-Zn-Ag-Cu矿化和部分剪切带型Au矿化,多集中发生在35 ± 5Ma。这些特征暗示高原东缘陆内转换造山环境的岩浆-热液-成矿作用受控于统一的深部作用过程,可能与软流圈上涌密切相关。

由于印度大陆与扬子地块斜向汇聚和相向俯冲,高原东部至少在26Ma前处于压扭状态,并诱发大规模走滑断裂、强烈逆冲和剪切作用。曾经遭受古洋壳板片流体强烈交代的壳幔过渡带,在软流圈构造-热侵蚀以及小股熔融体的注入作用下,发生部分熔融。过渡带下部金云母橄榄岩熔融产生正长岩岩浆,而下地壳角闪榴辉岩熔融,产生含矿的似埃达克质岩浆。这些斑岩岩浆沿走滑断裂及其与基底断裂交汇通道浅成侵位,并在局部拉张和应力释放环境下分凝出成矿的岩浆流体,发育成斑岩岩浆-热液成矿类型。偏酸性的二长花岗斑岩岩浆可能分凝富Cu流体,形成斑岩铜矿,偏中性的二长斑岩岩浆分凝富Au(和Pb-Zn)流体,形成斑岩金矿。富碱岩浆在兰坪-思茅大型盆地内浅成侵位,不仅作为重要的热源,与区域压扭应力共同作用,驱动了区域规模的热水流体对流循环和侧向迁移,而且作为重要的储库,可能为成矿热液系统提供了部分金属物质和少量成矿流体。同时,因羌塘陆块向东发生陆内俯冲,而使兰坪-思茅大型盆地演变成前陆盆地,其结果也会引起大量俯冲带流体向前陆盆地汇聚,为盆地内部热卤水成矿提供了重要条件。软流圈上涌,还导致含有地壳深循环物质的富集地幔发生熔融,产生富CO_2的硅酸盐熔体,后者发生不混溶产生正长岩-碳酸盐岩,并派生出富含REE的成矿流体,从而发育碳酸盐岩岩浆-热液REE成矿类型。红河断裂和鲜水河断裂的左行走滑与强烈剪切,不仅导致了大量煌斑岩脉沿走滑断裂带分布,而且导致了剪切带型金矿带的形成。

大陆碰撞与持续俯冲必然产生岩石圈的大量缩短和巨大应变,势必通过类似转换断层功能的构造转换带来进行调节。这个构造转换调节带主要发育于大陆正向碰撞带的侧翼,如青藏高原东缘,以发生大规模走滑断裂系统(剪切、逃逸)、逆冲推覆构造系统(内部变形)和块体旋转为特征。

在构造转换调节带,幔源岩浆活动形成的富碱钾质火成岩省(带)是其重要产物。这些富碱钾质岩浆活动拥有统一的地球动力学背景,起源于大陆之下岩石圈富集地幔或壳幔过渡带。深部软流圈物质的大规模上涌为源区熔融提供了必要的热能而深切岩石圈的走滑断裂诱发其源区减压熔融。在深部地壳,这些岩浆可能沿走滑断裂系统深部的韧性剪切带上升,呈岩墙式上升侵位;在浅部地壳,岩浆系统受走滑断裂导流,并发育成大型岩浆房。长英质岩浆房在局部拉张和应力释放环境下分凝出成矿的岩浆流体,发育成斑岩岩浆-热液成矿类型。二长花岗斑岩成分的岩浆可能分凝富 Cu 流体,形成斑岩铜矿;正长斑岩质岩浆可能分凝富 Au 流体,形成斑岩金矿。富的硅酸盐熔体在岩浆房发生不混溶作用,并派生出富含 REE 的成矿流体,形成与碳酸岩-碱性岩杂岩有关的 REE 矿床。

在晚碰撞转换阶段,主要成矿类型包括:①盆地热卤水型 Pb-Zn-Cu-Ag-Au-Sb 多金属成矿类型,主要发育于昌都-兰坪-思茅地块,与构造-热驱动造成的盆地热卤水的活动相关,如金顶、赵发涌和拉诺玛 Pb-Zn 矿床、区吾 Ag 矿床、扎村 Au 矿床及笔架山 Sb 矿床;②造山型 Au 成矿类型,主要发育于哀牢山缝合带,与哀牢山断裂大规模走滑作用导致的壳幔相互作用相关,如镇沅、墨江金厂及长安 Au 床等;③钾质斑岩型 Cu-Mo-Au 成矿类型,主要沿金沙江-哀牢山缝合带发育。先存富集岩石圈地幔的拆沉作用,诱发软流圈上涌,由此带来的热量诱发了富集岩石圈地幔和下地壳的部分熔融,导致了钾质斑岩和相关斑岩型矿床的形成,如北段的玉龙 Cu-Mo 矿床、马拉松多 Cu-Mo 矿床,中段的北衙 Au-Fe-Cu 矿床、马厂箐 Cu-Mo-Au 矿床和南段哈播 Cu-Au 矿床、铜厂 Cu-Au 矿床。

(三) 后碰撞成矿阶段(25~0Ma)

1. 后碰撞阶段

"后碰撞"作为大陆碰撞造山作用的特定过程,以其重要的构造演化标示性特征和强烈的爆发性金属成矿作用,受到地质学家们的高度重视。当今青藏高原自 25Ma 进入后碰撞阶段,其构造-岩浆活动主体发育于北南向挤压的动力背景之下。在三江地区表现为逐渐由以走滑为主的运动形式转换为以伸展旋扭为主的形式,三江地区表现为一系列北东向断裂(如瑞丽、畹町和南汀等)的左行张扭性活动,物质呈现出顺时针旋扭运动特征。青藏高原及其周边地区现代 GPS 数据表明,三江地区物质的顺时针旋扭运动仍然在持续中。该时期的岩浆活动主要表现为现代火山岩,分布于腾冲、普洱-通关及马关-屏边地区。腾冲地区玄武岩-安山岩类分布较集中、面积较大,并已被广泛研究,这类火山岩的地球化学性质显示出似岛弧性质,被认为是现代印度洋中脊俯冲作用的结果。在后碰撞阶段,三江地区受到印度大洋与东九十洋脊的北东向俯冲以及太平洋板块北西向俯冲的影响,区域伸展盆地发育,似弧岩浆岩以及似洋岛玄武岩等多种类型现代火山岩形成,分布于腾冲、普洱-通关及马关-屏边地区。

2. 成矿类型及其空间分布

在大陆岩石圈持续俯冲的晚期阶段,往往发生以俯冲板片断离、岩石圈拆沉和地幔减薄为特征的深部过程,导致了后碰撞伸展环境的形成发育。

在西南三江地区主要为横切碰撞带的正断层系统与早期形成的逆冲断裂带的交汇部位,不仅严格地控制斑岩岩浆-热液系统的发育部位和斑岩型 Cu 矿及 Mo 矿的定位空间,而且通常成为区域流体的排泄位置和汇聚空间,控制了 Sb、Hg、Ag 多金属矿床的形成和分布。这些区域流体常常沿逆冲推覆构造系统的深部滑脱带长距离迁移汇聚,沿途通过水/岩反应从围岩中"清扫"一些地球化学性质活跃的金属(Sb、Hg、As、Au、Ag 等),在前锋带部位因横切正断层的交叉汇聚,而发生大量排泄和金属淀积,形成 Sb 矿床、Hg-Sb 矿床乃至 Pb-Zn-Cu-Ag 矿床等。垂直碰撞带的正断层及其裂谷-断裂系的发育,引起中上地壳发生减压熔融,形成部分熔融层,即岩浆房,驱动现代热水流体发生对流循环,流体与花岗岩发生水/岩反应形成热泉型 Cs-Au 矿。在平行于碰撞带的山间槽盆区域流体和/或地下水淋滤壳源花岗岩的 U,并沉积于古河道相砂岩建造内,可以形成砂岩型 U 矿。

西南三江在后碰撞期间成矿类型主要包括:①热泉型 Au 成矿类型,发育于腾冲地块和思茅地块西侧临沧地区,包括两河 Au 矿床、勐满 Au 矿床等;②盆地热卤水型稀有金属成矿类型,发育于思茅地块西侧临沧地区,如大寨、中寨 Ge 矿床等;③红土型 Co-Ni-(Au)成矿类型,发育于哀牢山缝合带与临沧地区等,如墨江 Au-Ni 矿床、勐满红土型 Au 矿床等。

第二节　矿床成矿系列的划分及成矿系统

一、矿床成矿系列与成矿系统研究现状

矿床是受单一或多种成矿地质作用下，在特定的成矿环境中形成的，可供人类开发利用的特殊地质体；矿床的形成受成矿地质作用和保存等条件的制约。矿床的形成不仅经历了复杂的而漫长的成矿物质聚集、运移和沉淀的过程，而且还常常遭受到后期地质作用过程的叠加和改造。此外，矿床的产出和发现还受到矿床的保存条件、勘查技术和找矿理论水平等多种因素的制约。成矿物质从分散到富集，受到多种地质因素的制约，构造体制的不同不仅决定了成矿物质和能量运动方式差异，而且也决定了成矿系统的不同（陈毓川，1999；翟裕生，1999）。

区域成矿学是进行区域矿产评价、找矿预测和科学部署的重要理论基础。它运用矿床学、区域构造学、区域地球物理、区域地球化学等多学科的理论和方法，对区域成矿环境、成矿条件、成矿过程和成矿演化及矿床时空分布规律进行研究，它强调了成矿作用与成矿环境诸要素间的内在联系。随着区域成矿学研究的发展，人们首先注意到矿床的形成与地质作用和成矿环境间存在必然的联系。

矿床的成矿系列概念首先由我国地质学家程裕淇等（1979，1983）在"初论矿床的成矿系列问题"和"再论矿床的成矿系列问题"时提出，并划分为"矿床成矿系列""矿床成矿亚系列""矿床类型"等。陈毓川（1999）总结了矿床成矿系列的概念：指在一定的地质历史发展阶段所形成的地质构造单元内，与一定的地质成矿作用有关，在一定的地质构造部位形成不同矿种、不同类型而且有成因联系的矿床自然组合，称为矿床成矿系列。矿床成矿系列所研究的内容不是单独的矿床，而是在四维空间、时间中的有成因联系的一组矿床，并探索它们之间的时、空成因联系，研究形成它们的地质成矿环境、地质成矿作用及其演化，亦就是一定区域内的矿床自然组合与成矿规律。因此，矿床成矿系列的概念亦是一种矿床的自然分类的概念。

矿床成矿系列概念的基本内涵及结构包括以下主要内容。①认为矿化与矿床是地质环境中的一个组成部分，其成矿作用是与各地区地质历史发展阶段的地质构造环境相关，亦是形成地质环境的地质作用中的一个组成部分。②在一个矿床成矿系列中成矿作用具有一定的时空演化规律及分布规律，形成的各类不同成因类型的矿床在时空分布上相互有不同程度的制约，在成因上具有内在的联系。③在不同地区或不同地点同时代的相似地质历史构造环境中形成的矿床成矿系列具有相似性，但同时具有时代与地区性的各自特性。④在全球及各地区地质历史演化过程中形成的各矿床成矿系列，具有一定的演变规律，同时具有一定的继承性。⑤在经受多期地质构造活动、成矿作用的地质单元中，早期形成的矿床成矿系列常受到后期的地质作用或成矿作用的不同程度的叠加、改造或再造。⑥矿床成矿系列的命名突出地区、成矿时代、主要成矿地质作用和成矿主要元素。如长江中下游与燕山期中酸性火山-侵入活动有关的铁、铜、金等矿床成矿系列，南岭与燕山期花岗岩有关的有色、稀有、稀土、铀矿床成矿系列。由于矿床成矿系列的研究内容是建立在各地质历史发展阶段各地质构造单元中的矿床成矿系列及其成矿模式，是研究成矿作用在四维空间中的规律，探索在地球发展过程中成矿的时空演化、分布及成矿物质演化规律，可提高对地质规律的认识，并更有效地指导成矿预测工作，促进矿产资源的勘查。

翟裕生和熊永良（1987）强调了矿床成因与岩石建造的联系，提出成矿系列是与同一岩石建造有成因联系各种成因类型矿床构成的四维整体。但矿床的形成往往经历复杂而长期的成矿物质聚集、搬运和沉淀过程，并遭受后期地质作用过程的叠加、改造或破坏，因此矿床的形成与成矿地质作用和成矿环境间的联系较难以确切把握。为揭示成矿与环境要素、作用过程及物质聚散规律间的有机联系，区域成矿学家提出了比成矿系列内涵更加广泛的成矿系统的概念。

翟裕生（1998）把在一定的地质时空结构中由控制成矿诸要素结合而成的具有成矿功能的整体归于

统一的成矿系统。芮宗瑶等(2002)将成矿系统定义为影响矿床形成的地质因素的总和,也就是将成矿视为系统内各种要素间耦合作用的天然产物,它包括了成矿物质由分散到富集的制约因素、作用过程及各种地质矿化产物等。成矿系统的结构包括成矿系统内成矿事件的时间格架,成矿系统及成矿作用的边界尺度,以及成矿系统内的金属组合矿化分带及元素异常分布,即时间结构、空间结构和化学结构。成矿系统的主控要素是指系统中发育成矿作用的背景要素、环境要素、物质要素以及导致成矿物质由分散—富集—沉淀的制约因素,各种要素耦合作用导致了成矿系统的发育和矿床中矿化组合的形成。

成矿系统不仅研究地质环境时空结构的矿床矿化产物,而且研究控制成矿过程的物质、能量、时间和机制四要素体系,它强调成矿与环境要素、作用过程及物质聚散规律间的有机联系,视成矿为系统内各种要素相互耦合作用的天然产物。由于成矿系统强调了成矿作用、成矿环境、矿化网络和保存条件等诸要素对成矿的控制,揭示了成矿过程与成矿环境间的有机联系,它将成矿系列作为成矿系统中的一个重要组成部分,来揭示和把握各种成矿地质作用发生的机制和内在联系。

尽管成矿系统的思想目前还正处于探索阶段,其概念的内涵和外延还在不断的发展中,关于成矿系统的某些问题,如成矿系统的边界和尺度、分类与命名尚未形成一致的意见而有待于进一步研究。但应用成矿系统的思想进行区域成矿学研究,目前已成为研究区域成矿作用和矿床形成规律的重要指导思想,也将是今后区域成矿学研究的重要发展方向。

二、西南三江成矿带矿床成矿系列划分及特征

(一) 矿床成矿系列划分

根据西南三江带矿床(点)及各类矿化信息的时间和空间分布规律、矿化显示程度,结合成矿系列的概念及其研究内容,将西南三江成矿带矿床划分为以下成矿系列(陈毓川等,2007,2010)。

Ⅰ 与元古宙火山-沉积作用有关的 Fe、Cu 矿床成矿系列:

Ⅰ-1 与古元古代海相中基性火山岩相关的 Fe、Cu 矿床成矿亚系列;

Ⅰ-2 与澜沧新元古代岛弧带海相中基性火山岩相关的 Fe 矿床成矿亚系列。

Ⅱ 康滇地轴与新元古代岩浆岩有关的 Cu、Fe、Ni、Sn、PGE 矿床成矿系列:

Ⅱ-1 与晋宁期基性超基性岩有关的 Cu(Fe)、Ni(PGE)矿床成矿亚系列;

Ⅱ-2 与晋宁—澄江期花岗岩有关的 Cu、Fe、Sn 矿床成矿亚系列。

Ⅲ 加里东早—中期与浅海碎屑岩-碳酸盐岩有关的 Pb-Zn 多金属矿床成矿系列。

Ⅳ 与晚古生代海相火山岩有关的 Cu、Fe、Pb、Zn、Ag、S 等矿床成矿系列。

Ⅴ 与印支期—燕山期火山-沉积-岩浆侵入作用有关的 Cu、Mo、Sn、W、Fe、Pb、Zn、Ag、Au 矿床成矿系列组:

Ⅴ-1 义敦岛弧与海相火山-沉积作用有关的块状硫化物矿床成矿亚系列;

Ⅴ-2 云县-景谷地区与印支期(—燕山期)弧火山岩-侵入岩相关的 Cu、Pb、Zn 多金属矿床成矿亚系列;

Ⅴ-3 与三叠纪断陷盆地海相、海陆过渡相碳酸盐岩有关的 Fe、Ag 矿床成矿亚系列;

Ⅴ-4 与中酸性侵入岩有关的 Cu、Mo、Sn、W、Au、Ag 矿床成矿亚系列。

Ⅵ 保山-镇康地区与燕山期中特提斯洋俯冲有关的 Pb、Zn、Ag 多金属矿床成矿系列。

Ⅶ 兰坪-思茅盆地与古新世—中新世地质流体作用有关的 Pb、Zn、Ag、Cu、Sr、Au、As 等矿床成矿系列。

Ⅷ 与陆内造山过程-岩浆作用有关的成矿系列组:

Ⅷ-1 川西与中新生代花岗岩有关的 Ag、Sn、Pb-Zn 多金属矿床成矿亚系列;

Ⅷ-2 扬子地台西南缘与始新世—渐新世富碱斑岩有关的 Au、Cu、Ag、Pb-Zn 矿床成矿亚系列;

Ⅷ-3 金沙江-红河成矿带与始新世后期富碱斑岩有关的 Cu、Mo、Au、Ag、Pb-Zn 矿床成矿亚系列;

Ⅷ-4 哀牢山与陆内造山过程以及古新世—始新世富钾煌斑岩-正长斑岩有关的 Au 矿床成矿亚系列;

Ⅷ-5 滇西与古新世—始新世早期花岗岩有关的 W-Sn 多金属矿床成矿亚系列。

西南三江成矿带主要矿床成矿系列具体划分及特征如下(表 4-1)。

表 4-1 西南三江成矿带矿床成矿系列主要特征

矿床成矿系列（组）	矿床成矿亚系列	矿床型式	成矿元素主要	成矿元素次要	大地构造单元（Ⅲ级）	赋矿地层	岩浆岩	成矿时代	成因类型	代表矿床
Ⅰ 与元古宙火山-沉积作用有关的矿床成矿系列	Ⅰ-1 与古元古代海相中基性火山岩相关的 Fe、Cu 矿床成矿亚系列	大红山式	Fe、Cu		滇中基底隆起带	大红山岩群火山喷发-沉积岩系	石英钠长斑岩、变斑状辉绿岩、辉长辉绿岩	Pt_1	火山-沉积型	云南新平大红山铁铜矿
	Ⅰ-2 与澜沧中元古代岛弧带海相中基性火山岩相关的 Fe 矿床成矿亚系列	疆峰式	Fe		昌宁-澜沧造山带	大勐龙岩群变质火山-沉积岩系	花岗岩	Pt_1	火山-沉积型	云南景洪疆峰铁矿
		惠民式	Fe		昌宁-澜沧造山带	澜沧岩群惠民组火山-沉积岩系		Pt_2	火山沉积型-改造型	云南澜沧惠民大型铁矿
Ⅱ 康滇地轴晋宁—新元古代岩浆岩有关的 Cu、Fe、Ni、Sn、PGE 矿床成矿系列	Ⅱ-1 与晋宁期基性超基性岩有关的 Cu（Fe）、Ni（PGE）矿床成矿亚系列	冷水箐式	Ni	Cu、Co	康滇前陆逆冲带	盐边群小坪组变粒岩、绿片岩	基性、超基性侵入岩体	Pt_3	岩浆熔离贯入型	四川盐边冷水箐铜镍矿床
	Ⅱ-2 与晋宁期—澄江期花岗岩有关的 Cu、Fe、Sn 矿床成矿亚系列	盆河式	Sn		康滇基底断隆带	会理群风山营组和力马河组碳酸盐岩、碎屑岩绿片岩相变质建造	黑云母二长花岗岩	Pt_3	高中温热液充填交代型	四川会理盆河锡石-硫化物矿床
Ⅲ 加里东早—中期与浅海碎屑岩-碳酸盐岩有关的 Pb-Zn 多金属矿床成矿系列		勐兴式	Pb、Zn	Ag、Cd	保山-永德地块	志留系碎屑岩-碳酸盐岩		S_1	沉积-改造型	云南龙陵勐兴铅锌矿
Ⅳ 与晚古生代海相火山岩有关的 Cu、Fe、Pb、Zn、Ag、S 等矿床成矿系列		大平掌式	Cu	Ag	云县-景洪火山弧带	大凹子组火山-沉积岩及相关的次火山岩		D_3-C_1/S_2-S_3	火山-沉积型	云南普洱大平掌铜多金属矿
		老厂式	Pb、Zn	Ag、Cu、S	昌宁-澜沧造山带	依柳组火山-沉积岩系	花岗斑岩体/脉	C_1	火山-沉积型	云南澜沧老厂铅锌银多金属矿

续表 4-1

矿床成矿系列（组）	矿床成矿亚系列	矿床型式	成矿元素 主要	成矿元素 次要	大地构造单元（Ⅲ级）	赋矿地层	岩浆岩	成矿时代	成因类型	代表矿床
V 与印支期—燕山期火山-沉积-岩浆侵入作用有关的 Cu, Mo, Sn, W, Fe, Pb, Zn, Ag, Au 矿床成矿系列组	V-1 义敦岛弧与海相火山-沉积作用有关的块状硫化物矿床成矿亚系列	呷村式	Pb, Zn, Ag	Cu, Au	义敦岛弧带	图姆沟组火山-沉积岩系		T_3	海相火山岩型	四川白玉呷村银铅锌矿
	V-2 云县-景谷地区与印支期（—燕山期）弧火山岩-侵入岩相关的 Cu, Pb, Zn 多金属矿床成矿亚系列	官房式	Cu	Pb, Zn, Ag	云县-景洪火山弧带	小定西组火山岩		T_2/T_3	火山-热液型	云南云县官房铜矿
		民乐式	Cu	Pb, Zn, Ag	云县-景洪火山弧带	宋家坡组火山岩	英安斑岩	T_3	斑岩型	云南景谷民乐铜矿
	V-3 与三叠纪断陷盆地海相、海陆过渡相碳酸盐岩有关的 Fe, Ag 矿床成矿亚系列	楚格拉式	Fe	Pb, Zn, Cu, Ag	兰坪-普洱陆块	三合洞组含酸性火山岩喷发物浅海相碳酸盐岩		T_3	火山-沉积型	云南德钦江波铁矿、维西楚格拉铁矿、勐腊新山铁矿
	V-4 与中酸性侵入岩有关的 Cu, Mo, Sn, W, Au, Ag 矿床成矿亚系列	羊拉式	Cu	Au, Ag, W	西金乌兰湖-金沙江-哀牢山结合带	江边组和里农组砂板岩夹大理岩	花岗闪长岩岩体	T_3	矽卡岩型	云南德钦羊拉铜矿
		普朗式	Cu		义敦岛弧带南部	曲嘎寺组、图姆沟组中酸性火山岩、碎屑岩建造	普朗复式斑岩体	T_3	斑岩型	云南香格里拉普朗铜矿
		红山式	Cu	Mo, Pb, Zn	义敦岛弧带南部	曲嘎寺组中酸性火山岩、碎屑岩建造	隐伏石英二长斑岩-花岗斑岩岩体	T_3	矽卡岩型	云南香格里拉红山铜矿
		休瓦促式	Mo	W	义敦岛弧带	喇嘛垭组石英砂岩	黑云二长花岗岩、石英二母钾长花岗岩、钾化花岗岩	K_3	斑岩型	云南香格里拉休瓦促钼矿、铜厂沟钼矿

续表 4-1

矿床成矿系列（组）	矿床成矿亚系列	矿床型式	成矿元素 主要	成矿元素 次要	大地构造单元（III级）	赋矿地层	岩浆岩	成矿时代	成因类型	代表矿床
V 与印支期—燕山期火山-沉积-岩浆侵入作用有关的 Cu, Mo, Sn, W, Fe, Pb, Zn, Ag, Au 矿床成矿系列组		梭罗沟式	Au		甘孜-理塘蛇绿混杂岩带	曲嘎寺组复理石火山混杂岩建造		燕山期—喜马拉雅期	中低温热液充填交代型	四川木里梭罗沟金矿、甘孜嘎拉金矿
		滇滩式	Fe	Pb, Zn, Sn, Mn	腾冲岩浆弧带	空树河组和大硐厂组碳酸盐岩、碎屑岩	黑云母二长花岗岩、斑状二长花岗岩等	K_3	矽卡岩型	云南腾冲滇滩铁矿
VI 保山-镇康地区与燕山期中特提斯洋俯冲有关的 Pb, Zn, Ag 多金属矿床成矿系列		核桃坪式	Pb, Zn	Cu, Fe, Au	保山-永德地块	核桃坪组、沙河厂组大理岩、灰岩	隐伏中酸性岩体？	印支期—燕山期	矽卡岩-岩浆热液型	云南保山核桃坪铅锌金铁多金属矿
		芦子园式	Pb, Zn, Fe	Cu, Ag	保山-永德地块	沙河厂组大理岩、板岩、片岩	隐伏酸性岩体	燕山期	与隐伏酸性岩有关的热液型	云南镇康芦子园多金属矿
VII 兰坪-思茅盆地与古新世—中新世地质流体作用有关的 Pb, Zn, Ag, Cu, Sr, Au, As 等矿床成矿系列		白秧坪式	Pb, Zn, Cu	Ag	兰坪-普洱中新生代上叠陆内盆地	三合洞组碳酸盐岩、古近系碎屑岩		E	热卤水改造型	云南省兰坪县白秧坪矿区铅锌银铜钴多金属矿
		金顶式	Pb, Zn	Ag, Cd, Tl, S, Sr	兰坪-普洱中新生代上叠陆内盆地	三合洞组、麦初箐组为主，少量古近纪云龙组		E	热卤水改造型	云南省兰坪县金顶矿区铅锌矿

续表 4-1

矿床成矿系列（组）	矿床成矿亚系列	矿床型式	成矿元素 主要	成矿元素 次要	大地构造单元（Ⅲ级）	赋矿地层	岩浆岩	成矿时代	成因类型	代表矿床
Ⅷ 与陆内造山过程岩浆作用有关的成矿系列组	Ⅷ-1 川西与中新生代花岗岩有关的 Ag、Sn、Pb-Zn 多金属矿床成矿亚系列	夏塞式	Ag、Pb、Zn		义敦岛弧	图姆沟组浅海—滨海相浅变质火山碎屑沉积岩系	黑云母花岗岩、黑云母二长花岗岩	E	与花岗岩有关的热液脉型	四川巴塘夏塞铅锌矿
	Ⅷ-2 扬子地台西南缘与始新世—渐新世富碱斑岩有关的 Au、Cu、Ag、Pb-Zn 矿床成矿亚系列	北衙式	Au、Ag、Fe	Cu、Pb、Zn	扬子陆块西缘	北衙组灰岩、新生代沉积岩	富碱斑岩	E	斑岩－矽卡岩型	云南鹤庆北衙金矿
	Ⅷ-3 金沙江-红河河成矿带与新世后期富碱斑岩有关的 Cu、Mo、Au、Ag、Pb-Zn 矿床成矿亚系列	马厂箐式	Au	Cu、Mo	扬子陆块西缘	迎风村组粉砂岩、板岩、变质石英砂岩	马厂箐复式岩体	E	斑岩－矽卡岩型	云南祥云马厂箐金矿
	Ⅷ-4 哀牢山与始新世—始新世过程以及古新世富钾煌斑岩－正长斑岩有关的 Au 矿床成矿亚系列	老王寨式	Au	Ag、Sn、Cu	西金乌兰湖-金沙江-哀牢山结合带	库独木组、梭山组浅变质岩系	煌斑岩、花岗斑岩、石英斑岩脉	K_3-E	断裂剪切带型中低温热液型（造山型）	云南老王寨金矿、冬瓜林金矿、金厂金矿
	Ⅷ-5 滇西早期花岗岩新世早期花岗岩有关的 W-Sn 多金属矿床成矿亚系列	来利山式	Sn	S	腾冲岩浆弧带	勐洪群浅变质砂岩夹多层含矿岩屑复矿物砂岩及灰岩	斑状黑云母花岗岩、中粗粒黑云母花岗岩	E	矽卡岩－云英岩型	云南梁河来利山锡矿

（二）主要矿床成矿系列特征

1. 与元古宙火山-沉积作用有关的 Fe、Cu 矿床成矿系列

（1）与古元古代海相中基性火山岩相关的 Fe、Cu 矿床成矿亚系列。

a. 大红山式 Fe-Cu 矿床。矿区大地构造属上扬子陆块（Ⅱ级构造单元）的滇中基底隆起带（Ⅲ级构造单元）之楚雄前陆盆地（Ⅳ级构造单元）。

区域地层为北西向展布的哀牢山岩群，东部为昆阳群浅变质岩，矿区及周围为古元古界大红山岩群和上三叠统、新近系、第四系。含矿岩层——大红山岩群为一套浅—中变质细碧-角斑岩、绿片岩及不纯大理岩构成的海相古火山喷发-沉积岩系，形成于古元古代。大红山岩群自下而上分为 4 个组：老厂河岩组、曼岗河岩组、红山岩组、肥味河岩组。矿区构造主要为东西向构造和北西向构造。含矿岩系分布与近东西向的断裂带有关，岩性为火山岩、角斑岩、火山碎屑岩及细碧岩等。侵入岩有石英钠长斑岩、变斑状辉绿岩、辉长辉绿岩。

大红山铁铜矿床是一个海底火山成矿系列，是在时间上、空间上、成因上相互联系的一套矿床组合，围绕古元古代同一火山活动中心产出，严格受火山机构制约，其赋存规律是：厚大的火山气液富化矿床，主要产于火山筒两侧红山向斜底部变钠质熔岩及凝灰角砾岩中；火山熔浆或矿浆矿床，主要产于近火山口变钠质熔岩中；火山喷发-沉积矿床，主要产于火山口外缘的富钠质的火山-沉积岩系中，而火山沉积菱铁矿床则主要产于远火山口的碳酸盐沉积岩层中。

b. 疆峰式铁矿。矿床位于云南西南部三江造山系（Ⅱ级）东南缘，昌宁-澜沧造山带（Ⅲ级）之Ⅳ级构造单元——临沧-勐海岩浆弧带南东端，属前寒武纪受变质中基性火山岩含铁建造控制的海相火山-沉积型铁矿床，疆峰铁矿矿体赋存于古元古界大勐龙岩群中。铁矿产出的部位为古元古界大勐龙岩群下段中变粒岩与大理岩的过渡带，含矿地层中斜长角闪岩、绿泥钠长片岩尚见原始熔岩结构和变余凝灰结构，是基性火山熔岩、火山凝灰岩的后期叠加变质产物。矿床形成与古元古代扬子地块西缘岛弧带地壳拉张时的火山活动直接有关，铁矿主体与特定的大勐龙岩群下段变质岩系有明显的依存关系，经后来的两次区域变质作用富化叠加成矿。

（2）与澜沧中元古代岛弧带海相中基性火山岩相关的 Fe 矿床成矿亚系列。

该成矿亚系列代表性矿床有惠民大型 Fe 矿床。矿床位于云南西南部西藏-三江造山系（Ⅱ级）东南缘，昌宁-澜沧造山带（Ⅲ级）之Ⅳ级构造单元——临沧-勐海岩浆弧带西侧，东邻多期形成、规模巨大、面积近万平方千米的临沧花岗岩基，西接澜沧俯冲增生杂岩带（昌宁-孟连结合带/裂谷-洋盆）。

区域出露有中元古界澜沧岩群、古生界、中生界侏罗系—白垩系红层和第三系，地层总厚度近万米，岩类包括碎屑岩、火山岩、化学沉积岩等。该区历经多期次构造运动，总体呈一复式背斜，褶皱和断裂均十分发育。由于经受了强烈低压区域动力热流变质作用，元古宙和古生代地层普遍变质，可分出绿片岩相的绢云母-绿泥石、黑云母、铁铝榴石 3 个变质带。与多期构造运动相伴生的超基性岩、基性岩、中性岩、中酸性岩岩浆活动频繁，其中，中元古代基性火山岩与铁矿床形成关系最为密切。

矿床为火山成因的 VHMS-改造型，主要分布于崇山-澜沧变质地体上的前寒武系古老变质岩中。磁铁矿体直接产于基性火山熔岩中或与基性火山熔岩互层状产出，火山岩的发育程度与矿体的规模直接相关，火山活动强烈、大厚度火山岩的前缘地段则发育厚大的 Fe 矿体，火山岩厚度小的地段则 Fe 矿体规模小直至尖灭。惠民 Fe 矿、大勐龙 Fe 矿等系列矿床（点），是在弧后裂陷-裂谷盆地的火山活动过程中，直接喷流-沉积于火山岩中聚集形成。因而成矿是受火山和沉积作用双重因素控制，区域上具有一定的层位性和对比性，火山活动的发育程度直接制约了 Fe 矿床的规模。随后的早古生代加里东期区域变质和混合岩化的改造富化，以及晚古生代岛弧火山活动、侵入岩浆作用的叠加富化，最终形成了前寒武系变质岩中的 VHMS-改造型 Fe 矿床。

2. 康滇地轴与新元古代岩浆岩有关的 Cu、Fe、Ni、Sn、PGE 矿床成矿系列

（1）与晋宁期基性超基性岩有关的 Cu(Fe)、Ni(PGE)矿床成矿亚系列。

该成矿亚系列主要产于上扬子古板块康滇前陆逆冲带、康滇基底断隆带盐边古弧前盆地。区内前震旦系褶皱基底，层间剥离带或层间断裂发育，为铜镍硫化矿成矿提供了有利的空间，也成为幔源岩浆上升的通道。区内岩浆活动强烈，中元古代基性岩浆喷发，晋宁晚期大规模的中—酸性岩侵入，晋宁后期中深源相基性、超基性岩浆侵入，为区域成矿创造了良好条件；伴随深源岩浆侵入，形成含矿的镁铁质岩带，组成的盐边基性—超基性岩体群共有90多个岩体。出露地层主要为中元古界、新元古界、上古生界及中—新生界。

该成矿亚系列代表性矿床为冷水箐铜镍矿，为岩浆熔离型铜镍硫化物矿床，位于近东西向的荒田坡复背斜南翼的次级冷水箐向斜和猪儿背向斜南东翼的层间剥离带中。中新元古代，盐边地区处于板块内拉长伸展阶段，伴随岩浆侵入活动，形成冷水箐复合型基性超基性岩体。岩体自上而下分为3个岩相，矿体赋存于岩体下部、底部超基性岩相中（橄榄岩、辉石岩）。硫化物在岩浆房的熔离，小规模基性、超基性岩浆侵入，形成Ⅱ号岩体上部含矿基性—超基性岩和浸染状、海绵陨铁铜镍硫化物。晚期硫化物在岩浆房进一步熔离富集，富含铜镍硫化物的岩浆沿脆弱结构面压滤贯入，经进一步熔离形成Ⅰ、Ⅲ号含矿超基性岩体和Ⅱ号岩体底部含矿体，以及浸染状、致密块状、海绵陨铁铜镍硫化物矿体，并对早期岩体有明显蚀变构造，在岩体局部形成贯入富脉。

（2）与晋宁期—澄江期花岗岩有关的Cu、Fe、Sn矿床成矿亚系列。

该成矿亚系列分布于康滇前陆逆冲带之康滇基底断隆带与峨眉-昭觉断陷盆地带结合地带，德昌、会理一带，西为安宁河断裂带，东为小江断裂带，赋矿地层为中新元古代会理群凤山营组、力马河组，为陆源碎屑岩-碳酸盐岩变质建造，岩性为大理岩、变质砂岩、板岩、千枚岩、片岩。

因晋宁造山运动，地幔上凸，基底层隆起，基底层富含Sn等成矿元素（会理群下部及其以下地层）重熔成壳源型富含Sn花岗岩浆，形成含矿母岩，侵入未熔的会理群上部地层，以接触交代和高中温热液交代或充填成矿。褶皱构造控制着含矿花岗岩的侵位及分布，也控制了锡钨矿体的分布；花岗岩为钙碱性S（重熔）型，分异程度好，岩浆期后气化热液演化使成矿物质（Sn金属）逐渐富集。代表性矿床为岔河锡矿床。

3. 加里东早—中期与浅海碎屑岩-碳酸盐岩有关的Pb-Zn多金属矿床成矿系列

该成矿系列以勐兴式铅锌矿为代表，主要产于西藏-三江造山系南西缘保山-永德地块之Ⅳ级构造单元——保山地块。各时代地层发育齐全，区内加里东期—燕山晚期岩浆岩发育，区域变质作用程度浅而普遍，多为变质砂岩、千枚岩、绿片岩等。

矿床形成于古生代早期弧后盆地凹陷带滨浅海-潟湖潮坪相-海岸三角洲障壁海湾，总体动荡，局部稳定的环境。矿床产于中、下志留统碎屑岩-碳酸盐岩建造中，岩石组合为层纹灰岩及泥灰岩，夹千枚岩及生物碎屑灰岩等。

矿床主要与围岩同时于沉积阶段形成，具有特定的沉积位置，在沉积旋回上出现在连续沉积的下古生界早期碎屑岩过渡为碳酸盐岩建造的泥灰岩所夹的生物碎屑（礁）灰岩内，矿体的厚度和富集随着生物碎屑灰岩的分布长短、厚度大小而变化，即当生物碎屑灰岩变薄并尖灭时，矿体亦随之尖灭。矿床受一定地层层位控制，还受岩性或沉积相环境控制，也受层间断裂裂隙等构造控制，沉积作用为矿源层的形成提供了物源，同时也提供了矿质活化的介质条件和富集的场所。

4. 与晚古生代海相火山岩有关的Cu、Fe、Pb、Zn、Ag、S等矿床成矿系列

a. 大平掌式铜多金属矿。位于云南西南部三江造山系南部，兰坪-思茅双向弧后-陆内盆地南部西侧的大平掌陆缘裂谷带，西接澜沧江俯冲增生杂岩及临沧岩浆弧，东邻金沙江-哀牢山结合带。赋矿地层及岩石为上泥盆统—下石炭统大凹子组火山-沉积岩及相关的次火山岩，岩性为流纹斑岩、角砾状流纹斑岩；成矿岩体的年龄为358～306Ma，成矿时代为晚泥盆世—早石炭世；矿体主要产于北西向背斜的北东翼，北西向的酒房断裂及其北东侧的次级断裂为重要的导矿和控矿断层。

对矿床的成因有两种观点：一种认为矿床是较典型的火山成因块状硫化物矿床，具双层结构，形成

于晚泥盆世—早石炭世海相火山喷发-沉积盆地及火山喷发中心地带,是海底喷流-喷气活动的产物;另一种认为矿床是由具有两种截然不同的地质背景和矿化特征的矿体,因造山带构造岩浆作用叠合在一起的复合型矿床,块状矿体是晚古生代陆缘盆地阶段,火山喷流沉积形成的矿床,成矿时代为晚泥盆世—早石炭世(D_2—C_1),细脉浸染状矿体是造山阶段碰撞作用形成的次火山热液型矿床,成矿时代为中—晚三叠世(T_2—T_3)。

最新研究表明大平掌矿区英安岩序列锆石 LA-ICPMS 年龄与矿石中辉钼矿 Re-Os 年龄均为 429Ma(Lehmann et al,2013),矿区内花岗闪长斑岩侵入体锆石 LA-ICPMS 年龄为 401Ma(汝珊珊等,2012),故 Lehmann 等(2013)与汝珊珊等(2012,2014)认为大平掌铜多金属矿形成于中晚志留世,为典型的火山成因块状硫化物矿床。

本工作项目研究发现,大平掌矿区的赋矿火山岩与花岗闪长岩体之间为沉积接触关系,于灰岩中采集的牙形刺(?)化石年代为早三叠世奥伦尼克期。由此来看,大平掌铜多金属矿床有可能是南澜沧江火山弧的印支期火山成因块状硫化物矿床。

b. 老厂式铅锌矿。以澜沧老厂铅锌矿为代表,矿床处于西藏-三江造山系昌宁-澜沧造山带昌宁-孟连结合带,位于三江造山系与上扬子古陆块两大构造单元的交接部位,是多种地质构造环境叠替演变的强烈地区。

承接于罗迪尼亚超大陆(Rodinia)裂解,以昌宁-孟连结合带为代表的特提斯大洋发生、发展至石炭纪—二叠纪,在总体处于洋盆萎缩消减的洋-陆转换过程中,发育了一系列洋内"热点"作用的洋岛中基性火山岩与海山碳酸盐岩组合。老厂矿区就形成于洋岛火山建隆过程中的火山机构及其边缘火山洼地内,并伴随着喷流沉积成矿作用的发生。在火山通道及其附近形成充填角砾状 Fe-Cu 矿体,其上部及其边缘火山洼地中形成以 Cu-Fe 为主的块状硫化物矿体,最上部火山岩系中形成块状-条带状 Pb-Zn(Cu)矿体。

5. 与印支期—燕山期火山-沉积-岩浆侵入作用有关的 Cu、Mo、Sn、W、Fe、Pb、Zn、Ag、Au 矿床成矿系列组

(1) 义敦岛弧与海相火山-沉积作用有关的块状硫化物矿床成矿亚系列。

该成矿亚系列主要产于松潘-甘孜印支褶皱系中玉树-义敦古岛弧中央带。区域上晚二叠世和晚三叠世早期钙碱性、基性—中酸性火山喷发活动,印支—燕山期和燕山晚期—喜马拉雅期的中酸性和酸性岩浆侵入活动十分强烈。区域成矿地质建造为上三叠统巨厚的非稳定型建造系列,晚三叠世下部为钙碱性火山岩、碎屑岩、碳酸盐岩复理石建造组合,上部为杂陆屑建造组合。

义敦岛弧主弧带内火山活动于晚三叠世卡尼期—诺利期分 3 期喷发-喷溢。成弧前和成弧后的火山岩具"双峰式"组合特征,成弧期火山岩由基性→中型→酸性的演化特征。火山喷发堆积于白玉-中甸岛弧北段的白玉赠科-昌台和南段的乡城地区相对发育。在晚三叠世火山喷流-沉积过程中形成的银多金属矿床(点),主要分布于火山机构围限或侧缘盆地、裂陷盆地中。

呷村式海相火山岩型银铅锌矿为典型代表,成矿与呷村岛弧火山喷发活动密切相关。呷村岛弧火山喷发活动具有多期次、多中心喷发特征,形成了多个喷发-沉积旋回层。在火山-沉积盆地内,中酸性火山岩下部为火山喷流-沉积型银多金属富矿赋矿层位,并构成火山岩→块状硫化物矿体→喷气沉积岩"三位一体"的结构。由火山机构所围限的盆地,具有封闭或半封闭还原环境,是火山喷流-沉积块状金属硫化物层富集最有利部位;火山喷发管道及其近旁侧裂隙系统,为脉状、网脉状矿富集空间。侏罗纪—白垩纪和新生代以来陆内挤压和转换-走滑作用,除使区内火山-沉积岩和矿层明显变形、错位和改造外,并有叠加矿化和再富集作用发生。

(2) 云县-景谷地区与印支期(—燕山期)弧火山岩-侵入岩相关的 Cu、Pb、Zn 多金属矿床成矿亚系列。

该成矿亚系列主要产于云县—景洪晚古生代末—早中生代火山弧带,成矿作用与火山弧带火山活动关系密切,受火山机构控制明显。代表性矿床有文玉、民乐、官房铜多金属矿床。

区域内与火山岩有关的热液型铜矿主要分布于三叠系玄武岩、安山玄武岩、安山凝灰岩、流纹岩、火山角砾岩、岩屑砂岩内；主要围岩蚀变有硅化、绿泥石化、黄（褐）铁矿化，且矿体旁侧常见有辉绿岩等基性岩体分布。

空间上，近火山口相是最有利的成矿部位，尤其是热液活动强烈的次火山顶部，更是块状硫化物矿床赋存的重要场所。

区域构造上，矿产分布沿近南北向断裂带呈条带状展布，与南北向构造关系密切，二者复合部位常有利于铜、铅锌矿的富集。

区域内成矿规律明显，空间分布以岛弧（陆缘弧、滞后型弧）为主，次为陆块地堑带；时间分布以印支成矿期为主，类型以斑岩型及火山喷气沉积型为主，次为矽卡岩型及沉积-改造型。

（3）与三叠纪断陷盆地海相、海陆过渡相碳酸盐岩有关的Fe、Ag矿床成矿亚系列。

该成矿亚系列主要产于三江造山系（Ⅱ级）兰坪-普洱陆块（Ⅲ级）之Ⅳ级构造单元——德钦-维西火山弧带中部西缘，夹于澜沧江断裂带与金沙江断裂带之间。成矿与歪古村期至三合洞早期火山喷发-沉积活动有关，产于歪古村组上部三合洞组海相碎屑岩-含泥碳酸盐岩-碳酸盐岩夹中酸性火山岩系中。矿床类型为层控菱铁矿矿床，共伴生铜、铅、锌、银、金多金属，云南境内自北而南有德钦江波铁矿、维西楚格札铁矿、勐腊新山铁矿等。

受中三叠世印支运动影响发生海底酸性火山喷发活动，形成以攀天阁为主的火山岩系，而后本区上升遭受剥蚀。中—晚三叠世歪古村期，火山活动频繁，至晚三叠世三合洞早期渐衰至间歇。火山作用期，铁质被带入水体，在有利的沉积相带和合适的物化条件下，水体中的铁质在同生-成岩期形成了菱铁矿体及少量的黄铁矿等。铁矿矿床的主导成矿阶段为同生-成岩阶段，主导成矿作用是同生成矿作用，成因类型为火山-沉积型铁矿。

（4）与中酸性侵入岩有关的Cu、Mo、Sn、W、Au、Ag矿床成矿亚系列。

该成矿亚系列分布广泛，主要包括以下矿床。

a. 维西弧、羊拉弧与金沙江结合带交接部位，代表性矿床为羊拉斑岩-矽卡岩型铜矿。区内铜多金属矿床为泥盆纪—石炭纪海底火山喷流成矿元素预富集；印支期—燕山期中酸性（斑）岩体侵入叠加围绕岩体产出内外接触带矽卡岩型铜矿；在气成-热液阶段形成主矿体矽卡岩型铜矿之后又经多次的中、低温热液叠加成矿作用形成热液脉状矿床，矿体从岩体内的破碎带一直插入角岩化的围岩之中。矿床成因类型为喷流沉积预富集（或形成矿床）的斑岩-矽卡岩、热液脉型复合铜矿床。矿床围绕印支期—燕山期中酸性（斑）岩体产出，既产于外接触带围岩之中，也见于岩体内部破碎（裂隙）带及内接触带。产于围岩之中的主矿体以顺层产出为主，呈似层状、层状；产于接触带矿体呈似层状、透镜状；脉状矿体从岩体内的破碎带一直插入角岩化的围岩之中。围岩和岩体蚀变分带明显，同时伴有铜多金属矿化。硫同位素测量结果证明矿区硫源属幔源硫，矿石铅同位素组成相当均一，说明成矿物质来源单一，成矿时处于岛弧环境。

b. 格咱岛弧，义敦岛弧南部，典型矿床为印支期普朗斑岩铜矿、雪鸡坪斑岩型铜矿、红山矽卡岩型铜多金属矿床，燕山晚期铜厂沟斑岩钼铜矿床。晚三叠世地层（含火山岩）、中酸性侵入岩和区域构造三大要素共同制约形成了斑（玢）岩成矿作用系统，在不同条件、不同部位形成了不同类型矿床。

格咱岛弧经历了印支晚期的洋壳俯冲造山、燕山早期的陆内碰撞造山、燕山晚期后的造山地壳加厚及板内伸展、喜马拉雅期的陆内汇聚及剪切走滑伸展4个阶段，据此可大概将格咱岛弧划分为岛弧期（印支晚期俯冲造山）、后岛弧期（燕山晚期碰撞造山）及陆内汇聚期（喜马拉雅期陆内造山）3期，强烈的构造-岩浆-热液活动伴随岛弧演化的始终。印支晚期甘孜-理塘洋壳向西俯冲造山，同时形成了火山弧I型花岗岩带，以发育石英二长斑岩、石英闪长玢岩、英安岩为特征，属于壳幔混合源，是幔源岩浆与壳源岩浆发生大规模混合形成的；甘孜-理塘洋盆在早三叠世开始向西俯冲，两次俯冲残留的都属蛇绿混杂岩带，并形成了东、西两个斑岩带，最强烈俯冲作用发生在晚三叠世，继大量的英安质火山喷发后，先后发育了大规模的石英闪长玢岩等次火山岩和石英二长斑岩等侵入岩，形成复式岩体，伴随大规模的铜矿化作用发生，据围岩岩性的差异，形成东、西斑岩带不同类型的铜矿床，其中，西斑岩成矿带典型代表为红山矽卡岩型铜矿床，东斑岩成矿带典型矿床为普朗斑岩型铜矿床。

义敦岛弧构造带自燕山早期开始进入陆内碰撞造山阶段,发育了大量的S型花岗岩,岩浆物源主要以壳源为主;燕山晚期斑岩-矽卡岩型Mo、Cu多金属矿床在时间、空间演化上处于后碰撞造山阶段,主要发育花岗闪长岩、二长花岗岩,下地壳拆沉、减薄,诱发增厚的陆壳物质部分熔融,造成大规模岩浆沿深大断裂等构造薄弱部位上涌,形成酸性岩浆,并伴随广泛的铜钼多金属矿化,形成大型、甚至超大型矿床;同时对印支期发生的成矿形成了后期叠加作用,使矿化更加富集。

c. 甘孜-理塘蛇绿混杂岩带,典型矿床为梭罗沟金矿和嘎拉金矿。梭罗沟金矿产于甘孜-理塘断裂带南段,四川西南部木里县—甘孜州稻城县一带;嘎拉金矿产于甘孜-理塘断裂带北部,分布于甘孜州炉霍县—甘孜县一带。该类型金矿含矿岩石为中、上三叠统蛇绿混杂岩建造,含矿岩石为蚀变玄武质火山角砾凝灰岩、火山凝灰岩;岩石蚀变强烈,具绢云母化、绿泥石化、白云石化、方解石化。矿石矿物主要为黄铁矿、毒砂、少量铜矿物及微量的自然金,脉石矿物主要为绢云母、绿泥石、白云石、方解石、石英、钠长石等。成矿时代为燕山期($107\sim 85Ma$)。矿区内未发现岩体出露,但从矿石特征方面,主要含矿矿石为强硅化的角砾岩(或隐爆角砾岩),并未发生变质变形等特点。角砾状矿石呈碎裂结构,应为在碎裂岩的基础上,由于成矿流体(气液)的"隐爆"作用,二次"破碎"形成含矿引爆角砾岩,巨量的含矿热液充填成矿,这些巨量的成矿流体应来自深部,与隐伏岩体密切相关。深部的隐伏岩体作用不但为矿化的形成提供热源,而且其岩浆期后热液进一步活化萃取成矿物质组分形成含矿热液,并驱使矿液在近东西向的压扭性断裂扩容条件下充填富集成矿。

从矿床成矿作用地球化学环境分析,成矿阶段大致可划分为3个阶段:早期阶段为初始矿源层形成,即印支晚期,甘孜-理塘带处于大洋裂谷向大洋盆地转化时期,形成了一套含Au、As、Sb等丰度高于地壳克拉克值的火山岩建造,形成了初始矿源层。中期阶段燕山晚期—喜马拉雅期推覆构造活动,促使深大断裂的继承性发展,多期次活动形成压扭性构造破碎空间,并在这个时期伴随着深部岩浆持续活动,岩浆期后热液富含大量的金物质进一步富集、运移,在压扭性断裂扩容条件下沉淀富集成矿。晚期阶段为燕山晚期—喜马拉雅期成矿后,随着区域地块的抬升,矿体暴露于地表,发生了氧化、淋滤和生物作用。

d. 腾冲岩浆弧带(Ⅲ级)之Ⅳ级构造单元勐弄-大硐厂燕山期岩浆弧带的北端,代表性矿床为滇滩铁矿。区域下二叠统浅海相碳酸盐岩建造,是矽卡岩型矿床的主要容矿建造。区域构造总体呈一近南北向的复式向斜构造,铁、锡、铅、锌、铜多金属矿主要赋存于向斜翼部。区域金属矿产受龙川江断裂、棋盘石-大盈江大断裂和槟榔江断裂3个向东突出的弧形断裂控制。区内燕山期明光岩带,主要由滇滩、明光、勐连岩体组成,同位素年龄(K-Ar法及Rb-Sr法)分别为193Ma、143Ma及$114.7\sim 98.5Ma$。主要岩性为花岗闪长岩、黑云母二长花岗岩,岩石化学为中偏酸性特征,有利于铁铜多金属成矿。

燕山晚期花岗岩体与二叠系碳酸盐岩及石炭系勐洪群顶部碎屑岩夹碳酸盐岩夹层部位接触的地段,形成广泛分布的矽卡岩与矽卡岩化岩石,并伴随着铁多金属矿化与成矿。褶皱、断裂、裂隙发育的破碎带地段,是控制本区铁矿形成的主要构造。矿体多产于岩体形态复杂、周边呈港湾的内侧,特别是岩体的突起部位,或者叠加在大岩体中的小岩体,岩株、岩墙、岩脉的边缘。

6. 保山-镇康地区与燕山期中特提斯洋俯冲有关的Pb、Zn、Ag多金属矿床成矿系列

成矿系列主要产于云南保山-镇康地区,位于三江造山系南西缘保山-永德地块之Ⅳ级构造单元——保山地块,为燕山期中特提斯洋向西俯冲和关闭的产物,代表性矿床为西邑、东山、芦子园和核桃坪矿床。矿床产于碳酸盐岩建造中,碳酸盐岩建造具备显著的初始矿源层特征;随着保山地块两侧的印支期弧-陆碰撞至燕山期—喜马拉雅期的陆内汇聚作用,使保山地块地层发生褶皱和构造断裂作用,为含矿热液运移及富集空间提供条件。在燕山期,中特提斯洋关闭,虽然是汇聚作用,但是在该阶段出现剪切拉张作用(西邑、东山、芦子园和核桃坪均有与矿体空间关系密切的辉绿岩脉出露为直接地质证据),同期的岩体(隐伏中酸性岩体)不仅提供驱动含矿热液热源,而且提供部分成矿物源。总之碳酸盐岩、构造(断裂和褶皱)、中酸性隐伏岩体、辉绿岩和岩浆热液矿床构成了矿集区以及保山地块内部燕山期成矿作用中密切相关的地质体组合。

7. 兰坪-思茅盆地与古新世—中新世地质流体作用有关的 Pb、Zn、Ag、Cu、Sr、Au、As 等矿床成矿系列

印支期三江古特提斯洋闭合,发生造山运动,位于盆地两侧的晚古生代至中生代火山-岩浆弧中的巨厚火山岩系,为盆地内晚三叠世—古近纪沉积物的初始富集提供了大量的矿质来源,而晚三叠世—古近纪沉积物具有 Cu、Pb、Zn、Au、Hg、As 等元素的高背景值,一方面在上三叠统至古近系的多个层位中,出现有沉积砂岩型 Cu、Pb、Zn、Au、Hg、As 多金属矿化及其异常,表现为区域上广泛分布的矿点及矿化点;另一方面为后期(喜马拉雅期)逆冲-推覆、走滑-剪切构造作用过程中的中低温热液成矿(构造-热液脉型或构造-蚀变岩型多金属矿床)提供了丰富物源。

喜马拉雅期,兰坪盆地产生了东、西两个方向的相向逆冲-推覆,在这种双向应力作用下,形成了高山深盆以及盆地内部的前陆式冲断与褶皱,出现了褶皱重叠、盆地断陷、断层的多期次活动、沉积中心摆动等复杂的构造形式。在双向应力长期作用下,加之下伏地幔隆起,促进了深部地应力与热能的释放,形成一个局部的热隆升和成矿溶液的向上运移。随着时间的推移,兰坪-思茅盆地湖盆面积不断缩小,在干旱的古气候条件下,演变成了含膏盐的红色建造,为区内有色金属矿床的形成提供了充足的卤源。大气降水或古建造水,沿构造及岩石裂隙下渗时,溶解了膏盐层中的 NaCl,并不断增强,提高了它们对金属离子的溶解能力,因而在向下迁移时,不断地淋滤、浸取地层中的矿化元素,并和深部来源的热水和矿质混合在一起,形成含矿热卤水。新生代频繁的构造作用,盆地北部不同规模、不同性质断裂构造的相互影响,地震活动也频频发生。区内几条大断裂也是地震频繁活动的构造区。地震的活跃往往伴随地裂、滑坡、崩塌。随着地震的频发,盆地边缘的同生断裂逐渐深切,裂隙增大,盆地深处的成矿流体也因压力差所造成的泵吸作用由不同层次沿断裂向上迁移,而释放在具有良好的孔隙度和地层封闭条件的空间中卸载沉淀富集成矿。因此,喜马拉雅期陆内汇聚挤压构造背景下发生的强烈逆冲-推覆、走滑-剪切等构造作用,是兰坪-思茅盆地(乃至昌都盆地及邻区)地壳表层所呈现的最主要构造作用形式,并由此控制着地壳表层成矿流体系统的运动,而成为流体成矿作用最为重要的成矿要素。

兰坪盆地内代表性矿床成矿有 3 个阶段。

a. 第一阶段为三叠纪、裂谷盆地阶段。晚二叠世澜沧江、金沙江洋的基本消亡,并相向俯冲导致了兰坪盆地在东西挤压下,存在上隆的热源,促使兰坪盆地开始拉张形成陆内裂谷,裂谷的形成和发展,导致盆地内一系列同生断裂,沿同生断裂形成热水沉积矿化体或矿床。成矿流体以垂向运移为主。表现为成矿物质一方面具陆相来源,另一方面又具有下部地壳来源,成矿流体为封存建造水,形成沉积原生矿石。

b. 白垩纪前陆盆地阶段,流体演化与造山带推覆构造方向有关。形成沉积砂岩型铜矿床。白垩纪以来,造山带自北东向南西推覆,造成盆地内流体没有垂直上涌的机会而在主应力作用下发生侧向迁移。主要是沿着一些粗碎屑沉积孔隙度大的砂岩类岩层流动,成矿流体以建造水的形式保存在地层中。或许这个阶段的物质聚集为后期的成矿奠定了物质基础。

c. 第三阶段是走滑盆地阶段。古新世在盆地两侧对冲造山带的影响下,深部发生拆沉构造,致使盆地发生带普遍性的张性走滑作用,由此诱发深部流体进入红层砂岩中,并与其中的建造水发生混合,产生新的混合的成矿流体。古新世以后,盆地性质在两侧逆冲推覆造山持续作用下,发生深部流体和浅部红层盆地中流体的混合,进而形成构造圈闭。致使成矿流体沿走滑方向产生带状分异现象,Pb、Zn 等成矿元素由于硫化物的溶解度低,优先就位于盆地中部穹隆中,这个穹隆由挤压逆冲推覆形成,最终形成著名的金顶铅锌矿。

8. 与陆内造山过程-岩浆作用有关的成矿系列组

(1) 川西与中新生代花岗岩有关的 Ag、Sn、Pb-Zn 多金属矿床成矿亚系列。

晚三叠世义敦岛弧造山带为一级控矿要素,岛弧造山带西侧燕山期后造山伸展作用所形成的 A 型花岗岩带为二级控矿要素,岩带内的小岩株、大岩基外围的卫星岩体或隐伏岩体为三级控矿要素。代表性矿床为夏塞银铅锌矿。

伴随岩浆侵入的水热活动是驱动成矿流体系统成矿的重要因素,蚀变矿化与花岗岩体之间具有密切的时空关系,直接产于岩体内外接触带部位。近岩体部位发育主要由岩浆热液引起的云英岩化、钾化、矽卡岩化等为代表的中高温蚀变,以 Sn、Bi、Cu 为主,岩体远外带为混合水、天水所引起的中低温蚀变,以 Ag 多金属矿化为主和硫盐矿物发育为特征。

成矿作用形式(或矿床类型)决定于岩体的侵位环境,主要是构造与岩性条件。Sn、Ag 多金属矿床主要表现为两种形式,一种是岩体侵入于以砂板岩为主的碎屑岩地层中,成矿主要受围岩中的断裂构造破碎带控制,特别是碰撞汇聚造山过程中所形成的规模较大的推覆/滑覆、走滑冲断界面,成为岩浆热液、构造驱排的大气降水运动的良好通道,对成矿非常有利,可在远岩体部位形成破碎带蚀变岩型矿床,规模大,品位富,以夏塞特大型银多金属矿床为代表;而当岩体侵位到以灰岩为主的地层中时,岩浆热液与化学性质活泼的灰岩之间发生广泛的接触交代作用有关,则形成另一种重要的矿化类型——矽卡岩型 Sn、Ag 多金属矿化,矿体受岩体与灰岩接触带控制,以措摸隆、连龙西直沟 Sn、Ag 多金属矿床为代表。

(2) 扬子地台西南缘与始新世—渐新世富碱斑岩有关的 Au、Cu、Ag、Pb-Zn 矿床成矿亚系列。

成矿亚系列主要产于上扬子古陆块西南缘,位于盐源-丽江被动陆缘的丽江陆缘裂谷,代表性矿床为北衙金多金属矿。

高钾富碱超浅成—浅成斑岩岩浆-热液内生型矿化形成于喜马拉雅期,表生相外生型矿化形成于新生代古近纪始新世沉积盆地河-湖相及第四纪全新世沉积盆地环境。成矿与高钾富碱斑岩密切相关,岩体岩性主要为石英钠长斑岩-煌斑岩、(石英)正长斑岩-煌斑岩和黑云正长斑岩。赋矿地层主要为中三叠统北衙组(T_2b)碳酸盐岩建造,古近系始新统丽江组杂色含砂砾黏土。喜马拉雅期断裂控制的浅成—超浅成富碱斑岩侵入到三叠系中,岩浆在中等深度与碳酸岩反应生成矽卡岩,在浅部接触带,强大的岩浆热液压力形成爆破角砾岩,成岩及其期后岩浆热液沿着岩体及其外接触带的断裂,混合部分其他来源流体,在合适部位充填交代形成脉型金矿,其中热液和金矿物质主要来源于岩浆,围岩地层也有部分贡献。古近系时内生金矿出露地表,经过风化剥蚀和沉积作用,形成丽江组含砂砾黏土岩型金矿。这些金矿第四系时经过风化作用,部分氧化和淋滤到下部还原带成矿,多数被冲积形成砂金矿。

(3) 金沙江-红河成矿带与始新世后期富碱斑岩有关的 Cu、Mo、Au、Ag、Pb-Zn 矿床成矿亚系列。

该成矿亚系列主要产于北西向金沙江-红河断裂带与北东向程海-宾川断裂带夹持的滇西喜马拉雅期富碱斑岩带南段祥云马厂箐岩体集中区。大地构造属上扬子古陆块盐源-丽江被动陆缘。代表性矿床有马厂箐大型金铜钼多金属矿以及白象厂、笔架山等小型金多金属矿床和诸多矿化点,成矿类型均为与喜马拉雅期富碱斑岩有关的斑岩型金多金属矿床。成矿构造背景为陆内喜马拉雅期构造-岩浆造山区成岩成矿构造环境类型,并以高钾富碱超浅成斑岩-热液内生型成岩成矿构造环境为特点。

区内主要控岩构造为北东向程海-宾川断裂带南段的响水断裂及其次级构造,控制了斑岩体、岩株和隐伏岩体的产出和分布,长期的构造、岩浆活动,为矿质的聚集和沉淀提供了必要条件。主要控矿因素为喜马拉雅期高钾富碱斑岩-煌斑岩浅成—超浅成侵入体和斑岩内、外接触构造破碎带及围岩中的构造破碎蚀变岩带,含矿围岩主要为浅变质古生代下奥陶统向阳组和中上志留统康廊组碎屑岩-碳酸盐岩。金矿主要产于远岩体的构造破碎带中,多呈透镜状-大脉状产出;铜钼矿主要产于斑岩体内、外接触带,多呈细脉浸染状或网脉状产出,少量呈大脉状产出。

(4) 哀牢山与陆内造山过程以及古新世—始新世富钾煌斑岩-正长斑岩有关的 Au 矿床成矿亚系列。

哀牢山金矿床成矿亚系列的形成,是经历了海西期以来若干重大地质事件的结果。它的成矿模式可以通俗地概括为"裂聚层,碰成矿"这句话。"裂聚层"——海西期出现的哀牢山洋盆的开裂,沉积在洋盆中的深水浊积岩系和幔源蛇绿岩系形成金的初始矿源层,同位素年龄值集中在 400~300Ma;海西末期—印支早期的俯冲作用,部分矿源层在俯冲消减带的重熔再造作用下,形成新的矿源岩(辉石闪长岩等岩体),同位素年龄值为 285~200Ma。"碰成矿"——印支期末—燕山期发生的陆内碰撞推覆事件,导致先期形成的矿源层或矿源岩,变质变形上升暴露,下渗的大气降水析离、萃取成矿元素,形成弱酸性中温成矿卤水,然后在构造应力作用下,沿着前缘冲断带的低压带上升,于有利的次级推(滑)覆构造顶端汇聚形成造山型金矿床,成矿作用的同位素年龄值为140~60Ma。受喜马拉雅期造山运动的影响,出现以左行走滑为主的构造运动及其以煌斑岩为主的广泛侵入,部分矿床、矿体得到叠加改造而复杂化,最新的成矿年龄为30Ma左右。

(5) 滇西与古新世—始新世早期花岗岩有关的W-Sn多金属矿床成矿亚系列。

成矿亚系列产于腾冲地块,代表性矿床有来利山锡矿。

腾冲地块在地史上经历过多期构造运动。晋宁运动—早加里东运动造成区内缺失寒武纪—早志留世的沉积,沉积盆地处于长期的隆升状态;而海西—印支运动使得该地区地壳表现为升降运动,缺失了D_2—C_1、P_2,沉积C_2、P_1的地层,构成了腾冲北部晚古生代主要的地层,其中大东组为区内Cu、Pb、Zn、Ag等重要的含矿层位,空树河组一、二段,勐洪群二段为W、Sn等重要含矿层位;燕山运动的影响在本区极为重要,它不仅表现为弧后隆升期,缺失J—K的沉积,更重要的是它伴随大量的中酸性、酸性花岗岩侵入,为成矿提供了足够的热源和矿液,为矿集区热液成矿的主要时期;喜马拉雅运动使本区地壳强烈抬升并褶皱成山,相继发育褶皱、断裂,形成断陷裂谷并向断陷火山堰塞湖盆演化发展,再到湖盆消亡而进入山间河流作用阶段,这一阶段,除大面积花岗岩侵入外,还伴随有第四纪火山喷发活动。喜马拉雅期既为本区岩浆热液成矿相继时期(多期次),也为构造-岩浆成矿的重要时期。总之,经长期的地质构造演化发展,最终形成了现在区内既复杂多变的褶皱断裂构造又具明显分带特征的花岗岩格局,这些构造亦为矿集区最主要的容矿和导矿构造,与花岗岩一起构成了区内成矿富集最有利的地带。

区内喜马拉雅期花岗岩的空间分布基本平行于主构造带,而且受区内发育的数条基底断裂控制,总体上具自东往西沿各构造带南北向分布的特征。与成矿关系密切的侵入体,多呈似斑状或斑状结构,具被动侵位、快速冷却、结晶分异度差等特点。同时,由于温压条件的变化,成矿元素也渐趋富集。区内特殊的花岗岩分带、被动侵位及岩浆演化特征,形成较多含矿花岗岩体,其与围岩接触处多发生角岩化、大理岩化、矽卡岩化,从而形成一系列钨、锡多金属矿床。

三、西南三江成矿带矿床成矿系统划分及特征

(一) 成矿系统划分

根据按洋-陆构造体制演化特征与成矿环境类型、系统主控要素与作用过程、矿床矿化组合与矿床成因类型,将西南三江成矿带成矿作用环境划分为以下成矿系统(潘桂棠等,2003;李文昌等,2010):Ⅰ云县-景洪裂谷成矿系统,Ⅱ中甸造山带成矿系统,Ⅲ昌宁-孟连裂谷-洋盆成矿系统,Ⅳ金沙江造山带成矿系统,Ⅴ金沙江-元江陆内岩浆成矿系统,Ⅵ滇西陆内汇聚构造动力流体成矿系统。

(二) 主要成矿系统特征

1. 云县-景洪裂谷成矿系统

1) 概述

原特提斯洋,可能形成于新元古代,震旦纪—早古生代初,洋壳板块开始向东俯冲,形成景洪古岛弧及澜沧江弧后盆地。进入中、晚古生代,由收缩、挤压转化为伸展和扩张,可能因造山带的山根拆沉及其诱发地幔上隆。陆壳减薄,于景洪古岛链东侧的云县-景洪地区发生裂陷并逐步扩张发育成弧后洋盆,一直延续至中—晚三叠世,最终于晚三叠世晚期关闭。因裂谷、洋盆强烈的火山活动,而形成云县-景洪大陆边缘裂谷型火山岩带。据地球物理资料,重力场类似于奥斯陆裂谷带特征。裂谷带西界为澜沧江断裂,东界为勐腊断裂(王宝禄等,2001)。

石炭纪于裂谷中段(大平掌),在富钠质的由石英角斑岩-角斑岩-细碧岩-火山碎屑岩沉积组成的喷发旋回,发育了热水流体成矿亚系列,形成大平掌VMS铜矿床及同类型的矿致异常。据大平掌铜多金

属矿辉钼矿的Re-Os年龄分析,大平掌海底火山喷流及成矿作用的时间,可能早达志留纪。

三叠纪,在裂谷演化不同阶段、不同地区,成矿系统类型也不尽相同。根据制约成矿的要素和矿床的不同,进一步划分出成矿亚系统。中三叠世,与火山岩有关的浅成次火山英安斑岩发育,出现岩浆-热液成矿亚系统民乐斑岩型铜矿。对民乐铜矿床,有人认为是一种新的类型,即灰流型铜矿,即矿床的形成与赋存,与富钠质熔结凝灰岩流关系密切(杨贵来,2003)。也有人认为属火山红层型(VRC)铜矿(KirKham,1996,2003)。晚三叠世于裂谷北段安山玄武岩系,发育火山-热液成矿亚系统,形成以官房、文玉为代表的热液型铜矿床;于裂谷南段远火山口的中性或中偏酸性凝灰岩内,发育火山-沉积成矿亚系统,形成三达山CVHMS(塞浦路斯型)铜矿床。

上述与石炭纪—三叠纪裂谷火山活动有关的矿床,构成了一个南澜沧江铜矿带。

2) 成矿系统结构

(1) 岩浆-热液成矿亚系统:以民乐铜矿为代表,主要控制要素包括岩体、岩体侵位地层及热液蚀变。

(2) 火山-热液流体成矿亚系统:以大平掌铜矿为代表,主要控制要素包括火山机构、热液蚀变及区域性断裂构造。

(3) 火山-沉积成矿亚系统:发育于裂谷南段,以三达山铜矿为代表,主要控制要素包括火山口、碳质绢云母片岩(底板)、热液蚀变。

2. 昌宁-孟连裂谷-洋盆成矿系统

1) 概述

该成矿系统西以柯街-孟连断裂为界,东以昌宁-澜沧断裂为限。系统形成于早石炭世。石炭纪火山岩存在洋脊型拉斑玄武岩浆系列和大陆裂谷型碱性玄武岩浆系列两个岩浆演化系列。空间上以碱性系列玄武岩分布最广,拉斑系列玄武岩分布局限;在时间上,石炭纪早、中期为碱性玄武岩类,晚期为拉斑玄武岩类。裂谷玄武岩发育热水流体成矿亚系统,形成以老厂为代表的VMS矿床;洋脊型玄武岩发育火山-沉积成矿亚系统,形成以铜厂街为代表的CVHMS矿床。

2) 成矿系统结构

(1) 火山-沉积成矿亚系统:以铜厂街Cu-Zn矿床为代表,主要受层位及岩性控制。

(2) 热水流体成矿亚系统:以老厂Pb、Zn、Ag矿床为代表,主控要素包括容矿地层及岩性、火山机构和断裂构造、热液蚀变。

3. 香格里拉造山带成矿系统

1) 概述

香格里拉造山带属义敦造山带的南部,印支晚期的俯冲造山形成香格里拉格咱地区的压性岛弧,岛弧以简单的火山岩浆弧为主体,基本上不发育弧后扩张盆地。火山岩浆弧以安山岩-英安岩及超浅成侵位的中酸性岩体为特征(候增谦等,1995),弧后区缺乏相应的火山活动。燕山期弧-陆碰撞,导致陆壳缩短,地壳加厚,发生陆壳深熔作用,形成以壳源为主的同碰撞花岗岩。造山后的岩石圈伸展阶段伴随有陆壳重熔花岗岩的侵入。喜马拉雅期的陆内汇聚造山香格里拉地区发生平移走滑活动,西侧形成走滑拉分盆地,同时沿走滑断层发生喜马拉雅期富碱斑岩侵入活动。

2) 成矿系统结构

(1) 俯冲造山成矿亚系统:以雪鸡坪斑岩型铜矿和红山矽卡岩型铜矿为代表,成矿主要受由与安山岩同源的闪长玢岩-石英闪长玢岩-石英二长斑岩-二长花岗斑岩组成的浅成—超浅成复式岩体控制。

(2) 造山后伸展成矿亚系统:以休瓦措钼钨矿为代表,主控要素包括伸展构造、深部南北向构造、壳型花岗岩的侵位。

(3) 陆内拉伸成矿亚系统:以甭哥金矿为代表,主控要素包括走滑断裂系及其发育的富碱侵入体

（A 型）。

4. 金沙江造山带成矿系统

1）概述

金沙江造山带开始于早二叠世早期的大规模俯冲造山作用（莫宣学等，1993；李定谋等，1998；王立全等，1999），经历了早、中三叠世弧-陆碰撞、陆壳收缩加厚、岩浆活动与造山隆升的碰撞造山过程，以及晚三叠世早期的造山后伸展，最后又遭受了新特提斯时期陆内汇聚和大规模剪切平移作用的叠加改造，是一个受青藏高原碰撞隆升影响的由相继发育的陆缘弧和碰撞造山带构成的复合造山带。俯冲造山主体发育于二叠纪成弧时期，表现于江达-德钦-维西二叠纪陆缘弧形成演化阶段，发育与弧火山岩系有关的弧火山-热液型铜金铅锌成矿作用。碰撞后伸展总体发育于晚三叠世早期，表现于该造山带演化晚期的山根拆沉和地壳伸展阶段，南段德钦一带形成"双峰式"岩石组合，于金沙江混杂岩带有中酸性岩浆侵入。

2）成矿系统结构

俯冲造山成矿亚系统以南仁铅锌矿床和铜金矿化为代表。碰撞后伸展成矿亚系统以鲁春矿床和红坡铜多金属矿床为代表。主控要素一是岩浆岩性质，总体表现为高钾钙碱性系列，主要岩石类型为流纹岩；二是裂谷盆地中的裂陷谷地。

（1）金沙江-元江陆内岩浆成矿系统。

自晚白垩世以来，随着特提期洋的关闭消亡，强烈的陆内汇聚甚至波及并影响到了下地壳和上地幔，引起幔源岩浆活动，陆内幔源岩浆成矿在"三江"陆内汇聚成矿中占有极为重要的位置，成矿与白垩纪—古近纪始新世斑岩带有关。喜马拉雅期含矿斑岩主要由钙碱性到偏碱性系列的二长花岗斑岩类和以碱性系列为主的石英二长斑岩、正长斑岩类组成，二者分别控制了斑岩铜（钼）矿和金银多金属两个成矿系列或组合。前者以祥云马厂箐铜钼矿床为代表，后者以鹤庆北衙金矿为代表。伸展构造机制、深源岩浆活动、浅成斑岩所控制的热液对流循环体系是构造该系统的三大重要成矿要素。

（2）滇西陆内汇聚构造动力流体成矿系统。

在燕山晚期—喜马拉雅期强烈陆内汇聚挤压的构造背景下，逆冲推覆、滑脱滑覆、走滑剪切等是滇西地区地壳表层所呈现的最主要构造作用形式，兰坪前陆盆地两侧的山系分别向盆地发生了大规模的对冲，由此控制的地壳中浅层流体由造山带向盆地运移汇聚，沿盆地两侧的推覆带或内部断裂排泄卸载，控制了延伸规模巨大的中低温热液型多金属成矿带。

a. 逆冲推覆构造-流体成矿亚系统。陆内汇聚过程构造挤压所引起的区域性流体运动显然是该成矿亚系统最为重要的成矿要素。①金沙江-哀牢山造山带，伴随走滑-剪切-推覆构造作用，形成蚀变岩金矿成矿亚系统；②兰坪-普洱盆地东侧，在地幔流体的参与下，形成 Pb、Zn、Ag 多金属热液成矿亚系统；③西侧形成 Cu 多金属热液成矿亚系统；④怒江-昌宁-孟连造山带则在挤压推覆过程中形成 Pb、Zn、Ag 多金属热液成矿亚系统等；⑤兰坪-普洱盆地受到强烈挤压，产生大量排水，与来自俯冲带的构造热液混合，沿逆推前锋带上升释放卸载，在区域上引起了广泛的中低温热液蚀变和成矿作用，形成中低温热液成矿、沉积-热液改造成矿亚系统。

b. 伸展滑脱构造-流体成矿亚系统。陆内汇聚过程中，老的造山带进一步发生或单向或双向的向外逆冲推覆，在造山带的后缘不同程度地出现伸展滑脱构造，控制了来自造山带内和大气降水的活动，流体从具有丰富物源的造山带地层岩石中提取矿质，汇聚到张性环境的滑脱、滑覆构造中成矿是该成矿亚系统的基本模型。以拖顶铜矿为代表。

c. 走滑拉分盆地成矿亚系统。该成矿亚系统指的是以新生代走滑盆地为主控要素，分别由深部热液活动或沉积成岩作用导致的在盆地内发生的成矿作用，盆地主要起成矿载体或容体的作用。以金顶铅锌矿为代表，赋矿盆地是两侧及其内部造山带之间的区域性深大断裂走滑拉分作用的产物，具有张性或压性走滑的性质。成矿主要与沿沘江断裂走滑过程中深部流体上升在盆地内的排泄有关。

第三节　主要地质事件与成矿

一、概述

西南三江地区大地构造演化与区域成矿作用息息相关，并对其具有显著的控制作用。区域构造-岩浆-成矿演化极为复杂，大致经历了基底演化、特提斯演化和陆内演化3个大的历史阶段，发生了多期成矿地质事件。主要成矿事件与大地构造环境和火山喷发-岩浆侵入活动密切相关，集中形成于晚古生代特提斯阶段、中生代后碰撞造山阶段和新生代的陆内演化阶段，成矿具有"后来居上、大器晚成"的特点。

（一）基底演化阶段

三江的变质基底属于元古宙，普遍经历了吕梁运动、晋宁运动的强烈变质、变形与混合岩化，并于晋宁运动前褶皱回返。三江特提斯带内表现为断裂圈闭线性分布的6个变质地体（他念他翁山地体、高黎贡山变质地体、西盟变质地体、崇山—澜沧变质地体、石鼓变质地体、苍山—哀牢山变质地体），已有同位素年龄在1900～600Ma间，当属本区的结晶基底。其形成时代大体与扬子陆块一致，属古元古代末期，相当于吕梁期（1800Ma）。其后各期构造活动都对基底产生了不同程度的影响，特别是喜马拉雅旋回的构造活动对其影响最大，常形成若干韧性剪切带。

金属成矿以火山作用为主导，铁矿床占绝对优势，区域性典型矿床有澜沧惠民大型铁矿等；基底形成的结束阶段则以变质作用为主，形成以苍山大理石和贡山"汉白玉"为代表的非金属矿床。

（二）特提斯演化阶段

1. 早古生代原特提斯阶段

三江地区各地均有变质程度达绿片岩相-角闪岩相的中—低级变质岩系出露，如他念他翁区的吉塘群浅变质岩部分，滇西的公养河群、澜沧群、德钦群等，其为巨厚的砂页岩类复理石、复理石建造或碎屑岩-火山岩建造，普遍经受区域变质和多期变形，它们可能是特提斯最早期的盆地沉积，其沉积时代可能延续至整个早古生代。

已有地质资料显示，受特提斯大洋向东俯冲消减作用的制约，志留纪—早（中）泥盆世扬子陆块西部边缘由被动边缘转化为活动边缘，发育左贡-临沧-勐海火山-岩浆弧（称之为前锋弧）及其北-南澜沧江弧后（或弧间）盆地、金沙江-哀牢山和甘孜-理塘弧后盆地，类乌齐-左贡和临沧-勐海变质增生地块中的酉西岩群及澜沧岩群活动边缘碎屑岩-中基性火山岩建造、兰坪-普洱地块西缘志留纪弧火山岩和花岗闪长岩的发育，以及澜沧岩群中志留纪低温-高压特征变质矿物的形成，很可能是与特提斯洋俯冲作用有关的火山-岩浆弧及其近海沟一侧洋壳俯冲增生过程的高压变质作用产物及标志。

2. 晚古生代古特提斯洋双向俯冲阶段

中（晚）泥盆世—早二叠世早期，随着特提斯大洋向东的持续俯冲消减以及弧后或弧间盆地的进一步扩张，金沙江-哀牢山、北-南澜沧江洋盆形成，左贡-临沧-勐海前锋弧、昌都-兰坪-普洱地块分别从扬子陆块西缘裂离并形成独立的地块，藏东-三江多岛弧盆系构造格局基本形成。早二叠世晚期—晚二叠世，北-南澜沧江洋盆向东和金沙江-哀牢山洋盆向西发生俯冲消减，弧火山岩从早到晚渐次发育拉斑玄武岩系列→钙碱性系列→钾玄武岩系列，火山岩性质标志着岛弧产生—发展—成熟的完整过程；在昌都-兰坪-普洱地块西缘形成由北-南澜沧江洋盆和开心岭-竹卡-景谷火山-岩浆弧组成的澜沧江弧盆系，地块东缘形成由金沙江-哀牢山洋盆和江达-维西-绿春火山-岩浆弧组成的金沙江-哀牢山弧盆系；与此同时，甘孜-理塘弧后扩张形成洋盆，中咱-香格里拉地块裂离于扬子陆块西缘，藏东-三江多岛弧盆系构造演化格局发育。

晚二叠世末—早三叠世，北-南澜沧江和金沙江-哀牢山洋盆消亡、弧-弧或弧-陆碰撞聚合，洋壳消失转化为残留海盆地，下三叠统的火山-岩浆弧与下伏地层不整合，则是早期弧-弧或弧-陆碰撞岛弧造山作用的标志；主体在中三叠世时期，以北-南澜沧江和金沙江-哀牢山俯冲洋壳板块断离为诱因、软流圈上涌为动力，发育同碰撞过程中的岛弧上叠裂谷盆地及"双峰式"火山岩组合；主体在晚三叠世时期，以洋壳板块后续俯冲为动力，包括左贡-临沧-勐海前锋弧、北-南澜沧江及金沙江-哀牢山残留盆地、昌都-兰坪-普洱地块和昌宁-孟连残留盆地、保山-镇康地块，以及邻区康西瓦-南昆仑残留盆地在内的广大区域，发生强烈的弧-弧或弧-陆碰撞造山作用，形成大规模花岗岩类侵入体及其中酸性火山岩，残留海盆地消亡转化为磨拉石盆地，藏东-三江多岛弧盆系主体转化为造山系，上三叠统与下伏地层不整合是晚期弧-弧或弧-陆碰撞造山、盆-山转换的标志。

晚三叠世时期弧-弧或弧-陆碰撞造山、盆-山转换的区域性构造汇聚事件，使得特提斯大洋北侧包括藏东-三江多岛弧盆系在内的一系列弧后或弧间残留海盆地、裂谷盆地闭合消亡，全面拼合，碰撞造山，并成为泛华夏大陆西南增生边缘的组成部分，仅在中咱-香格里拉地块东缘残存有甘孜-理塘洋盆、德格-乡城岛弧（包括雀儿山-稻城外火山-岩浆弧、昌台-乡城弧间裂谷盆地、德格-白玉内火山-岩浆弧）和结古-义敦弧后盆地组成的甘孜-理塘弧盆系。至此，泛华夏大陆群及其大陆边缘造山带基本定型、定位，主体进入中生代陆内造山过程。

上述的晚古生代羌塘-三江多岛弧盆系演化与成矿作用历史，造就了以 Cu-Pb-Zn、Au-Ag、W-Sn-Li-Be 为主的有色、贵金属及稀有金属成矿域，依据羌塘-三江多岛弧盆系多条结合带或蛇绿混杂岩带和火山-岩浆弧带及其夹持其间稳定地块的成矿构造环境与矿床类型可知，主要发育 7 种类型的成矿作用：①Besshi 型 VHMS 矿床，分布于西金乌兰-金沙江-哀牢山结合带中段，以羊拉大型 Cu 矿床为代表，产于二叠纪洋内弧盆地中基性火山岩-硅泥质碎屑岩系建造中；②Urals 型 VHMS 矿床，分布于义敦-沙鲁里岛弧带北段和治多-江达-维西陆缘弧带南段，以呷村特大型和嘎依穷大型 Zn-Pb-Ag 矿床以及鲁春、老君山等中型 Cu-Pb-Zn 矿床为代表，分别产于晚三叠世弧间和中—晚三叠世上叠裂谷盆地"双峰式"火山岩中；③Baimak 型 VHMS 矿床，分布于治多-江达-维西陆缘弧带北段，以赵卡隆大型 Fe-Ag 矿床、丁钦弄大型 Cu-Ag 矿床为代表，产在晚三叠世弧背（内）盆地的中酸性火山-沉积岩系中；④斑岩型 Cu(Mo) 矿床，分布于义敦-沙鲁里岛弧带南段，以普朗特大型、雪鸡坪中型 Cu(Mo) 矿床为代表，产于晚三叠世俯冲-碰撞环境下的花岗斑岩类侵入体中；⑤矽卡岩型多金属矿床，分布于治多-江达-维西陆缘弧带、义敦-沙鲁里岛弧带，如加多岭中型 Fe(Cu) 矿床和红山、浪都中型 Cu(Au) 矿床，分别产于早三叠世、晚三叠世碰撞环境下的花岗岩类侵入体及其接触带中。需要指出的是，在晚古生代古特提斯洋双向俯冲阶段，羌塘-三江多岛弧盆系演化过程较为复杂，不同阶段的成矿作用在同一构造部位叠加，因此矿床多为复合成因，且常形成规模较大的矿床，如羊拉铜矿床经历了海西期的喷流-印支期的矽卡岩成矿作用-燕山期的斑岩成矿作用叠加。

3. 中生代新特提斯洋消亡阶段

相对应于特提斯大洋东侧及泛华夏大陆（扬子陆块）西南缘藏东-三江多岛弧盆系构造演化而言，中生代—古近纪时期是特提斯大洋西侧、冈瓦纳大陆（印度陆块）东北缘冈底斯-腾冲多岛弧盆系形成与演化的主体。石炭纪—早二叠世，受古特提斯大洋向西南俯冲消减作用的制约，使得印度陆块北部边缘由被动边缘转化活动边缘，发育念青唐古拉-伯舒拉岭（-高黎贡山）陆缘火山-岩浆弧（亦即前锋弧）、潞西-三台山边缘海盆地、嘉黎-松宗弧间盆地和雅鲁藏布江弧后盆地，嘉黎以北—波密—然乌一带分布的石炭纪—二叠纪钙碱性系列中基性—中酸性岛弧型火山岩，被认为是古特提斯大洋向西南俯冲作用的产物及其活动边缘的标志。早二叠世末—晚二叠世时期，潞西-三台山洋盆形成，保山-镇康地块从印度陆块西缘裂离并形成独立的地块。

晚二叠世末—早三叠世时期,潞西-三台山洋盆开始向西俯冲,并与念青唐古拉-伯舒拉岭-高黎贡山陆缘火山-岩浆弧叠接。与此同时,嘉黎-松宗弧间洋盆和雅鲁藏布江弧后洋盆初始扩张;至中三叠世时期,潞西-三台山洋盆发展,嘉黎-松宗洋盆、雅鲁藏布江洋盆形成,波密-腾冲和下察隅地块从印度陆块西缘裂离并形成独立的地块,以冈底斯-腾冲多岛弧盆系为主体的新特提斯构造格局基本形成。

晚三叠世—早侏罗世潞西-三台山洋盆消亡、弧-陆碰撞聚合,早侏罗世中—晚期雅鲁藏布江向北东和嘉黎-松宗洋盆双向俯冲消减,从北东向南西顺次发育念青唐古拉-伯舒拉岭-高黎贡山前锋弧、潞西-三台山残留海盆地、波密-腾冲火山-岩浆弧、嘉黎-松宗洋盆、下察隅火山-岩浆弧和雅鲁藏布江洋盆,构成了冈底斯-腾冲中生代多岛弧盆系构造格局的主体。

晚侏罗世—早白垩世丁青-碧土及潞西-三台山残留海盆地消亡、弧-陆碰撞造山和早白垩世嘉黎-松宗残留海盆地消亡、弧-弧碰撞造山,以及下白垩统弄坎组和上白垩统竟柱山组陆相碎屑磨拉石与下伏地层的区域性不整合,标志着古特提斯残余洋消亡,以及西南侧冈底斯-腾冲多岛弧盆系主体转化为造山系,亦即雅鲁藏布江残余洋盆以东或北东的整个三江地区全面拼合、碰撞造山,三江特提斯造山带条块镶嵌的基本构造格局形成,并进入欧亚大陆体制。

晚白垩世末雅鲁藏布江洋盆消亡、印度-欧亚大陆碰撞聚合,以南冈底斯火山-岩浆弧带古新世—始新世林子宗群火山岩及其与下伏地层的不整合为标志,表现为大陆边缘科迪勒拉型的岛弧造山作用;始新世末陆内汇聚造山、雅鲁藏布江残留海盆地消亡转化为磨拉石盆地,冈底斯-腾冲多岛弧盆系最终全面转化为造山系。

中生代喜马拉雅-冈底斯多岛弧盆系演化与成矿作用历史,造就了以 Fe-Cu-Pb-Zn、Au-Ag、W-Sn-Li-Nb 为主的黑色、有色、贵金属及稀有金属成矿域。其中在三江地区主要发育的成矿作用有 3 种类型:①矽卡岩型多金属矿床,分布于昂龙岗日-班戈-腾冲岩浆弧带和保山地块,以芦子园、核桃坪等大型矿床为代表,产于侏罗纪—古近纪俯冲-碰撞-后碰撞环境下的花岗岩类侵入体及其接触带中;②云英岩-石英脉型 W-Sn 及稀有金属矿床,分布于昂龙岗日-班戈-腾冲岩浆弧带南段和保山地块,以小龙河 Sn 矿、来利山 Sn-W 矿、百花脑 Nb-Ta-Rb 矿等大型矿床以及铁窑山、老平山、薅坝地、铁厂等中型 W-Sn 矿床为代表,产于晚白垩世-古近纪后碰撞造山-后碰撞转换环境下的花岗岩类侵入体及其接触带中;③热液脉型多金属矿床,分布于昂龙岗日-班戈-腾冲岩浆弧带,产于古近纪碰撞环境下的断裂构造破碎带及其节理、裂隙密集带中。

4. 中生代陆内造山后碰撞阶段

晚三叠世末之后,三江地区逐渐转入陆内造山的后碰撞演化阶段。除兰坪-思茅盆地继续接受海相沉积之外,西北部类乌齐-洛隆地区,侏罗纪尚有次稳定型海相盆地发育,并形成复理石建造;另有证据显示,这一时期海相盆地极有可能波及到了甘孜-理塘地区,表明侏罗纪时该区域的构造环境相对较为稳定。白垩纪普遍缺失沉积,陆内造山阶段进入后碰撞活动的加剧期,造成义敦岛弧构造带大规模金属成矿作用的再次爆发。

中生代陆内造山阶段构造演化与成矿作用历史,造就了以 Cu-Pb-Zn、Au-Ag、W-Sn-Li-Nb 为主的有色、贵金属及稀有金属成矿域。主要发育的成矿作用有 3 种类型:①卡林型 Au(Ag) 矿床,分布于可可西里-松潘前陆盆地和雅江残余盆地,以大场特大型和东北寨、桥桥上、危关沟大型 Au 矿床为代表,产于晚三叠世—侏罗纪碰撞-后碰撞环境下的断裂构造破碎带及其节理、裂隙密集带中;②伟晶岩型稀有金属矿床,分布于可可西里-松潘前陆盆地和雅江残余盆地,如甲基卡超大型和扎乌龙、可尔因大型 Li-Be 矿床及地拉秋大型 Li-Nb 矿床,产于侏罗纪后碰撞环境下的花岗岩类伟晶岩中;③热液型金铜多金属矿床,如里伍和梭罗沟矿床,产于白垩纪后碰撞环境下的花岗岩类侵入体及其接触带中;④斑岩型(-矽卡岩型)铜(钼)矿床,如红山和铜厂沟矿床,产于白垩纪后碰撞环境下的花岗斑岩类侵入体及其接触带中;⑤接触交代(矽卡岩)型锡多金属矿床,如措莫隆和脚根玛矿床,产于白垩纪后碰撞环境下的花岗岩类侵入体及其接触带中。

（三）新生代陆内转换造山阶段

新生代陆内造山活动及高原隆升活动加剧，地壳急剧缩短加厚，各大断裂带复趋活跃。一方面，大量较老的地层或被褶皱、堆叠，或被吞噬消失；另一方面，原来深埋地下的古老结晶岩系被造山折返升于地表，成为各年轻山体的"山根"。以印度次大陆与欧亚大陆的强烈碰撞为主线，新生代构造活动最终结束了兰坪-思茅陆内盆地（T_3—E）的演化，伴随形成大量山间盆地磨拉石建造、断陷盆地含煤建造、堑沟盆地膏盐建造，形成了叠瓦式推覆带、飞来峰或变质核杂岩、大型滑脱带等特殊构造；两大陆块的碰撞作用，造就了藏东玉龙-云南虎跳峡-云南金平长达上千千米的新生代富碱斑岩体分布的岩浆活动带，普遍可见的偏碱性岩浆喷发-超浅成侵入活动，为本区成矿创造了极为有利的物源和热源条件。

受新特提斯洋消亡后古近纪印度-欧亚大陆的强烈碰撞作用影响，在羌塘-三江造山系地块内部及其边缘带、结合带或蛇绿混杂岩带中同步发生大规模的以逆冲推覆＋走滑剪切为特征的地壳转换构造作用，制约并发育了5种主要类型的成矿作用：①斑岩型 Cu-Mo-Au 矿床，分布于囊谦-昌都地块东缘纳日贡玛-下拉秀-玉龙-芒康和上扬子陆块西缘丽江—鹤庆—祥云一带，以玉龙特大型 Cu(Mo) 矿床、北衙特大型 Cu(Au) 矿床和纳日贡玛、多霞松多、马拉松多大型 Cu(Mo) 矿床，以及各贡弄-弄洼优则大型 Au(Ag) 矿床为代表，产于古近纪后碰撞转换环境下的花岗斑岩类侵入体中；②云英岩-石英脉型 W-Be 矿床，分布于义敦-沙鲁里岛弧带南段，以麻花坪大型 W-Be 矿床为代表，产于古近纪后碰撞转换环境下的花岗岩类侵入体及其接触带中；③造山型 Au(Ag) 矿床，分布于炉霍-道孚和甘孜-理塘蛇绿混杂岩带以及西金乌兰湖-金沙江-哀牢山结合带，以嘎拉、丘洛等大型 Au 矿床，以及哀牢山超大型金矿田为代表，产于古近纪后碰撞转换环境下的逆冲推覆-走滑剪切蛇绿混杂岩或增生杂岩系破碎带及其节理、裂隙密集带中；④卡林型 Au(Ag) 矿床，分布于雅江残余盆地和昌都-兰坪中生代双向弧后前陆盆地，以扎村中型 Au 矿床为代表，产于古近纪后碰撞转换环境下的断裂构造破碎带及其节理、裂隙密集带中；⑤热液脉型多金属矿床，分布于可可西里-松潘前陆盆地、治多-江达-维西陆缘弧带、昌都-兰坪弧后前陆盆地和中咱-中甸地块，以金顶特大型 Pb-Zn 矿床和都日、拉诺玛、颠达、赵发涌等大型 Pb-Zn(Ag) 矿床，以及白秧坪大型 Cu-Ag 多金属矿床、河西大型 Sr 矿床、俄洛桥大型 AS-Hg 矿床等为代表，产于古近纪后碰撞转换环境下的断裂构造破碎带及其节理、裂隙密集带中；⑥在盈江喜马拉雅期岩浆弧上，与本次碰撞作用有关的同碰撞—碰撞后拉伸环境的花岗岩（65～55Ma）十分发育，形成梁河来利山锡矿等典型矿床。

二、前寒武纪主要成矿事件

1. 地质演化历史的主要成矿事件

西南三江造山带的演化序幕贯穿于特提斯洋的开启、发展直至消亡整个过程。前寒武纪时期，"西南三江"地区隶属原特提斯洋发展阶段，以海相火山喷发活动作用为特征，形成了一套火山岩建造，主要产于滇西地区澜沧江带与哀牢山—苍山一带，如澜沧群、大勐龙群、苍山群、哀牢山群等，变质程度普遍达绿片岩相-角闪岩相，主要为变质基性火山岩，有时可见少量变质酸性火山岩，产于复理石-类复理石变质沉积岩系中。

2. 主要成矿事件特点

西南三江地区与元古宙火山岩有关的成矿事件主要发生于临沧双江陆缘弧带，成矿受中元古界澜沧群惠民岩组变质中基性火山岩建造控制，目前发现赋存有铁矿地40余处，代表性矿床有惠民大型铁矿、勐海西定铁矿。区内铁矿赋矿的澜沧岩群变质地体下部为硅质、泥质建造，中部以火山-沉积建造为主，上部为泥砂质类复理石建造；中部变质中、基性火山岩-沉积岩石组合系硅铁建造，这种富含铁质的基性火山岩，携带大量尘点状磁铁矿随火山物质一起进入火山盆地，为铁矿层形成提供了物质来源。另外,在火山活动间歇期,由火山活动带来的 Fe、Si、S、P、CO_2 等以喷气、热泉的形式进入海盆,为沉积菱铁矿、磁铁矿矿层也提供了丰富的物质基础。矿床多数矿层都在基性喷发旋回的喷发间歇期形成。在火山活动中后期即基性喷发旋回后期,火山活动达到高峰,大量基性熔岩喷溢,铁矿熔浆也随之溢出,在基性熔岩前缘形成了厚大铁矿体。因此,惠民铁矿属于典型的海相火山喷发—沉积型铁矿。成矿时代为中元古代(Pt_2),成矿年龄约为 1600~1000Ma。

三、早古生代主要成矿事件

1. 地质演化历史的主要成矿事件

西南三江地区早古生代仍然属于原特提斯洋发展阶段,在奥陶纪晚期到志留纪早期,面积达到最大,在此期间发育多个稳定地块,如中咱地块、保山地块。中咱地块早古生代属于扬子大陆西部被动边缘的一部分,随着从扬子陆块裂离,逐步在中、晚寒武世形成稳定地块,终止于二叠纪末期。在早古生代,地块上主体为碳酸盐岩-碎屑岩-碳酸盐岩的沉积序列,显示滨岸-陆棚的稳定地台型沉积环境。但是,下古生界较上古生界显得更为活动,以发育基性和中酸性火山岩为特征。保山陆块古生代属于冈瓦纳大陆群,整体上似乎表现为与邻接某一大陆联而不合状态。在寒武纪—志留纪阶段,保山地块以稳定型浅海碎屑岩夹碳酸盐岩为主。早中寒武世时在陆块边缘海形成了一套复理石浊积岩,不含火山岩。晚寒武世—早奥陶世转化为浅海陆棚沉积,晚奥陶世主要为海退层序,到志留纪为一套外陆棚到台地边缘斜坡的沉积环境。

2. 主要成矿事件特点

西南三江地区早古生代成矿作用主要发育于昌都-普洱地块东、西两侧的中咱地块和保山地块的被动边缘上,以铅、锌为主,主要形成喷气沉积型铅锌矿床。矿床赋存于早古生代海相碳酸盐岩中,代表性矿床包括中咱地块的纳交系铅锌矿、保山地块上的勐兴铅锌矿。巴塘中咱地块纳交系铅锌矿床产于古生代碳酸盐岩台地中,铅锌矿石的模式年龄为 552±73Ma,与矿床赋矿围岩寒武系年龄 615~520Ma 相当,因此,寒武系可当作同生沉积矿源层,成矿作用与热水沉积作用密切相关。在云南,产于保山地块的勐兴铅锌矿赋矿地层主要为志留纪一套碳酸盐岩组合,矿床主要形成于沉积阶段,与围岩同时形成。矿体主要产于下古生界早期碎屑岩过渡为碳酸盐岩建造的泥灰岩所夹的生物碎屑(礁)灰岩内。铅锌矿石铅同位素年龄为 440±10Ma,与赋矿围岩早志留世地层一致,矿床属于下古生界滨浅海相碳酸盐岩沉积成因形成的沉积-改造型铅锌矿床。

四、晚古生代主要成矿事件

1. 地质演化历史的主要成矿事件

西南三江地区晚古生代为古特提斯洋形成演化阶段,其中羌北、中咱、昌都-普洱等地块在晚古生代从泛华夏大陆西部边缘裂离,形成古特提斯的金沙江-哀牢山洋、澜沧江洋、甘孜-理塘洋,并与延续下来的昌宁-孟连洋一起,构成"三江"古特提斯的 4 个洋盆,并和其间的地块、岛弧、古火山岛链一起,形成多岛弧盆古构造格局。

在云县-景洪裂谷洋盆环境下,因裂谷及洋盆强烈的火山活动,形成云县-景洪大陆边缘裂谷型火山岩带。晚古生代火山岩主要为石炭纪和二叠纪,石炭纪为一套以石英角斑岩为主、细碧岩为次的熔岩组合,并发育火山碎屑岩。在富钠质的由石英角斑岩-细碧岩-火山碎屑岩沉积的喷发旋回中,发育了热水流体成矿亚系统,形成大平掌 VMS 铜矿床及同类型的矿致异常。早二叠世以凝灰岩为主,夹基性熔岩;晚二叠世为英安岩、角砾熔岩、角砾凝灰岩、凝灰岩、凝灰熔岩等中酸性岩石。昌宁-孟连裂谷-洋盆,主要发育石炭纪火山岩,火山岩存在两个岩浆演化系列,即拉斑玄武岩浆系列和碱性玄武岩浆系列。在空间上,以碱性系列玄武岩分布最广,拉斑系列玄武岩分布局限;在时间上,石炭纪早、中期为碱性玄武岩类,晚期为拉斑玄武岩类。早期的碱性玄武岩,反映大陆裂谷阶段,产出老厂(黑矿型)多金属矿床,晚期发育新生洋壳的洋脊型玄武岩,有的地区发育蛇绿岩,反映小洋盆发展阶段,产出铜厂街(塞浦路斯型)铜-锌矿床。金沙江造山带开始于早二叠世早期的大规模俯冲造山作用,自泥盆纪开始,发育于西侧昌都-兰坪陆块与东侧中咱-中甸地块之间的金沙江裂谷盆地,在石炭纪强烈扩张,形成初始洋盆。早二叠世,洋盆强烈快速扩张,形成成熟的大洋盆地,至早二叠世末期,金沙江洋壳板片向西发生俯冲,导致了朱巴龙洋内弧和西渠河弧后盆地的发育。大约在晚二叠世,不断扩张的金沙江洋壳板块向昌都-兰坪地块发生大规模俯冲,导致火山弧沿地块东缘发育,形成德钦-维西二叠纪陆缘弧。同时,发育与弧火山岩系有关的弧火山-热液型铜金铅锌成矿作用,形成以南仁铅锌矿床和铜金矿化为代表的多金属矿床。

综上所述,西南三江地区晚古生代相当于古特提斯阶段,主要表现为泛华夏大陆群与劳亚大陆群的离散,古特提斯洋的萎缩,劳亚大陆群与冈瓦纳联而不合。

2. 主要成矿事件特点

西南三江地区晚古生代时期,石炭纪—早二叠世开启的古洋盆相继闭合和俯冲造山,形成了多岛弧-盆系统,既产出有与二叠纪洋脊玄武岩系有关的铜厂街铜矿(具塞浦路斯型矿床特征),又产出有与偏碱性中基性火山岩系有关的老厂铅锌银多金属矿床,显示火山成因块状硫化物矿床特征。

昌宁-勐连裂谷洋盆在不同的演化阶段成矿类型也不尽相同。早期,裂谷发展阶段的火山活动,形成碱性程度较高的裂谷玄武岩,发育热水流体成矿作用,形成以老厂为代表的VMS矿床;晚期,洋盆阶段火山活动,火山岩碱性程度降低,形成洋脊型玄武岩,发育火山-沉积成矿作用,形成以铜厂街为代表的CVHMS矿床。裂谷盆地的火山活动虽然总体受裂谷-洋盆控制,但矿床明显受火山机构和断裂构造控制。早期,热水流体成矿作用,矿化金属元素主要为Ag-Pb-Zn,伴生S、Cu。单个矿体显示上部"黑矿"、下部"黄矿"的特征。即上部为块状银铅锌矿体、下部为含铜黄铁矿体。铜矿体下部出现细脉浸染状构造,深部存在隐伏斑岩体;晚期火山-沉积成矿作用,矿化金属元素主要为Cu-Zn组合。

澜沧江洋盆向东俯冲产生的石炭纪—二叠纪火山弧环境,主要产有与石炭纪—二叠纪海相中酸性火山岩系有关的块状硫化物铜矿床和与海相基性火山岩有关的火山-沉积型铁矿床,前者以三达山铜矿为代表,后者以曼养铁矿为代表。云县-景洪裂谷盆地成矿作用虽然总体受裂谷带控制,但矿床和矿田则主要沿断裂带火山机构和火山洼地分布,裂谷的不同地段矿床类型及化学结构也不尽相同。如南段火山-沉积成矿作用形成的三达山VHMS矿床矿化金属元素以Cu为主,裂谷盆地基性火山岩则主要形成火山沉积型的曼养铁矿。

综上所述,西南三江地区晚古生代成矿作用主要与多岛弧盆系统有关,裂谷/盆地的热水喷流沉积作用、弧火山作用,形成以Cu、Pb、Zn矿化为主,Fe矿化次之,矿床类型以火山成因块状硫化物矿床为主,热液型矿床次之,矿床总体规模较大。

五、中生代主要成矿事件

1. 地质演化历史的主要成矿事件

三叠纪,出现陆缘岛弧与盆地相间的构造格局,北部马尔康至乡城,玉树—中甸,南部云县—勐海,广大地区继承了晚古生代以来活动型盆地环境。

早—中三叠世,澜沧江中南段广泛发育火山岩,其中北部火山岩发育程度强于南部,北部岩性为一套高钾流纹质火山岩,南部火山岩则以亚碱性、玄武安山岩为主,流纹岩较少。中三叠世发生陆内俯冲,形成了一套具陆缘弧性质的钾玄岩-安粗岩-亚碱性玄武岩的火山岩组合,之后,局部出现板内拉张环境,在云县一带形成了中三叠世的高钾"双峰"式火山岩组合。伴随着火山岩浆喷溢,也从深部带来了大量的成矿物质,在火山岩中形成了如大平掌、官房、文玉等众多铜多金属矿床(点)。而北部的义敦岛弧带,中—晚三叠世广泛发育典型的"双峰式"火山岩建造,在滇西北地区还发育有"同碰撞弧花岗斑岩-闪长玢岩",发生了大规模的海底火山喷流和斑岩成矿作用,如呷村银多金属矿、普朗斑岩型铜矿、雪鸡坪斑岩型铜矿以及羊拉矽卡岩型(复合型)铜矿等。

侏罗纪,受印支运动对中国古地理环境的发展影响,海水退至西藏和滇西一带,仍属特提斯型海域。"三江"西北部类乌齐-洛隆地区,尚有次稳定型海相盆地发育,并形成复理石建造;石渠-新龙-木里等地亦发现有相同的沉积地层,且与下伏的晚三叠世火山岩呈不整合接触关系,表明特提斯型海相沉积已经波及到了川西甘孜地区。在印支旋回板块碰撞造山运动向燕山—喜马拉雅旋回陆内造山运动演化的过渡时期,松潘-甘孜造山带此时已进入到相对稳定发展的后碰撞阶段,在岩浆活动末期的相对稳定和封闭的环境中,发生了大规模的中酸性岩浆侵入活动,奠定了岩浆期后伟晶岩型稀有金属成矿作用。

白垩纪,除昌都-兰坪-思茅盆地和班公湖-怒江结合带南侧之外,三江其他地区很少接受沉积。晚白垩世,受班公湖-怒江洋消减和碰撞造山作用的控制,在腾冲地区形成于弧后逆冲环境的花岗岩,其与钨锡成矿相关;在保山地区陆内变形的山岭带,形成造山期后的 A2 型花岗岩,可能对该区铅锌多金属矿床定位起到关键作用。受龙门山-大雪山-锦屏山大型推覆构造-岩浆作用的制约,在松潘-甘孜和义敦-中甸地区形成后碰撞花岗(斑)岩,主导了区内燕山期的铜多金属成矿作用。

2. 主要成矿地质事件特点

三叠纪为"三江"造山带最重要的成矿期之一。矿床主要形成于多岛弧-盆系发育的闭合期,除部分弧-盆系继续发育,多数弧-盆系进入后碰撞伸展阶段。因此,三叠纪的成矿环境至少有 3 类:岛-盆环境、上叠火山-裂陷盆地环境以及地块内部的裂谷盆地环境。

义敦岛弧造山带伴随印支期俯冲造山作用而发生,并形成了两条重要的具有不同矿床类型和金属组合的成矿带。与弧火山岩有关的铜多金属成矿作用沿火山岩浆弧发育,北起赠科,南抵香格里拉,分南、北两个成矿亚带。北亚带于昌台弧内,以与海底火山喷流作用有关的块状硫化物矿床(VMS)为主;南亚带矿床集中产于香格里拉弧内,以斑岩型和矽卡岩型矿床为主。

在块状硫化物矿床亚带,目前已发现呷村超大型矿床、嘎依穷中型矿床和一系列小型矿床和矿点,它们产于昌台弧的中—晚三叠世弧间裂谷带内。在弧间裂谷带中,最典型的断陷盆地为昌台盆地和赠科盆地,其内发育典型的双峰岩石组合和局限盆地相沉积,所有的块状硫化物矿床都产于断陷盆地的局限或凹陷盆地中。呷村矿床硫化物的 Re-Os 年龄为 217Ma,嘎依穷矿床蚀变围岩的 K-Ar 年龄为 221~210Ma,两个矿床的成矿时代基本一致。

第五章 成矿潜力及找矿预测

第一节 重要矿产资源潜力分析

西南三江地区成矿作用复杂，多数矿床都具有多类型、多成因、多阶段复合成矿特征。在相关基础地质研究、成矿规律研究之上，充分利用已有的基础地质调查、矿产评价与勘查、物探、化探、遥感、自然重砂等多元信息资料与科研成果，以成矿理论为指导，对三江地区的主要矿种的成矿潜力进行分析。对在区内大量存在的复合或共生型矿床，只列出主矿种进行分析，不做重复阐述。

一、铜矿

西南三江具工业规模和经济价值的铜矿床类型有与中酸性侵入岩有关的斑岩型铜（钼）矿和接触交代型铜矿，与火山岩有关的块状硫化物型和火山热液型铜矿，与构造-热液活动有关的热液型铜矿，与基性—超基性侵入岩有关的岩浆熔离型铜（镍）矿，与陆相盆地有关的砂岩型铜矿。大多数矿床并非一次性成矿作用形成的，而具有多阶段、多成因的特征。其中，对国民经济有重大影响的主要为斑岩型铜矿和矽卡岩型铜矿，重要的铜多金属矿集区包括：云南省思茅大平掌地区铜铅锌矿、西藏自治区玉龙地区斑岩-矽卡岩铜金矿、云南省德钦县徐中-鲁春-红坡牛场地区铜多金属矿、云南省德钦县羊拉地区铜金矿、云南省香格里拉格咱地区斑岩-矽卡岩铜铅锌矿。

斑岩型铜矿。区内已发现超大型矿床2处，大型矿床2处，中型矿床5处。包括与玉龙—中甸—金平个一带古近纪浅成斑岩（主要为花岗斑岩）有关，如玉龙铜（钼）矿、祥云马厂箐铜钼矿等；木里-盐源-丽江逆冲-推覆构造带前缘的木里-盐源地区，铜矿与侵位于中—下三叠统青天堡组砂岩中的喜马拉雅期石英二长斑岩、石英正长斑岩、闪长斑岩、煌斑角岩、隐爆碎裂岩等复式岩体有关，如西范坪铜矿；以及与义敦岛弧带晚三叠世中酸性侵入岩或次火山岩有关，如中甸普朗超大型铜矿、雪鸡坪铜矿，该地区有良好的找矿潜力。

接触交代带型（矽卡岩型）铜矿。已发现有金沙江带的羊拉铜矿、中甸地区的红山铜矿、腾冲明光附近的铜矿等，规模各达大、中、小型。羊拉铜矿具有矽卡岩型、喷流-沉积型和岩浆热液型等多成因复合特点，是在海相火山-沉积盆地背景上，叠加三叠纪中—酸性侵入岩及后期构造热液活动的复合作用产物。三江地区各稳定地块古生代以来台地相碳酸盐岩发育，也可能存在隐伏中酸性岩体，因而需充分利用物化探资料，注意寻找有关的隐伏矽卡岩型铜、多金属矿，值得认真研究。

海相火山岩型铜矿（VHMS型）。主要见于澜沧江陆缘火山弧成矿带，与陆缘裂陷带火山-沉积岩系建造有关。已发现达中—大型规模的矿床有思茅大平掌铜矿。

火山-沉积（变质）型铜矿。主要分布于东川-易门（基底隆起带）矿带和丽江（陆缘坳陷）带。前者以新平大红山铜矿为代表，主要为古元古代中基性火山-沉积建造赋矿；后者以永胜宝坪厂铜矿为代表，主要为晚二叠世早期基性火山-沉积建造，黑泥哨组凝灰岩赋矿。

与构造热液活动有关的热液型铜矿。此类矿床点多，分布面广。兰坪-思茅盆地西缘澜沧江陆缘火山岩带东侧已发现多个中、小型规模的矿床，如兰坪核桃箐、营盘、永平厂街、咱咧厂等，此带矿床一般伴

(共)生钴;盆地内部的矿床,如普洱白龙厂、江城瑶家山等,则多伴生银。

与基性—超基性侵入岩有关的铜(镍)矿。主要见于大理、金平地区,两地岩体成群分布,一般有铜、镍、铂、钯矿化,但岩体规模较小,矿化多较微弱。以金平白马寨铜镍矿为代表。

砂岩型铜矿。主要沿兰坪-思茅盆地中部堑沟带分布,含矿层位较多,以白垩系景星组、虎头寺组,始新统等较为重要,矿化沿层展布,并较少受后期热液叠加改造。一般品位不高,厚度不大,主要见于镇沅—景谷一带,目前尚无重要进展,但仍不失为一个工作的目标。

根据西南三江铜矿已有勘查成果及铜矿成矿规律总结,共确定了16个铜矿预测工作区开展铜矿潜力评价(表5-1)。根据西南三江地区铜矿产出特点,结合地质工作程度、资料可利用(匹配)程度,采用地质体积法进行资源量预测估算,并应用MRAS体积法估算预测区资源量,将控制区有代表性的单位体积内矿产资源的平均含量估计值外推到评价区的体积范围。各预测工作区各预测方法估算资源量统计结果见表5-1。

表5-1 西南三江地区铜矿矿产预测类型、预测工作区及预测铜资源量一览表

序号	预测工作区名称	矿产预测类型	预测共伴生矿种	预测铜资源量(t)/地质体积法
1	德钦羊拉-加仁(羊拉式)	矽卡岩型		3 773 363
2	德钦鲁春-南佐(鲁春式)	火山-沉积(变质)型	铅锌	252 481
3	香格里拉普朗-红山(普朗、红山式)	斑岩型、矽卡岩型	钼	18 451 850
4	兰坪金满(金满式)	与构造热液活动有关的热液型		509 721
5	永平厂街(厂街式)	与构造热液活动有关的热液型		279 763
6	云县漫湾-景谷民乐(民乐式)	海相火山岩型VHMS		1 444 723
7	景谷登海山(登海山式)	砂岩型(陆相)		303 125
8	思茅大平掌(大平掌式)	海相火山岩型VHMS	铅锌、银	705 182
9	丽江-永胜(宝坪式)	火山-沉积(变质)型		310 807
10	新平(大红山式)	火山-沉积(变质)型		2 853 599
11	元江(东川式(落雪式))	火山-沉积(变质)型		139 900
12	兰坪白秧坪(白秧坪式)	与构造热液活动有关的热液型	铅锌	1 646 876
13	鹤庆(北衙式)	斑岩型	金、铅锌、银	1 003 430
14	祥云(马厂箐式)	斑岩型	金、钼	394 170
15	西范坪(西范坪式)	斑岩型	钼、金、银	282 600
16	昌达沟(昌达沟式)	斑岩型	金、银	169 200

二、铅锌(银)矿

铅锌(银)矿在西南三江地区星罗棋布,铅、锌、银多相伴而处,同时,区内还有较多的铅锌银作为铜矿床的伴生矿床产出;具有地域分布相对均衡、资源储量大、资源富集度高、矿石品位高、可供综合利用的有益元素较多等特点。铅锌(银)矿与沉积盆地关系密切,不同类型的盆地有不同的矿床类型。其中,对经济有重大影响的矿床及矿集区共7个,包括云南省保山-龙陵地区铅锌矿、云南省镇康卢子园-云县高井槽铅锌矿、云南省西孟县-澜沧县老厂地区铅锌矿、云南省兰坪-白秧坪地区铅锌银矿、西藏自治区昌都地区铅锌银多金属矿、四川省夏塞-连龙地区银铅锌锡矿、四川省呷村地区银铅锌铜矿。

区内铅锌(银)矿主要类型见表5-2。

表 5-2　铅锌(银)矿床类型及各类型主要地质特征

成因类型	主要地质特征	代表矿床
与斑岩有关热液脉型铅锌(银)矿床	产于喜马拉雅期浅成富碱斑岩体与碳酸盐岩、碎屑岩的外接触带,矿体呈脉状、透镜状,伴生金银	鹤庆北街
矽卡岩型铅锌(银)矿	产于燕山期花岗岩与碳酸盐岩外接触带矽卡岩内,矿体呈似层状、透镜状,成矿元素为铜铅锌银锡组合	腾冲大硐厂、保山核桃坪、镇康芦子园
海相火山(-沉积)岩型铅锌(银)矿床	产于裂谷盆地中基性火山岩系,矿体赋存于安山凝灰岩、安山凝灰角砾岩及火山岩与碳酸盐岩过渡带,呈似层状、透镜状、脉状,为银铅锌矿	澜沧老厂、德钦鲁春、白玉呷村
海相(火山-)沉积岩型铅锌(银)矿床	产于中上三叠统火山沉积岩系的碳酸盐岩中,矿体呈似层状、透镜状、脉状,成矿元素为铅锌铜,伴生银,共生菱铁矿	兰坪菜子地、勐腊新山、维西楚格札
蚀变碎裂岩型铅锌(多金属)矿床	产于兰坪-云龙第三纪断陷盆地,沘江断裂西侧,喜马拉雅期逆冲推覆构造中。逆冲推覆构造底部构造角砾岩赋矿,矿体呈层状、似层状、透镜状,成矿元素以锌铅为主,伴生镉、铊、锶、银、钡,共生硫铁矿	兰坪金顶、兰坪白秧坪
层控碳酸盐岩型铅锌(银)矿床	产于陆块基底隆起边缘,古生代碳酸盐岩建造内,属含矿热卤水沉积成矿,矿体呈似层状、透镜状、豆荚状,成矿元素为铅锌,伴生银、镉、锗、镓	龙陵勐兴、巧家茂租、彝良毛坪、巴塘纳交系
与中酸性岩浆热液有关的脉状铅锌(多金属)矿床	产于川西义敦岛弧造山带,成矿与燕山期—喜马拉雅期花岗岩密切相关,花岗岩及周围接触蚀变带有利成矿,矿体呈似层状、脉状赋存于花岗岩外接触带	巴塘夏塞

铅锌(银)矿空间分布以兰坪-普洱(地块)矿带为主,次为保山(地块)矿带、昌宁-孟连(结合带/裂谷-洋盆)矿带、云县-景洪(火山弧)矿带、义敦岛弧矿带等。蚀变碎裂岩型铅锌(银)资源储量,高度集中于兰坪-云龙地堑盆地内,查明的资源储量占全区总量的77%。海相火山(-沉积)岩型矿床分布于昌宁-孟连早石炭世裂谷盆地及德钦-维西、云县-景洪火山弧、义敦岛弧矿带。矽卡岩型矿床主要分布于保山、腾冲燕山期花岗岩带。层控碳酸盐岩型矿床分布于保山地块、石鼓地块隆起边缘相对较稳定的浅海碳酸盐岩建造中。与斑岩有关的铅锌(银)矿床出现在香格里拉地区。

根据地质矿产研究情况,以及矿产预测类型、预测方法类型、预测要素、预测变量和数据精度等各个环节的综合特征研究成果,选择使用地质体积法的预测方法对优选出来的17个预测工作区进行资源量估算,见表5-3。

表 5-3　西南三江地区铅锌(银)矿矿产预测类型、预测工作区及预测铅锌银资源量一览表

序号	预测工作区名称	矿产预测类型	查明铅锌资源量(t)	预测铅锌资源量(t)(334)	预测银资源量(t)(334)
1	腾冲老厂坪子-棋盘石	矽卡岩型	999 068	5 291 984	
2	保山核桃坪-沙河厂	矽卡岩型	232 309	3 397 098	
3	施甸东山-龙陵勐兴	层控碳酸盐岩型(MVT)	1 258 687	5 076 886	2866
4	芦子园	矽卡岩型	1 066 933	4 667 889	
5	澜沧老厂-孟连英山	海相火山岩型 VHMS	2 030 900	1 236 793	6206
6	鲁春-南佐	海相(火山-)沉积型(SEDEX)	276 309	280 990	
7	维西楚格札	海相(火山-)沉积型(SEDEX)	321 100	4 041 608	

续表 5-3

序号	预测工作区名称	矿产预测类型	查明铅锌资源量(t)	预测铅锌资源量(t)(334)	预测银资源量(t)(334)
8	兰坪白秧坪	蚀变破碎岩型	680 500	3 535 328	10 433
9	兰坪-云龙	砂砾岩型	16 558 001	4 136 000	384
10	思茅大平掌	海相火山岩型 VHMS	532 796	723 517	1577
11	勐腊易田-新山	海相(火山-)沉积型(SEDEX)	712 336	1 432 462	
12	香格里拉普朗-红山	矽卡岩型	25 300	1 230 464	
13	鹤庆	斑岩型	383 095	4 153 030	9111
14	中咱	层控碳酸盐岩型(MVT)	240 400	287 700	
15	巴塘	与中酸性岩浆热液有关的脉状铅锌(多金属)矿床		443 700	1115
16	白玉	海相火山岩型 VHMS	1 383 800	1 402 900	2848
17	曲登	海相火山岩型 VHMS		239 900	

三、金矿

三江成矿带的金矿主要集中分布于东部地区。已发现超大型矿床2处，大型矿床3处，中型矿床9处。

金矿床主要预测类型如下。

(1) 微细浸染型。主要分布于三江构造转换带西南缘与印度地块-高黎贡山变质地体东缘过渡区的龙陵-瑞丽大断裂南东侧之北东向上芒岗次级断裂内，成矿构造环境为中侏罗世前陆盆地(J_2)逆冲-推覆变形构造环境(上芒岗式)。

(2) 与剪切带有关的蚀变碎裂岩型。主要与构造作用密切相关，在三江成矿带广泛分布。主要包括：①三江造山带南段临沧-勐海花岗岩体西接触带(西定金矿)，区内新元古代发育澜沧群地层中基性火山变质岩系，构成本区变质岩基底，具原始矿源层特征，在其后多期次构造和岩浆运动中，导致了多期矿化叠加，形成了金矿(化)体；②三江造山带兰坪-普洱新生代盆地中北段的无量山弧形构造带(扎村金矿)，喜马拉雅期构造和岩浆活动提供了含矿热液和成矿地质构造条件，含金破碎带构造活动具多期、多阶段(脉动性)、多样性的特点；③扬子陆块与三江造山带结合部西侧的哀牢山浅变质带北段，夹持于红河、阿墨江两大断裂带之间(老王寨金矿)，成矿地质构造环境为印支期(T_3)含蛇绿岩构造混杂岩带＋喜马拉雅期陆内走滑-拉分-压扭性构造体系＋喜马拉雅期富钾碱性斑岩岩浆-流体作用"三位一体"；④金沙江东岸的云南省和四川省接壤部位，地处康滇基底断隆带南缘的南北向小江断裂西侧(播卡金矿)，成矿地质构造环境为被动陆缘裂陷盆地逆冲推覆构造带(中元古代)，叠加走滑构造-岩浆断隆(新生代)。

(3) 斑岩型。形成于陆内喜马拉雅期构造-岩浆造山区成岩成矿构造环境类型，并以高钾富碱超浅成斑岩-热液内生型成岩成矿构造环境为特点，典型矿床为云南鹤庆北衙斑岩型金矿、马厂箐斑岩型金矿。主要分布于云南鹤庆北衙预测工作区、祥云预测工作区、剑川预测工作区、宁蒗预测工作区、姚安预测工作区、绿春-金平预测工作区。

(4) 岩浆热液型。主要分布于甘孜-理塘构造带，产于甘孜-理塘蛇绿岩或复理石建造中。印支期—燕山期构造活动活化富集，含矿介质在构造-岩浆活动的动力驱动下，溶滤萃取岩石中的成矿物质，并在脆性剪切构造带内的次级或层间破碎带沉淀富集形成金矿床，典型矿床为梭罗沟金矿床。

根据地质矿产研究情况，以及矿产预测类型、预测方法类型、预测要素等综合特征研究成果，选择使用地质体积法的预测方法对优选出来的14个预测工作区进行资源量估算，见表5-4。

表 5-4　西南三江地区金矿矿产预测类型、预测工作区及预测金资源量一览表

序号	预测工作区名称	矿产预测类型	预测金资源量(kg)(334)
1	剑川预测工作区(马厂箐式)	斑岩型	26 239
2	巍山预测工作区(扎村式)	蚀变碎裂岩型	76 272
3	潞西预测工作区(上芒岗式)	微细浸染型	58 095
4	景东-墨江预测工作区(老王寨式)	蚀变碎裂岩型	603 627
5	澜沧-勐海预测工作区(西定式)	蚀变碎裂岩型	49 615
6	绿春-金平预测工作区(长安式)	斑岩型	503 261
7	宁蒗预测工作区(马厂箐式)	斑岩型	40 561
8	鹤庆预测工作区(北衙式)	斑岩型	388 190
9	东川播卡预测工作区(播卡式)	蚀变碎裂岩型	89 440
10	祥云预测工作区(马厂箐式)	斑岩型	230 450
11	姚安预测工作区(马厂箐式)	斑岩型	48 073
12	甘孜-理塘北段预测工作区(梭罗沟式)	岩浆热液型	28 412
13	甘孜-理塘中段预测工作区(梭罗沟式)	岩浆热液型	10 427
14	甘孜-理塘南段预测工作区(梭罗沟式)	岩浆热液型	3113

四、锡矿

西南三江地区锡矿十分发育,主要集中于三江地区的西部,是中南半岛锡矿带之北延,资源潜力巨大,主要成矿类型如下。

(1) 云英岩型。主要产于腾冲岩浆弧带,包括①云南梁河县来利山式气化-高温热液黄铁矿云英岩型锡矿床,位于南北向槟榔江大断裂、北东向大盈江断裂、东西向隐伏构造带(棚房—朗蒲寨构造带)三构造的交切处,矿区矿体受来利山壳源型深熔高侵位二长花岗岩、地层、构造控制,石炭系地层含锡背景值高出一般地层平均值几倍至十几倍,为花岗岩化作用过程中的锡矿化再富集提供了又一物质来源;②云南腾冲县小龙河式气化-高温热液锡石黄玉云英岩型锡矿床,位于冈底斯弧盆系腾冲岩浆弧带之高黎贡山结晶基底断块西南缘,棋盘石-腾冲南北向弧形断裂纵贯全区,次级构造既是矿液通道亦是容矿空间,成矿与古永岩体群细-中粒含斑二长碱长花岗岩、黑云母花岗岩密切相关。

(2) 云英-电气石脉型。以昌宁䂵坝地气化-高温热液充填交代的锡石-石英-电气石型锡矿床为代表,产于青藏滇缅巨型"歹"字形构造中段,经历了多次强烈而复杂的构造运动的作用和改造,地层、构造复杂,岩浆活动频繁,为锡矿的形成创造了良好的地质条件。本区花岗岩属下地壳重熔形成的改造型成因花岗岩,其已富集了地壳中的 Si、Sn、B 等元素。在岩浆长期的演化和上侵过程中,又进一步淬取俘获了岩浆通道围岩中的部分 Sn 元素,形成不同形式的花岗岩浆系列的锡矿床。

(3) 矽卡岩型。主要分布于义敦岛弧北中段,燕山晚期富含锡质壳源重熔型花岗岩浆侵入,与地层的碳酸盐岩接触交代,形成硐中达式锡矿、措莫隆式锡矿。

西南三江锡矿资源潜力评价预测确定了泸水石缸河、云龙、梁河、腾冲-梁河、贡山、昌宁䂵坝地、永德亚练、西盟、硐中达、措莫隆10个预测工作区,选择使用地质体积法的预测方法对优选出来的10个预测工作区进行资源量估算,见表5-5。

表 5-5　西南三江地区锡矿矿产预测类型、预测工作区及预测锡资源量一览表

序号	预测工作区名称	矿产预测类型	查明锡资源量(t)	预测锡资源量(t)(334)
1	昌宁薅坝地	云英-电气石脉型	8671	79 568
2	贡山	云英岩型	5744	86 605
3	梁河	云英岩型	62 751	70 421
4	泸水石缸河	云英-电气石脉型	7630	83 063
5	腾冲-梁河	云英岩型	113 442	288 141
6	西盟	云英-电气石脉型	26 826	119 764
7	永德亚练	云英-电气石脉型	4407	25 064
8	云龙	云英-电气石脉型	40 454	55 283
9	硐中达	矽卡岩型	515	2775
10	措莫隆	矽卡岩型	127 000	9818

五、铁矿

西南三江成矿带铁矿资源主要分布于云南省腾冲、镇康、景洪、惠民等地区,主要包括3种全国评价模型预测类型:海相火山-沉积型、矽卡岩型、岩浆岩型。

(1) 海相火山-沉积型。①德钦-维拉火山弧带,夹于澜沧江断裂带与金沙江断裂带之间,以楚格札铁矿为代表,形成于晚三叠世海相火山喷发-沉积盆地,火山喷发-沉积活动中心地带;②昌宁-澜沧造山带,以惠民铁矿和疆峰铁矿为代表,矿床成因与火山活动直接有关,元古宙(?)火山喷发-沉积旋回为铁矿层形成提供了物质来源。

(2) 矽卡岩型。以滇滩铁矿为代表,主要产于腾冲岩浆弧带,中国与缅甸接壤的边境地带,东接南北向高黎贡山变质-岩浆-变形构造带,西临古永花岗岩带,南连腾冲第四纪火山岩盆地。为燕山期形成的接触交代-矽卡岩型铁矿床,在花岗岩体与二叠系大硐厂组碳酸盐岩接触的地段,形成广泛分布的矽卡岩与矽卡岩化岩石,并伴随着铁多金属矿化与成矿。

(3) 岩浆岩型。产于云南哀牢山地区南部靠近中越边界,大地构造位置属上扬子古陆块(Ⅱ级)系西南边缘,丽江-大理-金平陆缘坳陷(Ⅲ级)之点苍山-哀牢山基底逆冲推覆构造带(Ⅳ级),即夹于北西向金沙江-哀牢山断裂带与红河断裂带之间处于哀牢山结晶基底断块最南端;以棉花地钒钛磁铁矿床为代表,形成于海西期基性—超基性侵入岩晚期岩浆分异阶段,在岩浆结晶分异作用形成过程中,与岩体同源的含钒钛磁铁矿熔浆沿围岩中的软弱带或间隙面贯入,使围岩产生蚀变,并在成矿或成矿期后受区域变质作用影响而产生重结晶。

根据西南三江铁矿已有勘查成果及铁矿成矿规律总结,共确定了8个铁矿预测工作区开展铁矿潜力评价,各预测工作区各预测方法估算资源量统计结果见表5-6。

表 5-6　西南三江地区铁矿矿产预测类型、预测工作区及预测铁资源量一览表

序号	预测工作区名称	矿产预测类型	查明铁资源量(t)	预测铁资源量(t)(334)
1	大勐龙预测工作区	海相火山-沉积型	116 390	1 724 406
2	德钦江波预测工作区	海相火山-沉积型	18 250	384 855
3	金平棉花地预测工作区	岩浆岩型	20 128	202 886
4	澜沧-双江预测工作区	海相火山-沉积型	1 995 969	0
5	勐腊易田-新山预测工作区	海相火山-沉积型	18 170	174 667
6	腾冲预测工作区	矽卡岩型	70 524	508 910
7	维西楚格札预测工作区	海相火山-沉积型	48 259	257 806
8	新平大红山预测工作区	海相火山-沉积型	529 257	750 143

六、钼矿

西南三江地区的钼矿资源主要分布在云南境内,以斑岩型、矽卡岩型、岩浆-热液脉型为主,多与铜、金、铅锌多金属相伴产出。斑岩型钼矿以澜沧县老厂矿区超大型钼矿、祥云县马厂箐中型钼矿、金平县长安冲小型钼矿、金平县铜厂小型钼矿、香格里拉县铜厂沟大型钼矿、香格里拉县普朗矿区中型钼矿等为典型代表;热液脉型及矽卡岩型分别以香格里拉县休瓦促小型钼矿及香格里拉县红山矿区中型钼多金属矿为典型代表。

根据西南三江钼矿已有勘查成果及钼矿成矿规律总结,共确定了 4 个钼矿预测工作区开展铜矿潜力评价,即香格里拉县普朗-红山预测工作区、澜沧老厂-孟连英山预测工作区、祥云预测工作区和金平预测工作区,其中祥云和金平预测工作区中钼为伴生矿种。4 个钼矿预测工作区(包括共伴生钼矿预测工作区),11 个最小预测区(A 级 10 个,C 级 1 个)钼矿预测资源量估算结果:预测估算钼矿总资源量 2 851 641t,扣除预测区内已探明资源储量 96 407t 后,预测钼矿资源潜力 2 755 234t。

1. 休瓦促式香格里拉县普朗-红山预测工作区

工作区地处扬子西缘弧-盆系(Ⅶ-2)之印支期(T_3)义敦岛弧带(Ⅶ-2-2)的普郎-沙鲁里山外火山岩浆弧带(Ⅶ-2-2-1)。

在区内的构造演化过程中,发育了一系列以北西、北北西向为主的断裂构造和复式褶皱构造。其中,尤其以断裂构造制约了火山及岩浆侵入活动的空间展布,进而控制了矿床点的时空分布。钼多金属矿成矿作用与燕山晚期花岗岩有关。

根据主要成矿元素及其组合,该成矿带包括 3 种矿化类型:碎裂蚀变花岗岩及石英脉钨钼型(休瓦促式)、矽卡岩铜钼型(热林-红山式),三者均与二长花岗岩及岩浆期后热液有关。目前该矿带已发现钼矿床共 6 个(包含印支期普朗铜矿伴生钼矿床 1 个),其中,矽卡岩型中型铜钼矿床 1 个(红山),斑岩型大型铜钼矿床 1 个(铜厂沟),岩浆热液脉型小型铜钼矿床 1 个(热林),碎裂蚀变花岗岩-石英脉型小型钨钼矿床 2 个(休瓦促、桑都勒)。

2. 老厂式澜沧老厂-孟连英山预测工作区

该预测工作区位于云南三江地区南部,处于冈瓦纳与欧亚大陆结合部位的扬子板块西缘的昌宁-孟连构造带,经历了多期构造及成矿作用,形成了大型—特大型矿床所具备的多物质来源、多成分、多成因、多矿床类型复合叠加的良好成矿条件。澜沧老厂式隐伏斑岩型钼矿为区内典型矿床,成矿与喜马拉雅期隐伏花岗斑岩及其期后热液成矿作用有关,并与海西期(石炭纪)火山-沉积成矿组成火山地层-隐伏花岗斑岩体联合控制的多因复合铅锌银铜钼多金属矿床,矿化系统及其空间组合型式为火山喷流沉积成矿系统与斑岩热液成矿系统形成"双成矿系统同位叠加"成矿模式。

第二节 综合找矿预测区特征

西南三江成矿带是全球特提斯-喜马拉雅巨型成矿域的重要组成部分,也是我国金属矿产资源重要基地之一。该地区岩浆活动强烈、成矿作用复杂多样,形成了以铜、铅、锌、银、金、锡、铁等为主要矿种的多个成矿(亚)带和丰富的金属矿产资源。已发现以斑岩型-矽卡岩型铜矿、喷流沉积型-沉积改造型铅锌银多金属矿、矽卡岩型-云英岩型锡矿、火山沉积型-矽卡岩型铁矿和构造蚀变岩型金矿等为重要矿床类型的一系列大型—超大型矿床,展现出西南三江地区各成矿(亚)带极具进一步找矿潜力。根据四川和云南两省矿产资源潜力评价成果,以成矿(亚)带为单元阐述各综合找矿预测区特征。

一、腾冲成矿带

腾冲成矿带大地构造属于西藏-三江造山系(Ⅶ)→冈底斯弧盆系(Ⅶ-5),亦称腾冲(岩浆弧)Sn-W-Be-Nb-Ta-Rb-Li-Fe-Pb-Zn-Au 成矿带(Mz,Kz)(Ⅲ2),以锡、铁、稀土为主攻矿种,矿床类型主要有云英岩-斑岩型锡矿、矽卡岩型锡铅锌铁矿、矽卡岩-斑岩型铅锌铁矿、蚀变花岗岩型锡多金属矿、风化壳离子吸附型稀土矿、锡石硫化物型锡矿以及含钨锡石英脉矿床,通过潜力评价共计圈定出比孔仁-西月各等7个综合预测区(表 5-7)。

表 5-7 腾冲成矿带综合预测区简表

编号	综合预测区名称	主攻矿种	主攻矿床类型
1	比孔仁-西月各	锡,兼顾铁	云英岩型、斑岩型(蚀变花岗岩型)锡矿,矽卡岩型锡铅锌铁矿
2	叫鸡冠-滇滩	铁,兼顾铅锌	矽卡岩型铅锌铁矿、斑岩型铅锌铁矿
3	干柴岭-铁窑山	锡,兼顾铅锌、铁	云英岩型、斑岩型(蚀变花岗岩型)锡矿,矽卡岩型锡铅锌铁矿
4	大硐厂-马鞍山	锡,兼顾铌钽铍、铅锌等	蚀变花岗岩型锡多金属矿(风化壳型锡多金属矿)、锡石硫化物型锡矿,以及含钨锡石英脉矿床
5	老平山-芦场	铁、锡,兼顾铅锌	云英岩型锡矿、矽卡岩型锡铅锌铁矿
6	刺竹园-关钠	稀土	风化壳离子吸附型稀土矿
7	一碗水-龙安	稀土	风化壳离子吸附型稀土矿

(一)比孔仁-西月各综合预测区

该预测区位于冈底斯弧盆系腾冲岩浆弧带高黎山结晶基底断块西南缘,成矿区带属于腾冲成矿带的棋盘石-小龙河(燕山期岩浆弧)Sn-W-Fe-Pb-Zn-Cu-Ag 矿带(Ⅳ3)。以锡为主攻矿种,兼顾铁;以云英岩型、斑岩型(蚀变花岗岩型)锡矿,矽卡岩型锡铅锌铁矿为主攻矿床类型。

区内主要控矿因素为与喜马拉雅期古永岩带有关的花岗岩,岩性为中粒黑云母二长花岗岩($\eta\gamma$)、似斑状黑云母二长花岗岩($\eta\gamma$)及黑云母花岗岩(γm)。控矿构造主要为南北向和北北西向断裂,棋盘石-腾冲南北向弧形断裂纵贯全区,沿断裂岩浆岩活动十分强烈,断裂构造直接制约区内地层和锡矿产分布;次级构造既是矿液通道亦是容矿空间。赋矿围岩为二叠系空树组结晶灰岩、砂砾岩、砂岩。

目前该处已发现小型锡矿床5处,矿点1处。从预测资源量来看,尚有80 000 余吨锡矿找矿资源潜力。

(二)叫鸡冠-滇滩综合预测区

该预测区位于腾冲岩浆弧带(Ⅲ级)北端,中国与缅甸接壤的边境地带,东接南北向高黎贡山变质-岩浆-变形构造带,西临古永花岗岩带,南连腾冲第四纪火山岩盆地。区内金属矿产以铁为主攻矿种,兼顾铅锌;以矽卡岩型铅锌铁矿、斑岩型铅锌铁矿为主攻矿床类型。

区内主要控矿因素为燕山期中酸性岩体、碳酸盐岩及含碳酸盐化碎屑岩、矽卡岩化及角岩化带。主要控矿构造为龙川江断裂、棋盘石-大盈江大断裂和槟榔江断裂3条东向突出的弧形断裂。龙川江弧形断裂构造带,控制了明光-勐连岩浆岩带及与之有关的矽卡岩型锡铁矿和含锡多金属矿的分布;棋盘石-大盈江弧形断裂构造带,控制了古永岩浆岩带及与之有关的云英岩脉型和矽卡岩型锡矿、铁矿的分布;棋盘石-腾冲断裂,为滇滩铁矿、黄家山锡铁矿的控矿构造。赋矿地层为上石炭统空树河组和二叠系大硐厂组。工业矿体主要受南北向组断层控制。铁矿体主要产于矽卡岩及破碎带中。

目前已发现中型铁矿床1处(滇滩铁矿),小型铁矿床5处。累计查明铁矿石资源储量6500万t,从预测资源量来看,该区尚有32 000万t铁矿、290余万吨铅锌矿找矿资源潜力。

(三) 干柴岭-铁窑山综合预测区

该预测区位于大盈江断裂与栅房-新歧断裂的西侧。大地构造属于西藏-三江造山系(Ⅶ)→冈底斯弧盆系(Ⅶ-5)→盈江喜马拉雅期岩浆弧(Ⅶ-5-1),成矿区带属于腾冲成矿带之槟榔江(喜马拉雅期岩浆弧)Be-Nb-Ta-Li-Rb-W-Sn-Au矿带(Ⅳ2)。以锡为主攻矿种,兼顾铅锌、铁,以云英岩型、斑岩型(蚀变花岗岩型)锡矿,矽卡岩型锡铅锌铁矿为主攻矿床类型。

区内发育与喜马拉雅期岩浆作用有关的气化-高温热液黄铁矿云英岩型锡矿床和与矽卡岩有关的锡铅锌铁矿,赋矿围岩为石炭系丝光坪浅变质石英粉砂岩夹粉砂质绢云板岩。矿体产出部位有3种形式:产于中粗粒黑云母花岗岩与围岩接触带中,受花岗岩接触带控制;产于接触带外带的构造破碎带中,受构造破碎带控制;产于受花岗岩接触带和构造破碎带的联合控制。

目前该区已发现大型锡矿床1处(来利山锡矿),中型锡矿床1处,小型铅锌矿床1处。累计查明锡资源量近7万t。从预测资源量来看,该区尚有4万t金属锡矿的找矿资源潜力。

(四) 大硐厂-马鞍山综合预测区

该预测区位于腾冲岩浆弧带龙川江燕山期岩浆弧(Ⅶ-5-2-1)的北端,棋盘石-腾冲断裂东侧。以锡为主攻矿种,兼顾铌钽铍、铅锌等,以蚀变花岗岩型锡多金属矿(风化壳型锡多金属矿)、锡石硫化物型锡矿,以及含钨锡石英脉矿床为主攻矿床类型。

区内主要控矿因素为燕山早期黑云母花岗岩、石英斑岩、花岗斑岩、斑状花岗岩;主要控岩构造为南北向断裂,次为北东向和东西向断裂,其中北东向断裂为赋矿断裂。铅锌多金属矿体主要产于燕山早期黑云母花岗岩与二叠系大硐厂组碳酸盐岩接触带、部分矿体产于距燕山早期黑云母花岗岩与围岩接触带附近的构造破碎带中,矿区赋矿地层主要为二叠系大硐厂组碳酸盐岩建造。伴随燕山早期岩浆大规模侵入,岩浆期后的气液活动,使区内各类岩石不同程度地遭受了接触热力变质、接触交代变质和热液蚀变作用。在燕山期花岗岩与二叠系大硐厂组碳酸盐岩接触地段,接触交代变质作用发育,形成矽卡岩型铅锌多金属矿床。

目前该区已发现大型铅锌多金属矿床1处,累计查明金属铅锌资源量28万t。从预测资源量来看,该区尚有200万t锌矿、9000余吨锡矿的找矿资源潜力。

(五) 一碗水-龙安综合预测区

该预测区位于腾冲岩浆弧带的龙川江燕山期岩浆弧(Ⅶ-5-2-1)中,北临盈江喜马拉雅期岩浆弧(Ⅶ-5-1),南接高黎贡山结晶基底断块(Ⅶ-5-2-2),两端延出国境。成矿带区划属腾冲(岩浆弧)成矿带之东河-明光(燕山期岩浆弧)Sn-Cu-Pb-Zn-Ag-Fe-Mn矿带。以稀土为主攻矿种,以风化壳离子吸附型为主攻矿床类型。

主要控矿因素为印支期含较高稀土含量的花岗岩侵入体,主要控矿构造为北东-南西向展布的龙川江深大断裂带,控制了含矿岩体的展布。地壳持续隆升发展演化,气候湿热,反复的剥蚀、淋滤、堆积,有利的地形地貌条件,为形成发育完整的岩体风化壳提供了有利的条件。区内成矿类型主要为花岗岩风化壳型轻稀土矿型矿床。稀土矿矿体(层)主要产于花岗岩风化壳中的全风化层内,红土风化层和花岗岩半风化层有少量矿体。

该区目前已发现大型稀土矿床1处(龙安),累计查明稀土资源量近1800t。从预测资源量来看,该区尚有3万t稀土矿找矿资源潜力。

二、保山成矿带

保山成矿带大地构造隶属西藏-三江造山系(Ⅶ)保山微陆块(Ⅶ-8-3)之保山地块(Ⅶ-8-3-1),亦称保山(陆块)Pb-Zn-Ag-Fe-Au-Cu-Sn-Hg-Sb-As成矿带(Ⅲ3),以铅锌多金属为主攻矿种,矿床类型主要有矽卡岩型铅锌多金属矿、矽卡岩-岩浆热液型铅锌铜金多金属矿、沉积-改造型铅锌矿以及热液脉型(钨)锡矿床,通过潜力评价共计圈定出:镇康芦子园、泸水石缸河等8个综合预测区(表5-8)。

表5-8 保山成矿带综合预测区简表

编号	综合预测区名称	主攻矿种	主攻矿床类型
8	泸水石缸河	钨、锡	燕山晚期与花岗岩有关的热液脉型钨、锡矿床
9	保山核桃坪	铅锌	印支期—燕山期矽卡岩-岩浆热液型铅锌铜金多金属矿
10	沙河厂-水井	铅锌	印支期—燕山期矽卡岩-岩浆热液型铅锌铜金多金属矿
11	推栗树-木老元	铅锌、银	沉积-改造型铅锌矿
12	碧寨-勐兴	铅锌、银	沉积-改造型铅锌矿
13	镇康芦子园	铅锌	与花岗岩有关的矽卡岩型铅锌多金属矿
14	云龙	锡	燕山晚期与花岗岩有关的热液脉型锡矿床
15	潞西上芒岗	金	微细粒浸染型(类卡林型)金矿

(一)泸水石缸河综合预测区

该预测区位于保山地块(Ⅶ-8-3-1)北端,属于保山成矿带(Ⅲ3)的保山(地块)Pb-Zn-Cu-Fe-Hg-Sb-AS-Au矿带(Ⅳ6)。以钨、锡为主攻矿种,以燕山晚期与花岗岩有关的热液脉型钨、锡矿床为主攻矿床类型。

预测区处于由东西向挤压作用形成的澜沧江、崇山、漕涧、温泉等多条长期活动的主要断裂区。控矿因素主要为燕山晚期的细粒花岗岩体,控矿构造为一系列与主要断裂呈"人"字形相交的次级构造。区内发育燕山晚期与花岗岩有关的热液脉型钨、锡矿床,钨锡矿体位于岩体接触带附近到外接触带100～300m的范围内。大多数矿体产于砂质板岩层间破碎带和闪长-辉长岩脉中,少数矿体产于花岗岩外接触带上,寒武系砂质板岩为主要的赋矿层位。

目前该区已发现中型钨锡矿床1处(石缸河钨锡矿),小型钨锡矿床3处,累计探明钨矿资源量30 000t,锡7630t。从预测资源量来看,尚有60 000余吨的钨矿,75 000t锡矿找矿资源潜力。

(二)保山核桃坪综合预测区

该预测区位于保山地块北部的保山-施甸复背斜北倾伏端与北西向的区域性断裂-变质带交汇地带,属于保山成矿带之保山(地块)Pb-Zn-Cu-Fe-Hg-Sb-AS-Au矿带(Ⅳ6)。以铅锌为主攻矿种,以印支期—燕山期矽卡岩-岩浆热液型铅锌铜金多金属矿为主攻矿床类型。

预测区成矿地质背景为挤压造山带环境中的相对稳定地块,发育矽卡岩-岩浆热液型铅锌矿床。主要控矿因素为地层层位和隐伏岩体,控矿构造为核桃坪背斜及其断裂构造。矿体主要赋存于大理岩化灰岩、泥质条带灰岩内的断层破碎带及层间破碎带中。寒武系(核桃坪、沙河厂和保山组)可能为Cu、Pb、Zn矿化的矿源层。后期构造运动形成的核桃坪背斜及其与之相关的近南北向、北北西向及北东向断裂与成矿关系密切。矿石类型以铅锌矿石和铁矿石为主,其次为铜矿石和铁铜矿石及金矿石。与矿化有关的岩体为深部隐伏岩体,沿构造带上侵,流体向上运移并与围岩发生交代变质作用,形成了区内大面积分布的矽卡岩及矽卡岩化大理岩等,同时伴有铅锌铁铜多金属矿化。

目前该区已发现中型铅锌矿床 1 处（核桃坪矿床）,小型铅锌矿床 2 处,小型铅锌铜多金属矿床 1 处,小型金矿 2 处。累计探明铅锌矿资源量 16 万 t,从预测资源量来看,尚有 50 余万吨铅锌矿的找矿资源潜力。

（三）镇康芦子园综合预测区

预测区位于保山地块南端,近南北向镇康复背斜与北东向南汀河断裂的锐角交汇部位,属于保山成矿带之保山-镇康（地块）Pb-Zn-Cu-Fe-Hg-Sb-AS-Au 矿带（Ⅳ5）。以铅锌为主攻矿种,与花岗岩有关的矽卡岩型铅锌多金属矿为主攻矿床类型。

预测区成矿地质背景为挤压造山带环境中的相对稳定地块,发育与花岗岩有关的矽卡岩型铅锌多金属矿,区内主要控矿因素为地层层位和隐伏酸性岩体,主要控矿构造为镇康复背斜及深大断裂旁侧的复背斜翼部的次级北东向断裂构造带。铅锌矿赋存于上寒武统沙河厂组大理岩、板岩、片岩的层间破碎带及断层破碎带中,呈脉状、似层状产出。寒武系沙河厂组（$\epsilon_3 s$）中 Pb、Zn、Cu、Ag 等元素含量普遍高于其他地层,具初始矿源层特征,丰富的成矿物质基础,为矿床的形成提供了充足的物质来源。具有多个成矿阶段和多种矿质来源的复合内生型铅锌多金属矿床。区内接触交代变质作用主要形成矽卡岩及矽卡岩化岩石,并随着铁铅锌铜矿化,接触交代变质作用与本区铅锌多金属矿关系密切。区内主要以外接触带的蚀变作用为主。

目前该区已发现大型铅锌多金属矿床 1 处（芦子园）,中、小型铅锌矿床数个。累计探明铅锌矿资源量约 200 万 t,从预测资源量来看,尚有 100 余万吨铅锌矿的找矿资源潜力。

（四）推栗树-木老元综合预测区

预测区位于保山地块中段中北部,保山-龙陵铅锌矿集区最北端,属于保山成矿带之保山（地块）Pb-Zn-Cu-Fe-Hg-Sb-AS-Au 矿带（Ⅳ6）。以铅锌为主攻矿种,兼顾银、铁,以沉积-改造型铅锌矿为主攻矿床类型。

区内发育少量的玄武岩及基性岩脉。矿体受地层层位控制,产于断层破碎带中。赋矿地层为下石炭统香山组的泥质灰岩、碳质灰岩。推测区内存在隐伏中酸性岩体,可能对铅锌矿成矿发挥了重要作用。

目前该区已发现大型铅锌矿床 1 处（西邑）,中型铅锌矿床 1 处,小型铅锌矿数处。截至 2012 年,已累计探明铅锌矿资源量 105 万 t,银 350t。从预测资源量来看,尚有 60 余万吨铅锌矿和 70 余吨银矿的找矿资源潜力。

（五）碧寨-勐兴综合预测区

预测区位于保山地块中段,属于保山成矿带之保山（地块）Pb-Zn-Cu-Fe-Hg-Sb-AS-Au 矿带（Ⅳ6）。以铅锌为主攻矿种,兼顾银、铁,以沉积-改造型铅锌矿为主攻矿床类型。

区域成矿地质背景处于古生代早期弧后盆地凹陷带滨浅海-潟湖潮坪相-海岸三角洲障壁海湾,总体动荡,局部稳定的矿环境。区内岩浆作用不发育。矿体受一定地层层位控制,还受岩性或沉积相环境及层间断裂裂隙等构造控制,沉积作用为矿源层的形成提供了物源,同时也提供了矿质活化的介质条件和富集的场所。早期规模相对较大的南北向构造具备控制成矿热流体运移通道的特点,层间构造为有利容矿空间,北东-南西向构造则往往对矿体造成平移破坏。赋矿层位为中、下志留统碎屑岩-碳酸盐岩建造,岩石组合为层纹灰岩及泥灰岩,夹千枚岩及生物碎屑灰岩等。沉积成矿时代为 440±10Ma。

目前该区已发现大型铅锌矿床 2 处（勐兴、碧寨）,中型铅锌矿床 2 处,小型铅锌矿数处。累计探明铅锌矿资源量约 150 万 t，银 50t，从预测资源量来看，尚有 40 余万吨铅锌矿的找矿资源潜力。

（六）潞西上芒岗综合预测区

预测区位于高黎贡山变质地体东缘过渡区的龙陵-瑞丽大断裂南东侧，上芒岗次级断裂内。成矿区带位于保山成矿带的潞西（断块）Cu-Pb-Zn-Fe-Au-Sn-W 矿带（Ⅳ5）。以金为主攻矿种，以微细粒浸染型（类卡林型）金矿为主攻矿床类型。

区域成矿地质构造环境为被动陆缘陆棚碳酸盐岩台地（P_1）+活动陆缘弧后（后陆）盆地（J），成矿受早侏罗世后的前陆盆地（J_2）逆冲-推覆变形构造环境控制。已发现上芒岗、小清河金矿等中小型金矿和诸多矿化点，成矿类型为微细浸染型（卡林型）金矿，其主成矿时代为燕山晚期。

区内主要控矿因素为北东向龙陵-瑞丽深大断裂南东侧的中生代断陷盆地中的次级断裂和中侏罗统勐戛组与下二叠统沙子坡组的不整合面；燕山晚期—喜马拉雅期酸性、基性岩浆活动与金矿床的形成有一定关系；主要赋矿岩石为勐戛组中段（J_2m^2）灰色、灰黄色细砂岩、粉砂岩、泥质岩夹少量泥砂质灰岩及沙子坡组（P_1s）白云岩和白云质灰岩。

目前该区已发现中型金矿床 1 处（上芒），小型金矿床 3 处。累计探明金资源量近 8t。从预测资源量来看，尚有 10 余吨金矿的找矿资源潜力。

三、昌宁-南澜沧江成矿带

昌宁-南澜沧江成矿带大地构造隶属于昌宁-澜沧造山带（Ⅲ），亦称昌宁-澜沧 Pb-Zn-Ag-Cu-S-Hg 成矿带（Ⅲ）。以铁、锡、铅锌多金属为主攻矿种，矿床类型主要有海相火山岩型铁矿、石英-电气石脉型锡矿、火山岩型铅锌银多金属矿以及斑岩型钼矿床，通过潜力评价共计圈定出曼景-曼山新寨等 14 个综合预测区（表 5-9）。

表 5-9 昌宁-南澜沧江成矿带综合预测区简表

编号	综合预测区名称	主攻矿种	主攻矿床类型
16	曼景-曼山新寨	铁	元古宙海相火山-沉积型铁矿
17	云龙	锡	与燕山期花岗岩有关的石英-电气石脉型锡矿
18	昌宁	锡	与燕山期花岗岩有关的石英-电气石脉型锡矿
19	永德亚练	锡	与燕山期花岗岩有关的石英-电气石脉型锡矿
20	高井槽-曼窝	铁，兼顾金	燕山期—喜马拉雅期构造有关的蚀变破碎岩型金矿、海相火山岩型铁矿
21	大兴-力所	铁，兼顾金	燕山期—喜马拉雅期构造有关的蚀变破碎岩型金矿、海相火山岩型铁矿
22	班章	铁，兼顾金	燕山期—喜马拉雅期构造有关的蚀变破碎岩型金矿、海相火山岩型铁矿
23	西定-八夜	金、铁	燕山期—喜马拉雅期构造有关的蚀变破碎岩型金矿、海相火山岩型铁矿
24	湖广寨-惠民	铁，兼顾金	燕山期—喜马拉雅期构造有关的蚀变破碎岩型金矿、海相火山岩型铁矿
25	腊垒	银、铅锌	早石炭世火山岩型铅锌银多金属矿、喜马拉雅期斑岩型钼矿
26	东岛新寨-南翁	银、铅锌	早石炭世火山岩型铅锌银多金属矿、喜马拉雅期斑岩型钼矿
27	老邦弄-八夺	银、铅锌	早石炭世火山岩型铅锌银多金属矿、喜马拉雅期斑岩型钼矿
28	杨角寨-竹塘	银、铅锌，兼顾硫铁矿	早石炭世火山岩型铅锌银多金属矿、喜马拉雅期斑岩型钼矿
29	西盟	锡	与燕山期花岗岩有关的石英-电气石脉型锡矿

（一）曼景-曼山新寨综合预测区

预测区位于昌宁-南澜沧成矿带南端，大地构造属于临沧-勐海岩浆弧带，成矿区带划归昌宁-澜沧成矿带之临沧-勐海 Fe-Pb-Zn-Au-Ag-Sn-Sb-Ge–REE 矿带（Ⅳ）。以铁为主攻矿种，以元古宙海相火山-沉积型铁矿为主攻矿床类型。

区域出露地层有下元古界大勐龙岩群、下—中元古界澜沧岩群、古近系勐腊组及上新统三营组。区内及周边三叠纪基性岩、闪长岩、花岗岩以及古近纪石英二长岩呈大小不等的岩株、岩枝，同时岩脉十分发育。成矿类型属前寒武纪受变质中基性火山岩含铁建造控制的海相火山-沉积型铁矿床。矿体赋存于下元古界大勐龙岩群中，含矿地层中的火山岩以基性熔岩为主，夹少量火山凝灰岩、灰岩、砂泥质岩。

目前已发现中型铁矿床 4 处和数处小型铁矿床，累计探明铁资源量近 2 亿 t；从预测资源量来看，尚有 17×10^8t 铁矿资源潜力，找矿潜力巨大。

（二）湖广寨-惠民综合预测区

预测区位于昌宁-南澜沧成矿带南端，临沧-勐海岩浆弧带西侧。成矿区带划归昌宁-澜沧成矿带之临沧-勐海 Fe-Pb-Zn-Au-Ag-Sn-Sb-Ge–REE 矿带（Ⅳ）。以铁为主攻矿种，兼顾金，以元古宙海相火山-沉积型铁矿和与燕山期—喜马拉雅期构造有关的蚀变破碎岩型金矿为主攻矿床类型。

区内经受了强烈低压区域动力热流变质作用，元古宙和古生代地层普遍变质。矿床类型为受变质中基性火山岩建造控制的海相火山-沉积型铁矿床，赋矿层位为中元古界澜沧岩群惠民岩组（Pt_2h）变质火山-沉积岩地层，成矿年龄约为 1900～1000Ma。

目前该区已发现特大型铁矿床 1 处（惠民铁矿），中型金矿床 1 处，小型金矿床 2 处，累计探明铁矿资源量超过 20×10^8t，金矿资源量超过 8t；从预测资源量来看，尚有 60×10^8t 铁矿和近 50t 金矿资源潜力，找矿潜力巨大。

（三）西定-八夜综合预测区

预测区位于临沧-勐海花岗岩体西接触带，属于昌宁-澜沧成矿带之临沧-勐海（岩浆弧）Fe-Pb-Zn-Au-Ag-Sn-Sb-Ge–REE 矿带（Ⅳ9）。以金为主攻矿种，以与燕山期—喜马拉雅期构造有关的蚀变破碎岩型金矿为主攻矿床类型。

区内出露地层为一套新元古界变质程度达绿片岩相的火山-沉积岩系澜沧群，金矿主要赋存在澜沧群惠民组中。矿体受北东向、北西向张性构造破碎带控制，赋存于惠民组中张性构造破碎带内。区内围岩蚀变比较发育，金矿与硅化、黄铁矿化、毒砂化蚀变关系密切，当多种热液蚀变叠加时，含金量明显增高，反之则较低。

目前该区已发现中型金矿床 1 处，小型金矿床 2 处。累计探明金矿资源量超过 8t；从预测资源量来看，有近 50t 金矿资源潜力。

（四）老厂综合预测区

预测区位于昌宁-澜沧成矿带的南段，大地构造属于昌宁-孟连蛇绿混杂岩（Pz_2）（Ⅷ-3-6），属于昌宁-澜沧成矿带之昌宁-孟连 Pb-Zn-Ag-Cu-S-Hg 矿带（Ⅳ8）。以铅、锌、银为主攻矿种，兼顾钼，以石炭系—二叠系火山-沉积型铅锌银多金属矿和喜马拉雅期斑岩型钼矿为主攻矿床类型。

区内出露地层有石炭系、泥盆系、二叠系、第四系。区内矿床类型主要为与火山-沉积成矿作用有关的铅锌银多金属矿和喜马拉雅期斑岩型钼矿。前者赋矿地层为石炭纪—二叠纪中—基性火山岩、火山碎屑岩、碳酸盐岩，主要受层位、岩性、火山机构、断裂控制，后者与喜马拉雅期隐伏花岗斑岩的侵入有关。

目前已发现超大型铅锌银钼矿床 1 处（澜沧老厂），累计探明铅锌矿资源量超过 200×10^4t，银矿资源量超过 200t，钼矿资源量近 50×10^4t；从预测资源量来看，尚有近 90×10^4t 铅锌矿、600t 银矿和 150×10^4t 钼矿资源潜力，找矿潜力巨大。

(五) 昌宁综合异常区

预测区位于昌宁-澜沧成矿带的昌宁-云县-永德弧形构造之北端,大地构造位置属于保山微陆块(Ⅶ-8)耿马被动大陆边缘(Ⅶ-8-4),属于昌宁-澜沧成矿带耿马(被动边缘褶冲带)Pb-Zn-Ag-Sn 矿带(Ⅳ7)。以锡为主攻矿种,以燕山期石英-电气石脉型锡矿为主攻矿床类型。

预测区处于青藏滇缅巨型"歹"字形构造中段,经历了多次强烈而复杂的构造运动的作用和改造,地层、构造复杂,岩浆活动频繁,为锡矿的形成创造了良好的地质条件。区内破碎带受北西走向断裂组的控制。主要发育与燕山晚期岩浆活动作用有关的锡石-石英-电气石型锡矿床,矿体赋存于上三叠统湾甸坝组顶部的层间破碎带中。

区内已发现中型锡矿床 1 处(昌宁薅坝地),小型锡矿床数处,累计探明锡矿矿资源量超过 1×10^4 t,从预测资源量来看,尚有近 10×10^4 t 锡矿资源潜力,找矿潜力较大。

(六) 云龙综合异常区

预测区位于昌宁-南澜沧成矿带北端,夹于澜沧江深大断裂与温泉断裂之间的狭窄地带。大地构造位于昌宁-孟连对接带(Ⅷ)澜沧俯冲增生杂岩(Ⅷ-3-5),属于昌宁-澜沧成矿带之昌宁-孟连 Pb-Zn-Ag-Cu-S-Hg 矿带(Ⅳ8)。以锡为主攻矿种,以燕山期石英-电气石脉型锡矿为主攻矿床类型。

赋矿地层由一套变质岩系(原崇山群)所组成,下部为深变质的眼球状、条纹状混合片麻岩、云母石英片岩等,上部为浅变质砂泥质、长英质片岩、板岩、变砂岩与碳酸盐岩互层,经强烈混合岩化后与矿化关系密切。含矿岩石建造为由混合花岗岩、电气石石英角岩、混合岩组成的变质杂岩系。矿体多产在该类岩体舒缓波状边缘及外接触带的层间剥离带或混合岩体内的构造裂隙中,空间分布严格受控于主干构造,其产状与区域构造一致,具多期次活动的特点,应属区域变质混合岩化作用与燕山晚期—喜马拉雅期岩浆侵入作用使矿质逐步富集于有利构造容矿空间,形成的混合岩化-岩浆热液型矿床。

目前已发现大型锡矿床 1 处(铁厂),累计探明锡矿矿资源量超过 4 万 t,从预测资源量来看,尚有近 2 万 t 锡矿资源潜力。

(七) 西盟综合异常区

预测区位于昌宁-南澜沧成矿带西南端,大地构造属于耿马被动大陆边缘(Ⅶ-8-4),成矿区带划归昌宁-澜沧成矿带之耿马(被动边缘褶冲带)Pb-Zn-Ag-Sn 矿带(Ⅳ7)。以锡为主攻矿种,以与燕山期花岗岩有关的石英-电气石脉型锡矿为主攻矿床类型。

区内出露的地层为元古宇西盟群变质岩,构造样式为穹隆状短轴复式背斜。发育一系列环状和放射状断裂。推测围绕西盟穹隆核心有较大的隐伏体存在。锡矿分布受地层和岩性的控制。构造对矿体分布具有明显的控制作用,近南北向断裂带控制矿体、矿化带分布,为导矿构造,北东、北东东向张扭性裂隙是矿区的主要容矿构造。成矿物质主要来源于隐伏花岗岩体。矿床成因类型为岩浆期后气成-热液石英-电气石脉型锡矿床。

目前已发现中型锡矿床 1 处(西盟阿莫),小型锡矿床 2 处,累计探明锡矿矿资源量超过 3 万 t;从预测资源量来看,尚有近 16 万 t 锡矿资源潜力,找矿潜力较大。

四、昌都-普洱成矿带

昌都-普洱成矿带大地构造隶属于三江(造山带)成矿省(Ⅱ2),兰坪-普洱(陆块)Cu-Pb-Zn-Ag-Fe-Hg-Sb-AS-Au-石膏-菱镁矿-盐类成矿带(Ⅲ5)。以铜、铅锌多金属为主攻矿种,矿床类型主要有火山岩型铜铅锌矿、斑岩型铜矿、斑岩-矽卡岩型铜铅锌矿、沉积型铁矿、火山-沉积型铁铅锌矿、热液脉型铜铅锌矿、蚀变岩型金矿床,通过潜力评价共计圈定出普洱大平掌等 18 个综合预测区(表 5-10)。

表 5-10 昌都-普洱成矿带内综合预测区简表

编号	综合预测区名称	主攻矿种	主攻矿床类型
30	德钦江波	铁	沉积型铁矿
31	德钦亚贡	铁	沉积型铁矿
32	德钦瓦卡-田房	铁	沉积型铁矿
33	德钦羊拉-加仁	铜	斑岩、矽卡岩型铜铅锌矿
34	德钦鲁春-南佐	铜、铅锌	火山-沉积(-改造)型铜铅锌矿
35	维西楚格札	铅锌、铁	海相(火山-)沉积岩型铁铅锌矿
36	维西白岩子	铅锌、铁	海相(火山-)沉积岩型铁铅锌矿
37	兰坪金满	铜	热液脉型铜铅锌矿
38	兰坪白秧坪	铜、铅锌、银	沉积改造型、热液脉型铜铅锌矿
39	兰坪-云龙	铅锌、银	沉积改造型、热液脉型铜铅锌矿
40	永平厂街	铜,兼顾硫铁矿	热液脉型铜矿
41	巍山-漾濞	金、锑	沉积型锑矿及蚀变破碎岩型金矿
42	巍山笔架山	锑	沉积型锑矿
43	云县漫湾	铜	火山岩型、沉积型铜铅锌矿
44	景谷民乐	铜	火山岩型、沉积型铜铅锌矿,斑岩型铜矿
45	镇沅-景谷	铜	火山岩型、沉积型铜铅锌矿
46	普洱大平掌	铜、铅锌,兼顾银	火山岩型、沉积型铜铅锌矿
47	勐腊易田-新山	铅锌、铁	沉积型铁铅锌矿

(一) 德钦-维西勘查区

勘查区分布于德钦县以北至维西县以南地区,南北长约 230km,东西宽约 10～37km,面积 6500km²,包括的综合异常区有德钦江波、德钦亚贡、德钦瓦卡-田房、德钦羊拉-加仁、德钦鲁春-南佐、维西楚格札、维西白岩子。主攻矿床类型为沉积型铁矿及火山岩型铜铅锌矿。预测铁矿资源量 642 662 千 t,铜矿资源量 4 025 844t,铅锌矿资源量 4 322 598t。

1. 德钦鲁春-南佐综合预测区

预测区属于江达-维西-绿春 Fe、Cu、Pb、Zn 多金属矿成矿带的组成部分,位于江达-维西-绿春陆缘火山-岩浆弧带中。主攻矿种为铜、铅锌,主攻矿床类型为火山-沉积型,多受后期改造。

区域构造主要由二叠纪和三叠纪两个不同时期和性质的火山弧及弧后盆地拼接叠置而成。区域断裂、褶皱发育,由一系列近南北向线性褶皱和同向断裂组成,其中南北向断裂为控制沉积建造、变质作用、岩浆活动及其有关矿产的主要构造,而次级同向断裂及派生的"入"字形断层为容矿构造,晚期发育规模较小的北西、北东向断层,切错了早期断裂及褶皱。区内出露地层主要有元古宇、古生界、中生界、新生界等。北部的矿点受甲午雪山断裂控制,矿化与沿断裂带活动的热液有关。南部矿床(点)受白茫雪山花岗岩带的控制。

跟古铜矿点、甲午雪山铜矿点、阿登各锑铅矿点、绿春铜铅锌多金属矿床、各几农铅锌矿点、几家顶铅锌矿点、打郭牛场铜矿点、红坡牛场铜金矿床、日都铅银矿床产于此带中。

2. 德钦羊拉-加仁综合预测区

预测区大地构造位于维西-绿春晚古生代—早中生代火山弧北段。成矿区带属兰坪-普洱成矿带之金沙江(结合带/小洋盆)Cu-Fe-Pb-Zn-Au-Cr矿带。区内矿种以铜为主,铅锌、金多金属为辅,矿床类型为矽卡岩型、斑岩型、(改造)喷流沉积型、热液脉型。

受晚古生代金沙江构造带的发展与演化控制,预测区于泥盆纪—石炭(二叠)纪发育大陆边缘型火山-沉积到中期大洋火山-沉积建造,含有强度不一的喷流沉积型-"羊拉式"铜矿的铜、铅、锌、金、银矿化,是重要含铜层位;晚期的多期次(印支期—燕山期—喜马拉雅期)中酸性(斑)岩的频繁侵入,形成多期次构造-岩浆-蚀变,带来了丰富的热液和矿质;早阶段形成接触交代型矿床,晚阶段形成斑岩型矿床,并对早期矿化进行富化、改造与叠加;控岩控矿断裂是后期中酸性(斑)岩侵入和成矿热液的通道,也是容矿场所,产出热液脉型矿床。矿体多产于印支期花岗闪长岩体接触带、围岩泥盆系岩层和岩体内部破碎(裂隙)带。

以往和近年来工作成果显示较多物化探异常,已知矿床多位于环状构造以及线性构造与环状构造交汇部位,重力低、具强磁异常、具低电阻率且较高极化率,Cu-Pb-Zn-Ag等多元素化探综合异常发育。预测区发育羊拉、通吉格、曲隆等众多矿床(点)。

3. 维西楚格札综合预测区

综合预测区位于维西陆缘弧带的晚三叠世海相火山喷发-沉积盆地,已知矿床多位于火山喷发-沉积活动中心地带。主攻矿种为铁、铅锌,主攻矿床类型为海相(火山-)沉积岩型铁铅锌矿。

上三叠统三合洞组的浅海相碳酸盐岩夹火山碎屑岩建造是铁矿的主要含矿层,铁矿体的生成与碳酸盐岩沉积成岩和火山活动密切相关。赋矿地层有一定的厚度,火山-沉积盆地的沉积环境比较平静。已知矿床多受断裂控制,矿体被南北向的断裂夹持,近东西向的次级断层错动,使矿体不连续,呈层状或透镜状产出。较大南北向线性断裂构造旁侧、多期次隐伏岩体环形构造与线性构造相交切等部位,有利于矿床的矿化赋存、富集。

地表具含锰褐铁矿分布,铁锰矿化碳酸盐岩分布地段可形成大片Mn的分散晕,叠加有Cu、Pb、Zn的异常,往往是铁多金属矿体的赋存部位。矿体由浅部到深部分为3个矿石相带:下部为菱铁矿及少量磁铁矿组成的原生矿石相带,中部为菱铁矿、褐铁矿组成的混合矿石相带,上部为褐铁矿及少量赤铁矿组成的氧化矿石相带。如果矿体出露地表或近地表时,以褐铁矿为主,其厚度与氧化程度有关,其下部可能有原生矿;磁异常大起大落梯度陡,矿体隐伏或有一定埋深时,表现为低缓异常,因此,具有一定规模的低缓异常应引起重视。

(二) 兰坪-云龙勘查区

勘查区分布于维西县以南—兰坪县—云龙县一线,南北长约150km,东西宽约50km,面积6000km^2。勘查区内综合异常区包括兰坪金满、兰坪白秧坪、兰坪-云龙。主攻矿床类型为沉积改造型、热液脉型铜铅锌矿及沉积型钾盐矿。预测铜矿资源量2 156 597t,铅锌矿资源量7 671 328t,银矿资源量10 817.28t,钾盐矿资源量81 814.4千t。

1. 兰坪金满综合预测区

预测区位于兰坪—普洱(地块)Cu-Pb-Zn-Ag-Fe-Hg-Sb-AS-Au-盐类矿带的北部,处在兰坪(陆相)坳陷盆地中北部。主攻矿种为铜,主攻矿床类型为热液脉型铜铅锌矿。

预测区中生界中侏罗统花开左组(J_2h)上段是主要的赋矿层位。矿体主要赋存于该层位的层间破碎带及其旁侧的裂隙中。在整个兰坪盆地西矿带中,铜矿点多分布于花开左组的板岩、砂岩中,仅有少数矿点分布在其他层位中,如科登间铜矿点为Csh^3含矿,大麦地铜矿点为K_2n含矿。

金满式热液脉型铜矿所处的兰坪盆地西矿带,在空间上与西部南北向紧密褶皱带相吻合,即位于澜沧江断裂与白莽山断裂之间,北起石登以北,南至兔峨。几乎所有的铜矿床点都受断裂、破碎带、层间破碎带或背斜轴顶部之虚脱破碎带控制,后期热液改造特征极为明显。

2. 兰坪白秧坪综合预测区

预测区位于普洱中新生代上叠陆内盆地中,东邻维西陆缘弧,西接云岭-景洪弧后盆地。所在成矿区带属兰坪-普洱(地块)Cu-Pb-Zn-Ag-Fe-Hg-Sb-AS-Au盐类矿带(Ⅳ12)。

区域出露地层有中生界晚三叠系—侏罗系—白垩系红层和新生界古近系;岩浆活动仅见于陆内盆地两侧边界断裂附近,如弥沙河断裂带喜马拉雅期酸性、基性小侵入体,澜沧江断裂带燕山期花岗岩侵入体。中东部侏罗系和白垩系局部见轻微变质作用。

区域成矿作用主要受喜马拉雅期逆冲推覆构造控制,并沿兰坪-普洱盆地中轴构造两侧展布。区域内铅锌矿床(点)均沿本区中轴断裂两侧成带分布,受其次级断裂、裂隙带、褶皱层间剥离带和喜马拉雅期逆冲-推覆构造控制。大规模逆冲-推覆作用形成构造破碎带及其附近三合洞组灰岩内与之平行的裂隙系统,构造运动驱动热卤水溶液将深部地层或岩石中有用元素活化、富集,在浅部构造的有利部位和有利的岩性中定位形成矿体。

典型矿床赋矿围岩为中生代海相碳酸盐建造和古近纪膏盐建造。赋矿地质体为由以中生代海相碳酸盐-碎屑建造为主、少量新生代陆相膏盐建造组成的构造岩。

(三) 永平-巍山勘查区

勘查区分布于漾濞县、永平县及巍山县一带,南北长约100km,东西宽约70km,面积5800km^2。主攻矿床类型为热液脉型铜矿、沉积型锑矿及蚀变破碎岩型金矿。预测铜矿资源量279 763t;金矿资源量76 272kg,锑矿资源量270 787t,共(伴)生硫资源量459千t。

1. 永平厂街综合预测区

预测区位于昌都-兰坪-思茅地块之鲁史压陷盆地(Ⅷ-5-2-3)中北部,成矿区带属兰坪-普洱成矿带之兰坪-普洱(地块)Cu-Pb-Zn-Ag-Fe-Hg-Sb-AS-Au-盐类矿带(Ⅳ12)的中部西侧。

地处厂街-水泄拗断区,构造变形比较强烈,主要表现为红层的褶皱和断裂。构造线走向以近南北向为主,近北东或北北西向也较发育。受构造活动影响,区内热液蚀变广泛发育,硅化强烈,铜、钴、金、锑、铅、锌、银等矿化较为普遍,构成永平铜钴矿田。

预测区内矿化对岩性无选择。已知矿化点中,矿化围岩有泥岩、钙质泥岩、砂质泥岩、粉砂岩、细-中砂岩等。矿化地层时代从花开左组—景星组均有。因此,成矿与地层岩性无直接关系。但是,由于岩层的机械性影响着构造的发育程度,岩性对矿化有一定的间接影响。如在以断裂构造控制成矿为主时,脆性岩石易破碎,对成矿有利。在褶皱构造发育时,塑性岩石易产生剥离破碎,亦可形成较大的矿化破碎带。

燕山期(J—K)的构造作用,在使侏罗纪红色碎屑沉积岩形成大范围的北西向线状褶皱和断裂的同时,形成了浅源中温热液,构造作用给铜钴矿质的聚集和含矿热液的运移、富化提供了构造条件和通道,在断裂构造及其旁侧的次级裂隙中,形成了厂街-咱例式浅源中温热液脉型铜钴矿床。因此,三江造山系兰坪-普洱中生代上叠陆内盆地是成矿地质构造背景,燕山晚期形成的厂街-狗街褶皱带形成的褶皱、断裂是构造条件,构造作用形成的浅源中温热液,是矿质聚集、运移、富化的载体,褶皱轴部及断裂附近的裂隙和破碎带是储存和赋矿的有利部位。

2. 巍山-漾濞综合预测区

预测区位于兰坪-普洱中新生代盆地中段的紫金山复背斜中。成矿区带属于兰坪-普洱成矿带之兰坪-普洱(地块)Cu-Pb-Zn-Ag-Fe-Hg-Sb-AS-Au-盐类成矿带(Ⅳ11)。

区域成矿地质构造环境为晚古生代俯冲造山+中生代碰撞造山及构造反向+新生代陆内走滑作用。已发现扎村、茶雷村、大莲花山等中小型金矿,主要为与新生代陆内走滑作用蚀变破碎岩型金矿,次为与喜马拉雅期正长斑岩有关的斑岩型金矿。主成矿时代为喜马拉雅期。

区内主要控矿构造为紫金山复背斜核部的北北东和北北西向两组推覆-滑脱断裂构造破碎带；喜马拉雅期正长斑岩、二长斑岩与成矿关系密切，赋矿地层主要为上三叠统碎屑岩、碳酸盐岩。

3. 巍山-笔架山综合预测区

预测区位于兰坪-普洱陆块中部，兰坪盆地与普洱盆地过渡地带的三叠纪沉积区。成矿区带划归兰坪-普洱成矿带之兰坪-普洱（地块）Cu-Pb-Zn-Ag-Fe-Hg-Sb-AS-Au 盐类矿带（Ⅳ12）中部，漾濞-巍山锑、金、汞、砷多金属亚矿带。

预测区属于兰坪-思茅中生代坳陷的组成部分。晚三叠世以来燕山运动和喜马拉雅运动表现甚为强烈，褶皱、断裂发育，使区内地层形成一系列小断块，产生断陷和隆起。由于水平应力作用，沿构造弱化带造就了上三叠统三合洞组灰岩与挖鲁巴组页岩之间的层间滑动破碎带，成为该区中低温热液矿产重要的控矿和容矿构造。

上三叠统为本区锑矿成矿的矿源层之一，矿化富集部位主要是三合洞组上段页岩与下段灰岩间的区域性层间破碎带中，层位相当稳定。含矿岩系的顶板为页岩，具有渗透性差、阻滞和富集含矿溶液的特点；底板为灰岩，化学性质活泼，有利于交代作用的进行。处于北西向往东西向构造转折的部位，褶皱、断裂发育，成为本区锑矿后期改造、驱动被加热的地下水对流、循环的动能，并提供了控矿、容矿的有利空间。锑矿形成与逆冲-推覆构造带关系密切，受断裂和褶皱构造的控制明显。

（四）景东-景谷-普洱勘查区

勘查区分布于云县、景东县、景谷县及普洱市以西地区，南北长约 215km，东西宽约 25～100km，面积 11 400km²。主攻矿床类型为火山岩型、沉积型铜铅锌矿及沉积型钾盐矿。预测铜矿资源量 2 453 030t，铅锌矿资源量 723 517t，钾盐矿资源量 175 825.4 千t。

1. 云县漫湾、景谷民乐综合预测区

预测区处在兰坪-普洱成矿带的南端，位于临沧岩浆弧带（Ⅶ-2-7-2）。区域内成矿规律明显，空间分布以岛弧（陆缘弧、滞后型弧）为主，次为陆块地堑带；时间分布以印支成矿期为主；类型以火山岩型及斑岩型为主，次为矽卡岩型及沉积-改造型。区域矿产分布沿南北向断裂带呈条带状展布，与南北向构造关系密切，构造复合部位常有利于铜、铅锌矿的富集。

预测区含矿建造主要为中三叠统宋家坡组及小定西组、忙怀组火山岩，并受区域性构造和火山构造所制约，具不同的构造格局控制其成群、成带、成环分布的特点；在空间上与浅成斑岩、次火山岩共生，具结合主构造及次级断裂构造系统的展布特征。

区内目前已发现铜矿床（点）10 处，其中，中型矿床 1 处，小型矿床 2 处，矿点 7 处。

2. 思茅大平掌综合预测区

预测区位于兰坪-思茅双向弧后-陆内盆地南部西侧的大平掌陆缘裂谷带，西接澜沧江俯冲增生杂岩及临沧岩浆弧，东邻金沙江-哀牢山结合带。属于兰坪-普洱成矿带南西部之兰坪-普洱（陆块）Cu-Pb-Zn-Ag-Fe-Hg-Sb-AS-Au 盐类矿带（Ⅳ12）的中南部。

区内主要出露上泥盆统—下石炭统大凹子组火山-沉积岩及相关的次火山岩，成矿主要与火山活动有关，成矿的构造环境为晚泥盆世—早石炭世（D_3—C_1）海相火山喷发-沉积盆地及火山喷发中心地带。矿体赋存在特定的海底火山喷发-沉积旋回及相关的次火山岩中，属较典型的细碧角斑岩建造。海底火山喷发-沉积旋回及相关的次火山岩建造控制了火山岩型铜多金属矿床的形成与产出，赋存有著名的云南普洱大平掌大型铜多金属矿床。

成矿有利地段位于澜沧江东边重力高值区，强度为 -160×10^{-5}～-150×10^{-5} m/s² 之间，在剩余重力图上位于零值线附近；具典型的中基性火山岩航磁特征，强度中等，异常规模较大；航磁 ΔT 异常表

现为处于近南北向长椭圆状正异常的边缘,强度为42nT。Cu、Pb、Zn、Au等元素水系沉积物的单元素异常及其组合异常是成矿的重要标志,铜、铅、锌矿物重砂异常和高含量点对找矿有较好的指示作用。

五、义敦-香格里拉成矿带

昌都-普洱成矿带大地构造隶属于三江(造山带)成矿省(Ⅱ2),兰坪-普洱(陆块)Cu-Pb-Zn-Ag-Fe-Hg-Sb-AS-Au-石膏-菱镁矿-盐类成矿带(Ⅲ5)。以铜、钼、银铅锌多金属为主攻矿种,矿床类型主要有斑岩型-矽卡岩型铜钼铅锌矿、岩浆-热液型铅锌矿、斑岩型-矽卡岩型钼矿、海相火山岩型银多金属矿以及岩浆-热液型锡矿床,通过潜力评价共计圈定出白玉呷衣穷-白玉东山脊、普朗-红山等10个综合预测区(表5-11)。

表5-11 义敦-香格里拉成矿带综合预测区简表

编号	综合预测区名称	主攻矿种	主攻矿床类型
48	休瓦促	钼	斑岩型-矽卡岩型钼矿
49	亚杂-浪都	铜,兼顾铅锌、钼	斑岩型-矽卡岩型铜钼铅锌矿
50	普朗-红山	铜,兼顾铅锌、钼	斑岩型-矽卡岩型铜钼铅锌矿
51	雪鸡坪-阿热	铜,兼顾铅锌、钼	斑岩型-矽卡岩型铜钼铅锌矿
52	铜厂沟	钼	斑岩型-矽卡岩型钼矿
53	香格里拉麻花坪	钨、铍	斑岩型-矽卡岩型钨铍矿
54	白玉呷衣穷-白玉东山脊	银铅锌	海相火山岩型银多金属矿
55	理塘正沟	铅锌	海相火山岩型银多金属矿
56	白玉热隆-巴塘脚根玛	银、铅锌、锡	岩浆-热液型铅锌矿、锡矿
57	巴塘热郎泽-巴塘拉玛阔	银、铅锌、锡	岩浆-热液型铅锌矿、锡矿

(一)普朗-红山、雪鸡坪-阿热综合预测区

两处预测区属香格里拉(陆块)Cu-Pb-Zn-W-Mo-Au成矿带,地处普朗-沙鲁里山外火山岩浆弧带。主攻矿种为铜,兼顾铅锌、钼,主攻矿床类型为斑岩型-矽卡岩型铜钼铅锌矿床,成矿与印支末期中酸性岩体密切相关。

区内中晚二叠世—三叠纪表现为强烈拗陷,伴随了强烈的基性火山喷发活动,形成一套碎屑岩(部分具复理石建造)-碳酸盐岩-(含放射虫)硅质岩-基性火山岩(部分具枕状构造)建造;印支末期,该区为岛弧环境,中酸性—基性火山喷发活动十分发育,基本集中在上三叠统曲嘎寺组二段和图姆沟组二段,曲嘎寺组以基性岩浆活动为主,图姆沟组以中性火山岩为主。与火山喷发活动近同时或稍晚,沿格咱河断裂带形成了浅成—超浅成中酸性岩体并呈带状展布,主要岩石类型有闪长玢岩、石英闪长玢岩、(石英)二长闪长玢岩、石英二长斑岩、花岗闪长玢岩、花岗斑岩、花岗闪长岩、花岗闪长岩等。岩体基本冷凝定位后,成矿元素富集于残余热液中,以络合物形式运移,在周围环境的物理-化学条件发生变化时,分别形成斑岩型、矽卡岩型矿床,以普朗特大型斑岩型铜矿、雪鸡坪大型斑岩型铜矿、红山矽卡岩型铜多金属矿为代表,伴生铅、锌、金、银等多金属矿化,资源潜力巨大。矽卡岩型矿床仅产于曲嘎寺组的碳酸盐岩地层,形成深度相对较深;斑岩型矿床仅发育于图姆沟组,与安山岩相伴产出,表明矿床形成深度浅于矽卡岩型矿床。

燕山期,该区长期处于隆起剥蚀状态,至晚期发生的陆陆碰撞造山作用,再次发生强烈的酸性岩浆侵入活动,并产生了与之有关的钨、钼等矿化;喜马拉雅期,陆内汇聚造山作用的影响导致该区断裂构造

再次活动,发生了板内造山后走滑剪切和拉张构造环境,与之伴随富碱岩浆侵入活动,并产生了与之有关的铜、钼、金等矿化。

区域构造为红山复式背斜,发育的一系列北北西、北西向断裂控制印支期中酸性斑(玢)岩体空间展布,进而控制与中酸性岩有关的斑岩型铜矿床(点)的空间展布。激电异常(MS)总体趋势呈南北向带状展布延伸,已知矿床多分布于重力剩余($-5\sim0$值)、航磁 $\Delta T(>40)$化极异常区。化探异常是斑岩型-矽卡岩型铜矿床(点)存在的重要标志,Cu、Au、W、Mo等元素异常与铜矿床套合好,矿区外围分布Pb、Zn、Ag等元素异常。遥感解译发现线、环构造有一定影响的宽度、密度分布区是普朗铜矿床存在的有利部位。孔雀石、黄铜矿、自然铜、方铅矿等重砂异常明显,与铜多金属矿床套合好。

(二)休瓦促、铜厂沟综合预测区

预测区属香格里拉(陆块)Cu-Pb-Zn-W-Mo-Au成矿带,地处普朗火山岩浆弧带北东侧滇川交界地带。主攻矿种为钼,兼顾铅锌、铜,主攻矿床类型为斑岩型、矽卡岩型钼矿床,成矿与燕山晚期中酸性岩体密切相关,形成于义敦(格咱)岛弧带燕山晚期后碰撞造山构造环境。

预测区在印支期义敦岛弧构造背景的基础上,于燕山期发生陆-陆碰撞造山作用,晚期再次发生强烈的酸性岩浆侵入活动(主要岩类有二长花岗岩、二长花岗斑岩、花岗岩等),并形成休瓦促、热林、铜厂沟等与燕山期酸性侵入岩有关的花岗岩型钼(多金属)矿床。其基本特征为:含矿岩石属造山期后铝过饱和型正常系列岩浆花岗岩;含矿岩体具典型的岩浆花岗岩分异及蚀变分带特征,岩体由边部向中心,岩石中结构具有由细粒—中粒—中粗粒的变化特征;钼矿的形成与岩浆期后热液作用有关,矿化蚀变花岗岩及矿化石英脉蚀变分带具有由中心向外依次形成强硅化带-云英岩化带-绢英岩化、绢云母化带-钾长石化带的变化特征。地球化学异常表现为矿区以Cu异常为主,伴生Mo、W、Au等异常。赋矿岩石以Cu、Mo及部分Pb、Zn元素高度富集为特征,具有简单的Cu、Mo、W、Au元素组合,元素异常具同心浓集,水平分带明显,由内向外W、Mo(W、Bi)→Cu、Au→Ag、Pb、Zn;成矿温度从高温到中低温过渡变化,这反映成矿具有多个矿化阶段,成矿物质与岩体具有同源性,来源于下地壳。代表性矿床为:休瓦促中型蚀变花岗岩型-石英脉型钨钼矿、沙都格勒小型石英脉型钨钼矿、热林小型斑岩型铜钼矿、铜厂沟蚀变花岗(斑)岩型钼铜矿。

预测区主要控矿因素为北西—北北西向褶皱、断裂、燕山晚期酸性侵入岩及其岩浆热液蚀变形成破碎蚀变花岗岩、石英脉和外接触带的角岩及矽卡岩。

(三)白玉热隆-巴塘脚根玛综合预测区

预测区地处义敦岛弧后弧构造-岩浆带,西以得来-定曲断裂为界,东以柯鹿硐-乡城断裂为界,分别与中咱地块和昌台弧间盆地断褶带毗邻。主攻矿种为银、铅锌、锡,主攻矿床类型为岩浆-热液型银锡铅锌矿、锡矿。已知银、锡、铅锌矿床(点)15处,其中,大中型矿床5处(夏塞和砂西铅锌银矿、热隆和脚根玛锡多金属矿、措莫隆锡矿),小型矿床3处(亥隆锡多金属矿、夏隆和底勒铅锌银矿)。

岩浆热液型银锡铅锌矿与沉积建造、变形构造和岩浆侵入活动有成生联系,尤以燕山晚期至喜马拉雅期的花岗岩更为密切。矿体常产于外接触带的围岩中,小岩株常有矿床产出,大岩基不利于成矿;矿床中热隆、脚根玛、措莫隆、亥隆都处于大岩体外围的小岩株附近。岩浆侵入活动的大量热能,使围岩产生热接触变质和交代变质,角岩化和绢云母-绿泥石化蚀变带宽$2\sim5$km,岩浆期后热液形成硅化、碳酸盐化、黄铁矿化等蚀变。

燕山晚期,强烈挤压-逆冲、推覆-滑脱,使地壳叠置增厚,并使上地壳中下部含水软弱陆壳重熔。原始矿源层中的成矿元素,沿地热梯度带向高温部位迁移,于重熔再生花岗岩浆中聚集。成矿物质富集于演化晚期的富硅碱和挥发组分的残浆中,经分异作用,形成岩浆期后含矿热液流体,在岩体外接触带的张性断裂中运移沉淀形成热液脉状矿床、接触交代形成矽卡岩型矿床。预测区内燕山期—喜马拉雅期岩浆活动强烈,发育昌多阔、辛果隆巴、若洛隆、措普、绒衣措、哈嘎拉等几个大岩体及周围的花岗斑岩、花岗细晶、脉状花岗岩等,为成矿有利地段。

累计查明资源量铅313 900t,锌166 200t,银1781t,锡129 828t;预测500m以浅资源量铅176 400t、锌115 800t,银1115t,锡95 237t。

(四) 巴塘热郎泽-巴塘拉玛阔综合预测区

预测区内德来-定曲和柯鹿硐-乡城大断裂控制了昌多阔-格聂花岗岩带。北北西向边坝-然布、冷通-察青松多、郎纳-曲翁措和北东向巴塘-甘孜、北西向杂马岗-毛垭坝,近东西向波格西-哈嘎拉及格聂基底断裂控制了岩体的形态规模,断裂纵横交错使岩体的枝体发育,接触边界犬齿交错;构造体系控制了岩体的空间位置,而岩体内裂隙发育地段、岩体与围岩接触带及附近层间滑动带、离岩体较远的构造破碎带,分别控制云英岩型、矽卡岩型和充填交代脉型矿体的产出。已知有杠日隆等矿产地12处。

晚二叠世中咱地块东缘拉张裂陷,沉积海进序列的复理石建造,并有多次基性火山岩浆喷(溢)发,沉积了岗达概组,其上沉积党恩组,二者之间无明显界线标志,岩性组合为砂岩、基性火山岩、凝灰质砂岩、生物碎屑灰岩、硅质岩和含碳质千枚岩。晚三叠世卡尼期—诺利期,本区进入岛弧发育阶段,沉积曲嘎寺组和图姆沟组。曲嘎寺组底部有一层砾岩,以砂泥岩、中基性火山碎屑岩为主夹碳酸盐岩和玄武岩。图姆沟组以含凝灰质砂板岩为主夹酸性、中酸性火山岩和灰岩。上述几组地层(特别是岗达概组和图姆沟组)含矿化元素丰度值高,是铅锌银锡矿的主要赋矿层位。

燕山期—喜马拉雅期花岗岩与铅锌银锡矿化密切相关。以格聂岩体为主要代表,岩体与围岩接触面外倾,倾角35°~75°,边部常有岩枝穿入围岩中形成港湾状或齿状,内部有捕虏体。岩体内和外围有细晶岩、花岗斑岩、花岗伟晶岩、煌斑岩及石英脉等各类脉岩。伴随岩浆侵入活动与成矿作用,岩体接触带附近热接触变质形成以长英质为主的各类角岩,外围生成绢云母-绿泥石蚀变带。岩浆期后热液交代作用形成各类矽卡岩,单矿物矽卡岩(如石榴子石矽卡岩、透辉石矽卡岩)与矿化关系不大;复成分矽卡岩(如绿帘-阳起-石榴子石矽卡岩、绿泥-阳起-透辉石矽卡岩带)常与锡多金属矿化密切共生。在岩体内或接触带附近,由酸淋滤作用产生云英岩化,伴有锡石、萤石、黄玉、电气石等矿物析出,含矿热液沿构造破碎带渗滤循环,因物化条件改变矿质沉淀,伴有硅化、黄铁矿化、碳酸盐化蚀变。

预测区内区域化探Ag、Pb、Zn异常相互吻合程度较高、具有较强指示意义。其中Ag的含量介于$30×10^{-9}$~$10 500×10^{-9}$之间,平均为$193.78×10^{-9}$,剔除特异值后背景平均值为$129.08×10^{-9}$。地球化学图显示在预测区内有一条近南北向展布的Ag高值带。Pb的含量介于$4.9×10^{-6}$~$5600×10^{-6}$之间,平均为$60.2×10^{-6}$,剔除特异值后背景平均值为$30.88×10^{-6}$。Zn的含量介于$13.3×10^{-6}$~$3000×10^{-6}$之间,平均为$101.34×10^{-6}$,剔除特异值后背景平均值为$92.87×10^{-6}$。在巴塘杠日隆、拉玛阔、桑隆西、多洛青果等地有显著的局部Pb、Zn、Ag异常显示。

累计查明资源量铅103 800t、锌134 700t,预测1000m以浅资源量铅66 500t,锌85 000t,锡37 306t。

六、盐源-丽江-金平成矿带

盐源-丽江-金平成矿带大地构造属上扬子古陆块之盐源-丽江被动陆缘(Pz_2),成矿区带属上扬子(陆块)成矿省、丽江-大理-金平(陆缘坳陷)Au-Cu-Pt-Pd-Mo-Mn-Fe-Pb-Zn成矿带。以金、铜、铁、铅锌多金属等为主攻矿种,矿床类型主要有与喜马拉雅期富碱斑岩有关的金多金属矿、斑岩型铜矿、喜马拉雅期斑岩型金多金属矿、基性—超基性岩浆型镍铜矿、青白口纪基性—超基性岩浆型铁矿、与峨眉山玄武岩有关的陆相火山岩型磁铁矿、与古元古界片麻状花岗岩有关的砂矿型(风化壳型)稀土矿床。通过潜力评价共计圈定出鹤庆北衙等14个综合预测区(表5-12)。

表 5-12　盐源-丽江-金平成矿带综合预测区简表

编号	综合预测区名称	主攻矿种	主攻矿床类型
58	鹤庆北衙	金,兼顾铁、铜、铅锌、银	与喜马拉雅期富碱斑岩有关的金多金属矿
59	元阳大坪-金平长安	金,兼顾镍铜	与喜马拉雅期富碱斑岩有关的金多金属矿、基性—超基性岩浆型镍铜矿
60	祥云马厂箐	金,兼顾铜、钼	与喜马拉雅期富碱斑岩有关的金多金属矿
61	鹤庆小天井	锰矿	晚三叠世海相沉积型锰矿
62	剑川老君山	金	与喜马拉雅期富碱斑岩有关的金多金属矿
63	宾川宝丰寺	硫铁矿	喜马拉雅期岩浆热液-矽卡岩型硫铁矿
64	宁蒗白牛厂-巴打湾	金,兼顾铅锌、银、重晶石	与喜马拉雅期富碱斑岩有关的金多金属矿
65	宁蒗跑马坪-华坪马鹿塘	重晶石	产于震旦系—寒武系碳酸盐岩中的热液脉型重晶石矿
66	永胜米厘厂-白草坪	铜	与峨眉山玄武岩有关的火山岩型铜矿
67	金平阿得博	稀土	与古元古界片麻状花岗岩有关的砂矿型(风化壳型)稀土矿
68	金平棉花地	铁	青白口纪基性—超基性岩浆型铁矿
69	平川-树河	铁	陆相火山岩型磁铁矿
70	元阳哈播-绿春牛波	金	喜马拉雅期斑岩型金多金属矿
71	西范坪	铜	斑岩型铜矿

(一) 鹤庆北衙综合预测区

预测区地处上扬子古陆块之盐源-丽江被动陆缘(Pz_2),位于北西向金沙江-红河断裂带与北东向程海-宾川断裂带夹持的滇西喜马拉雅期富碱斑岩带中段的松桂-北衙岩(脉)体集中区。以金为主攻矿种,兼顾银、铅锌、铜、铁等,以与喜马拉雅期富碱斑岩型有关的金多金属矿为主攻矿床类型。

区域成矿地质背景处于印支晚期被动陆缘逆冲-推覆大型变形构造带中带范围的逆冲-推覆型向斜构造区,是云南省最重要的斑岩型金多金属矿集区,除北衙超大型金多金属矿外,还有松桂小型金矿和诸多矿化点,成矿类型均为与喜马拉雅期富碱斑岩有关的斑岩型金多金属矿床。内生主成岩成矿年龄为 34~32.5Ma。

区内主要控矿因素为喜马拉雅期高钾富碱斑岩-煌斑岩浅成—超浅成侵入体,主要控岩构造为近南北向的马鞍山断裂和隐伏的东西向断裂,控制了斑岩体、岩株和隐伏岩体的产出和分布,长期的构造岩浆活动,为矿质的聚集和沉淀提供了必要条件。由于受到喜马拉雅期多期次高钾富碱斑岩构造-岩浆-流体内生成矿和沉积-表生外生成矿作用的叠加、复合,形成多种成矿类型:包括斑岩体内的爆破角砾岩型及岩体内外接触带型,以及围岩中构造破碎带、裂隙带中的构造蚀变岩型,还有第三纪山间盆地河湖沉积和第四纪表生残坡积、岩溶洞穴堆积型,等等。

据最新勘查成果,北衙金多金属矿床累计探明金资源量已达 190t,突破超大型规模,共生铁资源量 5280 万 t,铜资源量 20 万 t,银资源量 2945t,铅锌资源量 129 万 t;从预测资源量来看,尚有 200 余吨金矿的找矿资源潜力,共伴生银、铅锌、铜、铁矿的找矿潜力也非常巨大。

(二) 元阳大坪-金平长安综合预测区

预测区地处扬子陆块西缘金平断块中南部,产于甘河断裂与三家断裂所夹持的三角形断块,并跨越甘河断裂与藤条河断裂夹持的条形断块内,受北西向的三家断裂、甘河断裂、金河断裂、藤条河断裂及金平-大坪断裂共同控制和影响。以金为主攻矿种,兼顾镍、钼、铜等,以与喜马拉雅期富碱斑岩有关的斑岩型金多金属矿床和与二叠纪基性—超基性岩浆活动有关的岩浆型镍铜矿为主攻矿床类型。

预测区属于喜马拉雅期陆内走滑-拉分断裂叠加改造作用于印支晚期甘孜-理塘碰撞造山带向西挤压缩短前陆盆地逆冲-推覆变形构造前锋带上。区内金矿主要产于脆性破碎带中，与喜马拉雅期富碱斑岩和沿断裂带贯入的基性—超基性、酸性、中酸性、中碱性岩浆岩及脉岩类（喜马拉雅期）关系密切；赋矿围岩地层多样，时代跨度大，上三叠统歪古村组、高山寨组、中上志留统康廊组、下奥陶统向阳组等，都是成矿有利地层。区内发育基性—超基性类的辉绿岩、辉长岩、橄榄辉石岩、辉石岩、橄榄岩、苦橄岩、玄武岩等，岩浆期后，与镍铜成矿密切相关。

目前该区已发现大型金矿床2处（大坪、长安）、中型镍铜矿床1处（白马寨），小型金、铜、钼矿床数处；累计探明金资源量近100t，镍资源量65 506t，铜资源量76 960t；从预测资源量来看，尚有400余吨金矿和近30万t镍矿的找矿资源潜力。

（三）祥云马厂箐综合预测区

预测区地处上扬子古陆块之盐源-丽江被动陆缘（Pz_2），位于北西向金沙江-红河断裂带与北东向程海-宾川断裂带夹持的滇西喜马拉雅期富碱斑岩带南段的祥云县马厂箐岩体集中区。以金为主攻矿种，兼顾铜、钼，以与喜马拉雅期富碱斑岩有关的金多金属矿为主攻矿床类型。

预测区属于陆内喜马拉雅期构造-岩浆造山区成岩成矿构造环境类型，并以高钾富碱超浅成斑岩-热液内生型成岩成矿构造环境为特点，也是重要的斑岩型金多金属矿集区之一，除马厂箐大型金铜钼多金属矿外，还有白象厂、笔架山等小型金多金属矿床和诸多矿化点，成矿类型均为与喜马拉雅期富碱斑岩有关的金多金属矿床。

区内主要控岩构造为北东向程海-宾川断裂带南段的响水断裂及其次级构造，控制了斑岩体、岩株和隐伏岩体的产出和分布，长期的构造岩浆活动，为矿质的聚集和沉淀提供了必要条件。主要控矿因素为喜马拉雅期高钾富碱斑岩-煌斑岩浅成—超浅成侵入体和斑岩内、外接触构造破碎带及围岩中的构造破碎蚀变岩带，含矿围岩主要为浅变质古生界下奥陶统向阳组（O_1x）和中上志留统康廊组（$S_{2-3}k$）碎屑岩-碳酸盐岩。金矿主要产于远岩体的构造破碎带中，多呈透镜状-大脉状产出；铜钼矿主要产于斑岩体内、外接触带，多呈细脉浸染状或网脉状产出，少量呈大脉状产出。

目前该区已发现大型金矿床1处（马厂箐）、中型钼铜矿床1处，小型金、铜、钼矿床数处；累计探明金资源量已超过26t，钼资源量54 793t，铜资源量44 615t；从预测资源量来看，尚有200余吨金矿的找矿资源潜力。

（四）宁蒗白牛厂-巴打湾综合预测区

预测区地处上扬子古陆块之盐源-丽江被动陆缘（Pz_2），位于北西向金沙江-红河断裂带与北东向程海-宾川断裂带夹持的滇西喜马拉雅期富碱斑岩带北段宁蒗-永胜岩体（脉）集中区。区内主攻矿种为金矿，兼顾银、铅锌、重晶石矿；主攻矿床类型为与喜马拉雅期富碱斑岩有关的金多金属矿。

预测区属于前陆逆冲-推覆变形构造带经喜马拉雅期主、次级陆内走滑-拉分构造断裂联合叠加改造作用，形成以构造-高钾富碱浅成—超浅成岩浆-流体作用为特征的成矿构造环境，形成与喜马拉雅期富碱斑岩有关的金多金属矿床。区内主要控岩构造为北东向程海-宾川断裂带及其次级构造，控制了斑岩体、岩株和隐伏岩体的产出和分布，长期的构造岩浆活动为矿质的聚集和沉淀提供了必要条件。主要控矿因素为喜马拉雅期高钾富碱斑岩-煌斑岩浅成—超浅成侵入体和峨眉山玄武岩；控矿构造主要为峨眉山玄武岩组与阳新组层间断裂构造破碎蚀变带（不整合接触面）和浅成富碱斑岩（脉）接触构造破碎蚀变带；含矿围岩主要为上二叠统峨眉山玄武岩组火山岩和下二叠统阳新组（P_1y）灰岩及部分角砾灰岩、碎裂灰岩。与成矿有关的碱性斑岩群同位素测年均为喜马拉雅期。

目前已发现小型金多金属矿床2处，重晶石矿点1处。查明金资源量3448kg、银资源量36t、铅锌资源量16 971t；从预测资源量来看，尚有近40t金矿的找矿资源潜力。

（五）金平棉花地综合预测区

预测区夹于北西向金沙江-哀牢山断裂带与红河断裂带之间，地处上扬子古陆块哀牢山结晶基底断块最南端，东、西分别与个旧断块和金平断块毗邻。成矿区带划归丽江-大理-金平 Au-Cu-Ni-Pt-Pd-Mo-Mn-Fe-Pb-Zn 成矿带和点苍山-哀牢山 Cu-Fe-V-Ti-宝玉石矿带。该区主攻矿种为铁矿，主攻矿床类型为青白口纪基性—超基性岩浆型铁矿。目前已发现中型铁矿床1处，查明铁矿资源量2000余万吨，从预测资源量来看，尚有近2亿t铁矿的找矿资源潜力。

哀牢山断块南端构造线总体呈北西-南东向展布，受金沙江-哀牢山断裂带与红河断裂带控制及影响的派生次级同向断裂发育，如新寨-勐坪、桥头、马鞍底断裂等；褶皱为大寨背斜北翼之棉花地向斜。断块区内广泛出露古元古界哀牢山岩群阿龙岩组（Pt_1a）、小羊街岩组（Pt_1x）、青水河岩组（Pt_1q），由黑云母片岩、大理岩、片麻岩和片状花岗岩组成。在哀牢山岩群中，有酸性岩体和基性、超基性岩体侵入，酸性岩体以勐平岩体为代表，岩性为角闪花岗片麻岩；基性、超基性岩体，北从元阳，南至中越边境，在长达52km范围内有10多个基性、超基性杂岩体侵位于哀牢山岩群中，岩体出露面积大小不等，大的可达10km^{2}以上，小的仅100m^{2}左右。岩体长轴方向与区域构造线、片理、片麻理方向一致，各个岩体的岩石均已变质，其中超基性岩已变质为变余辉石岩，基性岩变质为长石闪石片岩。成矿与海西期铁质基性—超基性侵入体有关，形成岩浆融离型钒钛磁铁矿，在棉花地及马鞍底等地一带构成较具规模的矿床(点)。

根据原云南省地质厅第十五地质队1960—1963年在金平棉花地开展1:1万～1:5千地面磁法工作，圈定的地磁异常均与含铁矿杂岩体对应，异常强度大，部分地磁异常地表未见铁矿露头，经验证磁异常由隐伏磁铁矿引起，但这类磁铁矿体埋深不大且不连续。

（六）金平阿得博综合预测区

预测区位于上扬子古陆块西南缘的哀牢山结晶基底断块内。哀牢山结晶基底断块呈北西向狭长楔形条带夹持于元江、哀牢山两区域性壳幔断裂带间，分别与华南陆块、楚雄内陆盆地及维西-绿春陆缘弧带为邻，南延出境。该区主攻矿种为稀土矿，主攻矿床类型为与古元古界片麻状花岗岩有关的砂矿型（风化壳型）稀土矿。

区域出露地层主要为变质较深的哀牢山岩群各岩组及第四系全新统松散堆积。哀牢山岩群主要岩性组合为浅灰色、深灰色、灰白色黑云斜长片麻岩、黑云角闪斜长片麻岩、角闪斜长变粒岩、黑云斜长变粒岩，少量石英二云片岩、黑云片岩、斜长角闪片岩及斜长角闪岩，变质达角闪岩相。

区内岩浆活动强烈，主要为大面积出露的元古宙黑云二长花岗岩，呈岩株、岩枝状产出，另有少量花岗斑岩侵入于哀牢山群，并由于构造变动和演化，伴有程度不同的区域变质作用产生。元古宙花岗岩是区内稀土矿的成矿母岩，岩体展布受区域性构造格架的控制，由侵入于哀牢山深变质岩群中的数十个大小不等的岩株、岩枝状岩体组成的岩体群，沿北西-南东向展布，面积140余平方千米。较大的岩体主要分布于阿得博、魁河、水井湾等地。

富含独居石、磷钇矿的花岗岩体出露于地表，经风化淋滤在岩体风化壳内稀土元素和矿物进一步富集形成"阿德博式"风化壳型稀土矿。控矿条件为含独居石、磷钇矿较高的花岗岩，印支期—燕山期沿哀牢山断裂元古宙结晶基底逆冲-推覆和抬升定位，裂隙发育，加上湿热气候、平缓山坡、茂密森林，风化壳发育和保存条件好，形成风化壳堆积型稀土矿。化探异常显示稀土元素镧、钇带状异常，与花岗岩体的分布及构造的展布方向基本一致。常分布出现在矿区外围的稀土矿物重砂异常，矿物组合一般由独居石、磷钇矿、锆石、金红石等组成，是比较理想的找矿指示矿物。

目前该区已发现中型稀土矿床1处，查明稀土资源量7000余吨，从预测资源量来看，尚有2万余吨稀土矿的找矿资源潜力。

（七）平川-树河综合预测区

预测区地处盐源-丽江台缘坳陷北段东缘与康滇隆起中段西缘的结合部。金河-箐河深断裂带是隆起与坳陷的构造分界线,呈南北向纵贯全区,沿该断裂带有二叠纪海相峨眉山玄武岩喷溢和基性、超基性岩侵入。与之平行的区域性南北向断裂和较大规模东西断裂交汇处,海西期古火山口发育,在矿区北端及南端,有矿山梁子和牛场两个古火山口,在火山口附近有较多的玄武质熔结火山角砾熔岩。另外,根据遥感资料推断出8个古火山口:苦荞地、烂纸厂、陈家老林、干河沟、小村沟、寨子梁、小沟、尖山子。

在基性火山活动晚期,基性—超基性侵入活动形成大板山苏长辉长岩-辉绿辉长岩复合岩床、牦牛山辉长岩-辉绿辉长岩复合岩床和大杉树辉长岩-闪长岩复合岩床,以及苦橄(玢)岩和辉绿玢岩侵入岩(脉),与峨眉山玄武岩属同源不同相的产物。在南北向构造岩浆带中,已有矿山梁子、牛场、苦荞地、道坪子、烂纸厂、马老大梁子等中、小型铁矿床分布。

预测区内已圈定1:2.5万地磁异常5个,其中4个异常已验证为矿致异常。仅有风箱口的磁异常尚未验证,该异常位于峨眉山玄武岩分布区,由多个次级异常组成,呈北东向断续分布,面积2.5km²。强度为300~500nT。磁异常较宽缓,北西侧有强度不大的负异常,航磁在此处表现为平缓的正磁场,强度约100nT。与烂纸厂异常相似,找矿潜力大。

19个铁矿产地有8个经普查、详查、勘探,累计查明铁矿石59 403.2千t。平川-树河铁A类综合预测区,1000m以浅预测资源量60 398.9千t,2000m以浅预测资源量81 580.4千t。

(八) 西范坪综合预测区

预测区地处盐源坳陷盆地西部。区内断裂构造发育,有北西、北东、南北、东西方向4组成矿前断裂构造;北西向与北东向组为共轭断裂,西部的南北向断裂构造尤为发育。其中,北东向深断裂为钙碱性岩浆上侵主要通道,斑岩群夹持在4组断裂的密集地段,斑岩体分布在次级断裂交汇地带,为斑岩体侵位的控岩构造。而隐爆碎裂岩筒、次级断裂破碎带及节理、裂隙构造,是贮矿空间和含矿热液富集有利部位。

区内出露地层有三叠系青天堡组砂岩、砂砾岩、页岩;上二叠统黑泥哨组砂岩、页岩夹泥岩;峨眉山玄武岩组致密状、斑状、杏仁状玄武岩夹凝灰质砂岩、页岩;上三叠统盐塘组粉砂岩、夹泥灰岩。其中青天堡组、黑泥哨组为斑岩体侵入主要层位,也是砂岩型铜矿的含矿岩系。

区内出露斑岩体130个,大小不一。最大为1.65km²,一般0.2~0.4km²,最小仅0.0003km²。岩体以石英二长斑岩为主,次为石英正长斑岩,少许闪长玢岩、煌斑岩等。为被动式浅成—超浅成侵入相,据K-Ar法年龄测定属喜马拉雅造山期成岩(51~31Ma)。区内有6次岩浆侵入,部分岩体形成复式岩体,具多期次脉动侵入特征。多期次岩浆侵入,产生黑云母化、钾长石化、硅化、绢云母化、方解石化、绿泥石化、阳起石化、蒙脱石-伊利石化等热液蚀变。蚀变从岩体向外:黑云母+钾长石化→石英+绢云母+硫化物→碳酸盐+绿泥石化。

岩体外围蚀变带大致分为阳起石黑云母角岩带、阳起石绿泥石角岩带、斑点板岩带。130个岩体中有56、58、68、80号等20多个岩体有角岩带,普遍具黄铁矿(少许黄铜矿)+绿泥石+黑云母-石英或碳酸盐细脉的"青磐岩化",还可形成角岩型铜矿体。

区内斑岩型铜矿产地1处(西范坪,80号岩体)。此外54、52、56、29号等岩体具铜矿化,加上物化探异常、角岩等蚀变,确定了20余个含矿岩体。

预测区的激电异常有21个,其中与铜矿化斑岩有关的11个,激电异常均产生在矿化岩体或周边上,显示出中等视极化率(3%~5%)的特征。未开展勘查的含矿复式斑岩体有20余个,找矿资源潜力较大。

预测区内累计查明Cu资源量140 300t,6个最小预测区共预测资源量282 600t(500m以浅222 500t,1000m以浅282 600t)。

七、墨江-绿春成矿带

墨江-绿春成矿带大地构造属于西金乌兰湖-金沙江-哀牢山结合带(Ⅶ-4)之哀牢山蛇绿混杂岩(C—P)(Ⅶ-4-3)。成矿区带属于三江(造山系)成矿省(Ⅱ2)之墨江-绿春(火山弧)成矿带(Ⅲ6)、哀牢山

(结合带/小洋盆)Au-Cu-Mo-Cr 成矿带（Ⅳ14）。以金为主攻矿种，主要矿床类型为与脆-韧性剪切带有关的蚀变破碎岩型金矿。通过潜力评价圈定出墨江-绿春1个综合预测区（表 5-13）。

表 5-13　墨江-绿春成矿带综合预测区简表

编号	综合预测区名称	主攻矿种	主攻矿床类型
72	墨江-绿春	金、镍矿	剪切带型（蚀变破碎岩型）金矿、风化壳型镍矿和基性—超基性岩体（硫化物）型镍矿

墨江-绿春综合预测区

预测区地处西金乌兰湖-金沙江-哀牢山结合带（Ⅶ-4）之哀牢山蛇绿混杂岩（C—P）（Ⅶ-4-3）中，夹持于北西向哀牢山断裂和九甲-安定断裂之间。属于墨江-绿春成矿带之哀牢山（结合带/小洋盆）Au-Cu-Mo-Cr 矿带（Ⅳ14）。主攻矿床类型为蚀变破碎岩型金矿、风化壳型镍矿和基性—超基性岩体（硫化物）型镍矿，兼顾基性—超基性岩浆岩型铬铁矿。预期探获金 50t，镍 100 000t。

区域成矿地质构造环境为印支晚期含蛇绿岩构造混杂岩带＋喜马拉雅期陆内走滑-拉分-压扭性构造体系＋喜马拉雅期富钾碱性斑岩岩浆-流体作用"三位一体"，是云南省最重要的金矿集区。除老王寨超大型金矿、金厂大型金矿外，还有小勐真、双沟等小型金矿和诸多金矿（化）点，成矿类型均为与脆-韧性剪切带有关的蚀变破碎岩型金矿，其成矿时代为 51.8~36.1Ma，相当于始新世（E_2）。

区内主要控矿因素为北西向强应变、脆性、脆塑性构造岩剪切构造带，海西期—喜马拉雅期的煌斑岩、中酸性岩类和基性—超基性岩利于成矿，含蛇绿岩构造混杂岩浅变质岩带（古生代）中强应变的 D、C 构造岩石单元和超基性—基性岩构造岩片。

八、甘孜-理塘成矿带

该成矿带受甘孜-理塘构造带控制。以金、铜多金属为主攻矿种，主要矿床类型有与侵入岩有关的热液型金矿、斑岩型铜矿、矽卡岩型锡矿床。通过潜力评价圈定出木里梭罗沟-木里俄堡催等 6 个综合预测区（表 5-14）。

表 5-14　甘孜-理塘成矿带综合预测区简表

编号	综合预测区名称	主攻矿种	主攻矿床类型
73	德格普马村-德格拉斯	金	与侵入岩有关的热液型金矿
74	石渠丹达-德格昌达沟	铜、锡	与燕山期花岗岩相关的斑岩型铜矿、矽卡岩型锡矿
75	德格蒲箐沟-甘孜德拉	金	与侵入岩有关的热液型金矿
76	新龙雄龙西-理塘尼阔隆洼	金	与侵入岩有关的热液型金矿
77	理塘冬祖-木里芒多	金	与侵入岩有关的热液型金矿
78	木里梭罗沟-木里俄堡催	金	与侵入岩有关的热液型金矿

（一）木里梭罗沟-木里俄堡催综合预测区

预测区位于甘孜-理塘构造带南段，主攻矿种为金，主攻矿床类型为与侵入岩有关的热液型金矿，梭罗沟金矿为产于该综合预测区内的典型矿床。

该类型金矿受甘孜-理塘构造带特定的成矿条件所控制，与构造带内特定的层位、岩性及次级构造密切相关。据初步分析，梭罗沟金矿的 Au-As 元素组合、地层、构造为主要控矿因素。上三叠统瓦能组中的凝灰岩段及玄武岩段（少量）为金矿的形成提供了丰富的物质基础，是"矿源层"。近东西向断裂构造为成矿热液运移提供了良好的通道和矿液沉淀的场所，既是导矿断裂，亦是容矿断裂。同时多期次、多阶段和多类型的构造变形、变质作用和岩浆活动为金矿的形成提供了有利的成矿地质背景。

在甘孜-理塘结合带区域化探异常均显示金元素的低缓异常为特征，说明金的地球化学背景值较低，但其变异系数大，表现为极不均匀分布，有显著的集中富集趋势，尤其是结合带内晚三叠世基性火山岩、凝灰岩及蚀变超基性岩等都是Au的重要含矿岩石。在本带内以Au为主的Au、Ag、Hg、As组合异常可作为金矿床的判别标志。

(二) 德格蒲菁沟-甘孜德拉金矿综合预测区

该预测区位于甘孜-理塘结合带北段，行政区划属甘孜藏族自治州德格县、甘孜县。

区内基性火山岩、灰岩及三叠系岛弧火山岩、碎屑岩和碳酸盐岩等岩块混杂，韧脆性剪切带控矿，代表性矿产地有甘孜嘎拉金矿床、德格错阿金矿床等，以及德格昂吉卡、绒直柯等金矿（化）点产地。主要勘查矿床类型为梭罗沟式岩浆热液型金矿。

蛇绿混杂岩为理塘蛇绿岩群，并进一步分为上、下两部分，即瓦能蛇绿岩组和卡尔蛇绿岩组。据区调资料对比后将其归属于理塘蛇绿岩群瓦能蛇绿岩组，根据岩性组合、沉积相和沉积环境特征，其划分出5种类型，其中4种类型属于构造岩石地层体（木诺型、孔萨型、青羊坪型和笨得古型），各类型之间为断层构造接触。根据矿产产出层位分析，矿产主要产在嘎拉型和孔萨型第二岩组。

区内的控矿构造主要为北西向构造，其中，嘎拉矿床（中）、格里弄矿点受嘎拉脆-韧性剪切带控制，德拉矿床（小）受笨得古剪切带控制。与成矿有关的蚀变主要有剪切构造蚀变带、碳化泥化带、铁染蚀变带。其中构造蚀变带以印支期—燕山期脆-韧性剪切构造蚀变带与成矿关系最为密切。

据区域1:20万地球化学水系测量成果，区内Au、As、Sb、Hg综合异常与已知矿产吻合高，有较好的指示作用。经潜力评价，累计查明金资源量10 867kg，500m以浅预测金资源量为24 871.74kg。

(三) 石渠丹达-德格昌达沟综合预测区

预测区大地构造位置属义敦-沙鲁里岛弧之德格-乡城弧火山盆地带，行政区划属甘孜藏族自治州石渠县、德格县。主要勘查矿床类型为昌达沟式斑岩型铜矿、硐中达式锡矿。已知矿产地主要有硐中达锡矿床（中型）、身小基岭（小型）和苋宗陇（小型）锡铜多金属矿床，昌达沟斑岩Cu（Au）矿床（中型），旦达日瓦多金属矿点，柯日措银、铜矿点。

昌达沟铜矿围岩地层为上三叠统拉纳山组（T_3l），该组为富含植物化石滨海—浅海相碎屑岩，岩性长石石英砂岩、石英砂岩、粉砂质绢云板岩。矿区位于北西向赛布柯断层与北西西向俄支-竹庆断裂带之间的改巴-勒溶复式向斜北东翼次级褶皱带内，岩体及矿化与额龙-昌达沟次级背斜轴部及近轴部发育的断层破碎带有关。昌达沟地区已发现燕山早期浅成—超浅成花岗闪长斑岩侵入岩体126个，其中含铜斑岩体30余个，多成群（带）沿北北西断裂带侵入于拉纳山组砂板岩中。昌达沟矿区内仅出露花岗闪长斑岩体2个，无同位素测年资料，据区调资料类比，K-Ar法同位素年龄值为164.1Ma左右。

昌达沟岩体没有岩石化学成分分析资料，与相邻地区额龙、则日同类岩体、西藏玉龙、云南雪鸡坪、马厂箐等地含铜斑岩化学成分对比，认为昌达沟地区斑岩酸度（SiO_2）、碱度（K_2O+Na_2O）均低，岩石类型偏中性、属闪长岩类。与相关玉龙含铜斑岩比较，昌达沟地区花岗闪长斑岩体轻稀土过低、Ce有明显负异常（12.4×10^{-6}）、重稀土偏高，其岩浆源区应为富Cr源区。昌达沟斑岩体Th含量（3.5×10^{-6}～10.6×10^{-6}）低于玉龙斑岩体（20×10^{-6}）和雀儿山斑状闪长岩体（26.7×10^{-6}），从Th、Ta、Hf关系粗略判别岩浆源于大陆边缘地幔或下地壳。

围岩蚀变主要有钾化（钾长石化、黑云母化）、绿泥石化、帘石化、硅化、绢云母化、碳酸盐化、高岭土化等。蚀变范围几米至二十米，最宽达百余米。各种蚀变相互重叠而分带不明显，呈面状蚀变。从岩体内→接触带→围岩大致可分为两带，钾化带分布于岩体及内接触带，带内还有绿泥石化、帘石化、硅化、碳酸盐化、绢云母化、高岭石化等；硅化带-岩体围岩（砂岩、板岩）以较强的硅化为主，此外还有绢云母化、碳酸盐化、高岭土化、绿泥石化等，无钾化。

矿床位于航磁 ΔT 和化极垂向一阶导数北西向负异常中。布格重力异常位于向北东减小重力场负异常中。剩余重力异常位于平稳负异常中($-1\times10^{-5}\sim0m/s^2$)。综合推断矿床与酸性侵入岩相关。

铜中达式矽卡岩型锡矿,成矿母岩为燕山晚期斑状二长花岗岩,赋矿岩石为上三叠统曲嘎寺组矽卡岩,矿床成因类型为接触交代矽卡岩型锡矿。燕山晚期斑状二长花岗岩(K-Ar法同位素年龄值:111.5~86.9Ma)具似斑状结构,斑状结构,块状构造,局部具糜棱构造;赋矿岩性为石榴石矽卡岩、透辉石矽卡岩、石榴石透辉石矽卡岩、绿帘阳起石榴石矽卡岩,具半自形—他形粒状变晶结构,溶蚀交代结构,浸染状构造,网脉状构造,斑点状构造等。

接触交代矽卡岩型锡矿矿物组合,金属矿物主要为锡石、黄锡矿、黄铜矿、磁铁矿、黄铁矿、磁黄铁矿;次要有斑铜矿、孔雀石、铜蓝、辉铜矿、方铅矿、闪锌矿、褐铁矿等。脉石矿物有石榴石、阳起石、石英、透闪石、方解石、绿泥石、萤石、透辉石等。

蚀变类型为高温气液蚀变,主要有矽卡岩化、角岩化、大理岩化;中低温气液蚀变:黝帘石化、绿泥石化。蚀变带宽10~700m。

经潜力评价,累计查明铜资源量29 200t,锡资源量515t,综合预测区500m以浅铜预测资源量169 200t、锡预测资源量161 056t。

第三节 勘查工作部署建议

一、部署原则

(一)思路

以科学发展观为统领,坚持"全力支撑能源资源安全保障、精心服务国土资源中心工作"定位,统筹规划和部署中央、地方财政和商业性勘查等多元资金的地质工作,积极落实"公益先行、商业跟进、基金衔接、整装勘查、快速突破"地质找矿新机制,以支撑找矿突破战略行动为核心,围绕"东特提斯成矿带大型资源基地调查工程"目标任务,开展西南三江地质矿产调查工作。

以建立国家级战略资源接续基地为目的,主要围绕藏东铜多金属资源基地、滇西北铜铅锌资源基地、北衙-哀牢山金资源基地、滇西南铅锌钨锡有色金属资源基地、南澜沧江铜铅锌资源基地,开展1:5万区域地质调查、1:5万矿产地质调查、1:5万资源潜力评价,推动整装区和矿集区的矿产勘查评价;同时开展西南三江成矿带重要找矿远景区地质矿产调查的成果集成,在重大构造事件及其成矿制约、重大岩浆事件及其成矿作用、特提斯演化研究等方面取得新突破。

(二)部署原则

坚持统筹规划,推进基础调查。围绕建立国家级战略资源接续基地的目标,科学规划重要找矿远景区,统一部署1:5万区域地质调查和矿产地质调查工作,为评价重要矿产资源潜力提供基础地质资料和成矿信息。

坚持创新机制,加强矿产勘查。充分发挥市场机制的作用,调动社会各方面积极性,以财政资金为先导,鼓励社会资金加大投入开展矿产勘查。按照整装勘查实施方案和矿业权设置方案,强化项目管理,加大各类资金投入力度,矿产资源勘查所在的地方政府努力营造良好的外部环境,形成政府、企事业单位和社会各方面共同推进找矿突破的有利局面,大力推进整装勘查工作。

坚持科技引领,支撑找矿突破。依托找矿远景区的地质矿产调查、矿集区的资源潜力评价、整装勘查区的找矿预测和重大地质问题区的专项调查,开展成矿作用和控制因素研究。以优势矿种为重点,建立成矿模式和找矿模型,为商业矿产勘查提供技术指导,助推实现整装勘查预期成果,支撑找矿突破战略行动计划。

坚持理论创新,加快成果转化。依托国家找矿专项,建立产学研联合攻关机制,大力加强成矿规律和找矿技术方法研究,创新地质理论和勘查方法组合,加快科技成果转化应用,提高矿产资源勘查评价的工作效率和成果显示度。

(三) 目标任务

1. 总体目标任务

(1) 以铜、铅锌、金、银、铁、锡多金属等为主攻矿产,以斑岩型铜矿、矽卡岩型铁(铜)铅锌矿、沉积-改造型银铅锌矿、海相火山岩型铜(银)多金属矿、层控热液型铅锌矿、云英岩-矽卡岩型锡矿、构造蚀变型和斑岩型金矿等为主攻矿床类型,以西南三江成矿带内的找矿远景区、重要矿集区和整装勘查区为重点,开展1:5万区域地质调查和矿产地质调查,基本查明成矿地质背景和成矿条件;提交一批可供进一步开展工作的找矿靶区和新发现矿产地。

(2) 在重大地质问题区开展成矿环境、构造、沉积、岩浆等专项调查,指导地质找矿;在重要矿集区开展1:5万矿产资源潜力评价研究,摸清资源家底,预测资源潜力。利用地质找矿新机制,引导商业性勘查投入和基金衔接,开展整装勘查区和重要矿集区的矿产勘查评价,以期实现西南三江成矿带地质找矿工作的新突破,助推西南三江地区形成国家级大型铜、铅锌、金多金属矿资源基地。

(3) 提升地质调查工作水平,促进地学科技创新。在西南三江成矿带特提斯演化与成矿、新生代大型走滑与陆内变形等大陆动力学问题,大型—超大型铜、铅锌、金等矿产勘查技术方法组合方面取得原创性成果。

(4) 实现业务结构合理调整,促进人才队伍建设与培养,培养一批有影响力的区域地质及矿产地质专家,构建较为完善的基础性公益性地质矿产调查核心业务体系。

2. 近期目标任务

(1) 至2018年,重点开展1:5万区域地质矿产调查(地质图115幅,矿产图20幅),显著提高西南三江成矿带重要找矿远景区的地质工作程度。力争实现找矿重大新发现,圈定找矿靶区30处、提交新发现矿产地10处。

(2) 以"十二五"成果为基础,开展铜、金和铅锌矿集区的1:5万资源潜力评价与找矿预测,提交可供进一步评价的勘查靶区。

(3) 通过对西藏自治区加多岭地区富铁矿、云南香格里拉格咱地区铜多金属矿、云南鹤庆县北衙金多金属矿、云南保山-龙陵地区铅锌矿、云南镇康芦子园-云高井槽铁铅锌多金属矿、云南腾冲-梁河地区锡多金属矿6个整装勘查区的持续评价,实现铜、铅锌、金、铁、锡等矿产资源地质找矿新的突破。

(4) 重要找矿远景区成矿规律和整装勘查区矿产勘查技术方法研究取得初步进展。

(四) 预期成果

(1) 在"十三五"期间实现地质找矿重大新发现,圈定找矿靶区50处,提交可供进一步评价的勘查靶区10处,提交新发现矿产地20处。

(2) 立足整装勘查,积极拓展新区,拉动商业矿产勘查,新增资源量($333+334_1$)铜1000万t,铅锌1000万t,金200t,锡50万t,铁矿石1亿t。

(3) 助推形成3个国家级资源基地:滇西北千万吨级铜多金属矿资源基地、滇西千万吨级铅锌矿资源基地、北衙-哀牢山千吨级金资源基地。

二、基础地质调查

针对西南三江成矿带地质工作程度总体偏低的现状,着重开展1:25万航磁调查、区域重力调查和遥感地质解译,以实现中比例尺基础调查全面覆盖,初步查明西南三江地区中比例尺区域磁场和重力场背景、分布特征和分布规律,圈定航磁、重力和遥感等异常,全面提高西南三江地区的基础地质工作程度。按照轻重缓急,分阶段针对重要成矿远景区和重大地质问题区,部署开展1:5万区域地质调查工作,开展特提斯演化、构造-岩浆事件及其成矿作用等重大地质问题的研究,为推进矿产地质调查和勘查评价提供基础地质支撑。

1. 1:25万区域重力调查

自2016年开始,分阶段在藏东、滇西及川西等地区部署开展1:25万区域重力调查项目。到2020年,实现完成西南三江地区1:20万～1:25万区域重力调查的全覆盖。

2. 1:25万区域航空物探调查

自2016年开始,主要在川西地区部署1:25万航空磁法测量项目,总面积约10万 km^2。到2020年实现西南三江地区1:10万～1:25万航空磁法调查的全覆盖。

3. 1:5万区域地质调查

自2016年开始,重点针对三江"蜂腰"地段、南澜沧江和藏东等地区的重要找矿远景区开展1:5万区域地质调查,拟分阶段部署图幅200个,总面积约9万 km^2(图5-1)。

三、矿产地质调查

主要围绕打造藏东铜及有色金属资源基地、滇西北铜铅锌资源基地、北衙-哀牢山金资源基地、滇西南铅锌钨锡有色金属资源基地和南澜沧江铜铅锌资源基地,部署整装勘查区、重要找矿远景区的1:5万区域地质矿产调查、1:5万矿产地质调查和1:5万资源潜力评价;加强区域成矿地质背景和成矿条件研究,总结区域成矿规律,开展重要矿产资源找矿预测,圈定重点勘查规划区和找矿靶区,为全面部署矿产勘查工作提供依据。

1. 1:5万区域地质矿产调查

衔接"十二五"地质矿产调查工作布局,至2017年完成已安排的8个1:5万区域地质矿产(综合)调查项目,包含39个区调图幅,总面积约1.76万 km^2。

2. 专项矿产资源调查评价

衔接"十二五"矿产调查评价工作布局,至2017年完成已安排的7个铜、铅锌、锡、镍多金属矿的专项矿产调查与资源评价项目。

3. 1:5万矿产地质调查

按照工作程度和成矿地质条件的差异,针对西南三江成矿带14个重要找矿远景区和6个国家级整装勘查区,分层次、按阶段部署矿产地质调查和资源调查评价工作。通过开展1:5万矿产地质填图、1:5万水系沉积物测量、1:5万高精度磁测、1:5万重力测量和1:5万矿产资源潜力评价等工作,提高矿产地质工作程度。初步查明重要找矿远景区铜、金、铅锌和锡多金属等重要矿产的成矿条件、控矿因素与分布规律,圈定物化探异常和矿化有利地段,利用大比例专项地质测量、物化探、槽探、钻探等手段,开展异常查证和矿产检查工作,评价区域成矿潜力和找矿远景,提供一批可供进一步工作的找矿靶区和新发现矿产地。

矿产地质调查工作部署考虑以下层次。

第五章 成矿潜力及找矿预测

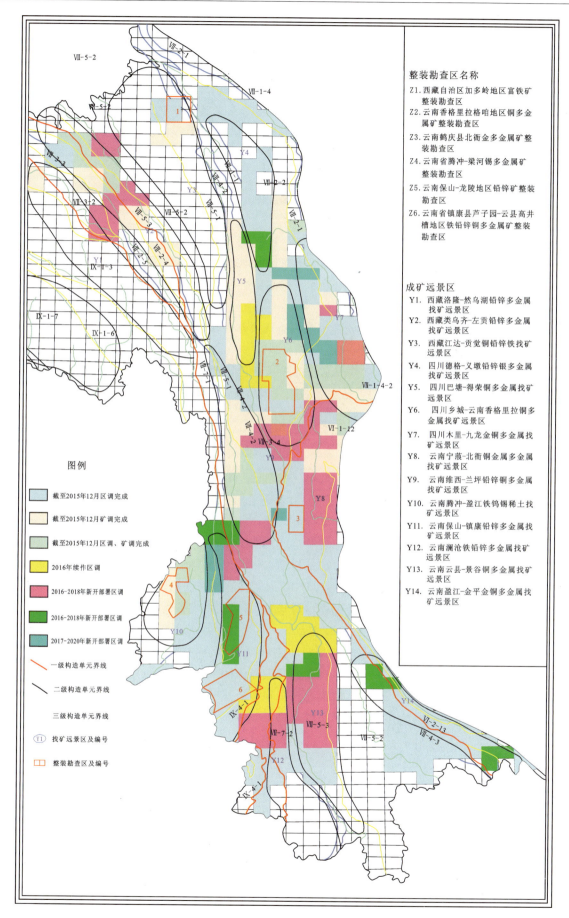

图 5-1 西南三江成矿带地质矿产调查工作部署图

第一层次整装勘查区。西南三江成矿带设立的整装勘查区,成矿地质条件好,资源潜力大,大型矿床集中,有望近期实现地质找矿的新突破。通过公益配套,在3年内完善整装勘查区地质调查等基础地质工作,开展矿产地质调查和矿产资源潜力评价,提交可供进一步工作的勘查靶区,为整体推进矿产勘查评价和实现新的找矿突破提供技术支撑。

第二层次资源基地。用5年左右的时间,针对打造西南三江成矿带重要矿产资源勘查开发基地,选择成矿条件较好、有大中型矿床分布和明显的矿化信息、基础地质工作程度相对较高的重要找矿远景区,通过开展矿产地质调查,查明成矿地质条件和主攻矿产的找矿远景,圈定找矿靶区,提交勘查靶区和新发现矿产地。

第三层次找矿远景区。用8~10年的时间,针对其他重要找矿远景区,系统开展矿产地质调查,总体提高西南三江成矿带矿产地质工作程度。

工作安排:针对划分出的14个重要找矿远景区,按照1:5万地面高精度磁法测量、重力测量、水系沉积物(土壤)测量等进行梳理统计,确定各找矿远景区的地球物理和地球化学调查等工作程度,并结合地质背景条件和成矿专属性特征,通盘考虑采用不同方法组合与技术手段,以各找矿远景区为单元,分别进行矿产地质调查的工作部署(表5-15)。

"十三五"前期(2016—2018年),在完成整装勘查区公益性、基础性工作的基础上,重点开展第二层次资源基地内的矿产地质调查工作;"十三五"后期(2019—2020年),根据社会经济发展对矿产资源的需求程度和中央财政对基础性、公益性地质工作的投入变化,按照轻重缓急,逐步启动第三层次重要找矿远景区的矿产地质调查工作。

四、重要矿产勘查

西南三江成矿带是我国铜、铅、锌、银、金、钨、锡、"三稀"等矿产资源的重要成矿带之一,区内已发现有色金属、黑色金属、贵金属和稀有金属矿产地1000余处,已查明的大型以上规模的金属矿产地达34处。其中铜、金、铅锌银、锡是区内分布的主要优势矿种,成矿条件极为优越,已知矿产资源丰富,目前设立有6个国家级整装勘查区:西藏自治区加多岭地区富铁矿整装勘查区、云南香格里拉格咱地区铜多金属矿整装勘查区、云南鹤庆县北衙金多金属矿整装勘查区、云南腾冲-梁河地区锡多金属矿整装勘查区、云南保山-龙陵地区铅锌矿整装勘查区、云南镇康芦子园-云高井槽铁铅锌多金属矿整装勘查区,已初步形成多处矿产资源基地,进一步开展矿产勘查评价,实现新的找矿突破具有广阔空间。

矿产勘查工作部署的重点地区为有望形成大型—特大型后备资源基地的矿集区,充分调动矿山企业和地勘单位的资金与技术力量,增加勘查投入,加快勘查进度,实施整装勘查,尽快实现找矿重大新突破,是形成国家级资源战略接续区和大型矿产资源开发基地的关键。西南三江成矿带重要矿产勘查工作主要围绕藏东铜及有色金属资源基地、滇西北铜铅锌资源基地、北衙-哀牢山金资源基地、滇西南铅锌钨锡有色金属资源基地、南澜沧江铜铅锌资源基地进行部署。

(一)藏东铜及有色金属资源基地矿产勘查工作部署

藏东铜及有色金属资源基地有3个找矿远景区:西藏洛然-然乌湖铅锌多金属找矿远景区(Y1)、西藏类乌齐-左贡铅锌多金属找矿远景区(Y2)、西藏江达-贡觉铜铅锌铁找矿远景区(Y3)。已探明铜资源量累计大于1000万t,其中玉龙斑岩型铜矿床金属铜资源量达650万t。矿产勘查工作部署的重点是各贡弄-马牧普地区金银多金属矿集区、玉龙地区斑岩-矽卡岩铜金矿集区和昌都地区铅锌、银多金属矿集区。

表 5-15 西南三江成矿区带重要找矿远景区矿产地质调查工作部署简表

序号	拟集中连片部署的重要远景区	面积(km²)	涉及1:5万图幅数(幅)	经度	纬度	拟部署主要工作	拟部署工作量(km²)	主攻矿种	主攻矿床类型
1	西藏洛隆-然乌湖铅锌铜多金属找矿远景区	12 700	34	95°32′00″	30°59′00″	1:5万矿产地质	16 530	铅锌、银、铜、金	岩浆热液型 沉积型(改造)型
				96°08′00″	30°53′00″	1:5万化探	16 530		
				96°58′00″	29°58′00″	钻探	10 000		
				98°31′00″	28°36′00″				
				97°09′00″	29°17′00″				
				96°00′00″	30°13′00″				
				95°32′00″	30°59′00″				
2	西藏类乌齐-左贡铅锌多金属找矿远景区	15 000	35	95°58′00″	31°44′00″	1:5万矿产地质	11 310	铅锌、锑、银钨锡	沉积改造型 岩浆热液型 接触交代型
				96°16′00″	31°54′00″	1:5万化探	11 310		
				98°28′00″	29°46′00″	钻探	30 000		
				98°38′00″	28°48′00″				
				97°57′00″	29°26′00″				
				97°42′00″	30°11′00″				
				95°58′00″	31°44′00″				
3	西藏江达-贡觉铜铅锌铁找矿远景区	22 000	62	97°40′00″	32°25′00″	1:5万矿产地质	22 000	铜、铅锌、银	斑岩-矽卡岩型 海相火山岩型
				98°33′00″	31°21′00″	1:5万高磁	22 000		
				99°00′00″	30°1400	钻探	5000		
				99°00′00″	29°10′00″		10 000		
				98°32′00″	30°51′00″				
				97°35′00″	30°09′00″				
				97°08′00″	31°24′00″				

续表 5-15

序号	拟集中连片部署的重要远景区	面积(km²)	涉及1:5万图幅数(幅)	经度	纬度	拟部署主要工作量		主攻矿种	主攻矿床类型
4	四川德格-义敦铅锌银多金属找矿远景区	13 130	29	99°00′00″	31°40′00″	1:5万地磁	11 785	铅锌、银、锡	矽卡岩型 块状硫化物型
				99°30′00″	31°40′00″	1:5万重力	5700		
				99°30′00″	31°20′00″	1:5万化探	11 785		
				99°45′00″	31°20′00″	1:5万放射性	4825		
				10°00′00″	30°40′00″	钻探	6000		
				10°00′00″	30°10′00″				
				99°45′00″	30°50′00″				
				99°00′00″	30°50′00″				
				99°15′00″	30°50′00″				
				99°30′00″	30°40′00″				
				99°45′00″	30°40′00″				
				99°30′00″	29°40′00″				
				99°30′00″	30°00′00″				
				99°15′00″	30°00′00″				
5	四川巴塘-得荣铜多金属找矿远景区	8435	19	99°00′00″	30°10′00″	1:5万地磁	1277	铜、铅锌	矽卡岩型
				99°15′00″	30°10′00″	1:5万重力	8435		
				99°15′00″	30°00′00″	1:5万化探	1277		
				99°30′00″	30°00′00″	钻探	3000		
				99°30′00″	28°30′00″				
				99°00′00″	28°30′00″				

续表 5-15

序号	拟集中连片部署的重要远景区	面积(km²)	涉及1:5万图幅数(幅)	经度	纬度	拟部署主要工作量	(km²)	主攻矿种	主攻矿床类型
6	四川乡城-云南香格里拉铜多金属找矿远景区	11 661	26	99°45′00″	29°30′00″	1:5万地磁	2699	铜、铅锌	斑岩型
				10°00′00″	29°30′00″	1:5万重力	8428		斑岩型
				10°030′00″	28°40′00″	1:5万化探	2249		
				10°030′00″	28°40′00″	钻探	3000		
				99°45′00″	27°30′00″				
7	四川木里梭罗沟-九龙金铜多金属找矿远景区	16 083	36	10°030′00″	29°10′00″	1:5万地磁	11 616	铜、金	斑岩型
				10°200′00″	29°10′00″	1:5万重力	16 083		蚀变岩型
				10°200′00″	28°10′00″	1:5万化探	9829		
				10°030′00″	28°10′00″	1:5万放射性	1788		
						钻探	3000		
8	云南宁蒗-大理金铜多金属找矿远景区	18 0′00″	40	99°45′00″	22°35′40″	1:5万化探	18 000	铁、铜、铅锌、金	斑岩型
				99°45′00″	28°42′00″	1:5万地磁	18 000		
				10°337′00″	28°42′00″	钻探	3000		
				10°337′00″	22°35′40″				
9	云南维西-兰坪铅锌铜多金属找矿远景区	12 762	28	99°00′00″	28°00′00″	1:5万地磁	4990	铜、铅锌	热液型
				99°15′00″	28°00′00″	1:5万重力	12 762		
				99°45′00″	26°40′00″	1:5万化探	4990		
				99°00′00″	26°00′00″	钻探	3000		
10	云南腾冲-盈江铁钨锡稀土找矿远景区	12 068	27	98°30′00″	25°50′00″	1:5万地磁	6887	铁、锡、稀土	矽卡岩型
				98°45′00″	25°50′00″	1:5万重力	9628		
				98°45′00″	24°30′00″	1:5万化探	7347		
				97°45′00″	24°30′00″	钻探	3000		
				97°45′00″	25°10′00″				

续表 5-15

序号	拟集中连片部署的重要远景区	面积(km²)	涉及1:5万图幅数(幅)	经度	纬度	拟部署主要工作量	(km²)	主攻矿种	主攻矿床类型
11	云南保山-镇康铁铅锌多金属找矿远景区	14 024	30	99°00′00″	25°40′00″	1:5万地磁	9893	铅锌、铁	矽卡岩型
				99°30′00″	25°40′00″	1:5万重力	9893		热液型
				99°30′00″	23°10′00″	1:5万化探	8591		
				99°00′00″	23°10′00″	钻探	3000		
12	云南澜沧铁铅锌多金属找矿远景区	7617	17	99°45′00″	24°00′00″	1:5万地磁	7617	铁、铅锌	火山-沉积型
				100°00′00″	24°00′00″	1:5万重力	7617		
				100°00′00″	22°40′00″	1:5万化探	7150		
				100°15′00″	22°40′00″	钻探	3000		
				100°15′00″	21°40′00″				
				100°00′00″	21°40′00″				
				100°00′00″	22°20′00″				
				99°45′00″	22°20′00″				
13	云南云县-景谷-景洪铜多金属找矿远景区	9445	21	100°15′00″	24°20′00″	1:5万地磁	9445	铜	火山岩型
				100°45′00″	24°20′00″	1:5万重力	9445		斑岩型
				100°45′00″	22°40′00″	1:5万化探	9445		
				100°15′00″	22°40′00″	钻探	3000		
14	云南墨江-金平金铜多金属找矿远景区	12 537	27	101°15′00″	24°10′00″	1:5万地磁	10 393	金、铜、镍、钼	蚀变岩型
				101°30′00″	24°10′00″	1:5万重力	10 393		
				103°15′00″	23°00′00″	1:5万化探	10 393		
				103°15′00″	22°40′00″	钻探	3000		
				103°00′00″	22°40′00″				
				101°15′00″	23°40′00″				

1. 昌都地区铅锌银多金属矿集区矿产勘查方向

昌都中新生代坳陷盆地的形成,亦即是盆地内中低温热液型多金属矿床的形成发育过程。在燕山晚期—喜马拉雅期强烈陆内汇聚挤压的构造背景下,昌都盆地及邻区产生了强烈的陆内汇聚构造变形和变位,地壳结构构造和物质组成发生的又一次大规模改造、调整和重组,而成为最重要成矿期。强烈的逆冲-推覆、走滑-剪切等是最主要的构造作用形式,并由此控制着地壳表层成矿流体系统的运动,而成为流体成矿作用最为重要的成矿要素。近年来,盆地内的矿产资源评价工作取得较大进展,已发现俄洛桥 AS-Hg 矿床、都日 Ag-Pb 多金属矿床、拉诺玛 Pb-Zn-Sb 矿床、错纳 Ag-Pb-Zn 多金属矿床等,矿体赋存于上三叠统波里拉组角砾状灰岩中,展布严格受波里拉组碳酸盐岩控制。

2. 玉龙地区斑岩-矽卡岩铜金矿集区矿产勘查方向

在昌都微陆块东缘新生代时期形成的隆起区或隆拗结合处,已发现喜马拉雅期斑岩体百余个,可分为两个斑岩带。东带为玉龙含矿二长花岗斑岩带,位于贡觉盆地西缘,北起青海省纳日贡玛,经日胆果、夏日多、玉龙、马拉松多,抵南部马牧普,长达 200 余千米,以发育斑岩型铜(钼)矿床为特征(芮宗瑶等,1984;马鸿文,1990)。西带以正长斑岩为主,北起日通—香堆,向南经芒康、中甸、大理、金平向南延入越南北部,长达 1000 余千米,构成规模巨大的富碱斑岩带(张玉泉等,1997),形成斑岩型和隐爆砾岩型金银多金属矿床(汪明杰等,2000)。

3. 各贡弄-马牧普地区金银多金属矿集区矿产勘查方向

该区位于玉龙斑岩带的南延部分,偏碱性二长斑岩、正长斑岩分布较多,化探异常显示明显,与之有关的金银多金属矿化发育,有望成为一种新的具有潜力的矿床类型,以各贡弄—马牧普一带成矿显示最好,具较大的找矿前景。近年来,对各贡弄矿区的斑岩-隐爆角砾岩型金银多金属找矿工作取得重要突破。在马牧普外围地区的吉措、日耳地、俄查地发育一系列斑岩、隐爆角砾岩体,普遍具有矿化显示,其中在吉措斑岩南东侧蚀变破碎带中含金 $6.38\times10^{-6}\sim13.05\times10^{-6}$,Ag $4\times10^{-6}\sim802\times10^{-6}$,Pb+Zn $0.34\%\sim5.72\%$,具有中型以上矿床找矿远景。外围地区的矿化斑岩,也具有较好的成矿远景。

4. 江达加多岭地区富铁矿整装区矿产勘查方向

加多岭铁矿位于治多-江达-维西陆缘弧带,处于波罗-德登背斜中部。矿区内主要地层洞卡组(T_3dk)的岩性以中基性及中酸性火山岩为主,夹变质砂岩及薄层结晶灰岩。认为加多岭铁矿是印支期伴随浅成或超浅成侵入活动而形成的玢岩型铁矿床,赋矿岩体主要为晚三叠世石英闪长玢岩,在接触带也有矿体产出。

5. 矿产勘查工作部署

矿产勘查工作主要针对类乌齐-左贡铅锌多金属找矿远景区(Y2)、江达-贡觉铜铅锌铁找矿远景区(Y3)进行部署,力争实现找矿重大新发现,开拓新的矿产资源勘查后备基地。鉴于藏东地区矿业勘查开发工作起步较晚,矿产勘查工作主要由中央公益性投入进行带动。

(二)滇西北铜铅锌资源基地矿产勘查工作部署

滇西北铜铅锌资源基地包含 1 个找矿远景区:四川乡城-云南香格里拉铜多金属找矿远景区(Y6),铜资源量接近 1000 万 t,其中,格咱整装区 824 万 t,羊拉矿区 103 万 t。矿产勘查工作部署的重点是云南省德钦县徐中-鲁春-红坡牛场地区铜多金属矿集区、云南省德钦县羊拉地区铜金矿集区、云南省香格里拉格咱地区铜铅锌矿集区。

1. 德钦县鲁春地区铜多金属矿集区矿产勘查方向

矿集区地处云南德钦县与西藏芒康县间的徐中—鲁春—红坡牛场一带,已发现特大型矿床1处,大型矿床1处,中小型矿床14处。鲁春-红坡中晚三叠世的碰撞后拉张、裂陷导致的成谷、成盆作用及其裂谷作用过程中的"双峰式"火山岩浆活动,为喷流-沉积型(SEDEX)块状硫化物矿床的形成提供了有利的盆地-火山-成矿的构造动力学背景。在鲁春-红坡"双峰式"火山岩带中,除已有的鲁春锌、铜多金属矿床以外,在北部的相同层位中尚有布研拉渣锌铜多金属矿点;在南端的相同层位中还发现了红坡牛场铜金矿点,并发现6个铜金矿体。鲁春和红坡牛场矿床外围及徐中矿化异常区,具有形成大型矿床的找矿远景。

2. 德钦县羊拉地区铜金矿集区矿产勘查方向

矿集区位于维西-绿春火山弧北段羊拉—曲隆一带,地处中咱陆块-金沙江结合带-江达火山弧交接地段。陆块碰撞造山阶段,中酸性岩浆侵入,伴随有矽卡岩型铜矿成矿作用发生,代表性矿床为德钦羊拉矽卡岩-斑岩复合型铜矿床。近年在本区新发现了宗亚铜矿、曲窿铜矿、加仁铜矿等多个有进一步找矿前景的矿点。在金沙江成矿带中推覆-剪切构造破碎带,是寻找构造-热液脉型或构造-蚀变岩型 Au、Ag 多金属矿床的潜在远景区。羊拉矿床南侧以及花岗岩浆作用的矽卡岩型和构造热液-脉型矿床,具有形成中型矿床规模以上的远景。在路农、加仁一带发现一些规模尚小的含铜矽卡岩矿体,岩浆热液脉状充填铜矿体,值得综合评价。

3. 香格里拉格咱地区铜铅锌矿集区矿产勘查方向

格咱铜铅锌矿集区内矿产资源丰富,是西南三江地区重要铜矿生产基地,大中型铜多金属矿床分布密集,目前区内已发现超大型矿床2个(普朗、铜厂沟)、大型矿床2个(红山、雪鸡坪)、中型矿床7个(浪都、烂泥塘、春都、亚杂、磨莫亚、松喀、卓玛)。同时,还圈定了一批物化探异常,通过异常查证和矿点检查,新发现一批具找矿前景的矿产地,充分显示了巨大找矿潜力。

该矿集区被认为是滇西寻找斑岩型铜矿最具前景的地区(曾普胜等,2003,2004;杨岳清等,2002),在松诺、恩卡、普上、欧赛拉-欠水等成矿有利地段均具有很好的进一步找矿前景。对比研究认为:松诺矿区已发现斑岩型铜体,与普朗斑岩型铜矿床具有相似的成矿条件;恩卡矿区是寻找热液型银多金属矿的有利地区,深部可能有斑岩型-矽卡岩型铜多金属矿体;普上矿区与其南部目前发现的烂泥塘、雪鸡坪、春都等斑岩型铜矿床具有相似的成矿条件,是寻找类似斑岩型铜矿较为有利的地段;欧赛拉—欠水一带,出露大量斑(玢)岩体,具有"斑岩型"铜矿的蚀变分带,从内到外为硅化绢英岩化带、青磐岩化带,也是寻找斑岩型铜多金属矿的有利地区。

根据区内典型矿床研究进展,普遍存在多期岩浆的叠加成矿作用,对已知矿区开展补充勘查,有望实现新的找矿突破。

4. 矿产勘查工作部署

矿产勘查工作针对四川乡城-云南香格里拉铜多金属找矿远景区(Y6)进行部署,力争实现找矿重大新发现,助推形成滇西北铜、铅锌资源基地。鉴于香格里拉格咱地区铜铅锌矿集区的基础地质工作基本完成,主要由中央公益性投入开展1:5万矿产资源潜力评价,对重要成矿地质体进行推断,预测资源潜力,摸清系列大型矿区的资源家底,圈定一批可供部署开展矿产勘查工作的找矿靶区,进一步带动商业勘查。

(三)北衙-哀牢山金资源基地矿产勘查工作部署

北衙-哀牢山金资源基地包含2个找矿远景区:云南宁蒗-大理金铜多金属找矿远景区(Y8),云南墨江-金平金铜多金属找矿远景区(Y14)。金资源量接近800万t,其中,北衙整装区300万t,哀牢山地区约 500 万 t。矿产勘查工作部署的重点是鹤庆北衙地区金铜多金属矿集区、哀牢山墨江-金平地区金多金属矿集区。

1. 鹤庆北衙地区金铜多金属矿集区矿产勘查方向

该矿集区地处金沙江-哀牢山构造带中段,位于扬子地块西缘,喜马拉雅期酸性—碱性斑岩发育。酸性斑岩可形成工业规模的铜(钼)矿,如祥云马厂箐铜矿;富碱性斑岩则可形成铜、铅、锌、金等矿化,如鹤庆北衙铜金矿。云南鹤庆县北衙金多金属矿国家级整装勘查区由北衙、马头湾炭窑、北庄、炉坪、陈家庄西等勘查区块组成,目前的成果仅集中在北衙勘查区 $5km^2$ 的范围内,不到整装勘查区总面积的 1%。其余几个勘查区块均已显示出良好的找矿潜力。

2. 哀牢山墨江-金平地区金多金属矿集区矿产勘查方向

该矿集区地处金沙江-哀牢山构造带南段,位于哀牢山断块与兰坪-思茅盆地之间。墨江地区古生代主要属被动陆缘盆地型浅海至次深海类复理石建造,二叠纪早期和晚期分别有中酸性和中基性火山活动。中生代起转入陆内活动,在东缘逐步形成由东向西的叠瓦状推覆-剪切构造,并有若干镁质超基性岩呈构造侵位产出。金平地区古生代为陆源碎屑岩-碳酸盐岩,晚二叠世有巨厚的玄武岩和基性—超基性环状杂岩侵入体,中生代有大量中-酸性侵入岩。本区矿产首推与构造推覆-剪切活动有关的金矿,如镇源老王寨超大型金矿等。也有不同的认识,认为岩浆活动发生在剪切作用之前,成矿与富碱斑岩(花岗岩)相关。

需要特别说明的是,自藏东玉龙—云南金平一带的古近纪浅成斑岩带,在该带南段形成长安金矿、哈播金矿、铜厂金矿等斑岩型矿床。

3. 矿产勘查工作部署

矿产勘查工作针对云南宁蒗-大理金铜多金属找矿远景区(Y8)、云南墨江-金平金铜多金属找矿远景区(Y14)进行部署,力争实现找矿重大新发现,助推形成北衙-哀牢山金资源基地。鉴于北衙地区金铜多金属矿集区的基础地质工作基本完成,主要由中央公益性投入开展 1∶5 万矿产资源潜力评价,对重要成矿地质体进行推断,预测资源潜力,摸清系列大型矿区的资源家底,圈定一批可供部署开展矿产勘查工作的找矿靶区,进一步带动商业勘查。

(四)滇西南铅锌钨锡有色金属资源基地矿产勘查工作部署

滇西南铅锌钨锡有色金属资源基地包含 3 个找矿远景区:云南维西-兰坪铅锌铜多金属找矿远景区(Y9),云南腾冲-盈江铁钨锡稀土找矿远景区(Y10),云南保山-镇康铁铅锌多金属找矿远景区(Y11)。铅锌资源量累计大于 2000 万 t,其中,中国已知规模最大的兰坪金顶矿区探明铅锌金属储量 1547.61 万 t,芦子园整装区铅锌资源量 410 万 t,保山整装区铅锌资源量 300 万 t。矿产勘查工作部署的重点是兰坪-白秧坪地区铅锌银矿集区、保山-龙陵地区铅锌矿集区、镇康芦子园-云县高井槽铅锌矿集区、腾冲-盈江地区铁钨锡矿集区。

1. 兰坪-白秧坪地区铅锌银矿集区矿产勘查方向

兰坪-白秧坪矿集区位于云南省兰坪县与维西县两县交界的三山—白秧坪一带,已知含矿岩系包括晚三叠世的三合洞组,中侏罗世花开佐组,白垩系景新组、南新组、虎头寺组和古近系云龙组。含矿主岩及北东向和近东西向构造联合控矿,是不可多得的有利成矿集聚区。区内以热液型铅锌多金属矿产为主,除超大型金顶铅锌矿床外,还有沉积-热液改造型的金满、白洋厂等大-中型铜银多金属矿床,热水沉积-热液改造型的三山(灰山、燕子洞、下区五、新厂山等)铜银多金属矿床,构造-火山蚀变岩型铜矿点(恩期、黄柏、大宗、象鼻村、凤川、期吉等),热液脉型银铜多金属矿床(白秧坪、富隆厂、挑挑箐等)。

"三山"地区的新厂山—下区五一带的老地盘背斜的白云岩层位可作为进一步工作勘查 Cu、Ag 多金属矿的块段；白秩坪-富隆厂矿段的深部应该有 Ag+Cu+Co+Ni 元素组合的矿体，具有形成大型矿床以上规模的潜力；核桃箐菱铁矿型 Cu(Au)矿床作为进一步工作勘查的块段。

2. 保山-龙陵地区铅锌矿集区矿产勘查方向

该矿集区地质构造复杂，矿产资源较为丰富，且与芦子园大型铅锌矿床、核桃坪中型铅锌矿床及缅甸包德温世界级大型铅锌矿床同处在一个铅锌成矿带上，铅锌成矿条件优越，具有良好的找矿前景。目前，矿集区内已经发现西邑、东山、摆田和勐兴等大—中型铅锌矿床。其中，西邑铅锌矿具有超大型矿床远景；东山铅锌矿床首次发现了陡倾斜铅锌矿体，为深部找矿提供了新思路，具有大型远景。近年来，在矿集区又相继发现打黑渡、老缅营盘、大花石和龙竹坡等铅锌矿化点及栗树坪-大田坝铅锌矿异常区，总体有着相同的成矿地质构造环境，除个别矿床有不同认识外，其矿床地质特征和成矿作用有着良好可对比性，基本可以确定它们的形成有着统一的时、空、物和演化的历史，具有良好的找矿前景。

3. 镇康芦子园-云县高井槽铅锌矿集区矿产勘查方向

该矿集区地处澜沧江板块结合带和怒江断裂带之间保山陆块南段。矿集区主要矿种为：铅锌矿、铁矿、钨锡钼矿、金矿等。主要矿床类型为与隐伏岩体有关的成矿系列，包括芦子园式矽卡岩型-热液型铅锌矿床、小河边式矽卡岩型-热液型磁铁矿床、木厂式云英岩型锡矿床。据近期勘查，在芦子园区深部发现了厚大铁矿体，初步探明铁矿石量大于 1.5 亿 t，铁矿石资源潜力有望大于 3 亿 t。通过矿产资源潜力评价，对区内圈定的 7 个最小预测区进行成矿预测，以地质体积法共预测铅锌金属资源量为 700 万 t，铁矿石量 5 亿 t。目前仅对芦子园预测区进行了相对系统的勘查，但其深部及外围资源潜力尚未查明；此外，枇杷水、旧寨、大尖山、放羊山、罗家寨、水头山 6 个预测区未进行系统勘查，资源潜力巨大。

4. 腾冲-盈江地区铁钨锡矿集区矿产勘查方向

该矿集区位于西藏-三江造山系昂龙岗日-班戈-腾冲岩浆弧带南段（潘桂棠等，2013）。属于腾冲（岩浆弧）成矿带（III_2）中的槟榔江（喜马拉雅期岩浆弧）Be-Nb-Ta-Li-Rb-W-Sn-Au 矿带（IV_2）、棋盘石-小龙河（燕山期岩浆弧）Sn-W-Fe-Pb-Zn-Cu-Ag 矿带（IV_3）。与区域地质背景相关的中新生代成矿作用，表现为与燕山期—喜马拉雅期岩浆热液有关的钨、锡、铅锌矿床。目前在矿集区内已探明或发现的较多铁、锡、钨大中型矿床及矿（化）点，显示出较大的资源潜力。区内的矿床绝大多数是多元素组合的热液型矿床，目前区内化探、重砂测量发现的大量异常，仅有少部分经检查后开展评价工作；大部分异常经检查发现了锡矿（化）点，但均未做深入工作，如地瓜山钨锡钼异常（仙人洞钨锡矿）、茜草坝锡矿点、六红厂锡铅锌多金属异常等，这些异常及矿化点有较好的找矿潜力。另外，对小龙河、来利山等典型矿床研究，认为存在斑岩（叠加）成矿作用，进一步开展矿区及其外围地区的勘查工作，有望实现新的找矿突破。

5. 矿产勘查工作部署

矿产勘查工作针对云南维西-兰坪铅锌铜多金属找矿远景区（Y9）、云南腾冲-盈江铁钨锡稀土找矿远景区（Y10）、云南保山-镇康铁铅锌多金属找矿远景区（Y11）进行部署，力争实现找矿重大新发现，助推形成滇西南铅锌钨锡有色金属资源基地。鉴于云南腾冲-梁河地区铁钨锡矿整装勘查区、云南保山-龙陵地区铅锌矿整装勘查区、云南镇康卢子园-云县高井槽铅锌矿整装勘查区的基础地质工作基本完成，主要由中央公益性投入开展 1:5 万矿产资源潜力评价，对重要成矿地质体进行推断，预测资源潜力，摸清系列大型矿区的资源家底，圈定一批可供部署开展矿产勘查工作的找矿靶区，进一步带动商业勘查。

（五）南澜沧江铜铅锌资源基地矿产勘查工作部署

南澜沧江铜铅锌资源基地包含 2 个找矿远景区：云南澜沧铁铅锌多金属找矿远景区（Y12），云南云县-景谷铜多金属找矿远景区(Y13)。铜铅锌资源量约300万t,铁矿石资源量1.2亿t。矿产勘查工作部署的重点是西孟县-澜沧县老厂地区铅锌矿集区、澜沧县大勐龙地区锡铁铜矿集区、普洱大平掌地区铜铅锌银金矿集区。

1. 普洱大平掌地区铜铅锌银金矿集区矿产勘查方向

该矿集区位于澜沧江弧形深断裂带与景谷南北向块体叠合部位,区内构造线呈近南北向,矿床(点)大都位于构造交汇地带。主要出露中三叠统忙怀组酸性火山岩、小定西组中酸性火山岩,局部地段有侏罗系花开佐组碎屑岩分布。岩浆岩以基性岩脉和中酸性岩为主。

区内铜铅锌多金属矿床点成带分布,主要矿床有普洱大平掌铜矿、景谷民乐铜矿、云县官房铜矿、景东文玉铜矿。近期工作新发现的果园铜矿、查家村铜矿、栗树街铜矿、邦东铜矿、大地山铜矿等矿床点地质工作程度极低,具有进一步找矿前景。区内化探异常以Pb、Zn、Cu、Au异常为主,且Cu-Mo-Ag组合异常及Pb-AS-Sb-Hg-Cd组合异常均有较好反映。一大批新圈定的铜铅锌银异常未能深入检查,也具有较好的进一步找矿潜力。

2. 西孟县-澜沧县老厂地区铅锌矿集区矿产勘查方向

该矿集区主体位于近南北向延伸的洋脊火山岩-蛇绿岩带。区内发育以老厂铅锌银多金属矿为典型代表的系列矿床,化探异常元素组合复杂,叠合性较好,异常浓度值高,其中以Pb、Zn、Ag的浓度值最高,其次为Cu、Au。异常均沿断裂展布,明显受断裂控制,尤其在断裂交汇部位,异常浓度明显增高,强度增大,各元素异常的重叠性更好。结合其产出地质背景及地质地球化学环境分析,这些异常多数具有找矿前景,特别以老厂、回俄—南雅一带的环形异常带,可能预示深部存在大的喜马拉雅期花岗岩体。目前已在老厂矿区的深部发现斑岩型钼矿(锆石SHRIMP U-Pb年龄44.6 ± 1.1Ma,辉钼矿Re-Os年龄43.78 ± 0.078Ma),地表新发现有风化壳型Ag、Mn矿。因此,澜沧老厂矿区本部及外围,以及回俄—南雅一带,即为区内很有希望的找矿远景区。区内Au矿已小规模开采,找矿前景良好,也具有形成大型矿床规模的远景。

3. 澜沧县大勐龙地区锡铁铜矿集区矿产勘查方向

该矿集区主体发育于临沧-勐海岩浆弧带上,分布于西盟、崇山-澜沧变质地体上。矿种复杂,类型多样,Sn、Fe、Cu、稀有等金属组分均形成一定规模的矿床分布,已发现大型矿床2处(勐往独居石矿、惠民Fe矿)、中型矿床5处(勐阿磷钇矿、铁厂Sn-W矿、媢坝地Sn-W矿、厂洞河Cu-Pb-Zn矿、大勐龙Fe矿),以及小型矿床和矿点数十处,是一个具有潜在找矿远景的矿集区。

惠民式海相火山-沉积型铁矿床的形成与中元古代扬子地块西缘岛弧带火山活动直接有关,铁矿与惠民岩组第二火山喷发-沉积旋回有明显关系。重磁异常显示磁铁矿床(点)与重磁异常呈正相关,重磁同源对应性很好,反映深部有较好的铁多金属矿资源潜力,有较好的找矿前景。景洪疆锋铁矿区位于大勐龙群复式背斜的核部,铁矿化与火山弧带火山活动关系密切,受火山机构控制明显。磁异常带严格受构造控制,沿南林山-曼帅-大勐龙背斜轴部及其两侧的断裂线呈北东向分布,而单个异常的分布又受喷发中心侵入体两种因素制约。圈定的数十处地磁异常具有较好的找矿前景。

4. 矿产勘查工作部署

鉴于该基地内的基础地质工作薄弱,以开展1:5万区域地质调查和矿产地质调查为主,以期发现一批可供部署开展矿产勘查工作的找矿靶区,为进一步拉动商业矿产勘查投入提供地质技术支撑,助推形成南澜沧江铜铅锌资源勘查接替基地。

矿产勘查工作针对云南澜沧铁铅锌多金属找矿远景区(Y12)、云南云县-景谷铜多金属找矿远景区(Y13)的已有探矿权区块进行部署,以云南省地勘基金和企业风险投资勘查为主,力争实现地质找矿重大新发现。

第六章 结 语

国土资源部"九五"科技攻关项目,在国土资源部国际合作与科技司、中国地质调查局的正确领导和直接关怀下,在负责单位成都地质矿产研究所、矿床地质研究所,参加单位中国地质大学(北京)、中国地质大学(武汉)、宜昌地质矿产研究所、成都理工大学、四川省地质矿产勘查开发局、云南省地质矿产勘查开发局、西藏藏族自治区地质矿产勘查开发局等大力支持下,经过项目、课题、专题的工作研究人员的艰辛努力,圆满完成了项目各项工作任务。五年来的科技攻关实践,不仅取得了一批显著的科技成果,在科研项目组织管理与科技人员的培养锻炼等多方面,也均获得了教益。

(一)按大地构造相分析方法,进行了构造单元划分并阐明了其主要特征

以大地构造相分析(理论)为核心,采用构造地质解析为具体实施方法,研究区域构造形成演化,划分构造单元。按形成现今地质地貌主要定形定位地质作用时期的地层-构造作为图面基本成图内容,并表达区域构造形成演化的阶段性(构造层),结合古板块构造,按构造变形强弱进行构造单元划分,揭示各构造单元彼此间的相互作用关系及其演化过程,探讨成矿的大地构造相背景。

以昌宁-孟连构造带为界,将西南三江划分为冈底斯-喜马拉雅、班公湖-怒江-昌宁、北羌塘-三江和扬子4个地层大区、16个地层分区。划分为5个一级构造单元,即扬子陆块、三江多岛弧盆系、班公湖-怒江-昌宁-孟连对接带、冈底斯-腾冲陆缘造山系和印度陆块区,并进一步划分出15个二级构造单元、22个三级构造单元。

(二)系统总结了西南三江重力、磁场主要特征,进行了异常区带划分

1. 重力特征

其东以金沙江-红河重力高为界,向北在维西—贡山一带向青藏高原过渡,向西南延伸进缅甸、老挝、越南等广大区域。该区是重力场最复杂的地区,总体分布呈北低南高趋势,布格重力值从北部的$-450\times10^{-5}\mathrm{m/s^2}$升高至南部的$-180\times10^{-5}\mathrm{m/s^2}$。重力梯度带宽缓不一,走向也不尽相同。众多的断裂或断裂带引起的重力异常或以等值线同向弯曲、或以梯级带形式展现。背景场以重力高为主,主要是该地区莫霍面抬升所引起。该异常区带由4个二级异常带组成,即$Ⅵ_1$腾冲重力梯级带、$Ⅵ_2$保山异常带、$Ⅵ_3$兰坪-思茅盆地异常带及$Ⅵ_4$哀牢山重力低。重力异常特征及其所反映的地质规律,总体上为青藏高原岛弧构造特征的延续,所不同的是,青藏高原的重力异常带走向大致与莫霍面等深线平行,而该区域则与莫霍面等深线垂直。

2. 磁场特征

三江地区以串珠状异常为主,变化范围约为$-75\sim225\mathrm{nT}$。明显可以划分出昌都-香格里拉正磁异常区、玛多-马尔康正磁异常区、滇西南正磁异常区。

(三)对三江地区进行了地球化学分区

根据K_T指标,三江中段目前大致可划分为4个小区(Ⅰ、Ⅱ、Ⅲ、Ⅳ区),再根据K_{Nb}指标,其中Ⅰ区及Ⅱ区各又可划分为2个小亚区。

从成矿元素的富集程度看,Au(1.6)主要富集在$Ⅰ_1$区(奔子栏—吉义独);Ag(1.4及1.2)主要富集在$Ⅱ_2$区(羊拉—东竹林大寺)及$Ⅰ_2$区(呷金雪山—拖顶);Cu(1.7)、Pb(1.3)主要富集在$Ⅰ_2$区(呷金

雪山—拖顶)及Ⅳ区(得荣—尼西)。由此预测,富含 Au、Ag、Cu、Pb、Sb 的洋壳在俯冲形成的洋内弧(西渠河—羊拉—东竹林大寺一带)是三江地区最有利的贵金属及有色金属成矿带。

(四) 成矿带划分及特征的系统总结

将西南三江划分为腾冲成矿带、怒江-北澜沧江成矿带、保山-镇康成矿带、昌宁-孟连成矿带、吉塘-澜沧成矿带/东达山-临沧成矿带、杂多-景洪成矿带、昌都-思茅成矿带、江达-维西-绿春成矿带、德格-中甸成矿带、甘孜-理塘成矿带 10 个成矿带(区)。

(五) 提出了三江地区中段重要成矿区带矿集区划分,建立各成矿集区的区域成矿模型和典型矿床的成矿模式

1. 重要矿集区划分原则

根据西南三江地区优势矿产的分布特点,结合找矿突破战略行动的目标要求,选择铜、铅、锌、银、金、锡、铁等为主要矿种,以斑岩型-矽卡岩型铜矿、喷流沉积型-沉积改造型铅锌银多金属矿、矽卡岩型-云英岩型锡矿、火山沉积型-矽卡岩型铁矿和构造蚀变岩型金矿等为重要矿床类型,在具有大型—超大型矿床分布的Ⅳ级成矿远景区或找矿远景区的范围内,依托设置的国家级整装勘查区、重要的省级整装勘查区和地质矿产调查专项部署开展找矿评价与综合研究的成矿有利地区等进行重要矿集区的划分。

2. 重要矿集区的分布

针对西南三江成矿带重要矿产和主要矿床类型,按照上述划分依据和原则,西南三江地区重要矿集区分布有云南省腾冲-盈江地区铁钨锡矿、云南省保山-龙陵地区铅锌矿、云南省镇康卢子园-云县高井槽铅锌矿、云南省西孟县-澜沧县老厂地区铅锌矿、云南省澜沧县大勐龙地区锡铁铜矿、云南省思茅大平掌地区铜铅锌矿、云南省兰坪-白秧坪地区铅锌银矿、西藏自治区昌都地区铅锌银多金属、西藏自治区玉龙地区斑岩-矽卡岩铜金矿、西藏自治区各贡弄-马牧普地区金银多金属矿、云南省德钦县徐中—鲁春-红坡牛场地区铜多金属矿、云南省德钦县羊拉地区铜金矿、云南省哀牢山地区金铂矿、四川省夏塞-连龙地区银铅锌锡矿、四川省呷村地区银铅锌铜矿、云南省香格里拉格咱地区斑岩-矽卡岩铜铅锌矿、四川省梭罗沟地区金铜多金属矿、四川省九龙县里伍地区金铜多金属矿 18 个矿集区。其中,铜多金属矿集区 6 个,铅锌多金属矿集区 7 个,金多金属矿集区 3 个,铁锡多金属矿集区 2 个。

3. 从矿集区地质简况、主要矿产特征、典型矿床、成矿作用分析、资源潜力及勘查方向进行了系统分析与总结

在查明三江地区中段重要成矿区带地质背景、典型矿床解剖、总结区域成矿规律和地、化、物、遥成矿信息综合分析的基础上,厘定了矿集区含义:"在有限的面积范围内,有若干个矿床产出,但其中至少有一个达到大型以上规模,并且总的资源量超过超大型矿床规模。"按照上述矿集区的含义,将三江地区中段划分为徐中-鲁春-红坡牛场铜多金属矿矿集区,南仁-南佐与火山岩有关的、铜、金矿矿集区,羊拉铜、金矿矿集区,兰坪-白秧坪铜、锌银多金属矿集区,赵卡隆-加多岭铁(铜)、银多金属矿集区,呷村银、铅、锌多金属矿集区,夏塞-连龙锡多金属矿集区,以及尚未见有一个达到大型以上规模的矿床,但成矿类型好、找矿前景大、工作程度低的矿化区:各贡弄-马牧普金、银多金属矿化区和阿中-秀格山金、银多金属矿化区。建立各成矿集区的区域成矿模型和典型矿床的成矿模式。

(六) 区域矿产成矿规律及成矿演化

1. 区域矿产成矿规律及成矿演化区域矿产成矿规律

西南三江地区位于特提斯构造域东段以及青藏高原东南侧,冈瓦纳大陆与劳亚大陆的结合部位,构造演化独特且复杂、完整,为全球特提斯构造在中国大陆最典型的发育地区,岩浆活动最强烈、成矿流体最活跃的资源富集区的成矿域。其先后经历了从晚前寒武纪(新元古代)—早古生代泛大陆解体与原特

提斯洋形成、古特提斯-中特提斯微陆块-多岛弧系发育、新生代印度-欧亚大陆碰撞等一系列重要的区域构造-岩浆事件及多期、多成因金属与非金属成矿物质的巨量积聚。

2. 矿床成矿系列的划分及成矿系统

根据洋-陆构造体制演化特征与成矿环境类型、成矿系统主控要素与作用过程、矿化组合与矿床成因类型，首次对三江地区进行成矿系统分类，初步划分出 4 个成矿区系统和 12 个成矿系统：陆缘裂离成矿区系统，分别为裂谷成矿系统、洋盆成矿系统、拆离断陷成矿系统；陆缘汇聚成矿区系统，分别为俯冲造山成矿系统、碰撞造山成矿系统、造山后伸展成矿系统；陆内汇聚成矿区系统，分别为陆内岩浆成矿系统、构造动力流体成矿系统、前陆盆地流体成矿系统、走滑拉分盆地成矿系统；陆内裂陷成矿区系统，分别为断陷盆地成矿系统和伸展剥离成矿系统。并对每一个成矿系统、亚系统的主控要素、演化过程、矿床矿化组合与矿床成矿成因类型进行了详细的阐述。

3. 主要地质事件与成矿

在三江成矿带以往研究基础上，以成矿地球动力学为主线，详细厘定其主要成矿期和主要成矿类型，重点分析其形成发育的动力学背景和成矿地质环境，揭示控制成矿作用的关键地质过程。指出晚三叠世和喜马拉雅期是三江造山带最重要的成矿期，前者主要产出于晚三叠世岛弧环境及火山弧上叠火山-裂陷盆地环境；后者的发育与青藏高原碰撞隆升作用在三江造山带产生的走滑伸展，推覆剪切及其伴生的斑岩系统与盆地流体系统密切相关。许多大型—超大型矿床皆形成于这两个主要成矿期。

依据三江造山带经历俯冲造山作用→碰撞造山作用→陆内造山作用演化，揭示了区域成矿作用表现为成矿环境演化、成矿类型演化、成矿金属组合演化及成矿强度演化的基本规律。提出了随 3 个不同演化阶段产生的 3 个重要的成矿地质环境，其规模成矿作用出现于与俯冲造山作用有关的弧-沟系统、与岩石圈拆沉（断离）有关的碰撞造山后伸展系统，以及与青藏高原碰撞隆升有关的大规模走滑断裂系统；特别是与岩石圈拆沉（断离）有关的碰撞造山后伸展系统中的大规模成矿作用在西部造山带中具有普遍意义，首次提出玉龙斑岩带成岩模式为"岛弧型"源岩＋岩石圈拆沉走滑断裂联合作用模式，对盆地流体成矿作用的具体表现总结为 4 种流体定位模型。

（七）三江地区资源评价预测取得了良好的成矿预测结果

1. 重要矿产资源潜力分析

西南三江地区成矿作用复杂，多数矿床都具有多类型、多成因、多阶段复合成矿特征。在相关基础地质研究、成矿规律研究之上，充分利用已有的基础地质调查、矿产评价与勘查、物探、化探、遥感、自然重砂等多元信息资料与科研成果，以成矿理论为指导，对三江地区的主要矿种的成矿潜力进行分析。对在区内大量存在的复合或共生型矿床，只列于主矿种进行分析，不做重复阐述。

2. 综合找矿预测区特征

西南三江成矿带是全球特提斯-喜马拉雅巨型成矿域的重要组成部分，也是我国金属矿产资源重要基地之一。该地区岩浆活动强烈、成矿作用复杂多样，形成了以铜、铅、锌、银、金、锡、铁等为主要矿种的多个成矿（亚）带和丰富的金属矿产资源。已发现以斑岩型-矽卡岩型铜矿、喷流沉积型-沉积改造型铅锌银多金属矿、矽卡岩型-云英岩型锡矿、火山沉积型-矽卡岩型铁矿和构造蚀变岩型金矿等为重要矿床类型的一系列大型—超大型矿床，展现出西南"三江"地区各成矿（亚）带极具进一步找矿潜力。根据四川和云南两省矿产资源潜力评价成果，以成矿（亚）带为单元阐述各综合找矿预测区特征。

（八）勘查工作部署建议

1. 思路、原则

以科学发展观为统领，坚持"全力支撑能源资源安全保障、精心服务国土资源中心工作"定位，统筹规划和部署中央、地方财政和商业性勘查等多元资金的地质工作,积极落实"公益先行、商业跟进、基金衔接、整装勘查、快速突破"地质找矿新机制,以支撑找矿突破战略行动为核心,围绕"东特提斯成矿带大型资源基地调查工程"目标任务,开展西南三江地质矿产调查工作。

以建立国家级战略资源接续基地为目的,主要围绕藏东铜多金属资源基地、滇西北铜铅锌资源基地、北衙-哀牢山金资源基地、滇西南铅锌钨锡有色金属资源基地、南澜沧江铜铅锌资源基地,开展1:5万区域地质调查、1:5万矿产地质调查、1:5万资源潜力评价,推动整装区和矿集区的矿产勘查评价;同时开展西南三江成矿带重要找矿远景区地质矿产调查的成果集成,在重大构造事件及其成矿制约、重大岩浆事件及其成矿作用、特提斯演化研究等方面取得新突破。

2. 总体目标任务

(1)以铜、铅锌、金、银、铁、锡多金属等为主攻矿产,以斑岩型铜矿、矽卡岩型铁(铜)铅锌矿、沉积-改造型银铅锌矿、海相火山岩型铜(银)多金属矿、层控热液型铅锌矿、云英岩-矽卡岩型锡矿、构造蚀变型和斑岩型金矿等为主攻矿床类型,以西南三江成矿带内的找矿远景区、重要矿集区和整装勘查区为重点,开展1:5万区域地质调查和矿产地质调查,基本查明成矿地质背景和成矿条件,提交一批可供进一步开展工作的找矿靶区和新发现矿产地。

(2)在重大地质问题区开展成矿环境、构造、沉积、岩浆等专项调查,指导地质找矿;在重要矿集区开展1:5万矿产资源潜力评价研究,摸清资源家底,预测资源潜力。利用地质找矿新机制,引导商业性勘查投入和基金衔接,开展整装勘查区和重要矿集区的矿产勘查评价,以期实现西南三江成矿带地质找矿工作的新突破,助推西南三江地区形成国家级大型铜、铅锌、金多金属矿资源基地。

(3)提升地质调查工作水平,促进地学科技创新,在西南三江成矿带特提斯演化与成矿、新生代大型走滑与陆内变形等大陆动力学问题和大型—超大型铜、铅锌、金等矿产勘查技术方法组合方面取得原创性成果。

(4)实现业务结构合理调整,促进人才队伍建设与培养,培养一批有影响力的区域地质及矿产地质专家,构建较为完善的基础性、公益性地质矿产调查核心业务体系。

3. 近期目标任务

(1)至2018年,重点开展1:5万区域地质矿产调查(地质图115幅,矿产图20幅),显著提高西南三江成矿带重要找矿远景区的地质工作程度。力争实现找矿重大新发现,圈定找矿靶区30处、提交新发现矿产地10处。

(2)以"十二五"成果为基础,开展铜、金和铅锌矿集区的1:5万资源潜力评价与找矿预测,提交可供进一步评价的勘查靶区。

(3)通过对西藏自治区加多岭地区富铁矿、云南香格里拉格咱地区铜多金属矿、云南鹤庆县北衙金多金属矿、云南保山-龙陵地区铅锌矿、云南镇康芦子园-云高井槽铁铅锌多金属矿、云南腾冲-梁河地区锡多金属矿6个整装勘查区的持续评价,实现铜、铅锌、金、铁、锡等矿产资源地质找矿新的突破。

(4)重要找矿远景区成矿规律和整装勘查区矿产勘查技术方法研究取得初步进展。

4. 预期成果

(1)在"十三五"期间实现地质找矿重大新发现,圈定找矿靶区50处,提交可供进一步评价的勘查靶区10处,提交新发现矿产地20处。

(2)立足整装勘查,积极拓展新区,拉动商业矿产勘查,新增资源量(333+334$_1$)铜1000万t,铅锌1000万t,金200t,锡50万t,铁矿石1亿t。

(3)助推形成3个国家级资源基地:滇西北千万吨级铜多金属矿资源基地、滇西千万吨级铅锌矿资源基地、北衙-哀牢山千吨级金资源基地。

主要参考文献

西藏自治区地质矿产局.西藏自治区区域地质志[M].北京:地质出版社,1993.
王增,申屠保涌,丁朝建,等.藏东花岗岩类及其成矿作用[M].成都:西南交通大学出版社,1995.
罗建宁,等.三江特提斯沉积地质与成矿[M].北京:地质出版社,1992.
杜德勋,等.昌都地块沉积演化与古地理[J].岩相古地理,1997,17(4):1-17.
马鸿文.西藏玉龙斑岩铜矿带花岗岩类与成矿[M].武汉:中国地质大学出版社,1990.
翟裕生.矿床学思维方法的进步[M]//赵鹏大,等.地质科学思维.北京:地震出版社,1993.
刘宝珺.沉积岩石学[M].北京:地质出版社,1980.
涂光炽,等.中国层控矿床地球化学(3卷)[M].北京:科学出版社,1988.
李永森,等.怒江、澜沧江、金沙江地区构造与成矿作用[J].矿床地质,1991(4):289-299.
邓晋福,等.火成岩构造组合与壳幔成矿系统[J].地学前缘,1999,6(2):259-270.
汤中立,等.华北古大陆西南边缘构造格架与成矿系统[J].地学前缘,1999,6(2):271-283.
郑永飞,等.化学地球动力学[M].北京:科学出版社,1999.
Hsu K J.残留弧后盆地及其识别准则和实例[J].石油学报,1993,14(1):1-37.
徐明基,付德明,等.四川呷村银铅锌矿床[M].成都:成都科技大学出版社,1993.
於崇文.成矿作用动力学-理论体系和方法论[J].地学前缘,1994,1(3/4):54-79.
郭国章,任启江,方长泉,等.斑岩型矿床成矿过程中地下热水运移的数值模拟研究[J].南京大学学报(自然科学版,地质流体专辑),1997,33:144-151.
鲍征宇、唐仲华.热液成矿作用的一般动力学方程[J].地球科学,1994,19(3):313-319.
许志琴,等.中国松潘-甘孜造山带的造山过程[M].北京:地质出版社,1992.
张之孟,等.川西南乡城-得荣地区的两种混杂岩及其构造意义[J].地质科学,1979(3):205-213.
吕伯西,等.三江地区花岗岩类及其成矿专属性[M].北京:地质出版社,1993.
侯增谦,侯立玮,叶庆同,等.三江地区义敦岛弧构造-岩浆演化与火山成因块状硫化物矿床[M].北京:地震出版社,1995.
侯增谦,罗再文.三江地区义敦岛弧安山岩成因[J].岩石矿物学,1992,11(1):1-14.
侯增谦,莫宣学,朱勤文,等."三江"古特提斯地幔热柱——洋中脊玄武岩证据[J].地球科学学报,1996,17(4):362-375.
侯增谦,等.川西呷村黑矿型矿床含矿火山岩系热液蚀变与物质-化学变化[J].矿床地质,1996,15(2):97-108.
胡世华,等.川西义敦岛弧火山-沉积作用[M].北京:地质出版社,1991.
黄汲清,陈炳蔚.中国及邻区特提斯海的演化[M].北京:地质出版社,1987.
黄汲清,陈国铭,陈炳蔚.特提斯-喜马拉雅构造域初步分析[J].地质学报,1984,58(1):1-17
侯立纬,等.四川西部义敦岛弧碰撞造山带与主要成矿系列[M].北京:地质出版社,1994.
罗君烈.滇西特提斯的演化及主要金属矿床成矿作用[J].云南地质,1991,10:1-10.
吕伯西,王增,张能德,等.三江地区花岗岩类及其成矿专属性[M].北京:地质出版社,1993.
王海平,等.义敦岛弧南段铜矿床地面波谱的TM分析及其应用效果[J].矿床地质,1998,17(增刊).
杨岳清,等.金沙江-澜沧江-怒江地区金矿类型及成矿条件[J].地质学报,1993,67:63-75.
叶庆同,等.四川呷村含金富银多金属矿床成矿地质特征和成因[J].矿床地质,1991,10(2):107-118.
叶庆同,胡云中,杨岳清.三江地区区域地球化学背景和金银铅锌成矿条件[M].北京:地质出版社,1992.
姚冬生.三江弧形构造特征及演化历史[M]//地质矿产部青藏高原地质文集编委会.青藏高原地质文集.北京:地质出版社,1983.
蔡振京.藏东川西及其以南地区深部地质构造特征[M]//地质矿产部青藏高原地质文集编委会.青藏高原地质文集(15).北京:地质出版社,1984:201-208.
曹仁关.云南西部古生物地理与大地构造演化[J].中国地质科学院院报,1986,13:37-50.

主要参考文献

陈福忠,等.藏东花岗岩类及铜锡金成矿作用[M].北京:地质出版社,1994.

陈式房,刘仪来,包育秀,等.德钦-下关铅锌矿带矿床类型、成矿规律研究[J].云南地质,1991,10:119-144.

都城秋穗,久城育夫.岩石学[M].常子仪等,译.北京:科学出版社,1984.

韩乃仁,欧阳成甫,李文桦,等.云南澜沧老厂石炭系—二叠系地层新见[J].地层学,1991,15(1):56-58.

胡云中,唐尚鹑,王海平,等.哀牢山金矿地质[M].北京:地质出版社,1995.

刘本培,冯庆来,方念乔,等.滇西南昌宁-孟连带和澜沧江带古特提斯多岛洋构造演化[J].地球科学,1993,18(5):529-538.

刘增乾,李兴振,叶庆同,等.三江地区构造岩浆带的划分与矿产分布规律[M].北京:地质出版社,1993.

刘增乾.从地质新资料试论冈瓦纳北界及青藏高原地区特提斯的演变[M]//地质矿产部青藏高原地质文集编委会.青藏高原地质文集(12).北京:地质出版社,1983:11-24.

罗建宁,张正贵,陈明,等.三江特提斯沉积地质与成矿[M].北京:地质出版社,1992.

罗君烈.滇西特提斯造山带的演化及基本特征[J].云南地质,1990,9(4):247-290.

莫宣学,沈上越,朱勤文,等.三江中南段火山岩-蛇绿岩与成矿[M].北京:地质出版社,1998.

莫宣学,路凤香,沈上越,等.三江特提斯火山作用与成矿[M].北京:地质出版社,1993.

沈上越,魏启荣,程惠兰,等.云南哀牢山带蛇绿岩中的变质橄榄岩及其岩石系列[J].科学通报,1998,43(4):422-438.

沈上越,张保民,魏启荣."三江"地区江达-维西弧南段火山岩特征研究[J].特提斯地质,1995:38-55.

孙晓猛,聂泽同,梁定益.滇西北金沙江带硅质岩沉积环境的确定及大地构造意义[J].地质论评,1995,41(2):174-178.

孙晓猛,聂泽同,梁定益.滇西北金沙江带蛇绿混杂岩的形成时代及大地构造意义[J].现代地质,1994,8(3):241-245.

汪啸风,Metcalfc L,简平,等.金沙江缝合带构造地层划分及时代厘定[J].中国科学(D辑),1999,29(4):289-297.

王铠元.西南三江地区金属元素组合成矿的构造控制和主要成矿期划分[J].矿产与地质,1988,2(4):31-39.

王小春.康滇地轴石棉-会理段金矿化同位素地质研究[J].矿物岩石,1994,14:74-82.

隗合明.海底喷流-沉积成矿说及其找矿意义[J].地质科技情报,1987,6(4):87-93.

魏君奇,陈开旭,何龙清.滇西羊拉矿区火山岩构造-岩浆类型[J].地球学报,1999,20(3):246-252.

魏启荣,沈上越.哀牢山蛇绿岩带两种玄武岩的成因探讨[J].特提斯地质,1999,23:39-45.

吴浩若.滇西北金沙江带早石炭世深海沉积的发现[J].地质科学,1993,28(4):395-396.

肖序常,李廷栋.喜马拉雅岩石圈构造演化(总论)[M].北京:地质出版社,1988.

徐启东,夏林.三江地区两类古陆成分的铅同位素组成:Ⅰ.碳酸盐岩类[J].地球科学,1999,24:274-277.

云南省地矿局.云南省区域地质志[M].北京:地质出版社,1990.

曾普胜,等.滇西北中甸地区中—酸性斑岩及其含矿性初步研究[J].地球学报,1999,20(增刊):359-366.

张保民,沈上越,刘祥品,等.云南德钦阿登各火山岩的特征及其构造环境[J].地球科学,1992,17(4):437-445.

张本仁,张宏飞,赵志丹,等.东秦岭及邻区壳幔地球化学分区和演化及其大地构造意义[J].中国科学(D辑),1996,26(3):201-208.

张旗,赵大升,周德进,等.三江地区蛇绿岩——它们的特征及形成的构造环境[M]//中国地质科学院地质研究所.地学研究(26).北京:地质出版社,1993:41-50.

张旗,张魁武,李达周.横断山区镁铁-超镁铁岩[M].北京:科学出版社,1992.

张玉泉,等.哀牢山-金沙江富碱侵入岩及其与裂谷构造关系初步研究[J].岩石学报,1987(1):17-25.

钟大赉.滇川西部古特提斯造山带[M].北京:科学出版社,1998.

潘桂棠,陈智梁,李兴振,等.东特提斯地质构造形成演化[M].北京:地质出版社,1997.

潘桂棠,李定谋,李兴振.西南三江地区贵金属、有色金属成矿规律和成矿模式[M]//陈毓川.当代矿产资源勘查评价的理论与方法.北京:地震出版社,1999:545-548.

金性春.板块构造学基础[M].上海:上海科学技术出版社,1984.

钟大赉,等.滇川西部古特提斯造山带[M].北京:科学出版社,1998.

刘朝基,刁志忠,张正贵.川西藏东特提斯地质[M].成都:西南交通大学出版社,1996.

战明国,路远发,陈式房,等.滇西德钦羊拉铜矿[M].武汉:中国地质大学出版社,1998.

刘本培,冯庆来,方念乔,等.滇西南昌宁-孟连和澜沧江带古特提斯多岛洋构造演化[J].地球科学,1993,18(5):529-539.

殷鸿福,黄定华.早古生代镇浙地块与秦岭多岛小洋盆的演化[J].地质学报,1995,69(3):193-203.

侯立玮.构造地层学及构造岩片填图法在造山带的应用[J].四川地质学报,1995,15(1):3-9.
罗建宁.大陆造山带沉积地质学研究中的几个问题[J].地学前缘,1994,1(1-2):177-182.
杜远生,颜佳新,韩欣.造山带沉积地质学研究的新进展[J].地质科技情报,1995,14(1):29-34.
冯庆来.造山带区域地层雪研究的思想和工作方法[J].地质科技情报,1993,12(3):51-56.
龚一鸣,杜远生,冯庆来,等.关于非史密斯地层的几点思考[J].地球科学,1996,21(1):19-25.
孙晓猛,聂泽同,梁定益.滇西北金沙江带硅质岩沉积环境的确定及大地构造意义[J].地质论评,1995,41(2):174-178.
孙晓猛,张保民,聂泽同,等.滇西北金沙江带蛇绿岩、蛇绿混杂岩形成环境及时代[J].地质论评,1993,43(2):113-120.
李福东,张汉文,宋治杰.鄂拉山地区热水成矿模式[M].西安:西安交通大学出版社,1993.
刘本立,莫志超,陈成业.再论稳定同位素应用于找矿的可能性[J].桂林冶金地质学院学报,1984(1):9-20.
顾连兴.块状硫化物矿床研究进展评述[J].地质论评,1999,45(3):265-275.
唐仁鲤,罗怀松,等.西藏玉龙斑岩铜(钼)矿带地质[M].北京:地质出版社,1995.
陈毓川,叶庆同,等.阿舍勒铜锌成矿带成矿条件和成矿预测[M].北京:地质出版社,1996.
邱家骧.应用岩浆岩岩石学[M].武汉:中国地质大学出版社,1991.
赵崇贺.中基性火山岩成分的ATK图解与构造环境[J].地质科技情报,1989:1-5.
刘英俊,等.元素地球化学[M].北京:科学出版社,1984.
陈德潜,陈刚.实用稀土元素地球化学[M].北京:冶金工业出版社,1990.
李昌年.火成岩微量元素岩石学[M].武汉:中国地质大学出版社,1992.
张守信.理论地层学——现代地层学概念[M].北京:科学出版社,1989.
王乃文,郭献璞,刘羽.非史密斯地层学简介[J].地质论评,1994,40(5):394,482.
杨巍然,杨森楠,等.造山带结构与演化的现代理论和研究方法——东秦岭造山带剖析.武汉:中国地质大学出版社,1991.
吴瑞棠,张守信,等.现代地层学[M].武汉:中国地质大学出版社,1989.
姚华舟,盛贤才.对地层学中"岩组"含义的商榷[J].华南地质与矿产,1998(4):54-58.
侯立玮,戴丙春,俞如龙,等.四川西部义敦岛弧碰撞造山带与主要成矿系列[M].北京:地质出版社,1994.
张以茀,郑祥身.青海可可西里地区地质演化[M].北京:科学出版社,1996.
蔡振京.藏东川西及其以南地区深部地质构造特征[M]//地质矿产部青藏高原地质文集编委会.青藏高原地质文集(15).北京:地质出版社,1984.
周维屏,陈克强,简人初,等.1:50000区调地质填图新方法[M].武汉:中国地质大学出版社,1993.
国家地震局地质研究所,云南省地震局.滇西北地区活动断裂[M].北京:地震出版社,1990.
吴海威,张连生,嵇少丞.红河-哀牢山断裂带-喜山期陆内大型左行走滑剪切带[J].地质科学,1989(1):1-8.
张旗,张魁武,李达周.横断山区镁铁-超镁铁岩[M].北京:科学出版社,1992.
陈炳蔚,王铠元,刘万熹,等.怒江-澜沧江-金沙江地区大地构造[M].北京:地质出版社,1987.
杨开辉,侯增谦,莫宣学.青藏—"三江"地区冈瓦纳与欧亚大陆地幔的界限及其板块构造问题[M]//中国地质科学院地质研究所.地学研究,第28号.北京:地质出版社,1995.
杨开辉,等.三江地区火山成因块状硫化物矿床的基本特征和成因类型[J].矿床地质,1992,11(1):35-44.
辜学达,李宗凡,黄盛碧,等.四川西部地层多重划分对比研究新进展[J].中国区域地质,1996(2):114-122.
江元生.大陆造山带构造混杂岩的地质特征及研究方法[J].四川地质学报,1999,19(2):32-35.
郝子文.青藏高原前寒武纪岩石地层划分、对比——兼论"三江"构造带基底特征[J].四川地质学报,1997,17(2):84-91.
郝太平.金沙江中段元古宙变质岩的Sm-Nd同位素年龄报道[J].地质论评,1993,39(1):52-56.
钟大赉,等.滇川西部古特提斯造山带[M].北京:科学出版社,1998.
翟裕生.论成矿系统[J].地学前缘,1999,6(1):13-27.
李人澍.成矿系统分析的理论与实践[M].北京:地质出版社,1996.
陈毓川.当代矿产资源勘查评价的理论与方法[M].北京:地质出版社,1999.
胡云中.当代矿床学研究现状和发展态势[M].北京:地震出版社,1996.
芮宗瑶,陈仁义,王龙生.中国铜矿主要类型及其地质特征[J].矿床地质,1998,17(增刊).
郭文魁,常印佛,黄崇轲.我国主要类型铜矿成矿分布的某些问题[J].Acta Geologica Sinica,1978(3):3-15.

主要参考文献

李定谋,曹志敏,覃功炯.哀牢山蛇绿混杂岩带金矿床[M].北京:地质出版社,1998.

郑明华,等.层控金矿床概论[M].成都:科技大学出版社,1989.

中国矿床编委会.中国矿床(中册)[M].北京:地质出版社,1994.

翟裕生,等.大型构造与超大型矿床[M].北京:地质出版社,1997.

汪啸风,等.金沙江缝合带构造地层划分及时代厘定[J].中国科学(D辑),1999,29(4):290-296.

刘福田,刘建华,何建坤,等.滇西特提斯造山带下扬子地块的俯冲板片[J].科学通报,2000,45(1):79-83.

颜文,李朝阳.热水喷流沉积成矿与地学思维[J].地球科学进展,1993,8(2):40-41.

哈钦森.层控矿床在地质历史中的地位[J].国外矿床地质,1988(3):19-57.

李兴振,等.泛华夏大陆群与东特提斯构造域演化[J].岩相古地理,1995,15(4):1-13.

李兴振,刘文均,王义昭,等.西南三江地区特提斯构造演化与成矿(总论)[M].北京:地质出版社,1999.

李兴振,潘桂棠,罗建宁.论三江地区冈瓦纳和劳亚大陆的分界[M]//青藏高原地质文集编委会.青藏高原地质文集(20).北京:地质出版社,1990:217-230.

刘增乾,李兴振,叶庆同,等.三江地区构造岩浆带的划分与矿产分布规律[M].北京:地质出版社,1993.

徐强.东昆仑造山带早古生代沉积环境和盆地演化[J].特提斯地质,1996(20):85-101.

徐强,潘桂棠,等.秦祁昆交界区地质构造特征及演化模式[M]//地矿部科技司.地质科学研究论文集.北京:中国经济出版社,1996.

徐强,潘桂棠,许志琴,等.东昆仑地区晚古生代—三叠纪沉积环境和沉积盆地演化[J].特提斯地质,1998(22):80-93.

彭兴阶,胡长寿.藏东三江带的古构造演化[J].中国区域地质,1993(2):140-147.

胡享生,莫宣学,范例.西藏江达古沟-弧-盆体系的火山岩石学与地质学标志[M]//青藏高原地质文集编委会.青藏高原地质文集(20).北京:地质出版社,1990:1-14.

沈上越,张保民,魏启荣."三江"地区江达-维西弧南段火山岩特征研究[J].特提斯地质,1995(19):38-53.

刘本培,冯庆来,方念乔,等.滇西南昌宁-孟连带和澜沧江带古特提斯多岛洋构造演化[J].地球科学,1993,18(5):529-538.

卢焕章,池国祥,王中刚.典型金属矿床的成因及其构造环境[M].北京:地质出版社,1995.

隗合明.海底喷流-沉积成矿说及其找矿意义[J].地质科技情报,1987(4):87-93.

王培生.云南德钦蛇绿岩中基性熔岩的岩石化学特征初步研究[M]//青藏高原地质文集编委会.青藏高原地质文集(9).北京:地质出版社,1986:207-218.

迈尔 A D.沉积盆地分析原理[M].孙枢,等,译.北京:石油工业出版社,1991.

夏林圻,夏祖春,任有祥,等.祁连山及邻区火山作用与成矿[M].北京:地震出版社,1998.

Sugisaki.火山岩的化学特征与板块构造的关系[J].国外地质,1979(4):24-32.

王立全,潘桂棠,李定谋,等.金沙江弧-盆系时空结构及地史演化[J].地质学报,1999,73(3):206-218.

卢焕章,池国祥,王中刚.典型金属矿床的成因及其构造环境[M].北京:地质出版社,1995.

张理刚,等.稳定同位素在地质科学中的应用[M].西安:陕西科学技术出版社,1985.

卢武长.稳定同位素地球化学[M].西安:陕西科学技术出版社,1986.

涂光炽,等.中国层控矿床地球化学(第3卷)[M].北京:地质出版社,1988.

王中刚,等.稀土元素地球化学[M].北京:科学出版社,1989.

陈好寿,周肃,等.成矿作用年代学及同位素地球化学[M].北京:地质出版社,1994.

郑明华,周渝峰,刘建明,等.喷流型与浊流型层控金矿床[M].成都:四川科学技术出版社,1994.

王立全,潘桂棠,李定谋,等.江达-维西陆缘火山弧形成演化及成矿作用[J].特提斯与沉积地质,2000(1):1-17.

Coleman R G.蛇绿岩[M].鲍佩声,译.北京:地质出版社,1982.

阿尔莱格德,米夏德.地球化学导论[M].支霞臣,译.北京:地质出版社,1980.

James W,Hawkins Jr.边缘海盆玄武岩类的岩石学和地球化学特征[M]//塔尔沃尼,等.岛弧、海沟和弧后盆地.郭令智,等,译.北京:地质出版社,1984:239-252.

Pearce J A.玄武岩判别图"使用指南"[J].国外地质,1984(4):1-13.

Chung S L,et al. Diachronous uplift of the Tibetan Plateau starting 40 Myr ago[J]. Nature,1998,394:769-773.

Hutton D H W,et al. Strike-slip tectonics and granite petrogenesis[J]. Tectonics,1992,11:960-967.

Floyd P A, Kelling G, Gokcen S L, et al. Arc-related origin of volcaniclastic sequences in the Misis complex, Southern Turkey[J]. J Geol,1992,100:221-230.

Li Haibing, et al. Southern margin strike-slip fault zone of East Kunlun Mountains: An important consequence of intracontinental deformation[J]. Continental Dynamics,1997,1(2):146-159.

Maruyamas. Plume tectonics[J]. Jour Geol Soc Japan,1994,100:24-29.

Mullis J, Dubessy J, Poty B, et al. Fluid regimes during late stages of a continental collision: physical, chemical, and stable isotope measurements of fluid inclusions in fissure quartz from a geotraverse through the Central Alps, Switzerland [J]. Geochim Cosmochim Acta,1994,58:2239-2267.

Nesbitt B E, Muehlenbachs K M. Geochemical studies of the origins and effects of synorogenic crustal fluids in the southern Omineca Belt of British Columbia, Canada[J]. GSA Bulletin,1995,107:1033-1050.

Nesbitt B E, Muehlenbachs K M. Paleo-hydrogeology of late Proterozoic units of southeastern Canadian cordiliera[J]. Amer J Sci,1997,297:359-392.

Ridley J. The relations between mean rock stress and fluid flow in the crust: with reference to vein- and lode-style gold deposits[J]. Ore Geol Rev,1993,8:23-37.

Rollison H. Using geochemical data: Evoluation, presentation, interpretation [M]. London: Longman Group UK Limited,1993.

Sengor A M C, Altmer D, Cin A, et al. Origin and assembly of the Tethyside orogenic collagenic at the expense of Gondwana land. In: Gondwana and Tethys[J]. Oxford: Geological Society Special Publication,1989,37:119-181.

Sengor A M C, Hsu K J. The Cimmerides of eastern Asia history of the eastern end of Paleo-Tethys[J]. Mem Soc Geol, 1984,147:139-167.

Kenneth J, Hsu, Pan G T, Sengor A M, et al. Tectonic evolution of the Tibetan plateau: A working hypothesis based on the archipelago model of orogenesis[J]. International Geology Review,1995,37:473-508.

Wang H Z, Mo X Xue. An outline of the tectonic evolution of China[J]. Episodes,1995,18(1-2):6-16.

Wang H P. The space-ground correlation research of TM data and its application in prognosis of gold deposits[J]. Acta Geologica Sinica,1998,72(2):142-153.

Brauhart C W, Groves D I. Regional alteration systems associated with volcanogenic massive sulfide mineralization at Panorama, Pilbara, western Australia[J]. ECON, GEOL,1998,93:292-302.

Yang K H, Scott S D. Possible contribution of metal rich magnatic fluid to a seafloor hydrothermal system[J]. Nature, 1996,383:420-423.

Kelly D S. Methane rich fluods in the oceanic cruse[J]. Journal of Geophysics Research,1996,101:2943-2962.

Cathles L M. How long can a hydrothermal system be sustained by a Single intrusive Event[J]. Econ Geol,1997,92:766-771.

Cooke D R, et al. Epithermal gold mineralization, Acupan, Baguio District, Philippines: geology, mineralization, alteration, and the thermochemical environment of ore deposition[J]. Econimic geology,1996,91:243-272.

McEwan C J A, et al. The Rosita Hills epithermal Ag-base metal deposits, Colorado, USA: A stable isotope and fluid inclusion study[J]. Mineral Deposita,1996,31:41-51.

Simon G, et al. Epithermal gold mineralization in an old volcanio arc: The Jacinto deposit, Canmaguey District, cuba[J]. Economic Geology,1999,94:487-506.

Thournout F V, et al. Portovelo: a volcanic-hosted epithermal vein-system in Ecuador, South America [J]. Mineral Deposita,1996,31:269-276.

Weihed J B, et al. Geology, tectomic setting, and origin of the Paleoproterozoic Boliden Au-Cu-As deposit, Skellefte District, Northern Sweden[J]. Economic Geology,1996,91:1073-1097.

Mitjavila J, et al. Magmatic evolution and tectonic setting of the Iberian pyrite belt volcanism[J]. Journal of Petrology, 1997,38:727-755.

Rubatto D, et al. Jurassic formation and Eocene subduction of the Zermatt-saas: Fee ophiolites: implications for the geodynamic evolution of the central and western Alps[J]. Contrib Mineral Petrol,1998,132:269-287.

Sinton C W, et al. ^{40}Ar-^{39}Ar geochronology of silicie and basic volcanic rocks on the margins of the North Atlantic[J]. Geol Mag,1998,132(2):161-170.

Wallance P J, Carmichacl I S E. Quaternary volcanism near the valley of mexico: implications for subduction zone magmatism and the effects of crustal thickness variations on primitive magma compositions[J]. Contrib Mineral Petrol,1999,135:291-314.

Pan G T. Cenozoic deformation and stress patterns in Eastern Tibet and Westrn Sichuan[J]. Geowissenschaften,1996(14):7-8.

Ewart A,et al. Geochemical evolution within the Tonga-kermadec-Lau arc-back arc systems: the role of varying mantle wedge composition in space and time[J]. Journal of Petrology,1998,39:331-368.

Fodor R V,et al. Isotopic and trace-element indications of lithospheric and asthenospheric components in Tertiary alkalic basalts,northeastern Brazil[J]. Lithos,1998,43:197-217.

Gribble R F, et al. Chemical and isotopic composition of lavas from the northern mariana Trough: Implications for magmagenesis in back-arc basins[J]. Journal of Geology,1998,39:125-154.

Haapala I. Magmatic and postmagmatic processes in tin-mineralized granites: topaz-bearing leucogranite in the Eurajoki Rapakivi granite stock,Finland[J]. Journal of Petrology,1997,38:1645-1659.

Johnson K E, et al. Isotope and trace element geochemistry of Augustine volcano, Alaska: Implications for magmatic evolution[J]. Journal of Petrology,1996,37:95-115.

Linnen R L. Depth of emplacement, fluid provenance and metallogeny in granitic terranes: a comparison of western Thailand with other tin belts[J]. Mineralium Deposita,1998,33:461-476.

Peate D W, et al. Geochemical variations in Vanuatu arc laveas: The role of subducted material, and a variable mantle wedge composition[J]. Journal of Petrology,1997,38:1331-1358.